Springer Collected Works in Mathematics

More information about this series at http://www.springer.com/series/11104

高木貞治

Teiji Takagi

Teiji Takagi

Collected Papers

Editors

Shokichi Iyanaga • Kenkichi Iwasawa • Kunihiko Kodaira • Kôsaku Yosida

Reprint of the 1990 Edition

Springer

Author
Teiji Takagi (1875-1960)
Imperial University of Tokyo
Tokyo, Japan

Editors
Shokichi Iyanaga (1906-2006)
The University of Tokyo
Tokyo, Japan

Kenkichi Iwasawa (1917-1998)
Princeton University
Princeton, NJ, USA

Kunihiko Kodaira (1915-1997)
Princeton University
Princeton, NJ, USA

Kôsaku Yosida (1909-1990)
The University of Tokyo
Tokyo, Japan

ISSN 2194-9875
ISBN 978-4-431-54994-9
Springer Tokyo Heidelberg New York Dordrecht London

Library of Congress Control Number: 2014951516

Printed on acid-free paper

Springer is part of Springer Science+Business Media (www.springer.com)

Preface to the second edition

This volume incorporates the contents of *The Collected Papers of Teiji Takagi*, edited by Sigekatu Kuroda and published by Iwanami Shoten in 1973, which will now be designated as "the First Edition," together with the following additions:

1. Note on Eulerean squares.
2. On the Concept of Numbers, translated by Kazuo Akao and Shige Toshi Kuroda.
3. On Papers of Takagi in Number Theory, by Kenkichi Iwasawa.
4. On Papers of Takagi in Analysis, by Kôsaku Yosida.
5. On the Life and Works of Takagi, by Shokichi Iyanaga.

Of these, (1) is a supplement to the First Edition, which was intended to contain all papers of Takagi published in languages other than Japanese, but which inadvertently failed to include. In the course of planning the publication of this edition by Springer-Verlag, we were asked to provide a more substantial addition to the First Edition. Among the numerous works in Japanese by Takagi, we have chosen, as best suited for this purpose, his last book *On the Concept of Numbers* which has been translated for this edition by Professors K. Akao and S.T. Kuroda. This appears as (2).

While (1) and (2) originate from Takagi himself, (3), (4), and (5) have been written by members of the Editorial Committee. In (5), the writer also attempts to explain the circumstances in which this edition has been prepared thanks to the cooperation of Takagi's followers. It is concluded by a chronological synopsis of the life of Teiji Takagi, and the references include a list of articles and books in Japanese by Takagi. The added text was revised for grammatical errors by Professor W.L. Baily Jr. The picture in the frontispiece was taken in 1960.

Finally, we should like to express our most sincere gratitude to Professors K. Akao, W.L. Baily, and S.T. Kuroda for their kind collaboration, to Springer-Verlag for having undertaken this publication, and also to Iwanami Shoten, Publishers of the First Edition, for agreeing to the publication of this edition.

June 1990

Editorial Committee

Shokichi Iyanaga, President
Kenkichi Iwasawa
Kunihiko Kodaira
Kôsaku Yosida†

Preface to the first edition

Teiji Takagi was born in a rural area of Gifu Prefecture, Japan, on April 21, 1875. In 1891, he went to Kyoto to study at the Third National Senior High School. Upon graduation from this School in 1894, he matriculated at the Department of Mathematics, College of Science of the Imperial University of Tokyo (which later became the Department of Mathematics, Faculty of Science of the University of Tokyo). He graduated from the University in 1897, and the following year, he travelled to Germany to continue his study of mathematics, first at Berlin University with Frobenius, then at Göttingen University with Hilbert and Klein. In Göttingen, he completed his doctoral thesis, which he submitted to the Imperial University of Tokyo. He was given the position of Associate Professor at the Imperial University of Tokyo in 1900, while he was still in Göttingen. He returned to Tokyo in 1901, obtained the degree of Doctor of Science in 1903, and, in 1904, was appointed full Professor, a position which he retained until 1936, when he reached retirement age. The University subsequently awarded him with the title of Honorary Professor. In 1925, he was made a member of the Imperial Academy of Japan (renamed the Japan Academy after the Second World War).

He went abroad two more times to participate in the International Congresses of Mathematicians: in 1920 at Strasbourg and in 1932 at Zürich. In 1920, he gave a lecture on his results in class field theory.

In 1929, the University of Oslo conferred on him the degree of Doctor h. c. In 1940 he was presented with the Japan Culture Medal, the highest award in the field of culture given by the Japanese Government. In 1955, he presided at an International Symposium on Algebraic Number Theory, held in Japan, as Honorary Chairman.

He married Toshi Tani in 1902. They had three sons and five daughters. Their third daughter, Yaeko, subsequently married Sigekatu Kuroda, a student of Takagi. Takagi had many students, including such mathematicians as Z. Suetuna, K. Shoda, and T. Nakayama. This writer is also proud of being counted among them.

Takagi died on February 28, 1960 of cerebral apoplexy.

*

This volume contains all of his mathematical papers published in langauges other than Japanese. He wrote also numerous essays, papers, and books of various natures in Japanese as listed on p. 374 of this volume.

It is not possible to expound here fully on all of Takagi's mathematical work nor its influences. But a small attempt will be made in the following summary of his work contained in this volume and his books in Japanese.

Teiji Takagi is rightly most renowned as the founder of class field theory. This volume reflects the stages of his development of this theory. Takagi had been deeply interested in the conjecture of Kronecker since his student years. He solved a special case of this problem in his doctoral thesis, which was completed in 1901 while he was in Göttingen, and subsequently published in Tokyo in 1903 (**6**). He acknowledges his indebtedness to Hilbert at the end of the Introduction to his thesis. In a series of papers (**7**–**12**) published in the Proceedings of the Physico-Mathematical Society of Japan beginning in 1914, we can see how he developed his theory during the period surrounding the First World War, when, being in Japan, he lost scientific communications with foreign countries. After perseverant and profound arithmetical investigations and illuminated by a genial idea related to analytic number theory, he developed a beautiful general theory of Abelian extensions of algebraic number fields, a complete exposition of which he gave in his paper of 1920 (**13**). In the same year, he participated in the International Congress of Mathematicians at Strasbourg where he reported his results (**14**). This report gives a succinct résumé of Takagi's class field theory and ends with a problem to generalize the results to the case of normal, not necessarily Abelian, extensions. This problem is, still today, continuing to be researched by mathematicians.

His paper on the law of reciprocity of power residues (**17**) was also written in 1920, but was published two years later. This paper contains a passage, suggesting clearly the general reciprocity law on Abelian extensions (on p. 179 of this volume). Artin formulated it in 1924 as a conjecture and proved it in 1927.

In a report on the progress of algebraic number theory submitted to the German Mathematical Society in 1926–1930, Hasse gave a detailed description of the Takagi-Artin theory. In the 1930s, the proof of this theory was considerably simplified by Artin, Herbrand, and Chevalley. In 1940, Chevalley succeeded in showing that the arithmetical part of the theory can be proved without having recourse to the methods of analytic number theory. Takagi's book *Algebraic Theory of Numbers* expounds the theory utilizing these simplified proofs obtained in the early 1930s.

In 1926, he wrote his last paper on the algebraic theory of numbers: an interesting paper on cyclotomic fields, related to Fermat's problem (**23**).

His early paper (**5**) on the reciprocity law of quadratic residues in elementary number theory gives a beautiful geometric presentation of Gauss' third proof of this law. In his later paper (**24**) written in response to an invitation by Calcutta Mathematical Society, he treated a rather elementary problem of solving quadratic indeterminate equations in two variables utilizing ideal-theoretic method. His book *Lectures on Elementary Theory of Numbers*, which reproduces the course on the same subject given by him at the University of Tokyo, systematically expounds the theory including the ideal-theoretic treatment of quadratic fields.

Takagi gave both elementary and advanced courses in algebra and the theory of numbers at the University of Tokyo; during several years preceding his retirement, he also gave a course in analysis, including the infinitesimal calculus and the theory of analytic functions of one complex variable. His elementary course in algebra is reproduced in his book, in which some mention is made of the results in his papers (**16**, **19**, **21**).

In the early 1930s, two publishing houses in Tokyo, Iwanami-Shoten, Publishers, and the Kyôritsu-sha (later renamed Kyôritsu-Shuppan Co.), published concurrently *Collections of Courses on Mathematics.* Takagi supervised the compilation of the collection by Iwanami-Shoten, while contributing to both of these collections. His book on the *Algebraic Theory of Numbers,* as well as his *Course in Analysis,* originate from his contributions to the collection compiled by Iwanami-Shoten. The latter book on analysis is considered a classic and continues to be one of the mathematical best-sellers in Japan.

His book *Topics from the history of mathematics of the 19th century* and his *Miscellaneous notes on mathematics* have their rediment in his contributions to the collection compiled by Kyôritsu-sha. These books went also into many editions and are still read today. Especially the first of these books contains a very sympathetic biography of Abel, and reveals the author's deep understanding of human nature. For many young students of mathematics in Japan, this book has been a source of inspiration.

His *A new course on arithmetic,* written in his youth, is now out of print. In spite of the title, this book deals with the concept of numbers, including the concept of real numbers as defined by Dedekind. Takagi was interested throughout his life in the concept of numbers. Several articles compiled in *Miscellaneous notes* deal with this subject, while in his book *On the concept of numbers,* he gives a concise, but full and beautiful, account of this subject utilizing the axioms given in his paper (**26**).

The editing of this volume was undertaken by Takagi's son in law, Sigekatu Kuroda, who died unfortunately in 1972. His work was continued by Kuroda's sons, Shige Toshi and Sige-Nobu Kuroda, who are also mathematicians. The papers presented in this volume (pp. 1–266) are not photostatic reproductions of the originals, but have been retypeset; according to the plan set by the editor, the only changes from the originals were corrections of obvious misprints.

June, 1973 SHOKICHI IYANAGA

Contents

1. On Weierstrass' proof of the fundamental theorem of Algebra

[Proceedings of the Physico-Mathematical Society of Japan, ser II, vol 1. 1902, pp 56–58]

Without loss of generality we take with Weierstrass an algebraic equation of nth degree in the form

(1) $$x = \zeta + a_2 x^2 + \cdots + a_n x^n,$$

considering $a_2, \cdots a_n$ as given constants, we have to show that for any value of ζ the equation has a root. Putting

(2) $$x = \zeta + \gamma_1 \zeta^2 + \gamma_2 \zeta^3 + \cdots,$$

we can determine $\gamma_1, \gamma_2, \cdots$ so that this series formally satisfy equ. (1); the γ's come out then as rational integral functions of $a_2, \cdots a_n$ with ***positive*** numerical coefficients.

Denoting by M a positive number greater than any of the absolute magnitude of the coefficients $a_2, \cdots a_n$, we set up a quadratic equation in ξ

$$\xi = z + \frac{M\xi^2}{1-\xi} = z + M(\xi^2 + \xi^3 + \cdots)$$

which is a "majorante" to (1) for $\xi < 1$. This equation has a root

$$\xi = \frac{1+z}{2(M+1)} \left\{ 1 - \sqrt{1 - \frac{4(M+1)z}{(1+z)^2}} \right\}$$

which, expanded in ascending powers of z, gives a series of the form:

$$\xi = z + c_1 z^2 + c_2 z^3 + \cdots$$

convergent for $z < \dfrac{1}{4(M+1)}$; thereby come out $\xi < 1$ and

$$c_\lambda > |\gamma_\lambda| \qquad \lambda = 1, 2, \cdots \infty.$$

(2) converges therefore so long as

$$|\zeta| < \frac{1}{4(M+1)}$$

and gives a root of (1).

Let now ζ_0 be a value of ζ within this limit, and x_0 the corresponding value of x given by (2); we then get

(3) $$x - x_0 = \frac{\zeta - \zeta_0}{1 - \varphi'(x_0)} + \frac{\varphi''(x_0)}{1-\varphi'(x_0)} \frac{(x-x_0)^2}{2!} + \frac{\varphi'''(x_0)}{1-\varphi'(x_0)} \frac{(x-x_0)^3}{3!} + \cdots$$

where $\varphi(x)$ stands for the expression $\zeta+a_2x^2+\cdots+a_nx^n$.

The values of x which make $1-\varphi'(x)=0$, if they exist, are finite in number; we denote them by $x_1^*, x_2^*, \cdots x_\lambda^*$ and the corresponding values of ζ defined by $x=\varphi(x)$ by $\zeta_1^*, \zeta_2^*, \cdots \zeta_\lambda^*$.

Confining ourselves to the values of ζ which is absolutely below a finite limit R, and excluding arbitrary finite neighborhoods of $\zeta_1^*, \cdots \zeta_\lambda^*$, we call the remaining domain G. In G then $\left|\frac{\varphi''(x)}{2!}\right|, \left|\frac{\varphi'''(x)}{3!}\right|, \cdots$ have a finite superior limit M and $|1-\varphi'(x)|$ an inferior limit *differing from zero*. We then join any point ζ in G to O by means of a continuous integrable path remaining always in G. Equation (3) can then be treated exactly in the same way as (1), and the analytic function defined by (2) prolonged to the limit

$$|\zeta-\zeta_0|<\frac{1}{4(M'+1)}, \qquad M'=\frac{g^2}{4(M+g)}$$

Since M and g are independent of ζ, any point ζ in G can be attained by repeating a finite number of times the above-expounded process.

It is needless to say that for $\zeta_1^*, \zeta_2^*, \cdots \zeta_\lambda^*$ a root of (1) can be rationally found as a common root of (1) and $\varphi'(x)-1=0$.

Remark. —Weierstrass gives a method of successive approximation to the root; he sets up the functions

$$x_0=0,\ x_1=\varphi(x_0),\ x_2=\varphi(x_1),\ \cdots\ x_\lambda=\varphi(x_{\lambda-1})\ \cdots$$

and shows that

$$\lim_{\lambda=\infty} x_\lambda$$

exists so long as ζ remains absolutely below a certain limit, and gives a root of (1). Since $x_{\lambda-1}-\varphi(x_{\lambda-1})$ is divisible by ζ^λ, $x_{\lambda-1}$ agrees with (2) up to the λth term.

Mathematische Werke, Vol. 1, p. 247 et seq.

2. On the "zweigliedriger Modul"

[Proceedings of the Physico-Mathematical Society of Japan, ser II, vol 1. 1902, pp 102–103]

The following lines contain a simple proof of the theorem: a *Modul* consisting solely of numbers numerically greater than a certain fixed limit ($\neq 0$) is either of one dimension or of two, in which latter case the ratio of the bases is imaginary. *In concreto* this theorem can be stated in the following forms:

A one-valued analytic function of one variable cannot have more than two independent periods; if it has two, their ratio is imaginary.

In every algebraic *Körper* there are algebraic integers whose absolute magnitude are less than any assigned quantity, the only exceptions being the natural and the imaginary quadratic ones.

If we consider the elements of the Modul $\mathfrak{M}$ as a *Punctmenge*, it follows from the hypothesis that this Menge has no *Verdichtungspunkt.*

Let now $\alpha(\neq 0)$ be an element of $\mathfrak{M}$; all the elements ω of $\mathfrak{M}$ such that $\omega:\alpha$ is rational form by themselves a Modul $\mathfrak{N}$. Let g be the lower limit (*untere Grenze*) of the absolute magnitude of the elements of $\mathfrak{N}$ (0 excepted). This lower limit is then a minimum, that is to say, there is an element ω_1 in $\mathfrak{N}$, whose absolute magnitude is g; for otherwise ω_1 must be a *Verdichtungspunkt.* The Modul $\mathfrak{N}$ is of one dimension: Its elements are exhausted by the numbers of the form $x\omega_1$, where x takes all positive and negative integral values.

If $\mathfrak{M}=\mathfrak{N}$ then the theorem is established; if not we divide every element of $\mathfrak{M}$ by ω_1 and get a second Modul $\mathfrak{M}'$, which contains all positive and negative integers but no other rational numbers. Beside these $\mathfrak{M}'$ contains complex numbers, and consequently complex numbers $\omega'=u+vi$, with $1>u\geqq 0$, $v>0$. Among these there is an element τ $(=u_0+v_0i)$ such that $0<v_0\leqq$ any other v: otherwise there exists a *Verdichtungspunkt* contrary to our fundamental hypothesis. It then follows that the domain $v_0>v>0$ is free of the elements of $\mathfrak{M}'$.

Now it can be proved that every element of $\mathfrak{M}'$ is of the form,

$$x+y\tau$$

x and y being integers. For let $\omega'=u+vi$ be any element of $\mathfrak{M}'$, y the integer, for which $1>\frac{v}{v_0}-y\geqq 0$ and $x=u-yu_0$, then

$\omega'-y\tau=x+\left(\frac{v}{v_0}-y\right)v_0i$ is an element of $\mathfrak{M}'$, and consequently

$\left(\frac{v}{v_0}-y\right)=0,$

$$\omega' = x+y\tau.$$

The elements of $\mathfrak{M}$ are therefore contained in the form

$$\omega = x\omega_1+y\omega_2$$

where $\omega_2=\tau\omega_1$, and $\tau=\frac{\omega_2}{\omega_1}$ is imaginary. (Of course we can take for τ any number of the form $x+\tau$, x being an integer.)

3. A simple example of the continuous function without derivative

[Proceedings of the Physico-Mathematical Society of Japan, ser II, vol 1. 1903, pp 176–177]

Taking the independent variable t (which for brevity's sake shall be confined to the interval $0\cdots1$) in the form

$$(1) \qquad t = \sum^{n} \frac{c_n}{2^n} \qquad c_n = 0 \text{ or } 1,$$

and putting

$$\tau_n = \frac{c_n}{2^n} + \frac{c_{n+1}}{2^{n+1}} + \frac{c_{n+2}}{2^{n+2}} + \cdots$$

$$\tau'_n = \frac{1}{2^{n-1}} - \tau_n$$

I define $f(t)$ by

$$f(t) = \sum_{1,\infty}^{n} \gamma_n$$

where $\gamma_n = \tau_n$ or τ'_n according as $c_n = 0$ or 1, so that

$$f(t) = \sum \frac{a_n}{2^n}:$$

$$\begin{aligned} a_n &= \nu_n \quad \text{for} \quad c_n = 0, \\ &= \pi_n \quad \text{for} \quad c_n = 1, \end{aligned}$$

π_n, ν_n denoting the number of 0's and 1's resp. among $c_1, c_2, \cdots c_n$, so that $\pi_n + \nu_n = n$.

Evidently $f(t)$ is one-valued and continuous for $0 \leqq t \leqq 1$; it is only to be remarked, that the rational numbers of the form $t = \frac{m}{2^n}$ and only these admit of two different representations of the form (1), which however give rise to the same value of $f(t)$, as may be easily verified.

In order to prove the non-existence of the derivative, we calculate $\frac{\Delta f}{\Delta t}$ for special values of Δt:

I.

$$c_n = 0. \qquad \Delta t = \frac{1}{2^n}$$

$$\frac{\Delta f}{\Delta t} = \pi_n - \nu_n - 2^{n+1}\tau_{n+1}$$

II.

$$c_{n-1} = 0, \qquad c_n = 0; \qquad \Delta t = \frac{1}{2^n}$$

$$\frac{\Delta f}{\Delta t} = \pi_n - \nu_n$$

If then $c_n=0$, $c_{n+1}=0$, then the values of $\frac{\Delta f}{\Delta t}$ for $\Delta t=\frac{1}{2^n}$ and for $\Delta t=\frac{1}{2^{n+1}}$ differ from one another by $1-2^{n+1}\,\tau_{n+2}$; and if $c_n=0$, $c_{n+1}=1$, the values of $\frac{\Delta f}{\Delta t}$ for $\Delta t=\frac{1}{2^n}$ and $\Delta t=\frac{1}{2^{n+1}}$ differ by $2^{n+1}\tau_{n+2}$.

From this we easily infer that the fluctuation of $\frac{\Delta f}{\Delta t}$, even if we confine ourselves to the values of Δt, which are of the form $\frac{1}{2^n}$, is finite however large n may be taken.

4. Mathematical notes

[Proceedings of the Physico-Mathematical Society of Japan, ser II, vol 2. 1903, pp 25–29]

I.

Under what condition will a biquadratic equation have four roots, whose representatives in Gauss' complex plane are concyclic ? In April Meeting Mr. Hayashi has treated of this problem: confining himself to the case, where the coefficients of the equation are real, he obtained, for the biquadratic equation with two real and two imaginary roots, the required condition in $J=0$.

It is to be observed, however, that for the biquadratic equations with real coefficients the "roots are always concyclic" if they be all imaginary and "collinear" if all real, that collinearity can and in this case must be considered as a particular case of being concyclic. That the condition of being concyclic in the case where only two roots are real is expressed by an equality seems very striking.

If however we take the problem in its most general form, the solution is much simpler.

First remark this simple fact: *In order that the four points representing the numbers x_1, x_2, x_3, x_4 in Gauss' complex plane shall be concyclic (or, as a particular case, collinear) it is necessary and sufficient that one and consequently all of the six "anharmonic ratios"*

$$\frac{(x_h-x_m)(x_k-x_n)}{(x_h-x_n)(x_k-x_m)} \qquad (hkmn) = (1234)$$

are real.

If we put

$$\begin{aligned} y_1 &= (x_1-x_2)(x_3-x_4) \\ y_2 &= (x_1-x_3)(x_4-x_2) \\ y_3 &= (x_1-x_4)(x_2-x_3) \\ 12z_1 &= y_2-y_3 \\ 12z_2 &= y_3-y_1 \\ 12z_3 &= y_1-y_2 \end{aligned}$$

then the above condition implies the same thing as the collinearity of y_1, y_2, y_3, or again of z_1, z_2, z_3.

If now x_1, x_2, x_3, x_4 be the roots of the biquadratic equation

$$f(x) = 0,$$

then z_1, z_2, z_3 are the roots of the cubic resolvent

$$4z^3-I_2z-I_3 = 0,$$

where I_2, I_3 denote the first and second invariants of $f(x)$.

It is well known in the Theory of Elliptic Functions that the three roots of the above cubic are collinear, *if and only if*

$$j=\frac{I_2^3}{I_2^3-27I_3^2}$$

be real and not less than unity; and this is the condition required.

The condition found by Mr. Hayashi is contained in the limiting case, $j=1$.

II.

If $f(z)$ be a rational integral function of degree n with complex coefficients, and if we substitute $x+iy$ for z and then separate the real and imaginary parts, then

$$f(x+yi)=U+iV,$$

so that U, V are functions of degree n in x and y with real coefficients, then the two curves represented by

$$U=0 \qquad V=0$$

have exactly n real intersections. What are the remaining n^2-n imaginary ones ?

The system of curves

$$U+\lambda V=0$$

contains two particular curves breaking up into n straight lines, and defined by the values of the parameter λ respectively $=i$ and $-i$.

If we denote by $\alpha_1, \alpha_2, \cdots \alpha_n$ the roots of the equation $f(z)=0$, and by α_1', α_2', $\cdots \alpha_n'$ the numbers conjugate complex to $\alpha_1, \alpha_2, \cdots \alpha_n$ respectively, then the two systems of n straight lines spoken of above are

$$x+iy-\alpha_h=0 \qquad (h=1, 2, \cdots n)$$

and

$$x-iy-\alpha_k'=0 \qquad (k=1, 2, \cdots n)$$

The complete intersection of U and V are the same as that of the two systems of n straight lines, they are therefore

$$\begin{cases} x=\dfrac{\alpha_h+\alpha_k'}{2} \\ y=\dfrac{\alpha_h-\alpha_k'}{2i} \end{cases}$$

III.

To find the foci of the curve $f(u,v)=0$, when u, v denote the rectangular Cartesian line coordinates. The tangents from the circular points at infinity

$$u\mp iv=0$$

are given by

$$\begin{cases} f(\pm iv, v) = 0 \\ u = \pm iv \end{cases} \tag{1}$$

Let $v_1, v_2, \cdots v_n; v_1', v_2', \cdots v_n'$ be the roots of equ. (1) for the upper and the lower sign respectively, so that when f is real v_h, v_h' are conjugate complex. Then the n^2 foci are given as the intersections of the pairs of tangents:

$$\left.\begin{aligned} iv_h x + v_h y + 1 &= 0 \\ -iv_k' x + v_k' y + 1 &= 0 \end{aligned}\right\} \quad (h, k = 1, 2, \cdots n)$$

The n real foci are (for real f) given by

$$\left.\begin{aligned} iv_h x + v_h y + 1 &= 0 \\ -iv_h' x + v_h' y + 1 &= 0 \end{aligned}\right\} \quad (h = 1, 2, \cdots n)$$

i. e.

$$\left.\begin{aligned} x - iy &= \frac{i}{v_h} \\ x + iy &= \frac{-i}{v_h} \end{aligned}\right\}$$

x and y are therefore given as the coefficients of the real and imaginary parts of $\dfrac{-i}{v_h}$, which satisfies the equation

$$f\left(\frac{1}{\zeta}, \frac{-i}{\zeta}\right) = 0.$$

Applying this result to the conic

$$\sum a_{ik} x_i z_k = 0,$$

whose tangential equation is

$$f(u, v) = \begin{vmatrix} a_{11} & a_{12} & a_{13} & u \\ a_{21} & a_{22} & a_{23} & v \\ a_{31} & a_{32} & a_{33} & 1 \\ u & v & 1 & 0 \end{vmatrix} = 0$$

we get

$$\begin{vmatrix} a_{11} & a_{12} & a_{13} & 1 \\ a_{21} & a_{22} & a_{23} & -i \\ a_{31} & a_{32} & a_{33} & \zeta \\ 1 & -i & \zeta & 0 \end{vmatrix} = 0$$

whence

$$A_{33}\zeta^2 + 2\zeta(A_{13} - iA_{23}) + (A_{11} - 2A_{12}i - A_{22}) = 0.$$

The roots of this quadratic equation in ζ represent the two real foci of the given conic in Gauss' complex plane.

5. A simple proof of the law of reciprocity for quadratic residues

[Proceedings of the Physico-Mathematical Society of Japan, ser II, vol 2. 1903, pp 74–78]

The following contribution to the list of so numerous proofs of the Law of Reciprocity for quadratic residues will, as we hope, justify itself by the extreme simplicity of demonstration. The proof is based on the Gaussian Lemma and most closely connected with *Zeller's* proof.

In a geometrical form the simplicity of the proof is most manifest.

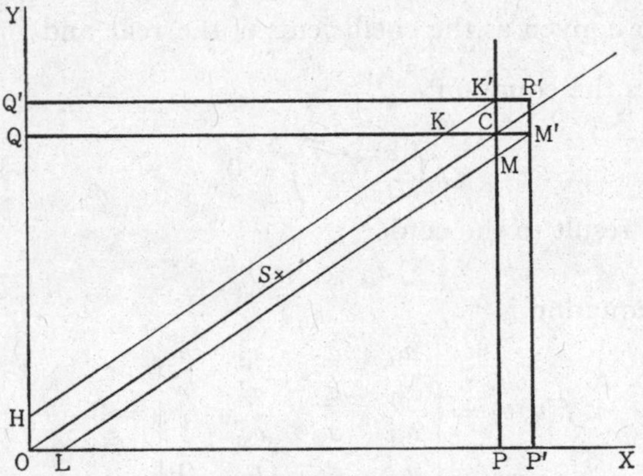

Let p, q be two odd primes differing from one another. Take two rectangular axes OX, OY in a plane and consider the *ganzzahlige Gitterpunkt* of the plane. Let $\mathrm{OP}=\frac{p}{2}$, $\mathrm{OQ}=\frac{q}{2}$, C the fourth vertex of the parallelogram OPQ; further: $\mathrm{OP}'=\frac{p+1}{2}$, $\mathrm{OQ}'=\frac{q+1}{2}$; $\mathrm{OL}=\frac{1}{2}$; $\mathrm{OH}=\frac{1}{2}$, HK parallel to OC cutting Q′R′ in K′, where it meets PC produced, similarly as regards LM.

Let now $\mathrm{N}(q, p)$ denote the number of the absolutely smallest rests of q, $2q$, … $\frac{p-1}{2}q$ (mod. p) which are negative, so that

$$\left(\frac{q}{p}\right)=(-1)^{\mathrm{N}(q,p)}$$

If hq give a negative rest, and if k denote the integer nearest to $\frac{hq}{p}$, so that

$$\frac{1}{2} > k - \frac{hq}{p} > 0$$

then the *Gitterpunkt* (h, k) lies within the strip OCKH. From this, and the interchange of p and q, we see that the number of the *Gitterpunkt* lying in the strips OCKH, OCML are exactly equal to $N(q, p)$, $N(p, q)$ respectively.

Consequently

$$\left(\frac{q}{p}\right)\left(\frac{p}{q}\right) = (-1)^{N(q,p)+N(p,q)}$$

is $+1$ or -1, according as the total number of the *Gitterpunkt* contained in the double trapezium OLMCKHO is even or odd.

Instead of this double trapezium, we may——and this is the vital point of the proof——take a somewhat wider one, viz. OLM′R′K′HO, without thereby introducing any change in the number of the *Gitterpunkt* to be taken account of. Now this new double trapezium, being symmetric with respect to the centre S of the *Gitterpunkt*-parallelogram OP′R′Q′, contains within its boundary an even number of *Gitterpunkt*, if the point S itself be for a while not taken into consideration. Now $S = \left(\frac{p+1}{4}, \frac{q+1}{4}\right)$ is a *Gitterpunkt*, if and only if p, q be both $\equiv -1$ (mod. 4). In this case alone, therefore is $N(q, p) + N(p, q)$ odd, and $\left(\frac{q}{p}\right)\left(\frac{p}{q}\right) = -1$, while in all other cases $\left(\frac{q}{p}\right)\left(\frac{p}{q}\right) = +1$, q.e.d.

Or we may proceed as *Eisenstein* has done in his geometrical proof, where he has so admirably illustrated the third proof of Gauss. In fact, the *parité* of the total number of the *Gitterpunkt* to be taken into consideration will not be interfered with, if we take instead of our double trapezium the whole parallelogram OP′R′Q′, because the triangles LP′M′, HQ′K′ evidently contain an equal number of *Gitterpt.* The total number of *Gitterpt.* in the whole parallelogram excluding for convenience' sake those lying on the boundary, is $\frac{p-1}{2} \cdot \frac{q-1}{2}$ and

$$\left(\frac{q}{p}\right)\left(\frac{p}{q}\right) = (-1)^{\frac{p-1}{2} \cdot \frac{q-1}{2}}$$

Expressed in the language of Arithmetic the proof will be seen to run shorter than that of *Zeller*.

The essential point of the question is to determine the *parité* of the number of pairs of integers (h, k) satisfying one or the other of the two systems of inequalities:

$$\frac{1}{2p} > \frac{h}{p} - \frac{k}{q} > 0 \qquad \frac{p}{2} > h > 0,$$

$$-\frac{1}{2q} < \frac{h}{p} - \frac{k}{q} < 0 \qquad \frac{q}{2} > k > 0.$$

These conditions can be transformed as follows. We consider $\frac{p-1}{2}$ positive fractions, $\alpha=\frac{h}{p}<\frac{1}{2}$ and $\frac{q-1}{2}$ positive fractions, $\beta=\frac{k}{q}<\frac{1}{2}$ and propose to ourselves the question: How many different pairs of an α and a β can be formed so that the difference $\alpha-\beta$ when positive is less than $\frac{1}{2p}$ and when negative numerically less than $\frac{1}{2q}$?

Suppose that α, β form such a pair and put

$$\alpha'=\frac{\frac{p+1}{2}}{p}-\alpha$$

$$\beta'=\frac{\frac{q+1}{2}}{q}-\beta$$

so that α', β' are also fractions in question. Now

$$\begin{aligned} \alpha'-\beta' &= \frac{1}{2p}-\frac{1}{2q}-(\alpha-\beta) \\ &= \frac{\theta}{2p}-\frac{1}{2q} \qquad \text{if } \alpha-\beta>0 \\ \text{or} \quad &= \frac{1}{2p}-\frac{\theta'}{2q} \qquad \text{if } \alpha-\beta<0 \end{aligned}$$

θ, θ' being positive proper fractions.

Hence if $\alpha'-\beta'$ be positive, it is less than $\frac{1}{2p}$ and if negative numerically less than $\frac{1}{2q}$, so that α', β' also form one of the pairs in question.

Consequently, all the $\alpha\beta$-pairs can again be arranged in pairs, the only exception, if ever, being the one pair, for which $\alpha=\alpha'$, $\beta=\beta'$, and such a pair is possible, if and only if $p+1$, $q+1$ be both divisible by 4; and this establishes the Law of Reciprocity.

6. Über die im Bereiche der rationalen complexen Zahlen Abel'schen Zahlkörper

[Journal of the College of Science, Imperial University of Tokyo, vol 19, art 5. 1903, pp 1–42]

Kronecker hat zuerst den Satz ausgesprochen, dass alle im natürlichen Rationalitätsbereich Abel'schen Zahlkörper durch die Kreiskörper, d. h., die aus den Kreisteilungsgleichungen entspringenden Zahlkörper erschöpft sind. Der erste vollständige Beweis dieses schönen Satzes rührt von H. Weber[1] her, welchem sich in neuester Zeit ein einfacherer und direkterer Beweis von Hilbert[2] zugesellte. Es war auch Kronecker, der der Vermutung Ausdruck gab, dass alle in Bezug auf einem imaginären quadratischen Zahlkörper relativ-Abel'schen Zahlkörper durch diejenigen Körper erschöpft seien, welche aus den Transformationsgleichungen der elliptischen Functionen mit singulären Moduln entstehen. So wahrscheinlich auch diese Vermutung durch die Untersuchungen von H. Weber, Hilbert, u. A. geworden ist, harrt die Frage doch noch der entscheidenden Erledigung. Indessen es gibt specielle Fälle dieser grossen Aufgabe, wo man von vorn herein eines glücklichen Abschlusses sicher sein kann, nämlich die, wo die zu Grunde gelegten quadratischen Körper einclassig sind, also z. B. durch die dritten und die vierten imaginären Einheitswurzeln erzeugt werden; sie bilden in der Tat die unmittelbare Verallgemeinerung des Satzes über die Kreiskörper. Der zuletzt genannte specielle Fall, welcher sich auf die Teilung des Umfangs einer Lemniskate bezieht, und von jeher besonders hohes Interesse beanspruchte, wird nun in den folgenden Zeilen behandelt, und die Bestätigung der Kronecker'schen Vermutung in diesem speciellen Falle wird unter Benutzung der Hilbert'schen Methode[3] bis zu den Einzelheiten ausgeführt.

Diese fast überflüssigen Einleitungworte schliesse ich mit dem Ausdruck herzlichsten Dankes an den Herrn Prof. Hilbert in Göttingen, dessen Anregung diese Erstlingsarbeit ihr Entstehen verdankt.

§ 1.

Für die $\wp$-Function mit dem Periodenverhältnis i ist $g_3=0$; nimmt man $e_1=$

1) H. Weber, Acta Mathematica, Bd. 8; Lehrbuch der Algebra, Bd. II.

2) Hilbert, Göttinger Nachrichten, 1896; Jahresbericht der Deutschen Mathematiker-Vereinigung IV.

3) Hilbert, *l. c.*

1, $e_2=-1$, $e_3=0$, so wird $2\omega=\Omega$ reell, $2\omega'=\Omega i$ rein imaginär; $\wp(u)$ ist reell für reelles u, und nimmt conjugirt complexe Werte an für conjugirt complexe Werte des Arguments. Es ist ferner $\wp(iu)=-\wp(u)$. Zwischen dieser $\wp$ Function und der Function $sn\,u$ mit $K=i$ besteht die Beziehung

$$\wp u = (sn\,u)^{-2}$$

mit demselben Argument für die beiden Functionen; ferner

$$2K = \Omega, \qquad 2K'i = (1+i)\Omega$$

$$sn\,iu = i\,sn\,u$$

Verstehen wir under μ eine ganze Zahl des Körpers der rationalen complexen Zahlen, welchen wir im folgenden stets mit $k(i)$ bezeichnen wollen, so gelten für diese Functionen die folgenden Multiplicationsgesetze:

I. μ ist eine ungerade ganze rationale primäre Zahl in $k(i)$:

$$sn\,\mu u = x\frac{\psi_\mu(x^4)}{\chi_\mu(x^4)}: \qquad x = sn\,u$$

$$\wp\,\mu u = x\left(\frac{\psi_\mu(x^2)}{\chi_\mu(x^2)}\right)^2: \qquad x = \wp\,u$$

Hierbei bedeuten ψ_μ, χ_μ die zu einander primen ganzen rationalen Functionen von der Form:

$$\psi_\mu(y) = y^M + a_1 y^{M-1} + \cdots + a_{M-1}y + \mu,$$

$$\chi_\mu(y) = \mu y^M + a_{M-1}y^{M-1} + \cdots + a_1 y + 1,$$

worin $a_1, a_2 \cdots a_{M-1}$ ganze Zahlen des Körpers $k(i)$ sind, welche im Falle, wo μ eine Primzahl ist, alle durch μ teilbar sind, und ferner

$$M = \tfrac{1}{4}(m-1), \qquad m = n(\mu). \text{ [1]}$$

Ferner sind

$$\frac{cn\,\mu u}{cn\,u} \qquad \frac{dn\,\mu u}{dn\,u}$$

rationale Functionen von $(sn\,u)^2$ in $k(i)$.

II. μ ist gerade, d. h. teilbar durch $1+i$:

$$sn\,\mu u = sn\,u.\ cn\,u.\ dn\,u\frac{f_\mu(x)}{g_\mu(x)} \qquad x = sn\,u$$

worin $f_\mu(x)$, $g_\mu(x)$ ganze rationale, zu einander prime Functionen in $k(i)$ sind, und zwar $g_\mu(x)$ vom Grade m, $f_\mu(x)$ vom Grade $m-3$ oder $m-4$ jenachdem μ durch 2 teilbar ist oder nicht. Eine Ausnahme hievon bildet der Fall, wo

III. $\mu=1+i$:

$$\left.\begin{aligned} sn\,(1+i)u &= \frac{(1+i)sn\,u}{cn\,u.\ dn\,u} \\ \wp\,(1+i)u &= \frac{\wp\,u^2-1}{2i\,\wp\,u} \end{aligned}\right\} \qquad (3)$$

1) Eisenstein, Beiträge zur Theorie der Elliptischen Functionen, (Mathematische Abh. S.129.)

§ 2.

Teilung der Periode durch eine ungerade Primzahl in $k(i)$.—Es bedeute μ eine ungerade Primzahl des Körpers $k(i)$, m die Norm derselben. Die Gleichung $m-1^{\text{ten}}$ Grades in x

$$\psi_\mu(x^4)=0 \tag{4}$$

ist nach einem wohlbekannten Satze Eisensteins in $k(i)$ irreducibel. Die Wurzeln derselben sind die Grössen

$$x_\lambda = sn\,\gamma^\lambda \frac{\Omega}{\mu} \qquad \lambda=0,\ 1,\ \cdots\ m-2 \tag{5}$$

wenn mit γ eine Primitivzahl nach μ bezeichnet wird. Die Gleichung (4) ist cyclisch in dem Rationalitätsbereich $k(i)$; sie definirt einen relativ-cyclischen Körper C_μ vom Relativgrade $m-1$ in Bezug auf $k(i)$.

Um die Discriminante D der Gleichung (4) zu finden, bedienen wir uns der Identität:

$$\begin{aligned}(sn\,u-sn\,v)(sn\,u+sn\,v)\{sn(u+v)-sn(u-v)\}\\ =2sn\,u.\ cn\,u.\ dn\,u.\ sn(u+v)sn(u-v)\end{aligned} \tag{6}$$

worin wir $sn\,u$, $sn\,v$ der Reihe nach durch alle möglichen Combinationen x_λ, $x_{\lambda'}$ aus den Grössen (5) ersetzen, mit Ausnahme derjenigen für die $\lambda=\lambda'$ oder $\lambda\equiv\lambda'$ mod. $\dfrac{m-1}{2}$ wird; dann nehmen $sn(u+v)$, $sn(u-v)$ bis auf die Anordnung dieselben Werte. Zusammenmultiplicirt und noch vervollständigt mit dem Factor:

$$(\prod^{\lambda} 2x_\lambda)^3 = 2^{3(m-1)}\mu^3 \qquad \lambda=0,\ 1,\ \cdots\ m-2$$

ergeben diese Gleichungen:

$$D^3 = 2^{m(m-1)}\mu^{3(m-2)}\left(\prod^{\lambda} cn\,\gamma^\lambda\frac{\Omega}{\mu}\,dn\,\gamma^\lambda\frac{\Omega}{\mu}\right)^{m-3}.$$

Lassen wir in der ersten Formel (3) u die Werte $\gamma^\lambda\dfrac{\Omega}{\mu}$ ($\lambda=0,\ 1,\ \cdots\ m-2$) durchlaufen, so durchläuft $sn\,u$ und $sn\,(1+i)u$ die Grössenreihe (5), woraus sich ergibt

$$\prod^{\lambda} cs\,\gamma^\lambda\frac{\Omega}{\mu}dn\,\gamma^\lambda\frac{\Omega}{\mu}=(1+i)^{m-1},$$

sodass endlich

$$D = 2^{\frac{(m-1)^2}{2}}\mu^{m-2}. \tag{7}$$

§ 3.

Bestimmung der Discriminante des Körpers C_μ.—Es sei nun

$$m-1=2^{h_0}p_1^{h_1}p_2^{h_2}\cdots$$

die Primzahlzerlegung der rationalen Zahl $m-1$ im natürlichen Rationalitätsbereich, so besizt der zu $k(i)$ relativ-cyklische Körper C_μ je einen Unterkörper vom Relativgrade 2^{h_0}, $p_1^{h_1}$, $p_2^{h_2}$, $\cdots$ in Bezug auf $k(i)$, welche durch Zusammensetzung den Körper C_μ erzeugen. Da ein relativcyklischer Körper von einem ungeraden Relativgrade über $k(i)$ nicht den Factor $1+i$ in ihrer Relativdiscriminante enthalten kann(§ 11), so sind nach (7) die Relativdiscriminanten der obenerwähnten Relativkörper vom Relativgrade $p_1^{h_1}$, $p_2^{h_2}$, $\cdots$ eine Potenz von μ. Weil es aber keinen Relativkörper über $k(i)$ gibt, dessen Relativdiscriminante eine Einheit ist, so muss die Zahl μ in jedem dieser Unterkörper in so viele identische Primideale zerfallen, wie der Relativgrad des betreffenden Körpers beträgt.

Was den Unterkörper vom Relativgrade 2^{h_0} betrifft, so muss seine Relativdiscriminante gewiss den Factor μ enthalten; denn da die Wurzeln der Gleichung (4) aus Paaren entgegengesetzter Zahlen bestehen, und da die Anzahl der Wurzeln $m-1$ Vielfaches von 4 ist, so sieht man aus

$$x_0 x_1 \cdots x_{m-2} = \mu,$$

dass die Zahl $\sqrt{\mu}$ im Körper C_μ enthalten sein muss. Diese Zahl $\sqrt{\mu}$ bestimmt aber einen relativquadratischen Körper über $k(i)$, welcher als Teiler in unserem Körper vom Relativgrade 2^{h_0} enthalten ist. Die Relativdiscriminante dieses relativquadratischen Körpers enthält aber gewiss den Factor μ, und infolgedessen auch die Relativdiscriminante des Körpers vom Relativgrade 2^{h_0}. Da dieser Körper als ein relativ-cyklischer über $k(i)$ keinen anderen relativquadratischen Unterkörper ausser $k(\sqrt{\mu})$ enthalten kann, so folgt aus der Betrachtung des Trägheitskörpers von μ, dass μ auch in unserem Körper vom Relativgrade 2^{h_0} in 2^{h_0} identischen Primideale zerfallen muss.

Die Zahl μ muss hiernach im Körper C_μ in $m-1$ identische Primideale zerfallen; die Relativdiscriminante von C_μ enthält μ zur $m-2^{\text{ten}}$ Potenz. Dieses Primideal ist ein Hauptideal in C_μ und wird durch jede der Wurzeln (5) erzeugt, welche folglich associrte Zahlen sind.

Es handelt sich nun darum, zu entscheiden, ob und inwiefern die Zahl $1+i$ in der Relativdiscriminante des Körpers C_μ enthalten ist.

Ist $sn\, u$ eine beliebige Wurzel der Gleichung (4), so ist $sn\,(1+i)u$ auch Wurzel der Gleichung (4) und als solche associrt mit $sn\, u$. Es folgt daher aus der Formel (3), dass

$$cn\, u.\ dn\, u \text{ associrt mit } 1+i$$

ist.

Bedeuten nun $x_1 = sn\, u$, $x_1' = sn\, v$ zwei beliebige Grösse der Reihe (5), welche jedoch nicht der Gleichung $x_1 = \pm x_1'$ genügen, so sind $x_2 = sn(u+v)$, $x'_2 = sn(u-v)$ auch Wurzeln der Gleichung (4) und $x_2 \neq \pm x_2'$. Es folgt daher aus der Identität (6), dass

$$(x_1 - x_1')(x_1 + x_1')(x_2 - x_2') \text{ associrt mit } (1+i)^3 x_1^3$$

ist; vertauscht man v mit $-v$, was offenbar erlaubt ist, so folgt hieraus, dass

$$(x_1+x_1')(x_1-x_1')(x_2+x_2') \text{ associrt mit } (1+i)^3 x_1^3$$

ist, woraus dann folgt:

$$x_2+x_2' \text{ associrt mit } x_2-x_2'.$$

Dies gilt aber offenbar für jede zwei Wurzeln x, x', die der Gleichung $x=\pm x'$ nicht genügen.

Es ist daher

$$(x_1-x_1')^2(x_2-x_2') \text{ ass. mit } (1+i)^3 x_1^3;$$

ersetzt man hierin u, v resp. durch $u+v$, $u-v$, so erhält man

$$(x_2-x_2')^2(x_3-x_3') \text{ ass. mit } (1+i)^3 x_1^3.$$

Fährt man aber in dieser Weise fort, so gelangt man schliesslich zu:

$$(x_h-x_h')^2(x_1-x_1') \text{ ass. mit } (1+i)^3 x_1^3.$$

Aus dieser Kette von Beziehungen schliesst man, dass

$$x_1-x_1' \text{ ass. mit } (1+i)x_1$$

ist.

Mit Hülfe der Gleichungen

$$sn\, 2u = \frac{2\, sn\, u.\, cn\, u.\, dn\, u}{1+(sn\, u)^4}$$

$$sn\,(-1+2i)u = sn\, u.\, \frac{(sn\, u)^4+(-1+2i)}{(-1+2i)(sn\, u)^4+1}$$

oder

$$\frac{sn\, u - sn\,(-1+2i)u}{sn\,(-1+2i)u} = \frac{2i(sn\, u^4+1)}{sn\, u^4+(-1+2i)}$$

schliesst man sodann für $\mu \neq -1+2i$, d. h. $m>5$, dass

$$\frac{x^4-1+2i}{4}$$

eine Einheit ist, wenn x eine beliebige der Wurzeln der Gleichung (4) bedeutet.

Die Discriminante der Gleichung für x^4, $\psi_\mu(x^4)=0$ ist aber, wie unmittelbar aus (7) folgt,

$$\pm 4^{M(M-1)}\mu^{M-1}, \quad M=\frac{m-1}{4}.$$

Die Discriminante der Zahl $\dfrac{x^4-1+2i}{4}$ in dem durch x^4 definirten Körper ist daher

$$\pm \mu^{M-1}.$$

Hieraus folgt, dass die Relativdiscriminante des Körpers $k(x^4)$ in Bezug auf $k(i)$ $=\mu^{M-1}$ also relativ prim zu $1+i$ ist.

Um die Relativdiscriminante des Körpers $k(x^2)$ in Bezug auf $k(x^4)$ zu bestim-

$$\omega = \frac{i+(sn\, u)^2}{cn\, u.\, dn\, u},$$

indem wir mit $sn\, u$ eine Wurzel der Teilungsgleichung (4) bezeichnen. Dann ist ω eine Zahl des Körpers $k(x^2)$, ihre Conjugirte in Bezug auf $k(x^4)$ ist

$$\omega' = \frac{i-(sn\, u)^2}{cn\, u.\, dn\, u}.$$

Ferner

$$\omega+\omega' = \frac{2i}{cn\, u.\, dn\, u}, \quad \omega\omega' = \frac{1+(sn\, u)^4}{(cn\, u\, dn\, u)^2},$$

$$\frac{\omega}{\omega'}+\frac{\omega'}{\omega} = \frac{2(1-sn\, u^4)}{1+sn\, u^4},$$

woraus unmittelbar folgt, dass diese drei Zahlen mit $1+i$ associrt sind. Hieraus ergibt sich, dass ω, ω' ganze und zwar associrte Zahlen sind; da ferner $\omega\omega'$ mit $1+i$ associrt ist, so folgt, dass jedes Primideal des Körpers $k(x^4)$, welches in $1+i$ aufgeht, in $k(x^2)$ in zwei identische Primideale zerfällt. Wir setzen demnach

$$(1+i) = \mathfrak{z}^2\mathfrak{z}'^2\cdots$$

dann wird

$$(\omega) = \mathfrak{z}\mathfrak{z}'\cdots$$

Hieraus ergibt sich, dass die Relativdifferente des Körpers $k(x^2)$ in Bezug auf $k(x^4)$ dieselbe Potenz der Primideale $\mathfrak{z}$, $\mathfrak{z}'\cdots$ enthält, wie die Relativdifferente der Zahl ω in Bezug auf $k(x^4)$[1]. Es ist aber

$$\omega-\omega' = \frac{2\, sn\, u^2}{cn\, u.\, dn\, u}.$$

Die Relativdifferente des Körpers $k(x^2)$ in Bezug auf $k(x^4)$ enthält den Factor $1+i$ zur ersten Potenz.

Es bleibt nur noch übrig, zu bestimmen, welche Potenzen von $\mathfrak{z}$, $\mathfrak{z}'\cdots$ in die Relativdiscriminante des Körpers $C_\mu = k(x)$ in Bezug auf $k(x^2)$ aufgehen. Es bedeute wie vorher $x = sn\, u$ eine beliebige der Wurzeln der Gleichung (4); jede ganze Zahl des Körpers C_μ lässt sich dann in der Form darstellen

$$\gamma = \frac{\alpha+\beta x}{2},$$

wenn α, β ganze Zahlen des Körpers $k(x^2)$ bedeuten, die der Bedingung

$$\alpha^2-\beta^2x^2 \equiv 0 \quad mod.\ 4 \tag{8}$$

Genüge leisten. Nun ist die Zahl

$$\xi = 1+i\, cn\, u$$

gewiss eine ganze Zahl des Körpers $k(x^2)$ und

$$\xi^2-x^2 = 2i\, cn\, u \equiv 0 \quad mod.\ \mathfrak{z}^5\mathfrak{z}'^5\cdots$$

nicht aber für eine höhere Potenz irgend eines $\mathfrak{z}$ als Modul. Es ist nun zu beweisen,

1) Vgl. Hilbert, Die Theorie der alg. Zahlkörper, Bericht, erstattet der Deutschen Mathematiker-Vereinigung, S. 392.

dass eine Congruenz der Form

$$\zeta^2 - x^2 \equiv 0 \quad (mod.\ \mathfrak{z}^6)$$

überhaupt für eine Zahl ζ des Körpers $k(x^2)$ unmöglich ist. In der Tat: wäre $\zeta^2 \equiv x^2(\text{mod } \mathfrak{z}^6)$, so müsste erstens $\zeta^2 \equiv \xi^2(\text{mod } \mathfrak{z}^5)$, d. h. $\zeta^2 - \xi^2 = (\zeta - \xi)(\zeta + \xi)$ teilbar durch $\mathfrak{z}^5$. Dies hätte aber zur Folge, dass $\zeta^2 \equiv \xi^2(\text{mod. } \mathfrak{z}^6)$ und daher müsste $\xi^2 - x^2 = (\zeta^2 - x^2) - (\zeta^2 - \xi^2)$ auch durch $\mathfrak{z}^6$ teilbar sein, was aber nicht der Fall sein kann.

Wir können nun zeigen, dass die Congruenz (8) dann und nur dann möglich ist, wenn β durch $1+i$ teilbar ist. Wäre nämlich β nicht durch $\mathfrak{z}^2$ teilbar, so könnte man, da jedenfalls α und β durch dieselbe Potenz von $\mathfrak{z}$ teilbar sein müssen, eine Zahl ζ aus der Congruenz

$$\alpha \equiv \beta\zeta \quad (mod.\ \mathfrak{z}^8)$$

bestimmen; es muss dann $\beta^2(\zeta^2 - x^2)$ durch $\mathfrak{z}^8$ teilbar sein, und da β nicht durch $\mathfrak{z}^2$ teilbar sein sollte, so musste $\zeta^2 - x^2$ wenigstens durch $\mathfrak{z}^6$ teilbar sein, was aber nicht möglich ist. Es muss daher β durch $\mathfrak{z}^2$ und ähnlicherweise durch $\mathfrak{z}'^2, \cdots$ also durch $1+i$ teilbar sein.

Ist aber β durch $1+i$ teilbar, so nehmen wir einfach

$$\alpha = \beta\xi = \beta(1 + i\, cn\, u),$$

sodass

$$\alpha^2 - \beta^2 x^2 = \beta^2(\xi^2 - x^2) \equiv 0 \quad (mod.\ 4),$$

um in

$$\gamma = \frac{\alpha + \beta x}{2}$$

wirklich eine ganze Zahl des Körpers C_μ zu erhalten.

Jede ganze Zahl des Körpers $C_\mu = k(x)$ lässt sich demnach in der Form darstellen

$$\gamma = \frac{\alpha + \beta x}{1+i},$$

worin α, β ganze Zahlen des Körpers $k(x^2)$ bedeuten, und es existirt wirklich ganze Zahlen in $k(x)$, bei denen β relativ prim zu $1+i$ ist.

Wir schliessen daher aus

$$\gamma - \gamma' = (1-i)\beta x,$$

dass die Relativdifferente des Körpers C_μ in Bezug auf $k(x^2)$ den Factor $1+i$ zur ersten Potenz enthält.

Hiermit haben wir den Satz bewiesen:

Ist μ eine ungerade Primzahl des Körpers $k(i)$, so ist der Teilungskörper C_μ relativ cyclisch vom Relativgrade $m-1$ in Bezug auf $k(i)$. Seine Relativdiscriminante ist $2^{m-1}\mu^{m-2}$.

Ist

$$m - 1 = 2^{h+2} p_1^{h_1} p_2^{h_2} \cdots$$

die Primzahlzerlegung der Zahl $m-1$, so ist in C_μ als Teiler enthalten je ein relativ cyclischer Körper

vom Relativgrade	*mit der Relativdiscriminante*	
$p_1^{\lambda_1}$	$\mu^{p_1\lambda_1-1}$	$(\lambda_1=1, 2, \cdots h_1)$
$p_2^{\lambda_2}$	$\mu^{p_2\lambda_2-1}$	$(\lambda_2=1, 2, \cdots h_2)$
......	....	
2^{λ}	$\mu^{2\lambda-1}$	$(\lambda=1, 2, \cdots h)$
2^{h+1}	$(1+i)^{2h+1}\mu^{2h+1-1}$	
2^{h+2}	$(1+i)^{2h+3}\mu^{2h+2-1}$	

§ 4.

Teilung durch eine ungerade Primzahlpotenz. —Es bedeute wiederum μ eine ungerade complexe Primzahl, m ihre Norm. Die Multiplicationsformel der Function $sn\,u$ mit dem Factor μ^h erhält man durch Iteration aus der Formel

$$sn\,\mu u = x\frac{\psi_1(x^4)}{\chi_1(x_4)} \qquad x = sn\,u.$$

Ersetzt man hierin x durch $x\frac{\psi_1(x^4)}{\chi_1(x^4)}$, so kommt, nachdem man die Brüche in Nenner und Zähler beseitigt hat,

$$sn\,\mu^2 u = x\frac{\Psi_2}{X_2}.$$

Ψ_2 enthält ψ_1 als Factor; setzt man

$$\Psi_2 = \psi_1\psi_2,$$

so ist ψ_2 vom Grade $\varphi(\mu^2)=m(m-1)$ in x; der Coefficient der höchsten Potenz von x in ψ_2 ist 1, das constante Glied μ, die anderen Coefficienten sind alle durch μ teilbar.

Durch den Schluss von n auf $n+1$ erhält man das allgemeine Resultat:

$$sn\,\mu^h u = x\frac{\Psi_h(x^4)}{X_h(x^4)} \qquad x = sn\,u$$

$$\Psi_h = \psi_1\psi_2\cdots\psi_h.$$

ψ_h ist vom Grade $\varphi(\mu^h)=m^{h-1}(m-1)$ in x, ihre Coefficienten sind von der oben erwähnten Beschaffenheit. Man erhält daher den Satz:

Die Gleichung $\varphi(\mu^h)=m^{h-1}(m-1)^{ten}$ Grades

$$\psi_h(x^4) = 0,$$

von der die eigentliche μ^h Teilung der Periode abhängt, ist irreducibel in $k(i)$.

Die Discriminante der Gleichung (9) enthält nur die Factoren μ und $1+i$, wie es sich durch genau dieselbe Betrachtung wie in § 2 nachweisen lässt.

Um die Gruppe dieser Gleichung zu bestimmen, unterscheiden wir zwei Fälle:

Ist $\mu=\pi$ nicht reell, $m=p$ die Norm von π, so gibt es Primitivzahlen nach π^h. Es sei g eine derselben, dann sind die Wurzeln von (9) die Grösse

$$x_\lambda = sn\, g^\lambda \frac{\Omega}{\mu^h} \qquad \lambda = 0, 1, \cdots p^{h-1}(p-1)-1.$$

Die Gleichung (9) bestimmt daher einen relativcyclischen Körper vom Relativgrade $p^{h-1}(p-1)$ in Bezug auf $k(i)$. In demselben ist enthalten als Teiler ein relativcyclischer Körper vom Relativgrade p^{h-1}, dessen Relativdiscriminante eine Potenz von π ist, und ein relativcyclischer Körper vom Relativgrade $p-1$, welcher nichts anders ist als derjenige, welcher aus der π-Teilung entspringt und welchen wir im vorigen mit C_π bezeichnet haben.

Ist aber $\mu=q$ reell, also $m=q^2$, so lassen sich die $q^{2(h-1)}(q^2-1)$ incongruenten zu q relativ primen Zahlclassen des Körpers $k(i)$ nach dem Modul q^h $(h>1)$ nicht durch die Potenzen einer Zahl repräsentiren. Ist nämlich γ eine Primitivzahl nach q in $k(i)$, so ist $\gamma^{q^2-1}\equiv 1$ (mod. q). Besteht diese Congruenz auch mod. q^2, so nehmen wir statt γ, $\gamma+\lambda q$ wo $\lambda \not\equiv 0$ (mod. q) und sind sicher, dass für diese neue Primitivzahl nach q, die wir einfach mit γ bezeichnen wollen, die obige Congruenz nur für mod. q besteht; also

$$\gamma^{q^2-1} = 1+\xi q, \qquad \xi \not\equiv 0 \quad (mod.\ q).$$

Hieraus folgt der Reihe nach

$$\gamma^{q(q^2-1)} = 1+\xi' q^2, \qquad \xi' \not\equiv 0 \quad (mod.\ q).$$

$$\cdots\cdots$$

$$\gamma^{q^{h-1}(q^2-1)} = 1+\xi^{(h-1)} q^h, \qquad \xi^{(h-1)} \not\equiv 0 \quad (mod.\ q).$$

Die Zahl γ gehört also mod. q^h dem Exponenten $q^{h-1}(q^2-1)$. Es folgt hieraus, dass für jede ganze Zahl α des Körpers $k(i)$ die Congruenz

$$\alpha^{q^{h-1}(q^2-1)} \equiv 1 \quad (mod.\ q)$$

besteht.

Wenn nun γ' eine Zahl ist, deren Potenz für keinen kleineren Exponenten als q^{h-1} mod. q^h congruent mit einer Potenz von γ wird, so werden alle $q^{2(h-1)}(q^2-1)$ mod. q^h incongruenten zu q relativ primen Zahlclassen durch

$$\gamma^\lambda \gamma'^\mu \quad \begin{pmatrix} \lambda=0, 1, \cdots q^{h-1}(q^2-1)-1 \\ \mu=0, 1, \cdots q^{h-1}-1 \end{pmatrix}$$

repräsentirt.

Um die Existenz einer solchen Zahl γ' nachzuweisen, betrachten wir die Gesamtheit der Zahlen α, die mod. q^h zum Exponenten q^{h-1} gehören; für diese Zahlen wird dann $\alpha\equiv 1$ (mod. q), nicht aber mod. q^2; sie sind daher in q^2-1 mod. q^2 incongruenten Zahlclassen von der Form $\alpha=1+\xi q$ ($\xi\not\equiv 0$ mod. q) enthalten. Von diesen sind nur $q-1$ verschiedene Classen unter den Potenzen von γ enthalten, nämlich $\gamma^{\lambda(q^2-1)}$ ($\lambda=1, 2, \cdots q-1$). Wählt man daher γ' beliebig aus den übrigbleibenden Classen, so wird γ' in der Tat die gesuchte Zahl sein. Denn ist $a>0$ der kleinste Exponent, für den $\gamma'^a\equiv\gamma^\mu$(mod. q^2) wird, so muss erstens a in q^{h-1} aufgehen, sodann muss μ teilbar sein durch $a(q^2-1)$ und endlich, wenn man $\mu=ba(q^2-1)$ setzt, muss die Zahl $\gamma'\gamma^{-b(q^2-1)}$ mod. q^h zum Exponenten a gehören.

Wäre also $a<q^{h-1}$, so musste $\gamma'\gamma^{-b(q^2-1)}\equiv 1$ wenigstens mod. q^2, was aber durch die Wahl von γ' ausgeschlossen ist.

Hiernach lassen sich die Wurzeln der Gleichung (9) für $\mu=q$ in der Form darstellen

$$x_{\lambda,\mu}=sn\,\gamma^{\lambda}\gamma'^{\mu}\frac{\Omega}{q^h}\quad\begin{pmatrix}\lambda=0,1,2,\cdots q^{h-1}(q^2-1)-1\\ \mu=0,1,2,\cdots q^{h-1}-1\end{pmatrix}$$

Bezeichnen wir nun die Substitutionen (x_{00}, x_{10}) (x_{00}, x_{01}) resp. mit s, t, so ist die Gruppe der Gleichung (9) eine Abel'sche und zwar mit den Elementen

$$s^{\lambda}t^{\mu}\quad\begin{pmatrix}\lambda=0,1,2,\cdots q^{h-1}(q^2-1)-1\\ \mu=0,1,2,\cdots q^{h-1}-1\end{pmatrix}$$

Der Teilungskörper ist also in diesem Falle relativ Abel'sch in Bezug auf $k(i)$. Dieser enthält als Teiler $q^{h-1}+1$ von einander verschiedene relativcyclische Körper vom Relativgrad q^{h-1} in Bezug auf $k(i)$. Die Relativdiscriminante jedes dieser Körper ist eine Potenz von q. Der in dem ganzen Teilungskörper enthaltene relativcyclische Unterkörper vom Relativgrade q^2-1 ist nichts anders als derjenige, welcher aus der q-Teilung entspringt.

§ 5.

Teilung durch die Potenz von $1+i$. ——Wir bedienen uns in diesem Falle der Function $\wp\,u$: aus der Formel

$$\wp\,(1+i)u=\frac{\wp\,u^2-1}{2i\,\wp\,u}$$

erhält man durch Iteration

$$\wp\,(1+i)^h u=\frac{f_h(x)}{g_h(x)}\qquad x=\wp\,u$$

worin f_h, g_h ganze rationale ganzzahlige Functionen in $k(i)$ sind, welche durch die Recursionsformel

$$f_{\lambda+1}=f_\lambda^2-g_\lambda^2$$
$$g_{\lambda+1}=2if_\lambda g_\lambda$$

in Verbindung mit

$$f_1=x^2-1,\qquad g_1=2ix$$

vollständig definirt werden.

Die Gleichung 2^{h-1}ten Grades

$$f_h(x)=0,\tag{10}$$

von welcher die $(1+i)^h$-Teilung abhängt, lässt sich in $k(i)$ in vier Gleichungen 2^{h-2}ten Grades zerlegen

$$f_h(x)=(f_{h-2}-ig_{h-2})^2(f_{h-2}+ig_{h-2})^2=0.$$

Aus

$$\wp\left(\frac{\Omega}{2}\right)=1\qquad\wp\left(\frac{\Omega i}{2}\right)=-1$$

folgt durch die Auflösung der Gleichungen

$$\frac{x^2-1}{2ix} = \pm 1,$$

dass

$$\wp\,\frac{\Omega}{4}(1+3i) = \wp\,\frac{\Omega}{4}(3+i) = i,$$

$$\wp\,\frac{\Omega}{4}(1+i) = \wp\,\frac{\Omega}{4}(3+3i) = -i.$$

Die Wurzeln der Gleichung

$$f_{h-2}(x) - ig_{h-2}(x) = 0$$

sind daher die Grössen $\wp\, u$ mit

$$u = \frac{\xi+\eta i}{(1+i)^h}\Omega,$$

worin

$$(\xi,\ \eta) \equiv (0,\ 1),\ (0,\ 3),\ (2,\ 3),\ (2,\ 1)\quad mod.\ 4.$$

Da aber $\wp\,(-u) = \wp\, u$, so sind diese Grössen enthalten in

$$\wp\,\frac{\xi+\eta i}{(1+i)^h}\Omega \qquad \begin{pmatrix} \xi \text{ gerade} \\ \eta \equiv 1 \text{ mod. } 4. \end{pmatrix}$$

Die Wurzeln der Gleichung

$$f_{h-2}(x) + ig_{h-2}(x) = 0$$

sind die Grössen

$$\wp\,\frac{\xi+\eta i}{(1+i)^h}\Omega \qquad \begin{pmatrix} \xi \equiv 1 \text{ mod. } 4. \\ \eta \text{ gerade} \end{pmatrix}$$

Berücksichtigt man aber, dass $\wp\, iu = -\wp\, u$, so sieht man, dass die beiden Gleichungen denselben Körper definiren.

Da ferner der Körper der $(1+i)^\lambda$-Teilung in demjenigen der $(1+i)^{\lambda+1}$-Teilung als Teiler enthalten ist, wollen wir uns auf die Gleichung der $(1+i)^{2m+3}$-Teilung

$$f_{2m}(x) + ig_{2m}(x) = 0 \tag{11}$$

beschränken, deren Wurzeln die 2^{2m} Grössen

$$\wp\,\frac{\xi+\eta i}{(1+i)^{2m+3}}\Omega \qquad \begin{pmatrix} \xi = 1,\ 5,\ \cdots\ 4(2^m-1)+1 \\ \eta = 0,\ 2,\ \cdots\ 2(2^m-1) \end{pmatrix}$$

sind.

Es sei γ eine ungerade ganze Zahl in $k(i)$ derart, dass erstens der reelle Teil derselben $\equiv 1$ mod. 4 und zweitens die mit ihr associrte primäre Zahl nicht $\equiv 1$ mod. 4 ist, wie z.B. die Zahl $1+2i$. Diese Zahl γ gehört dann mod. $(1+i)^{2m+3}$ zum Exponenten 2^m; die 2^m Potenzen von γ mit den Exponenten $0, 1, 2, \cdots 2^m-1$ sind alle von der Form $\xi+\eta i$, $\xi \equiv 1$ mod. 4, η, gerade; und sind mit einander mod. $(1+i)^{2m+3}$ incongruent. Es existiren nun ebenso wie γ beschaffene Zahlen, unter anderen die zu γ conjugirte Zahl γ', von welcher keine niedrigere Potenz als die 2^mte mit einer der Potenzen von γ mod. $(1+i)^{2m+3}$ congruent wird. Dann sind die Wurzeln der Gleichung (11) die 2^{2m} Grössen

$$x_{\lambda,\lambda'} = \wp\,\gamma^{\lambda}\gamma'^{\lambda'}\frac{\Omega}{(1+i)^{2m+3}} \qquad (\lambda,\ \lambda'=0,\ 1,\ 2,\ \cdots\ 2^m-1).$$

Die Gleichung (11) reducirt sich nun in eine Kette von $2m$ quadratischen Gleichungen:

$$y_0 = -i = \frac{y_1^2-1}{2i\,y_1},$$
$$y_1 = \frac{y_2^2-1}{2i\,y_2},$$
$$\cdots\cdots\cdots$$
$$y_{2m-1} = \frac{y_{2m}^2-1}{2i\,y_{2m}}.$$

Betrachten wir eine dieser quadratischen Gleichungen

$$y_{n+1}^2-2i\,y_n y_{n+1}-1 = 0,$$

so sehen wir zunächst aus der Discriminante derselben

$$d_{n+1} = -4(y_n^2-1) = -8i\,y_n y_{n-1},$$

dass die Discriminante der Gleichung (11) und folglich auch die Relativdiscriminante des durch sie definirten Körpers in Bezug auf $k(i)$ nur den Primfactor $1+i$ enthalten, da die Zahlen y sämtlich Einheiten sind.

Ferner leuchtet ein, dass der Körper $k(y_{n+1})$ durch Adjunction der Zahl $\sqrt{y_n}$ aus dem Körper $k(y_n)$ hervorgeht. Um uns zu überzeugen, dass die Gleichung (11) wirklich einen Körper vom Relativgrade 2^{2m} definirt, genügt es zu zeigen, dass jedesmal der Körper $k(y_{n+1})$ wirklich von $k(y_n)$ verschieden ist, oder was dasselbe ist, dass die Zahl y_n keine Quadratzahl in $k(y_n)$ ist. Da $y_1=1\pm\sqrt{2}$, so ist $k(y_1)$ wirklich von $k(i)$ verschieden. Wir nehmen also an, dass $k(y_n)$ vom Relativgrade 2^n ist, und wollen beweisen, dass dann der Körper $k(y_{n+1})$ wirklich vom Relativgrade 2^{n+1} sein muss. Wäre nämlich $y_n=(\alpha+\beta y_n)^2$, worin α, β zwei Zahlen des Körpers $k(y_{n-1})$ bedeuten, so folgt hieraus, wegen der vorausgesetzten Irreducibilität der Gleichung für y_n in $k(y_{n-1})$, dass

$$\beta^2 = -\alpha^2 = \frac{2\,\alpha\beta-1}{-2i\,y_{n-1}},$$

d.h.

$$y_{n-1}\pm 1 = \left\{\frac{1}{(1-i)\beta}\right\}^2.$$

Die Norm der Zahl $y_{n-1}\pm 1$ in Bezug auf $k(y_{n-2})$ ist aber $\pm 2i\,y_{n-2}$; es sollte also y_{n-2} eine Quadratzahl in $k(y_{n-2})$ sein, was nach der Voraussetzung nicht möglich ist.

Die Gleichung (11) ist daher in $k(i)$ irreducibel, sie definirt einen relativ Abel'schen Körper vom Relativgrade 2^{2m} in Bezug auf $k(i)$.

Da es keinen Körper über $k(i)$ mit der Relativdiscriminante 1 gibt, und da die Relativdiscriminante des Körpers $k(y_n)$ eine Potenz von $1+i$ ist, so folgt, dass die Zahl $1+i$ gleich einer 2^nten Potenz eines Primideals in $k(y_n)$ sein muss. Um zu zeigen, dass dieses Primideal ein Hauptideal ist, betrachten wir die Zahl

$$\zeta_n = \frac{2}{y_n - y_{n-1}}$$

des Körpers $k(y_n)$. Ihre relative Spur und Norm bez. $k(y_{n-1})$ sind

$$\zeta_n + \zeta_n' = \frac{2(1+i)}{y_{n-1}-y_{n-2}} \qquad \zeta_n\zeta_n' = \frac{i}{y_{n-1}} \cdot \frac{2}{y_{n-1}-y_{n-2}}. \tag{12}$$

ζ_n ist also eine ganze Zahl, wenn $\zeta_{n-1} = \frac{2}{y_{n-1}-y_{n-2}}$ es ist.

Die Zahl

$$\zeta_1 = \frac{2}{y_1 - y_0} = \frac{2}{y_1 + i}$$

ist aber eine ganze Zahl, da

$$\zeta_1 + \zeta_1' = -2i \qquad \zeta_1\zeta_1' = -(1+i). \tag{13}$$

Folglich ist ζ_n eine ganze Zahl. Die Relativnorm der Zahl ζ_n genommen in $k(y_n)$ und in Bezug auf $k(i)$ ist nach (12) gleich der Relativnorm von ζ_{n-1} genommen in $k(y_{n-1})$, bis auf eine Einheit. Es ist also nach (13)

$$N\zeta_n = \varepsilon(1+i),$$

wenn ε eine Einheit bedeutet; im Sinne der Idealengleichheit ist demnach

$$(\zeta_n)^{2^n} = (1+i).$$

Hieraus schliesst man ferner, dass die Relativdifferente δ_n des Körpers $k(y_n)$ in Bezug auf $k(y_{n-1})$ der Relativdifferente der Zahl ζ_n in Bezug auf $k(y_{n-1})$ gleich ist; also bis auf eine Einheit

$$\delta_n = (1+i)\zeta_{n-1}.$$

Die Relativdifferente des durch (11) definirten relativ Abel'schen Körpers in Bezug auf $k(i)$ ist daher

$$\mathfrak{D}_{2m} = (1+i)^{2m}\zeta_{2m-1}\zeta_{2m-2}\cdots\zeta_0$$

und endlich die Relativdiscriminante

$$D_{2m} = 2^{(m+1)2^{2m}-1}.$$

Dieser relativ Abel'sche Körper vom Relativgrade 2^{2m} enthält als Teiler 2^m+1 von einander verschiedene relativcyclische Körper vom Relativgrade 2^m, deren Relativdiscriminante nur den Primfactor $1+i$ enthält.

§ 6.

Durch die bisherigen Auseinandersetzungen wurde die Existenz der folgenden relativ-cyclischen Körper über $k(i)$ nachgewiesen:

1) Eines relativcyclischen Körpers vom Relativgrade p^λ ($\lambda=1, 2, 3, \cdots h$), dessen Relativdiscriminante eine Potenz der ungeraden Primzahl μ des Körpers $k(i)$ ist. Hierin bedeutet die Zahl h den Exponenten der höchsten Potenz von p,

die in $m-1$ aufgeht, wenn m die Norm von μ in $k(i)$ ist.

2) Eines relativcyclischen Körpers vom Relativgrad p^λ (λ beliebig), dessen Relativdiscriminante eine Potenz von π ist. Hierin bedeutet π eine Primzahl ersten Grades des Körpers $k(i)$ und p ihre Norm.

3) $q^\lambda+1$ relativcyclischer Körper vom Relativgrade q^λ (λ beliebig), deren Relativdiscriminante eine Potenz von q ist, wenn q eine Primzahl zweiten Grades in $k(i)$ ist.

4) Eines relativcyclischen Körpers vom Relativgrade 2^λ ($\lambda=1,2,\cdots h, h+1, h+2$), dessen Relativdiscriminante für $\lambda\leqq h$ nur den Factor μ, und für $\lambda=h+1, h+2$ ausserdem nur noch den Factor $(1+i)$ enthält. Hierin bedeutet μ eine ungerade Primzahl des Körpers $k(i)$, und 2^h die höchste Potenz von 2, die in $\frac{1}{4}(m-1)$ aufgeht, wenn m die Norm von μ ist.

5) $2^\lambda+1$ relativcyclischer Körper vom Relativgrade 2^λ (λ beliebig), deren Relativdiscriminante eine Potenz von $1+i$ ist.

§ 7.

Primideale des Teilungskörpers. Es bedeute μ^λ eine gerade oder ungerade Primzahlpotenz des Körpers $k(i)$, K den Körpers der μ-Teilung, M den Relativgrad desselben in Bezug auf $k(i)$.

Wir haben gezeigt, dass die Primzahl μ gleich der M^{ten} Potenz eines primen Hauptideals $\mathfrak{M}$ in K ist. $\mathfrak{M}$ ist vom ersten Grade in Bezug auf $k(i)$.

Es sei nun ν eine ungerade, primäre, von μ verschiedene Primzahl des Körpers $k(i)$, n deren Norm.

Bedeutet

$$x = sn\, u$$

eine Wurzel der Gleichung der μ^h-Teilung, so ist jedenfalls

$$x' = sn\, \nu u$$

auch Wurzel derselben Gleichung. Es ist nun

$$x' = x\frac{x^{n-1}+\nu\gamma}{\nu\gamma'+1},$$

wenn γ, γ' gewisse ganze Zahlen des Körpers K bedeuten. Es folgt hieraus

$$x' \equiv x^n \quad (mod.\ \nu).$$

Eine solche Congruenz besteht aber nicht für eine andere Wurzel x'' der Teilungsgleichung, weil $x'-x''$ nur durch diejenigen Primideale des Körpers K teilbar ist, die in μ oder in $1+i$ aufgehen.

Bezeichnen wir nun mit s die Substitution (x, x') des Körpers K, so ist

$$x|s^2 \equiv x^{n^2}, \cdots \quad x|s^\lambda \equiv x^{n^\lambda} \quad (mod.\ \nu).$$

Ist daher f der Grad von s,

$$x^{n^f} \equiv x \quad (mod.\ \nu).$$

Jede ganze Zahl γ des Körpers K lässt sich nun in der Form darstellen

$$c.\,\gamma = a_0 + a_1 x + a_2 x^2 + \cdots + a_{M-1} x^{M-1},$$

wenn $a_0, a_1, \cdots a_{M-1}$ ganze Zahlen des Körpers $k(i)$ und c eine gewisse Potenz von $(1+i)$ bedeuten. Hieraus folgt für jede ganze Zahl des Körpers K

$$\gamma^{n^f} \equiv \gamma \quad (mod.\ \nu).$$

Ist daher $\mathfrak{N}$ ein Primideal des Körpers K, welches in ν aufgeht, und $n^{f'}$ die absolute Norm derselben, so muss $f' \leqq f$. Da aber

$$x^{n^{f'}} \equiv x \quad (mod.\ \mathfrak{N})$$

nicht für $f' < f$ bestehn kann, so ist $f' = f$.

Die Zahl f, als die Gradzahl der Substitution s, muss in die Gradzahl M des Körpers aufgehen; ist $M = ef$, so zerfällt die Zahl ν in e von einander verschiedene Primideale in K. Diese Primideale sind vom f^{ten} Grade in Bezug auf $k(i)$.

Die Zahl f ist aber nichts anders als der Exponent, zu welchem die Zahl ν gehört mod. μ^h.

Es bleibt noch für ungerades μ die Zerlegung der Zahl $1+i$ zu untersuchen. Wir bezeichnen den einzigen Unterkörper von K vom Index 4 mit K', den Relativgrad desselben $\frac{M}{4}$ mit M'. Eine Basis von K' bilden die Potenzen der Zahl (§ 2)

$$y = \frac{x^4 - \alpha}{4}, \qquad \alpha = 1 + 2i,$$

sodass jede ganze Zahl γ des Körpers K' in der Form

$$\gamma = a_0 + a_1 y + a_2 y^2 + \cdots + a_{M'-1} y^{M'-1}$$

darstellbar ist, wenn $a_0, a_1, \cdots a_{M'-1}$ ganze Zahlen des Körpers $k(i)$ bedeuten.

Nun ist die Zahl

$$x' = sn\,(1+i)u = \frac{(1+i)\,sn\,u}{cn\,u\ dn\,u}$$

eine Wurzel der Teilungs-gleichung, und

$$y' = \frac{x'^4 - \alpha}{4}$$

eine zu y conjugirte Zahl. Es ist aber

$$y' = -\frac{4x^4}{(x^4-1)^2} - \frac{\alpha}{4} = \frac{(4y+\alpha)+\alpha(2y-i)^2}{4(2y-i)^2}$$

$$= \frac{-\alpha y^2 + (1-i\alpha)y}{(2y-i)^2},$$

sodass

$$y' \equiv y^2 \quad (mod.\ 1+i).$$

Da ferner $y' - y''$ eine mit $\mathfrak{M}$ associrte Zahl ist, so besteht eine solche Congruenz nicht für ein anderes y''.

Hieraus schliesst man genau in derselben Weise wie vorher, dass, wenn f

den kleinsten Exponenten bedeutet, für den

$$(1+i)^f \equiv 1 \quad (mod.\ \mu^h),$$

und wenn

$$M' = ef$$

gesetzt wird, die Zahl $1+i$ in e von einander verschiedene Primideale in K' zerfällt.

Wir haben schon bewiesen, dass jedes dieser Primideale in 4 identische Primideale in K zerfällt; diese Ideale sind daher vom f^{ten} Grade in Bezug auf $k(i)$.

Die Zerlegung der Primideale des Körpers $k(i)$ im Körper der μ^h-Teilung ist daher genau demselben Gesetz unterworfen, wie bei der Kreisteilungstheorie.

Ist $M=\varphi(\mu^h)=m^{h-1}(m-1)$, so findet in K die Zerlegung statt:

$$\mu = \mathfrak{M}^M : \quad \mathfrak{M} = \left(sn\frac{\Omega}{\mu^h}\right)$$

$$\nu = \mathfrak{N}_1\mathfrak{N}_2\cdots\mathfrak{N}_e : \quad ef = M,\ \nu^f \equiv 1 \quad (mod.\ \mu^h)$$

$$1+i = (\mathfrak{Z}_1\mathfrak{Z}_2\cdots\mathfrak{Z}_e)^4 : \quad ef = \frac{M}{4}, \quad (1+i)^f \equiv 1 \quad (mod.\ \mu^h)$$

$\mathfrak{M}$ ist vom ersten, $\mathfrak{N}$, $\mathfrak{Z}$ vom f^{ten} Grade in Bezug auf $k(i)$. [Vgl. S. 145 dieser Werke]

§ 8.

Teilung durch eine zusammengesetzte Zahl. Ist λ eine zusammengesetzte Zahl des Körpers $k(i)$ und $\lambda=\mu\nu$, worin μ, ν relativprime Zahlen sind, so durchläuft die Zahl

$$\zeta = \eta\mu+\xi\nu$$

alle zu λ relativ primen $\varphi(\lambda)$ incongruenten Zahlclassen mod. λ, wenn man ξ die zu μ relativ primen $\varphi(\mu)$ incongruenten Zahlclassen mod. μ, und η die zu ν relativ primen $\varphi(\nu)$ incongruenten Zahlclassen mod. ν durchlaufen lässt.

Setzt man daher

$$w = \frac{\xi\Omega}{\lambda}, \quad u = \frac{\xi\Omega}{\mu}, \quad v = \frac{\eta\Omega}{\nu}$$

so wird

$$sn\, w = sn(u+v) = \frac{sn\, u\, cn\, v\, dn\, v + sn\, v.\ cn\, u.\ dn\, u}{1+sn^2 u\, sn^2 v}$$

und $sn\, w$ durchläuft alle Wurzeln der Gleichung, von der die eigentliche λ-Teilung abhängt, wenn man in diesem Ausdruck resp. $sn\, u$, $sn\, v$ alle Wurzeln der Gleichungen der μ-, ν- Teilung durchlaufen lässt.

Es lassen sich nun jedenfalls $cn\, u.\ dn\, u$ durch $sn\, u$, $cn\, v.\ dn\, v$ durch $sn\, v$ in $k(i)$ rational ausdrücken, sodass wenn

$$z = sn\, w, \quad x = sn\, u, \quad y = sn\, v$$

gesetzt wird

$$z = f(x, y)$$

und es ist f eine rationale Function in $k(i)$, deren Coefficienten von μ und ν, nicht aber von der Wahl der Wurzeln x, y abhängen.

Der Körper der λ-Teilung ist daher gewiss im demjenigen Körper enthalten, welcher durch die Zusammensetzung der Körper der μ- und ν- Teilung entsteht.

Jeder Teilungskörper ist daher in einem aus einer Anzahl gewisser elementaren Körper des § 6 zusammengesetzten Körper enthalten, ist also relativ Abel'sch in Bezug auf $k(i)$; desgleichen auch für jeden Unterkörper eines Teilungskörpers.

Nach Analogie des Hilbert'schen Kreiskörpers nenne ich einen *Lemniscatenkörper* einen jeden Teilungskörper und seinen Unterkörper wie sie im vorigen in Betracht gezogen wurden, sowie einen jeden aus solchen zusammengesetzten Körper.

§ 9.

Wir kommen nun an den Zielpunkt dieser Abhandlung; es handelt sich darum, nachzuweisen, dass

jeder im Bereich der rationalen complexen Zahlen Abel'sche Körper ein Lemniskatenkörper ist.

Da sich jeder Abel'sche Körper aus den cyclischen Körpern, deren Grad eine Primzahlpotenz ist, zusammensetzen lässt, genügt es zu beweisen, dass jeder relativcyclische Körper über $k(i)$, dessen Grad eine Primzahlpotenz ist, in einem aus den elementaren Lemniskatenkörpern des § 6 zusammengesetzten Körper als Teiler enthalten ist.

Wir schicken die folgenden Hülfssätze voran:

1) Jeder im natürlichen Rationalitätsbereich Galois'sche Körper, welcher die Zahl i enthält, und in Bezug auf $k(i)$ relativ cyclisch ist, ist ein Kreiskörper.

Beweis. Es sei K ein solcher Körper, R derjenige Unterkörper von K, welcher aus allen in K enthaltenen reellen Zahlen besteht. Da K als ein im natürlichen Rationalitätsbereich Galois'scher Körper zu jeder seiner Zahlen die conjugirt complexe enthält, und da K ausserdem die Zahl i enthält, so muss K aus R und $k(i)$ zusammengesetzt sein.

Der Körper K kann daher durch eine Zahl $\theta = \rho + yi$ erzeugt werden, wenn ρ eine den Körper R erzeugende Zahl und y eine passend gewählte rationale Zahl bedeutet. Es sei G die Gruppe des Körpers K; dann hat G einen Teiler C vom Index 2, zu welchem die Zahl i gehört. Diese Untergruppe C muss aber cyclisch sein, da K relativcyclisch ist in Bezug auf $k(i)$. Durch die Substitutionen dieser Untergruppe gehe θ in $\theta', \theta'', \cdots$ und ρ in $\rho', \rho'' \cdots$ über. Ist sodann $\theta' = F(\theta)$, worin F eine rationale Function in $k(i)$ bedeutet, so ist

$$\rho' + yi = F(\rho + yi),$$

woraus dann folgt

$$\rho' = \Re F(\rho + yi) = \varphi(\rho),$$

worin $\Re$ für "reeller Teil von" steht. Da $\theta'' = F(\theta')$, so muss auch

$$\rho'' = \varphi(\rho')$$

sein; also ist R cyclisch im natürlichen Rationalitätsbereich, und folglich ist K ein Kreiskörper.

2) Durch Zusammensetzung zweier Abel'scher Körper entsteht wiederum ein Abel'scher Körper. Ist A ein Abel'scher Körper vom Grade $m = p^{h_1} p^{h_2} \cdots$, welcher aus den cyclischen Körpern $C_1, C_2, \cdots$ vom Grade $p^{h_1}, p^{h_2}, \cdots$ zusammengesetzt ist, B ein cyclischer Körper vom Grade $n = p^k$, wobei k keinen der Exponenten $h_1, h_2, \cdots$ übertrifft, habe ferner A, B einen gemeinsamen Teiler vom Grade g, so kann der aus A und B zusammengesetzte Körper K auch aus A und einem zu A teilerfremden cyclischen Körper vom Grade $n : g$ zusammengesetzt werden. Als Rationalitätsbereich wird hier jeder beliebige algebraische Körper vorausgesetzt.

Beweis. Es bedeute α, β, $\kappa = x\alpha + y\beta$ resp. die den Körper A, B, K erzeugende Zahl. Da sowold α als auch β rational durch κ ausdrückbar sind, so ist, wenn $\kappa' = x\alpha' + y\beta'$ eine zu κ conjugirte Zahl bedeutet, α' durch α, β' durch β folglich beide und daher auch κ' rational durch κ ausdrückbar. K ist daher gewiss ein Galois'scher Körper. Daher gibt es in der Gruppe G von K nur eine Substitution, die unter den conjugirten von α, und unter denjenigen von β eine bestimmte Permutation hervorruft. Die Gesamtheit derjenigen Substitutionen von G, die die Zahl α ungeändert lassen, bildet einen Normalteiler S von G vom Grade $n : g$. Die complementäre Gruppe G/S ist aber mit der Gruppe des Körpers A isomorph, also Abel'sch. Dies besagt aber, dass, wenn σ, σ' zwei Substitutionen der Gruppe G sind, $\sigma\sigma'$ und $\sigma'\sigma$ dieselbe Permutation unter den conjugirten von α hervorrufen. Da dasselbe auch in Bezug auf β gelten muss, so rufen $\sigma\sigma'$ und $\sigma'\sigma$ dieselbe Permutation unter den conjugirten von β hervor. Es muss daher $\sigma\sigma' = \sigma'\sigma$; der Körper K ist in der Tat Abel'sch.

Um den zweiten Teil des Satzes zu beweisen, bemerken wir zunächst, dass die Gruppe S cyclisch sein muss, weil der Körper B nach der Voraussetzung cyclisch ist. Es sei nun α_1 eine den Körper C_1 erzeugende Zahl, $\alpha_1, \alpha_1', \cdots$ ihre conjugirten, ferner seien $\alpha_2, \alpha_2', \cdots$; $\alpha_3, \alpha_3', \cdots$; u. s. w. die entsprechenden Zahlen für $C_2, C_3, \cdots$. Unter den Substitutionen der Gruppe G, welche nicht in S enthalten sind, gibt es dann eine, die wir s_1 nennen wollen, welche α_1 zu α_1' überführt, α_2, $\alpha_3, \cdots$ aber ungeändert lässt; in folge der über den Grad von B gemachten Annahme ist dann diese Substitution s_1 vom Grade p^{h_1}. Sind nun $s_2, s_3, \cdots$ ähnliche den Körpern $C_2, C_3, \cdots$ entsprechende Substitutionen, so sind $s_2, s_3, \cdots$ resp. vom

Grade p^{h_2}, p^{h_3},…. Diese Substitutionen s_1, s_2, ⋯ erzeugen, eine mit der Gruppe von A isomorphe Untergruppe T von G, vom Grade m; und es ist $G=S.T$. Zu dieser Untergruppe T gehört ein Unterkörper D von K vom Grade $n:g$, und welcher zu A teilerfremd ist. Es ist daher $K=A.D$. Die Gruppe von D ist aber isomorph mit der complementären Gruppe G/T, daher auch mit S, woraus dann folgt, dass D cyclisch sein muss.

§ 10.

Wir können jetzt den folgenden Satz beweisen:

Es sei μ eine Primzahl des Körpers $k(i)$, m deren Norm, p^h die höchste Potenz einer natürlichen Primzahl p, die in $m-1$ aufgeht. Jeder relativcyclische Körper Γ vom Relativgrade $p^{h'}(h'\leqq h)$, dessen Relativdiscriminante keinen Primfactor ausser μ enthält, stimmt dann mit dem entsprechenden elementaren Lemniskatenkörper C überein, deren Existenz in § 6 nachgewiesen wurde.

Beweis. Wäre Γ verschieden von C, so sei K der aus Γ und C zusammengesetzte Körper, dessen Relativgrad p^n gewiss zwischen $p^{h'}$ und $p^{2h'}$ liegt; K enthält keinen relativcyclischen Körper von höherem als dem $p^{h'}$ten Relativgrad als Teiler. Der Verzweigungskörper von μ in K ist K selbst, der Trägheitskörper genau vom Grade $p^{n-h'}$. Die Annahme $n>h'$ führt daher zu dem unzulässigen Resultat, dass es einen Relativkörper über $k(i)$ gibt mit der Relativdiscriminante 1. Es muss daher $n=h'$, d.h. $\Gamma=C$.

Dieser Satz gilt auch für $p=2$, wenn 2^h die höchste in $\frac{1}{4}(m-1)$ aufgehende Potenz von 2 ist.

Wenn die Zahl μ in dem obigen Satze reell ist, so ist der entsprechende Körper ein Kreiskörper.

Ist nämlich C' der in Bezug auf den natürlichen Rationalitätsbereich zu C conjugirte Körper, so ist C' auch relativcyclisch über $k(i)$ und hat dieselbe Relativdiscriminante wie C. Daher ist $C=C'$; d.h. C ist ein Galois'scher Körper im natürlichen Rationalitätsbereich, und folglich ein Kreiskörper nach dem Hülfssatz 1 des § 9.

§ 11.

Es sei nun C_h ein relativcyclischer Körper vom Relativgrade p^h, wo p eine beliebige natürliche Primzahl bedeutet, C_k $(k\leqq h)$ der einzige in C_h enthaltene relativcyclische Körper vom Relativgrad p^k. Wir nehmen ferner an, dass die Relativdiscriminante von C_h eine zu p relativ prime Primzahl μ des Körpers $k(i)$ sei.

Wäre C_{h_0} der grösste in C_h enthaltene Kreiskörper, dessen Relativdiscriminante in Bezug auf $k(i)$ ausschliesslich den Factor p enthält, so bezeichnen wir mit E_h denjenigen Kreiskörper, welcher i enthält, relativcyclisch vom Relativgrade p^h in Bezug auf $k(i)$ ist, und dessen Relativdiscriminante eine Potenz von p ist. Der grösste gemeinsame Teiler von C_h und E_h ist C_{h_0}. Durchl Zusammensetzung der beiden Körper C_h, E_h entsteht dann ein Körper K, welcher auch aus E_h und einem zu E_h teilerfremden relativcyclischen Körper C^* vom Relativgrade p^{h-h_0} zusammengesetzt wird. Diesen letzten Körper nennen wir dann einfach C_h, seinen Relativgrad p^h. Die Relativdiscriminante dieses Körpers enthält jedenfalls den Factor μ.

Es sei nun ζ eine primitive p^hte Einheitswurzel, der durch ζ und i erzeugte Körper Z ist relativcyclisch in Bezug auf $k(i)$. Die Relativgruppe von Z besteht aus den Potenzen der Substitutionen s, welche die Zahl ζ zu ζ^g überführt, wenn g für ungerades p eine Primitivzahl nach p^h, und für $p=2$, die Zahl 5 bedeutet.

Die beiden Körper C_h und Z haben nach dem obigen keinen gemeinsamen Teiler über $k(i)$. Durch ihre Zusammensetzung entsteht ein relativ Abel'scher Körper K, welcher auch dadurch aus Z hervorgeht, dass demselben die $p$te Wurzel einer gewissen Zahl κ von Z adjungirt wird, welche der Bedingung genügt, dass

$$\kappa|s = \kappa^g \cdot \alpha^{p^h},$$

wenn α eine Zahl des Körpers Z bedeutet.

Die Zahl κ kann nicht relativ prim zu μ sein; denn wäre κ relativ prim zu μ, so musste die Relativdiscriminante von K in Bezug auf Z, und folglich auch in Bezug auf $k(i)$ relativ prim zu μ sein, was zur Folge hätte, dass auch die Relativdiscriminante von C_h gegen die Voraussetzung relativ prim zu μ ist.

Es sei nun

$$\mu = \mathfrak{M}_1 \mathfrak{M}_2 \cdots \mathfrak{M}_e$$

die Zerlegung in die Primideale von μ in Z, und

$$\kappa = \mathfrak{M}\mathfrak{K},$$

worin $\mathfrak{M}$ das Product aller in κ aufgehenden Potenzen von $\mathfrak{M}_1$, $\mathfrak{M}_2$, $\cdots$ bedeutet, und $\mathfrak{K}$ infolgedessen prim zu μ ist. Es ist dann

$$\zeta = \frac{\kappa|s^e}{\kappa} = \kappa^{g^e-1}\beta^{p^h}$$

eine zu μ fremde Zahl. Ist $p^{h'}$ die höchste Potenz von p, die in g^e-1 aufgeht, so bestimmt die Zahl $\sqrt[p^h]{\zeta}$ einen Unterkörper von K, welcher nichts anders ist, als der aus $C_{h-h'}$ und Z zusammengesetzte Körper. Es folgt dann, dass die Relativdiscriminante von $C_{h-h'}$ prim zu μ ist.

Ist anderseits m die Norm von μ und p^a die höchste Potenz von p, die in $m-1$ aufgeht, so wird

$$m^{p^{h-a}} \equiv 1 \quad (mod.\ p^h)$$

und p^{h-a} ist zugleich der kleinste Expotent, für den diese Congruenz bestehen kann. Dann zerfällt die Zahl μ in $e=p^{a-1}(p-1)$ von einander verschiedene Primideale in Z; und zugleich ist p^a die höchste Potenz von p, die in g^e-1 aufgeht.

Es ist also $a=h'$, und wir schliessen:[1]

Damit μ in der Relativdiscriminante von C_k als Factor auftreten kann, ist es notwendig, dass

$$m \equiv 1 \quad (mod.\ p^{h-k+1}).$$

Sollte daher die Zahl μ überhaupt in der Relativdiscriminante von C_h auftreten können, so muss $m-1$ durch p teilbar sein; sollte μ schon in der Relativdiscriminante von C_1 auftreten, so muss $m \equiv 1$, mod p^h.

§ 12.

Trete die Zahl μ in der Relativdiscriminante von C_1 auf, sodass $m \equiv 1$ mod. p^h, so sei M derjenige relativcyclische Körper vom Relativgrade p^h, dessen Relativdiscriminante ausschliesslich den Primfactor μ enthält. Möglicherweise haben dann C_h und M einen gemeinsamen Teiler ausser $k(i)$. Der zusammengesetzte Körper C_hM ist dann relativ Abel'sch vom Relativgrade $p^{h+h'}$ $(h' \leqq h)$ in Bezug auf $k(i)$. Seine Relativgruppe G ist von der Form

$$s^\lambda t^\mu, \quad \begin{pmatrix} \lambda=0,\ 1, \cdots\ p^h-1;\ s^{p^h}=1 \\ \mu=0,\ 1, \cdots\ p^{h'}-1;\ t^{p^{h'}}=1 \end{pmatrix}.$$

Die Trägkeitsgruppe T der Zahl μ in C_hM ist cyclisch und vom Grade p^h; T besteht daher aus den Potenzen einer Substitution st^ν. Der Trägheitskörper ist vom Relativgrade $p^{h'}$; die Gruppe desselben ist isomorph mit der complementären Gruppe G/T, und daher cyclisch. Der Trägheitskörper ist demnach relativcyclisch in Bezug auf $k(i)$, wir nennen ihn $C'_{h'}$. Dieser hat keinen Teiler ausser $k(i)$ mit M gemein. Daher ist

$$C_hM = C'_{h'}M;$$

die Relativdiscriminante von $C'_{h'}$ enthält alle in der Relativdiscriminante von C_h auftretenden Primfactoren mit Ausnahme der Zahl μ.

Wir nehmen jetzt allgemein an, die Zahl μ trete erst in der Relativdiscriminante von C_{k+1} auf, sodass $m \equiv 1$ mod. p^{h-k}. Es existirt daher ein relativcyclischer Körper M vom Relativgrade p^{h-k}, dessen Relativdiscriminante eine Potenz von μ ist. Nach dem vorhin gesagten, können wir nun annehmen, dass C_h und M keinen gemeinsamen Teiler ausser $k(i)$ besitzen. Der zusammengesetzte Körper MC_h ist dann relativ Abel'sch vom Relativgrade p^{2h-k}, die Relativgruppe G desselben von der Form

$$s^\lambda t^\mu, \quad \begin{pmatrix} \lambda=0,\ 1,\ 2, \cdots\ p^h-1;\ s^{p^h}=1 \\ \mu=0,\ 1,\ 2, \cdots\ p^{h-k}-1;\ t^{p^{h-k}}=1 \end{pmatrix},$$

---

1) Dies ist die Verallgemeinerung des Hilbert'schen Satzes (l.c. S.342) in etwas schärferer Fassung. Hierzu ist zu vgl.: A. Wiman, Zur Theorie der relativabelschen Zahlkörper, Acta Univ. Lundensis 36. welche Abhandlung mir nur dem Berichte in den "Fortschritte der Mathematik" (Jahrgang 1900) nach bekannt ist.

worin s, t resp. die Substitutionen bedeuten, welche den Körper M, C_h ungeändert lassen. Dann gehört der Unterkörper C_k zu der Untergruppe G' von der Form

$$s^{*\lambda}t^{\mu}, \quad \begin{pmatrix}\lambda, \mu=0, 1, \cdots p^{h-k}-1 \\ s^*=s^{p^k}\end{pmatrix}.$$

Nimmt man daher C_k zum Rationalitätsbereich, so wird G' die Relativgruppe von MC_h in diesem Rationalitätsbereich.

In C_k zerfalle μ in eine Anzahl von einander verschiedener Primideale, etwa $\mu=\mathfrak{M}\mathfrak{M}'\cdots$. Ist nun $\mathfrak{M}^*$ das Primideal des Körpers MC_h, welches in $\mathfrak{M}$ aufgeht, so muss $\mathfrak{M}^*$ wenigstens zur p^{h-k}ten Potenz in $\mathfrak{M}$ enthalten sein; die Trägheitsgruppe von $\mathfrak{M}$ in dem Relativkörper MC_h muss daher wenigstens vom Grade p^{h-k} sein. Die Verzweigungsgruppe von $\mathfrak{M}$ ist aber eine Einheitsgruppe. Daher muss die Trägheitsgruppe von $\mathfrak{M}$ cyclisch sein, und da es in G' keinen cyclischen Teiler von einem höheren als p^{h-k}ten Grade gibt, so muss die Trägheitsgruppe von $\mathfrak{M}$ genau vom Grade p^{h-k} sein. Daraus folgt, dass $\mathfrak{M}^*$ genau zu der p^{h-k}ten Potenz in $\mathfrak{M}$ und folglich in μ enthalten sein muss.

Wir kehren nun zu dem ursprünglichen Rationalitätsbereich $k(i)$ zurück. Die Trägheitsgruppe T von $\mathfrak{M}^*$ ist cyclisch und vom Grade p^{h-k}, der Trägheitskörper C'_h von $\mathfrak{M}^*$ ist vom Relativgrade p^h, und es ist $MC_h=MC'_h$. Die Gruppe T besteht daher aus den Potenzen einer Substitution von der Form $s^a t$. Die Gruppe des Körpers C'_h, isomorph mit G/T, ist also cyclisch, sodass C'_h relativcyclisch in Bezug auf $k(i)$ ist. Die Relativdiscriminante von C'_h enthält alle in derjenigen von C_h auftretenden Primfactoren mit Ausnahme der Zahl μ.

Wir operiren sodann in ähnlicher Weise mit dem Körper C', falls die Relativdiscriminante desselben noch eine zu p prime Primzahl μ' enthält, und erhalten dann einen Körper C'', dessen Relativdiscriminante alle in derjenigen von C vorkommenden Primfactoren enthält mit Ausnahme der Zahlen μ, μ'.

Fahren wir aber in dieser Weise fort, so gelangen wir schliesslich zu einem relativcyclischen Körper C^* vom Relativgrade p^{h^*} $(h^* \leqq h)$, dessen Relativdiscriminante nur noch die in p aufgehenden Primzahlen des Körpers $k(i)$ enthält.

Es handelt sich hiernach nur noch darum, unseren Hauptsatz für einen solchen Körper zu beweisen.

§ 13.

Jeder relativ cyclische Körper von Relativgrade p, dessen Relativdiscriminante eine Potenz von π ist, stimmt mit dem entsprechenden elementaren Lemniskatenkörper überein, deren Existenz in § 6 *nachgewiesen wurde;* hierin bedeutet p eine natürliche Primzahl von der Form $4h+1$, und π einen Primfactor von p in $k(i)$.

Beweis. Gebe es zwei verschiedene Körper C, C' von der angegebenen Beschaffenheit, so entsteht durch ihre Zusammensetzung und die Adjunction einer primitiven $p$ten Einheitswurzel ζ ein Körper K vom Relativgrad $p^2(p-1)$.

In dem durch ζ und i erzeugten Körper Z zerfällt p in $2(p-1)$ Primideale ersten Grades

$$(p) = (\mathfrak{p}\mathfrak{p}')^{p-1}$$

und es ist

$$p = \pi\pi'; \; \pi = \mathfrak{p}^{p-1}, \; \pi' = \mathfrak{p}'^{p-1}, \; (\eta) = (1-\zeta) = \mathfrak{p}\mathfrak{p}'.$$

Der Körper $k(C, \zeta)$ geht dadurch aus Z hervor, dass man diesem letzteren die p^{te} Wurzel einer Zahl κ von Z adjungirt. Diese Zahl κ genügt der bekannten Bedingung[1)]

$$\kappa|s = \kappa^g \alpha^p.$$

Wir können aber κ so wählen, dass $\kappa \equiv 1 (\text{mod. } \mathfrak{p})$ wird; denn leistet κ dieser Bedingung nicht Genüge, so können wir statt κ eine Zahl κ^* von der Form

$$\kappa^* = a^{p(p-1)}\left(\frac{\kappa|s}{\kappa}\right)^{p-1}$$

nehmen, wobei wir die natürliche ganze Zahl a passend wählen, und erhalten in κ^* eine ganze Zahl, der die Eigenschaft zukommt, dass

$$(c) \qquad \kappa^*|s = \kappa^{*g-1}\alpha^{*p},$$
$$k(C, \zeta) = k(\zeta, \sqrt[p]{\kappa^*}), \qquad \kappa^* \equiv 1 \quad (\textit{mod. } \mathfrak{p}).$$

Da nun $\mathfrak{p}$ ein Primideal ersten Grades ist, auch in Bezug auf den natürlichen Rationalitätsbereich, so wird die Congruenz

$$\kappa^* \equiv 1 + a\eta \quad (\textit{mod. } \mathfrak{p}^2)$$
$$(\eta = 1-\zeta)$$

durch eine natürliche ganze Zahl a befriedigt. Hierbei kann aber nicht $a \equiv 0 (\text{mod. } p)$ sein. Wäre nämlich a durch p teilbar, so wird $\kappa^* \equiv 1 (\text{mod. } \mathfrak{p}^2)$, woraus mit Hülfe von (c) folgt

$$\kappa^* \equiv 1 \quad (\textit{mod. } \mathfrak{p}^p).$$

Ist nun ν eine durch $\mathfrak{p}'$ aber nicht durch $\mathfrak{p}$ teilbare ganze Zahl des Körpers Z, so ist die Zahl

$$\omega = \frac{\nu}{\eta}(1 - \sqrt[p]{\kappa^*}),$$

welche der Gleichung $(\lambda\omega - \nu)^p + \nu^p \kappa^* = 0$ genügt, eine ganze Zahl. Die Zahl ω erzeugt aber offenbar den Körper $k(C, \zeta)$. Die Relativdiscriminante dieser Zahl in Bezug auf Z ist $\nu^{p(p-1)}\kappa^{*p-1}$, also prim zu $\mathfrak{p}$. Daher muss die Relativdiscriminante von $k(C, \zeta)$ in Bezug auf Z auch prim zu $\mathfrak{p}$ sein. Bedeutet nun $\mathfrak{P}$ ein Primideal des Körpers $k(C, \zeta)$, welches in $\mathfrak{p}$ aufgeht, so geht $\mathfrak{P}$ nur zu der $p-1^{\text{ten}}$ Potenz in π auf. Der Trägheitskörper von π ist dann vom Relativgrade p in Bezug auf $k(i)$, und seine Relativdiscriminante muss 1 sein, was aber unmöglich ist. Es ist daher

$$\kappa^* = 1 + a\eta \;\; (\textit{mod. } \mathfrak{p}^2), \;\; a \not\equiv 0 \;\; (\textit{mod. } p).$$

Genau dieselbe Erwägungen führen uns zu dem Resultat:

$$k(C', \zeta) = k(\zeta, \sqrt[p]{\rho})$$

1) Vgl. z. B. Hilbert, l. c.

mit $$\rho \equiv 1+b\eta \quad (mod.\ \mathfrak{p}^2),$$
wo $$b \not\equiv 0 \quad (mod.\ p).$$

Bestimmt man nun die natürliche ganze Zahl c aus der Congruenz
$$a+bc \equiv 0 \quad (mod.\ p),$$
so folgt
$$\theta = \kappa^* \rho^c \equiv 1 \quad (mod.\ \mathfrak{p}^2),$$
und es ist
$$\theta | s = \theta^{g-1} \gamma^p.$$
Wäre also $C \neq C'$, so würde θ gewiss nicht eine p^{te} Potenz in Z sein. Da aber $k(\zeta, \sqrt[p]{\theta})$ gewiss in $K = k(C, C', \zeta)$ enthalten ist, würde die Congruenz $\theta \equiv 1 (\mathfrak{p}^2)$ genau wie vorher zu einem unzulässigen Resultat führen. Demnach muss, wie bewiesen werden sollte,
$$C = C'.$$

Jeder relativcyclische Körper vom Relativgrad p^h, dessen Relativdiscriminante eine Potenz von π ist, stimmt mit dem entsprechenden elementaren Körper des § 6 überein.

Um den Satz durch vollständige Induction zu beweisen, nehmen wir ihn als bewiesen an, für alle kleinere Werte von h. Sind sodann C, C' zwei verschiedene Körper von der angegebenen Beschaffenheit, so müssen die in ihnen enthaltenen relativcyclischen Körper vom Relativgrad p^{h-1} auf Grund der Voraussetzung mit einander übereinstimmen. Durch Zusammensetzung entsteht daher aus C, C' ein Körper K vom Relativgrad p^{h+1}, welcher auch aus C, und einem zu C teilerfremden relativcyclischen Körper C_1 vom Relativgrad p zusammengesetzt werden kann. Da aber die Relativdiscriminante von C_1 nur den Primfactor π enthalten kann, und da C_1 nicht in C enthalten sein soll, so musste die Relativdiscriminante von C_1 gleich 1 sein, was unmöglich ist.

Die beiden elementaren Körper vom Relativgrade p^h, deren Relativdiscriminante resp. eine Potenz von π und π' sind, bezeichnen wir bez. mit Π_h und Π'_h. Durch die Zusammensetzung der beiden entsteht ein relativ Abel'scher Körper P_h vom Relativgrade p^{2h}; in demselben sind enthalten als Teiler die p^h+1 von einander verschiedenen relativcyclischen Körper vom Relativgrad p^h, deren Relativdiscriminante ausschliesslich die Primzahlen π, π' enthalten. Es ist jetzt zu beweisen, dass es ausser diesen keinen Körper von dieser Beschaffenheit gibt.

Es wird genügen, den Satz nur für den Fall, wo $h=1$, zu beweisen; das übrige folgt unmittelbar durch die vollständige Induction.

Es sei also C ein relativcyclischer Körper vom Relativgrad p, dessen Relativdiscriminante ausschliesslich die Primzahlen π, π' enthält, ζ wie vorher eine primitive p^{te} Einheitswurzel, $\mathfrak{p}$, $\mathfrak{p}'$ die beiden von einander verschiedenen Primideale des Körpers $Z=k(\zeta, i)$, die in p aufgehen.

Wir betrachten nun die Zahl κ, welche in der bekannten Weise den Körper CZ erzeugt. Wir nehmen wie vorher an, es sei

$$\kappa \equiv 1+a\eta \quad (mod.\ \mathfrak{p}^2),$$
$$a \not\equiv 0 \quad (mod.\ p),$$

sodass

$$\rho = \zeta^{-a}\kappa \equiv 1 \quad (mod.\ \mathfrak{p}^2).$$

Bezeichnen wir nun die Körper $k(C, \sqrt[q]{\zeta})$, $k(\zeta, \sqrt[q]{\rho})$ bez. mit K, K', so ist K' gewiss in K enthalten. Die Relativdiscriminante von K' in Bezug auf Z ist aber prim zu $\mathfrak{p}$, sie muss daher ausschliesslich den Primteiler $\mathfrak{p}'$ enthalten, sodass $K=k(Z, \Pi_1')$ sein muss. Ähnlicherweise enthält K auch den Körper $Z\Pi_1$ als Teiler. Daher ist

$$K = ZP_1,$$

woraus dann folgt, dass in der That C in P_1 enthalten sein muss, q. e. d.

§ 14.

Wir haben gesehen, dass es q^h+1 von einander verschiedene relativcyclische Körper vom Relativgrade q^h gibt, deren Relativdiscriminanten ausschliesslich den Primfactor q enthalten, dass diese q^h+1 Körper Teiler eines relativ Abelschen Körpers Q_h vom Relativgrad q^{2h} sind; hierbei bedendet q eine natürliche Primzahl von der Form $4h+3$, sodass q eine Primzahl zweiten Grades in $k(i)$ ist.

Wir wollen jetzt zeigen, dass es ausser diesen keinen anderen Körper von der angegebenen Beschaffenheit gibt; begnügen uns aber auch hier den Satz nur für den Fall, wo $h=1$ ist, zu beweisen.

Da es nur einen Kreiskörper gibt, welcher relativcyclish über $k(i)$ vom Relativgrade q ist, und dessen Relativdiscriminante nur den Primfactor q enthält, nämlich denjenigen, welcher in dem durch i und eine primitive $q^{2\text{te}}$ Einheitswurzel erzeugten Körper enthalten ist, so sind wir sicher, dass es einen Körper C von der angegebenen Beschaffenheit gibt, der kein Kreiskörper ist, und infolgedessen von dem in Bezug auf den natürlichen Rationalitätsbereich zu C conjugirten Körper C' verschieden ist (§ 8), so-dass $CC'=Q_1$. Der Körper Q_1 enthält aber den oben erwähnten Kreiskörper als Teiler; bedeutet daher ζ eine primitive q^{te} Einheitswurzel, so wird $k(Q_1, \zeta)=k(C, \sqrt[q]{\zeta})$ sein. Gebe es nun einen Körper $\overline{C}$ von der angegebenen Beschaffenheit, der jedoch nicht in Q_1 enthalten ist, so entsteht durch Composition ein relativ Abel'scher Körper $k(Q_1, \overline{C}, \zeta)=k(C, \overline{C}, \sqrt[q]{\zeta})$ vom Relativgrad $q^3(q-1)$.

Bezeichnen wir nun mit Z den durch i und ζ erzeugten Körper, so ist die Zahl q die $(q-1)^{\text{te}}$ Potenz eines Primideals $\mathfrak{q}$ in Z, welches vom zweiten Grade in Bezug auf den natürlichen Rationalitätsbereich, aber vom ersten in Bezug auf $k(i)$ ist; es ist ferner $\mathfrak{q}$ das durch die Zahl $\eta=1-\zeta$ erzeugte Hauptideal.

Wir denken uns nun die Zahlen κ, θ wie im vorigen Paragraphen aufgestellt, sodass

$$k(\zeta, C) = k(\zeta, \sqrt[q]{\kappa}); \quad \kappa|s = \kappa^{g-1}\alpha^q; \quad \kappa \equiv 1(\mathfrak{q}) \quad \not\equiv 1(\mathfrak{q}^2),$$
$$k(\zeta, \overline{C}) = k(\zeta, \sqrt[q]{\theta}); \quad \theta|s = \theta^{g-1}\beta^q; \quad \theta \equiv 1(\mathfrak{q}) \quad \not\equiv 1(\mathfrak{q}^2).$$

Da $\mathfrak{q}$ ein Primideal ersten Grades in Bezug auf $k(i)$ ist, so können wir zwei nicht durch q teilbare ganze Zahlen des Körpers $k(i)$ finden, sodass

$$\kappa \equiv 1+(a+bi)\eta \quad (mod.\ \mathfrak{q}^2),$$
$$\theta \equiv 1+(a'+b'i)\eta \quad (mod.\ \mathfrak{q}^2).$$

Nehmen wir noch die Congruenz zu Hülfe

$$\zeta^r \equiv 1-r\eta \quad (mod.\ \mathfrak{q}^2)$$

und setzen

$$\rho = \zeta^r\kappa\theta^c \equiv 1+(u+iv)\eta \quad (mod.\ \mathfrak{q}^2),$$

so ist

$$u = a+ca'-r, \qquad v = b+cb'.$$

Man kann nun die natürlichen ganzen Zahlen c, r so bestimmen, dass

$$u \equiv 0, \qquad v \equiv 0 \quad (mod.\ q)$$

wird. Dann ist

$$\rho \equiv 1 \quad (mod.\ \mathfrak{q}^2).$$

Wir können nun genau in derselben Weise fortfahren wie im vorigen Paragraphen, um uns zu überzeugen, dass der Körper $\overline{C}$ in der Tat in Q_1 enthalten ist.

§ 15.

Um endlich den entsprechenden Satz für den Fall zu beweisen, wo der Relativgrad eine Potenz von 2, und die Relativdiscriminante eine Potenz von $1+i$ ist, betrachten wir den relativ Abel'schen Körper D_1 vom Relativgrad 4, welcher aus der Teilung der Periode von $\wp(u)$ durch $(1+i)^7$ entspringt. Dieser Körper ist durch die Zahl y erzeugt, welche der Gleichung genügt:

$$y^2-2ixy-1 = 0,$$
$$(x^2-2x-1 = 0).$$

Es ist aber

$$D_1 = k(y) = k(\sqrt{x}, i), \qquad x = 1\pm\sqrt{2}.$$

Setzt man nun

$$\alpha = \sqrt{2}+1, \qquad \beta = \sqrt{2}-1,$$

so wird

$$2(1\pm i) = (\sqrt{\alpha}\pm i\sqrt{\beta})^2.$$

D_1 enthält daher $\sqrt{1+i}$, $\sqrt{1-i}$, und demnach auch $\sqrt{i}$. Die drei in D_1 enthaltenen relativ quadratischen Körper sind $k(\sqrt{1+i})$, $k(\sqrt{1-i})$ und $k(\sqrt{i})$.

Anderseits leuchtet ein, dass es ausser diesen, keinen relativ quadratischen Körper gibt, dessen Relativdiscriminante eine Potenz von $1+i$ ist.

Hieraus schliesst man durch vollständige Induction, dass es ausser den in § 6, (5) angegebenen, keinen anderen Körper ihrer Art gibt.

Göttingen, im Frühjahr, 1901.

7. On a fundamental property of the "equation of division" in the theory of complex multiplication

[Proceedings of the Physico-Mathematical Society of Japan, ser II, vol 7. 1914, pp 414–417]
(Read, May 9, 1914)

Let

$$T_{\mathfrak{M}}(x) = x^n + \tau_{n-1}x^{n-1} + \cdots + \tau_0 = 0$$

be the so-called *"Idealteilungsgleichung"* for the odd ideal divisor $\mathfrak{M}$, so that

$$n = \phi(\mathfrak{M})$$

and the coefficients $\tau_0, \cdots \tau_{n-1}$ are algebraic integers in corps $\mathfrak{L}$. The roots of this equation are

$$S\left(\frac{2\alpha\xi}{\mu}\right),$$

where $\dfrac{\xi}{\eta}$ is a fractional number of the quadratic corps Ω with ideal denominator $\mathfrak{M}$, and α stands for the n members of a reduced system of residues mod. $\mathfrak{M}$.[1]

The object of this Note is to prove the *Theorem: If $\mathfrak{M}$ is a power of an odd prime ideal $\mathfrak{P}$ not contained in the relative discriminant of the corps $\mathfrak{L}$ with respect to Ω, then the coefficients*

$$\tau_0, \tau_1, \cdots \tau_{n-1}$$

of the equation $T_{\mathfrak{M}}=0$ are divisible by $\mathfrak{P}$, and τ_0 is, as an ideal, equal to $\mathfrak{P}$.

The special case of this theorem, where $\mathfrak{M}=\mathfrak{P}$ and $\mathfrak{P}$ is an odd prime ideal *of the first degree,* has been proved by Weber[2].

In my article: "Ueber die im Bereiche der rationalen complexen Zahlen Abel'schen Zahlkörper" (Journal of the College of Science, Vol. XIX.), [this volume, p. 13-39.], I have erroneously attributed the above theorem in the generalized form (for the case $\kappa=i$) to Eisenstein, who has actually proved the theorem only for the special case above mentioned, (and that for $\kappa=i$).

The proof of the theorem can readily be deduced from the following Lemma. If ξ, η be fractional numbers in Ω with odd ideal denominators $\mathfrak{M}$, $\mathfrak{N}$:

---

1) Cf. H. Weber, Elliptische Funktionen und algebraische Zahlen, 2te Auflage=Lehrbuch der Algebra III, 1908, to which I refer the reader for all unexplained notations used in the present Note.

2) l. c. p. 595.

$$\xi = \frac{2\rho}{\mu} = \frac{2\mathfrak{R}\mathfrak{A}}{\mathfrak{M}\mathfrak{A}}$$

$$\eta = \frac{2\sigma}{\nu} = \frac{2\mathfrak{S}\mathfrak{B}}{\mathfrak{N}\mathfrak{B}}$$

and if $\mathfrak{M}$ be divisible by $\mathfrak{N}$, then $S(\eta)$ is divisible by $S(\xi)$.

Proof. It suffices to show that the congruence

$$2\lambda\rho\nu \equiv 2\sigma\mu \pmod{\mu\nu}$$

can be satisfied by an integer λ belonging to the order [2][1] in Ω. Now $\sigma\mu$ is divisible by the greatest common divisor of $\rho\nu$ and $\mu\nu$, i. e. $\mathfrak{N}\mathfrak{A}\mathfrak{B}$. Hence the congruence has a single solution λ mod. $\mathfrak{M} = \dfrac{\mu\nu}{\mathfrak{N}\mathfrak{A}\mathfrak{B}}$; and the restriction that λ should belong to the order [2] does in no way inconvenience us, since $\mathfrak{M}$ is relatively prime to 2.

Hence

$$S\left(\frac{2\sigma}{\nu}\right) = S\left(\lambda\frac{2\rho}{\mu}\right)$$

and therefore divisible by $S\left(\dfrac{2\rho}{\mu}\right)$, i. e. $S(\eta)$ by $S(\xi)$, q. e. d.

Two particular cases[2] of this Lemma merit special mention:

(I.) If $\mathfrak{M}=\mathfrak{N}$, then $S(\xi)$ and $S(\eta)$ are mutually divisible, that is to say, they are associated numbers.

(II.) If $\mathfrak{M}$, $\mathfrak{N}$ be relatively prime, and ζ has the ideal denominator $\mathfrak{M}\mathfrak{N}$, then $S(\xi)$ and $S(\eta)$ are both divisible by $S(\zeta)$. If now

$$(\alpha) = \mathfrak{M}^a, \qquad (\beta) = \mathfrak{N}^b,$$

where (α), (β) are principal ideals in Ω, then $S(\xi)$ is a divisor of α, $S(\eta)$ of β, and therefore $S(\zeta)$ a common divisor of α and β, which are relatively prime, that is, $S(\zeta)$ is an algebraic unity.

The proof of our theorem is as follows:

Let μ be an algebraic integer in Ω which is divisible just by the first power of $\mathfrak{P}$,

$$(\mu) = \mathfrak{P}\mathfrak{J}$$

and σ an integer in Ω divisible by $\mathfrak{J}^h$ but not by $\mathfrak{P}$. If we put in formula (22), l.c. p. 589

$$u = \frac{2\sigma}{\mu^h},$$

then we obtain

$$\varepsilon S\left(\frac{2\sigma}{\mu^{h-1}}\right) = \prod^{\rho} S\left(\frac{2(\sigma+\rho\mu^{h-1})}{\mu^h}\right), \tag{1}$$

where the product is to be extended to all the values of ρ which constitute a com-

1) *Ordnung mit dem Führer* 2, Cf. Weber, l.c. p.584.

2) These are the theorems 3. and 4. in Weber, l.c. pp. 589–590.

plete system of residues mod. μ, 0 included.

Now

$$\sigma+\rho\mu^{h-1}\equiv 0 \pmod{\mathfrak{J}^h}$$

when and only when

$$\rho\equiv 0 \pmod{\mathfrak{J}}$$

and there are $n(\mathfrak{P})$ numbers ρ which are divisible by $\mathfrak{J}$ in a complete system of residues mod. μ. In the product on the righthand side of (1), there are therefore $n(\mathfrak{P})$ numbers

$$S\left(\frac{\mathfrak{A}}{\mathfrak{P}^h}\right)$$

which satisfy the equation $T_{\mathfrak{P}^h}(x)=0$, all the other factors being algebraic unities by (II).

But since by (I) the roots of the equation $T_{\mathfrak{P}^h}(x)=0$ are associated with each other, we infer from (1) that every root of the equation $T_{\mathfrak{P}^{h-1}}(x)=0$ is, as an ideal, equal to the $n(\mathfrak{P})$-th power of the root of the equation $T_{\mathfrak{P}^h}(x)=0$, and comparing the degrees of these equations, we see that the constant terms in these equations are identical ideals.

Now let $(\pi)=\mathfrak{P}^e$, and $A_\pi(x)$ be the equation for the division of the period by the complex divisor π, so that

$$A_\pi(x) = T_{\mathfrak{P}}(x)\,T_{\mathfrak{P}^2}(x)\cdots T_{\mathfrak{P}^e}(x)$$

and

$$\varepsilon\pi = \tau_0^{(1)}\tau_0^{(2)}\cdots\tau_0^{(e)},$$

where $\tau_0^{(e)}$ denotes the constant term in $T_{\mathfrak{P}^e}(x)$ and ε an algebraic unity ($=\pm1$ or $\pm i$).

Hence

$$(\tau_0^{(k)}) = \mathfrak{P} \qquad (2)$$

for every $k\leqq e$. But since for any given k we can find $e\geqq k$, such that $\mathfrak{P}^e$ is a principal ideal (π), equation (2) holds for any value of k.[1] Since then all the roots of the equation

$$T_{\mathfrak{P}^k}(x) = x^n+\tau_{n-1}x^{n-1}+\cdots+\tau_0 = 0$$

are associated numbers, and their product $=\mathfrak{P}$, all the coefficients $\tau_{n-1}, \cdots \tau_1$ are divisible by every prime ideal in corps $\mathfrak{L}$ which divides $\mathfrak{P}$, and therefore by $\mathfrak{P}$ itself, if, as was assumed, $\mathfrak{P}$ does not enter as a factor into the relative discriminant of $\mathfrak{L}$ with respect to Ω.

1) Equality (2) has been proved by Weber (l. c. p. 593) for $k=1$. In his proof we miss the not unessential point, that τ_0 is not an algebraic unity.

8. Zur Theorie der relativ-Abel'schen Zahlkörper, I

[Proceedings of the Physico-Mathematical Society of Japan, ser II, vol 8. 1915, pp 154–162]
(Vorgelegt, May 1, 1915)

1. Ein Satz über den relativzyklischen Körper vom Primzahlgrade.

Es sei k ein beliebiger algebraischer Körper vom Grade m, K ein relativzyklischer Oberkörper von einem Primzahlgrade l in Bezug auf k. Sei

$$\mathfrak{m} = \mathfrak{p} \cdots \mathfrak{l}^{z+\left[\frac{z}{l-1}\right]} \qquad (1)$$

das über alle zu l primen, sowie in l aufgehenden Primfactoren $\mathfrak{p}$, $\mathfrak{l}$ der Relativdiscriminante sich erstreckende Produkt, wo z der Exponent der höchsten in l enthaltenen Potenz von $\mathfrak{l}$, $[x]$ die kleinste über x gelegene natürliche Zahl bedeutet:

$$[x] > x \geqq [x]-1.$$

Der Verteilung der Ideale von k in Idealklassen lege ich die Zahlengruppe[1] o zu Grunde, welche aus der Gesamtheit der ganzen und gebrochenen zu $\mathfrak{m}$ teilerfremden Zahlen α von k besteht, die der Bedingung

$$\alpha \equiv 1(\mathfrak{m}) \qquad (2)$$

genügen; d. h. zwei Ideale $\mathfrak{j}_1$, $\mathfrak{j}_2$ in k sollen nur dann aequivalent heissen; im Zeichen

$$\mathfrak{j}_1 \sim \mathfrak{j}_2(o)$$

wenn $\mathfrak{j}_1 = \alpha\mathfrak{j}_2$ und α der Zahlengruppe o angehört.

Alsdann gilt

Satz I. Wenn l eine ungerade Primzahl ist, oder wenn $l=2$, aber k ein Körper, der samt seiner konjugirten imaginär ist, dann sind die Relativnormen aller zu $\mathfrak{m}$ primen Ideale in K in einer Untergruppe vom Index l der Klassengruppe von k enthalten.

Indem ich mir eine detaillirte Darstellung vorbehalte, skizzire ich kurz den Gang des Beweises.

Hülfssatz 1. Ist $\mathfrak{P}$ ein zu l primes, in die Relativdifferente von K aufgehendes Primideal:

$$\mathfrak{p} = \mathfrak{P}^l,$$

1) H. Weber, Math. Annalen, **48**. S.433.

und A eine zu $\mathfrak{P}$ prime ganze oder gebrochene Zahl in K, dann ist

$$A^{1-S} \equiv 1(\mathfrak{P}).$$

Umgekehrt, ist diese Bedingung erfüllt, dann kann man eine Zahl α in k so bestimmen, dass αA prim zu $\mathfrak{P}$ wird. Hier bezeichnet S die erzeugende Substitution der Galois'schen Gruppe des Relativkörpers K. Dieser Satz folgt leicht aus der characteristischen Eigenschaft der Verzweigungsgruppe des Primideals $\mathfrak{P}$[1].

Hülfssatz 2. Geht $\mathfrak{l}$ in die Relativdiscriminante des Körpers K auf, sodass in K die Zerlegung gilt: $\mathfrak{l}=\mathfrak{L}^l$, und für jede Zahl A in K:

$$A^S \equiv A(\mathfrak{L}^{v+1}),$$ [2]

dann ist

$$\frac{zl}{l-1} \geqq v \geqq 1.$$

Die Gruppe der zu $\mathfrak{L}$ primen Zahlclassen mod. $\mathfrak{L}^{zl+\left[\frac{zl}{l-1}\right]}$ enthält eine Untergruppe O_0 mit den folgenden Eigenschaften:

1) Alle Zahlen von O_0 sind $\equiv 1(\mathfrak{L}^{v+1})$.

2) Ist A eine Zahl in K, und gehört A^{1-S} der Gruppe O_0 an, dann lässt sich eine Zahl α in k so bestimmen, dass αA in O_0 enthalten ist.

3) Von den Zahlen in k sind nur solche, die $\equiv 1(\mathfrak{L}^{zl+\left[\frac{zl}{l-1}\right]})$ in O_0 enthalten.

Die etwas langwierigen Betrachtungen, durch welche ich an diesen Hülfssatz gelangt bin, setze ich hier nicht auseinander.

Nummehr sei

$$\mathfrak{M} = \mathfrak{P}\cdots\mathfrak{L}^{zl+\left[\frac{zl}{l-1}\right]}$$

das über alle in die Relativdifferente von K aufgehenden Primideale sich erstreckende Product, und O die Zahlengruppe, welche aus den sämtlichen Zahlen A von K besteht, die den Bedingungen genügen:

1) $A \equiv 1$ nach jedem Primideale $\mathfrak{P}$.

2) A gehört der im Hülfssatze 2. erwähnten Zahlengruppe O_0 bez. jedem Primideale $\mathfrak{L}$.

Demnach besteht O aus einer gewissen Anzahl von Zahlenclassen mod. $\mathfrak{M}$, und die Zahlen von k, welche der Zahlengruppe O augehören, machen die vorhin erwähnten Zahlengruppe o aus. Die zu $\mathfrak{M}$ primen Ideale in K bez. k seien in Classen verteilt nach der Zahlengruppe O bez. o.

Unter den sämtlichen h Klassen von k mögen sich g befinden, welche die Relativnormen der Ideale in K enthalten. Es ist dann machzuweisen, dass

$$h = gl.$$

Die Klassengruppe von K sei vorübergehend mit G, die Untergruppe derselben,

1) D. Hillert, Bericht, S.254.

2) Vgl. D. Hillert, a.a.O. S.256. $v+1$ ist der dort mit L bezeichnete Exponent.

welche alle Ideale enthalten, deren Relativnormen in die Hauptklasse von k hineinfallen mit H, die Untergruppe dieser, welche aus allen symbolischen $1-S$ ten Potenzen der Klassen von K besteht mit H_0 bezeichnet. Dann ist offenbar

$$g = (G,H) \leqq (G,H_0) = a, \tag{3}$$

oder genauer:

$$g \text{ ein Teiler von } a,$$

wenn a die Anzahl der ambigen Classen in K bedeutet.

Ist nun $\mathfrak{A}$ ein ambiges Ideal in K, dann ist

$$\mathfrak{A}^{1-S} = \Theta, \quad N(\Theta) = \varepsilon,$$

und es ist Θ eine Zahl in O, ε eine Einheit in k, die der Zahlengruppe o angehört.

Auf diese Weise entspricht jeder ambigen Classen in K ein Einheitenverband in k. Die Anzahl der ambigen Classen in K, welchen der Haupteinheitenverband von k entspricht, sei a_0. Ist $\mathfrak{A}$ ein Repräsentant einer dieser Classen, dann kann man setzen

$$\mathfrak{A}^{1-S} = \Theta, \quad N(\Theta) = 1,$$

also bekanntlich

$$\Theta = A^{1-S},$$

folglich

$$\left(\frac{\mathfrak{A}}{A}\right)^{1-S} = 1.$$

Auf Grund der Hülfssätze 1 und 2, kann man nun annehmen, dass A der Zahlengruppe O angehört. Weil aber $\mathfrak{A}$ und A prim zu $\mathfrak{M}$ ist, so folgt hieraus, dass

$$\frac{\mathfrak{A}}{A} = \mathfrak{j}$$

ein Ideal in k ist; d. h.

$$\mathfrak{A} \sim \mathfrak{j}(O).$$

Es ist also a_0 gleich der Anzahl der Classen in K, welche die Ideale in k enthalten, und folglich

$$a_0 = \frac{h}{h_0}, \tag{4}$$

wenn h die Klassenzahl von k, h_0 die Anzahl der Klassen von k, die in K in die Hauptklasse übergehen, bedeutet. Ist $\mathfrak{j}$ ein Ideal einer dieser Klassen, sodass

$$\mathfrak{j} = (A),$$

wo A eine Zahl in O bedeutet, dann ist

$$A^{1-S} = E$$

eine Einheit in O, und

$$N(E) = 1.$$

Umgekehrt, ist E eine Einheit in O mit der Relativnorm 1, dann kann man nach Hülfssätze 1, 2, in

$$A^{1-S}=E$$

A als zu O angehörig annehmen. Folglich ist h_0 gleich der Anzahl der Einheitenverbände in O, deren Norm im Haupteinheitenverbande in o liegen.

Zieht man nun die relativen Grundeinheiten in K zu Rate, so gelangen wir leicht an

Hülfssatz 3. Ist r die Anzahl der unabhängigen Einheiten in o, und machen die Relativnormen aller Einheiten in O einen Einheitenverband vom Grade n_0 in o aus, dann ist

$$h_0 = l^{r+2-n_0} \text{ oder } l^{r+1-n_0} \tag{5}$$

jenachdem die l ten *Einheitswurzeln in o enthalten ist oder nicht.*

Ferner ergibt sich leicht

Hülfssatz 4. Machen die Einheiten in o, welche Relativnormen der Zahlen in O sind, einen Einheitenverband vom Grade n aus, dann ist

$$\frac{a}{a_0} \leqq l^{n-n_0}. \tag{6}$$

Aus (4), (5), (6) folgt

$$a \leqq \frac{h}{l},$$

also nach (3) umsomehr

$$g \leqq \frac{h}{l}. \tag{7}$$

Anderseits beweist man leicht durch die bekannte transcendentale Methode,[1] dass

$$\frac{h}{g} \leqq l. \tag{8}$$

Schliesslich folgt aus (7) und (8) die zu beweisende Identität

$$g = \frac{h}{l}.$$

Beiläufig folgt aus

$$\frac{h}{l} = g \leqq a \leqq \frac{h}{l},$$

dass $g=a$, also nach (3) $H=H_0$. Ferner sieht man aus (5) und (6) ein, dass *jede Einheit in o Relativnorm einer Zahl in O ist.*

Diese Betrachtungen übertragen sich wörtlich auf den Fall, wo $l=2$ ist, wenn der Körper k, samt seiner konjugirten, imaginär ist. Für den allgemeinen relativquadratischen Körper bin ich durch geeignete Modification der Beweismethode an den folgenden Satz geführt worden:

Satz I^a. Es sei k ein algebraischer Körper m ten Grades, $K=k(\sqrt{\omega})$ relativquadratisch in Bezug auf k. Von den m mit k konjugirten Körpern seien r reell, die übrigen imaginär. In ρ unter dieser r reellen Körpern seien die mit

1) Vgl. z. B. H. Weber, Lehrbuch III, § 164.

ω konjugirten Zahlen positiv, in den übrigen $r-\rho$ negativ, sodass unter den mit K conjugirten Körpern genau 2ρ reelle vorhanden sind. Ich nenne alsdann eine Zahl in k „*total positiv bezüglich K*", wenn ihre konjugirten in den oben specifirten ρ Körpern positiv sind. *Fasst man nun die sämtlichen bezüglich K total positiven Zahlen in k, welche der Congruenzbedingung (1) genügen, zu der Zahlengruppe* $\bar{o}$ *zusamnen, und legt man dieselbe der Klassenverteilung in k zu Grunde, dann sind die Relativnormen aller zu* $\mathfrak{m}$ *primen Ideale in K in einer Untergruppe der Klassengruppe von k vom Index 2 enthalten.*

Zum Schluss bemerke ich, dass die Sätze I, I^a ihre Gültigkeit behalten, wenn dem Modul $\mathfrak{m}$ andere Idealfactoren hinzugefügt werden; dies bewirkt nur die Zersplitterung jeder Idealklasse in k in gleichviele Klassen, beeinflusst aber nicht den Index der dem Körper K zugeordneten Untergruppe der Klassengruppe von k.

2. Verallgemeinerung auf die beliebigen relativ-Abel'schen Zahlkörper.

Sei K ein beliebiger relativ-Abel'scher Oberkörper von k. Die kleinste Untergruppe der Klassengruppe von k, welche Relativnormen aller Ideale von K (mit Ausnahme derjenigen, die nicht prim zu dem der Klassenverteilung zu Grunde gelegten Modul $\mathfrak{m}$ sind) enthält, heisse *dem Körper K zugeordnet.* Dann gelten die folgenden Hülfssätze, die leicht durch die bekannte klassische Methode zu beweisen sind.

Hülfssatz 5. Eine und dieselbe Untergruppe der Klassengruppe von k kann nicht mehr als einem Oberkörper K zugeordnet werden.

Allgemeiner gilt

Hülfssatz 6. Sind den relativ-Abel'schen Oberkörpern K_1, K_2 *bez. die Untergruppen* G_1, G_2 *zugeordnet, dann ist dem zusammengesetzten Oberkörper* $K=(K_1, K_2)$ *der Durchschnitt G der Gruppen* G_1, G_2 *zugeordnet. Ist insbesondere* G_1 *in* G_2 *enthalten, dann enthält* K_1 *den Körper* K_2 *als Unterkörper.*

Auf Grund des Hülfssatzes 6 kann ich mich auf die relativzyklischen Körper vom Relativgrade l^u beschränken. Sei K ein solcher. Ist nun die Relativdiscriminante von K zu l prim, dann bleibe die Klassenverteilung in k genau wie vorhin bei den Sätzen I, I^a. Enthält dagegen die Relativdiscriminante von K Primfactoren von l, dann ist unter Umständen nötig, die Exponenten derselben in (1) zu erhöhen. Allenfalls gilt, unter Beibehaltung aller Bezeichnungen in § 1

Satz II. Sei K relativcyclisch vom Relativgrade l^u über k. Es gelte in K die Zerlegung

$$\mathfrak{l} = (\mathfrak{L}_1 \cdots)^{l^{u'}}, \qquad (u' \leqq u).$$

Sei

$$\mathfrak{m} = \mathfrak{p} \cdots \mathfrak{l}^{zu' + \left[\frac{z}{l-1}\right]}$$

das über alle in die Relativdiscriminante von K enthaltene Primideale zu erstreckende Produkt, o die Zahlengruppe in k, welche aus der Gesamtheit der Zahlen besteht, die $\equiv 1$ $(\mathfrak{m})$, und falls $l=2$ noch *bezüglich* K *total positiv* sind. *Legt man dann der Klassenverteilung in* k *diese Zahlengruppe* o *zu Grunde, dann ist dem Körper* K *eine Untergruppe vom Index* l^u *der Klassengruppe von* k *zugeordnet.*

Es ist zu vermuten, dass die complementäre Gruppe zu dieser Untergruppe zyklisch, also holoedrisch isomorph mit der Relativgruppe des Oberkörpers K ist. Der Beweis dieser Vermutung gelingt leicht vermöge des Hülfssatzes 6, wenn vorausgesetzt wird:

Es existire ein Oberkörper l-ten Grades, welchem eine beliebige vorgeschriebene Untergruppe vom Index l der Klassengruppe in k zugeordnet wird.[1]

3. Anwendungen.

Ohne die zuletzt angedeutete Frage zu erledigen, kann man schon interessante Anwendungen unsrer Sätze machen auf die Fälle, wo k der Körper der rationalen Zahlen oder ein imaginärer quadratischer Körper ist, also Fälle, wo die Existenz der den Klassenuntergruppen zugeordneten Oberkörper schon festgestellt worden sind. Den ersteren dieser Fälle übergehend, behandle ich kurz den zweiten. Sei also $k=k(\sqrt{m})$ imaginär-quadratisch, K relativzyklisch vom der Ordnug l^u in Bezug auf k,

$$\mathfrak{m} = \mathfrak{p} \cdots \mathfrak{l}^{zu' + \left[\frac{z}{l-1}\right]}$$

habe dieselbe Bedeutung wie in Satz II. Ferner sei Q die kleinste durch $\mathfrak{m}$ teilbare natürliche ganze Zahl, $\mathfrak{K}$ der relativ-Abel'sche Oberkörper von k, welche aus den Ordnungskörper für den Führer Q[2] und den Körper der Q-ten Einheitswurzeln zusammengestzt ist. Legt man dann die Zahlengruppe:

$$\alpha \equiv 1 \quad (Q)$$

der Klassenverteilung in k zugrunde, dann ist $\mathfrak{K}$ im Sinne des Hülfssatzes 6 der Untergruppe $\mathfrak{G}$ der Klassengruppe zugeordnet, welche aus den Zahlen

$$\begin{rcases} \alpha \equiv a \\ a^2 \equiv 1 \end{rcases} \quad (Q)$$

besteht;[3] die *Ordnung* dieser Untergruppe $\mathfrak{G}$ ist demnach eine Potenz von 2.

Der Körper K aber ist nach der Ende § 1 gemachten Bemerkung einer Untergruppe G der Klassengruppe vom *Index* l^u zugeordnet. Ist also l ungerade, dann muss $\mathfrak{G}$ in G enthalten, folglich nach Hülfssatz 6, K in $\mathfrak{K}$ enthalten sein.

---

1) Es handelt sich also um die Verallgemeinerung des Hilbert-Furtwängler'schen Existenzbeweises für die Klassenkörper.

2) Im Sinne von Weber, Lehrbuch III., S.456.

3) Die etwa in endlicher Anzahl vorhandenen Ausnahmsideale sind bekanntlich irrelevant.

Demnach ist in Uebereinstimmung mit Herrn Fueter[1] bewiesen:

Jede Abel'sche Gleichung ungeraden Grades im imaginär-quadratischen Körper lässt sich durch die singulären Moduln und Einheitswurzeln auflösen.

Dagegen bedarf der Fall, wo $l=2$, einer näheren Untersuchung. Hier kommt auch wirklich der Fall vor, wo die Untergruppe G nicht die entsprechende Gruppe $\mathfrak{G}$ enthält, also der Körper K nicht im entsprechenden Körper $\mathfrak{K}$ enthalten, und folglich, wie leicht einzusehen ist, auch nicht in einem aus den Ordnungs- und Kreisteilungskörpern zusammengesetzen Körper enthalten ist. Hierzu entnehme ich ein Beispiel aus meiner Abhandlung: Über die im Bereiche der rationalen complexen Zahlen Abel'schen Zahlkörper.[2] Sei ϖ eine ungerade Primzahl des Körpers $k(i)$, 2^{u+2} $(u\geqq 0)$ die höchste in $N(\varpi)-1=2^{u+2}h$ aufgehende Potenz von 2. Dann enthält der ϖ-Teilungskörper der Funktion $\mathrm{sn}(u|i)$ einen relativzyklischen Körper K vom Relativgrade 2^{u+2}, dessen Relativdiscriminante ansser ϖ nur noch die Primzahl $1+i$ enthält, und zwar ist die in § 2 mit u' bezeichnete Zahl gleich 2. Es ist also für diesen Körper K

$$m=(1+i)^7\varpi$$
$$Q=16p$$

zu setzen, wenn p die durch ϖ teilbare natürliche Primzahl bedeutet.

Anderseits zerfällt, wie a. a. O. gezeigt worden ist, jede und nur die Primzahl α von $k(i)$ in die Primideale ersten Grades in K, welche die Bedingungen erfüllt:

$$(G)\qquad \begin{aligned}\alpha^h &\equiv 1 \quad &&(\varpi)\\ &\equiv 1 &&(1+i)^3.\end{aligned}$$

Die dem Körper $\mathfrak{K}$ zugeordnete Untergruppe $\mathfrak{G}$ besteht aber aus den Zahlenklassen mod. $Q=16p$:

$$(\mathfrak{G})\qquad \begin{aligned}\alpha &\equiv \pm 1 \quad &&(p)\\ &\equiv \pm 1,\ \pm 9 &&(16).\end{aligned}$$

Wie man sieht, ist das Ideal (α), für welches

$$\begin{aligned}\alpha &\equiv -1 \quad &&(p)\\ &\equiv \ \ 1 &&(16)\end{aligned}$$

in $\mathfrak{G}$ aber nicht in G enthalten.

Der in K enthaltene Körper K' vom Relativgrade 2^{u+1} ist dagegen in $\mathfrak{K}$ enthalten; für diesen ist G definirt durch

$$\begin{aligned}\alpha^h &\equiv \pm 1 \quad &&(\varpi)\\ &\equiv 1 &&(1+i)^3,\end{aligned}$$

$\mathfrak{G}$ durch

1) R. Fueter, Abel'sche Gleichungen in quadratisch-imaginären Zahlkörpern, Math. Annalen, **75**. (1914.) S.177.

2) Journal of the College of Science, Tokyo, **19**, 5. [Diese Werke S.13–39.]

$$\alpha \equiv \pm 1 \qquad (p)$$
$$\equiv \pm 1, \pm 5 \qquad (8);$$

also ist jedes Ideal (α), das durch eine Zahl α in $\mathfrak{G}$ erzeugt wird, in G enthalten.

9. Zur Theorie der relativ-Abel'schen Zahlkörper, II

[Proceedings of the Physico-Mathematical Society of Japan, ser II, vol 8. 1915, pp 243–254]
(Vorgelegt, July 3, 1915)

1. Formulirung des Hauptsatzes.

In dieser Fortsetzung meiner unter demselben Titel erschienenen Note[1], behandle ich die dort angedeutete Frage nach der Existenz "allgemeiner Klassenkörper";[2] sie ist, wie es sich herausstellt, im bejahenden Sinne zu beantworten. Es gilt nämlich der Satz:

In einem beliebigen algebraischen Zahlkörper k sei der Idealklassenverteilung die "Zahlengruppe" o derjenigen Zahlen α zu Grunde gelegt, welche die Kongruenzbedingung: $\alpha \equiv 1(\mathfrak{m})$ erfüllen. Die Gruppe der sämtlichen Idealklassen in k sei mit G bezeichnet, und es sei H eine beliebige Untergruppe von G vom Index n. Es existirt alsdann ein relativ-Abel'scher Oberkörper K von k vom Relativgrade n, welcher in dem Sinne der Klassengruppe H zugeordnet ist, dass die Relativnorm jedes zu $\mathfrak{m}$ primen Ideals in K in einer Klasse von H hineinfällt; die Relativgruppe dieses Oberkörpers K ist isomorph mit der complementären Gruppe G/H, und die Relativ-discriminante von K enthält keine Primideale, die nicht in dem Modul $\mathfrak{m}$ der Klassenverteilung enthalten ist.

Dasselbe gilt auch dann noch, wenn die Zahlen α in o der weiteren Bedingung unterworfen sind, total positiv zu sein, falls die mit k konjugirten Körper nicht sämtlich imaginär sind.

In der gegenwärtigen vorläufigen Mitteilung beschränke ich mich auf die kurze Andeutung des Beweisganges; auch verzichte ich auf eine allgemeinere, naheliegende Folgerungen umfassende, Formulirung des vorliegenden Satzes.

2. Rang der Klassengruppe.

Die Ordnung der Gruppe G, d. h. die Klassenanzahl von k nach $\mathfrak{m}$ sei genau durch die $h$te Potenz einer Primzahl l teilbar; und es sei H die Untergruppe von G vom Index l^h, so-dass

$$G = C.\,H,$$

wo C den Inbegriff der Klassen bedeutet, deren l^hten Potenzen Hauptklassen (nach $\mathfrak{m}$) werden. Es gilt zunächst den Rang der Gruppe C zu bestimmen.

1) Diese Proceedings S. 154 [Diese Werke S.43–50.], im Folgenden citirt mit T. I.
2) Vgl. S.48, Ende § 2.

Hülfssatz 1. Sei $\mathfrak{l}$ ein in l zur $z$ten Potenz aufgehendes Primideal f ten Grades in k, L_0 die zunächst über $\frac{zl}{l-1}$ gelegene natürliche Zahl, und $L \geqq L_0$; dann ist der Rang der Untergruppe der Zahlklassen mod. $\mathfrak{l}^L$ von der Ordnung $l^{(L-1)f}$ gleich $zf+e$, wo $e=1$ oder 0, jenachdem die Kongruenz in k

$$l+\xi^{l-1} \equiv 0 \quad (\mathfrak{l}^{z+1})$$

eine Lösung besitzt oder nicht; der erstere kann nur dann eintreten, wenn z durch $l-1$ teilbar ist; und tritt stets dann ein, wenn k die primitive $l$te Einheitswurzel ζ enthält.

Der Beweis[1] dieses Hülfssatzes gelingt leicht durch Abzählung der Lösungen der Kongruenz

$$\xi^l \equiv 1 \quad (\mathfrak{l}^L).$$

Enthält $\mathfrak{m}$ ein in l aufgehendes Primideal $\mathfrak{l}$, so kann ich ohne Schaden der Allgemeinheit annehmen, dass $\mathfrak{m}$ wenigstens durch $\mathfrak{l}^{L_0}$ teilbar ist. Unter dieser Voraussetzung gilt

Hülfssatz 2. Sei t die Anzahl der in C enthaltenen unabhängigen "absoluten" Idealklassen, $\mathfrak{r}_1, \cdots \mathfrak{r}_t$ ein System der Repräsentanten dieser Klassen, $(\rho_1), \cdots (\rho_t)$ die niedrigsten Potenzen dieser Ideale, welche Hauptideale werden; $\varepsilon_1, \varepsilon_2, \cdots \varepsilon_r$ die unabhängigen Einheiten in k, die Einheitswurzeln mitgerechnet; s die Anzahl der in $\mathfrak{m}$ aufgehenden, von einander verschiedenen, zu l primen Primideale $\mathfrak{p}$, von der Art, dass $\varphi(\mathfrak{p})$ durch l teilbar ist; ferner gebe es unter den l^{r+t} Zahlen

$$\varepsilon_1^{u_1} \cdots \varepsilon_r^{u_r} \rho_1^{v_1} \cdots \rho_t^{v_t}$$
$$0 \leqq u < l, \qquad 0 \leqq v < l$$

l^p, welche $l$te Potenzreste von $\mathfrak{m}$ sind; dann ist der Rang der Gruppe C gleich

$$\bar{t} = t+s+\sum(zf+e)-(r+t-p),$$

wo die Summation sich über alle in $\mathfrak{m}$ enthaltenen Primideale $\mathfrak{l}$ erstreckt, die in l aufgehen.[2]

Es ist $\bar{t} \geqq t$, weil

$$r+t-p \leqq s+\sum(zf+e).$$

3. Der Oberkörper eines ungeraden Primzahlgrades.

Wir betrachten zunächst den Fall, wo l eine ungerade Primzahl ist, und k die $l$te Einheitswurzel ζ enthält. Es ist also, unter Beibehaltung der Bezeichnungen des vorhergehenden Artikels, zunächst $e=1$; sodann, wenn mit m die Ordnung des Körpers k bezeichnet wird, $m=2r$; ferner ist m, sowie jedes z durch $l-1$ teilbar. Von den in l aufgehenden Primidealen, seien diejenigen, die in $\mathfrak{m}$

1) Vgl. auch T. Takenouchi, Jour. of the College of Science, Tokyo, 36, 1 (1913).
2) Vgl. Hülfssatz 1.

aufgehen, durchweg mit $\mathfrak{l}$, die übrigen mit $\mathfrak{l}'$ bezeichnet. Der Rang der Gruppe C ist dann

$$\bar{t} = t+s+\sum(zf+1)-(r+t-p). \tag{1}$$

Die im Hülfssatze 2 erwähnten l^p Reste seien

$$\alpha_1^{e_1}\cdots\alpha_p^{e_p} \qquad 0 \leqq e < l.$$

Ich führe nun nach Hilbert p Primideale $\mathfrak{q}_1, \cdots \mathfrak{q}_p$ ein, die nicht in $\mathfrak{m}$ enthalten sind, und von der Art, dass

$$\left(\frac{\alpha_i}{\mathfrak{q}_i}\right) \neq 1, \quad \left(\frac{\alpha_j}{\mathfrak{q}_i}\right) = 1 \qquad (i, j = 1, 2, \cdots p;\ i \neq j)$$

und ersetze $\mathfrak{m}$ durch

$$\overline{\mathfrak{m}} = \mathfrak{m}\cdot\mathfrak{q}_1\mathfrak{q}_2\cdots\mathfrak{q}_p.$$

Dann ist in dem Ausdruck für den Rang der entsprechenden Gruppe C, s durch $s+p$, und zugleich p durch 0 zu ersetzen, sodass $\bar{t}$ *unverändert bleibt.*

Nunmehr sei

$$\mathfrak{l}_1\mathfrak{r}_1^{a_1}\mathfrak{r}_2^{a_2}\cdots\mathfrak{r}_t^{a_t}\mathfrak{j}^l = (\lambda_1)$$
$$\cdots\cdots$$
$$\mathfrak{p}_1\mathfrak{r}_1^{b_1}\mathfrak{r}_2^{b_2}\cdots\mathfrak{r}_t^{b_t}\mathfrak{j}'^l = (\varpi_1)$$
$$\cdots\cdots$$
$$\mathfrak{q}_1\mathfrak{r}_1^{c_1}\mathfrak{r}_2^{c_2}\cdots\mathfrak{r}_t^{c_t}\mathfrak{j}''^l = (\kappa_1)$$
$$\cdots\cdots\cdots$$

Man betrachte das Zahlensystem

$$\varepsilon_1^{x_1}\cdots\varepsilon_r^{x_r}\rho_1^{y_1}\cdots\rho_t^{y_t}\lambda^{u_1}\cdots\varpi^{v}\cdots\kappa^{w}\cdots(\xi)^l \tag{2}$$
$$0 \leqq x, y, u, v, w < l,$$

wo die Exponenten u, v, w den t Bedingungen

$$\left.\begin{array}{l} a_1u+\cdots+b_1v+\cdots+c_1w+\cdots \equiv 0 \\ \cdots\cdots\cdots \\ a_tu+\cdots+b_tv+\cdots+c_tw+\cdots \equiv 0 \end{array}\right\} \bmod. l$$

unterworfen sind, so-dass das Zahlensystem (2) wenigstens

$$r+t+s_1+s+p-t$$

unabhängigen Zahlen aufweist; hier bedeutet s_1 die Anzahl der von einander verschiedenen, in $\mathfrak{m}$ enthaltenen Primideale $\mathfrak{l}$. Wenn ferner von diesen Zahlen nur die beibehalten werden, welche primär[1] in Bezug auf jedem nicht in $\mathfrak{m}$ enthaltenen Primideale $\mathfrak{l}'$ sind, dann beträgt die Anzahl der unabhängigen unter diesen Zahlen, wenigstens noch

$$\bar{t}' = r+s_1+s+p-\sum z'f',$$

wo die Summation sich auf alle $\mathfrak{l}'$ bezieht.

Es sei gleich hier bemerkt, dass

$$\bar{t} = \bar{t}',$$

1) Primär in Bezug auf $\mathfrak{l}$ nenne ich die zu $\mathfrak{l}$ primen $l$ten Potenzreste von $\mathfrak{l}^{\frac{zl}{l-1}}$ in k.

was im Folgenden von fundamentaler Bedeutung ist. In der Tat,

$$\bar{t}-\bar{t}' = \Sigma(zf+1)+\Sigma z'f'-s_1-2r = \Sigma zf+\Sigma z'f'-2r = m-2r = 0.$$

Adjungirt man nun dem Körper k die $l$te Wurzel einer dieser Zahlen, die durchweg mit ω bezeichnet sein mögen, so erhält man wenigstens $\bar{t}$ von einander unabhängige relativ zyklische Oberkörper

$$K = k(\sqrt[l]{\omega})$$

vom Relativgrade l. Die Relativdiscriminante dieser Körper enthält nun keine Primideale, die nicht in $\bar{\mathfrak{m}}$ aufgehen, weil ω primär in Bezug auf $\mathfrak{l}'$ ist.

Zufolge des Satzes I (T. I) ist daher jeder dieser Körper einer Untergruppe von G vom Index l zugeordnet[1]. Da anderseits jeder dieser Untergruppen nicht mehr als ein Oberkörper K zugeordnet sein kann (Hülfssatz 5, T. I), so folgt, wegen $\bar{t}=\bar{t}'$, dass es genau soviele Körper K existiren, wie die Untergruppen vom Index l der Klassengruppe.

Die Relativdiscriminante des Körpers K enthält nicht die Primideale $\mathfrak{q}_1, \cdots \mathfrak{q}_p$. Denn widrigenfalls kann man ein zweites, vollständig vom ersten verschiedenes System der Ideale $\bar{\mathfrak{q}}_1, \bar{\mathfrak{q}}_2, \cdots \bar{\mathfrak{q}}_p$ wählen, und darauf die Körper $\bar{K}_1, \bar{K}_2, \cdots$ bilden, welche sämtlich von K verschieden sein müssen.

Da auch diese den Untergruppen von G vom Index l zugeordnet sein müssen, so führt die Annahme zu einem Widerspruch mit dem Hülfssätze 5, T. I.

Hiermit ist im gegenwärtigen Falle, unser Satz für $n=l$ bewiesen.

4. Reciprocität.

Sei K ein relativzyklischer Oberkörper von k vom Relativgrade l, welcher einer Klassengruppe vom Index l zugeordnet ist, sodass jedes Primideal in k, welches in K in l von einander verschiedenen Primfactoren zerfällt, in dieser Klassengruppe enthalten ist, dann *zerfällt auch umgekehrt jedes in dieser Klassengruppe enthaltene, weder in l noch in die Relativdiscriminante aufgehende Primideal von k in l von einander verschiedene Primideale in K.*

Beweis. Die Klassengruppe, welche dem Körper K zugeordnet ist, sei mit G_0 bezeichnet, und es sei $\mathfrak{p}$ ein Primideal in einer Klasse C von G_0. Ist C nicht gleich einer $l$ten Potenz einer Klasse, dann gibt es eine Klassengruppe G_0' vom Index l, welche C nicht enthält. Ist dagegen C eine $l$te Potenz einer Klasse, sodass

$$\mathfrak{p} = \varpi\mathfrak{j}^l,$$

dann füge man zum Modul $\mathfrak{m}$ ein Primideal $\mathfrak{q}$ hinzu, derart dass

$$\left(\frac{\varpi}{\mathfrak{q}}\right) \neq 1, \qquad \left(\frac{\varepsilon}{\mathfrak{q}}\right) = 1 \qquad \left(\frac{\rho}{\mathfrak{q}}\right) = 1$$

Legt man dann das Ideal $\bar{\mathfrak{m}}=\mathfrak{m}\mathfrak{q}$ der Klassenverteilung zu Grunde, dann ist C

1) Vgl. die Bemerkung am Ende des § 1, S.47.

nicht $l$te Potenz einer Klasse, und folglich existirt eine Klassengruppe G_0', die C nicht enthält.

Der Durchschnitt der beiden Gruppen G_0, G_0' sei H; dann gibt es $l+1$ Klassengruppen vom Index l, welche H enthalten, und G_0 ist die einzige unter diesen, welche die Klasse C enthält. Zerfalle also $\mathfrak{p}$ nicht in K, dann zerfällt $\mathfrak{p}$ in keinem der $l+1$ zugeordneten Oberkörper, welche zusammen einen relativ-Abel'schen Oberkörper vom Relativgrade l^2 erzeugen; und dies ist, wie leicht ersichtlich, unmöglich.

5. Der Oberkörper eines ungeraden Primzahlgrades (Fortsetzung).

Hülfssatz 3. Sei $\bar{k}$ relativzyklisch vom Grade n in Bezug auf k, $n \not\equiv 0\ (l)$, K relativzyklisch vom Grade l in Bezug auf $\bar{k}$, und relativnormal aber nicht relativ-Abel'sch in Bezug auf k; zerfällt dann ein nicht in die Relativdiscriminante von K aufgehendes Primideal $\mathfrak{p}$ von k, in n' Primfactoren in $\bar{k}$, wo $1 \leqq n' < n$, dann zerfällt jedes dieser Primideale in $\bar{k}$ in l Primfactoren in K.

Indem die Bezeichnung in diesem Hülfssatze beibehalten wird, sei

$$\{C_1, C_2, \cdots, D, \cdots\} \tag{1}$$

die Klassengruppe in k vom Index n, welcher dem Oberkörper $\bar{k}$ zugeordnet ist; hierbei sind $C_1, C_2, \cdots$ die Basisklassen, deren Ordnungen Potenzen von l: l^{h_1}, $l^{h_2}, \cdots$ sind; und $D, \cdots$ die Klassen, deren Ordnungen prim zu l sind. Werden alsdann diejenigen Klassen[1] in $\bar{k}$, deren Relativnormen in D hineinfallen, durchweg mit $\bar{D}$ bezeichnet, dann ist die vollständige Klassengruppe von $\bar{k}$ in der Form darstellbar:

$$\{C_1, C_2, \cdots \bar{D}, \cdots\}$$

Denn, ist $\bar{C}$ eine beliebige Klasse in $\bar{k}$ und

$$N(\bar{C}) = C_1^{e_1} C_2^{e_2} \ldots D$$

dann setze man

$$\bar{C} = C_1^{x_1} C_2^{x_2} \ldots X$$

sodass

$$N(\bar{C}) = C_1^{x_1 n} C_2^{x_2 n} \ldots N(X)$$

Bestimmt man also $x_1, x_2 \cdots$ aus den Kongruenzen

$$nx_1 \equiv e_1 (l^{h_1})$$
$$nx_2 \equiv e_2 (l^{h_2})$$
$$\cdots\cdots\cdots$$

dann ist in der Tat

$$N(X) = D$$

also

$$X = \bar{D}$$

1) Wegen der Klassenverteilung in $\bar{k}$, vgl. Satz II, T. I.

Die Annahme

$$C_1{}^{x_1}C_2{}^{x_2}\cdots \bar{D} = 1$$

zieht nach sich:

$$C_1{}^{x_1 n}C_2{}^{x_2 n}\cdots D = 1$$

was nur dann der Fall ist, wenn

$$C_1{}^{x_1} = 1, \qquad C_2{}^{x_2} = 1, \cdots$$

d. h. die Klassen $C_1, C_2, \cdots$ erleiden in $\bar{k}$ weder Verlust der Unabhängigkeit noch Erniedrigung des Grades.

Angenommen nun, dass der relativzyklische Oberkörper K von $\bar{k}$ der Klassengruppe

$$\{C_1{}^l, C_2, \cdots \bar{D}\} \tag{2}$$

von $\bar{k}$ zugeordnet ist, folgt, weil dieselbe gegenüber den Substitutionen des Körpers $\bar{k}$ (in Bezug auf k) invariant ist, dass K relativnormal in Bezug auf k ist. Dieser Körper K ist der Klassengruppe

$$\{C_1{}^l, C_2, \cdots D\} \tag{3}$$

in k zugeordnet.   Hieraus ist zu schliessen, dass K *relativ-Abel'sch in Bezug auf* k ist.

Denn, sei $\mathfrak{p}$ ein Primideal in k aus einer Klasse

$$C_1{}^{x_1}C_2{}^{x_2}\cdots : \qquad x_1 \not\equiv 0(l)$$

und zwar einer solchen, die nicht der Untergruppe (1) angehört (solche Primideale $\mathfrak{p}$ existiren stets und zwar unendlichviele).   Wäre nun K nicht relativ-Abel'sch, dann musste $\mathfrak{p}$, weil nicht zu (1) angehörig, in $\bar{k}$ in $n'(<n)$ Primfactoren $\bar{\mathfrak{p}}, \cdots$, und diese, dem Hülfssatz 3 zufolge, in K in l Factoren zerfallen.   Folglich musste $\bar{\mathfrak{p}}$ der Klassengruppe (2), und also $N(\bar{\mathfrak{p}}) = \mathfrak{p}^f$ der Klassengruppe (3) angehören.   Dies ist unmöglich, weil f, als ein Teiler von n, prim zu l ist.

Da also K relativ-Abel'sch vom Grade nl in Bezug auf k ist, so enthält K einen Unterkörper K_0, welcher relativzyklisch vom Relativgrade l in Bezug auf k ist, und einer Klassengruppe vom Index l zugeordnet ist, welche die Gruppe (3) in sich enthält.

Enthält k nicht die $l$te Einheitswurzel ζ, so sei $k = k(\zeta)$, sodass n ein Teiler von $l-1$ ist.   Unter der erlaubten Annahme, dass $\mathfrak{m}$ durch jedes in l aufgehende Primideal teilbar sei, sei G_0 eine beliebig vorgeschriebene Klassengruppe vom Index l; es ist alsdann Sache der Bezeichnung, wenn ich annehme: es sei die Klassengruppe (3) der Durchschnitt von G_0 und (1).   Dann erhält man in K_0 den der Gruppe G_0 zugeordnete Oberkörper von k, deren Existenz nachzuweisen war.

Der in § 4 bewiesene *Reciprocitätssatz* gilt auch im vorliegenden Falle.

6. Der relativ-quadratische Körper.

Ich gebe kurz die Modification an, welche nötig wird, wenn $l=2$, und in die Zahlengruppe o nur total positive Zahlen aufgenommen werden. Sei m der Grad von k, m_1 die Anzahl der reellen unter den mit k konjugirten Körpern, sodass in der Bezeichung von § 2

$$r=\frac{m+m_1}{2}$$

zu setzen ist.

Unter den 2^{r+t} Zahlen

$$\varepsilon_1^{u_1}\ldots\varepsilon_r^{u_r}\rho_1^{v_1}\ldots\rho_t^{v_t}$$
$$(u, v=0, 1)$$

seien 2^n total positiv, sodass diese Zahlen 2^{r+t-n} "Vorzeichen-combinationen" darbieten:

$$r+t-n \leqq m_1. \tag{1}$$

Unter diesen 2^n total positiven Zahlen, gebe es 2^p quadratische Reste von $\mathfrak{m}$, sodass sie 2^{n-p} "Charakter-combinationen" aufweisen:

$$n-p \leqq s+\sum(zf+1) \tag{2}$$

Der Rang der Klassengruppe C beträgt

$$\begin{aligned}\bar{t} &= t+s+\sum(zf+1)+m_1-(r+t-n)-(n-p)\\ &= s+\sum(zf+1)+m_1+p-r\end{aligned} \tag{3}$$

Nebenbei bemerkt, ist wegen (1), (2)

$$\bar{t} \geqq t$$

wie es sein musste.

Es ist wie in §2.

$$\bar{t}'=r+s_1+s+p-\sum z'f'$$

Also
$$\begin{aligned}\bar{t}-\bar{t}' &= \sum zf+\sum z'f'+m_1-2r\\ &= m+m_1-2r=0.\end{aligned}$$

Fernerhin verläuft der Beweis genau wie in §2.

7. Der Oberkörper eines Primzahlpotenzgrades.

Nunmehr soll unser Satz in dem Falle bewiesen werden, wo H eine Klassengruppe von einem (geraden oder ungeraden) Primzahlpotenzindex l^h und die complementäre Gruppe G/H zyklisch ist. Ich beschränke mich auf den Fall, wo $h=2$, weil der allgemeine Fall leicht durch vollständige Induction bewiesen wird. Sei also C eine Klasse in k, derart dass C^{l^2} in H enthalten ist, und es sei in leicht verständlicher Bezeichnungsweise:

$$G=\{C, H\}, \quad G_0=\{C^l, H\}$$

Der Klassengruppe G_0 vom Index l möge der Körper $\bar{k}$ vom Relativgrade l zugeordnet sein. Ist dann $\bar{H}$ die Gruppe der Klassen[1] in $\bar{k}$, deren Relativnorm in H hineinfallen, dann ist die Klassengruppe in $\bar{k}$ in der Form darstellbar:

$$\{C, \bar{H}\}$$

wo C^l in $\bar{H}$ enthalten ist. Der Klassengruppe $\bar{H}$ in $\bar{k}$ sei der Körper K vom Relativgrade l^2 in Bezug auf k zugeordnet. Da $\bar{H}$ den Substitutionen von $\bar{k}$ (in Bezug auf k) gegenüber invariant ist, so folgt, dass K relativnormal in Bezug auf k ist. Nun enthält K ausser $\bar{k}$ keinen Unterkörper, welcher relativzyklisch vom Grade l in Bezug auf k ist, weil ein solcher einer Klassengruppe in k zugeordnet sein muss, welche H enthält und vom Index l ist, also mit G_0 zusammenfällt. Aus diesem Umstande folgt ohne Schwierigkeit, dass K relativ-Abel'sch und zwar relativzyklish in Bezug auf k ist.

8. Allgemeiner Fall, Schlussbemerkung.

Nachdem im Vorhergehenden unser Satz in dem Falle bewiesen worden ist, wo G/H zyklisch von einer Primzahlpotenzordnung ist, kann man den allgemeinen Fall sehr rasch erledigen. Seien also $C_1, C_2 \cdots C_r$ Basisklassen von der Primzahlpotenzordnungen $l_1^{h_1}, l_2^{h_2} \cdots l_r^{h_r}$ der Klassengruppe G in Bezug auf H.

$$G = \{C_1, C_2, \cdots C_r, H\}$$
$$n = (G, H) = l_1^{h_1} l_2^{h_2} \cdots l_r^{h_r}$$

Diejenige Untergruppe von G, welche ausser H noch die sämtlichen Basisklassen mit einziger Ausnahme von C_s enthält, sei mit H_s bezeichnet, sodass H_s eine Klassengruppe vom Index $l_s^{h_s}$, und G/H_s zyklisch ist. Ist dann K_s der derselben zugeordnete relativzyklische Körper vom Relativgrade $l_s^{h_s}$, dann entsteht durch Zusammensetzung der r Körper $K_1, \cdots K_r$ ein relativ-Abel'scher Oberkörper K vom Relativgrade n, welcher ersichtlich alle Forderungen unseres Satzes erfüllt.

Aus diesem allgemeinen Satze folgt nun eine merkwürdige Eigenschaft der relativ-Abel'schen Oberkörper, welche diesen charakteristisch ist. Ist nämlich $\mathfrak{K}$ relativ-normal vom Relativgrade m über k, dann ist $\mathfrak{K}$ derjenigen Klassengruppe in k zugeordnet, welcher der in $\mathfrak{K}$ enthaltene "grösste" relativ-Abel'sche Oberkörper K von k zugeordnet ist; so-dass *wenn $\mathfrak{K}$ selbst nicht relativ-Abel'sch ist, der Index der zugeordneten Klassengruppe nicht den Relativgrad m erreicht, sondern ein echter Teiler desselben ist*; in anderen Worten, lassen sich die Ideale in k, welche Normen der Ideale in $\mathfrak{K}$ sind, nicht durch eine Kongruenzeigenschaft charakterisiren, wie sie der Klassenverteilung in k zu Grunde gelegt war.

9. Anwendung auf die Complexe Multiplication.

Ist $k = k(\sqrt{d})$ ein imaginär-quadratischer Zahlkörper, von der Discrimi-

1) Vgl. § 1. T. I.

nante d, dann lässt sich jeder relativ-Abel'sche Körper über k aus gewissen "elementaren" Körpern zusammensetzen.

Ist $\mathfrak{m}$ ein beliebiges Ideal in k, dann bezeichne ich mit $K(\mathfrak{m})$ den der Hauptklasse mod. $\mathfrak{m}$ zugeordneten relativ-Abel'schen Körper vom Relativgrade

$$\frac{\Phi(\mathfrak{m})}{w}h,$$

wo h die absolute Klassenzahl von k, und w die Anzahl der Einheiten in k dividirt durch die Anzahl der Einheiten in o ist.

Sind nun $\mathfrak{a}$, $\mathfrak{b}$ relativ prim, dann ist der aus $K(\mathfrak{a})$, $K(\mathfrak{b})$ zusammengesetzte Körper der Klassengruppe zugeordnet, welche aus den Hauptidealen (α) besteht, wo[1]

$$\alpha \equiv \pm 1(\mathfrak{a}) \quad \equiv \pm 1(\mathfrak{b})$$

oder

$$\alpha \equiv \pm 1(\mathfrak{a}) \quad \equiv \mp 1(\mathfrak{b})$$

Also ist dieser Körper als echter Teiler in $K(\mathfrak{a}\mathfrak{b})$ enthalten, ausser wenn $\mathfrak{a}$ oder $\mathfrak{b}$ in 2 aufgeht.

Dagegen ist, wenn $\mathfrak{a}$, $\mathfrak{b}$, $\mathfrak{c}$ relativ prim sind, und $\mathfrak{a}$ nicht in 2 aufgeht

$$K(\mathfrak{a}\mathfrak{b}\mathfrak{c}) = K(\mathfrak{a}\mathfrak{b}).K(\mathfrak{a}\mathfrak{c})$$

Um mich bestimmt auszudrücken und in Hinsicht auf die Beziehung zu der Theorie der komplexen Multiplication setze ich $\mathfrak{a}=\mathfrak{l}$, wo $\mathfrak{l}$ ein in 2 aufgehendes Primideal in k, und $e=3$ oder 2 jenachdem $d\equiv 0$ oder 1 (mod 4), dann ist, wenn $\mathfrak{l}, \mathfrak{m}_1, \mathfrak{m}_2, \cdots$ zu je zweien relativ prim sind,

$$K(\mathfrak{m}_1\mathfrak{m}_2\cdots) < K(\mathfrak{l}^e\mathfrak{m}_1)K(\mathfrak{l}^e\mathfrak{m}_2)\cdots$$

$$K(\mathfrak{l}^h\mathfrak{m}_1) < K(\mathfrak{l}^h)K(\mathfrak{l}^e\mathfrak{m}_1) \qquad (h>e)$$

wenn mit $K<K'$ das Enthaltensein von K als echter Teil in K' angedeutet wird. Also:

Jeder relativ-Abel'sche Körper über k lässt sich zurückführen auf den "elementaren Körpern" $K(\mathfrak{l}^h)$, $K(\mathfrak{l}^e\mathfrak{m})$, *wo* $\mathfrak{m}$ *Potenz eines von* $\mathfrak{l}$ *verschiedenen Primideals bedeutet.*

Wenn mit $O(m)$ derjenige Körper über k bezeichnet wird, welcher aus dem Ordnungskörper mit dem Führer m und dem Körper der $m$ten Einheitswurzeln zusammengesetzt wird, dann ist, wenn $m=p^h$ eine ungerade rationale Primzahlpotenz ist, nach Weber

$$O(p^h) = K(p^h)$$

Dagegen ist

$$O(2^h) < K(2^h), \text{ wenn } h \geqq 3$$

Ferner ist, wenn a, b relativ prim sind,

$$O(ab) < K(ab)$$

ausser wenn a oder b gleich 2 ist; oder genauer: $K(m)$ ist Oberkörper von $O(m)$ vom Relativgrade 2^{t-1+e}, wenn t die Anzahl der von einander verschiedenen, in

1) Einfachheitshalber wird von $k(\sqrt{-4})$ und $k(\sqrt{-3})$ abgesehen.

m aufgehenden ungeraden rationalen Primzahlen ist und $e=0$, wenn m ungerade oder $m \equiv 2 \pmod{4}$, $e=1$, wenn $m \equiv 4 \pmod{8}$, $e=2$, wenn $m \equiv 0 \pmod{8}$.

Um die Natur der durch die $\mathfrak{m}$-Teilungswerte der von Weber eingeführten elliptischen Funktion S und den Modul κ definirten Körper, der mit $T_S(\mathfrak{m})$ bezeichnet werden mag, zu untersuchen, ist es nötig, das Vorzeichen $\pm$ in seiner Formel[1)]

$$\pm S(\pi u) \equiv S(u)^p \pmod{\pi}$$

näher zu bestimmen. Nach einer von mir angestellten Rechnung ergab sich dasselbe gleich

$$(-1)^{\frac{a-1}{2}+\frac{c}{4}}$$

wenn $\pi = a + b\omega$, $\pi\omega = c + d\omega$ ist.

Danach ist $T_S(\mathfrak{m})$ nur dann gleich $K(\mathfrak{l}^2\mathfrak{m})$, wenn $d \equiv 1 \pmod{8}$; dagegen ist, wenn $d \equiv 0 \pmod{4}$ oder $\equiv 5 \pmod{8}$, $T_S(\mathfrak{m})$ in $K(\mathfrak{l}^4\mathfrak{m})$ bez. $K(8\mathfrak{m})$ enthalten, ohne mit $K(\mathfrak{l}^3\mathfrak{m})$ bez. $K(4\mathfrak{m})$ übereinzustimmen.

Einfacher verhält sich die Sache, wenn man der Körper $T_{\text{sn}}(\mathfrak{m})$ in Betracht zieht, welcher auf derselben Weise wie $T_S(m)$ erzeugt wird, wenn man statt $S(u)$ die Funktion $\text{sn}(u)$ selbst nimmt. Für diese stimmt $T_{\text{sn}}(\mathfrak{m})$ genau mit dem Elementarkörper $K(\mathfrak{l}^e\mathfrak{m})$ zusammen.

In welcher Beziehung der aus der Teilung durch eine Potenz des in 2 aufgehenden Primideals $\mathfrak{l}$ entstehende Körper zu dem Elementarkörper $K(\mathfrak{l}^h)$ steht, muss vorläufig dahingestellt bleiben.

1) H. Weber, Lehrbuch der Algebra, III., S.595.

10. Zur Theorie der komplexen Multiplikation der elliptischen Funktionen

[Proceedings of the Physico-Mathematical Society of Japan, ser II, vol 8. 1915, pp 386–393]
(Vorgelegt, December 18, 1915)

In Fortführung von § 9 meiner Note: *Zur Theorie der relativ-Abel'schen Zahlkörper*, II. (S. 59, unten.) behandle ich in der vorliegenden die arithmetische Natur des Teilungskörpers vom Divisor 2^n.

Sei $k=k(\sqrt{\Delta})$ der imaginär-quadratische Zahlkörper mit der Discriminante Δ; ω die Wurzel der quadratischen Gleichung

$$A\omega^2+B\omega+C=0:$$
$$B^2-4AC=\Delta, \qquad A\equiv 1 \pmod{2}$$

mit dem positiven imaginären Teil; $\bar{k}=k(\sqrt{\Delta},\ \kappa(\omega))$ der entsprechende *Ordnungskörper*.

Die 2^n ten *Teilwerte* der Function $\mathrm{s}(u)=\mathrm{sn}(2Ku;\ \kappa)$:

$$x_{h,k}=\mathrm{s}\left(\frac{h+k\omega}{2^n}\right)$$

hängen von den Gleichungen ab:

$$\left.\begin{array}{ll} \boldsymbol{A}_{n-1}(x^2)=0, & (h,k)\equiv(0,0)\\ \boldsymbol{B}_{n-1}(x^2)=0, & (h,k)\equiv(1,0)\\ \boldsymbol{C}_{n-1}(x^2)=0, & (h,k)\equiv(1,1)\\ \boldsymbol{D}_{n-1}(x^2)=0, & (h,k)\equiv(0,1)\end{array}\right\}\ \text{mod. } 2.$$

wo die Functionen $\boldsymbol{A}, \boldsymbol{B}, \boldsymbol{C}, \boldsymbol{D}$ folgendermassen definirt sind:

$$\mathrm{s}(2^n u)=xyz\frac{\boldsymbol{A}_n(x^2)}{\boldsymbol{D}_n(x^2)}, \qquad \mathrm{c}(2^n u)=\frac{\boldsymbol{B}_n(x^2)}{\boldsymbol{D}_n(x^2)}, \qquad \mathrm{d}(2^n u)=\frac{\boldsymbol{C}_n(x^2)}{\boldsymbol{D}_n(x^2)},$$
$$x=\mathrm{s}(u), \qquad y=\mathrm{c}(u)=\mathrm{cn}(2Ku,\kappa), \qquad z=\mathrm{d}(u)=\mathrm{dn}(2Ku,\kappa)$$
$$\boldsymbol{A}_n=2\boldsymbol{A}_{n-1}\boldsymbol{B}_{n-1}\boldsymbol{C}_{n-1}\boldsymbol{D}_{n-1};$$

es sind $\boldsymbol{A}, \boldsymbol{B}, \boldsymbol{C}, \boldsymbol{D}$ ganze rationale Funktionen von x^2, deren Coefficienten dem Körper $\bar{k}$ angehören; $\boldsymbol{B}_{n-1}$, $\boldsymbol{C}_{n-1}$, $\boldsymbol{D}_{n-1}$, von den die eigentliche 2^n-Teilung abhängen, sind vom Grade 4^{n-1} in x.

Es sind nunmehr drei Fälle zu unterscheiden.

$$\text{(I.)} \qquad \Delta\equiv 0 \quad (4).$$

In k ist 2 ein Idealquadrat:

$$(2)=\mathfrak{l}^2, \qquad \mathfrak{l}=[2,\theta], \qquad \theta=A\omega,$$

wenn C genau durch 2 teilbar angenommen wird. Es ist $\bar{k}$ vom Relativgrade

$\bar{h}=2h$ über k, wo h die Klassenzahl in k bedeutet (Nur wenn $\Delta=-4$, ist diese Zahl zu halbiren: es ist $\bar{k}=k$).

Ist
$$\mu = a+b\omega$$
eine ganze Zahl in k, dann ist
$$\mathrm{s}(\mu u) = x^{\alpha}y^{\beta}z^{\gamma}F_{\mu}(x^2),$$
$$\mathrm{c}(\mu u) = x^{\alpha'}y^{\beta'}z^{\gamma'}G_{\mu}(x^2),$$
$$\mathrm{d}(\mu u) = x^{\alpha''}y^{\beta''}z^{\gamma''}H_{\mu}(x^2),$$
wo F_{μ}, G_{μ}, H_{μ} rationale Functionen (mit gemeinsamen Nenner) in $\bar{k}$ bedeuten, und die Exponenten α, β, γ, usw. gleich 0 oder 1 sind, je nach der Beschaffenheit von a, b mod. 2; ich lasse die Tabelle für diese Factoren $x^{\alpha}y^{\beta}z^{\gamma}$ usw. folgen:

$(a,b)\equiv$	$(1\ 0)$	$(1,1)$	$(0,0)$	$(0,1)$
$\mathrm{s}(\mu u)$:	x	x	xyz	xyz
$\mathrm{c}(\mu u)$:	y	z	1	yz
$\mathrm{d}(\mu u)$:	z	y	1	yz

Die Wurzeln der Teilungsgleichung lassen sich in der Form darstellen
$$x = \mathrm{s}\left(\frac{\rho}{2^n}\right),$$
wo
$$\rho = h+k\theta$$
eine ganze Zahl in k bedeutet. Für $\boldsymbol{B}_{n-1}(x^2)=0$, $\boldsymbol{C}_{n-1}(x^2)=0$ ist ρ prim zu 2, ihre Wurzeln sind die (eigentlichen) *Teilwerte vom Divisor* $\mathfrak{l}^{2n}$, sie sollen daher die *zum Divisor* $\mathfrak{l}^{2n}$ *gehörigen Teilungsgleichungen* genannt werden. Dagegen ist für $\boldsymbol{D}_{n-1}(x^2)=0$, ρ einmal durch $\mathfrak{l}$ teilbar, und die Wurzeln sind die Teilwerte vom Divisor $\mathfrak{l}^{2n-1}$. Anderseits zerfällt $\boldsymbol{D}_{n-1}(x^2)$ in $\bar{k}$ in zwei Factoren 2^{2n-3} ten Grades in x:[1)]
$$\boldsymbol{D}_{n-1}(x^2) = \boldsymbol{D}^{(1)}_{n-1}(x^2).\ \boldsymbol{D}^{(2)}_{n-1}(x^2)$$
$$= (\boldsymbol{D}_{n-\frac{2}{2}}+\kappa x^2y^2z^2\boldsymbol{A}_{n-\frac{2}{2}})(\boldsymbol{D}_{n-\frac{2}{2}}-\kappa x^2y^2z^2\boldsymbol{A}_{n-\frac{2}{2}}).$$
Jede der beiden Gleichungen $\boldsymbol{D}^{(1)}_{n-1}=0$, $\boldsymbol{D}^{(2)}_{n-1}=0$ ist die zum Divisor $\mathfrak{l}^{2n-1}$ gehörige Teilungsgleichung.

Der durch die Adjunction eines Teilwertes vom Divisor $\mathfrak{m}$ bez. von $\mathrm{s}(u)$ oder von $\mathrm{s}^2(u)$ aus $\bar{k}$ entstehende Körper——der Teilungskörper——soll durchweg mit $\bar{\mathfrak{T}}(\mathfrak{m})$ bez. $\mathfrak{T}(\mathfrak{m})$ bezeichnet werden.

Von fundamentaler Bedeutung ist nun die Frage: welche Primideale in k zerfallen in dem Teilungskörper in Primideale ersten Grades?

Für $\mathfrak{T}(\mathfrak{l}^m)$ $(m\geqq 2)$ sind es die primen Hauptideale (ϖ), für welche
$$\varpi \equiv 1 \pmod{\mathfrak{l}^m},\ ^{2)}$$

1) Vgl. weiter unten, S.65.

2) Zum Beweis vgl. H. Weber, Lehrbuch der Algebra, III, S. 595. Für $\bar{\mathfrak{T}}$ soll statt der Weber'schen Formel (8) die genauere:
$$(-1)^{\frac{a-1}{2}}\mathrm{s}(\varpi u) \equiv \mathrm{s}(u)^p \pmod{\varpi}$$
benutzt werden, wobei $\varpi=a+2b\omega$ gesetzt wird. Vgl. S. 254 dieser *Proceedings*. [S.60 dieser Werke]

und hieraus ist, wie weiter unten gezeigt werden wird, zu schliessen,

$$\mathfrak{T}(\mathfrak{l}^m) = K(\mathfrak{l}^m),$$

wo $K(\mathfrak{l}^m)$ den "vollständigen Klassenkörper" mod. $\mathfrak{l}^m$ bedeutet (Vgl. S. 59 oben).

Für die Teilungskörper von $\mathrm{s}(u)$ gilt dagegen

$$\overline{\mathfrak{T}}(\mathfrak{l}^m) = K(\mathfrak{l}^{m+1}).$$

$$\text{(II.)} \qquad \varDelta \equiv 1 \pmod{8}.$$

In k zerfällt 2 in zwei von einander verschiedene Primideale

$$(2) = \mathfrak{l}\mathfrak{l}', \qquad \mathfrak{l} = [2, \theta], \qquad \mathfrak{l}' = [2, 1+\theta].$$

(Es empfiehlt sich anzunehmen[1]: $C \equiv 0(4)$, was stets erreicht wird, eventuell durch die Ersetzung von ω durch $\omega+2$; alsdann wird $\mathfrak{l}^2 = [4, \theta]$). $\bar{k}$ ist vom Relativgrade $\bar{h} = h$ über k. Für die complexe Multiplication gilt hier die Tabelle:

$(a, b) \equiv$	$(1\ 0)$	$(1\ 1)$	$(0, 0)$	$(0, 1)$
$\mathrm{s}(\mu u)$	x	x	xyz	xyz
$\mathrm{c}(\mu u)$	y	1	1	y
$\mathrm{d}(\mu u)$	z	yz	1	y

Ist wie früher $\rho = h + k\theta$ eine ganze Zahl in k, dann ist $\mathrm{s}\left(\frac{\rho}{2^n}\right)$ ein eigentlicher $\mathfrak{l}^m\mathfrak{l}'^{m'}$-Teilwert $(m, m' \leqq n)$, wenn der grösste gemeinsame Teiler von ρ und 2^n gleich $\mathfrak{l}^{n-m}\mathfrak{l}'^{n-m'}$ ist.

Wenn $n \geqq m'$, $n = m' + \nu$, ρ_0 eine durch $\mathfrak{l}'^{\nu}$ aber nicht durch $\mathfrak{l}'^{\nu+1}$ teilbare, und zu $\mathfrak{l}$ prime Zahl, dann sind die $\mathfrak{l}^n\mathfrak{l}'^{m'}$-Teilwerte von $\mathrm{s}(u)$ die $2^{n+m'-2}$ Zahlen:

$$\pm \mathrm{s}\left(\frac{\xi\rho_0}{2^n}\right),$$

wo ξ die Zahlen derjenigen Hälfte eines reduzirten Restsystem mod. $\mathfrak{l}^n\mathfrak{l}'^{m'}$, welche die Bedingung $\xi \equiv 1$ $(\mathfrak{l}^2)$ befriedigen, durchläuft; oder

$$\pm \mathrm{s}\left(\frac{k\rho_0 + 2^{\nu+1}t}{2^n}\right), \qquad \begin{pmatrix} k = 1, 5, \cdots 2^n - 3. \\ t = 0, 1, \cdots 2^{m'-1} - 1. \end{pmatrix}$$

Für die $\mathfrak{l}^m\mathfrak{l}'^n$-Teilwerte $(m \leqq n)$ sind $\mathfrak{l}$, $\mathfrak{l}'$ untereinander zu vertauschen.

Sei nun $\mu \equiv 1$ $(\mathfrak{l}^{n+1}\mathfrak{l}'^m)$, $\not\equiv 1$ $(\mathfrak{l}'^{m+1})$, $(m < n)$ dann ist

$$\mathrm{s}(\mu u) = \mathrm{s}(u) \quad \text{für} \quad u = \frac{\rho}{2^n}, \ \rho \not\equiv 0 \quad (2),$$

dann und nur dann, wenn

$$\rho \equiv 0 \quad (\mathfrak{l}'^{n-m}).$$

Es ist aber

$$\mathrm{s}(\mu u) = \mathrm{s}(u) \boldsymbol{F}_\mu(\mathrm{s}(u)^2),$$

wo $\boldsymbol{F}_\mu(x^2)$ eine rationale Funktion in $\bar{k}$ ist. Sucht man also die Gleichung für die gemeinsamen Wurzeln von

$$\boldsymbol{C}_{n-1}(x^2) = 0 \quad \text{und} \quad 1 = \boldsymbol{F}_\mu(x^2)$$

1) Nur unter dieser Annahme gilt die Formel in der Fusznote 2), S.62.

auf, dann wird dieselbe nur durch die Teilwerte vom Divisor $\mathfrak{l}^n\mathfrak{l}'^t$ befriedigt, wo $t \leqq m$. Nimmt man successive $m=0, 1, \cdots n-1$, so kann man auf diese Weise $C_{n-1}(x^2)$ in n Factoren in $\bar{k}$ zerlegen:

$$C_{n-1}(x^2) = \prod^{m} T_{n,m}(x^2). \qquad (m = 0, 1, \cdots n-1)$$

Ebenso ist

$$D_{n-1}(x^2) = \prod^{m} T_{m,n}(x^2). \qquad (m = 0, 1, \cdots n-1)$$

Setzt man noch

$$B_{n-1}(x^2) = T_{n,n}(x^2),$$

so ist allgemein $T_{m,n}(x^2)$ Function in $\bar{k}$, vom Grade 2^{m+n-2} in x. Die Gleichung $T_{m,n}(x^2)=0$ $(m \neq 1)$ ist die zum Divisor $\mathfrak{l}^m\mathfrak{l}'^n$ gehörige Teilungsgleichung von $\mathrm{s}(u)$; eine Ausnahme bildet $T_{1,n}$, wie sogleich auseinandergesetzt werden wird.

Für die Teilungskörper $\mathfrak{T}$ gilt wie vorhin

$$\mathfrak{T}(\mathfrak{l}^m\mathfrak{l}'^{m'}) = K(\mathfrak{l}^m\mathfrak{l}'^{m'}).$$

Die Körper $\bar{\mathfrak{T}}$ verhalten sich nicht ebenso einfach, indem

$$\bar{\mathfrak{T}}(\mathfrak{l}^m\mathfrak{l}'^{m'}) = K(\mathfrak{l}^{m+1}\mathfrak{l}'^{m'}), \qquad \text{wenn } m' \geqq 2\,;$$

dagegen merkwürdigerweise

$$\bar{\mathfrak{T}}(\mathfrak{l}'^n) = K(\mathfrak{l}^2\mathfrak{l}'^n)$$

und

$$\bar{\mathfrak{T}}(\mathfrak{l}\,\mathfrak{l}'^n) = K(\mathfrak{l}\,\mathfrak{l}'^n) = K(\mathfrak{l}'^n).$$

Auch lässt sich die Gleichung

$$T_{1,n}(x^2) = 0$$

in zwei Factoren in $\bar{k}$ zerspalten, wie folgendermassen einzusehen ist. Ist nämlich ρ_0 eine durch $\mathfrak{l}^{n-1}$ aber nicht durch $\mathfrak{l}^n$ teilbare, zu $\mathfrak{l}'$ relativ prime Zahl, dann verteilen sich die 2^{n-1} $\mathfrak{l}\,\mathfrak{l}'^n$-Teilwerte von $\mathrm{s}(u)$ in den beiden Hälften:

$$\mathrm{s}\Big(\frac{k\rho_0}{2^n}\Big) \quad \text{und} \quad \mathrm{s}\Big(\frac{k\rho_0}{2^n}+1\Big) = -\mathrm{s}\Big(\frac{k\rho_0}{2^n}\Big),$$
$$(k = 1, 5, \cdots 2^n-3).$$

Ist dann $\mu=a+b\theta$, $a \equiv b \equiv 1$ (2) eine durch $\mathfrak{l}'^n$ teilbare, zu $\mathfrak{l}$ prime Zahl, dann ist

$$\mu\frac{k\rho_0}{2^n} = \frac{\xi}{2},$$

wo ξ eine durch $\mathfrak{l}'$ aber nicht durch $\mathfrak{l}$ teilbare Zahl:

$$\xi = (2h+1)+(2h'+1)\theta,$$

also

$$\mathrm{s}\Big(\mu\frac{k\rho_0}{2^n}\Big) = \mathrm{s}\Big(\frac{\xi}{2}\Big) = (-1)^h\mathrm{s}\Big(\frac{1+\theta}{2}\Big) = \frac{(-1)^h}{\kappa}.$$

Es ist nun

$$\mathrm{s}(\mu u) = xF_\mu(x^2), \qquad x = \mathrm{s}(u),$$

und die beiden Hälften der Wurzeln von $T_{1,n}(x^2)=0$ genügen bez. den Gleichungen in $\bar{k}$:

$$xF_\mu(x^2) = \pm\frac{1}{\kappa}.$$

(III.) $\Delta \equiv 5$ (8).

Hier ist 2 prim in k; $\bar{k}$ ist vom Relativgrade $\bar{h}=6h$ über k (nur, wenn $\Delta=-3$, ist diese Zahl durch 3 zu teilen); er enthält ausser κ noch κ' und i. Die Functionen B_{n-1}, C_{n-1}, D_{n-1} zerfallen in $\bar{k}$ in zwei Factoren:

$$\begin{aligned} B_{n-1} = B^{(1)}_{n-1}B^{(2)}_{n-1} &= (D_{n-2}^{2}-(1+\kappa')x^2y^2z^2A_{n-2}^{2})\times \\ &\quad (D_{n-2}^{2}-(1-\kappa')x^2y^2z^2A_{n-2}^{2}). \\ C_{n-1} = C^{(1)}_{n-1}C^{(2)}_{n-1} &= (D_{n-2}^{2}-\kappa(\kappa-i\kappa')x^2y^2z^2A_{n-2}^{2})\times \\ &\quad (D_{n-2}^{2}-\kappa(\kappa+i\kappa')x^2y^2z^2A_{n-2}^{2}). \\ D_{n-1} = D^{(1)}_{n-1}D^{(2)}_{n-1} &= (D_{n-2}^{2}+\kappa x^2y^2z^2A_{n-2}^{2})\times \\ &\quad (D_{n-2}^{2}-\kappa x^2y^2z^2A_{n-2}^{2}). \end{aligned}$$

Ihre Wurzeln sind die 2^n-Teilwerte $\mathrm{s}\left(\frac{h+k\theta}{2^n}\right)$;

$$B^{(1)}_{n-1}(x^2) = 0: \quad \begin{pmatrix} h=1,5,\cdots\ 2^{n+1}-3 \\ k=0,4,\cdots\ 2^n-4 \end{pmatrix},$$

$$B^{(2)}_{n-1}(x^2) = 0: \quad \begin{pmatrix} h=1,5,\cdots\ 2^{n+1}-3 \\ k=2,6,\cdots\ 2^n-2 \end{pmatrix},$$

$$C^{(1)}_{n-1}(x^2) = 0: \quad \begin{pmatrix} h=1,5,\cdots\ 2^{n+1}-3 \\ k=1,5,\cdots\ 2^n-3 \end{pmatrix},$$

$$C^{(2)}_{n-1}(x^2) = 0: \quad \begin{pmatrix} h=3,7,\cdots\ 2^n-1 \\ k=1,5,\cdots\ 2^{n+1}-3 \end{pmatrix},$$

$$D^{(1)}_{n-1}(x^2) = 0: \quad \begin{pmatrix} h=0,4,\cdots\ 2^{n+1}-4 \\ k=1,5,\cdots\ 2^n-3 \end{pmatrix},$$

$$D^{(2)}_{n-1}(x^2) = 0: \quad \begin{pmatrix} h=2,6,\cdots\ 2^{n+1}-2 \\ k=1,5,\cdots\ 2^n-3 \end{pmatrix}.$$

Jede dieser sechs Gleichungen ist die zum Divisor 2^n gehörige Teilungsgleichung. Es ist

$$\mathfrak{T}(2^n) = K(2^n).$$

Die Körper $\bar{\mathfrak{T}}(2^n)$ zerfallen in drei Kategorien: sie sind nämlich die drei in $K(2^{n+1})$ enthaltene, in Bezug auf $K(2^n)$ relativ-quadratische Körper, welche bez. den Hauptideal-gruppen (α) mod. 2^{n+1} zugeordnet sind:

$$\begin{aligned} &B^{(1)}_{n-1}, B^{(2)}_{n-1}: && \alpha \equiv 1,\ 1+2^n\theta && (2^{n+1}) \\ &C^{(1)}_{n-1}, C^{(2)}_{n-1}: && \alpha \equiv 1,\ 1+2^n(1+\theta) && (\ ,,\ ) \\ &D^{(1)}_{n-1}, D^{(2)}_{n-1}: && \alpha \equiv 1,\ 1+2^n && (\ ,,\ ) \end{aligned}$$

Vollständigkeitshalber füge ich die Tabelle bei:

$(a,b)\equiv$	$(1\ 0)$	$(0\ 1)$	$(1\ 1)$	$(0\ 0)$
$\mathrm{s}(\mu u)$	x	xy	xz	xyz
$\mathrm{c}(\mu u)$	y	yz	z	1
$\mathrm{d}(\mu u)$	z	y	yz	1

Es gilt nunmehr die Identificirung des Teilungskörpers $\mathfrak{T}$, bez. $\bar{\mathfrak{T}}$ mit dem entsprechenden "Klassenkörper" K zu berechtfertigen. Dass die Teilungsgleichungen, welche offenbar relativ-Abel'sch in Bezug auf $\bar{k}$, es auch in *Bezug auf* k sind, und vor Allem die Irreducibilität in $\bar{k}$ soll jetzt noch bewiesen werden. Bewiesen wurde nur, dass die Relativnormen aller Primideale in $\mathfrak{T}$ bez. $\bar{\mathfrak{T}}$ in die dem entsprechenden Körper K zugeordnete Idealgruppe hineinfallen; auch ist leicht zu bestätigen, dass, wenn m der Grad der Teilungsgleichung, $\bar{h}$ der Relativgrad von $\bar{k}$ bedeutet, $m\bar{h}$ mit dem Relativgrad des entsprechenden Klassenkörpers K übereinstimmt.

Ist also N der wahre Grad des Teilungskörpers über k, so ist vorab nur bekannt, dass

$$m\bar{h} \geqq N;$$

ist ferner N' der *Index* der dem Teilungskörper zugeordneten Idealgruppe, so steht fest, dass

$$m\bar{h} \leqq N'.$$

Diese beiden Beziehungen ergeben aber in Verbindung mit der bekannten Relation

$$N \geqq N'$$

das Resultat:

$$m\bar{h} = N = N',$$

womit fürs erste die Irreducibilität der Teilungsgleichung in $\bar{k}$ bewiesen wird, sodann das characteristische Merkmal eines relativ-Abel'schen Zahlkörpers für den Teilungskörper bezüglich k nach § 8. a.a.O. (S.58) dargetan wird.

Oben wurde dem Periodenverhältnisse ω gewisse Beschränkungen auferlegt worden; diese beseitigen bedeutet den Uebergang von ω zu einem der bekannten fünf aequivalenten Werte: $\omega+1$, $-\frac{1}{\omega}$, usw. Es entsteht die Frage, ob auch die Teilungsgleichungen der Funktion $\mathrm{sn}(u)$ mit einem *beliebigen* (zur Stammdiscriminante Δ gehörigen) ω relativ-Abel'sch in Bezug auf k sind. Zieht man aber die Formeln[1] der linearen Transformationen der Funktion $\mathrm{sn}(u)$ zu Rate, so überzeugt man sich unmittelbar, dass sich die Teilungsgleichungen für die neuen $\mathrm{sn}(u)$ auf die Teilwerte von $\mathrm{cn}(u)$, $\mathrm{dn}(u)$ mit dem ursprünglichen ω und die beiden Irrationalitäten i und κ' zurückführen lassen. Für die Teilwerte von $\mathrm{sn}^2(u)$ sind also die dem ω auferlegte Beschränkung ohne Belang. Was die 2^nte Teilwerte von $\mathrm{sn}(u)$ selbst betrifft, lassen sie sich auf die 2^{n+1}te Teilwerte von $\mathrm{sn}^2(u)$ zurückführen, vermöge der Formel:

$$\mathrm{sn}(2u) = \frac{2\,\mathrm{sn}(u)\mathrm{cn}(u)\mathrm{dn}(u)}{1-\kappa^2\,\mathrm{sn}^4(u)},$$

1) Vgl. z. B. Tannery-Molk, Functions elliptiques, t. II. S. 290–291.

weil das Product $\operatorname{sn}(u)\operatorname{cn}(u)\operatorname{dn}(u)$ für einen 2^{n+1} ten Teil einer Periode mittelst der Recursionsformel[1] für die Functionen $\boldsymbol{B}$, $\boldsymbol{C}$, $\boldsymbol{D}$, rational durch $\operatorname{sn}^2(u)$ darstellbar sind (wenigstens nach Adjunction von $\sqrt{-\kappa}$). Es stellt sich also heraus, dass, wenn ω eine beliebige zur Stammdiscriminante Δ gehörige imaginär-quadratische Irrationalzahl ist, die Teilwerte von su u, ebenso die von $\operatorname{cn}(u)$ und $\operatorname{dn}(u)$ von relativ-Abel'schen Gleichungen in $k(\sqrt{\Delta})$ abhängen.

Nachtrag.

In § 9 der oben citirten Note habe ich es versäumt, die Ungleichheit $O(2^h) < K(2^h)$ (s. S.59, unten) durch das dritte Glied $< O(2^{h+1})$ zu ergänzen. Mit diesem Zusatze wäre jener Paragraph für den Kronecker'schen Satz abschliessend gewesen. Die vorliegende Note bringt die Theorie der complexen Multiplication in einer andern Hinsicht zum Abschluss.

---

1) Vgl. H. Weber, Algebra, III. S. 195.

11. Über eine Eigenschaft des Potenzcharacters

[Proceedings of the Physico-Mathematical Society of Japan, ser II, vol 9. 1917, pp 166–169]
(Vorgelegt, July 7, 1917)

Es sei k ein algebraischer Zahlkörper, welcher die primitive $l$te Einheitswurzel ζ enthält, wo l eine ungerade Primzahl ist; K ein Oberkörper von k vom Relativgrade m. Ferner sei $\mathfrak{j}$ ein zu l primes Ideal in k, A eine zu $\mathfrak{j}$ prime Zahl in K, α die Norm von A in Bezug auf k. Dann gilt für die $l$te Potenzcharactersymbole in K und k die Beziehung[1]

$$\left\{\frac{\mathrm{A}}{\mathfrak{j}}\right\} = \left(\frac{\alpha}{\mathfrak{j}}\right).$$

Es genügt, den Satz für ein Primideal $\mathfrak{j}=\mathfrak{p}$ zu beweisen. Sei $\bar{K}$ ein relativnormaler Oberkörper von k, welcher K enthält; $\boldsymbol{G}$ die Galois'sche Gruppe von $\bar{K}$ in Bezug auf k, $\boldsymbol{H}$ die Untergruppe von $\boldsymbol{G}$, welche die Zahlen von K ungeändert lässt, sodass

$$(\boldsymbol{G}, \boldsymbol{H}) = m, \qquad \boldsymbol{G} = \sum^{i} \boldsymbol{H}R_i \qquad (i=1, 2, \cdots m)$$

$$\alpha = \prod^{i} A|R_i, \tag{1}$$

wenn mit $A|R$ die durch die Substitution R von $\boldsymbol{G}$ aus A hervorgehende Zahl bezeichnet wird.

In K gelte die Zerlegung in Primfactoren:

$$\mathfrak{p} = \mathfrak{P}_1^{g_1}\mathfrak{P}_2^{g_2}\cdots\mathfrak{P}_e^{g_e},$$

und es sei f_i der Relativgrad des Primideals $\mathfrak{P}_i$ in Bezug auf k. Ist dann P die Norm von $\mathfrak{p}$ in k, dann ist

$$\left(\frac{\alpha}{\mathfrak{p}}\right) \equiv \alpha^{\frac{P-1}{l}} \quad (\mathfrak{p}), \qquad \left\{\frac{\mathrm{A}}{\mathfrak{P}_i}\right\} \equiv \mathrm{A}^{\frac{P^{f_i}-1}{l}} \quad (\mathfrak{P}_i).$$

Sei $\bar{\mathfrak{P}}$ ein Primideal in $\bar{K}$, welches in $\mathfrak{P}_1$ aufgeht, $\boldsymbol{G}_z$ und $\boldsymbol{G}_t$ die Zerlegungs- und Trägheitsgruppe von $\bar{\mathfrak{P}}$ in Bezug auf k.

Die Gruppe $\boldsymbol{G}$ sei in die Complexe $\boldsymbol{HRG}_z$ zerlegt, so-dass

$$\boldsymbol{G} = \sum \boldsymbol{H}R_i\boldsymbol{G}_z = \sum \boldsymbol{G}_zR_i^{-1}\boldsymbol{H},$$

$$\mathfrak{P}_i = (\prod \bar{\mathfrak{P}}\, \boldsymbol{G}_zR_i^{-1}\boldsymbol{H})^{r_i},$$

1) Herr Ph. Furtwängler hat diesen Satz für den relativnormalen Oberkörper K bewiesen (Math. Ann. 58, S. 25). Dagegen scheint der Satz für einen beliebigen Oberkörper K ihm entgangen zu sein, was ihm beim Beweis des Reciprocitätsgesetzes (Math. Ann. 72) beträchtliche Komplication verursachte. Überhaupt ist der Beweis des Reciprocitätsgesetzes mit Hülfe dieses allgemeinen Satzes und eines Fundamentalsatzes, den ich in meiner Note: Zur Theorie der relativ-Abel'schen Zahlkörper (Diese Proceedings vol. 8.) [Diese Werke Abh. 8 und 9.] beweisen habe, sehr übersichtlich und schnell durchzuführen, wie ich an einer anderen Stelle des näheren auseinanderzusetzen beabsichtige.

wo sich das Product auf alle von einander verschiedenen Primideale von $\bar{K}$ bezieht, welche durch die Substitutionen der Complexe $\boldsymbol{G}_z R_i^{-1}\boldsymbol{H}$ aus $\bar{\mathfrak{P}}$ hervorgehen; die Anzahl dieser Complexe beträgt somit e. Alsdann ist $\mathfrak{P}'=\mathfrak{P}_i|R_i$ das durch $\bar{\mathfrak{P}}$ teilbares Primideal in dem mit K conjugirten Körper $K'=K|R_i$, und es ist

$$\left\{\frac{\mathrm{A}}{\mathfrak{P}_i}\right\}=\left\{\frac{\mathrm{A}|R_i}{\mathfrak{P}_i|R_i}\right\}=\left\{\frac{\mathrm{A}|R_i}{\mathfrak{P}'}\right\}.$$

Demnach ist

$$\left\{\frac{\mathrm{A}}{\mathfrak{p}}\right\}=\prod^{i}\left\{\frac{\mathrm{A}}{\mathfrak{P}_i}\right\}^{g_i}=\prod^{i}\left\{\frac{\mathrm{A}|R_i}{\mathfrak{P}'}\right\}^{g_i}, \tag{2}$$

wo sich das Product auf die sämtlichen e Komplexe $\boldsymbol{H}R_i\boldsymbol{G}_z$ bezieht, und in jedem Factor desselben R_i durch eine beliebige Substitution desselben Komplexes ersetzt werden kann.

Nun sei

$$\boldsymbol{H}R_i\boldsymbol{G}_z=\boldsymbol{H}R_i+\boldsymbol{H}R_i'+\cdots+\boldsymbol{H}R_i^{(\nu_i-1)} \tag{3}$$

sodass $\sum^{i}\nu_i=m$ gleich dem Index $(\boldsymbol{G},\boldsymbol{H})$ oder dem Relativgrade $(\bar{K}:K)$ ist.

Ist $\boldsymbol{H}'=R_i^{-1}\boldsymbol{H}R_i$, $\boldsymbol{H}_z'$ bez. $\boldsymbol{H}_t'$ die Durchschnitte von $\boldsymbol{H}$ und $\boldsymbol{G}$ bez. $\boldsymbol{G}_t$, dann sind $\boldsymbol{H}_z'$, $\boldsymbol{H}_t'$ bez. die Zerlegungs- und Trägheitsgruppe von $\bar{\mathfrak{P}}$ im Relativkörper $(\bar{K};K')$, sodass die Ordnung der Gruppe $\boldsymbol{H}_t'$ gleich γ_i, die von $\boldsymbol{H}_z'$ gleich $\varphi_i\gamma_i$ ist, wenn φ_i der Relativgrad von $\bar{\mathfrak{P}}$ in Bezug auf K' ist. Ist also $\bar{f}$ der Relativgrad von $\bar{\mathfrak{P}}$ in Bezug auf k, und $\bar{g}$ der Exponent der höchsten Potenz von $\bar{\mathfrak{P}}$, die in $\mathfrak{p}$ aufgeht, dann ist $\bar{f}\bar{g}$ die Ordnung der Gruppe $\boldsymbol{G}_z$, demnach

$$\frac{\bar{f}\bar{g}}{\varphi_i\gamma_i}=f_i g_i$$

gleich der Gruppenindex $(\boldsymbol{G}_z, \boldsymbol{H}_z')$, folglich gleich der Anzahl der in $\boldsymbol{H}R_i\boldsymbol{G}_z$ enthaltenen Komplexe $\boldsymbol{H}R_i^{(\nu)}$; also nach (3)

$$\nu_i=f_i g_i.$$

Sei Z eine diejenige Substitution der Zerlegungsgruppe von $\bar{\mathfrak{P}}$, für welche jede ganze Zahl $\bar{\Omega}$ in $\bar{K}$ die Kongruenz

$$\bar{\Omega}|Z\equiv\bar{\Omega}^P\quad(\bar{\mathfrak{P}})$$

befriedigt, und es sei Z^t die niedrigste Potenz von Z, die in $\boldsymbol{H}'=R_i^{-1}\boldsymbol{H}R_i$ also in $\boldsymbol{H}_z'$ vorkommt. Da dann

$$\bar{\Omega}|Z^t\equiv\bar{\Omega}^{P^t},\quad(\bar{\mathfrak{P}})$$

so muss $t\geqq f_i$. Umgekehrt muss in $\boldsymbol{H}_z$ eine Substitution Z_0 vorkommen, derart dass

$$\bar{\Omega}|Z_0\equiv\bar{\Omega}^{P^{f_i}},\quad(\bar{\mathfrak{P}})$$

demnach ist

$$\bar{\Omega}|Z_0\equiv\bar{\Omega}|Z^{f_i},\quad(\bar{\mathfrak{P}})$$

also $Z^{f_i}Z_0^{-1}$ in $\boldsymbol{H}_t'$, folglich in $\boldsymbol{H}_z'$ enthalten, so-dass Z^{f_i} in $\boldsymbol{H}_z'$ folglich in $\boldsymbol{H}'$

vorkommt.

Ist also R_i eine Substitution des Komplexes $\boldsymbol{HR_iG_z}$, dann sind die f_i Komplexe

$$\boldsymbol{HR_i}, \quad \boldsymbol{HR_i}Z, \cdots \boldsymbol{HR_i}Z^{f_i-1} \tag{4}$$

in $\boldsymbol{HR_iG_z}$ enthalten, und diese f_i Komplexe sind von einander verschieden. Ist ferner R_i' eine Substitution des Komplexes $\boldsymbol{HR_iG_z}$, die in keinem der Komplexe (4) enthalten ist, dann sind die weitere f_i Komplexe

$$\boldsymbol{HR_i}', \boldsymbol{HR_i}'Z, \cdots \boldsymbol{HR_i}'Z^{f_i-1}$$

in $\boldsymbol{HR_iG_z}$ enthalten, und sowohl von einander als auch von (4) verschieden. So fortfahrend zerlegt man den Komplex $\boldsymbol{HR_iG_z}$ in g_i Systeme von je f_i Komplexe wie (4).

Nun ist

$$\mathrm{A}|RZ \equiv (\mathrm{A}|R)^P, \qquad \mathrm{A}|RZ^2 \equiv (\mathrm{A}|R)^{P^2}, \tag{$\mathfrak{P}$}$$

$$\left(\prod_{0,f_i-1}^{t} \mathrm{A}|RZ^t\right)^{\frac{P-1}{l}} \equiv (\mathrm{A}|R)^{(1+P+\cdots+P^{f_i-1})\frac{P-1}{l}}$$

$$\equiv (\mathrm{A}|R)^{\frac{P^{f_i}-1}{l}} \tag{$\mathfrak{P}$}$$

$$\equiv \left\{\frac{\mathrm{A}|R}{\mathfrak{P}'}\right\}. \tag{$\mathfrak{P}$}$$

Also

$$(\prod^{\nu} \mathrm{A}|R_i^{(\nu)})^{\frac{P-1}{l}} \equiv \left\{\frac{\mathrm{A}|R_i}{\mathfrak{P}'}\right\}^{g_i}, \tag{$\mathfrak{P}$}$$

wenn das Product links auf die $\nu_i = f_ig_i$ Substitutionen $R_i^{(\nu)}$ in (3) erstreckt wird. Demnach ist nach (1), (2)

$$\alpha^{\frac{P-1}{l}} \equiv \left\{\frac{\mathrm{A}}{\mathfrak{p}}\right\}, \tag{$\mathfrak{P}$}$$

oder

$$\left\{\frac{\mathrm{A}}{\mathfrak{p}}\right\} \equiv \left(\frac{\alpha}{\mathfrak{p}}\right), \tag{$\mathfrak{P}$}$$

womit der Beweis unseres Satzes erbracht ist.

12. On norm-residues

[Proceedings of the Physico-Mathematical Society of Japan, ser III, vol 2. 1920, pp 43–45]
(Read, November 15, 1919)

If $\mathfrak{m}$ be any ideal in an algebraic corpus k, which is contained in another corpus K, then a number α of k shall be called the norm-residue of K with respect to the modulus $\mathfrak{m}$, if there is a number A in K, such that

$$N(A) \equiv \alpha, \quad (\text{mod. } \mathfrak{m})$$

N denoting the relative norm taken in K with respect to k.

In the case, where K/k is relatively cyclic of prime degree l, we have the following fundamental

Theorem. (I) If $\mathfrak{p}$ is a prime ideal of k, not dividing the relative discriminant of K/k, then every number of k, which is prime to $\mathfrak{p}$, is a norm-residue of K with respect to the modulus $\mathfrak{p}^e$, where e is any positive integer.

(II) If $\mathfrak{p}$ is a divisor of the relative discriminant, but not of the relative degree l, then of all the numbers of k which are prime to $\mathfrak{p}$ and incongruent mod $\mathfrak{p}^e$, only an lth part are norm-residues mod. $\mathfrak{p}^e$ for any positive exponent e.

(III) The same holds true, if $\mathfrak{p}=\mathfrak{l}$ is a prime divisor of l, which is contained to the $(v+1)(l-1)$th. power as factor in the relative discriminant, provided $e>v$. But if $e\leqq v$, then every number not divisible by $\mathfrak{l}$ is a norm-residue mod. $\mathfrak{l}^e$.

The importance of this theorem in the theory of relatively Abelian corpus every competent judge will admit. In his theory of the relatively quadratic corpus[1], Hilbert works under a considerable disadvantage of not utilizing the clause (III) of the above theorem, which he obtains as the last link of a long series of elaborate reasoning; and I am not sure, if the limit of demarcation[2] $e>v$ mentioned above can be readily deduced from his result.

While preparing for a detailed exposition of a theory of relatively Abelian corpora, of which I have communicated the very rough outlines to this Society, (cf. Proceedings, vol. 8.) [this volume, p.43–60] I have obtained a proof of the above theorem, which is simple beyond expectation, and that without making use of the assumption, that k contains the primitive l^{th} root of unity. In the present note I confine myself to pointing out some of the essential facts,

1) Hilbert, Math. Ann. **51**.

2) Hilbert's definition of the norm-residue is slightly different from that given above; it is formulated in such a way, as to fit the circumstance, when working without the determination of this limit.

which will lead to the proof of the clause (III).

The proof is based on the property of K as the corpus of ramification for $\mathfrak{L}$, $\mathfrak{L}$ being the prime ideal of K, which divides $\mathfrak{l}$, so that $\mathfrak{l}=\mathfrak{L}^l$. Denoting by Λ_n, λ_n the numbers of K, k which are divisible just by $\mathfrak{L}^n$, $\mathfrak{l}^n$ respectively, we have

$$s\Lambda_n-\Lambda_n=\Lambda_{n+v}, \quad \text{if} \quad n\not\equiv 0, (l)$$
$$=\Lambda_{n+v+x}, (x>0), \quad \text{if} \quad n\equiv 0, (l)$$

where $s\Lambda_n$ denotes the relative conjugate of Λ_n with respect to k. Now from the algebraic identity

$$1+s+s^2+\cdots+s^{l-1}=l+l_2(s-1)+l_3(s-1)^2+\cdots+(s-1)^{l-1}$$

where $l_2, l_3, \cdots$ are binomial coefficients, we get for the relative trace $T(\Lambda_n)=\Lambda_n+s\Lambda_n+s^2\Lambda_n+\cdots+s^{l-1}\Lambda_n$ of Λ_n

$$T(\Lambda_n)=l\Lambda_n+l_2(s-1)\Lambda_n+\cdots+(s-1)^{l-1}\Lambda_n,$$

where the symbolic sense of the operators $s-1$, $(s-1)^2, \cdots$ will be easily comprehensible. If z is the exponent of the highest power of $\mathfrak{l}$, which divides l, then applying the identity to Λ_1, we get

$$zl\geqq v(l-1),$$

with the help of which, we further obtain

$$T(\Lambda_n)\equiv 0, \quad (\mathfrak{l}^{n+1}) \quad \text{if} \quad n<v,$$
$$T(\Lambda_v)\equiv 0, \quad (\mathfrak{l}^{v})$$
$$T(\Lambda_n)\equiv 0, \quad (\mathfrak{l}^{v+1}) \quad \text{if} \quad n>v,$$

whence again

$$N(1+\Lambda_n)=1+\lambda_n, \quad \text{if} \quad n<v,$$
$$N(1+\Lambda_v)\equiv 1+T(\Lambda_v)+N(\Lambda_v) \quad (\mathfrak{l}^{v+1})$$
$$N(1+\Lambda_n)\equiv 1, \quad (\mathfrak{l}^{v+1}) \quad \text{if} \quad n>v.$$

Of these our theorem is the immediate consequence in case $e\leqq v$. When $e=v+1$, we observe the fact, that the quotient $s\Lambda_1:\Lambda_1$, though congruent with a number of the form $1+\Lambda_v$ for any power of $\mathfrak{l}$ as modulus, has the relative norm 1. From this follows the existence of a number $\Lambda_v^{(0)}$, for which

$$T(\Lambda_v^{(0)})+N(\Lambda_v^{(0)})\equiv 0. \quad (\mathfrak{l}^{v+1})$$

Hence we can show without difficulty, that the solutions of

$$N(A)\equiv 1 \quad (\mathfrak{l}^{v+1})$$

are exhaustively given by $1+t\Lambda_v^{(0)}$, when we make $t=0, 1, \cdots l-1$.

As for the case $e>v+1$, we shew by the help of

$$N(1+\rho\lambda_t\Lambda_v)=1+\rho\lambda_{v+t},$$

where ρ is a number of k not divisible by $\mathfrak{l}$, that every norm-residue mod. $\mathfrak{l}^{v+1}$ is necessarily a norm-residue for any higher power of $\mathfrak{l}$ as modulus, and since the converse of this is obvious, the theorem is true.

13. Über eine Theorie des relativ Abel'schen Zahlkörpers

[Journal of the College of Science, Imperial University of Tokyo, vol 41. art 9. 1920, pp 1–133]

Der vorliegende Aufsatz ist die ausführliche Darlegung einer Theorie des relativ Abel'schen Zahlkörpers, deren Umriss vor einigen Jahren in den *Proceedings* der hiesigen Mathematisch-Physikalischen Gesellschaft sehr knapp und mangelhaft skizzirt worden ist.

Diese Theorie stützt sich auf den verallgemeinerten Begriff der Idealclassen, welcher sich in der modernen Theorie der algebraischen Zahlen allmählich entwickelt, und durch Heinrich Weber eine explicite Formulirung in der sehr allgemeinen Form gefunden hat. Es werden danach zwei Ideale eines algebraischen Körpers nur dann als aequivalent betrachtet und in dieselbe Idealclasse gerechnet, wenn ihr Quotient durch eine Zahl dargestellt werden kann, welche gewisser Congruenzbedingung nach einem vorgeschriebenen Idealmodul des Körpers genügt. Es existirt alsdann zu einem beliebigen algebraischen Zahlkörper ein bestimmter relativ Abel'scher Oberkörper von der folgenden Beschaffenheit:

1) Die Relativdiscriminante des Oberkörpers enthält die und nur die Primideale als Factor, welche in den Idealmodul des Grundkörpers aufgehen, der der Classeneinteilung in demselben zu Grunde gelegt wird.

2) Die Galois'sche Gruppe des Oberkörpers in Bezug auf den Grundkörper ist holoedrisch isomorph mit der Classengruppe (im verallgemeinerten Sinne) des Grundkörpers.

3) Diejenigen Primideale des Grundkörpers, welche der Hauptclasse (im verallgemeinerten Sinne) angehören und nur diese erfahren im Oberkörper eine Zerlegung in die Primfactoren der ersten Relativgrade; allgemeiner hängt die weitere Zerlegung der Primideale des Grundkörpers in dem Oberkörper nur von der Classe ab, der die Primideale im Grundkörper angehören.

Es ist dies eine naturgemässe Verallgemeinerung der Grundeigenschaften des Classenkörpers, welcher zuerst von D. Hilbert eingeführt wurde und die Theorie desselben von Ph. Furtwängler weiter fortgeführt worden ist. Jener Oberkörper sei daher als der allgemeine Classenkörper für die zugehörigen Idealengruppe des Grundkörpers bezeichnet, welche Gruppe die Hauptclasse (im verallgemeinerten Sinne) des Grundkörpers bildet.

Eine wichtige Tatsache in der Theorie des relativ Abel'schen Zahlkörpers ist nun die, dass umgekehrt zu jedem relativ Abel'schen Oberkörper eine bestimmte Classengruppe nach einem geeignet gewählten Idealmodul in dem Grundkörper existirt, welcher jener Oberkörper als Classenkörper zugeordnet ist, so dass die relativ Abel'schen Oberkörper einerseits und die Idealengruppen in dem Grundkörper anderseits einander characterisirend in wechselseitig eindeutiger Beziehung stehen.

Ich habe so weit als möglich diese Theorie ohne die übliche Voraussetzung entwickelt, dass der Grundkörper die Einheitswurzeln enthalte; hierbei haben sich die von Hilbert eingeführten, einem Primideal in relativ normalen Körper zugehörigen Körper, welche die weitere Zerlegung des Primideals des Grundkörpers beherrschen, als ein sehr nützliches Hülfsmittel erwiesen.

Unter den Anwendungen dieser Theorie sei der Existenzbeweis für die unendlichvielen Primideale ersten Grades in jeder Classe (im verallgemeinerten Sinne) eines beliebigen algebraischen Zahlkörpers hervorgehoben; es ist dies eine schöne Verallgemeinerung des classischen Dirichlet'schen Satzes über die Primzahlen in einer arithmetischen Reihe.

Als ein Beispiel und eine naheliegende Anwendung der allgemeinen Theorie habe ich die der relativ Abel'schen Körper in Bezug auf einen imaginären quadratischen Körper in einem besonderen Capitel behandelt. Es gelang die Bestätigung der berühmten Kronecker'schen Vermutung über die aus der Theorie der complexen Multiplication der elliptischen Functionen entspringenden Körper vollständig durchzuführen, was durch H. Weber und R. Fueter (in der unten citirten Abhandlung) nur zum Teil geschehen ist.

In Verzicht auf die vollständige Litteraturangabe seien die folgenden Werke angeführt, die, sei es als Grundlage, sei es als Anregung, für diese Untersuchung von Wichtigkeit gewesen sind:

H. Weber, Ueber Zahlengruppen in algebraischen Körpern. Math. Ann. 48, 49, 50. (1897–1898).

H. Weber, Lehrbuch der Algebra, III. (1908).

D. Hilbert, Die Theorie der algebraischen Zahlkörper. Bericht, erstattet der Deutschen Mathematiker-Vereinigung, 1897.

D. Hilbert, Ueber die Theorie des relativ quadratischen Zahlkörpers, Math. Ann. 51 (1898).

D. Hilbert, Ueber die Theorie der relativ Abel'schen Zahlkörper. Nachrichten von der Kgl. Gesellschaft der Wissenschaften in Göttingen, 1898.

Ph. Furtwängler, Allgemeiner Existenzbeweis für den Classenkörper eines beliebigen algebraischen Zahlkörpers. Math. Ann. 63 (1907).

R. Fueter, Abel'sche Gleichungen in quadratisch-imaginären Zahlkörpern, Math. Ann. 75 (1914).

Capitel I. Der allgemeine Classenkörper.

§ 1. Verallgemeinerung des Classenbegriffs.

Bekanntlich heissen zwei Ideale $\mathfrak{a}$, $\mathfrak{b}$ in einem algebraischen Körper k äquivalent, wenn es in k eine ganze oder gebrochene Zahl κ gibt, so dass die Gleichheit besteht:

$$\mathfrak{a} = \kappa\mathfrak{b}.$$

Die Gesamtheit aller Ideale, welche einem gegebenen aequivalent sind, fassen wir in eine Idealclasse zusammen. Dann ist die Anzahl h der Idealclassen im Körper k endlich. Diese Classen lassen sich durch Multiplication zusammensetzen: sind nämlich A, B irgend zwei Classen, $\mathfrak{a}$, $\mathfrak{b}$ beliebige Ideale dieser Classen, dann gehört das Product $\mathfrak{ab}$ einer durch die Classen A, B eindeutig bestimmte, von der Wahl der Repräsentanten $\mathfrak{a}$, $\mathfrak{b}$ unabhängige Classe AB. Die h Classen bilden in der Tat eine Abel'sche Gruppe, in welcher die Multiplication als die Regel der Zusammensetzung gilt, und die Hauptclasse die Stelle des Hauptelementes einnimmt.

Man kann auch die Gesamtheit der ganzen und gebrochenen Ideale des Körpers k als eine (unendliche) Abel'sche Gruppe G auffassen, indem wir die Ideale durch Multiplication zusammensetzen. Dann bilden eben die Gesamtheit der ganzen oder gebrochenen Hauptideale eine Untergruppe O vom Index h; sind $\mathfrak{a}_1, \mathfrak{a}_2, \cdots \mathfrak{a}_h$ ein System der Repräsentanten der h Classen, dann ist in einer, in der Gruppentheorie üblichen, Bezeichnungsweise:

$$\text{G} = \text{O}\mathfrak{a}_1 + \text{O}\mathfrak{a}_2 + \cdots + \text{O}\mathfrak{a}_h. \qquad (1)$$

Eine engere Fassung des Classenbegriffs hat sich bei den verschiedenen Problemen als von Nutzen erwiesen. Es werden die Ideale $\mathfrak{a}$, $\mathfrak{b}$ nur dann als aequivalent aufgefasst und in eine und dieselbe Classe gerechnet, wenn ihr Quotient einem Hauptideale (κ) gleich ist, wo κ gewisser Bedingungen betreffs des Vorzeichens unterworfen ist. Es ist zum Beispiel verlangt, dass κ positive Norm habe[1], oder dass κ total positiv sei,[2] d. h. die mit κ conjugirten Zahlen in den sämtlichen mit k conjugirten reellen Körpern $k_1, k_2', \cdots k_r$ positiv seien. Solche Vorzeichenbedingungen lassen sich in allgemeinster Weise wie folgt auffassen: Das System der Vorzeichen, welche die mit κ conjugirten Zahlen in $k_1, k_2', \cdots k_r$ aufweisen, sei mit

$$(\varepsilon_1, \varepsilon_2, \cdots \varepsilon_r)$$

bezeichnet, wo $\varepsilon = \pm 1$ ist; wir wollen es kurz die *Vorzeichencombination* der Zahl

1) Vgl. Hilbert, Bericht, § 24.
2) Hilbert, Relativ Abel. Zahlkörper, § 5.

κ nennen. Dann bilden die 2^r möglichen Vorzeichencombinationen eine Gruppe nach Multiplication, welche mit der Gruppe der entsprechenden Zahlen homomorph ist, d.h., ist

$$(\varepsilon_1', \varepsilon_2', \cdots \varepsilon_r')$$

die Vorzeichencombination von κ', dann ist die Vorzeichencombination der Zahl $\kappa\kappa'$ das *Product*

$$(\varepsilon_1\varepsilon_1', \varepsilon_2\varepsilon_2', \cdots \varepsilon_r\varepsilon_r').$$

Sei nun H eine Untergruppe dieser Gruppe der sämtlichen 2^r Vorzeichencombinationen, und verlangt man, dass die Idealquotient κ eine Vorzeichencombination dieser Gruppe H haben soll, dann ist damit ein engerer Classenbegriff definirt, wobei die Hauptclasse diejenige Untergruppe O′ der Gruppe O der sämtlichen Hauptideale des Körpers k ist, welche nur die Hauptideale (κ) enthält, welche durch die Zahlen κ mit den Vorzeichencombinationen von H erzeugt werden. An Stelle von (1) hat man nunmehr die neue Classeneinteilung:

$$\mathrm{G} = \mathrm{O}'\mathfrak{a}_1 + \mathrm{O}'\mathfrak{a}_2 + \cdots + \mathrm{O}'\mathfrak{a}_{h'},$$

wo h' die Classenzahl von k im neuen, engeren Sinne ist, und es zerfällt jede Classe $\mathrm{O}\mathfrak{a}$ im alten, weiteren Sinne in eine dieselbe Anzahl $\frac{h'}{h}$ von den Classen $\mathrm{O}'\mathfrak{a}$ im engeren Sinne, wo die Zahl $\frac{h'}{h}$ offenbar ein Teiler von dem Index der Gruppe H, d.h. von 2^{r-r_0} ist, wenn 2^{r_0} die Ordnung der Gruppe H ist.

Eine andere Erweiterung des Classenbegriffs erblicken wir in die sogenannten Ringclassen.[1] Es sei R ein Zahlring im Körper k, $\mathfrak{f}$ der Führer desselben. Zwei zum Führer $\mathfrak{f}$ relativ prime Ringideale $\mathfrak{a}_R$ und $\mathfrak{b}_R$ werden dann aequivalent genannt, und danach die Ringclassen definirt, wenn

$$\mathfrak{a}_R = \kappa\mathfrak{b}_R,$$

wo κ eine Körperzahl ist, mit oder ohne Vorzeichenbedingung. Ist nun α eine Zahl in $\mathfrak{a}_R$, dann muss in $\mathfrak{b}_R$ eine Zahl β geben, derart, dass

$$\alpha = \kappa\beta, \quad \text{oder} \quad \kappa = \frac{\alpha}{\beta};$$

so erscheint κ als Quotient zweier zu $\mathfrak{f}$ primen Ringzahlen. Wenn umgekehrt $\mathfrak{a}$, $\mathfrak{b}$ zwei zu $\mathfrak{f}$ prime Körperideale sind, und besteht zwischen ihnen die Gleichung:

$$\mathfrak{a} = \kappa\mathfrak{b},$$

wo κ ein Quotient der Ringzahlen ist, dann besteht für die zugeordneten Ringideale die Relation:

$$\mathfrak{a}_R = \kappa\mathfrak{b}_R.$$

Es kommt daher auf dasselbe hinaus, wenn man unter G die Gesamtheit der zu $\mathfrak{f}$ primen ganzen oder gebrochenen Körperideale versteht, unter O die

1) Vgl. Hilbert, Bericht, §§ 33, 34.

Gesamtheit der Hauptideale, welche durch die Quotienten der zu $\mathfrak{f}$ primen Ringzahlen, eventuell mit Vorzeichenbedingungen, erzeugt werden, und die Gruppe G nach dieser Untergruppe O in die Complexe der Form $\mathrm{O}\mathfrak{a}$ zerlegt: die Ringideale einer und derselben Ringclasse werden den Körperidealen eines und desselben Complexes $\mathrm{O}\mathfrak{a}$ zugeordnet, und umgekehrt.

Ein weiterer Schritt wurde durch Heinrich Weber[1)] getan. Wir betrachten nach ihm die Gruppe G der sämtlichen Ideale des Körpers k, welche (in Zähler und Nenner) zu einem gegebenen Ideal $\mathfrak{m}$, dem Exkludenten, relativ prim sind. Ist dann H eine beliebige Untergruppe von G vom endlichen Index h, und zerlegen wir G in die h Complexe der Form $\mathrm{H}\mathfrak{a}$, dann sollen die Ideale eines und desselben Complexes in eine Classe, speciell die der Gruppe H selbst in die Hauptclasse, gerechnet werden; zwei Ideale von G sind demnach aequivalent nach H genannt, wenn ihr Quotient der Idealengruppe H angehört. Offenbar ist der Classenbegriff im gewöhnlichen, *absoluten* Sinne ein sehr specieller Fall dieses *allgemeinen* Classenbegriffs.

Die Hauptideale, welche in H enthalten sind, bilden für sich eine Gruppe H_0, offenbar vom endlichen Index. Definiren wir dann die Classen nach H_0, so sind die Classen nach H nichts anders als die Zusammenfassung einer gleichen Anzahl der Classen nach H_0; mit anderen Worten, die Classengruppe nach H ist die complementäre Gruppe G/H, wenn die Classen nach H_0 zu Grunde gelegt werden.

Jedem Hauptideal (α) von H_0 entspricht nun ein System von associrten Zahlen $\varepsilon\alpha$, wo ε Einheiten von k bedeutet. Betrachten wir nun diese Zahlen einzeln für sich, dann bilden sie in ihrer Gesamtheit eine unendliche Abel'sche Gruppe, deren Elemente einzelne Zahlen sind, und in welcher die Multiplication die Compositionsregel abgibt. Daher kann man mit Weber zur Definition des Classenbegriffs eine *Zahlengruppe* zu Grunde legen.

Die Gesamtheit Z der ganzen und gebrochenen, zu dem gegebenen Ideal $\mathfrak{m}$ primen Zahlen des Körpers k ist eine Gruppe; es sei O eine Untergruppe derselben, von welcher der Index (Z: O) endlich ist. Jede Zahl von O definirt ein zu $\mathfrak{m}$ primes Hauptideal, die Gesamtheit desselben ist dann eine Idealengruppe, die wir vorübergehend mit $\bar{\mathrm{O}}$ bezeichnen wollen. Dann bilden nach Weber die Ideale eines Complexes $\bar{\mathrm{O}}\mathfrak{a}$ eine Idealclasse nach O, also speciell die Ideale von $\bar{\mathrm{O}}$ die Hauptclasse.

So werden die sämtlichen zu $\mathfrak{m}$ primen Idealen von k in Classen verteilt. Die Beschränkung, dass nur die zu $\mathfrak{m}$ primen Ideale in Betracht gezogen werden, ist für die Classeneinteilung ohne Belang, denn jede Idealclasse im absoluten Sinne enthält die zu $\mathfrak{m}$ primen Ideale. Erst durch die Einführung der Zahlengruppe O wird jede absolute Idealclasse in eine dieselbe Anzahl d von den Classen

1) H. Weber. Ueber Zahlengruppen in algebraischen Körpern, Math. Ann. 48–50. Lehrbuch der Algebra, III., § 161.

nach $\mathfrak{o}$ zerlegt. Diese Anzahl d bestimmt sich nach Weber durch die Formel[1)]

$$d=\frac{(\mathfrak{z}:\mathfrak{o})}{(\mathfrak{E}:\mathfrak{E}_0)},$$

wenn $\mathfrak{E}$ die Gruppe der sämtlichen Einheiten in k, $\mathfrak{E}_0$ diejenige der Einheiten in $\mathfrak{o}$, und allgemein $(\mathfrak{A}:\mathfrak{B})$ den Gruppenindex bedeutet.

§ 2. Congruenz-classengruppen.

Von einer besonderen Wichtigkeit ist nun der Fall, wo die Zahlengruppe $\mathfrak{o}$ die folgende Bedingung erfüllt:[2)]

Es sei $\mathfrak{a}$ ein beliebiges ganzes Ideal in $\mathfrak{G}$, und $T(t)$ die Anzahl der in $\bar{\mathfrak{o}}$ enthaltenen durch $\mathfrak{a}$ teilbaren ganzen Hauptideale, deren Norm nicht grösser als die positive Grösse t ist. Dann soll

$$T=\frac{gt}{\mathrm{N}(\mathfrak{a})}+Mt^{1-\delta},$$

und folglich

$$\lim_{t=\infty}\frac{T}{t}=\frac{g}{\mathrm{N}(\mathfrak{a})}$$

sein, worin g eine endliche von Null verschiedene positive Grösse ist, die nur von den Gruppen $\mathfrak{G}$ und $\mathfrak{o}$, aber nicht von t und von der Wahl des Ideals $\mathfrak{a}$ abhängt, während M eine Function von t ist, welche mit unendlich wachsendem t nicht unendlich wird, und δ endlich eine nur von dem Körper k abhängende positive Grösse bedeutet, die kleiner als 1 ist.

Unter dieser Voraussetzung folgt, wenn für ein variables $s>1$

$$A(s)=\Sigma\frac{1}{\mathrm{N}(\mathfrak{j})^s}$$

gesetzt wird, worin $\mathfrak{j}$ die sämtlichen ganzen Ideale einer Classe $\mathfrak{A}$ nach $\mathfrak{o}$ durchläuft,

$$A(s)=\frac{g}{s-1}+G(s),$$

wo $G(s)$ eine Function ist, welche für $s=1$ in einen endlichen Grenzwert übergeht.[3)]

Hieraus folgt zunächst, dass die Classenzahl nach $\mathfrak{o}$ endlich ist.[4)]

Es sei nun $\mathfrak{H}$ eine Untergruppe der Classengruppe nach $\mathfrak{o}$ vom Index h. Dann gibt es bekanntlich h Systeme der Gruppencharactere

$$\chi_1, \chi_2, \cdots \chi_h,$$

welche für die Classen in $\mathfrak{H}$ den Wert 1 haben. Dementsprechend definiren

1) H. Weber, Math. Ann. Bd. 48, S. 443. Lehrbuch, III, S. 598.

2) H. Weber, Ueber die Zahlengruppen usw., Math. Ann. 49., S. 84.

3) Do. S. 85.

4) Die Voraussetzung 2. bei Weber, a.a.O. ist in der Voraussetzung 3. enthalten.

wir nach Weber die h Functionen $Q_i(s)$ durch die unendlichen Reihen:

$$Q_i(s) = \sum^{A} \chi_i(\text{A})A(s) = \sum^{\mathfrak{j}} \frac{\chi_i(\mathfrak{j})}{\text{N}(\mathfrak{j})^s}, \qquad (i=1,2,\cdots h)$$

wo sich die erste Summe auf die h Classen A, die zweite auf die sämtlichen ganzen Ideale von G erstreckt. Diese Reihen convergiren absolut wenn $s>1$. Ist χ_1 der Hauptcharacter, dann geht für $s=1$

$$(s-1)Q_1(s)$$

in den endlichen von Null verschiedenen Grenzwert gh über, für die $h-1$ anderen Charactere gehen die Functionen

$$Q_i(s) \qquad (i=2,3,\cdots h)$$

gleichfalls für $s=1$ in die endliche Grenzwerte über, die jedoch auch verschwinden können.

Die Functionen $Q_i(s)$ lassen sich, so lange $s>1$, in unendliche Producte entwickeln:

$$Q_i(s) = \prod^{\mathfrak{p}} \frac{1}{1-\dfrac{\chi_i(\mathfrak{p})}{\text{N}(\mathfrak{p})^s}},$$

wo $\mathfrak{p}$ die sämtlichen Primideale von G durchläuft.

Definiren wir demnach die Function $\log Q_i(s)$ durch die ebenfalls für $s>1$ unbedingt convergente Reihe:

$$\log Q_i(s) = -\sum^{\mathfrak{p}} \log\left(1-\frac{\chi_i(\mathfrak{p})}{\text{N}(\mathfrak{p})^s}\right)$$

$$= \sum^{\mathfrak{p}} \frac{\chi_i(\mathfrak{p})}{\text{N}(\mathfrak{p})^s} + \frac{1}{2}\sum^{\mathfrak{p}} \frac{\chi_i(\mathfrak{p})^2}{\text{N}(\mathfrak{p})^{2s}} + \cdots,$$

so erhalten wir, indem wir nach i summiren

$$\log \prod^{i} Q_i(s) = h\sum \frac{1}{\text{N}(\mathfrak{p}_1)^s} + \frac{h}{2}\sum \frac{1}{\text{N}(\mathfrak{p}_2)^{2s}} + \cdots,$$

wo links unter log. der reelle Wert des Logarithmus zu verstehen ist, und wo die erste Summe rechts sich auf die sämtlichen in H enthaltenen Primideale $\mathfrak{p}_1$ erstreckt, während sich die zweite Summe auf alle Primideale $\mathfrak{p}_2$ erstreckt, von welchen erst die zweite Potenz in H enthalten sind, usw.

Da nun $(s-1)\prod Q_i(s)$ für $s=1$ endlich ist, so erhalten wir die für $s>1$ geltende fundamentale Beziehung

$$\sum \frac{1}{\text{N}(\mathfrak{p})^s} = \frac{1}{h}\log\frac{1}{s-1} + f(s), \tag{1}$$

wo sich die unendliche Summe auf die sämtlichen in H enthaltenen Primideale $\mathfrak{p}$ erstreckt, und wo $f(s)$ eine Function von s ist, welche für $s=1$ nicht positiv unendlich wird.[1)]

---

1) Diese Schlüsse bleibt offenbar gültig, wenn nur die Primideale ersten Grades in die Summe aufgenommen werden.

Die oben für die Zahlengruppe o gestellte Forderung wird erfüllt, wenn o die Gruppe der zu $\mathfrak{m}$ primen Zahlclassen nach dem Modul $\mathfrak{m}$ ist, mit oder ohne Vorzeichenbedingung von der in § 1 erwähnten Art, und dementsprechend G die Gesamsheit der zu $\mathfrak{m}$ primen Ideale des Körpers ist. In dem Falle, wo o die Gruppe der sämtlichen Zahlen α ist, welche die Congruenz

$$\alpha \equiv 1, \quad (\mathfrak{m})$$

befriedigen, also aus einer einzigen Zahlclasse mod. $\mathfrak{m}$ besteht, dem Falle, worauf es im Wesentlichen ankommt, bestätigt man durch die bekannte Methode der Volumenbestimmung,[1] dass

$$g = \frac{2^{\nu}\pi^{n-\nu}L}{w\mathrm{N}(\mathfrak{m})|\sqrt{d}|}, \qquad \delta = 1 - \frac{1}{n},$$

wo n den Grad des Körpers k, ν die Anzahl der Paare conjugirt imaginären unter den mit k conjugirten Körpern, d die Discriminante des Körpers k, $\mathrm{N}(\mathfrak{m})$ die Norm des Ideals $\mathfrak{m}$ im Körper k, w die Anzahl der Einheitswurzeln in o, L den Regulator[2] des Systems der Fundamentaleinheiten in o bedeuten; es ist vorausgesetzt, dass für die Zahlen in o alle Vorzeichencombinationen zugelassen werden.

Eine Idealclasse nach o, d.h. die Gesamtheit der Ideale

$$\alpha\mathfrak{j},$$

wo $\mathfrak{j}$ ein gegebenes zu $\mathfrak{m}$ primes Ideal, α eine ganze oder gebrochene zu $\mathfrak{m}$ prime Körperzahl ist, derart, dass

$$\alpha \equiv 1, \quad (\mathfrak{m})$$

nennen wir eine *Congruenzclasse* nach dem Modul $\mathfrak{m}$, ein System solcher Classen, welche sich durch Multiplication und Division reproduciren eine *Congruenzclassengruppe*.

Jedoch sind wir berechtigt, auch eine beliebige Congruenzclassengruppe H einfach als eine Classe, als die *Hauptclasse*, zu betrachten, und demnach den Classencomplex HC als eine *Classe* zu bezeichnen. Diese Erweiterung des Classenbegriffs ist besonders von Statten, wenn H aus lauter Hauptidealen besteht; es kommt dann auf dasselbe hinaus, wie wenn in der Zahlengruppe o mehrere Zahlclassen nach $\mathfrak{m}$ aufgenommen werden. Zum Beispiel sind die Ringclassen Congruenzclassen in dem erweiterten Sinne, wenn für den Modul der Führer des Ringes angenommen wird. Wenn $\mathfrak{m}$ das Einheitsideal (1) ist, dann fallen wir in den Klassenbegriff im absoluten Sinne zurück. Da in der Folge ausschliesslich von den Congruenzclassen die Rede sein wird, lassen wir den Zusatz „Congruenz" weg.

Die in der Formel (1) ausgedrückte Tatsache formuliren wir als

1) Vgl. H. Weber, Lehrbuch der Algebra, II. 20. und 21. Absch., auch Zahlengruppen, Math. Ann. 49, S. 90–94.

2) Dirichlet-Dedekind, Vorlesungen über Zahlentheorie, 4. Aufl. S. 597.

Satz 1. *Ist* H *eine Classengruppe vom Index* h[1] *in einem Körper* k, *und durchläuft* $\mathfrak{p}$ *die sämtlichen in* H *enthaltenen Primideale (vom ersten Grade) des Körpers* k, *dann ist für* $s>1$

$$\Sigma\frac{1}{\mathrm{N}(\mathfrak{p})^{s}}=\frac{1}{h}\log\frac{1}{s-1}+f(s),$$

wo $f(s)$ *eine Function der reellen Veränderlichen* s *ist, welche nicht positiv unendlich wird, wenn sich* s *abnehmend der Grenze* 1 *nähert.*

Ist nun $\mathfrak{a}$ ein zu $\mathfrak{m}$ relativ primes Ideal, dann gibt es in der Zahlengruppe o eine durch $\mathfrak{a}$ teilbare ganze Zahl α von der Art, dass $\alpha:\mathfrak{a}$ relativ prim zu einem beliebig vorgeschriebenen Ideal $\mathfrak{c}$ ausfällt. Denn sind $\mathfrak{q}, \mathfrak{q}', \cdots$ die von einander verschiedenen Primfactoren von $\mathfrak{c}$, welche nicht in $\mathfrak{m}$ aufgehen, dann gibt es bekanntlich eine durch $\mathfrak{a}$ teilbare ganze Zahl α_0 derart, dass $\alpha_0:\mathfrak{a}$ durch keines der Ideale $\mathfrak{q}, \mathfrak{q}', \cdots$ teilbar sind. Bestimmt man dann α aus den Congruenzen

$$\left.\begin{aligned}\alpha&\equiv\alpha_0, \quad &(\mathfrak{a}\mathfrak{q}\mathfrak{q}'\cdots),\\ \alpha&\equiv\rho, \quad &(\mathfrak{m}),\end{aligned}\right\}$$

wo ρ eine in o enthaltene, folglich zu $\mathfrak{m}$ prime Zahl bedeutet, dann befriedigt α die gestellten Forderungen.

Aus dieser Tatsache folgt unmittelbar, dass jedes zu $\mathfrak{m}$ prime Ideal $\mathfrak{a}$ als den grössten gemeinsamen Divisor zweier in o enthaltenen ganzen Zahlen κ, ρ dargestellt werden kann. Ist nämlich κ eine durch $\mathfrak{a}$ teilbare Zahl in o, ρ ebenfalls eine solche Zahl, dass jedoch $\rho:\mathfrak{a}$ prim zu $\kappa:\mathfrak{a}$ ausfällt, dann ist in der Tat

$$\mathfrak{a}=(\kappa,\rho).$$

Ferner folgern wir noch die folgende wichtige Tatsache:

Satz 2. *In jeder Classe* A *nach* o *gibt es Ideale, die zu einem beliebig gegebenen Ideal* $\mathfrak{c}$ *relativ prim sind.*

Beweis. Sei $\mathfrak{a}$ ein beliebiges Ideal in der zu A reciproke Classe A^{-1}, α eine durch $\mathfrak{a}$ teilbare Zahl in o:

$$\alpha=\mathfrak{a}\mathfrak{b},$$

derart, dass $\mathfrak{b}$ prim zu $\mathfrak{c}$ ausfällt. Da dann $\mathfrak{b}$ der Classe A angehört, so ist der Satz bewiesen.

Wenn daher von den Idealen jeder Classe einer Classengruppe H nach dem Modul $\mathfrak{m}$, nur die beibehalten werden, welche relativ prim zu einem beliebigen Ideal $\mathfrak{c}$ sind, dann bleiben die Classenzahl ungeändert. Eine solche Classengruppe kann aber auch aufgefasst werden, als eine Classengruppe nach dem Modul $\mathfrak{m}'$, wo $\mathfrak{m}'$ das durch $\mathfrak{m}$ teilbare Ideal bedeutet, welches dadurch aus $\mathfrak{m}$ entsteht, wenn demselben alle in $\mathfrak{c}$ enthaltenen Primideale als Factoren hinzugefügt werden, die nicht in $\mathfrak{m}$ enthalten waren. In diesem Sinne ist eine

---

1) Gemeint ist der Index von H in Bezug auf die Gruppe der sämtlichen Classen von k, eine abkürzende Bezeichnung, die in den folgenden durchgehend beibehalten wird.

Classengruppe nach dem Modul $\mathfrak{m}$ zugleich eine Classengruppe nach jedem durch $\mathfrak{m}$ teilbaren Modul $\mathfrak{m}'$; nur spielen dabei einige Factoren von $\mathfrak{m}'$ die Rolle der zur Classeneinteilung unwesentlichen *Excludenten*.

Ist allgemein H eine Classengruppe sowohl nach dem Modul $\mathfrak{m}_1$ als nach $\mathfrak{m}_2$, und ist $\mathfrak{m}$ der grösste gemeinsame Divisor von $\mathfrak{m}_1$ und $\mathfrak{m}_2$, dann ist H eine Classengruppe nach $\mathfrak{m}$. Denn sei α_0 eine zu $\mathfrak{m}_1$ und $\mathfrak{m}_2$ prime Zahl, die der Congruenz:

$$\alpha_0 \equiv 1, \quad (\mathfrak{m}) \tag{2}$$

genügt, also

$$\alpha_0 = 1 + \mu,$$

wo μ durch $\mathfrak{m}$ teilbar, folglich in der Form darstellbar ist:

$$\mu = \eta_1 + \eta_2,$$

wenn mit η_1 und η_2 bez. durch $\mathfrak{m}_1$ und $\mathfrak{m}_2$ teilbare Zahlen bezeichnet werden. Setzt man daher

$$\alpha = 1 + \eta_2,$$

dann bestehen die Congruenzen

$$\alpha \equiv \alpha_0, (\mathfrak{m}_1)\,; \ \alpha \equiv 1, (\mathfrak{m}_2)\,;$$

folglich ist α prim zu $\mathfrak{m}_1$ und zu $\mathfrak{m}_2$. Nach der zweiten Congruenz ist das Ideal (α) gewiss in H enthalten, und weil H auch eine Classengruppe nach dem Modul $\mathfrak{m}_1$ ist, so folgt aus der ersten Congruenz, dass (α_0) in H enthalten sein muss. Da aber α_0 eine beliebige der Congruenz (2) genügende Zahl ist, so ist unsere Behauptung nachgewiesen.

Demnach gibt es unter allen Moduln $\mathfrak{m}$, die dieselbe Classengruppe H definiren, einen bestimmten von kleinster Norm. Denselben nennen wir den **Führer der Classengruppe** H.

§ 3. Ein Fundamentalsatz über die relativ normalen Körper.

Satz 3. *Wenn* K *ein relativ normaler Körper vom Relativgrade n in Bezug auf dem Körper* k *ist, und wenn* $\mathfrak{p}_1$ *alle Primideale vom Grundkörper* k *durchläuft, welche in* K *in die von einander verschiedenen Primideale des ersten Relativgrades zerfallen, dann ist für* $s>1$

$$\sum^{\mathfrak{p}_1} \frac{1}{\mathrm{N}(\mathfrak{p}_1)^s} = \frac{1}{n} \log \frac{1}{s-1} + F(s),$$

wo $F(s)$ *eine Function des reellen Veränderlichen s ist, die endlich bleibt, wenn sich s abnehmend der Grenze 1 nähert.*[1)]

Beweis. Das für $s>1$ absolut convergente, auf alle Primideale $\mathfrak{P}$ von K

1) Für den absolut normalen Körper, vgl. Hilbert, Bericht, S. 265 (Satz 84). Dieser Satz bleibt auch gültig, wenn nur die Primideale $\mathfrak{p}_1$ vom ersten (absoluten) Grade in die Summe aufgenommen werden, worauf es im wesentlichen ankommt; vgl. die Fussnote 1) auf S. 79.

mit Ausschluss von den endlichvielen, in die Relativdifferente von K/k aufgehenden, zu erstreckende unendliche Product

$$\prod^{\mathfrak{P}} \frac{1}{1-N_K(\mathfrak{P})^{-s}},$$

wo N_K die Norm im Körper K bezeichnet, lässt sich wie folgt umformen:

$$\prod^{\mathfrak{P}} \frac{1}{1-N_K(\mathfrak{P})^{-s}} = \left(\prod^{\mathfrak{p}_1} \frac{1}{1-N(\mathfrak{p}_1)^{-s}}\right)^n \prod^{f} \left(\prod^{\mathfrak{p}_f} \frac{1}{1-N(\mathfrak{p}_f)^{-fs}}\right)^e,$$

wo sich das erste Product rechts auf alle Primideale $\mathfrak{p}_1$ von k, das Product $\prod^{\mathfrak{p}_f}$ auf alle Primideale $\mathfrak{p}_f$ von k, welche in K in e von einander verschiedene Primideale des f ten Relativgrades zerfallen, wo $f=\frac{n}{e}>1$, endlich das Product $\prod^{f}$ sich auf alle von 1 verschiedenen Teiler f von n erstreckt. Geht man in die Logarithmus über, so erhält man

$$\log \prod \frac{1}{1-N_K(\mathfrak{P})^{-s}} = n \sum^{\mathfrak{p}_1} \frac{1}{N(\mathfrak{p}_1)^s} + S,$$

wo

$$\begin{aligned} S &= n\left(\frac{1}{2}\sum \frac{1}{N(\mathfrak{p}_1)^{2s}} + \frac{1}{3}\sum \frac{1}{N(\mathfrak{p}_1)^{3s}} + \cdots\right) \\ &\quad + \sum^{e} e\left(\sum \frac{1}{N(\mathfrak{p}_f)^{fs}} + \frac{1}{2}\sum \frac{1}{N(\mathfrak{p}_f)^{2fs}} + \cdots\right) \\ &< n\left(\sum^{\mathfrak{j}} \frac{1}{N(\mathfrak{j})^{2s}} + \sum^{\mathfrak{j}} \frac{1}{N(\mathfrak{j})^{3s}} + \cdots\right) \\ &= n \sum^{\mathfrak{j}} \frac{1}{N(\mathfrak{j})^s\{N(\mathfrak{j})^s-1\}} < 2n \sum^{\mathfrak{j}} \frac{1}{N(\mathfrak{j})^{2s}}, \end{aligned}$$

wenn $\sum$ eine über alle von dem Einheitsideal verschiedenen ganzen Ideale von k zu erstreckende Summe bedeutet. S ist also eine für $s>\frac{1}{2}$ absolut convergente Dirichlet'sche Reihe, und geht für $s=1$ in einen endlichen Grenzwert über.

Da bekanntlich

$$\lim_{s=1+0}\left\{\log \prod \frac{1}{1-N_K(\mathfrak{P})^{-s}} - \log\frac{1}{s-1}\right\}$$

endlich ist, so ist unser Satz bewiesen.

Von diesem Satz machen wir eine Anwendung auf einen Specialfall, um eine Tatsache herzuleiten, die wir später einmal benutzen werden.

Sei K relativ Abel'sch über k vom Relativgrade l^t, welcher aus t von einander unabhängigen relativ cyclischen Körpern vom Primzahlgrade l zusammengesetzt ist.

Sehen wir von den in einer endlichen Anzahl vorhandenen, in die Relativdiscriminante aufgehenden Primidealen ab, dann zerfällt ein Primideal von k in K entweder in l^t von einander verschiedenen Primideale vom ersten Relativgrade oder in l^{t-1} vom l ten Relativgrade; dieses letztere zerfällt dann in einem Unterkörper K′ vom Relativgrade l^{t-1} in die Primideale vom ersten Relativgrade; es ist nämlich K′ der Zerlegungskörper für jedes der l^{t-1} relativconjugirten Primideale von K (K muss relativ cyclisch in Bezug auf K′, also hier vom Relativgrade l sein).

Bezeichnen wir die Primideale der ersten Art durchweg mit $\mathfrak{p}_1$, die der zweiten Art, welche einem bestimmten Körper K′ entsprechen, mit $\mathfrak{p}_2$, dann folgt aus Satz 3, angewandt auf K und K′, dass

$$\sum^{\mathfrak{p}_1}\frac{1}{N(\mathfrak{p}_1)^s}-\frac{1}{l^t}\log\frac{1}{s-1},$$

$$\left(\sum^{\mathfrak{p}_1}\frac{1}{N(\mathfrak{p}_1)^s}+\sum^{\mathfrak{p}_2}\frac{1}{N(\mathfrak{p}_2)^s}\right)-\frac{1}{l^{t-1}}\log\frac{1}{s-1},$$

folglich auch

$$\sum^{\mathfrak{p}_2}\frac{1}{N(\mathfrak{p}_2)^s}-\frac{l-1}{l^t}\log\frac{1}{s-1}$$

endlich bleiben, wenn sich der reelle Veränderliche s abnehmend der Grenze 1 nähert. Die Primideale $\mathfrak{p}_1$ sowie $\mathfrak{p}_2$ sind daher in unbegrenzter Anzahl vorhanden.

Enthält k die primitive l^{te} Einheitswurzel, dann lässt sich dieses Ergebnis wie folgt ausdrücken:

Es seien $\alpha_1, \alpha_2, \cdots \alpha_t$ ganze Zahlen des Körpers k, welche die primitive l^{te} Einheitswurzel enthält, wo l eine natürliche Primzahl ist, von der Art, dass keine der l^t-1 Producte

$$\alpha_1^{m_1}\alpha_2^{m_2}\cdots\alpha_t^{m_t},$$

die man erhält, wenn man jeden der Exponenten die Werte $0, 1, 2, \cdots l-1$ durchlaufen lässt, mit Ausschluss eines Wertsystems $m_1=m_2=\cdots=m_t=0$, die l^{te} Potenz einer Zahl in k wird. Sind dann $\xi_1, \xi_2, \cdots \xi_t$ beliebig vorgeschriebene l^{te} Einheitswurzeln, dann gibt es in k stets unendlichviele Primideale $\mathfrak{p}$ vom ersten Grade, für welche

$$\left(\frac{\alpha_1}{\mathfrak{p}}\right)=\xi_1^e,\quad \left(\frac{\alpha_2}{\mathfrak{p}}\right)=\xi_2^e,\quad \cdots \quad \left(\frac{\alpha_t}{\mathfrak{p}}\right)=\xi_t^e,$$

wo $\left(\frac{\alpha}{\mathfrak{p}}\right)$ den l^{ten} Potenzcharacter und e eine gewisse von $\mathfrak{p}$ abhängige nicht durch l teilbare ganze rationale Zahl ist.[1]

In der Tat, wenn zunächst $\xi_1, \xi_2, \cdots \xi_t$ sämtlich gleich 1 sind, werden durch die gestellte Forderung diejenigen Primideale von k characterisirt, die im relativ Abel'schen Oberkörper $K=k(\sqrt[l]{\alpha_1}, \sqrt[l]{\alpha_2}, \cdots \sqrt[l]{\alpha_t})$ vom Relativgrade l^t in die Primideale vom ersten Relativgrade zerfallen. Ist dagegen etwa $\xi_1 \neq 1$, dann bestimme man $t-1$ ganze rationale Zahlen $n_2, \cdots n_t$ so, dass

1) Vgl. Hilbert, Bericht, Satz 152.

$$\xi_1^{n_2}\xi_2 = 1, \cdots \xi_1^{n_t}\xi_t = 1,$$

und setze dementsprechend

$$\alpha_1^{n_2}\alpha_2 = \beta_2, \cdots \alpha_1^{n_t}\alpha_t = \beta_t.$$

Dann lässt sich die gestellte Forderung umformen in:

$$\left(\frac{\alpha_1}{\mathfrak{p}}\right) \neq 1, \quad \left(\frac{\beta_2}{\mathfrak{p}}\right) = 1, \quad \cdots \quad \left(\frac{\beta_t}{\mathfrak{p}}\right) = 1.$$

Sie werden durch diejenigen Primideale $\mathfrak{p}$ von k erfüllt, welche in dem relativ Abel'schen Körper $K' = k(\sqrt[l]{\beta_2}, \cdots \sqrt[l]{\beta_t})$ vom Relativgrade l^{t-1}, nicht aber in K, in die Primideale vom ersten Relativgrade zerfallen. Die über diese Primideale erstreckte Summe $\Sigma \frac{1}{N(\mathfrak{p})^s}$ wird daher nach Satz 3, für $s=1$ unendlich wie

$$\left(\frac{1}{l^{t-1}} - \frac{1}{l^t}\right) \log \frac{1}{s-1},$$

womit unsere Behauptung bestätigt wird.

§ 4. Der Classenkörper.

Es sei K ein relativ normaler Oberkörper von k vom Relativgrade n; die Idealclassen in k seien nach dem Modul $\mathfrak{m}$ definirt. Die Gesamtheit derjenigen Classen von k, welche Relativnormen der zu $\mathfrak{m}$ primen Ideale des Oberkörpers K enthalten, bildet dann eine Classengruppe, die wir mit H bezeichnen, und es sei h der Index von H in Bezug auf die vollständige Classengruppe von k. Der Körper K und die Classengruppe H bezeichnen wir als einander *zugeordnet*.

Die zu $\mathfrak{m}$ primen Primideale von k, welche in K in die Primideale des ersten Relativgrades zerfallen, sind demnach sämtlich in den Classen von H enthalten, womit nicht gesagt wird, dass umgekehrt jedes in einer Classe von H enthaltene Primideal von k in die Primideale des ersten Relativgrades in K zerfällt.

Wenn der Relativgrad des relativ normalen Körpers K und der Index der zugeordneten Classengruppe H von k einander gleich sind, dann soll K der **Classenkörper für die Classengruppe** H genannt werden.

Mit Hülfe der Sätze 1 und 3 folgt aus der obigen Definition der folgende Satz, welcher in der Folge von einer fundamentalen Bedeutung ist.

Satz 4. *Der Relativgrad des relativ normalen Körpers ist niemals klenier als der Index der zugeordneten Classengruppe des Grundkörpers.*

Beweis. Nach Satz 1 ist, wenn $\mathfrak{p}$ die sämtlichen in der Classengruppe H enthaltenen Primideale von k durchläuft,

$$\sum^{\mathfrak{p}} \frac{1}{N(\mathfrak{p})^s} = \frac{1}{h} \log \frac{1}{s-1} + f(s), \qquad (s>1)$$

wo h der Index der Classengruppe H ist, und $f(s)$ eine Function der reellen

Veränderlichen s, welche für $s=1$ unter einer endlichen positiven Schranke bleibt. Die sämtlichen zu $\mathfrak{m}$ primen Primideale von k, welche in K in die von einander verschiedenen Primideale vom ersten Relativgrade zerfallen, die wir durchweg mit $\mathfrak{p}_1$ bezeichnen, sind in H enthalten; wir bezeichnen die übrigen in H enthaltenen Primideale durchweg mit $\mathfrak{p}'$. Dann ist

$$\sum^{\mathfrak{p}}\frac{1}{\mathrm{N}(\mathfrak{p})^s}=\sum^{\mathfrak{p}_1}\frac{1}{\mathrm{N}(\mathfrak{p}_1)^s}+\sum^{\mathfrak{p}'}\frac{1}{\mathrm{N}(\mathfrak{p}')^s},$$

und nach Satz 3

$$\sum^{\mathfrak{p}_1}\frac{1}{\mathrm{N}(\mathfrak{p}_1)^s}=\frac{1}{n}\log\frac{1}{s-1}+F(s), \qquad (s>1)$$

wo n der Relativgrad von K/k ist und $F(s)$ eine Function von s, die für $s=1$ endlich bleibt.

Demnach hat man

$$\sum^{\mathfrak{p}'}\frac{1}{\mathrm{N}(\mathfrak{p}')^s}=\left(\frac{1}{h}-\frac{1}{n}\right)\log\frac{1}{s-1}+f(s)-F(s)\geqq 0$$

für $s>1$. Da $f(s)-F(s)$ nicht positiv unendlich wird, wenn sich s abnehmend der Grenze 1 nähert, so folgt hieraus

$$\frac{1}{h}-\frac{1}{n}\geqq 0,$$

oder

$$n\geqq h,$$

womit der Satz bewiesen ist.

Dieser Schluss bleibt, wie man sofort erkennt, auch dann gültig, wenn nur vorausgesetzt wird, dass die in H enthaltenen Primideale vom (absolut) ersten Grade in die Primideale vom ersten Grade in K zerfallen, sogar mit einer endlichen Anzahl Ausnahme, oder unendlichvielen, wenn nur die über diese Ausnahme-ideale erstreckte Summe $\sum\frac{1}{\mathrm{N}(\mathfrak{p})^s}$ für $s=1$ endlich bleibt.

Eine wichtige Folgerung des obigen Beweises ist die, dass, wenn $n=h$, also wenn K Classenkörper für die Classengruppe H ist, die Function $f(s)$ notwendig für $s=1$ endlich bleibt. Dann sind die Grenzwerte für $s=1$ von den Reihen

$$Q_i(s) \qquad (i=2,3,\cdots h)$$

(§ 2, S. 79) von Null verschieden, und hieraus folgt, die folgende wichtige Tatsache[1]:

Satz 5. *In einem beliebigen algebraischen Körper existirt in jeder Classe nach dem Modul $\mathfrak{m}$ eine unbegrenzte, asymptotisch gleiche,[2] Anzahl von Primidealen ersten Grades; speciell existiren, wenn μ eine beliebige, α eine zu μ prime, ganze Zahl des Körpers ist, unendlichviele ganze Zahlen ϖ in dem Körper, die der Congruenz*

$$\varpi\equiv\alpha, \qquad (\mu)$$

1) H. Weber, Zahlengruppen, Math. Ann. 49, S. 89.

2) E. Landau, Ueber die Verteilung der Primideale in den Idealklassen eines algebraischen Zahlkörpers, Math. Ann. 63. S. 196–197.

genügen, und von der Art sind, dass (ϖ) *unendlichviele Primideale des ersten Grades darstellen;*
(dies unter der vorläufigen Annahme, dass es für jede Classengruppe H eines beliebigen Körpers einen entsprechenden Classenkörper gebe, was tatsächlich der Fall ist, wie in der Folge bewiesen werden wird).

Wir fügen hier noch einen Hülfssatz hinzu, den wir später nicht wohl entbehren können.

Hülfssatz. Sei K/k ein relativ normaler Körper vom Relativgrade n, H eine Classengruppe in k vom Index h, welche nicht dem Körper K zugeordnet zu sein braucht. Dann gibt es in k unendlichviele Primideale (ersten Grades), die nicht einer Classe vom H angehören, und auch nicht in K in die Primideale vom ersten Relativgrade zerfallen.[1]

Beweis. Wir beweisen diesen Satz nur in dem Falle, wo $h>2$, weil wir ihn später nur für eine Classengruppe eines ungeraden Primzahlindex anwenden werden. Nach Satz 1 gilt für die über alle nicht in H enthaltenen Primideale erstreckte Summe

$$\Sigma\frac{1}{\mathrm{N}(\mathfrak{p})^s}=\frac{h-1}{h}\log\frac{1}{s-1}+\Phi(s),$$

wo $\Phi(s)$ für $s=1$ endlich oder *positiv* unendlich wird. Anderseits ist

$$\Sigma\frac{1}{\mathrm{N}(\mathfrak{p}_1)^s}=\frac{1}{n}\log\frac{1}{s-1}+F(s),$$

wo $F(s)$ für $s=1$ in einen endlichen Grenzwert übergeht, wenn die Summe auf alle Primideale $\mathfrak{p}_1$ erstreckt wird, die in K in die Primideale des ersten Relativgrades zerfallen.

Wenn nun $h>2$, dann ist jedenfalls

$$\frac{h-1}{h}>\frac{1}{n},$$

woraus der Satz folgt.

§ 5. Eindeutigkeit des Classenkörpers.

Satz 6. *Seien* H, H′ *Classengruppen in* k; K, K′ *bez. die Klassenkörper für dieselben. Ist dann* H′ *Untergruppe von* H, *dann ist* K′ *Oberkörper von* K. *Für eine Classengruppe kann es daher nicht mehr als einen Classenkörper geben.*

Beweis. Seien K/k, K′/k bez. vom Relativgrade n, n'; der aus K und K′ zusammengesetzte Körper K* ist dann wieder relativ normal, er sei vom Relativgrade n^*.

Seien ferner S_1, S_2, S_3 die auf die Primideale $\mathfrak{p}$ von k erstreckten Summen

$$\Sigma\frac{1}{\mathrm{N}(\mathfrak{p})^s},$$

1) Vgl. Ph. Furtwängler, Math. Annalen 63, S. 23.

und zwar erstrecke sich S_1 auf die sämtlichen Primideale, die sowohl in K als auch in K', folglich in K* in die Primideale des ersten Relativgrades, S_2 auf die, welche in K aber nicht in K', S_3 auf die, welche in K' aber nicht in K, in die Primideale des ersten Relativgrades zerfallen. Dann ist nach Satz 3

$$S_1 = \frac{1}{n^*}\log\frac{1}{s-1}+F_1(s),$$

$$S_1+S_2 = \frac{1}{n}\log\frac{1}{s-1}+F_2(s),$$

$$S_1+S_3 = \frac{1}{n'}\log\frac{1}{s-1}+F_3(s),$$

wo die Functionen $F(s)$ für $s=1$ endlich bleiben. Hieraus erhält man

$$S_1+S_2+S_3 = \left(\frac{1}{n}+\frac{1}{n'}-\frac{1}{n^*}\right)\log\frac{1}{s-1}+G(s), \tag{1}$$

wo auch $G(s)$ für $s=1$ endlich ist.

Anderseits ist, nach Annahme, die Classengruppe H vom Index n; ferner soll H alle oben in die Summen S_1, S_2, S_3 aufgenommenen Primideale, und möglicherweise noch die anderen, enthalten, von welchen letzteren auf einer ähnlichen Weise die Summe S' gebildet sein möge. Alsdann ist nach Satz 1

$$S_1+S_2+S_3+S' = \frac{1}{n}\log\frac{1}{s-1}+f(s), \tag{2}$$

wo $f(s)$ eine Function von s ist, welche unterhalb einer endlichen positiven Schranke bleibt, wenn s abnehmend der Grenze 1 zustrebt.

Aus (1) und (2) folgt, für $s>1$

$$S' = \left(\frac{1}{n^*}-\frac{1}{n'}\right)\log\frac{1}{s-1}+f(s)-G(s) \geqq 0,$$

woraus zu schliessen ist, dass

$$\frac{1}{n^*}-\frac{1}{n'} \geqq 0,$$

oder

$$n' \geqq n^*.$$

Da aber $n^* \geqq n'$, so erhält man

$$n^* = n'.$$

Also fällt der Körper K* mit K' zusammen, d.h. K ist in K' enthalten.

Wenn nun K' auch der Classenkörper für H ist, dann muss nach dem eben bewiesenen K' in K enthalten sein. Daher fällt K' mit K zusammen: es kann daher nicht mehr als einen Classenkörper für H geben.

Wir bemerken noch, dass die obigen Schlüsse gültig bleiben, wenn nur vorausgesetzt wird, dass die Primideale von k, welche bez. in den relativ normalen Körpern K und K' in die Primideale vom ersten Relativgrade zerfallen *mit endlicher Anzahl Ausnahme* bez. in H und H' enthalten sind. Dasselle gilt auch dann noch, wenn nur die Primideale *ersten Grades* von k in Betracht gezogen werden.

Capitel II. Die Geschlechter im relativ cyclischen Körper vom Primzahlgrade.

§ 6. Einige allgemeine Sätze über die relativ Abel'schen Zahlkörper.

In diesem Artikel fassen wir einige Sätze über die relativ Abel'schen Körper zusammen, die wir in der Folge wiederholt anzuwenden haben. Es sind die Sätze, welche die Zerlegungs-, Trägheits- und Verzweigungs-körper eines Primideals betreffen, die zuerst von D. Hilbert[1] für die absolut normalen (Galois'-schen) Körper aufgestellt, und von H. Weber[2] für die relativ normalen Körper verallgemeinert worden sind, und die wir hier für die relativ Abel'schen Körper specializiren werden.

Sei K/k relativ Abel'sch vom Relativgrade n. Ein Primideal $\mathfrak{p}$ vom Grundkörper k wird in K auf einer folgenden Weise in die Primfactoren zerlegt:

$$\mathfrak{p} = (\mathfrak{P}_1 \mathfrak{P}_2 \cdots \mathfrak{P}_e)^g,$$

wo

$$n = egf',$$

und f' der Relativgrad[3] von jedem der relativ conjugirten Ideale $\mathfrak{P}_1, \mathfrak{P}_2, \cdots \mathfrak{P}_e$ von K in Bezug auf k ist.

Die Zerlegungskörper von diesen relativ conjugirten Primidealen in Bezug auf k sind, wenn K relativ Abel'sch ist, ein und derselbe Oberkörper von k, so dass wir berechtigt sind, ihn als der Zerlegungskörper für das Primideal $\mathfrak{p}$ im Oberkörper K zu bezeichnen. Gleiches gilt für den Trägheits-, und Verzweigungs-körper.

Der Zerlegungskörper K_z für $\mathfrak{p}$ ist vom Relativgrade e in Bezug auf k, er ist der grösste in K enthaltene Oberkörper von k, in welchem $\mathfrak{p}$ in die von einander verschiedenen Primideale des ersten Relativgrades zerfällt.

Der Trägheitskörper K_t für $\mathfrak{p}$ ist vom Relativgrade ef' in Bezug auf k, und relativ cyclisch vom Grade f' in Bezug auf den Zerlegungskörper K_z. Er ist der grösste in K enthaltene Oberkörper von k, dessen Relativdiscriminante prim zu $\mathfrak{p}$ ausfällt.

Der Verzweigungskörper K_v für $\mathfrak{p}$ ist relativ cyclisch in Bezug auf den Trägheitskörper K_t, dessen Relativgrad ein Teiler von $p^{ff'}-1$ ist, wo p^f die

1) D. Hilbert, Grundzüge einer Theorie des Galois'schen Zahlkörpers, Göttinger Nachrichten, 1894; vgl. auch Bericht, §§ 39–47.

2) H. Weber, Lehrbuch der Algebra, II. (2. Aufl.) 19. Abschnitt.

3) H. Weber, l.c. S. 645.

Norm von $\mathfrak{p}$ in k, also $p^{ff'}$ die Norm von $\mathfrak{P}$ in K ist; dieser Relativgrad ist als der grösste Teiler von g bestimmt, welcher prim zu p ist. Wenn g durch p teilbar ist, dann sind zwischen K_v und K die Verzweigungskörper höheren Grades $K'_v, K''_v, \cdots$ einzuschalten; die Relativkörper $K'_v/K_v, K''_v/K'_v, \cdots$ sind relativ Abel'sch und aus nicht mehr als ff' von einander unabhängigen relativ cyclischen Körpern p^{ten} Grades zusammengesetzt. Es ist $\mathfrak{P}^g$ ein Primideal in K_t, dasselbe wird in K/K_t in die g te Potenz eines Primideals $\mathfrak{P}$ zerlegt, welches vom ersten Relativgrade in Bezug auf K_t ist. Wir heben speciell die folgenden Sätze hervor.

Satz 7. *Ist* K/k *relativ cyclisch vom Primzahlpotenzgrade l^h, und geht ein zu l primes Primideal* $\mathfrak{p}$ *von* k *in die Relativdiscriminante des in* K *enthaltenen relativ cyclischen Oberkörpers von* k *vom Relativgrade l auf, dann ist die Relativdiscriminante von* K/k *genau durch die l^h-1te Potenz von* $\mathfrak{p}$ *teilbar; ferner ist*

$$N(\mathfrak{p}) \equiv 1, \quad (l^h),$$

wo N *die in* k *genommene Norm bedeutet.*

Satz 8. *Es sei* K/k *relativ cyclisch vom Primzahlgrade l, ferner sei $\mathfrak{l}$ ein in l aufgehendes Primideal von* k. *Wenn dann die Relativdiscriminante von* K/k *durch $\mathfrak{l}$ teilbar, dann ist sie genau durch die $(v+1)(l-1)$-te Potenz von $\mathfrak{l}$ teilbar, wo $v>0$. Die Zahl v ist dadurch characterisirt, dass für jede ganze Zahl A von* K *die Congruenz besteht:*

$$sA \equiv A, \quad (\mathfrak{L}^{v+1})$$

wo s *eine erzeugende Substitution der Galois'schen Gruppe des Relativkörpers* K/k, sA *die relativ conjugirte Zahl von A, und $\mathfrak{L}$ das in $\mathfrak{l}$ aufgehendes Primideal von* K *bedeutet. Speciell ist, wenn A genau durch die erste Potenz von $\mathfrak{L}$ teilbar ist,* s$A-A$ *genau durch die $v+1^{te}$ Potenz von $\mathfrak{L}$ teilbar.*[1]

Für die Zahl v gilt die Beziehung

$$\frac{sl}{l-1} \geqq v \geqq 1,$$

wenn s *der Exponent der höchsten in l aufgehenden Potenz von $\mathfrak{l}$ ist. Ferner ist v nur dann durch l teilbar, wenn*

$$v = \frac{sl}{l-1},$$

(also wenn s durch $l-1$ teilbar ist).

Beweis. Es genügt, den zweiten Teil des Satzes zu beweisen. Sei Λ eine genau durch die erste Potenz von $\mathfrak{L}$ teilbare Zahl von K. Ist dann A genau durch $\mathfrak{L}^e$ teilbar, dann kann man eine zu $\mathfrak{L}$ prime Zahl B so bestimmen, dass

$$A \equiv B\Lambda^e, \quad (\mathfrak{L}^u), \tag{1}$$

wo u ein beliebig grosser Exponent sein kann. Ist nun $e \not\equiv 0, (l)$, dann ist $s\Lambda^e - \Lambda^e$ genau durch $\mathfrak{L}^{v+e}$ teilbar, daher auch

1) Hilbert, Bericht, § 44, 47; es ist $v+1$ der dort mit L bezeichnete Exponent.

$$\mathrm{s}A-A \equiv B(\mathrm{s}\Lambda^e-\Lambda^e)+(\mathrm{s}B-B)\mathrm{s}\Lambda^e, \qquad (\mathfrak{L}^u)$$

genau durch $\mathfrak{L}^{v+e}$ teilbar, weil das zweite Glied rechts wenigstens durch $\mathfrak{L}^{v+e+1}$ teilbar und nach Annahme $u>v+e$ ist. Ist aber $e\equiv 0$, (l), dann kann man in (1) Λ^e durch eine Zahl λ von k ersetzen, welche genau durch die $e:l^{\text{te}}$ Potenz von $\mathfrak{l}$ teilbar ist; man erhält dann

$$\mathrm{s}A-A \equiv (\mathrm{s}B-B)\lambda, \qquad (\mathfrak{L}^u),$$

folglich ist $\mathrm{s}A-A$ gewiss durch eine höhere als die $v+e^{\text{te}}$ Potenz von $\mathfrak{L}$ teilbar.

Bildet man daher aus der Zahl $A_1=\mathrm{s}A-A$ wieder die Zahl $A_2=\mathrm{s}A_1-A_1$, und so fort, bis man erhält $A_n=\mathrm{s}A_{n-1}-A_{n-1}$, welche letztere Zahl A_n symbolisch mit

$$(\mathrm{s}-1)^n A$$

bezeichnet sein möge, dann ist dieselbe genau durch die $e+nv^{\text{te}}$ Potenz von $\mathfrak{L}$ teilbar, wenn keine der n Zahlen e, $e+v$, $e+2v, \cdots e+(n-1)v$ durch l teilbar ist, andernfalls aber gewiss durch eine höhere als die $e+nv^{\text{te}}$ Potenz von $\mathfrak{L}$ teilbar.

Vermöge der Identität

$$1+x+x^2+\cdots+x^{l-1} = l+\binom{l}{2}(x-1)+\binom{l}{3}(x-1)^2+\cdots+l(x-1)^{l-2}+(x-1)^{l-1}$$

schreiben wir nun die Relativspur von Λ in der Form:

$$\begin{aligned}\mathrm{S}(\Lambda) &= (1+\mathrm{s}+\mathrm{s}^2+\cdots+\mathrm{s}^{l-1})\Lambda\\ &= l\Lambda+\binom{l}{2}(\mathrm{s}-1)\Lambda+\binom{l}{3}(\mathrm{s}-1)^2\Lambda+\cdots+(\mathrm{s}-1)^{l-1}\Lambda.\end{aligned}$$

Das erste Glied auf der rechten Seite ist genau durch die $sl+1^{\text{te}}$, alle folgenden Glieder bis auf das letzte durch höhere Potenzen von $\mathfrak{L}$ teilbar; das letzte Glied aber möge genau durch $\mathfrak{L}^a$ teilbar sein. Nach dem vorhin Bemerkten ist dann

$$a > 1+v(l-1),$$

ausser wenn $v\equiv 0$ oder $\equiv 1(l)$. Da der Exponent der höchsten in $\mathrm{S}(\Lambda)$ aufgehenden Potenz von $\mathfrak{L}$ durch l teilbar sein muss, so ist jedenfalls

$$sl+1 \geqq a. \tag{2}$$

Hieraus folgt für $v\not\equiv 0$, $\not\equiv 1$, (l),

$$sl > v(l-1).$$

Dasselbe muss aber auch für $v\equiv 1$, (l) gelten, weil dann

$$a = 1+v(l-1)$$

durch l teilbar, folglich das Gleichheitszeichen in (2) ausgeschlossen ist. Wenn endlich $v\equiv 0$, (l), so ist $a=1+v(l-1)$ nicht durch l teilbar, daher muss in (2) notwendig das Gleichheitszeichen gelten, also

$$sl = v(l-1),$$

womit der Satz bewiesen ist.

Wenn k die primitive l^{te} Einheitswurzel ζ enthält, und wenn ein Primideal $\mathfrak{l}$ genau zur σ^{ten} Potenz in $(1-\zeta)$ aufgeht, dann ist $s=\sigma(l-1)$. Ist dann μ eine

Zahl von k, die genau durch eine Potenz von $\mathfrak{l}$ teilbar ist, deren Exponent zu l prim ist, dann geht $\mathfrak{l}$ in die Relativdiscriminante des relativ cyclischen Körpers $K=k(\sqrt[l]{\mu})$ auf, und die entsprechende Zahl v nimmt den grösstmöglichen Wert σl an. Wenn dagegen μ nicht durch $\mathfrak{l}$ teilbar ist und m der höchste Exponent bedeutet, für den es eine Zahl α in k gibt, so dass $\mu \equiv \alpha^l$, $(\mathfrak{l}^m)$, dann ist die Relativdiscriminante von $K=k(\sqrt[l]{\mu})$ nur dann durch $\mathfrak{l}$ teilbar, wenn $m<\sigma l$. In diesem Falle ist aber m notwendig prim zu l. Für die entsprechende Zahl v erhält man den Wert $v=\sigma l-m$. Denn die Zahl $A=\alpha-\sqrt[l]{\mu}$ von K ist genau durch $\mathfrak{L}^m$, und $sA-A=(1-\zeta)\sqrt[l]{\mu}$ genau durch $\mathfrak{L}^{\sigma l}$ teilbar, so dass $\sigma l=m+v$.[1]

Endlich sei noch das folgende bemerkt: Ist K/k relativ cyclisch vom Grade l^h, und wird mit $K^{(\nu)}$ der in K enthaltene relativ cyclische Oberkörper von k vom Relativgrade $l^\nu (\nu=1, 2, \cdots h)$ bezeichnet, und geht $\mathfrak{l}$ in die Relativdiscriminante von $K^{(1)}/k$ auf, dann zerfällt $\mathfrak{l}$ in K in die $l^{h\text{te}}$ Potenz eines Primideals; die Relativdiscriminante von K/k enthält dann $\mathfrak{l}$ genau zu der Potenz mit dem Exponenten:

$$l^{h-1}(v+1)(l-1)+l^{h-2}(v_1+1)(l-1)+\cdots+(v_{h-1}+1)(l-1)$$
$$=l^h-1+(l-1)\{vl^{h-1}+v_1 l^{h-2}+\cdots+v_{h-1}\},$$

wo $v_1, v_2, \cdots$ dieselbe Bedeutung für $K^{(2)}/K^{(1)}$, $K^{(3)}/K^{(2)}, \cdots$ haben, wie v für $K^{(1)}/k$, und es ist

$$1 \leqq v < v_1 < v_2 < \cdots < v_{h-1} \leqq \frac{sl^h}{l-1}.$$

§ 7. Über die Normenreste des relativ cyclischen Körpers vom Primzahlgrade.

Es sei k ein beliebiger algebraischer Körper, K ein relativ cyclischer Oberkörper von k vom Relativgrade l, wo l eine gerade oder ungerade natürliche Primzahl ist. Eine Zahl α in k heisse dann ein **Normenrest** des Relativkörpers K nach einem Idealmodul $\mathfrak{j}$ in k, wenn es eine Zahl A in K gibt, für die

$$N(A) \equiv \alpha, \quad (\mathfrak{j}),$$

wo mit N die Relativnorm in Bezug auf k bezeichnet wird.

Ueber die Normenreste nach Primidealpotenzen in k gilt der folgende fundamentale Satz.

Satz 9. *Es sei* K/k *relativ cyclisch vom Primzahlgrade l.* (I) *Wenn dann $\mathfrak{p}$ ein Primideal in* k *ist, welches nicht in die Relativdiscriminante von* K/k *aufgeht, dann ist jede zu $\mathfrak{p}$ prime Zahl in* k *Normenrest des Körpers* K *nach jeder Potenz von $\mathfrak{p}$.* (II) *Wenn dagegen $\mathfrak{p}$ in die Relativdiscriminante aufgeht, jedoch $\mathfrak{p}$ prim zu l ist, dann ist, von allen zu $\mathfrak{p}$ primen und einander nach $\mathfrak{p}^e$ incongruenten Zahlen in* k *genau der l^{te} Teil Normenreste nach $\mathfrak{p}^e$, hier bedeutet e eine beliebige natürliche Zahl.* (III) *Dasselbe gilt auch für die*

1) Vgl. Hilbert, Bericht, Satz 148, wo die hier angedeuteten Tatsachen für den Kreiskörper k bewiesen wird; dieser Beweis ist leicht auf den allgemeinen Körper k zu übertragen.

Potenz $\mathfrak{l}^e$ eines in l aufgehendes Primideals $\mathfrak{l}$ von k, *falls $\mathfrak{l}$ zur Potenz $\mathfrak{l}^{(v+1)(l-1)}$ in die Relativdiscriminante aufgeht, und $e>v$ ist. Dagegen ist jede zu $\mathfrak{l}$ prime Zahl in* k *Normenrest nach $\mathfrak{l}^e$, wenn $e\leqq v$ ist. Hier hat die Zahl v die in Satz 8 angegebene Bedeutung.*[1]

Beweis (I). Wir unterscheiden vier Fälle, jenachdem $\mathfrak{p}$ in l aufgeht oder nicht, und $\mathfrak{p}$ in K zerfällt oder nicht.

Zunächst sei $\mathfrak{p}$ prim zu l, und es zerfalle $\mathfrak{p}$ in K in l von einander verschiedene Primideale:

$$\mathfrak{p}=\mathfrak{P}\mathfrak{P}'\cdots\mathfrak{P}^{(l-1)}$$

Sei f der Grad des Primideals $\mathfrak{p}$ in k, also auch der Primideale $\mathfrak{P}, \mathfrak{P}',\cdots$ in K, und es sei ρ eine Primitivzahl nach $\mathfrak{p}$. Jede Zahl α in k, die zu $\mathfrak{p}$ prim ist, genügt dann offenbar einer Congruenz der Form

$$\alpha\equiv\alpha_0\rho^n,\ (\mathfrak{p}^e),$$

wo n eine Zahl aus der Reihe $0, 1, 2, \cdots p^f-2$, und α_0 eine ganze Zahl in k ist, welche die Congruenz

$$\alpha_0\equiv 1,\ (\mathfrak{p})$$

befriedigt. Demnach ist α_0 ein l ter Potenzrest nach $\mathfrak{p}^e$:

$$\alpha_0\equiv\gamma^l,\ (\mathfrak{p}^e).$$

Ferner sei eine Zahl P in K so bestimmt, dass

$$P\equiv\rho,\ (\mathfrak{P}^e),\ \equiv 1,\ (\mathfrak{P}'^e\mathfrak{P}''^e\cdots);$$

dann ist

$$\mathrm{N}(P)\equiv\rho,\ (\mathfrak{p}^e),$$

demnach

$$\alpha\equiv\mathrm{N}(\gamma P^n),\ (\mathfrak{p}^e),$$

womit der Satz im vorliegenden Falle bewiesen ist.

Zweitens sei $\mathfrak{p}$ prim zu l, und es bleibe $\mathfrak{p}=\mathfrak{P}$ prim in K. Ist dann P eine Primitivzahl nach $\mathfrak{P}$ in K, dann ist

$$\rho=\mathrm{N}(P)\equiv P^{1+p^f+p^{2f}+\cdots+p^{(l-1)f}}\qquad(\mathfrak{P})$$

offenbar eine Primitivzahl nach $\mathfrak{p}$ in k. Da jede zu $\mathfrak{p}$ prime Zahl α in k einer Congruenz der Form

$$\alpha\equiv\alpha_0\rho^n,\ (\mathfrak{p}^e)$$

genügt, wo $\alpha_0\equiv 1\ (\mathfrak{p})$ und folglich $\alpha_0\equiv\gamma^l,\ (\mathfrak{p}^e)$, in k, so ist auch in diesem Falle

$$\alpha\equiv\mathrm{N}(\gamma P^n),\ (\mathfrak{p}^e).$$

Drittens, sei $\mathfrak{p}=\mathfrak{l}$ ein in l aufgehehendes Primideal von k, welches in K in l von einander verschiedene Primideale zerfällt,

$$\mathfrak{l}=\mathfrak{L}\mathfrak{L}'\mathfrak{L}''\cdots\mathfrak{L}^{(l-1)}.$$

Da jede zu $\mathfrak{l}$ prime Zahl in k offenbar l^{ter} Potenzrest von $\mathfrak{l}$ ist, so ist unser Satz

1) Vgl. Hilbert, Bericht, § 130, wo der Satz für den Kreiskörper der l^{ten} Einheitswurzeln aufgestellt ist, allerdings ohne genaue Angabe des critischen Wertes des Exponenten e in (III.)

richtig für die erste Potenz von $\mathfrak{l}$.

Angenommen nun, es sei eine zu $\mathfrak{l}$ prime Zahl α Normenrest nach $\mathfrak{l}^e$. Wir setzen

$$\mathrm{N}(A) \equiv \alpha+\beta\lambda^e, \quad (\mathfrak{l}^{e+1}),$$

wo λ eine genau durch die erste Potenz von $\mathfrak{l}$ teilbare Zahl in k ist. Bestimmt man dann eine Zahl Θ in K gemäss den Congruenzen:

$$\Theta \equiv 1, \ (\mathfrak{L}), \ \equiv 0, \ (\mathfrak{L}'\mathfrak{L}''\cdots),$$

so dass für die Relativspur von Θ gilt:

$$\mathrm{S}(\Theta) \equiv 1, \ (\mathfrak{l}),$$

dann ist

$$\mathrm{N}(1+\xi\Theta\lambda^e) \equiv 1+\xi\lambda^e, \quad (\mathfrak{l}^{e+1}),$$

wenn ξ eine beliebige Zahl in k ist.

Demnach hat man

$$\mathrm{N}\{A(1+\xi\Theta\lambda^e)\} \equiv \alpha+(\beta+\alpha\xi)\lambda^e, \quad (\mathfrak{l}^{e+1}).$$

Da man nun ξ gemäss der Bedingung

$$\beta+\alpha\xi \equiv 0, \ (\mathfrak{l})$$

bestimmen kann, so ist erwiesen, dass α Normenrest nach der höheren Potenz $\mathfrak{l}^{e+1}$ von $\mathfrak{l}$ ist, und hiermit ist der Satz bewiesen.

Zuletzt, sei $\mathfrak{l}$ ein Primfactor von l in k, und $\mathfrak{l}=\mathfrak{L}$ prim in K. Der Beweis verlaüft genau wie im vorhergehenden Falle; nur muss die Existenz einer Zahl Θ in K, deren Relativspur prim zu $\mathfrak{l}$ ausfällt, besonders bewiesen werden. Sei also P eine Primitivzahl nach $\mathfrak{L}$ und

$$P^l+\alpha_1 P^{l-1}+\cdots+\alpha_l = 0$$

die Gleichung l^{ten} Grades in k, welche durch P befriedigt wird. Wäre nun $\mathrm{S}(P^n)$ für $n=1, 2, \cdots l-1$ durch $\mathfrak{l}$ teilbar, dann musste, nach der Newton'schen Formel für die Potenzsummen, die Coefficienten $\alpha_1, \alpha_2, \cdots \alpha_{l-1}$ durch $\mathfrak{l}$ teilbar sein, also

$$P^l \equiv \mathrm{N}(P), \ (\mathfrak{l}).$$

Alsdann wäre

$$P^l \equiv P^{1+l^f+l^{2f}+\cdots+l^{(l-1)f}}, \ (\mathfrak{L}),$$

wo f der Grad von $\mathfrak{l}$ in k, also lf der Grad von $\mathfrak{L}$ in K ist, folglich

$$l \equiv 1+l^f+l^{2f}+\cdots+l^{(l-1)f}, \ (l^{lf}-1),$$

was offenbar unmöglich ist. Daher gibt es in der Tat eine Zahl Θ in K derart, dass

$$\mathrm{S}(\Theta) \equiv 1, \ (\mathfrak{l}).$$

Hiermit ist der Teil (I) unseres Satzes vollständig bewiesen.

Beweis (II.) Sei $\mathfrak{p}$ ein zu l primer Primfactor der Relativdiscriminante. Dann ist

$$\mathfrak{p} = \mathfrak{P}^l,$$

wo $\mathfrak{P}$ ein Primideal in K, und

$$\Phi(\mathfrak{P}^e) = \varphi(\mathfrak{p}^e) = p^{(e-1)f}(p^f-1),$$

wenn Φ bez. φ die Euler'sche Function bez. in K und k, und f der Grad des Primideals $\mathfrak{p}$ in k ist. Daher ist jede zu $\mathfrak{p}$ prime Zahl A in K nach jeder Potenz von $\mathfrak{P}$ einer Zahl α in k congruent,

$$A \equiv \alpha, \quad (\mathfrak{P}^{el}),$$

woraus

$$\mathrm{N}(A) \equiv \alpha^l, \quad (\mathfrak{p}^e),$$

d. h. jeder Normenrest nach $\mathfrak{p}^e$ ist ein l^{ter} Potenzrest von $\mathfrak{p}^e$, und umgekehrt.

Ist nun ρ eine Primitivzahl nach $\mathfrak{p}$, dann ist für jede zu $\mathfrak{p}$ prime Zahl α in k

$$\alpha \equiv \alpha_0 \rho^n, \quad (\mathfrak{p}^e),$$

wo $\alpha_0 \equiv 1$, $(\mathfrak{p})$, und n eine Zahl aus der Reihe $0, 1, 2, \cdots p^f-2$ ist. Es ist nun α_0 offenbar ein l^{ter} Rest von $\mathfrak{p}^e$. Da nach Satz 7 $p^f-1 \equiv 0$, (l), so ist ρ^n dann und nur dann ein l^{ter} Rest nach $\mathfrak{p}^e$, wenn n durch l teilbar ist. Hiermit ist der Teil (II) unseres Satzes bewiesen.

Beweis (III). Sei $\mathfrak{l}$ ein Primfactor von l in k, welcher zur $(v+1)(l-1)^{\text{ten}}$ Potenz in die Relativdiscriminante von K/k aufgeht, ferner sei $\mathfrak{l} = \mathfrak{L}^l$, wo $\mathfrak{L}$ Primideal in K ist. Wir bezeichnen in den Folgenden durchweg mit λ_e und Λ_e eine genau durch die e^{te} Potenz bez. von $\mathfrak{l}$ und $\mathfrak{L}$ teilbare Zahl von k und K. Für die Relativspur von Λ_e erhält man dann, wie beim Beweise des Satzes 8

$$\mathrm{S}(\Lambda_e) = l\Lambda_e + \binom{l}{2}(\mathrm{s}-1)\Lambda_e + \binom{l}{3}(\mathrm{s}-1)^2\Lambda_e + \cdots + (\mathrm{s}-1)^{l-1}\Lambda_e.$$

Das erste Glied rechts ist nun genau durch die $sl+e^{\text{te}}$ Potenz von $\mathfrak{L}$, alle folgende Glieder bis auf das letzte durch die höheren Potenzen, das letzte Glied aber wenigstens durch die $e+v(l-1)^{\text{te}}$ Potenz von $\mathfrak{L}$ teilbar. Daher erhält man, wenn man die Relation:

$$sl \geqq v(l-1)$$

berücksichtigt (Satz 8),

$$\left.\begin{array}{lll} \text{wenn} \quad e < v: & \mathrm{S}(\Lambda_e) \equiv 0, & (\mathfrak{l}^{e+1}), \\ & \mathrm{S}(\Lambda_v) \equiv 0, & (\mathfrak{l}^{v}), \\ \phantom{\text{wenn}} \quad e > v: & \mathrm{S}(\Lambda_e) \equiv 0, & (\mathfrak{l}^{v+1}). \end{array}\right\} \tag{1}$$

Hieraus ist nun auf das folgende zu schliessen:

$$\text{wenn} \quad e < v: \quad \mathrm{N}(1+\Lambda_e) = 1+\lambda_e, \tag{2}$$

$$\mathrm{N}(1+\Lambda_v) \equiv 1+\mathrm{S}(\Lambda_v)+\mathrm{N}(\Lambda_v), \quad (\mathfrak{l}^{v+1}), \tag{3}$$

$$\text{wenn} \quad e > v: \quad \mathrm{N}(1+\Lambda_e) \equiv 1, \quad (\mathfrak{l}^{v+1}). \tag{4}$$

Dies geschieht am einfachsten dadurch, dass man mit Hülfe der Newton'schen Formel über die Potenzsummen die Teilbarkeit der elementarsymmetrischen Functionen von $\Lambda_e, \mathrm{s}\Lambda_e, \cdots \mathrm{s}^{l-1}\Lambda_e$ durch die entsprechenden Potenzen von $\mathfrak{l}$ nach (1) bestätigt. Nach (2) und (3) folgt nun, dass

$$\mathrm{N}(1+\Lambda_e) \equiv 1, \quad (\mathfrak{l}^v),$$

dann und nur dann, wenn

$$e \geqq v,$$

woraus weiter, dass für zwei zu $\mathfrak{L}$ prime Zahlen A, B

$$\mathrm{N}(A) \equiv \mathrm{N}(B), \ (\mathfrak{l}^v),$$

dann und nur dann, wenn

$$A \equiv B, \ (\mathfrak{L}^v).$$

Berücksichtigt man daher die Relation

$$\Phi(\mathfrak{L}^v) = \varphi(\mathfrak{l}^v),$$

dann ersieht man, dass jede zu $\mathfrak{l}$ prime Zahl in k, Normenrest nach $\mathfrak{l}^v$ und folglich nach jeder niederen Potenz von $\mathfrak{l}$ ist.

Da, nach (4), auch für den Modul $\mathfrak{l}^{v+1}$, aus der Congruenz

$$A \equiv B, \ (\mathfrak{L}^{v+1}),$$

die andere:

$$\mathrm{N}(A) \equiv \mathrm{N}(B), \ (\mathfrak{l}^{v+1})$$

zu folgern ist, so wird unser Satz für $\mathfrak{l}^{v+1}$ bewiesen sein, wenn nachgewiesen wird, dass die Bedingung

$$\mathrm{N}(A) \equiv 1, \ (\mathfrak{l}^{v+1}) \tag{5}$$

durch genau l einander nach $\mathfrak{L}^{v+1}$ incongruenten Zahlen befriedigt wird. Nach (2) kommt hierzu nur die Zahlen von der Form

$$1 + \Lambda_v \tag{6}$$

in Frage. Es gibt nun in der Tat eine Zahl von dieser Gestalt, welche der Congruenz (5) genügt. Es ist nämlich $\Lambda_1 - \mathrm{s}\Lambda_1$ genau durch $\mathfrak{L}^{v+1}$ teilbar. Bringt man daher den Bruch $\mathrm{s}\Lambda_1 : \Lambda_1$ in die Gestalt

$$\frac{\mathrm{s}\Lambda_1}{\Lambda_1} = \frac{A_0}{\alpha},$$

wo α und A_0 zu $\mathfrak{L}$ prime ganze Zahlen bez. in k und K sind, und worin $\alpha \equiv 1$ nach einer beliebig hohen Potenz von $\mathfrak{l}$ angenommen werden kann, dann ist

$$\mathrm{N}(A_0) = \alpha^l \equiv 1, \ (\mathfrak{l}^{v+1}).$$

Anderseits folgt aus

$$\alpha \mathrm{s}\Lambda_1 = A_0 \Lambda_1,$$

oder

$$\Lambda_1(A_0 - \alpha) = \alpha(\mathrm{s}\Lambda_1 - \Lambda_1),$$

dass $A_0 - \alpha$ genau durch $\mathfrak{L}^v$ teilbar ist, demnach nach Annahme über α

$$A_0 = 1 + \Lambda_v^{(0)}.$$

Nach (3) genügt diese besondere Zahl $\Lambda_v^{(0)}$ der Congruenz

$$\mathrm{S}(\Lambda_v^{(0)}) + \mathrm{N}(\Lambda_v^{(0)}) \equiv 0, \ (\mathfrak{l}^{v+1}). \tag{7}$$

Für jede Zahl A von der Form (6) gilt nun

$$A \equiv 1 + \rho \Lambda_v^{(0)}, \ (\mathfrak{L}^{v+1}), \tag{8}$$

also nach (4) und (3)

$$\mathrm{N}(A) \equiv 1+\rho \mathrm{S}(\Lambda_v^{(0)})+\rho^l \mathrm{N}(\Lambda_v^{(0)}), \quad (\mathfrak{l}^{v+1}).$$

Daher ist

$$\mathrm{N}(A) \equiv 1, \quad (\mathfrak{l}^{v+1})$$

dann und nur dann, wenn

$$\rho \mathrm{S}(\Lambda_v^{(0)})+\rho^l \mathrm{N}(\Lambda_v^{(0)}) \equiv 0, \quad (\mathfrak{l}^{v+1}),$$

oder nach (7), wenn

$$\rho(\rho^{l-1}-1)\mathrm{N}(\Lambda_v^{(0)}) \equiv 0, \quad (\mathfrak{l}^{v+1}),$$

oder

$$\rho(\rho^{l-1}-1) \equiv 0, \quad (\mathfrak{l}),$$

was dann und nur dann der Fall ist, wenn ρ einer rationalen Zahl nach $\mathfrak{l}$ congruent ist. Die Congruenz (5) wird daher genau durch l nach $\mathfrak{L}^{v+1}$ incongruente Zahlen befriedigt, die man erhält, wenn in (8) $\rho=0, 1, 2, \cdots l-1$ gesetzt wird, wie zu beweisen war.

Ferner ist, wenn t eine positive ganze rationale Zahl, ρ eine zu $\mathfrak{l}$ prime Zahl in k ist,

$$\mathrm{N}(1+\rho\lambda_t\Lambda_v) \equiv 1+\rho\lambda_t\, \mathrm{S}(\Lambda_v), \quad (\mathfrak{l}^{v+t+1}),$$

also, da nach (7), $\mathrm{S}(\Lambda_v)$ genau durch $\mathfrak{l}^v$ teilbar ist,

$$\mathrm{N}(1+\rho\lambda_t\Lambda_v) = 1+\rho\lambda_{v+t}. \tag{9}$$

Ist also α Normenrest nach $\mathfrak{l}^{v+1}$, und zwar

$$\mathrm{N}(A) \equiv \alpha+\beta\lambda_{v+t}, \quad (\mathfrak{l}^{v+t+1}),$$

wo β zu $\mathfrak{l}$ prim, und für λ_{v+t} dieselbe Zahl wie in (9) angenommen wird, dann ist

$$\mathrm{N}\{A(1+\rho\lambda_{t+v})\} \equiv \alpha+(\alpha\rho+\beta)\lambda_{v+t}, \quad (\mathfrak{l}^{v+t+1}).$$

Da man ρ aus

$$\alpha\rho+\beta \equiv 0, \quad (\mathfrak{l})$$

bestimmen kann, so ist α Normenrest nach $\mathfrak{l}^{v+t+1}$. Jeder Normenrest nach $\mathfrak{l}^{v+t}$ ist daher Normenrest nach jeder höheren Potenz von $\mathfrak{l}$, und weil jeder Normennichtrest nach $\mathfrak{l}^{v+1}$ umsomehr Normennichtrest nach jeder höheren Potenz von $\mathfrak{l}$ ist, so ist hiermit unser Satz in allen seinen Teilen vollständig bewiesen.

In der Folge benutzen wir den Satz 9 in der folgenden verallgemeinerten Form:

Satz 10. *Sei K/k relativ cyclisch vom Primzahlgrade l, die Relativdiscriminante $\mathfrak{d}$ von K/k enthalte d von einander verschiedene Primideale von k als Factor, derart, dass*

$$\mathfrak{d} = \mathfrak{f}^{l-1}, \quad \mathfrak{f} = \prod \mathfrak{p} \prod \mathfrak{l}^{v+1},$$

wo die Producte $\prod \mathfrak{p}$, $\prod \mathfrak{l}^{v+1}$ bez. auf die zu l primen und in l aufgehenden Primfactoren von $\mathfrak{d}$ zu erstrecken sind. Ist dann $\mathfrak{m}$ ein beliebiges durch $\mathfrak{f}$ teilbares Ideal von k, dann ist, von allen zu $\mathfrak{m}$ primen und einander nach $\mathfrak{m}$ incongruenten Zahlen von k, genau der l^d te Teil Normenrest des Körpers K nach dem Modul $\mathfrak{m}$.

§ 8. Einheiten im relativ cyclischen Körper.

Im relativ cyclischen Körper K/k vom Primzahlgrade l sei eine Zahlengruppe O vorgelegt, welche eine Congruenzgruppe ist mit oder ohne Vorzeichenbedingung, und welche gegenüber der Substitution s des Relativkörpers invariant ist, d.h. von der Art, dass mit einer Zahl A zugleich die relativ conjugirte A^{s} darin enthalten ist. Die Gesamtheit der Zahlen von O, welche im Grundkörper k enthalten sind, bildet dann eine Zahlengruppe o in k, welche auch eine Congruenzgruppe ist.

Wenn mit R, r bez. die Anzahl der Grundeinheiten in K, k also auch in O, o bezeichnet wird, dann ist, wenn l ungerade ist

$$R-r=(l-1)(r+1), \tag{1}$$

dagegen, wenn $l=2$, also $\mathrm{K}=\mathrm{k}(\sqrt{\mu})$ relativ quadratisch ist,

$$R-r=r+1-\nu, \tag{2}$$

wenn ν die Anzahl derjenigen reellen mit k conjugirten Körper bedeutet, worin die mit μ conjugirten Zahlen negativ ausfallen.

Satz 11. *In der Zahlengruppe O lassen sich stets ein System von n Einheiten H_1, $H_2, \cdots H_n$ finden, derart, dass sich jede Einheit E in O in der Form:*

$$E=H_1^{u_1}H_2^{u_2}\cdots H_n^{u_n}H^{1-\mathrm{s}}[\xi] \tag{3}$$

darstellen lässt, wo die Exponenten $u_1, u_2 \cdots$ Zahlen aus der Reihe $0, 1, 2, \cdots l-1$ sind, H eine Einheit in O, $[\xi]$ eine Einheit in o oder aber eine Einheit in O, deren l^{te} Potenz in o liegt, bedeutet. Die Einheiten $H_1, H_2, \cdots H_n$ sind in dem Sinne von einander unabhängig, dass eine Einheit von der Gestalt (3) nur dann gleich 1 sein kann, wenn $u_1=u_2=\cdots=u_n=0$.

Die Zahl n hat den folgenden Wert:

$$n=r+1, \qquad \text{wenn } l \text{ ungerade ist,}$$
$$n=r+1-\nu, \qquad \text{wenn } l=2.$$

Beweis. Die Einheiten

$$H^{1-\mathrm{s}}[\xi]$$

bilden in ihrer Gesamtheit eine Untergruppe der Gruppe der sämtlichen Einheiten in O, von einem endlichen Index l^n, weil die l^{te} Potenz jeder Einheit in O darin enthalten ist. Letzteres folgt unmittelbar aus der Identität:

$$1+\mathrm{s}+\mathrm{s}^2+\cdots+\mathrm{s}^{l-1}=l+(1-\mathrm{s})Q(\mathrm{s}), \tag{4}$$

wo

$$Q(\mathrm{s})=(1-\mathrm{s})^{l-2}-l(1-\mathrm{s})^{l-3}+\cdots+\binom{l}{3}(1-\mathrm{s})-\binom{l}{2},$$

speciell

$$Q(\mathrm{s})=-1, \qquad \text{wenn } l=2.$$

Hiernach ist die Existenz eines Systems von Einheiten mit der im Satz angegebenen Eigenschaften ohne weiteres klar; es handelt sich nur noch darum, die Anzahl n dieser Einheiten zu finden, was auf der folgenden Weise geschieht.

Da sich die Einheit H auf der rechten Seite von (3) wieder in der Form:

$$H = H_1^{u_1'} H_2^{u_2'} \cdots H_n^{u_n'} H'^{1-s} [\xi']$$

darstellen lässt, so kann man setzen

$$E = H_1^{u_1+u_1'(1-s)} \cdots H_n^{u_n+u_n'(1-s)} H^{(1-s)^2} [\xi],$$

wenn man sich bedenkt, dass $[\xi']^{1-s} = 1$ oder $= \zeta$, wo ζ eine primitive l^{te} Einheitswurzel bedeutet, letzteres nur dann, wenn

$$\mathrm{K} = \mathrm{k}([\xi']),$$

und folglich $\zeta = [\xi']^{1-s}$ in o enthalten ist.

Indem wir auf diese Weise fortfahren, erhalten wir

$$E = H_1^{\mathrm{F}_1(s)} \cdots H_n^{\mathrm{F}_n(s)} H^{(1-s)^{l-1}} [\xi], \tag{5}$$

wo

$$\mathrm{F}_1(s) = u_1 + u_1'(1-s) + \cdots + u_1^{(l-2)} (1-s)^{l-2}, \ldots$$

und die Coefficienten $u_1, u_1' \cdots$ sämtlich Zahlen aus der Reihe: $0, 1, 2, \cdots l-1$ sind.

Wir untersuchen nun die Annahme: es sei

$$1 = H_1^{\mathrm{F}_1(s)} \cdots H_n^{\mathrm{F}_n(s)} H^{(1-s)^{l-1}} [\xi]. \tag{6}$$

Aus der Bedeutung des Einheitensystems $H_1, H_2, \cdots H_n$ folgt zunächst

$$u_1 = u_2 = \cdots = u_n = 0,$$

so dass, für $l=2$, schon

$$\mathrm{F}_1(s) = 0, \cdots \mathrm{F}_n(s) = 0,$$

und für ein ungerades l,

$$1 = (H_1^{\mathrm{G}_1(s)} \cdots H_n^{\mathrm{G}_n(s)} H^{(1-s)^{l-2}})^{1-s} [\xi], \tag{7}$$

wo

$$\mathrm{G}_1(s) = u_1' + u_1''(1-s) + \cdots + u_1^{(l-2)} (1-s)^{l-3}, \cdots$$

Eine Relation von der Gestalt

$$H^{1-s} = [\xi],$$

wo H eine Einheit in O bedeutet, ist aber offenbar nur dann möglich, wenn $\mathrm{N}([\xi]) = [\xi]^l = 1$, so dass $[\xi]$ eine l^{te} Einheitswurzel ist. Ist $[\xi]=1$, dann ist H selbst, ist aber $[\xi] = \zeta$ eine primitive l^{te} Einheitswurzel, H^l eine Einheit in o, jedenfalls ist H selbst eine Einheit, die wir mit $[\xi]$ bezeichnen können. Demnach kann man statt (7) einfach setzen:

$$1 = H_1^{\mathrm{G}_1(s)} \cdots H_n^{\mathrm{G}_n(s)} H^{(1-s)^{l-2}} [\xi].$$

Die Einheit H auf der rechten Seite bringen wir wieder auf die Form

$$H = H_1^{v_1} \cdots H_n^{v_n} H'^{1-s} [\xi'],$$

so dass wir erhalten

$$1 = H_1^{\mathrm{F}_1'(s)} \cdots H_n^{\mathrm{F}_n'(s)} H^{(1-s)^{l-1}} [\xi],$$

wo

$$F_1'(s) = u_1'+u_1''(1-s)+\cdots+u_1^{(l-2)}(1-s)^{l-3}+v_1(1-s)^{l-2}, \cdots$$

ähnliche Bedeutung wie $F_1(s) \cdots$ haben. Daher folgt weiter

$$u_1' = u_2' = \cdots u_n' = 0.$$

So fortfahrend sieht man ein, dass, auch für ungerades l, aus (6) notwendig folgt:

$$F_1(s) = 0, \cdots F_n(s) = 0.$$

Daher sind die $n(l-1)$ Einheiten

$$H_1, H_1^{1-s}, \cdots H_1^{(1-s)^{l-2}}, \cdots H_n, H_n^{1-s}, \cdots H_n^{(1-s)^{l-2}}$$

unabhängig in Bezug auf die Gruppe der Einheiten:

$$H^{(1-s)^{l-1}}[\xi].$$

Diese Gruppe ist aber identisch mit der Gruppe der Einheiten:

$$H^l[\xi],$$

weil

$$(1-s)^{l-1} \equiv 1+s+\cdots+s^{l-1}, (l),$$

und anderseits

$$(1-s)^{l-1}\varphi(s)+(1+s+\cdots+s^{l-1})\psi(s) = l,$$

wo $\varphi(s)$, $\psi(s)$ ganzzahlige ganze rationale Functionen von s sind.[1]

Daher lässt sich jede Einheit E von O in der Gestalt

$$E = H_1^{F_1(s)} \cdots H_n^{F_n(s)} H^l[\xi]$$

darstellen, wo $F_1(s), \cdots F_n(s)$ mit E eindeutig bestimmt sind.

Da die sämtlichen Einheiten in O und die Einheiten $[\xi]H^l$ bez. l^{R+1} und l^{r+1}, oder l^R und l^r Einheitenverbände[2] in O ausmachen, jenachdem eine Einheitswurzel, deren Ordnung eine Potenz von l ist, in O vorkommt oder nicht, so ergibt sich

$$R-r = n(l-1).$$

Wenn man hierin den Wert von $R-r$ nach (2) oder (3) einträgt, so erhält man den im Satz angegebenen Wert von n.

Satz 12. *Machen die Relativnormen sämtlicher Einheiten in O l^{v_0} Einheitenverbände in o aus, dann gibt es in O ρ Einheiten $E_1, E_2, \cdots E_\rho$ mit der Relativnorm* 1, *von der Beschaffenheit, dass jede Einheit in O mit der Relativnorm* 1 *in der Form:*

$$E_1^{u_1}E_2^{u_2}\cdots E_\rho^{u_\rho}H^{1-s} \tag{8}$$

darstellbar ist, wo $u_1, u_2, \cdots u_\rho$ Zahlen aus der Reihe $0, 1, 2, \cdots l-1$ *sind, und H eine Einheit in O bedeutet; diese Einheiten $E_1, E_2, \cdots E_\rho$ sind in dem Sinne von einander unabhängig, dass eine Einheit der Form* (8) *nur dann gleich* 1 *sein kann, wenn* $u_1=u_2=\cdots=u_n=0$.

---

1) Für $\psi(s)$ kann man die $l-1$ ersten Glieder der formalen Entwickelung von $l/(1+s+\cdots+s^{l-1})$ nach steigenden Potenzen von $1-s$ nehmen.

2) Unter einem Einheitenverband in O verstehen wir ein System der Einheiten in O von der Form EH^l, wo E eine gegebene Einheit in O ist, und H alle Einheiten von O durchläuft. Vgl. Hilbert, Math. Ann. 51, S. 21.

Die Zahl ρ hat den Wert:

$$\rho = r+1+\delta-v_0, \quad \textit{wenn } l \textit{ ungerade ist,}$$
$$\rho = r+1+\delta-\nu-v_0, \quad \textit{wenn } l = 2,$$

wo $\delta=1$ oder $\delta=0$ zu setzen ist, jenachdem die primitive l^{te} Einheitswurzel in o *vorkommt oder nicht.*

Beweis. Hier wiederum handelt es sich nur um die Bestätigung des für ρ angegebenen Wertes, da die Existenz des Einheitensystems $E_1, E_2, \cdots E_\rho$ mit der im Satz angegebenen Eigenschaften ohne weiteres klar ist. Wir unterscheiden nun drei Fälle:

Erstens sei vorausgesetzt: die primitive l^{te} Einheitswurzel ζ kommt nicht in o vor. Dann kann die Einheit $[\xi]$ in (3) nur die Einheiten in o bedeuten, und weil es keine Einheit in o gibt, ausser der Einheit 1, mit der Relativnorm 1, so kann man $E_1, E_2, \cdots E_\rho$ für ρ der Einheiten $H_1, H_2, \cdots H_n$ in (3) nehmen, es seien diese $H_{n-\rho+1}, \cdots H_n$, sodass jede Einheit in O in der Form:

$$E = H_1^{u_1} \cdots H_{n-\rho}^{u_{n-\rho}} E_1^{v_1} \cdots E_\rho^{v_\rho} H^{1-s}[\xi] \quad (0 \leqq u, v < l)$$

darstellbar ist, und zwar so, dass die Relativnorm der Einheit E nicht gleich 1 sein kann, ausser wenn $u_1=u_2=\cdots=u_{n-\rho}=0$. Setzt man daher

$$\eta_1 = \mathrm{N}(H_1), \cdots \eta_{n-\rho} = \mathrm{N}(H_{n-\rho}),$$

dann ergibt sich für jede Einheit E in O

$$\mathrm{N}(E) = \eta_1^{u_1} \cdots \eta_{n-\rho}^{u_{n-\rho}} \xi^l, \quad (0 \leqq u < l)$$

und somit

$$v_0 = n-\rho,$$

woraus nach Einsetzen des im Satz 11 angegebenen Wertes von n und Berücksichtigung von $\delta=0$ der gesuchte Wert von ρ sich ergibt.

Zweitens sei vorausgesetzt: es komme ζ in o vor, jedoch sei K nicht durch die l^{te} Wurzel einer Einheit in o erzeugt. Hier ist wieder die Einheit $[\xi]$ in (3) die Einheit in o, und es ist ζ in dem System der Einheiten $[\xi]$, nicht aber in H^{1-s} enthalten. Wir setzen demnach

$$E_1 = H_{n-\rho+2}, \cdots E_{\rho-1} = H_{n-1};\ E_\rho = \zeta,$$

sodass jede Einheit E in O sich in der Form

$$E = H_1^{u_1} \cdots H_{n-\rho+1}^{u_{n-\rho+1}} E_1^{v_1} \cdots E_\rho^{v_\rho} H^{1-s}[\xi] \quad (0 \leq u, v < l)$$

darstellen lässt, wo für jedes E das System der Exponenten u, v eindeutig bestimmt ist. Folglich

$$\mathrm{N}(E) = \eta_1^{u_1} \cdots \eta_{n-\rho+1}^{u_{n-\rho+1}} \xi^l,$$

woraus

$$v_0 = n-\rho+1.$$

Da hier $\delta=1$ zu setzen ist, so ist in diesem Falle unser Satz bewiesen.

Zuletzt sei vorausgesetzt: es komme ζ in o vor, und $\mathrm{K}=\mathrm{k}(\sqrt[l]{\eta_0})$, wo η_0 eine Einheit in o ist. Setzt man nun

$$H_0 = \sqrt[l]{\eta_0},$$

dann kann in (3) die Einheiten $[\xi]$ durch $H_0^{u_0}\xi$ ersetzt werden, wenn u_0 eine Zahl aus der Reihe: $0, 1, 2, \cdots l-1$ und ξ eine Einheit in o bedeutet. Ferner ist ζ in dem System H^{1-s} enthalten, es ist nämlich $\zeta = H_0^{1-s}$. Demnach kann man setzen

$$E_1 = H_{n-\rho+1}, \cdots E_\rho = H_n,$$

so dass jede Einheit E in O auf einer einzigen Weise in der Form:

$$E = H_0^{u_0} H_1^{u_1} \ldots H_{n-\rho}^{u_{n-\rho}} E_1^{v_1} \ldots E_\rho^{v_\rho}\xi \qquad (0 \leqq u, v < l)$$

darstellbar ist; und es ist

$$\mathrm{N}(E) = \eta_0^{u_0}\eta_1^{u_1} \cdots \eta_{n-\rho}^{u_{n-\rho}}\xi^l.$$ [1]

Daher ist

$$v_0 = n - \rho + 1,$$

woraus mit $\delta = 1$ der gesuchte Wert von ρ sich ergibt.

§ 9. Formulirung eines Fundamentalsatzes.

Nachdem in den vorhergehenden die vorbereitenden Sätze erledigt worden, sind wir nun im Stande, einen Fundamentalsatz zu formuliren, dessen Beweis das Hauptzweck der nachfolgenden Paragraphen dieses Capitels sein soll.

Satz 13. *Die Relativdiscriminante des relativ cyclischen Körpers* K/k *vom ungeraden Primzahlgrade l sei $\mathfrak{d} = \mathfrak{f}^{l-1}$, wo*

$$\mathfrak{f} = \Pi\mathfrak{p} \cdot \Pi\mathfrak{l}^{v+1},$$

wo $\mathfrak{p}$ ein zu l primes, und $\mathfrak{l}$ ein in l aufgehendes Primideal von k *bedeutet. Die Idealclassen von* k *seien nach einer Zahlengruppe* o *definirt, welche aus den Zahlen α besteht, die der Congruenz:*

$$\alpha \equiv 1, \ (\mathfrak{m})$$

genügen, wo der Modul $\mathfrak{m}$ ein beliebiges durch $\mathfrak{f}$ teilbares Ideal von k *ist. Dann sind die Relativnormen aller zu $\mathfrak{m}$ primen Ideale von* K *in einer Classengruppe vom Index l in* k *enthalten.*

Dasselbe gilt auch für den relativ quadratischen Körper $\mathrm{K} = \mathrm{k}(\sqrt{\mu})$, *wenn an Stelle von* o *eine Zahlengruppe* $\bar{\mathrm{o}}$ *mit gewisser Vorzeichenbedingung angenommen wird. Es soll nämlich nur diejenigen Zahlen von* o *in* $\bar{\mathrm{o}}$ *aufgenommen werden, welche wenigstens in allen denjenigen mit* k *conjugirten reellen Körpern, worin μ negativ ausfällt, positiv sind.*[2]

Mit andern Worten:

---

1) Wenn $l=2$, ist η_0 durch $-\eta_0$ zu ersetzen.

2) Wenn k_1 ein mit k conjugirter reeller Körper ist, dann soll eine Zahl α von k abkürzend als „positiv oder negativ in k_1" bezeichnet werden, wenn die mit α conjugirte Zahl in k_1 positiv bez. negativ ausfällt, ungeachtet des Vorzeichens von α selbst oder auch wenn α selbst imaginär ist; diese Abkürzung wird in den folgenden durchgehend beibehalten werden.

Jeder relativ Abel'sche Körper vom Primzahlgrade l mit der Relativdiscriminante $\mathfrak{f}^{l-1}$ *ist der Classenkörper für eine Classengruppe nach dem Modul* $\mathfrak{f}$.[1]

§ 10. Die Anzahl der ambigen Classen im relativ cyclischen Körper eines ungeraden Primzahlgrades.

Es sei K/k ein relativ cyclischer Körper von einem ungeraden Primzahlgrade l, und es sei s eine erzeugende Substitution der Galois'schen Gruppe des Relativkörpers K/k. Eine Idealclasse C des Körpers K heisst **ambig**, wenn sie mit der relativ conjugirten Classe sC identisch ist; im Zeichen:

$$C^{1-s} = 1.$$

Eine Classe ist ambig, wenn sie ein Ideal des Grundkörpers k, oder ein ambiges Ideal des Relativkörpers K/k, oder aber ein Product eines ambigen Ideals und eines Ideals in k enthält, nicht aber umgekehrt.

Ueber die Anzahl der ambigen Classen im Körper K gibt der folgende Satz Aufschluss.

Satz 14. *Wenn*

h *die Classenzahl des Körpers* k,
r *die Anzahl der Grundeinheiten in* k,
δ *die Zahl* 1 *oder* 0, *jenachdem* k *die primitive* l^{te} *Einheitswurzel* ζ *enthält oder nicht,*
d *die Anzahl der von einander verschiedenen ambigen Primideale des Körpers* K/k,
l^v *die Anzahl der Einheitenverbände in* k, *die durch die Relativnormen von Einheiten und von gebrochenen Zahlen des Körpers* K *gebildet sind,*
a *die Anzahl der ambigen Classen des Körpers* K *ist, dann wird*

$$a = hl^{d+v-(r+1+\delta)}.$$

In diesem Satze sollen die Idealclassen der Körper K *und* k *im absoluten Sinne genommen werden.*

Beweis. Wir zählen zunächst diejenigen ambigen Classen des Körpers K ab, welche durch die ambigen Ideale von K/k und die Ideale von k erzeugt werden. Die Ideale

$$\mathfrak{D}\mathfrak{j},$$

wo $\mathfrak{D}$ ein ambiges Ideal von K/k (oder das Ideal 1) und $\mathfrak{j}$ ein Ideal in k bedeutet, bilden, weil $\mathfrak{D}^l$ ein Ideal in k ist, in ihrer Gesamtheit eine Gruppe der Ordnung $l^d h$, worin der Inbegriff der ganzen und gebrochenen monomischen (Haupt-) Ideale von k das Hauptelement der Gruppe ist. Diese Gruppe sei mit D bezeichnet. Diejenigen der Elemente dieser Gruppe, welche in K in die Hauptclasse übergehen, bilden dann eine Untergruppe D_0 von D. Dann ist offenbar die Anzahl a_0 der aus $\mathfrak{D}$ und $\mathfrak{j}$ entspringenden ambigen Classen von K gleich dem Gruppenindex $(D : D_0)$.

---
1) Vgl. § 4.

Es seien nun, wie in Satz 12, wo jetzt O und o sämtliche Zahlen des Körpers K bez. k umfassen sollen,

$$E_1, E_2, \cdots E_\rho$$

die Einheiten des Körpers K mit der Relativnorm 1, von der folgenden Beschaffenheit:

1°. Jede Einheit E von K mit der Relativnorm 1 ist in der Form darstellbar:

$$E = E_1^{u_1} E_2^{u_2} \ldots E_\rho^{u_\rho} H^{1-s},$$

wo $u_1, u_2, \cdots u_\rho$ Zahlen aus der Reihe: $0, 1, 2, \cdots l-1$ sind, und H eine Einheit von K bedeutet.

2°. Diese ρ Einheiten sind in dem Sinne von einander unabhängig, dass niemals eine Beziehung von der Form

$$1 = E_1^{u_1} E_2^{u_2} \ldots E_\rho^{u_\rho} H^{1-s} \qquad (0 \leqq u < l)$$

bestehen kann, ausser wenn $u_1 = u_2 = \cdots = u_\rho = 0$.

Da $\mathrm{N}(E_i) = 1$ ist, so gibt es ganze Zahlen A_i in K, derart, dass[1)]

$$E_i = A_i^{1-s} \qquad (i = 1, 2, \cdots \rho)$$

und zwar ist nach 2° A_i nicht eine Einheit in K. Das Hauptideal (A_i) ist daher von der Form $\mathfrak{D}\mathfrak{j}$ und es ist $(\mathfrak{D}\mathfrak{j})^l = \mathrm{N}(A_i)$ ein Hauptideal in k.

Da eine Beziehung von der Form:

$$A_1^{u_1} A_2^{u_2} \ldots A_\rho^{u_\rho} = H\alpha, \qquad (0 \leqq u < l)$$

wo H eine Einheit in K, α eine Zahl in k bedeutet, die andere:

$$E_1^{u_1} E_2^{u_2} \ldots E_\rho^{u_\rho} = H^{1-s}$$

nach sich zieht, so bedingt sie, dass die Exponenten $u_1, u_2, \cdots u_\rho$ sämtlich verschwinden. Setzt man also

$$(A_i) = \mathfrak{D}_i \mathfrak{j}_i \qquad (i = 1, 2, \cdots \rho)$$

so erzeugen diese Ideale genau l^ρ Elemente der Gruppe D_0.

Ist aber umgekehrt

$$\mathfrak{D}\mathfrak{j} = (A)$$

ein Hauptideal in K, so ist

$$A^{1-s} = E,$$

wo E eine Einheit in K ist, für welche

$$\mathrm{N}(E) = 1$$

ausfällt. Daher ist nach 1°

$$E = E_1^{u_1} E_2^{u_2} \ldots E_\rho^{u_\rho} H^{1-s}, \qquad (0 \leqq u < l)$$

wo H eine Einheit in K ist, oder

$$A^{1-s} = (A_1^{u_1} A_2^{u_2} \ldots A_\rho^{u_\rho} H)^{1-s},$$

folglich

$$A = A_1^{u_1} A_2^{u_2} \ldots A_\rho^{u_\rho} H\alpha,$$

1) Vgl. Hilbert, Bericht, Satz 90.

wo α eine Zahl in k bedeutet. Das Ideal $\mathfrak{D}\mathfrak{j}$ ist daher unter den oben erwähnten l^ρ Elementen der Gruppe D_0 enthalten.

Hiermit ist nachgewiesen, dass die Gruppe D_0 von der Ordnung l^ρ ist; für den Gruppenindex $a_0 = (D: D_0)$ ergibt sich daher

$$a_0 = hl^{d-\rho}. \qquad (1)$$

Wenn mit l^{v_0} die Anzahl der Einheitenverbände in k, die aus den sämtlichen Relativnormen der Einheiten von K bestehen, bezeichnet wird, dann gibt es nach Annahme noch $v-v_0$ unabhängige Einheiten in k, welche Relativnormen der gebrochenen Zahlen von K sind:

$$\varepsilon_1 = N(\Theta_1), \cdots \varepsilon_{v-v_0} = N(\Theta_{v-v_0}),$$

von der Art, dass jede Einheit ε von k, welche Relativnorm einer gebrochenen Zahl von K ist, in der Form darstellbar ist:

$$\varepsilon = \varepsilon_1^{u_1}\varepsilon_2^{u_2}\cdots N(H), \qquad (0 \leqq u < l)$$

wo H eine Einheit in K bedeutet, und dass eine Beziehung

$$1 = \varepsilon_1^{u_1}\varepsilon_2^{u_2}\cdots N(H) \qquad (0 \leqq u < l)$$

niemals bestehen kann, ausser wenn die $v-v_0$ Exponenten $u_1, u_2, \cdots$ sämtlich verschwinden.

Sei nun

$$\Theta_1 = \prod \mathfrak{p}^{F(s)}$$

die Zerlegung der gebrochenen Zahl Θ_1 in die Primideale von K, wo also der Exponent $F(s)$ der symbolischen Potenz eine ganzzahlige ganze rationale Function vom Grade $l-1$ in s bedeutet, und das Product auf alle mit Θ_1 verwandten, einander nicht relativ conjugirten Primideale $\mathfrak{p}$ erstreckt werden soll. Da aber $N(\Theta_1)$ gleich einer Einheit ist, so folgt, dass

$$F(s)(1+s+s^2+\cdots+s^{l-1})$$

durch $1-s^l$, folglich $F(s)$ selbst durch $1-s$ teilbar ist. Wir können demnach setzen:

$$\Theta_i = \mathfrak{A}_i^{1-s} \qquad (i=1, 2, \cdots v-v_0)$$

wo $\mathfrak{A}_i$ ein ganzes oder gebrochenes Ideal von K ist. Die l^{te} Potenz dieses Ideals $\mathfrak{A}_i$ ist in K mit einem Ideal $\mathfrak{a}_i$ von k, nämlich der Relativnorm von $\mathfrak{A}_i$ aequivalent:

$$\mathfrak{A}_i^l = N(\mathfrak{A}_i)\mathfrak{A}_i^{(1-s)Q(s)} = \Theta_i^{Q(s)}\mathfrak{a}_i,$$

wo $Q(s)$ die bekannte Bedeutung hat.[1] Es kann aber eine Beziehung von der Form

$$\mathfrak{A}_1^{u_1}\mathfrak{A}_2^{u_2}\cdots = \mathfrak{D}\mathfrak{j}A, \qquad (0 \leqq u < l)$$

wo A eine Zahl von K bedeutet, niemals bestehen, ausser wenn die $v-v_0$ Exponenten $u_1, u_2, \cdots$ sämtlich verschwinden; denn aus dieser Idealgleichheit folgt, durch das Erheben in die symbolische $1-s^{\text{te}}$ Potenz,

1) Vgl. S. 98.

$$\Theta_1^{u_1}\Theta_2^{u_2}\cdots = HA^{1-s},$$

wo H eine Einheit in K ist, und daraus ferner, indem wir in die Relativnorm übergehen,

$$\varepsilon_1^{u_1}\varepsilon_2^{u_2}\cdots = \mathrm{N}(H),$$

was das Verschwinden der Exponenten $u_1, u_2, \cdots$ bedingt.

Mit anderen Worten: die Ideale $\mathfrak{A}_1, \mathfrak{A}_2, \cdots$ erzeugen $v-v_0$ ambige Classen von K, die sowohl von einander als von den durch die Ideale $\mathfrak{D}\mathfrak{j}$ erzeugten unabhängig sind.

Anderseits ist jedes Ideal $\mathfrak{A}$ aus einer ambigen Classe von K in der Form darstellbar:

$$\mathfrak{A} = \mathfrak{A}_1^{u_1}\mathfrak{A}_2^{u_2}\cdots\mathfrak{D}\mathfrak{j}A, \quad (0 \leqq u < l)$$

wo A eine Zahl von K bedeutet.

Denn aus $\mathfrak{A}^{1-s}=\Theta$, folgt $\mathrm{N}(\Theta)=\varepsilon$, wo ε eine Einheit in k ist, und hieraus der Reihe nach:

$$\begin{aligned}
&\varepsilon = \varepsilon_1^{u_1}\varepsilon_2^{u_2}\cdots\mathrm{N}(H), \quad \text{wo } H \text{ eine Einheit in K ist,}\\
&\mathrm{N}(\Theta) = \mathrm{N}(\Theta_1^{u_1}\Theta_2^{u_2}\cdots H),\\
&\Theta = \Theta_1^{u_1}\Theta_2^{u_2}\cdots HA^{1-s}, \quad \text{wo } A \text{ eine Zahl von K ist,}\\
&\mathfrak{A}^{1-s} = (\mathfrak{A}_1^{u_1}\mathfrak{A}_2^{u_2}\cdots A)^{1-s},\\
&\mathfrak{A} = \mathfrak{A}_1^{u_1}\mathfrak{A}_2^{u_2}\cdots A\mathfrak{D}\mathfrak{j}.
\end{aligned}$$

Demnach ist

$$a = a_0 l^{v-v_0},$$

also nach (1)

$$a = hl^{d+v-(\rho+v_0)}.$$

Da nach Satz 12

$$\rho = r+1+\delta-v_0,$$

so ist

$$a = hl^{d+v-(r+1+\delta)},$$

wie zu beweisen war.

§ 11. Die Anzahl der ambigen Classen im relativ quadratischen Körper.

Satz 15. *Wenn* $\mathrm{K}=\mathrm{k}(\sqrt{\mu})$ *relativ quadratisch in Bezug auf* k *ist, und wenn* ν *die Anzahl derjenigen mit* k *conjugirten reellen Körper ist, worin die Conjugirten von* μ *negativ ausfallen, dann ist, unter Beibehaltung der übrigen Bezeichnungsweise von Satz 14*

$$a = 2^{d+v+\nu-(r+2)}h.$$

Die Classen in K *wie in* k *sollen wiederum im absoluten Sinne genommen werden.*

Der Beweis verläuft genau wie bei Satz 14; nur soll am Schlusse für die

Zahl ρ der im gegenwärtigen Falle gültige Wert:

$$r+2-\nu-v_0$$

eingesetzt werden (vgl. Satz 12).

Es sei noch bemerkt, dass im Falle, wo die mit k conjugirten Körper sämtlich imaginär sind, dieser Satz genau mit Satz 14 zusammenfällt, weil dann $\nu=0$ und die Zahl δ in Satz 14 gleich 1 zu setzen ist, da die Einheitswurzel -1 in k vorkommt.

§ 12. Die Geschlechter im relativ cyclischen Körper eines ungeraden Primzahlgrades.

Es sei K/k relativ cyclisch vom ungeraden Primzahlgrade l, $\mathfrak{d}=\mathfrak{f}^{l-1}$ die Relativdiscriminante desselben, $\mathfrak{o}$ die Zahlengruppe in k, die aus der Gasamtheit der zu $\mathfrak{f}$ primen *Normenreste des Körpers* K/k *nach* $\mathfrak{f}$ besteht. Die Idealclassen in k seien nach $\mathfrak{o}$ definirt, so dass zwei Ideale $\mathfrak{j}_1$ und $\mathfrak{j}_2$ in k dann und nur dann aequivalent sind, wenn die Idealgleichheit besteht:

$$\mathfrak{j}_1=\mathfrak{j}_2\alpha \quad \text{und} \quad \alpha\equiv N(A), \ (\mathfrak{f}),$$

wo α und A zu $\mathfrak{f}$ prime ganze oder gebrochene Zahlen von k bez. K sind.

Wenn dann zwei Ideale $\mathfrak{J}_1$ und $\mathfrak{J}_2$ von K im absoluten Sinne aequivalent sind, und einer Classe (im absoluten Sinne) C von K angehören, dann fallen die Relativnormen dieser Ideale in eine und dieselbe Classe c nach $\mathfrak{o}$ hinein; diese Classe c heisse die Relativnorm der Classe C; im Zeichen

$$\mathrm{c}=N(\mathrm{C}).$$

Da $\mathfrak{o}$ eine Congruenzgruppe nach dem Modul $\mathfrak{f}$ ist, so ist Satz 4 anwendbar, demzufolge die Classengruppe von k, welche sämtliche Relativnormen der Classen von K enthält, von einem Index i sein muss, welcher den Relativgrad l des Relativkörpers K/k nicht übertreffen kann:

$$i\leqq l. \tag{1}$$

Sei G die Gruppe der sämtlichen Classen von K, H die Untergruppe von G, welche aus der Gesamtheit derjenigen Classen von K besteht, deren Relativnormen die Hauptclasse nach $\mathfrak{o}$ sind. Dann ist der Gruppenindex (G: H) offenbar gleich der Ordnung derjenigen Classengruppe von k nach $\mathfrak{o}$, welche aus der sämtlichen Relativnormen der Classen von K besteht. Daher folgt aus (1)

$$(\mathrm{G}:\mathrm{H})=\frac{h'}{i}\geqq\frac{h'}{l}, \tag{2}$$

wenn h' die Classenzahl von k nach $\mathfrak{o}$ bedeutet.

Ferner sei H_0 die Gruppe der Classen von K, welche symbolische $1-s^{\text{te}}$ Potenzen der Classen von K sind, so dass der Gruppenindex

$$(\mathrm{G}:\mathrm{H}_0)=a,$$

der Anzahl der ambigen Classen von K ist.

Da offenbar H_0 eine Untergruppe von H ist, so folgt nach (2)

$$a = (G : H_0) \geqq (G : H) \geqq \frac{h'}{l}. \tag{3}$$

Nach Satz 14 ist nun[1)]

$$a = hl^{d+v-(r+1+\delta)}, \tag{4}$$

wenn h die Classenzahl von k im absoluten Sinne bedeutet.

Anderseits ist, wenn $\mathfrak{o}'$ die Gruppe der sämtlichen zu $\mathfrak{f}$ primen Zahlen in k bedeutet, nach Satz 10

$$(\mathfrak{o}' : \mathfrak{o}) = l^d, \tag{5}$$

wo d die Anzahl der von einander verschiedenen in $\mathfrak{f}$ aufgehenden Primideale in k ist, also dieselbe Bedeutung hat, wie in (4).

Ist ferner E' die Gruppe der sämtlichen Einheiten in k, und E die der Einheiten in $\mathfrak{o}$, dann ist offenbar

$$(\mathrm{E}' : \mathrm{E}) = l^{r+\delta-n}, \tag{6}$$

wenn r und δ dieselbe Bedeutung haben, wie in (4), und l^n die Anzahl der Einheitenverbände in $\mathfrak{o}$ ist.

Demnach ist[2)] nach (5) und (6)

$$h' = h\frac{(\mathfrak{o}' : \mathfrak{o})}{(\mathrm{E}' : \mathrm{E})} = hl^{d+n-(r+\delta)}. \tag{7}$$

Aus (3), (4), und (7) folgt

$$d + v - (r+1+\delta) \geqq d + n - (r+\delta) - 1,$$

oder

$$0 \geqq n - v.$$

Da offenbar $n - v \geqq 0$, so erhält man

$$n = v. \tag{8}$$

Dies hat zur Folge, dass in (3) und somit auch in (2) und (1) notwendig das Gleichheitszeichen gelten muss. Demnach ergibt sich

$$a = \frac{h'}{l}, \tag{9}$$

$$H = H_0, \tag{10}$$

$$i = l. \tag{11}$$

Hiermit ist der Fundamentalsatz 13 für einen relativ cyclischen Körper vom ungeraden Primzahlgrade bewiesen, denn wenn die Classen von k nach einem beliebigen durch $\mathfrak{f}$ teilbaren Ideale $\mathfrak{m}$ definirt werden, so mag sich jede Classe nach $\mathfrak{o}$ in gleichviele Classen nach $\mathfrak{m}$ auflösen, jedoch ohne dass der

1) Die Beschränkung, dass wir hier nur die zu $\mathfrak{f}$ primen Ideale von K in Betracht ziehen, hat keinen Einfluss auf die Anzahl a gewisser Classen von K, die ja im absoluten Sinne genommen wird, vgl. Satz 2.

2) Vgl. § 1, S. 77–78.

Index einer Classengruppe verändert wird.

Aus dem vorhergehenden Beweis von Satz 13 ziehen wir noch einige wichtige Schlüsse:

Alle diejenige Classe von K, deren Relativnorm eine und dieselbe Classe von k nach der Gruppe o der Normenreste nach $\mathfrak{f}$ ist, fassen wir in ein **Geschlecht** zusammen, und definiren speciell das *Hauptgeschlecht* als den Inbegriff derjenigen Classen von K, deren Relativnormen die Hauptclasse von k nach o sind. Das Hauptgeschlecht ist also die Classengruppe H, und das Geschlecht, welchem eine Classe C angehört, der Classencomplex HC. Also folgt aus (9) und (10):

Satz 16. *Die Anzahl der Geschlechter in* K *ist gleich dem* l^{ten} *Teil der Classenzahl von* k *nach* o.

Satz 17. *Jede Classe des Hauptgeschlechts in* K *ist die symbolische* $1-s^{te}$ *Potenz einer Classe von* K.

Ferner gilt

Satz 18. *Wenn eine Einheit in* k, *oder eine Zahl in* k, *die* l^{te} *Potenz eines Ideals von* k *ist, Normenrest des Körpers* K/k *nach dem Ideale* $\mathfrak{f}$ *ist, dann ist sie wirkliche Relativnorm einer ganzen oder gebrochenen Zahl von* K.

Beweis. Was die Einheiten betrifft ist dieser Satz schon in (8) enthalten. Sei also $(\nu)=\mathfrak{j}^l$, und ν Normenrest des Körpers K/k nach $\mathfrak{f}$. Da $N(\mathfrak{j})=\mathfrak{j}^l=(\nu)$, und ν der Zahlengruppe o angehört, so ist das Ideal $\mathfrak{j}$ in einer Classe des Hauptgeschlechts von K enthalten. Daher ist nach Satz 17

$$\mathfrak{j}=\mathfrak{J}^{1-s}\Theta,$$

wo $\mathfrak{J}$ ein Ideal, Θ eine Zahl in K bedeutet. Bildet man beiderseits die Relativnormen, so erhält man

$$\nu=\varepsilon N(\Theta),$$

wo ε eine Einheit in k ist. Da nun ν Normenrest nach $\mathfrak{f}$ ist, so gilt dasselbe auch von ε; folglich ist nach (8) ε eine wirkliche Relativnorm. Setzt man daher

$$\varepsilon=N(A),$$

dann folgt

$$\nu=N(A\Theta).$$

§ 13. Die Geschlechter im relativ quadratischen Körper.

Wenn $K=k(\sqrt{\mu})$ relativ quadratisch in Bezug auf k ist, und wenn ν die Anzahl derjenigen mit k conjugirten reellen Körper ist, worin die Conjugirten von μ negativ ausfallen, dann rechnen wir nur diejenigen Normenreste nach $\mathfrak{f}$, welche in diesen ν Körpern *positiv* ausfallen, in die Zahlengruppe o^+, und legen dieselbe der Classeneinteilung in k zu Grunde.

Da die Relativnormen der zu $\mathfrak{f}$ primen Zahlen von K offenbar der Zahlengruppe $\mathfrak{o}^+$ angehören, so fallen die Relativnormen aller Ideale einer Classe (im absoluten Sinne) C von K in eine und dieselbe Classe c von k nach $\mathfrak{o}^+$; dieselbe nennen wir demnach die Relativnorm der Classe C von K: c=N(C).

Die Betrachtungen, die wir im vorhergehenden Paragraphen angestellt haben, werden mit geringen Modificationen auch im gegenwärtigen Falle genau dieselben Resultaten ergeben. Indem wir uns durchweg die Bezeichnungsweise des vorigen Artikels bedienen, ist zunächst h' die Classenzahl von k nach $\mathfrak{o}^+$, so dass

$$h' = h\frac{(\mathfrak{o}' : \mathfrak{o}^+)}{(\mathrm{E}' : \mathrm{E}^+)},$$

wo E^+ die Gruppe der Einheiten in $\mathfrak{o}^+$ bedeutet. Es ist also nach Satz 10

$$(\mathfrak{o}' : \mathfrak{o}^+) = 2^{d+\nu},$$

weil die Congruenzbedingung, Normenrest nach $\mathfrak{f}$ zu sein, welcher eine Zahl von k zu genügen hat, unabhängig ist von der Vorzeichencombination dieser Zahl in den ν oben specifirten Körpern.

Sodann ist

$$(\mathrm{E}' : \mathrm{E}^+) = 2^{r+1-n},$$

wenn 2^n die Anzahl der Einheitenverbände in $\mathfrak{o}^+$ bedeutet.

Daher ist

$$h' = h2^{d+\nu+n-(r+1)}.$$

Die Bedingung

$$a \geqq \frac{h'}{2}$$

ergibt, wenn man darin für a den in Satz 15 angegebenen Wert

$$a = h2^{d+v+\nu-(r+2)}$$

einsetzt,

$$d+v+\nu-(r+2) \geqq d+\nu+n-(r+1)-1,$$

oder

$$0 \geqq n-v,$$

woraus wie vorhin

$$n = v,$$

und folglich

$$a = \frac{h'}{2},$$

$$\mathrm{H} = \mathrm{H}_0,$$

$$i = 2.$$

Die letzte Gleichheit beweist Satz 13 für einen relativ quadratischen Körper.

Wenn die Gesamtheit derjenigen Classen von K, deren Relativnormen eine und dieselbe Classe von k nach $\mathfrak{o}^+$ sind, in ein **Geschlecht**, diejenigen, deren Relativnormen die Hauptclasse von k nach $\mathfrak{o}^+$ sind, in das *Hauptgeschlecht* gerechnet werden, dann gelten die Sätze:

Satz 19. *Die Anzahl der Geschlechter in einem relativ quadratischen Körper ist gleich der Hälfte der Classenzahl von* k *nach* $\mathfrak{o}^+$.

Satz 20. *Jede Classe des Hauptgeschlechts in einem relativ quadratischen Körper ist die symbolische* $(1-s)^{\text{te}}$ *Potenz einer Classe von* K.

Ferner gilt.

Satz 21. *Wenn eine Einheit von* k *oder eine Zahl von* k, *welche Idealquadrat in* k *ist, positiv in den mit* k *conjugirten reellen Körpern worin die Zahl* μ *negativ ausfällt*[1] *und Normenrest des relativquadratischen Körpers* $K=k(\sqrt{\mu})$ *nach dem Ideal* $\mathfrak{f}(=\mathfrak{d})$ *ist, dann ist sie wirklich Relativnorm einer Zahl von* K.

§ 14. Eine Verallgemeinerung des Geschlechterbegriffs.

Es sei $\mathfrak{f}^{l-1}$ die Relativdiscriminante des relativ cyclischen Körpers K/k vom Primzahlgrade l, $\mathfrak{m}$ ein beliebiges durch $\mathfrak{f}$ teilbares Ideal in k, $\mathfrak{o}$ die Zahlengruppe in k, welche aus der Gesamtheit derjenigen Zahlen ω in k besteht, die der Congruenz:

$$\omega \equiv 1, \ (\mathfrak{m})$$

genügen, und im Falle: $l=2$, überdies total positiv sind.

Wir legen diese Zahlengruppe $\mathfrak{o}$ der Classeneinteilung im Grundkörper k zu Grunde, und verallgemeinern den Begriff der Geschlechter in K dahin, dass die Ideale in K nur dann in ein Geschlecht gerechnet werden, wenn ihre Relativnormen in eine und dieselbe Classe nach $\mathfrak{o}$ hineinfallen. Insbesondere ist demnach das Hauptgeschlecht die Gesamtheit der Ideale $\mathfrak{J}$ in K, deren Relativnormen in der Hauptclasse nach $\mathfrak{o}$ liegen, d. h.

$$N(\mathfrak{J}) = (\omega), \ \text{wo} \ \ \omega \equiv 1, \ (\mathfrak{m}),$$

und, wenn $l=2$, überdies noch ω total positiv ist.

Dass die Anzahl der Geschlechter gleich dem l^{ten} Teil der Classenzahl nach $\mathfrak{o}$ ist, dass also die Sätze 16 und 19 auch für die Geschlechter im verallgemeinerten Sinne gelten, ist einleuchtend, nach einer Bemerkung in § 12 (S. 108–109). Zweck dieses Artikels ist es nun, nachzuweisen, dass es möglich ist, eine geeignete Zahlengruppe O in K so zu bestimmen dass, wenn die Classen in K nach derselben definirt werden, jede Classe des Hauptgeschlechtes in K die symbolische $(1-s)^{\text{te}}$ Potenz einer Classe von K wird, dass also auch die Sätze 17 und 20 ihre Gültigkeit beibehalten werden. Wir müssen uns aber zunächst mit einigen Hülfssätzen beschäftigen.

---

1) Vgl. Fussnote 2), S. 102.

Hülfssatz 1. *Ist* $\mathfrak{q}$ *ein Primideal in* k, *welches nicht in die Relativdiscriminante des relativ cyclischen Körpers* K/k *vom Primzahlgrade* l *aufgeht,* Θ *eine Zahl in* K, *welche der Bedingung*

$$N(\Theta) \equiv 1, \quad (\mathfrak{q}^e) \tag{1}$$

genügt, wo e *ein beliebiger positiver Exponent ist, dann gibt es in* K *eine zu* $\mathfrak{q}$ *prime Zahl* A, *derart, dass*

$$\Theta \equiv A^{1-s}, \quad (\mathfrak{q}^e).$$

Beweis. Wir bedienen uns auch hier mit Vorteil des Gruppenbegriffs. Sei G die Gruppe der sämtlichen zu $\mathfrak{q}$ primen Zahlclassen von K nach dem Modul $\mathfrak{q}^e$, H diejenige der Zahlclassen, deren Zahlen die Bedingung (1) befriedigen, endlich H_0 die der Zahlclassen, welche durch die Zahlen A^{1-s} repräsentirt werden. Es ist dann zu beweisen, dass

$$H = H_0.$$

Da offenbar H_0 eine Untergruppe von H ist, so gilt für die Gruppenindices

$$(G: H) \leqq (G: H_0).$$

Berücksichtigt man nun, dass, wenn $\Theta \equiv 1$, $(\mathfrak{q}^e)$, offenbar $N(\Theta) \equiv 1$, $(\mathfrak{q}^e)$ ist, so sieht man ein, dass (G: H) gleich der Anzahl der Normenrestclassen in k nach $\mathfrak{q}^e$, also nach Satz 9

$$(G: H) = \varphi(\mathfrak{q}^e).$$

Anderseits ist $(G: H_0)$ offenbar gleich der Anzahl der Zahlclassen, deren Zahlen der Bedingung

$$A^{1-s} \equiv 1, \quad (\mathfrak{q}^e) \tag{2}$$

genügt. Unser Satz wird daher bewiesen sein, wenn gezeigt wird, dass jede Zahl A, welche der Congruenz (2) genügt, notwendig congruent einer Zahl in k nach dem Modul $\mathfrak{q}^e$ ausfallen muss.

Dies ist einleuchtend, wenn $\mathfrak{q}$ prim zu l ist, denn aus (2) folgt

$$A \equiv A^s \equiv A^{s^2} \cdots \equiv A^{s^{l-1}}, \quad (\mathfrak{q}^e),$$

daher

$$lA \equiv S(A), \quad (\mathfrak{q}^e),$$

wo $S(A)$ die Relativspur von A, also eine Zahl in k ist. Da l prim zu $\mathfrak{q}$ ist, so folgt hieraus das Gesagte.

Wenn $\mathfrak{q} = \mathfrak{l}$ ein in $\mathfrak{l}$ aufgehendes Primideal ist, unterscheiden wir zwei Fälle, jenachdem $\mathfrak{l}$ in K in l von einander verschiedene Primideale zerfällt, oder prim bleibt.

Im ersten Falle, sei

$$\mathfrak{l} = \mathfrak{L}(s\mathfrak{L})(s^2\mathfrak{L}) \cdots$$

Da dann $\Phi(\mathfrak{L}^e) = \Phi(s\mathfrak{L}^e) = \cdots = \varphi(\mathfrak{l}^e)$ so ist für jede Zahl A in K

$$A \equiv \alpha, \ (\mathfrak{L}^e), \ \equiv \alpha', \ (s\mathfrak{L}^e) \ \cdots$$

wo $\alpha, \alpha', \cdots$ Zahlen in k sind. Ist also $A \equiv A^s$, $(\mathfrak{l}^e)$, dann muss, da $A^s \equiv \alpha$,

$(s\mathfrak{L}^e), \cdots \alpha \equiv \alpha', (s\mathfrak{L}^e)$, also $\alpha \equiv \alpha', (\mathfrak{l}^e)$; ebenso $\alpha' \equiv \alpha'', (\mathfrak{l}^e)$, usw. Folglich ist

$$A \equiv \alpha, \ (\mathfrak{l}^e).$$

Zweitens sei $\mathfrak{l} = \mathfrak{L}$ prim in K. Ist dann $\mathfrak{l}$ Primideal f^{ten} Grades in k, also lf ten Grades in K, dann ist bekanntlich für jede Zahl A in K

$$A^s \equiv A^{l^{lf}}, \ (\mathfrak{L}).$$

Ist daher $A \equiv A^s (\mathfrak{L})$, dann ist

$$A \equiv A^{l^{lf}}, \ (\mathfrak{L}),$$

also, wenn A prim zu $\mathfrak{l}$ ist,

$$A^{l^{lf}-1} \equiv 1, \ (\mathfrak{L}).$$

Dies ist aber das Kriterium dafür, dass A einer Zahl α in k nach $\mathfrak{L}$ congruent sein soll.

Sei ferner

$$A \equiv A^s \quad (\mathfrak{L}^2),$$

dann kann man setzen

$$A \equiv \alpha + \lambda B, \ (\mathfrak{L}^2),$$

wo α eine Zahl in k, λ eine durch die erste Potenz von $\mathfrak{l}$ teilbare Zahl in k, und B eine Zahl in K ist. Dann folgt

$$B \equiv B^s, \ (\mathfrak{L}),$$

also nach dem vorhergehenden

$$B \equiv \beta, \ (\mathfrak{L}),$$

wo β eine Zahl in k ist. Es ist also auch

$$A \equiv \alpha', \ (\mathfrak{L}^2),$$

wo α' eine Zahl in k ist. So fortfahrend beweist man den Satz für jede beliebige Potenz von $\mathfrak{l}$ als Modul.

Es sei noch bemerkt, dass dieser Beweis für das Primideal $\mathfrak{l}$ auch für die zu l primen Primideale $\mathfrak{p}$ seine Gültigkeit beibehält.

Hülfssatz 2. *Es sei $\mathfrak{p}$ ein zu l primes Primideal in* k, *welches in die Relativdiscriminante des relativ cyclischen Körpers* K/k *vom Primzahlgrade l aufgeht, so dass $\mathfrak{p}$ die l^{te} Potenz eines Primideals $\mathfrak{P}$ in* K *ist. Ferner sei Θ eine Zahl in* K, *welche der Bedingung*

$$\mathrm{N}(\Theta) \equiv 1, \ (\mathfrak{p}^e)$$

genügt, wo e ein beliebiger positiver Exponent ist. Dann gibt es eine Zahl A in K, *derart, dass*

$$\Theta \equiv A^{1-s}, \ (\mathfrak{P}^{(e-1)l+1}),$$

wenn für A auch eine durch $\mathfrak{P}$ teilbare Zahl zugelassen wird.

Dasselbe gilt auch dann, wenn $\mathfrak{p} = \mathfrak{l}$ in l aufgeht, vorausgesetzt, dass für den Modul der ersten Congruenz $\mathfrak{l}^{v+n}$, für den der zweiten $\mathfrak{L}^{v+nl}$ angenommen wird, wo n eine beliebige positive ganze rationale Zahl ist, und v die bisherige Bedeutung für das Primideal $\mathfrak{l} = \mathfrak{L}^l$

hat.[1)]

Beweis. Es habe G, H, H_0 dieselbe Bedeutung wie bei dem Beweis des vorhergehenden Hülfssatzes. Wir bemerken zuvörderst, dass, wenn Π (bez. Λ) eine genau durch die erste Potenz von $\mathfrak{P}$ (bez. $\mathfrak{L}$) teilbare Zahl in K ist, Π^{1-s} (bez. Λ^{1-s}) offenbar eine Zahl ist, die der Gruppe H angehört, von der aber erst die l^{te} Potenz der Gruppe H_0 angehören kann, weil eine Congruenz

$$\Pi^{1-s} \equiv A^{1-s}, \quad (\mathfrak{P}), \quad \text{bez.} \quad \Lambda^{1-s} \equiv A^{1-s}, \quad (\mathfrak{L}^{v+1})$$

unmöglich ist, wenn A prim zu $\mathfrak{P}$ (bez. $\mathfrak{L}$) sein soll.

Daher ist der Gruppenindex

$$(\mathrm{H}:\mathrm{H}_0) \geqq l.$$

Anderseits ist, weil aus $\Theta \equiv 1$, $(\mathfrak{P}^{(e-1)l+1})$ bez. $(\mathfrak{L}^{v+nl})$ offenbar folgt: $\mathrm{N}(\Theta) \equiv 1$ $(\mathfrak{p}^e)$ bez. $(\mathfrak{l}^{v+n})$[2)], der Gruppenindex (G: H) gleich der Anzahl der Normenrestclassen in k nach $\mathfrak{p}^e$ bez. $\mathfrak{l}^{v+n}$, also nach Satz 9

$$(\mathrm{G}:\mathrm{H}) = \frac{1}{l}\varphi(\mathfrak{p}^e) \quad \text{bez.} \quad \frac{1}{l}\varphi(\mathfrak{l}^{v+n}).$$

Unser Satz wird daher bewiesen sein, wenn gezeigt wird, dass $(\mathrm{G}:\mathrm{H}_0)$ oder, was dasselbe ist, die Anzahl der zu $\mathfrak{P}$ bez. $\mathfrak{L}$ primen Zahlclassen nach dem Modul $\mathfrak{P}^{(e-1)l+1}$ bez. $\mathfrak{L}^{v+nl}$, deren Zahlen A der Congruenz

$$A \equiv A^s, \quad (\mathfrak{P}^{(e-1)l+1}),$$

bez.

$$A \equiv A^s, \quad (\mathfrak{L}^{v+nl}) \tag{3}$$

genügen, genau $\varphi(\mathfrak{p}^e)$ bez. $\varphi(\mathfrak{l}^{v+n})$ beträgt.

Für das zu l primes $\mathfrak{P}$ ist dies einleuchtend, wie beim Beweis des vorhergehenden Hülfssatzes. Um den Satz für das Primideal $\mathfrak{L}$ zu beweisen, sei Λ_t eine genau durch die t^{te} Potenz von $\mathfrak{L}$ teilbare Zahl. Setzt man eine Zahl A in der Form an:

$$A \equiv \alpha + \Lambda_t,$$

wo α eine Zahl in k ist, und t für gegebenes A den möglichst grossen Wert haben soll, so dass t nicht durch l teilbar ist, dann genügt A dann und nur dann der Congruenz (3), wenn

$$t > nl.$$

Diese Zahlen A werden also durch

$$A \equiv \alpha_0 + \beta_1 \Lambda^{nl+1} + \cdots + \beta_{v-1}\Lambda^{v+nl-1}, \quad (\mathfrak{L}^{v+nl}).$$

gegeben, wenn für α_0 die $\varphi(\mathfrak{l}^{n+1})$ einander nach $\mathfrak{l}^{n+1}$ incongruenten zu $\mathfrak{l}$ primen Zahlen in k, für $\beta_1, \cdots \beta_{v-1}$ je ein System der l^f einander nach $\mathfrak{l}$ incongruenten Zahlen in k gesetzt werden. Es ergibt sich also für die Anzahl in Frage der Wert

$$\varphi(\mathfrak{l}^{n+1}) . l^{f(v-1)} = \varphi(\mathfrak{l}^{n+v}),$$

---

1) Vgl. Satz 8, S. 90.

2) Vgl. S. 97, Gl. (9).

wie nachzuweisen war.[1]

In den Folgenden benutzen wir die Hülfssätze 1, 2 in der verallgemeinerten Fassung, die wie folgt lautet.

Hülfssatz 3. *Es sei* $\mathfrak{f}^{l-1}$ *die Relativdiscriminante des relativ cyclischen Körpers* K/k *vom Primzahlgrade* l, $\mathfrak{m}=\mathfrak{f}\mathfrak{a}$ *ein beliebiges durch* $\mathfrak{f}$ *teilbares Ideal in* k. *Entsprechend seien*

$$\mathfrak{F}=\prod\mathfrak{P}\cdot\prod\mathfrak{L}^{v+l},\qquad \mathfrak{M}=\mathfrak{F}\mathfrak{a}$$

Ideale in K, *wo das Product* $\prod\mathfrak{P}$ *auf alle von einander verschiedenen in* $\mathfrak{f}$ *aufgehenden und zu* l *primen Primideale von* K, *und das Product* $\prod\mathfrak{L}^{v+l}$ *auf alle diejenigen, welche in* l *aufgehen, zu erstrecken ist. Ist dann* Θ *eine zu* $\mathfrak{M}$ *prime Zahl in* K, *welche der Bedingung*

$$N(\Theta)\equiv 1,\quad (\mathfrak{m})$$

genügt, dann gibt es in K *eine Zahl* A, *derart, dass*

$$\Theta\equiv A^{1-s},\quad (\mathfrak{M})$$

wird. Die Zahl A *ist unter Umständen nicht prim zu* $\mathfrak{M}$, *ist aber von der Art, dass*

$$(A^{1-s})=\mathfrak{A}^{1-s},$$

wo $\mathfrak{A}$ *ein zu* $\mathfrak{M}$ *primes Ideal in* K *ist, dass ferner, wenn* $l=2$, A *eine beliebig vorgeschriebene Vorzeichencombination in den mit* K *conjugirten Körpern haben kann.*

Beweis. Setzt man

$$\mathfrak{m}=\prod\mathfrak{p}^{e}\prod\mathfrak{l}^{v+n}\prod\mathfrak{q}^{e'},$$

dann ist, nach Annahme

$$\mathfrak{M}=\prod\mathfrak{P}^{(e-1)l+1}\prod\mathfrak{L}^{v+nl}\prod\mathfrak{q}^{e'},$$

wo das erste und das zweite Product bei $\mathfrak{m}$ sowie bei $\mathfrak{M}$ die bekannte Bedeutung haben und das dritte Product auf alle in $\mathfrak{m}$ enthaltenen, zu $\mathfrak{f}$ primen Primideale zu erstrecken ist. Nach Hülfssätzen 1 und 2 gelten daher für Θ die Congruenzen

$$\begin{aligned}\Theta &\equiv (\Pi^{\alpha}A_1)^{1-s}, && (\mathfrak{P}^{(e-1)l+1}), && \cdots\\ &\equiv (\Lambda^{\beta}A_2)^{1-s}, && (\mathfrak{L}^{v+nl}), && \cdots\\ &\equiv A_3^{\,1-s}, && (\mathfrak{q}^{e'}), && \cdots\end{aligned}$$

wo Π bez. Λ genau durch die erste Potenz von $\mathfrak{P}$ bez. $\mathfrak{L}$ teilbar, und A_1, A_2, A_3, $\cdots$ bez. zu $\mathfrak{P}$, $\mathfrak{L}$, $\mathfrak{q}$, $\cdots$ prim, und ausserdem Π und $A_1\equiv 1$, $(\mathfrak{M}:\mathfrak{P}^{(e-1)l+1})$, Λ und $A_2\equiv 1$, $(\mathfrak{M}:\mathfrak{L}^{v+nl})$, $A_3\equiv 1$, $(\mathfrak{M}:\mathfrak{q}^{e})$, usw. angenommen sind, und die Exponenten α, β, $\cdots$ Zahlen aus der Reihe, 0, 1, 2, $\cdots$ $l-1$ bedeuten.

Daher ist

$$\Theta\equiv A^{1-s},\quad (\mathfrak{M}),$$

wenn

1) Ohne Satz 9 zu benutzen, zeigt man leicht, wie aus dem vorhergehenden Beweise einzusehen ist, dass der Normenrest nach $\mathfrak{p}^e$ bez. $\mathfrak{l}^{v+n}$ *höchstens* den l^{ten} Teil der sämtlichen Zahlclassen nach $\mathfrak{p}^e$ bez. $\mathfrak{l}^{v+n}$ ausmachen kann. Mit dieser Obergrenze für die Anzahl der Normenreste kommt man aber beim Beweis des Satzes 13 in § 12 aus. Denn alsdann ist auf der rechten Seite von (5) (S. 108) $d+x$ statt d zu setzen, wo $x\geqq 0$. Dann erhält man zunächst $0\geqq n-v+x$, woraus notwendig $n-v=0$ und $x=0$ folgt. So wäre der Satz 10 auf diesem Umwege von neuem bewiesen sein. Diese Bemerkung füge ich zu, als eine Verificirung des Satzes 10.

$$A = \Pi^{\alpha} \Lambda^{\beta} A_1 A_2 A_3 \cdots$$

gesetzt wird. Da $\mathfrak{M} = \mathfrak{M}^s$, so wird, wenn $A \equiv B$, $(\mathfrak{M})$, offenbar $A^{1-s} \equiv B^{1-s}$, $(\mathfrak{M})$. Ersetzt man daher nach Bedarf B durch

$$A^* = A + m\Gamma,$$

wo Γ, für $l=2$, eine Zahl in K mit einer vorgeschriebenen Vorzeichencombination, und m eine durch $\mathfrak{M}$ teilbare positive rationale Zahl bedeutet, die hinlänglich gross angenommen werden mag, so dass A^* dieselbe Vorzeichencombination wie Γ hat, dann wird die Forderung betreffs der Vorzeichen erfüllt. Endlich ist, wenn

$$\Pi = \mathfrak{P}\mathfrak{A}_1, \cdots$$
$$\Lambda = \mathfrak{L}\mathfrak{A}_2, \cdots$$

gesetzt wird, nach Annahme, $\mathfrak{A}_1, \mathfrak{A}_2, \cdots$ prim zu $\mathfrak{M}$. Daher ist

$$(A^{1-s}) = \mathfrak{A}^{1-s},$$

wo $\mathfrak{A} = \mathfrak{A}_1^{\alpha} \mathfrak{A}_2^{\beta} A_1 A_2 A_3 \cdots$ ein zu $\mathfrak{M}$ primes Ideal ist. Somit ist Hülfssatz 3 in allen seinen Teilen bewiesen.

Wir gehen jetzt zum Beweis des am Anfang dieses Artikels angedeuteten Satzes über, den wir wie folgt formuliren wollen:

Satz 22. *Es sei* K/k *relativ cyclisch vom Primzahlgrade l, es habe die Ideale* $\mathfrak{m}$, $\mathfrak{M}$ *die im Hülfssatz 3 erklärte Bedeutung; ferner seien* o *und* O *die Zahlengruppen in* k *bez.* K, *welche aus den Zahlen ω bez. Ω bestehen, welche bez. die Congruenzen:*

$$\omega \equiv 1, \ (\mathfrak{m}); \quad \Omega \equiv 1, \ (\mathfrak{M})$$

befriedigen, und überdies, wenn $l=2$, total positiv in Bezug auf k *bez.* K *sind.*

Werden alsdann die Idealclassen in k *und* K *bez. nach* o *und* O *definirt, dann ist jede Classe des Hauptgeschlechts in* K *nach* O *eine symbolische* $(1-s)^{\text{te}}$ *Potenz einer Classe in* K *nach* O.

Beweis. Greifen wir zum Beweise des Satzes 13 in § 12 und § 13 zurück, so sehen wir ein, dass jener Satz gültig bleibt, wenn man in k die Classen nach der Gruppe der Normenreste nach $\mathfrak{m}$ definiren, in K aber die Classen im absoluten Sinne annehmen (nur sollen die nicht zu $\mathfrak{m}$ primen Ideale ausser Betracht gelassen sein, was der Classeneinteilung nicht beeinflusst). Demnach genügt es nachzuweisen, dass jedes Ideal der Form $\mathfrak{J}^{1-s}\Theta$ in K, für welches

$$\mathrm{N}(\mathfrak{J}^{1-s}\Theta) = (\omega) \tag{4}$$

ausfällt, notwendig von der Form $\mathfrak{J}'^{1-s}\Omega$ sein muss; hier bedeutet Θ eine beliebige zu $\mathfrak{M}$ fremde Zahl in K, ω und Ω dagegen Zahlen bez. in o und O.

Aus (4) folgt nun

$$\mathrm{N}(\Theta) = \varepsilon\omega, \tag{5}$$

wo ε eine Einheit in k ist, welche, weil $\omega \equiv 1$, $(\mathfrak{f})$, Normenrest nach $\mathfrak{f}$, folglich nach Satz 18 sich als eine wirkliche Zahlennorm erweist.

Sei also

$$\mathrm{N}(B) = \varepsilon, \quad \text{demnach} \quad (B) = \mathfrak{B}^{1-s}, \tag{6}$$

woraus

$$\mathrm{N}\left(\frac{\Theta}{B}\right) = \omega. \tag{7}$$

Daher ist nach Hülfssatz 3,

$$\frac{\Theta}{B} = A^{1-s}\Omega, \tag{8}$$

wo

$$(A^{1-s}) = \mathfrak{A}^{1-s}.$$

Demnach folgt nach (6) und (8)

$$\Theta = (\mathfrak{A}\mathfrak{B})^{1-s}\Omega,$$

woraus, in der Tat,

$$\mathfrak{J}^{1-s}\Theta = \mathfrak{J}'^{1-s}\Omega,$$

wenn $\mathfrak{J}' = \mathfrak{A}\mathfrak{B}\mathfrak{J}$ gesetzt wird.

Wir haben oben die Vorzeichenbedingungen ausser Acht gelassen. Ist nun $\mathrm{K} = \mathrm{k}(\sqrt{\mu})$ relativ quadratisch, dann ist in (5) ω total positiv, also ε positiv in jedem mit k conjugirten reellen Körpern, worin μ negativ ausfällt. Daher gilt nach Satz 21 die Gleichheit (6) auch in diesem Falle. Da ferner nach (7), die Zahl $\frac{\Theta}{B}$ dieselbe Vorzeichen in jedem Paare zu K conjugirten Oberkörpern von k′ hat, wo k′ ein beliebiger zu k conjugirter reeller Körper ist, in welcher μ positiv ausfällt, und weil A in (8), nach Hülfssatz 3, beliebig vorgeschriebene Vorzeichencombination haben kann, so kann man A so wählen, dass A^{1-s} dieselbe Vorzeichencombination wie $\frac{\Theta}{B}$ bekommt, so dass die Zahl Ω in (8) total positiv in Bezug auf K wird. Hiermit ist unser Satz in allen seinen Teilen vollständig bewiesen.

Capitel III. Existenzbeweis für den allgemeinen Classenkörper.

§ 15. Formulirung des Existenzsatzes.

Satz 23. *In einem algebraischen Körper* k *sei eine Classengruppe* H *nach dem Modul* $\mathfrak{m}$ *mit oder ohne Vorzeichenbedingung vorgelegt. Dann existirt stets ein Classenkörper* K *für diese Classengruppe* H, *welcher die folgenden Eigenschaften besitzt:*

1) K *ist relativ Abel'sch in Bezug auf* k.

2) *Die Galois'sche Gruppe des Relativkörpers* K/k *ist holoedrisch isomorph mit der complementären Gruppe* G/H, *wo* G *die Gruppe der sämtlichen Classen von* k *bedeutet.*

3) *Die Relativdiscriminante von* K/k *enthält kein Primideal als Factor, welches nicht in den Modul* $\mathfrak{m}$ *aufgeht.*

Dieser Satz ist die naturgemässe Verallgemeinerung des zuerst von D. Hilbert[1] für den Fall: $\mathfrak{m}=1$, also für den Classenkörper im absoluten Sinne ausgesprochenen Satzes, welcher von ihm in den einfachsten Specialfällen, dann später von Ph. Furtwängler[2] für beliebige Grundkörper k bewiesen worden ist. Der Beweis des oben aufgestellten Existenzsatzes für den *allgemeinen* Classenkörper gelingt durch die gehörige Erweiterung der Hilbert'schen Methode; eine grosse Erleichterung erzielen wir aber durch Zuhülfenahme des Fundamentalsatzes 13.

§ 16. Rang der Gruppe der Zahlclassen.

Es sei l eine gerade oder ungerade natürliche Primzahl, $\mathfrak{l}$ ein Primideal des Körpers k, welches zur s^{ten} Potenz in l aufgeht, und vom f^{ten} Grade ist. Es existirt alsdann in k ein System von ρ Zahlen $\gamma_1, \gamma_2, \cdots \gamma_\rho$, welche sämtlich $\equiv 1$, $(\mathfrak{l})$, und so beschaffen sind, dass für jede zu $\mathfrak{l}$ prime Zahl γ von k eine Relation von der Form

$$\gamma \equiv \gamma_1^{u_1}\gamma_2^{u_2}\cdots\gamma_\rho^{u_\rho}\xi^l, \quad (\mathfrak{l}^g),$$

besteht, wo g eine beliebige natürliche Zahl ist, und die Exponenten $u_1, u_2, \cdots u_\rho$ für gegebenes γ eindeutig bestimmte Zahlen aus der Reihe: $0, 1, 2, \cdots l-1$ sind.

Die Zahl ρ ist der Rang von der Abel'schen Gruppe, der Ordnung $l^{(g-1)f}$, deren Elemente diejenigen Zahlclassen nach dem Modul $\mathfrak{l}^g$ sind, die aus den Zahlen $\equiv 1$, $(\mathfrak{l})$ bestehen. Daher bestimmt sich ρ daraus, dass l^ρ die Anzahl der einander nach $\mathfrak{l}^g$ incongruenten Lösungen der Congruenz:

$$\xi^l \equiv 1, \quad (\mathfrak{l}^g) \tag{1}$$

ist.

Hülfssatz.[3] *Es ist*

$$\rho = \left[g - \frac{g}{l}\right]f, \quad \textit{wenn} \quad \frac{sl}{l-1} \geqq g > 0;$$

$$\rho = sf + e, \quad \textit{wenn} \quad g > \frac{sl}{l-1},$$

(*speciell* $\rho=0$, *wenn* $g=1$), *wo* $e=1$, *oder* $=0$, *jenachdem die Congruenz*

$$l + \xi^{l-1} \equiv 0, \quad (\mathfrak{l}^{s+1})$$

in k *lösbar ist, oder nicht; das Zeichen* $[x]$ *hat die gewöhnliche Bedeutung der grössten ganzen rationalen Zahl, die* x *nicht übertrifft.*

Der Fall $e=1$ *ist nur dann möglich, wenn*

$$s = \sigma(l-1)$$

1) D. Hilbert, Ueber die Theorie der relativ Abel'schen Zahlkörper, Göttinger Nachrichten, 1898.
2) Ph. Furtwängler, Allgemeiner Existenzbeweis für den Klassenkörper usw. Math. Ann. 63.
3) Vgl. T. Takenouchi, diese Journal, vol. 36, Art. 1.

durch $l-1$ teilbar ist. Speciell ist $e=1$, wenn der Körper k *die primitive l^{te} Einheitswurzel ζ enthält, also stets, wenn $l=2$.*

Beweis. Bezeichnet man allgemein mit λ_n eine genau durch die n^{te} Potenz von $\mathfrak{l}$ teilbare Zahl von k, dann ist, wie leicht nachzuweisen ist,

$$\text{wenn} \quad n < \frac{s}{l-1}, \qquad (1+\lambda_n)^l = 1+\lambda_{nl}, \tag{2}$$

$$\text{wenn} \quad n > \frac{s}{l-1}, \qquad (1+\lambda_n)^l = 1+\lambda_{s+n}, \tag{3}$$

$$\text{und wenn} \quad \frac{s}{l-1} = \sigma, \qquad (1+\lambda_\sigma)^l \equiv 1+l\lambda_\sigma+\lambda_\sigma^l, \quad (\mathfrak{l}^{\sigma l+1}). \tag{4}$$

Ist also

$$\frac{sl}{l-1} \geqq g > 0,$$

dann ist, nach (2)

$$(1+\lambda_n)^l \equiv 1, \quad (\mathfrak{l}^g),$$

dann und nur dann, wenn

$$nl \geqq g, \quad \text{oder} \quad n \geqq g_0,$$

wo g_0 die kleinste natürliche Zahl ist, die noch $\geqq \frac{g}{l}$ ist. Die Lösungen der Congruenz (1) sind daher die Zahlen:

$$\xi \equiv 1, \quad (\mathfrak{l}^{g_0}),$$

welche nach dem Modul $\mathfrak{l}^g$ genau $l^{(g-g_0)f}$ incongruente Zahlen abgeben. Daher ist in diesem Falle

$$\rho = (g-g_0)f = \left[g-\frac{g}{l}\right]f.$$

Ist zweitens

$$g > \frac{sl}{l-1},$$

aber s nicht durch $l-1$ teilbar, dann sind nach (3) die Lösungen der Congruenz (1) die Zahlen:

$$\xi \equiv 1, \quad (\mathfrak{l}^{g-s}). \tag{5}$$

Daher ist in diesem Falle

$$\rho = sf.$$

Wenn aber s durch $l-1$ teilbar, also

$$g > \sigma l,$$

dann kommen nach (4) ausserdem noch die Zahlen von der Form $1+\lambda_\sigma$ in Betracht, wenn für dieselben

$$l\lambda_\sigma+\lambda_\sigma^l \equiv 0, \quad (\mathfrak{l}^{\sigma l+1}),$$

oder

$$l+\lambda_\sigma^{l-1} \equiv 0, \quad (\mathfrak{l}^{s+1})$$

ausfällt. Ist nun für eine dieser speciellen λ_σ

$$\alpha = 1+\lambda_\sigma, \quad \alpha^l \equiv 1, \quad (\mathfrak{l}^{\sigma l+1}),$$

so kann man, wie leicht ersichtlich, in

$$\alpha' = \alpha(1+\eta\lambda_{\sigma+1})$$

η so bestimmen, dass $\alpha'^l \equiv 1(\mathfrak{l}^{\sigma l+2})$ wird. So fortfahrend erhält man eine Zahl

$$\beta_o = 1+\lambda_\sigma^{(0)},$$

welche für beliebig grosses g der Congruenz (1) genügt. Jede Zahl β von der Form $1+\lambda_\sigma$ kann aber in der Form dargestellt werden:

$$\beta \equiv 1+\gamma\lambda_\sigma^{(0)}, \quad (\mathfrak{l}^s).$$

Soll diese Zahl die Congruenz (1) befriedigen, so muss jedenfalls

$$l+(\gamma\lambda_\sigma^{(0)})^{l-1} \equiv 0, \quad (\mathfrak{l}^{s+1}),$$

weil aber auch

$$l+\lambda_\sigma^{(0)l-1} \equiv 0, \quad (\mathfrak{l}^{s+1}),$$

so ist notwendig

$$\gamma^{l-1} \equiv 1, \quad (\mathfrak{l}),$$

folglich

$$\gamma \equiv c, \quad (\mathfrak{l}),$$

wo c eine zu l prime ganze rationale Zahl ist. Demnach ist

$$\beta \equiv \beta_o^c \quad (\mathfrak{l}^{\sigma+1}),$$

also

$$\beta \equiv \beta_o^c(1+\lambda_n) \quad (\mathfrak{l}^g),$$

wo $n>\sigma$. Damit diese Zahl β der Congruenz (1) genüge, ist aber nach (3) notwendig und hinreichend, dass

$$n \geqq g-s.$$

Man sieht, dass im gegenwärtigen Falle, alle Lösungen von (1) durch die Producte der Zahlen (5) mit einer der l Zahlen

$$1, \beta_o, \beta_o^2, \cdots \beta_o^{l-1}$$

gegeben werden. Es ergibt sich also

$$\rho = sf+1.$$

Wenn die primitive l^{te} Einheitswurzel ζ in k vorkommt, dann wird die Congruenz

$$l+\xi^{l-1} \equiv 0 \quad (\mathfrak{l}^{s+1})$$

durch $\xi=1-\zeta$ (wenn $l=2$, durch $\xi=2$) befriedigt, weil

$$\frac{l}{(1-\zeta)^{l-1}} = \frac{(1-\zeta)(1-\zeta^2)\cdots(1-\zeta^{l-1})}{(1-\zeta)^{l-1}} = (1+\zeta)\cdots(1+\zeta+\cdots+\zeta^{l-2})$$
$$\equiv \underline{|l-1} \equiv -1, \text{ (mod. } 1-\zeta).$$

In diesem Falle ist daher stets $e=1$.

§ 17. Rang der Classengruppe.

Wenn die Idealclassen des Körpers k nach der Zahlengruppe o der Zahlen $\equiv 1$ ($\mathfrak{m}$) definirt werden, und ist die Ordnung der Gruppe G der sämtlichen Classen von k, d. h. die Classenzahl von k nach o genau durch die h^{te} Potenz einer geraden oder ungeraden Primzahl l teilbar, dann bezeichnen wir mit G_0 die Untergruppe von G von der Ordnung l^h, und mit D den Inbegriff aller Classen, deren Ordnungen prim zu l sind, so dass

$$G = G_0 D$$

das directe Product der beiden Gruppen G_0 und D ist. Im folgenden spielt der Rang dieser Gruppe G_0 eine fundamentale Rolle.

Satz 24. *Sei t die Anzahl der in G_0 enthaltenen unabhängigen Idealclassen im absoluten Sinne; $\mathfrak{x}_1, \mathfrak{x}_2, \cdots \mathfrak{x}_t$ ein System der Repräsentanten dieser Classen, die prim zu $\mathfrak{m}$ sind; $\rho_1, \rho_2, \cdots \rho_t$ die niedrigsten Potenzen dieser Ideale, welche monomisch sind; $\varepsilon_1, \varepsilon_2, \cdots \varepsilon_{r+\delta}$ ein System der Grundeinheiten von* k, *zu welchem wir eine derjenigen Einheitswurzeln mitrechnen, deren Ordnung eine Potenz von l, und zwar die höchste in* k, *ist, so dass $\delta=1$ oder $\delta=0$, jenachdem die primitive l^{te} Einheitswurzel in* k *vorhanden ist oder nicht, und es sei l^n die Anzahl der l^{ten} Potenzreste nach $\mathfrak{m}$, welche in dem System von $l^{r+\delta+t}$ Zahlen:*

$$\varepsilon_1^{u_1} \cdots \varepsilon_{r+\delta}^{u_{r+\delta}} \rho_1^{v_1} \cdots \rho_t^{v_t} \qquad (1)$$
$$(0 \leqq u, v < l)$$

enthalten sind. Dann ist der Rang der Classengruppe G_0

$$\bar{t} = d + \sum R(g) + n - (r+\delta), \qquad (2)$$

wo d die Anzahl der in $\mathfrak{m}$ aufgehenden, von einander verschiedenen zu l primen Primideale $\mathfrak{p}$, für welche $\varphi(\mathfrak{p})$ durch l teilbar ist, $R(g)$ der im Hülfssatz des § 16 *angegebene Rang der Zahlengruppe nach dem Modul $\mathfrak{l}^g$ ist, und die Summation über alle in $\mathfrak{m}$ aufgehenden Potenzen $\mathfrak{l}^g$ erstreckt werden soll.*

Beweis. Da nach Voraussetzung

$$N = d + \sum R(g) \qquad (3)$$

unabhängige l^{te} Nichtreste nach $\mathfrak{m}$ gibt und

$$N' = r + \delta + t - n \qquad (4)$$

von denselben durch die Zahlen des Systems (1) gegeben werden, so lässt sich ein System von N Zahlen

$$\gamma_1, \gamma_2, \cdots \gamma_{N-N'}, \quad \eta_1, \eta_2, \cdots \eta_{N'}$$

aufstellen, von denen die N' letzten aus dem System (1) entnommen werden sollen, derart, dass sich jede zu $\mathfrak{m}$ prime Zahl γ von k in der Form darstellen lässt:

$$\gamma \equiv \gamma_1^{x_1} \cdots \gamma_{N-N'}^{x_{N-N'}} \eta_1^{y_1} \cdots \eta_{N'}^{y_{N'}} \xi^l, \quad (\mathfrak{m})$$

oder

$$\gamma = \gamma_1^{x_1} \cdots \gamma_{N-N'}^{x_{N-N'}} \eta_1^{y_1} \cdots \eta_{N'}^{y_{N'}} \alpha \xi^l, \tag{5}$$

wo die Exponenten x, y für jedes gegebene γ eindeutig bestimmte Zahlen aus der Reihe: $0, 1, 2, \cdots l-1$ sind, und α eine Zahl in $\mathfrak{o}$ bedeutet: $\alpha \equiv 1$, $(\mathfrak{m})$.

Ist daher $\mathfrak{r}$ ein beliebiges zu $\mathfrak{m}$ primes Ideal von k, dann besteht eine Idealgleichheit von der Form

$$\mathfrak{r} = \mathfrak{r}_1^{a_1} \cdots \mathfrak{r}_t^{a_t} \gamma_1^{b_1} \cdots \gamma_{N-N'}^{b_{N-N'}} \alpha \mathfrak{j}^l, \tag{6}$$
$$(0 \leqq a, b < l)$$

wo $\mathfrak{j}$ ein zu $\mathfrak{m}$ primes ganzes oder gebrochenes Ideal von k bedeutet.

Ein Ideal von der Form (6) ist aber nur dann gleich 1, wenn die Exponenten $a_1, \cdots a_t$ sämtlich verschwinden, also eine Zahlengleichheit von der Form besteht:

$$1 = \gamma_1^{b_1} \cdots \gamma_{N-N'}^{b_{N-N'}} \alpha [\varepsilon, \rho] \xi^l,$$

oder

$$1 \equiv \gamma_1^{b_1} \cdots \gamma_{N-N'}^{b_{N-N'}} [\varepsilon, \rho] \xi^l, \ (\mathfrak{m}),$$

wo mit $[\varepsilon, \rho]$ eine Zahl des Systems (1) bezeichnet wird. Da nun $\gamma_1, \gamma_2, \cdots \gamma_{N-N'}$ sowohl von einander als von $[\varepsilon, \rho]$ unabhängige Nichtreste sind, so bedingt diese Congruenz, dass auch die Exponenten $b_1, \cdots b_{N-N'}$ sämtlich verschwinden.

Hiermit ist gezeigt, dass für jedes gegebene Ideal $\mathfrak{r}$, die Exponenten a, b auf der rechten Seite von (6) eindeutig bestimmt sind, dass daher der gesuchte Rang der Gruppe G_0 gleich

$$\bar{t} = t + N - N'.$$

Wenn man hierin für N und N' die Werte (3) und (4) einsetzt, so erhält man die Formel (2).

Da offenbar $N \geqq N'$, so ist stets $\bar{t} \geqq t$, wie es sein musste.

Zusatz. *Wenn* v *eine beliebig vorgeschriebene Gruppe der Vorzeichencombinationen*[1] *ist, und werden die Zahlen von* $\mathfrak{o}$ *mit den Vorzeichencombinationen dieser Gruppe* v *in eine engere Zahlengruppe* $\mathfrak{o}'$ *zusammengefasst, nach welcher nun die Classen von* k *zu definiren sind, dann wächst für* $l=2$ *der Rang der Classengruppe* G_0 *um*

$$p = (r_1 - r_0) - (n - n_0), \tag{7}$$

so dass an Stelle von (2)

$$\bar{t} = d + \sum R(g) + n_0 + r_1 - (r + r_0 + 1) \tag{8}$$

zu setzen ist; hierbei ist r_1 *die Anzahl der mit* k *conjugirten reellen Körper,* 2^{r_0} *die Anzahl der Vorzeichencombinationen von* v, *endlich bestimmt sich die Zahl* n_0 *dadurch, dass von den* 2^n *im System* (1) *enthaltenen quadratischen Resten nach* $\mathfrak{m}$ *genau* 2^{n_0} *die Vorzeichencombinationen von* v *besitzen.*

Denn nach Annahme lässt sich ein System der $r_1 - r_0$ quadratischen Reste nach $\mathfrak{m}$:

$$\alpha_1, \cdots \alpha_p, \ \eta_1'', \cdots \eta''_{n-n_0}$$

aufstellen, welche die sämtlichen $r_1 - r_0$ von v unabhängigen Vorzeichencombi-

1) Vgl. § 1. S. 75.

nationen aufweisen, und von denen die $n-n_0$ letzten dem System (1) angehören. Daher lässt sich der Ausdruck $\alpha\xi^l$ auf der rechten Seite von (5) durch den folgenden ersetzen:

$$\alpha_1^{c_1}\cdots\alpha_p^{c_p}\eta_1''^{d_1}\cdots\eta''^{d_{n-n_0}}_{n-n_0}\alpha'\xi^2,$$

wo die Exponenten c, d die Zahlen 0 oder 1 sind, und α' eine Zahl in $\mathfrak{o}'$ bedeutet. An Stelle von (6) kann man demnach setzen:

$$\mathfrak{r} = \mathfrak{r}_1^{a_1}\cdots\gamma_1^{b_1}\cdots\alpha_1^{c_1}\cdots\alpha_p^{c_p}\alpha'\mathfrak{j}^2,$$
$$(0 \leqq a, b, c < 2)$$

und es kann ein Ideal dieser Form nur dann gleich 1 sein, wenn wie vorhin die sämtlichen Exponenten a, b verschwinden, und

$$1 = \alpha_1^{c_1}\cdots\alpha_p^{c_p}[\varepsilon, \rho]\alpha'\xi^2,$$

wo $[\varepsilon, \rho]$ ein quadratischer Rest nach $\mathfrak{m}$ bedeutet, welcher dem System (1) angehört. Da nach der Voraussetzung die Zahlen $\alpha_1, \cdots \alpha_p$, $[\varepsilon, \rho]$, α' von einander unabhängige Vorzeichencombinationen besitzen, so müssen auch alle Exponenten $c_1 \cdots c_p$ verschwinden.

Daher er gibt sich für den Rang von G_0 der Wert

$$\bar{t} = t + N - N' + p,$$

wie zu beweisen war.

§ 18. Existenzbeweis des Classenkörpers vom ungeraden Primzahlgrade.

Wir beschäftigen uns nun mit demjenigen Falle des in § 15 aufgestellten Existenzsatzes, in welchem der Index l der Classengruppe H eine ungerade Primzahl ist, und der Grundkörper k die primitive l^{te} Einheitswurzel ζ enthält. Unter Beibehaltung der in den beiden vorhergehenden Artikeln benutzten Bezeichnungsweise, ist zunächst

$$\delta = 1;$$ [1]

sodann, wenn m der Grad des Körpers k ist,

$$m = 2(r+1),$$

ferner ist für jedes Primideal $\mathfrak{l}$,

$$e = 1,$$ [2]

und

$$s = \sigma(l-1)$$ [2]

durch $l-1$ teilbar.

Der Modul $\mathfrak{m}$ enthalte d von einander verschiedene zu l prime Primideale:

1) Vgl. Formel (2) § 17.
2) Vgl. Hülfssatz, § 16.

$\mathfrak{p}, \mathfrak{p}', \cdots \mathfrak{p}^{(d-1)}$ als Factoren, für jedes derselben $\varphi(\mathfrak{p})$ durch l teilbar ist.[1] Von den in l aufgehenden Primidealen seien diejenigen, die in $\mathfrak{m}$ aufgehen, deren Anzahl d' (mit Einschluss des Wertes: $d'=0$) sei, durchweg mit $\mathfrak{l}$, die übrigen mit $\mathfrak{l}'$ bezeichnet.

Einfachheitshalber wollen wir zunächst annehmen, dass jedes Primideal $\mathfrak{l}$, wenn überhaupt, wenigstens zur $\sigma l+1^{\text{ten}}$ Potenz in $\mathfrak{m}$ aufgehe, so dass in der Formel (2), § 17 für den Rang der Classengruppe G_0

$$R(g) = sf+1$$

zu setzen ist. Dieselbe Formel lautet daher im gegenwärtigen Falle:

$$\bar{t} = d+d'+\sum sf+n-(r+1), \tag{1}$$

wo die Summation auf alle in $\mathfrak{m}$ aufgehenden Primideale $\mathfrak{l}$ zu erstrecken ist. Die l^n in dem System

$$\varepsilon_1^{x_1}\cdots\varepsilon_{r+1}^{x_{r+1}}\rho_1^{y_1}\cdots\rho_t^{y_t} \qquad (0\leqq x,y<l)$$

enthaltenen l^{ten} Potenzreste nach $\mathfrak{m}$ seien mit

$$\alpha^e\alpha'^{e'}\cdots\alpha^{(n-1)e^{(n-1)}} \qquad (0\leqq e<l)$$

bezeichnet. Ich führe dann nach Hilbert n Primideale

$$\mathfrak{q}, \mathfrak{q}', \cdots \mathfrak{q}^{(n-1)}$$

ein, die zu $\mathfrak{m}$, $\mathfrak{l}$, und $\mathfrak{r}_1, \mathfrak{r}_2, \cdots \mathfrak{r}_t$ prim sind, von der Art, dass

$$\left(\frac{\alpha^{(i)}}{\mathfrak{q}^{(i)}}\right) \neq 1, \qquad \left(\frac{\alpha^{(i)}}{\mathfrak{q}^{(j)}}\right) = 1, \qquad (i \neq j) \tag{2}$$

und setze

$$\overline{\mathfrak{m}} = \mathfrak{m}\mathfrak{q}\mathfrak{q}'\cdots\mathfrak{q}^{(n-1)}.$$

Dann ist in dem Ausdruck (1) für den Rang der entsprechenden Gruppe G_0 für den Modul $\overline{\mathfrak{m}}$, d durch $d+n$, dagegen n durch 0 zu ersetzen, so dass $\bar{t}$ unverändert bleibt. Dies hat zur Folge, dass jede der $l^{\bar{t}}-1 : l-1$ Classengruppen vom Index l nach dem Modul $\overline{\mathfrak{m}}$ auch Classengruppen nach $\mathfrak{m}$ ist, wobei die Primideale $\mathfrak{q}, \mathfrak{q}', \cdots \mathfrak{q}^{(n-1)}$ als unwesentliche Excludenten auftreten.[2]

Nummehr sei

$$\mathfrak{p}\mathfrak{r}_1^{a_1}\mathfrak{r}_2^{a_2}\cdots\mathfrak{r}_t^{a_t}\mathfrak{j}^l = (\varpi),$$
$$\mathfrak{l}\mathfrak{r}_1^{b_1}\mathfrak{r}_2^{b_2}\cdots\mathfrak{r}_t^{b_t}\mathfrak{j}'^l = (\lambda),$$
$$\mathfrak{q}\mathfrak{r}_1^{c_1}\mathfrak{r}_2^{c_2}\cdots\mathfrak{r}_t^{c_t}\mathfrak{j}''^l = (\kappa),$$

wo $\mathfrak{j}, \mathfrak{j}', \mathfrak{j}'', \cdots$ Ideale in k; $\varpi, \lambda, \kappa, \cdots$ $d+d'+n$ Zahlen in k, die wir prim zu jedem Primideale $\mathfrak{l}'$ annehmen können, und die Exponenten $a, b, c, \cdots$ Zahlen aus der Reihe: $0, 1, 2, \cdots l-1$ bedeuten. Wir betrachten dann das System der

$$l^{r+1+t+d+d'+n}$$

Zahlen:

1) Dies folgt aus der Tatsache, dass die Norm jedes Primideals in dem durch ζ erzeugten Kreiskörper congruent 1 nach l ist; vgl. Hilbert, Bericht, Satz 119.

2) Vgl. § 2. S. 81–82.

$$\underbrace{\varepsilon_1^{x_1}\cdots}_{r+1}\underbrace{\rho_1^{y_1}\cdots}_{t}\underbrace{\varpi^u\cdots}_{d}\underbrace{\lambda^v\cdots}_{d'}\underbrace{\kappa^w\cdots}_{n} \tag{3}$$
$$(0\leqq x, y, u, v, w<l)$$

Wir unterwerfen diese Zahlen (3) zunächst der Bedingung, dass sie jedes der t Ideale $\mathfrak{r}_1, \mathfrak{r}_2, \cdots \mathfrak{r}_t$ zu einer Potenz mit einem durch l teilbaren Exponenten als Factor enthalten sollen, so dass die Exponenten, x, y, u, v, w den t linearen Congruenzen:

$$\left.\begin{array}{c} a_1 u+\cdots+b_1 v+\cdots+c_1 w+\cdots\equiv 0,\\ \cdots\cdots\cdots \\ a_t u+\cdots+b_t v+\cdots+c_t w+\cdots\equiv 0. \end{array}\right\}\ (l)$$

zu genügen haben.

Wir verlangen sodann, dass die Zahlen (3) noch *primär* in Bezug auf jedes $\mathfrak{l}'$ d. h. l^{te} *Reste nach der* $\sigma' l^{\text{ten}}$ *Potenz von* $\mathfrak{l}'$ sein sollen. Bezeichnen wir für einen Augenblick mit $\nu=s'f'$ den Rang der Zahlengruppe, mit $\gamma_1, \gamma_2, \cdots \gamma_\nu$ ein System der unabhängigen l^{ten} Nichtreste nach dem Modul $\mathfrak{l}'^{\sigma' l}$, und ist demnach

$$\left.\begin{array}{l} \varepsilon_1\equiv \gamma_1^{e_1}\cdots\gamma_\nu^{e_\nu}\alpha^l, \cdots\\ \rho_1\equiv \gamma_1^{r_1}\cdots\gamma_\nu^{r_\nu}\beta^l, \cdots\\ \varpi\equiv \gamma_1^{p_1}\cdots\gamma_\nu^{p_\nu}\gamma^l, \cdots\\ \lambda\equiv \gamma_1^{l_1}\cdots\gamma_\nu^{l_\nu}\delta^l, \cdots\\ \kappa\equiv \gamma_1^{k_1}\cdots\gamma_\nu^{k_\nu}\varepsilon^l, \cdots \end{array}\right\}\ (\mathfrak{l}'^{\sigma' l})$$

so ist eine Zahl (3) dann und nur dann ein l^{ter} Rest nach $\mathfrak{l}'^{\sigma' l}$, wenn die Exponenten x, y, u, v, w, dem System von ν linearen Congruenzen:

$$\left.\begin{array}{c} e_1 x_1+\cdots+r_1 y_1+\cdots p_1 u+\cdots+l_1 v+\cdots+k_1 w+\cdots\equiv 0,\\ \cdots\cdots\cdots \\ e_\nu x_1+\cdots+r_\nu y_1+\cdots p_\nu u+\cdots+l_\nu v+\cdots+k_\nu w+\cdots\equiv 0, \end{array}\right\}\ (l)$$

genügen.

Unter den Zahlen (3) gebe es nun $l^{t'}$ Zahlen, welche diese $t+\sum s'f'$ Bedingungen genügen, die wir dann in der Form

$$\mu_1^{e_1}\mu_2^{e_2}\cdots\mu_{t'}^{e_{t'}} \qquad (0\leqq e<l) \tag{4}$$

darstellen können, wobei die Zahlen $\mu_1, \mu_2, \cdots \mu_{t'}$ in dem Sinne von einander unabhängig sind, dass eine Zahl (4) nur dann l^{te} Potenz einer Zahl in k sein kann, wenn die sämtlichen Exponenten $e_1, e_2, \cdots e_{t'}$ verschwinden; und es ist

$$t'\geqq r+1+t+d+d'+n-(t+\sum s'f'), \tag{5}$$

woraus folgt

$$t'\geqq \bar{t}. \tag{6}$$

In der Tat: nach (1) und (5)

$$t'-\bar{t}\geqq 2(r+1)-(\sum sf+\sum s'f')=2(r+1)-m=0.$$

Adjungirt man nun dem Körper k die l^{te} Wurzel einer der Zahlen (4), die wir durchweg mit μ bezeichnen wollen, so erhalten wir also wenigstens $\bar{t}$ von einander unabhängige relativ cyclische Körper

$$K = k(\sqrt[l]{\mu})$$

vom l^{ten} Grade in Bezug auf k. Die Relativdiscriminante dieser Körper ist durch kein Primideal teilbar, welches nicht in $\overline{\mathfrak{m}}$ aufgeht, weil jedes der Ideale $\mathfrak{r}_1, \mathfrak{r}_2, \cdots \mathfrak{r}_t$ genau zu einer Potenz in μ aufgeht, deren Exponent Vielfaches von l ist, und überdies μ l^{ter} Potenzrest nach jedem $\mathfrak{l}^{\prime\sigma' l}$ ist. Da ferner für jedes wirklich in die Relativdiscriminante aufgehende Primideal $\mathfrak{l}$ die entsprechende Zahl $v \leqq \sigma l$ (Satz 8), und anderseits nach Voraussetzung der Modul $\mathfrak{m}$ dasselbe Ideal $\mathfrak{l}$ wenigstens zur $\sigma l + 1^{\text{ten}}$ Potenz als Factor enthält, so ist Satz 13 auf den Körper K anwendbar, demzufolge K Classenkörper für eine der Classengruppen H sein muss.

Da es genau $l^t - 1 : l - 1$ Classengruppen H, und nach (6) wenigstens ebensoviele Körper K gibt, da ferner nach Satz 6 für jede Classengruppe nicht mehr als ein Classenkörper existiren kann, so folgt, dass jeder Classengruppe H ein Classenkörper K zugeordnet sein muss.

Es bleibt noch übrig, nachzuweisen, dass die Relativdiscriminante des Körpers K durch keines der Primideale $\mathfrak{q}, \mathfrak{q}', \cdots \mathfrak{q}^{(n-1)}$ teilbar ist. Wäre aber der Gegenteil der Fall, so wähle man ein zweites, vollständig vom ersten verschiedenes System der n Primideale $\bar{\mathfrak{q}}, \bar{\mathfrak{q}}', \cdots \bar{\mathfrak{q}}^{(n-1)}$, welche den Bedingungen (2) genügen, und bilde darauf die entsprechenden Körper $\bar{K}$, deren Discriminanten dann sicher nicht durch $\mathfrak{q}, \mathfrak{q}', \cdots \mathfrak{q}^{(n-1)}$ teilbar sind, und folglich notwendig von K verschieden sein mussten. Da auch diese Körper $\bar{K}$ Classenkörper für je eine der nämlichen Gruppen H sein müssen, so führt die Annahme zu einem Widerspruch gegen Satz 6.

Hiermit ist im gegenwärtigen Falle unser Existenzsatz bewiesen.

Wir haben zu Beginn dieses Beweises angenommen, dass jedes in l aufgehende Primideal $\mathfrak{l}$ entweder gar nicht oder wenigstens zur $\sigma l + 1^{\text{ten}}$ Potenz in $\mathfrak{m}$ als Factor enthalten sein soll. Es ist nun leicht, diese Beschränkung aufzuheben. Es sei nämlich $\mathfrak{m}_0$ ein Teiler vom $\mathfrak{m}$ derart, dass $\mathfrak{m}_0$ genau durch $\mathfrak{l}^g$ teilbar ist, wo $g \leqq \sigma l$, und es sei $\bar{t}_0$ der Rang der entsprechenden Classengruppe G_0 für den Modul $\mathfrak{m}_0$, so dass offenbar $\bar{t}_0 \leqq \bar{t}$. Fällt nun $\bar{t}_0 < \bar{t}$ aus, so gibt es unter den $l^t - 1 : l - 1$ Classengruppen H nach $\mathfrak{m}$ genau $l^{t_0} - 1 : l - 1$, welche Classengruppen nach $\mathfrak{m}_0$ sind. Den letzteren müssen nun genau ebensoviele unter den vorhin aufgestellten Körper K als Classenkörper zugeordnet sein. Denn, andernfalls mussten für die übrigbleibenden $l^t - l^{t_0} : l - 1$ Gruppen H insgesamt eine grössere Anzahl der zugeordneten Körper K vorhanden sein, was einen Verstoss gegen Satz 6 nach sich ziehen würde.

Jedoch konnten wir auch ohne die beschränkende Annahme über $\mathfrak{m}$ direct den Nachweis des Existenzsatzes führen, wozu eine sehr geringe Modification der vorhin benutzten Methode hinreichen würde.

Ausser den d' Primidealpotenzen $\mathfrak{l}^g$, für welche $g > \sigma l$, mögen noch gewisse andere, sie seien durchweg mit $\mathfrak{l}_1^{g_1}$ bezeichnet, wo $g_1 \leqq \sigma_1 l$, in $\mathfrak{m}$ aufgehen; die übrigbleibenden in l aufgehenden Primideale seien, wie vorhin, durchweg mit $\mathfrak{l}'$ bezeichnet. Indem wir die sonstinge Bezeichnungsweise des vorhergehenden Beweises beibehalten, ist nun nach Satz 25

$$\bar{t} = d+d'+\sum sf+\sum R(g_1)+n-(r+1),$$

wo $R(g_1)$ die in Satz 25 erläuterte Bedeutung hat, und die Summation $\sum R(g_1)$ auf alle Primideale $\mathfrak{l}_1$ zu erstrecken ist. Wir unterwerfen dann die Zahlen μ ausser den $t+\sum s'f'$ früheren Bedingungen noch den, dass für jedes Primideal $\mathfrak{l}_1$ die Congruenz

$$\xi^l \equiv \mu, \quad (\mathfrak{l}_1^{\sigma_1 l - g_1 + 1}) \tag{7}$$

in k möglich sein sollen. Da diese offenbar $\sum R(\sigma_1 l - g_1 + 1)$ neue lineare Congruenzbedingungen für die Exponenten x, y, u, v, w involviren, so bleiben nun

$$t' \geqq r+1+d+d'+n-\{t+\sum s'f'+\sum R(\sigma_1 l - g_1 + 1)\}$$

unabhängige Zahlen μ, welche ebensoviele unabhängige Körper

$$\mathrm{K} = \mathrm{k}(\sqrt[l]{\mu})$$

hervorbringen werden. Da nach Hülfssatz des § 16

$$\begin{aligned} R(g_1)+R(\sigma_1 l - g_1 + 1) &= \left\{\left[g_1 - \frac{g_1}{l}\right] + \left[\sigma_1 l - g_1 + 1 - \sigma_1 + \frac{g_1 - 1}{l}\right]\right\} f_1 \\ &= \sigma_1 (l-1) f_1 = s_1 f_1, \end{aligned}$$

so ist auch in diesem Falle noch

$$t' - \bar{t} \geqq 2(r+1) - (\sum sf + \sum s_1 f_1 + \sum s'f') = 2(r+1) - m = 0.$$

Enthält nun die Relativdiscriminante eines dieser Körper K den Primfactor $\mathfrak{l}_1$, dann ist wegen (7) die entsprechende Zahl $v_1 \leqq g_1 - 1$. Daher ist Satz 13 noch anwendbar, und es folgt, genau wie vorhin, die Existenz der $\bar{t}$ unabhängigen Classenkörper für die Gruppen H, welche alle Forderungen des Existenzsatzes befriedigen.

Das Ergebnis dieser Betrachtungen sprechen wir in den folgenden Satz aus:

Satz 25. *Geht ein in l aufgehendes Primideal $\mathfrak{l}$ zur g^{ten} Potenz in $\mathfrak{m}$ auf, wo $g \leqq \sigma l$, und ist die Relativdiscriminante eines Classenkörpers für eine Classengruppe vom Index l nach dem Modul $\mathfrak{m}$ durch dieses Primideal $\mathfrak{l}$ teilbar, dann ist die entsprechende Zahl v kleiner als g.*[1]

Dasselbe gilt offenbar auch, wenn $g = \sigma l + 1$. Ferner ist, wenn $g = 1$, die Relativdiscriminante des Classenkörpers prim zu $\mathfrak{l}$. Ein einfacher Factor $\mathfrak{l}$ von $\mathfrak{m}$ macht keinen Beitrag zu der Rangzahl von G_0

Ferner gilt[1]

Satz 26. *Hat der relativ cyclische Körper K/k vom Primzahlgrade l die Relativdiscriminante $\mathfrak{d} = \mathfrak{f}^{l-1}$, dann ist $\mathfrak{f}$ der Führer*[2] *der zugeordneten Classengruppe vom Index*

1) Dies zunächst unter der Annahme, dass l ungerade ist, und k die l^{te} primitive Einheitswurzel enthält; diese Beschränkung wird später aufgehoben werden. Vgl. § 19.

2) Vgl. § 2. S. 82.

l im Grundkörper k.

Das soll heissen: Um die Relativnormen aller zu $\mathfrak{d}$ primen Ideale von K in eine Classengruppe vom Index l in k einzuschliessen, genügt es nach Satz 13, die Classen von k nach einem durch $\mathfrak{f}$ teilbaren Modul $\mathfrak{m}$ zu definiren. In Satz 26 wird nun umgekehrt behauptet, dass es auch notwendig ist, dass $\mathfrak{m}$ alle Primfactoren von $\mathfrak{f}$, speciell jeden Factor $\mathfrak{l}$ wenigsten zur $v+1^{\text{ten}}$ Potenz, als Factor enthalte.

Beweis. Betreffs eines zu l primen Primfactors $\mathfrak{p}$ von $\mathfrak{f}$ ist dies evident; denn wäre H eine Classengruppe vom Index l nach einem zu $\mathfrak{p}$ primen Modul $\mathfrak{m}$, dann musste nach dem vorhergehenden Beweis ein Classenkörper K′ für H existiren, dessen Relativdiscriminante zu $\mathfrak{p}$ prim ist, der folglich gewiss von K verschieden ist. Enthalte aber $\mathfrak{m}$ einen Primfactor $\mathfrak{l}$ zu einer Potenz, deren Exponent kleiner als $v+1$ ist, dann musste nach Satz 25 ein Classenkörper K′ für H existiren, für welchen die entsprechende Zahl $v'<v$ ausfällt, oder dessen Relativdiscriminante prim zu $\mathfrak{l}$ ist, welcher also jedenfalls von K verschieden wäre. Beide Annahmen führen somit zu einem Widerspruch gegen Satz 6.

§ 19. Fortsetzung des vorhergehenden Artikels.

In dieser Fortsetzung des vorhergehenden Artikels behandle ich denjenigen Fall des Existenzsatzes, wo der Index der Classengruppe H eine ungerade Primzahl l ist, aber der Grundkörper nicht die primitive l^{te} Einheitswurzel ζ enthält. Für den Fall, wo $\mathfrak{m}=1$, also für den absoluten Classenkörper hat Herr Ph. Furtwängler[1] den Existenzbeweis dadurch geführt, dass er zunächst dem Körper k die l^{te} Einheitswurzel ζ adjungirte, dann einen geeigneten Oberkörper zu den so erweiterten Grundkörper k′ construirte; sodann zeigte er, dass dieser Oberkörper den gesuchten Körper als Unterkörper enthalten muss. Diese Beweismethode bewährt sich auf in unserem Falle. Indem ich hier dieselbe Methode anwende, schicke ich einen Hülfssatz voran, welcher eine gewisse Vereinfachung des Beweises bewirken wird.

Hülfssatz. *Es sei* k′ *relativ cyclisch vom Relativgrade n in Bezug auf* k, K *relativ cyclisch vom Grade l in Bezug auf* k′, *und relativ normal aber nicht relativ Abel'sch in Bezug auf* k; *und es sei l eine Primzahl, die nicht in n aufgeht. Wenn dann ein Primideal von* k, *welches nicht in die Relativdiscriminante von* K/k *aufgeht, in weniger als n Primfactoren in* k′ *zerfällt, dann zerfällt jedes dieser Primideale von* k′ *in l Primfactoren in* K.

Beweis. Sei $\mathfrak{G}$ die Galois'sche Gruppe des relativ normalen Körpers K/k, von der Ordnung nl, $\mathfrak{H}$ die invariante Untergruppe von $\mathfrak{G}$, welche den Körper k′/k unverändert lässt, so dass nach Voraussetzung $\mathfrak{H}$ cyclisch von der Ordnung l, und die complementäre Gruppe $\mathfrak{G}/\mathfrak{H}$ ebenfalls cyclisch von der Ordnung n

1) Math. Ann. 63.

ist. Daher gibt es in $\mathfrak{G}$ eine Substitution T, von der Art, dass die Zerlegung gilt:

$$\mathfrak{G}=\mathfrak{H}+\mathfrak{H}T+\mathfrak{H}T^2+\cdots+\mathfrak{H}T^{n-1}.$$

Die Ordnung der Substitution T, welche durch n teilbar und in nl aufgeht, muss notwendig gleich n sein, weil die Gruppe $\mathfrak{G}$ nicht cyclisch sein soll. Ist aber H eine beliebige Substitution von $\mathfrak{H}$, dann ist HT auch von der Ordnung n, weil HT in der oben angegebenen Zerlegung von $\mathfrak{G}$ an Stelle von T treten kann. Ebenso folgert man, dass die Ordnung jeder nicht in $\mathfrak{H}$ enthaltenen Substitution ein Teiler von n sein muss.

Sei nun $\mathfrak{p}$ ein Primideal von k, welches der Voraussetzung des Satzes genügt, und es gelte in K die Zerlegung

$$\mathfrak{p}=\mathfrak{P}_1\mathfrak{P}_2\cdots\mathfrak{P}_\nu,$$

so dass

$$nl=\nu f,$$

wenn f der Relativgrad der Primideale $\mathfrak{P}_1, \mathfrak{P}_2, \cdots$ in Bezug auf k ist. Nach Voraussetzung ist also $f>1$. Die Zerlegungsgruppe des Primideals $\mathfrak{P}_1$, welche von der Ordnung f ist, muss hier eine cyclische Gruppe sein, weil die Trägheitsgruppe die identische ist. Nach dem vorhin bewiesenen, muss daher f ein Teiler von n, oder gleich l sein. Die letzte Eventualität ist aber ausgeschlossen, weil alsdann $\mathfrak{H}$ die Zerlegungsgruppe ist und folglich $\mathfrak{p}$ in n Factoren in k′ zerlegt werden muss. Da also f ein Teiler von n ist, so muss ν durch l teilbar sein, womit der Satz bewiesen ist.

Wir gehen nunmehr zum Beweis des Existenzsatzes über, unter der Voraussetzung, dass der Grundkörper k nicht die primitive l^{te} Einheitswurzel enthält. Durch Adjunction derselben erweitern wir k zum Körper k′, welcher relativ cyclisch über k von einer Ordnung n ist, wo n ein Teiler von $l-1$, folglich prim zu l ist. Die Idealclassen von k seien nach der Zahlengruppe $\mathfrak{o}$ der Zahlen $\equiv 1$ $(\mathfrak{m})$ definirt, wo der Modul $\mathfrak{m}$ ein jedes in l aufgehendes Primideal $\mathfrak{l}$ mindestens zur ersten Potenz als Factor enthalten soll, eine Annahme, die ohne Schaden der Allgemeinheit geschieht, weil die Hinzunahme eines einfachen Factors $\mathfrak{l}$ zu $\mathfrak{m}$, falls $\mathfrak{m}$ nicht durch $\mathfrak{l}$ teilbar sein sollte, offenbar den Rang $\bar{l}$ der vollständigen Classengruppe G_0 von k nicht beeinflussen wird.[1] Legt man dann der Classeneinteilung in k′ die Zahlengruppe $\mathfrak{o}'$ der Zahlen $\equiv 1$ $(\mathfrak{m})$ zu Grunde, dann fallen die Relativnormen der Ideale einer Classe nach $\mathfrak{o}'$ in eine und dieselbe Classe nach $\mathfrak{o}$ in k hinein, so dass wir berechtigt sind, von den Relativnormen der Classen von k′ zu sprechen. Dasselbe gilt offenbar auch für jeden in k′ enthaltenen Oberkörper von k.

Sei nun in leicht verständlicher Bezeichnungsweise

$$\mathrm{G}=\{\mathrm{C}_1, \mathrm{C}_2, \cdots \mathrm{C}_{\bar{l}}; \mathrm{D}\} \tag{1}$$

1) Vgl. Hülfssatz in § 16 und Satz 24.

die vollständige Classengruppe von k, wo D wie in § 17 die Gruppe der Classen, deren Ordnung zu l prim sind, und $C_1, C_2, \cdots$ ein System der Basisclassen der Gruppe G_0 bedeuten, die so gewählt sind, dass eine gegebene Untergruppe H von G vom Index l in der Form dargestellt werden kann:

$$H = \{C_1^l, C_2, \cdots C_i; D\}. \tag{2}$$

Anderseits bezeichnen wir mit D_0 diejenige Untergruppe von D, welche aus allen Relativnormen der Classen von k' besteht. Obgleich es sich später herausstellen wird, dass der Gruppenindex $(D : D_0)$ gleich n ist, sind wir in dem gegenwärtigen Stadium nicht berechtfertigt, dies vorauszusetzen, weil Satz 13 nur für einen Oberkörper vom Primzahlgrade bewiesen worden ist. Wir wissen aber, dass gewiss $(D : D_0) > 1$, also D_0 nicht mit D zusammenfällt, eben zufolge jenes Satzes, weil derselbe auf jeden Unterkörper k_0' von k' angewandt werden kann, welcher von einem Primzahlgrade im Bezug auf k ist, da $\mathfrak{m}$ jedes in l aufgehende Primideal als Factor enthält.

Bezeichnen wir ferner mit D' die Gruppe derjenigen Classen von k', deren Relativnormen in D_0 hineinfallen, dann lässt sich die vollständige Classengruppe G' von k' in der Form darstellen:

$$G' = \{C_1, C_2, \cdots D'\}. \tag{3}$$

Denn, ist C' eine beliebige Classe in k' und

$$n(C') = C_1^{e_1} C_2^{e_2} \cdots [D_0],$$

wo n die im Relativkörper k'/k genommene Relativnorm bezeichnet, und $[D_0]$ eine Classe in der Classengruppe D_0 bedeutet. Setzt man dann

$$C' = C_1^{x_1} C_2^{x_2} \cdots U, \tag{4}$$

so dass

$$n(C') = C_1^{nx_1} C_2^{nx_2} \cdots n(U),$$

und bestimmt man $x_1, x_2, \cdots$ so, dass

$$C_1^{nx_1} = C_1^{e_1}, \quad C_2^{nx_2} = C_2^{e_2}, \cdots$$

was ja möglich ist, weil n prim zu l ist, dann folgt

$$n(U) = [D_0],$$

also, dass in (4) U der Gruppe D' angehört.

Zugleich sieht man ein, dass die Classen $C_1, C_2, \cdots$ in k' unabhängig in Bezug auf der Gruppe D' sind. Denn die Annahme

$$C_1^{x_1} C_2^{x_2} \cdots [D'] = 1,$$

wo mit [D'] eine Classe der Classengruppe D' bezeichnet wird, bedingt, dass

$$C_1^{nx_1} C_2^{nx_2} \cdots [D_0] = 1,$$

was nur dann der Fall ist, wenn

$$C_1^{nx_1} = 1, \quad C_2^{nx_2} = 1, \cdots; [D_0] = 1$$

in k; also, weil n prim zu l ist, wenn

$$C_1^{x_1} = 1, \quad C_2^{x_2} = 1, \cdots$$

Die Classen c_1, c_2, $\cdots$ erleiden also in k' weder die Verlust der Unabhängigkeit noch die Erniederung der Ordnungen.

Demnach wird durch

$$H' = \{c_1^l, c_2, \cdots D'\} \tag{5}$$

eine Classengruppe vom Index l in k' definirt.

Für diese Classengruppe H' existirt nun nach dem vorhergehenden Artikel ein zugeordneter Classenkörper K vom Relativgrade l in Bezug auf k', weil k' die primitive l^{te} Einheitswurzel enthält.

Weil aber die Classengruppe H' gegenüber den Substitutionen des Relativkörpers k'/k invariant ist, so fallen die in Bezug auf k mit K relativ conjugirten Körper als Classenkörper von H' nach Satz 6 mit K zusammen; also ist K relativ normal in Bezug auf k. Aus der Tatsache, dass die Relativnormen der Ideale von K in Bezug auf k in die Classengruppe

$$\{c_1^l, c_2, \cdots ; D_0\} \tag{6}$$

hineinfallen, ist aber zu schliessen, dass K relativ Abel'sch in Bezug auf k sein muss.

In der Tat, sei $\mathfrak{p}$ ein Primideal von k, welches nicht in die Primideale des ersten Relativgrades in k' zerfällt, und zugleich in einer Classencomplex

$$c_1^{e_1} c_2^{e_2} \cdots D \quad \text{mit} \quad e_1 \not\equiv 0, \ (l) \tag{7}$$

enthalten ist; die Existenz solcher Primideale folgt aus dem Hülfssatze des § 4. Wäre nun K nicht relativ Abel'sch in Bezug auf k, dann musste jedes in $\mathfrak{p}$ aufgehende Primideal $\mathfrak{p}'$ von k', nach dem vorhin bewiesenen Hülfssatze in l von einander verschiedene Primfactoren in K zerfallen. Folglich musste $\mathfrak{p}'$ einer Classe der Gruppe (5) angehören, und infolgedessen $n(\mathfrak{p}') = \mathfrak{p}^f$ in eine Classe der Gruppe (6) in k hineinfallen. Da aber $\mathfrak{p}$ der Classe (7) angehört, und da f als Teiler von n prim zu l ist, so ist dies unmöglich.

Da also K relativ Abel'sch vom Grade nl in Bezug auf k ist, so enthält K einen Unterkörper K_0, welcher relativ cyclisch vom Grade l in Bezug auf k ist. Dieser Körper K_0 muss nach Satz 13 (vgl. weiter unten) einer Classengruppe in k vom Index l als Classenkörper zugeordnet sein. Diese Classengruppe muss aber, da K_0 in K enthalten ist, offenbar die Classengruppe (6) enthalten, kann also keine andere sein als die vorgelegte Gruppe H.

Die Relativdiscriminante des Körpers K_0/k enthält offenbar kein Primideal als Factor, welches nicht in $\mathfrak{m}$ aufgeht. Geht insbesondere ein Primideal $\mathfrak{l}$ genau zur g^{ten} Potenz in $\mathfrak{m}$ auf, wo $1 < g \leqq \sigma l$, dann ist in k' der Modul $\mathfrak{m}$ genau durch die gn^{te} Potenz von dem entsprechenden Primideal $\mathfrak{l}'$ $(\mathfrak{l} = \mathfrak{l}'^n)$ teilbar. Geht daher dieses Primideal $\mathfrak{l}'$ in die Relativdiscriminante des Körpers K/k' auf, dann ist nach Satz 26 die entsprechende Zahl $v' < gn$. Hieraus ist aber zu schliessen, dass $\mathfrak{l}$ in die Relativdiscriminante von K_0/k aufgehen muss (ausser wenn $g = 1$), und zwar ist die entsprechende Zahl $v < g$. Denn setzt man $\mathfrak{l} = \mathfrak{L}^{nl}$, wo $\mathfrak{L}$ Primideal in K bedeutet, dann folgt, wenn man die Relativdifferente des Körpers K/k einmal als Product der Relativdifferenten von K/K_0 und von K_0/k, das andere Mal als Product der Relativdifferenten von K/k′ und von k′/k darstellt,

$$\mathfrak{L}^{n-1}\mathfrak{L}^{n(v+1)(l-1)} = \mathfrak{L}^{(v'+1)(l-1)}\mathfrak{L}^{l(n-1)},$$

folglich

$$v = \frac{v'}{n},$$

woraus das Gesagte folgt. Wenn aber $g \geqq \sigma l + 1$, dann ist die Beziehung $v < g$ selbstverständlich.[1]

Ist dagegen $\mathfrak{m}$ nur durch die erste Potenz von $\mathfrak{l}$ teilbar ($g=1$), dann ist die Relativdiscriminante von K_0/k prim zu $\mathfrak{l}$. Denn andernfalls würde, wie oben, aus $v' < n$ die unmögliche Beziehung $v < 1$ folgen.

§ 20. Relativ quadratische Classenkörper.

Um den Beweis unseres Existenzsatzes für den Fall durchzuführen, wo der Index der vorgelegten Classengruppe gleich 2 ist, sprechen wir ihn in präcisirter Fassung wie folgt aus.

Satz 27. *In einem algebraischen Körper* k *vom Grade m sei die Idealclassen nach der Zahlengruppe* $\mathfrak{o}$ *derjenigen Zahlen* α *definirt, welche die Bedingung:* $\alpha \equiv 1$ ($\mathfrak{m}$) *befriedigen, jedoch ohne irgendwelcher Vorzeichenbeschränkung unterworfen zu sein. Dann existirt für jede vorgelegte Classengruppe vom Index* 2 *ein relativ quadratischer Oberkörper* K *von* k, *welcher derselben als Classenkörper zugeordnet ist und von der Art, dass unter den mit* K *conjugirten* 2*m Körpern doppelt so viel reelle Körper als unter den mit* k *conjugirten m Körpern vorhanden sind.*

Oder allgemeiner:

Wenn von den r_1 *reellen mit* k *conjugirten Körpern eine beliebige Anzahl* ν: *es seien diese* $k_1, k_2, \cdots k_\nu$, *ausgewählt wird, und wenn in die Zahlengruppe* $\mathfrak{o}^+$ *nur diejenigen Zahlen von* $\mathfrak{o}$ *aufgenommen werden, welche positiv in* $k_1, k_2, \cdots k_\nu$ *ausfallen, dann existirt für jede Classengruppe vom Index* 2 *nach* $\mathfrak{o}^+$, *ein Classenkörper* K, *welcher unter den* 2*m conjugirten Körpern wenigstens* $2(r_1-\nu)$ *reelle aufweist.*

Natürlich soll K die in Satz 23 und Satz 25 ausgesprochenen Bedingungen in Bezug auf die Relativdiscriminante befriedigen.

Beweis. Es genügt, den Satz in der im zweiten Teil ausgesprochenen allgemeineren Form zu beweisen; dies geschieht auf derselben Weise wie in § 18. Nur soll im gegenwärtigen Falle für die Zahl $\bar{t}$ der Wert[2]

$$\bar{t} = d + d' + \sum sf + \sum R(g_1) + \nu + n - (r+1) \qquad (a)$$

angenommen werden, wo 2^n die Anzahl der quadratischen Reste nach $\mathfrak{m}$ ist,

1) Die Beziehung $v < g$ rechtfertigt die Anwendung von Satz 13 auf den Körper K_0/k (vgl. oben).

2) Vgl. Formel (8) in § 17, wo jetzt an Stelle von $\sum R(g)$ und $r_1 - r_0$ bez. $\sum(sf+1) + \sum R(g_1)$ und ν gesetzt werden müssen.

welche in dem System der Zahlen

$$(-1)^{u_0}\varepsilon_1^{u_1}\cdots\varepsilon_r^{u_r}\rho_1^{v_1}\cdots\rho_t^{v_t} \qquad (0\leqq u, v<2)$$

enthalten sind, und in $k_1, k_2, \cdots k_\nu$ positiv ausfallen. Ferner sollen die Zahlen des Systems (3) in § 18, ausser den dort erklärten $t+\sum s'f'+\sum R(2s_1-g_1+1)$ Bedingungen (vgl. S. 127), noch $r_1-\nu$ weiteren unterworfen sein, in den von $k_1, k_2, \cdots k_\nu$ verschiedenen $r_1-\nu$ reellen mit k conjugirten Körpern positiv zu sein. Da diese letzteren Bedingungen $r_1-\nu$ lineare Congruenzen mod. 2 involviren, welche die Exponenten $x, y, u, v, w, \cdots$ der Zahlen (3) in § 18 zu befriedigen haben, so haben wir jetzt an Stelle von (5) in § 18,

$$t' \geqq r+1+t+d+d'+n-\{t+\sum s'f'+\sum R(2s_1-g_1+1)+r_1-\nu\}. \qquad (b)$$

Man erhält aus (*a*) und (*b*)

$$t'-\bar{t} \geqq 2(r+1)-r_1-m,$$

woraus, weil bekanntlich

$$r+1 = \frac{m+r_1}{2},$$

noch immer

$$t' \geqq \bar{t}.$$

Da die Zahl μ (vgl. (4), § 18) nun höchstens in den ν Körpern $k_1, k_2, \cdots k_\nu$ negativ ausfallen kann, so ist die Anwendbarkeit von Satz 13 gesichert, und man überzeugt sich wie in § 18 von der Richtigkeit des zu beweisenden Satzes.

Der obige Beweis bleibt gültig, wenn $\nu=0$, was den ersten Teil unseres Satzes bestätigt.

Man erhält alle für ein gegebenes $\mathfrak{m}$ überhaupt möglichen relativ quadratischen Classenkörper, wenn man in o^+ nur die total positiven Zahlen von o zulässt, und für jede Classengruppe vom Index 2 nach o^+ den entsprechenden Classenkörper construirt.

§ 21. Relativ cyclische Classenkörper vom Primzahlpotenzgrade.

Wir wollen nunmehr den Existenzsatz in dem Falle beweisen, wo H eine Classengruppe nach dem Modul $\mathfrak{m}$ von einem geraden oder ungeraden Primzahlpotenzindex l^h und die complementäre Gruppe G/H cyclisch ist.

Es sei also C eine solche Classe in k, dass erst die l^h te Potenz von C in H enthalten ist; ferner sei G_0 die Classengruppe vom Index, l, welche H in sich enthält, so dass in einer wiederholt angewandten Bezeichnungsweise

$$\mathrm{G} = \{\mathrm{C}, \mathrm{H}\}, \qquad \mathrm{G}_0 = \{\mathrm{C}^l, \mathrm{H}\}.$$

Es existirt alsdann ein relativ cyclischer Körper k′/k vom Grade l, welcher Classenkörper für G_0 ist. Nach Satz 22 ist es nun möglich, ein in $\mathfrak{m}$ aufgehendes invariantes Ideal $\mathfrak{m}'$ so zu wählen, dass die Relativnormen aller Ideale einer Classe nach $\mathfrak{m}'$ in k′ einer und derselben Classe nach $\mathfrak{m}$ in k angehören werden.

Demnach ist die Gruppe der sämtlichen Classen von k' in der Form darstellbar:

$$\{\mathrm{C}, \mathrm{H}'\},$$

wo H' die Gruppe derjenigen Classen von k' bedeutet, deren Relativnormen in die Classengruppe H von k hineinfallen, und C diejenige Classe von k', welche die Ideale von C in k enthält. Von den Potenzen dieser Classe C von k' ist erst die l^{h-1} te in H' enthalten.

Wir nehmen nun an: der Existenzsatz sei bewiesen für den Index l^{h-1}. Demnach existirt ein relativ cyclischer Körper K vom Relativgrade l^{h-1} in Bezug auf k', welcher Classenkörper für die Classengruppe H' von k' ist. Da H' offenbar gegenüber der erzeugenden Substitution s der Galois'schen Gruppe des Relativkörpers k'/k invariant ist, so folgt nach Satz 6, dass K relativ normal in Bezug auf k ist. Weil aber K der Classengruppe H von k zugeordnet ist, so folgt, dass K keinen Unterkörper ausser k' enthält, welcher relativ cyclisch vom Relativgrade l in Bezug auf k ist. Denn ein solcher musste als Classenkörper einer Classengruppe vom Index l in k zugehören, welche notwendig H in sich enthalte. Ausser G_0, welcher der Classenkörper k' zugeordnet ist, gibt es aber keine solche Classengruppe in k.

Bedeutet daher $\mathfrak{G}$ die Galois'sche Gruppe des relativ normalen Körpers K/k, dann ist $\mathfrak{G}$ von der Ordnung l^h, und es enthält $\mathfrak{G}$ eine einzige Untergruppe $\mathfrak{G}_0$ vom Index l (welche die Zahlen von k' unverändert lässt), und es ist

$$\mathfrak{G} = \mathfrak{G}_0 + \mathfrak{G}_0 s + \cdots + \mathfrak{G}_0 s^{l-1}.$$

Hieraus ist aber zu schliessen, dass $\mathfrak{G}$ cyclisch, also s von der Ordnung l^h sein muss. Denn widrigenfalls musste es bekanntlich[1] in $\mathfrak{G}$ eine Untergruppe der Ordnung l^{h-1} geben, welche s enthält und folglich von $\mathfrak{G}_0$ verschieden wäre. Daher ist K relativ cyclisch in Bezug auf k.

Wenn die Relativdiscriminanten der Relativkörper k'/k und K/k' bez. mit $\mathfrak{d}$ und $\mathfrak{d}'$ bezeichnet werden, dann ist die Relativdiscriminante von K/k gleich $\mathfrak{d}\mathfrak{d}'^{l}$. Da nach Annahme jeder Primfactor von $\mathfrak{d}'$ in $\mathfrak{m}'$ also auch in $\mathfrak{m}$ aufgeht, und da dasselbe ebenfalls von $\mathfrak{d}$ gilt, so ist die Relativdiscriminante von K/k durch kein Primideal teilbar, welches nicht in $\mathfrak{m}$ aufgeht.

Oben haben wir die Vorzeichenbedingung für die Classengruppe H ausser Betracht gelassen. Um unseren Existenzbeweis für $l=2$ allgemein zu führen, haben wir die Classen von k nach total positiver Zahlengruppe zu definiren, und demgemäss nach Satz 22 die Classen von k' einer entsprechenden Vorzeichenbedingung zu unterwerfen. Tatsächlich ist aber, wenn der Index von H grösser als 2 ist, und G/H cyclisch, jede Vorzeichenbedingung für die Gruppe $\mathrm{G}_0 = \{\mathrm{C}^2, \mathrm{H}\}$ ohne Belang, so dass k' ein relativ quadratischer Körper von der im ersten Teil des Satzes 27 erläuterten Art ist. Es musste dies so sein, wenn

1) Vgl. z. B. H. Weber, Lehrbuch der Algebra, II (2te Aufl., Braunschweig, 1899) S. 140. Der hier benutzte Gruppensatz ist ein specieller Fall eines allgemeinen Satzes von W. Burnside: vgl. dessen Theory of finite groups (2. ed. Cambridge, 1911.) p. 131–132.

überhaupt ein relativ cyclischer Körper vom 2^h ten Grade existiren soll, welcher den Körper k′ als Unterkörper enthält. Denn für einen reellen Grundkörper muss jeder relativ cyclische Körper vom Grade 2^h notwendig den reellen Unterkörper vom Relativgrade 2^{h-1} enthalten.

§ 22. Existenzbeweis im allgemeinen Falle.

Nachdem im Vorhergehenden unser Existenzsatz in allen denjenigen Fällen bewiesen worden ist, wo die complementäre Gruppe der gegebenen Classengruppe cyclisch von einer Primzahlpotenzordnung ist, können wir nun den allgemeinen Fall rasch erledigen. Sei also H eine Classengruppe von einem beliebigen Index n nach dem Modul $\mathfrak{m}$ mit oder ohne Vorzeichenbeschränkung. Es seien ferner $c_1, c_2, \cdots c_r$ ein System der Basisclassen von den Primzahlpotenzordnungen $l_1^{h_1}, l_2^{h_2}, \cdots l_r^{h_r}$ der vollständigen Classengruppe G in Bezug auf H, derart dass

$$G = \{c_1, c_2, \cdots c_r, H\},$$
$$n = l_1^{h_1} l_2^{h_2} \cdots l_r^{h_r}.$$

Diejenige Untergruppe von G, welche ausser H noch die sämtlichen Basisclassen mit alleiniger Ausnahme von c_ρ enthält, sei mit H_ρ bezeichnet, so dass G/H_ρ cyclisch von der Ordnung $l_\rho^{h_\rho}$ ist. Ist dann K_ρ der Classenkörper für H_ρ, dessen Existenz in den vorhergehenden Artikeln bewiesen worden ist, dann entsteht durch Zusammensetzung der r Körper $K_1, K_2, \cdots K_r$ ein relativ Abel'scher Körper K, welcher der gesuchte Classenkörper für die Classengruppe H sein wird.

Denn da die Relativnormen der Ideale des zusammengesetzten Körpers K_1K_2 offenbar sowohl der Classengruppe H_1 als auch H_2, folglich der Classengruppe $\{c_3, \cdots H\}$ vom Index $l_1^{h_1} l_2^{h_2}$ angehören, so folgt nach Satz 4, dass der Relativgrad von K_1K_2 wenigstens gleich $l_1^{h_1} l_2^{h_2}$ sein muss. Anderseits kann aber dieser Relativgrad höchstens gleich dem Product der Relativgrade der beiden Körper K_1 und K_2 sein; also ist er genau gleich $l_1^{h_1} l_2^{h_2}$. Mit andern Worten: K_1K_2 ist der Classenkörper für die Classengruppe $\{c_3, \cdots H\}$. So fortfahrend überzeugt man sich davon, dass der Körper $K = K_1K_2 \cdots K_r$ in der Tat der Classenkörper für die Classengruppe H ist.

Hieraus folgt aber weiter, dass K vom Relativgrade n ist und dass die Galois'sche Gruppe des Relativkörpers K/k mit der complementären Gruppe G/H holoedrisch isomorph ist.

Da endlich die Relativdiscriminante jedes der Körper $K_1, K_2, \cdots K_r$ kein Primideal als Factor enthält, welches nicht in den Modul $\mathfrak{m}$ aufgeht, so gilt dasselbe auch von der Relativdiscriminante von K.

Wie man sieht, erfüllt der Körper K alle Forderungen des zu Beginn dieses Capitels aufgestellten Satzes 23, welcher nunmehr in allen seinen Teilen vollständig bewiesen worden ist.

Capitel IV. Weitere allgemeine Sätze.

§ 23. Der Vollständigkeitssatz.

Ist $\mathfrak{m}$ ein beliebiges Ideal im Grundkörper k, $\mathfrak{o}^+$ die Zahlengruppe der *total positiven* Zahlen α, welche die Bedingung: $\alpha \equiv 1, (\mathfrak{m})$ erfüllen, dann ist die Classenzahl nach $\mathfrak{o}^+$ durch die Formel gegeben:

$$h(\mathfrak{m}) = h_0 \frac{\varphi(\mathfrak{m})}{e},$$

wo $h_0 = h(1)$ die Classenzahl im absoluten Sinne, φ die Euler'sche Function, und

$$e = (\mathrm{E} : \mathrm{E}_0)$$

der Gruppenindex ist, wobei E die Gruppe der sämtlichen Einheiten in k, die Einheitswurzeln mitgerechnet, und E_0 die Gruppe der Einheiten in $\mathfrak{o}^+$ bedeutet.

Dann existirt nach Satz 23 ein relativ Abel'scher Körper vom Grade $h(\mathfrak{m})$ in Bezug auf k, welcher Classenkörper für die durch $\mathfrak{o}^+$ erzeugte Idealengruppe in k ist. Derselbe sei mit $K(\mathfrak{m})$ bezeichnet.

Dieser Körper $K(\mathfrak{m})$ soll der **vollständige Classenkörper nach dem Modul** $\mathfrak{m}$ genannt werden. Für $\mathfrak{m} = (1)$ ist der Körper $K(1)$ der zuerst von D. Hilbert eingeführte Classenkörper von k, den wir als den *absoluten Classenkörper* bezeichnen wollen. Ist ferner $\mathfrak{m}$ der Führer eines Ringes in k, dann ist derjenige Körper, welchen Hilbert gelegentlich[1] als einen Ringclassenkörper bezeichnet hat, als einen Unterkörper in $K(\mathfrak{m})$ enthalten, wie überhaupt jeder Classenkörper für irgend eine Classengruppe nach dem Modul $\mathfrak{m}$.

Eine wichtige Frage ist nun, ob auch umgekehrt jeder relativ Abel'sche Körper in Bezug auf k als Classenkörper einer Classengruppe nach einem geeignet gewählten Modul $\mathfrak{m}$ in k zugeordnet ist? Diese Frage ist im bejahenden Sinne zu beantworten:

Satz 28. *Alle relativ Abel'schen Körper in Bezug auf einen beliebigen algebraischen Körper werden durch die Classenkörper nach den Idealmoduln in demselben erschöpft.*

Es genügt, diesen Satz für die relativ cyclischen Oberkörper vom Primzahlpotenzgrade zu beweisen.

Denn aus solchen lässt sich jeder relativ Abel'sche Körper zusammensetzen. Anderseits seien K, K' relativ Abel'sch von den Relativgraden n, n' in Bezug auf k und bez. den Classengruppen H, H' nach den Moduln $\mathfrak{m}, \mathfrak{m}'$ als Classenkörper zugeordnet. Ist $\mathfrak{m}_0$ das kleinste gemeinsame Vielfaches von $\mathfrak{m}$ und $\mathfrak{m}'$,

---

1) D. Hilbert, Über die Theorie der relativ Abel'schen Körper. Göttinger Nachr., 1898.

dann sind H, H′ als Classengruppen nach dem Modul $\mathfrak{m}_0$ aufzufassen. Unter der Voraussetzung, dass K, K′ keinen gemeinsamen Unterkörper über k enthalten, folgt, dass die Gruppe {H, H′} mit der vollständigen Classengruppe G von k zusammenfällt, weil sonst der zu der Classengruppe {H, H′} gehörige Classenkörper nach Satz 6 notwendig sowohl in K als auch in K′ enthalten sein musste. Da nun H, H′ bez. vom Index n, n' sind, und {H, H′} = G, so muss die grösste gemeinsame Untergruppe H_0 von H und H′ notwendig vom Index nn' sein. Weil aber die Relativnormen der Ideale von dem zusammengesetzten Körper KK′ vom Relativgrade nn' sämtlich in H_0 enthalten sind, so folgt, dass KK′ der Classenkörper für die Classengruppe H_0 ist. Da dasselbe auch von mehreren relativ Abel'schen Körpern K, K′, K″··· gilt, so folgt das Gesagte.

Da Satz 28 schon für die relativ cyclischen Körper vom Primzahlgrade in Satz 13 bewiesen worden ist, so handelt es sich jetzt darum, den letzteren auf die relativ cyclischen Körper vom Primzahlpotenzgrade zu verallgemeinern.

§ 24. Ueber die Geschlechter im relativ cyclischen Körper eines Primzahlpotenzgrades.

Um am Ende des vorigen Artikels angezeigten Beweis durchzuführen, stellen wir den folgenden Satz auf.

Satz 29. *Es sei* K/k *ein relativ cyclischer Körper vom Primzahlpotenzgrade* l^h. *Dann gibt es stets ein Ideal* $\mathfrak{m}$ *in* k, *welches jedes in die Relativdiscriminante von* K *aufgehende Primideal von* k *als Factor, und zwar solches, welches zu* l *prim ist, zur ersten, dagegen solches, welches in* l *aufgeht, zu einer hinreichend hohen Potenz, enthält, von der Art, dass* K *Classenkörper für eine Classengruppe vom Index* l^h *nach dem Modul* $\mathfrak{m}$ *ist.*

Ferner lässt sich im Oberkörper K *ein in* $\mathfrak{m}$ *aufgehendes Ideal* $\mathfrak{M}$ *auffinden, derart, dass, wenn die Classen in* K *und* k *nach den Zahlengruppen definirt werden, die aus den Zahlen dieser Körper bestehen, welche bez. nach den Moduln* $\mathfrak{M}$, $\mathfrak{m}$ *mit* 1 *congruent sind, jede Classe von* K, *deren Relativnorm die Hauptclasse von* k *ist, die symbolische* 1 — S*te* *Potenz einer Classe von* K *wird, wenn* S *eine erzeugende Substitution der Galois'schen Gruppe des Relativkörpers* K/k *bedeutet.*

Beweis. Zunächst sei das Folgende bemerkt: Wenn es nachgewiesen wird, dass der Körper K einer Classengruppe H vom Index l^h als Classenkörper zugeordnet ist, dann ist klar, dass die complementäre Gruppe G/H notwendig cyclisch sein muss, wo G, wie immer, die vollständige Classengruppe von k bedeutet. Denn andernfalls musste es mehr als eine Classengruppe vom Index l geben, welche H enthält, und jeder derselben nach Satz 23 ein relativ cyclischer Körper vom Relativgrade l als Classenkörper zugeordnet sein muss. Diese Körper mussten aber nach Satz 6 sämtlich in K enthalten sein, was unmöglich ist, weil K relativ cyclisch sein sollte.

Um nun unseren Satz durch vollständige Induction zu beweisen, werde angenommen: der Satz sei für den in K enthaltenen relativ cyclischen Körper K'/k vom Grade l^{h-1} richtig. Hierunter ist genauer folgendes zu verstehen: Die in die Relativdiscriminante von K aufgehenden, zu l primen, und in l aufgehenden Primideale von k seien bez. durchweg mit $\mathfrak{p}$ und $\mathfrak{l}$, die in sie aufgenden Primideale von K bez. K' durchweg mit $\mathfrak{P}$ und $\mathfrak{L}$, bez. $\mathfrak{P}'$ und $\mathfrak{L}'$ bezeichnet, so dass

$$\mathfrak{P}' = \mathfrak{P}^l, \quad \mathfrak{L}' = \mathfrak{L}^l.$$ [1)]

Man setze

$$\mathfrak{m} = \Pi\mathfrak{p}\Pi\mathfrak{l}^u, \quad \mathfrak{M} = \Pi\mathfrak{P}\Pi\mathfrak{L}^U, \quad \mathfrak{M}' = \Pi\mathfrak{P}'\Pi\mathfrak{L}'^{U'}. \tag{1}$$

Es soll dann angenommen werden, dass sobald U und U' bez. grösser als gewisse näherzubestimmende feste Grössen sind, die Relativnormen der Classen (nach $\mathfrak{M}'$) von K' eine Classengruppe H' vom Index l^{h-1} in k (nach $\mathfrak{m}$) ausmachen, dass ferner die Classen von K', deren Relativnormen Hauptclasse von k sind, durch die symbolischen $1-\text{s}^{\text{ten}}$ Potenzen in K' erschöpft werden.

Um nun auf Grund dieser Annahme die entsprechende Tatsache für den Körper K nachzuweisen, machen wir die erlaubte Annahme, dass

$$U' > v, \tag{2}$$

und setzen

$$U = (U'-v)l+v, \tag{3}$$

wo v die mehrmals erklärte Bedeutung in Bezug auf das Primideal $\mathfrak{L}$ und den Relativkörper K/K' besitzt: es ist die Relativdifferente von K/K' genau durch die $(v+1)(l-1)^{\text{te}}$ Potenz von $\mathfrak{L}$ teilbar. (Ist also $U'=v+n$, dann ist $U=v+nl$, wo $n>0$).

Wir setzen diesen Wert von U in den Ausdruck von $\mathfrak{M}$ in (1) ein, und definiren die Classen von K nach diesem Modul $\mathfrak{M}$. Dann kommt Satz 22 in Anwendung, demzufolge die Relativnormen der Classen von K in Bezug auf K' eine Classengruppe H' vom Index l nach $\mathfrak{M}'$ ausmachen, und speciell die Classen von K, deren Relativnormen die Hauptclasse nach $\mathfrak{M}'$ sind, symbolische $1-\text{s}^{l^{h-1}}$ te Potenzen der Classen von K sein müssen.

Da nun die Classengruppe H' ihrer Bedeutung nach offenbar gegenüber s invariant ist, so ist zu schliessen, dass die $(1-\text{s})$ te Potenz jeder Classe von K' notwendig in H' enthalten sein muss. In der Tat: sei C eine nicht in H' enthaltene Classe von K', so dass auch C^{s} nicht in H', folglich in einem Classencomplex $\text{H}'\text{C}^a$ enthalten sein muss, wo a eine Zahl aus der Reihe: $1, 2, \cdots l-1$ bedeutet. Da dann C^{s^n} in $\text{H}'\text{C}^{a^n}$ enthalten ist, so folgt, wenn man $n=l^{h-1}$ macht, dass die $(1-a^n)^{\text{te}}$ Potenz von C in H' enthalten ist, d. h. es ist

$$a^{l^{h-1}} \equiv 1, \quad (l),$$

1) Hiermit ist nicht gesagt, dass jedes $\mathfrak{p}$ und jedes $\mathfrak{l}$ schon in die Relativdiscriminante von K' aufgeht. Auch sollen, wenn mehrere von einander verschiedene $\mathfrak{P}'$ in ein $\mathfrak{p}$ aufgehen, das Product $\Pi\mathfrak{P}'$ und $\Pi\mathfrak{P}$ in (1) auf alle diese Primfactoren von $\mathfrak{p}$ erstreckt werden; gleiches gilt für die Primideale $\mathfrak{l}$.

woraus folgt, dass $a \equiv 1$, (l), also $a=1$ sein muss. Es ist daher C^{1-s} in H' enthalten, wie behauptet wird.

Demnach folgt, nach Annahme, dass alle Classen von K', deren Relativnormen in Bezug auf k die Hauptclasse nach $\mathfrak{m}$ in k sind, in H' enthalten, folglich, da H' nur den l^{ten} Teil der sämtlichen Classen von K' ausmacht, dass die Relativnormen aller Classen von K in Bezug auf k eine Classengruppe H vom Index l^h in k ausmachen, welche in der Classengruppe H' enthalten ist.

Nunmehr ist noch zu zeigen, dass die Classen von K, deren Relativnormen in Bezug auf k die Hauptclasse in k sind, notwendig die symbolischen $1-s^{\text{ten}}$ Potenzen in K sein müssen. Da, wie vorhin bemerkt, die complementäre Gruppe G/H cyclisch ist, so kann man in k eine Basisclasse c angeben, deren Ordnung eine Potenz von l, und von der erst die l^h te Potenz in H enthalten ist. Demnach hat man, in einer leicht verständlichen Bezeichnungsweise

$$\text{G} = \{\text{c}, \text{D}\}, \qquad \text{H} = \{\text{c}^{l^h}, \text{D}\}, \qquad \text{H}' = \{\text{c}^{l^{h-1}}, \text{D}\};$$

dementsprechend lässt sich die vollständige Classengruppe von K' in der Form darstellen:

$$\{\text{c}, D'\}, \tag{4}$$

wo D' den Inbegriff der Classen von K' bedeutet, deren Relativnormen in k in D hineinfallen; so dass jede Classe in D' Relativnorm einer Classe von K in Bezug auf K' ist.

Sei nun C eine Classe von K, deren Relativnorm die Hauptclasse in k ist. Dann ist, nach Annahme

$$\mathfrak{N}(C) = C'^{1-s}, \tag{5}$$

wo $\mathfrak{N}$ die in K genommene Relativnorm in Bezug auf K', und C' eine Classe von K' bedeutet. Da aber nach (4)

$$C' = \text{c}^a[D'], \tag{6}$$

wo mit $[D']$ eine Classe von K' bezeichnet wird, welche der Gruppe D' angehört, folglich Relativnorm einer Classe D von K ist:

$$D' = \mathfrak{N}(D). \tag{7}$$

Aus (5), (6), (7) folgt

$$\mathfrak{N}(C) = \mathfrak{N}(D^{1-s}).$$

Setzt man daher

$$C = D^{1-s}A, \tag{8}$$

so ist A eine solche Classe von K, dass $\mathfrak{N}(A)$ die Hauptclasse von K' ist. Folglich ist A eine $1-s^{l^{h-1}}$ te Potenz, also auch eine $1-s^{\text{te}}$ Potenz einer Classe von K. Dasselbe gilt daher nach (8) auch von C selbst, wie zu beweisen war.

Um eine untere Grenze für den Exponenten u zu bestimmen, sei angenommen, dass das Primideal $\mathfrak{L}$ von K genau zur l^g ten Potenz in $\mathfrak{l}$ aufgeht, sodass die Verzweigung von $\mathfrak{l}$ erst in dem Unterkörper von K vom Relativgrade l^{h-g+1} über k beginnt. Indem wir allgemein mit K_r den in K enthaltenen relativ cyclischen Oberkörper vom Grade l^r über k bezeichnen, seien $v_1, v_2, \cdots v_g$ die Zahlen, die mehrmals erklärte Bedeutung[1] in Bezug auf die Relativkörper $K_{h-g+1}/K_{h-g}, K_{h-g+2}/K_{h-g+1}, \cdots K_h/K_{h-1}$ haben, so dass bekanntlich

$$1 \leqq v_1 < v_2 < \cdots < v_g \tag{9}$$

Für den Modul $\mathfrak{M}_r$ in K_r genügt es, den entsprechenden Exponenten U_r so zu bestimmen, dass

$$u = U_1 = U_2 = \cdots = U_{h-g},$$

und, gemäss (2) und (3), für $\gamma = h-g, h-g+1, \cdots h,$

$$U_\gamma > v_{\gamma-(h-g)+1},$$
$$U_{\gamma+1} = lU_\gamma - (l-1)v_{\gamma-(h-g)+1}.$$

Diese Bedingungen werden erfüllt, wie man leicht mit Hülfe von (9) bestätigt, wenn u so gross genommen wird, dass

$$U = U_h = ul^g - (l-1)\{v_g + v_{g-1}l + \cdots + v_1 l^{g-1}\} > v_g. \tag{10}$$

In die Relativdiscriminante von K/k geht $\mathfrak{l}$ genau zur $\delta(l-1)$ ten Potenz auf, wo[2]

$$\delta = \{(v_g+1) + (v_{g-1}+1)l + \cdots + (v_1+1)l^{g-1}\} l^{h-g}$$
$$= \left\{v_g + v_{g-1}l + \cdots + v_1 l^{g-1} + \frac{l^g - 1}{l-1}\right\} l^{h-g}.$$

Nach (10) kann man daher einen Wert von u finden, derart, dass

$$\delta > u,$$

ausser wenn $h=g=1$, wo notwendig $\delta = u = v_1 + 1$.

Ohne nähere Kenntnis über die Zahlen $v_1, v_2, \cdots v_g$, kann man eine untere Grenze für u angeben, welche sich für alle Fälle bewähren wird: nämlich

$$u > gs + \frac{s}{l-1}, \tag{11}$$

wo s der Exponent der höchsten in l aufgehenden Potenz von $\mathfrak{l}$ bedeutet. Denn es ist nach Satz 8

$$\frac{sl}{l-1} \geqq v_1, \quad \frac{sl^2}{l-1} \geqq v_2, \cdots \frac{sl^g}{l-1} \geqq v_g,$$

so dass aus (11) folgt

$$ul^g > gsl^g + \frac{sl^g}{l-1} \geqq (l-1)\{v_g + v_{g-1}l + \cdots + v_1 l^{g-1}\} + v_g,$$

wodurch (10) befriedigt wird.

Wir haben bisher den Fall ausser Betracht gelassen, wo $l=2$ und unter den mit k conjugirten Körpern reelle vorhanden sind, wo also unter Umständen eine Vorzeichenbedingung für die Classeneinteilung in k unentbehrlich werden kann. Gebe es nun in diesem Falle einen mit k conjugirten reellen Körper k*, für welchen der entsprechende mit K conjugirte Körper K* imaginär ausfällt, dann

1) Es ist v_g die oben (S. 138) mit v bezeichnete Zahl.

2) Vgl. Hilbert, Bericht, Satz 79.

ist notwendig der in K* enthaltene mit K' conjugirte Körper K'* vom Relativgrade 2^{h-1} reell. Es ist daher leicht, in Bezugnahme auf Satz 22 einzusehen, dass unser Beweis seine Gültigkeit beibehält, wenn in der Zahlengruppe, welche der Classeneinteilung in k zu Grunde gelegt wird, nur diejenigen Zahlen, die in allen vorhandenen Körpern k* positiv ausfallen, umsomehr also, wenn nur die total positiven Zahlen zugelassen werden.

Durch das Vorhergende ist, nach der Bemerkung am Ende des § 23, Satz 28 allgemein bewiesen worden. Es ist jeder relativ Abel'sche Körper K/k Classenkörper für eine Classengruppe H in k, deren Führer jedenfalls ein Teiler der Relativdiscriminante von K/k ist, wie man sich auf Grund des vorhergehenden Beweises leicht überzeugt. Nach Satz 23 ist die Galois'sche Gruppe des Relativkörpers K/k holoedrisch isomorph mit der complementären Gruppe G/H. Allgemeiner ist *jeder Unterkörper* K'/k *von* K/k *als Classenkörper einer Classengruppe* H' *zugeordnet, welche* H *in sich enthält und umgekehrt; es ist dabei die Galois'sche Gruppe des relativ Abel'schen Körpers* K/K' *holoedrisch isomorph mit der complementären Gruppe* H'/H.

§ 25. Der Zerlegungssatz.

Wenn K der Classenkörper für die Classengruppe H des Grundkörpers k ist, dann ist jedes zum Führer der Classengruppe relativ prime Primideal von k, welches in K in die Primideale des ersten Relativgrades zerfällt, in einer Classe von H enthalten. Umgekehrt gilt der folgende sehr wichtige Satz.

Satz 30. (*Der Zerlegungssatz*). *Jedes in einer Classengruppe eines beliebigen Körpers enthaltene Primideal zerfällt in die von einander verschiedenen Primideale des ersten Relativgrades in dem Classenkörper für diese Classengruppe.*

Beweis. Es genügt, diesen Satz für den Fall zu beweisen, wo der Oberkörper relativ cyclisch von einem Primzahlpotenzgrade ist. Denn die dem Oberkörper K zugehörige Classengruppe H ist die grösste gemeinsame Untergruppe der Classengruppen, welche den relativ cyclischen Körpern von den Primzahlpotenzgraden zugeordnet sind, aus welchen K zusammengesetzt wird. Zerfällt anderseits ein Primideal des Grundkörpers in allen jenen Körpern in die von einander verschiedenen Primideale des ersten Relativgrades, so muss dasselbe auch in dem zusammengesetzten Körper K gelten, wie leicht einzusehen ist.

Sei also K relativ cyclisch vom Relativgrade l^n in Bezug auf k, H die zugehörige und G die vollständige Classengruppe von k, so dass die complementäre Gruppe G/H cyclisch von der Ordnung l^n ist. Wir setzen

$$\mathrm{G} = \sum^{\alpha} \mathrm{H}\mathrm{A}^{\alpha}, \qquad (0 \leqq \alpha < l^n)$$

wo A eine Classe bedeutet, von welcher erst die l^n te Potenz in H enthalten ist.

Sei ferner C eine Classe in H, und $\mathfrak{p}$ ein Primideal der Classe C. Wir nehmen zunächst an, es sei C nicht l^{te} Potenz einer Classe von k. Dann gibt es offenbar eine Classengruppe H' vom Index l, welche nicht die Classe C enthält, und es ist

$$\mathrm{G} = \sum \mathrm{H}'\mathrm{C}^{\beta}, \qquad (0 \leqq \beta < l).$$

Ist dann H_0 die Durchschnitt der beiden Gruppen H und H', dann ist H_0 vom Index l^{n+1}, und man hat

$$\mathrm{H} = \sum \mathrm{H}_0\mathrm{C}^{\beta}, \qquad (0 \leqq \beta < l)$$
$$\mathrm{H}' = \sum \mathrm{H}_0\mathrm{A}^{\alpha}, \qquad (0 \leqq \alpha < l^n)$$
$$\mathrm{G} = \sum \mathrm{H}_0\mathrm{A}^{\alpha}\mathrm{C}^{\beta}.$$

Der relativ cyclische Körper l^{ten} Grades über k, welcher der Classengruppe H' zugeordnet ist, sei mit K' bezeichnet. Dann ist der zusammengesetzte Körper KK' vom Relativgrade l^{n+1} der Classenkörper für H_0.

Angenommen nun, das Primideal $\mathfrak{p}$ zerfalle in K in ein Product von e von einander verschiedenen Primidealen, und $e < l^n$. Da $\mathfrak{p}$ nicht in H' enthalten ist, so bleibt $\mathfrak{p}$ prim in K'. Wir betrachten nun den Zerlegungskörper K_z für $\mathfrak{p}$ in dem Körper KK'. Da $\mathfrak{p}$ nicht in die Relativdiscriminante von KK' aufgeht, muss KK' relativ cyclisch in Bezug auf K_z sein. Weil aber K_z nach Annahme nicht K und auch nicht K' enthält, ist dies nur so möglich, dass K_zK mit KK' zusammenfällt. Daher ist K_z nicht in K enthalten. Diesem Körper K_z muss daher eine Classengruppe zugeordnet sein, welche H_0, aber nicht H enthält, folglich gewiss nicht die Classe C enthalten kann. Dann könnte aber das in C enthaltene Primideal $\mathfrak{p}$ nicht in die Primideale vom ersten Relativgrade in K_z zerfallen, was ein Widerspruch ist. Es ist daher unsere Annahme zu verwerfen: $\mathfrak{p}$ muss notwendig in l^n von einander verschiedene Primideale in K zerfallen. Somit ist der Satz im gegenwärtigen Falle bewiesen.

Wir gehen nun zu dem Falle über, wo C l^{te} Potenz einer Classe in k ist. Dann muss es eine Zahl ϖ in der Zahlengruppe o geben, die der Classeneinteilung in k zu Grunde gelegt ist, von der Art, dass

$$\mathfrak{p}\mathfrak{j}^l = (\varpi),$$

wo $\mathfrak{j}$ ein gewisses Ideal von k bedeutet. Zum Modul $\mathfrak{m}$ der Zahlengruppe o sei alsdann ein Primfactor $\mathfrak{q}$ hinzugefügt, von der Beschaffenheit, dass jede Einheit ε und jede Zahl ρ, welche l^{te} Potenz eines Ideals von k ist, l^{ter} Potenzrest nach $\mathfrak{q}$, dagegen die Zahl ϖ ein l^{ter} Nichtrest nach $\mathfrak{q}$ ist. Definirt man dann die Classen von k nach dem Modul $\overline{\mathfrak{m}} = \mathfrak{m}\mathfrak{q}$, dann wird das Primideal $\mathfrak{p}$ gewiss in einer Classe enthalten sein, welche nicht die l^{te} Potenz einer Classe ist, und wir können den Beweis des Satzes genau wie oben durchführen.

Es kommt also darauf an, die Existenz des Primideals $\mathfrak{q}$ nachzuweisen. Enthält k die primitive l^{te} Einheitswurzel, dann ist dies evident, weil eine Gleichung von der Gestalt

$$\varpi = \varepsilon^u \cdots \rho^v \cdots \xi^l \qquad (0 \leqq u, v < l) \qquad (1)$$

offenbar nicht durch eine Zahl ξ von k zu befriedigen ist[1]. Enthält aber k nicht die primitive l^{te} Einheitswurzel, dann adjungire man dieselbe dem Körper k, und erweitre ihn zu k'. Da der Relativgrad von k'/k prim zu l ist, so kann eine Relation von der Form (1) auch nicht in k' bestehen. Daher gibt es in k' ein Primideal ersten Grades $\mathfrak{q}'$, für welches

$$\left(\frac{\varpi}{\mathfrak{q}'}\right) \neq 1, \quad \left(\frac{\varepsilon}{\mathfrak{q}'}\right) = 1, \quad \cdots \quad \left(\frac{\rho}{\mathfrak{q}'}\right) = 1, \quad \cdots$$

Ist dann $\mathfrak{q}$ das durch $\mathfrak{q}'$ teilbare Primideal von k, dann ist offenbar $\mathfrak{q}$ ein Primideal von der geforderten Beschaffenheit.

Nur scheinbar allgemeiner als der vorhergehende ist

Satz 31. *Ist* K *der Classenkörper für die Classengruppe* H *von* k, *dann werden die Primideale von* k, *welche einem und demselben Classencomplex* HC *angehören, in* K *auf derselben Weise zerlegt, d. h. sie erfahren in* K *eine Zerlegung in dieselbe Anzahl von Primidealen derselben Relativgrade.*

Beweis. Ist $\mathfrak{p}$ ein Primideal, welches der Classe C oder einer Classe des Complexes HC angehört, dann ist der Zerlegungskörper für $\mathfrak{p}$ in K der umfassendste in K enthaltene Oberkörper von k, in welchem $\mathfrak{p}$ in die Primideale des ersten Relativgrades zerfällt. Dieser Körper ist daher der kleinsten Classengruppe in k zugeordnet, welche H und C enthält, d.h. der Classengruppe {H, C}. Ist daher n der Relativgrad des Körpers K/k, also der Index der Classengruppe H, und ist f der kleinste positive Exponent, für welchen C^f in H enthalten ist, dann ist der Index der Classengruppe {H, C}, und demnach auch der Relativgrad des Zerlegungskörpers für $\mathfrak{p}$ gleich $e = \frac{n}{f}$; und das Primideal $\mathfrak{p}$ zerfällt in K in e von einander verschiedene Primideale vom f^{ten} Relativgrade.

Wir erläutern noch kurz das Zerlegungsgesetz für das in die Relativdiscriminante aufgehende Primideal. Das Gesetz ist besonders einfach für den vollständigen Classenkörper $K(\mathfrak{m})$ nach dem Modul $\mathfrak{m}$. Sei $\mathfrak{l}$ ein genau zur n^{ten} Potenz in $\mathfrak{m}$ aufgehendes Primideal, so dass

$$\mathfrak{m} = \mathfrak{l}^n \mathfrak{m}_0,$$

wo $\mathfrak{m}_0$ prim zu $\mathfrak{l}$ ist. Der Körper $K(\mathfrak{m})$ enthält eine Reihe von Unterkörpern, von welcher der erste der absolute Classenkörper und der letzte der Körper $K(\mathfrak{m})$ selbst ist:

$$K(1), \ K(\mathfrak{m}_0), \ K(\mathfrak{l}\mathfrak{m}_0), \ K(\mathfrak{l}^2\mathfrak{m}_0), \ \cdots \ K(\mathfrak{l}^n\mathfrak{m}_0).$$

Die Relativgrade dieser Körper werden durch die entsprechende Zerlegung des Relativgrades von $K(\mathfrak{m})$ klargestellt:

$$h \times \frac{\varphi(\mathfrak{m}_0)}{(E : E_0)} \times \frac{l^f - 1}{(E_0 : E_1)} \times \frac{l^f}{(E_1 : E_2)} \times \cdots \times \frac{l^f}{(E_{n-1} : E_n)};$$

---

1) Vgl. § 3. S. 84.

hierbei bedeutet h die Classenzahl des Grundkörpers k im absoluten (sogenannten engeren) Sinne; f der absolute Grad des Primideals $\mathfrak{l}$ in k, E die Gruppe der sämtlichen total positiven Einheiten in k, E_e für $e \geqq 0$ die Gruppe derjenigen, welche nach dem Modul $l^e\mathfrak{m}_0$ mit 1 congruent sind, und das Zeichen (A : B) wie bisher den Gruppenindex.

Bezeichnen wir ferner mit G die vollständige Classengruppe von k, mit G_{-1} die durch die sämtlichen total positiven Zahlen von k definirte Idealgruppe, und allgemein mit G_e ($e \geqq 0$) die Idealgruppe, welche durch die total positiven Zahlen α erzeugt wird, die der Congruenz

$$\alpha \equiv 1, \quad (\mathfrak{l}^e\mathfrak{m}_0)$$

genügen, dann sind die oben angegebenen Körper der Reihe nach den Classengruppen zugeordnet:

$$G_{-1}, G_0, G_1, G_2, \cdots G_n.$$

Es ist die complementäre Gruppe G_0/G_1 und dementsprechend der Relativkörper $K(\mathfrak{l}\mathfrak{m}_0)/K(\mathfrak{m}_0)$ cyclisch, dagegen $G_1/G_2, \cdots G_{n-1}/G_n$ und entsprechend $K(\mathfrak{l}^2\mathfrak{m}_0)/K(\mathfrak{l}\mathfrak{m}_0), \cdots K(\mathfrak{m})/K(\mathfrak{l}^{n-1}\mathfrak{m}_0)$ Abel'sch vom Typus $(l, l, \cdots l)$, wo der Rang nicht grösser als f ist. Es ist $K(\mathfrak{m}_0)$ der Trägheitskörper, $K(\mathfrak{l}\mathfrak{m}_0)$ der Verzweigungskörper, $K(\mathfrak{l}^2\mathfrak{m}_0), \cdots K(\mathfrak{m})$ die Verzweigungskörper höheren Grades für $\mathfrak{l}$ in $K(\mathfrak{m})$. Das Primideal $\mathfrak{l}$ wird in $K(\mathfrak{m})$ die Potenz mit dem Exponenten:

$$\frac{\varphi(\mathfrak{l}^n)}{(E_0 : E_n)} = \frac{l^f - 1}{(E_0 : E_1)} \cdot \frac{l^f}{(E_1 : E_2)} \cdots \frac{l^f}{(E_{n-1} : E_n)}$$

eines Ideals, welches ein Product von einer gewissen Anzahl von einander verschiedener Primideale in $K(\mathfrak{m})$ ist. Diese Anzahl und der Relativgrad dieser Primideale werden gefunden, indem man die Zerlegung von $\mathfrak{l}$ in dem Trägheitskörper $K(\mathfrak{m}_0)$ nach Satz 31 bestimmt.

Wenn allgemein K der Classenkörper für die Classengruppe H nach dem Modul $\mathfrak{m}$ ist, dann ist der Trägheitskörper K_t für $\mathfrak{l}$ in K der grösste gemeinsame Unterkörper von K und $K(\mathfrak{m}_0)$, also der Classengruppe

$$\{H, G_0\} = HG_0$$

zugeordnet; sie ist eine Classengruppe nach dem Modul $\mathfrak{m}_0$. Ist

$$\mathfrak{l} = (\mathfrak{L}_1 \cdots \mathfrak{L}_e)^e$$

die Zerlegung von $\mathfrak{l}$ in K, dann ist g gleich dem Relativgrade von K/K_t also gleich dem Gruppenindex $(HG_0 : H) = (G_0 : H_0)$, wenn H_0 den Durchschnitt von G_0 und H bedeutet.

Das in diesem Artikel auseinandergesetzte Zerlegungssatz ist die naturgemässe Verallgemeinerung des Gesetzes, welches die Zerlegung der natürlichen Primzahlen in dem Kreisteilungskörper regeln. Der durch die primitiven m^{ten} Einheitswurzeln definirte Kreisteilungskörper $\varphi(m)^{\text{ten}}$ Grades ist der vollständige Classenkörper $K(m)$, wenn der Grundkörper k der natürliche ist. Ist p eine nicht in m aufgehende rationale Primzahl, dann ist die in Satz 31 mit f

bezeichnete Zahl der kleinste positive Exponent, für welchen $p^f \equiv 1$, (m) ausfällt; p zerfällt daher in $K(m)$ in $e=\varphi(m):f$ von einander verschiedene Primideale. Ist ferner l eine genau zur n^{ten} Potenz in $m=l^n m_0$ aufgehende natürliche Primzahl, dann ist der Trägheitskörper für l in $K(m)$ der Körper $K(m_0)$, d. h. der durch die m_0^{te} primitiven Einheitswurzeln definirte Körper. In $K(m)$ zerfällt l in ein Product von $\varphi(l^n)$ ten Potenzen der e von einander verschiedenen Primideale, wo e genau wie oben zu bestimmen ist, indem man m_0 an Stelle von m setzt.[1]

Als ein weiteres Beispiel sei der Teilungskörper der lemniskatischen Function $\mathrm{sn}(u;\, i)$ angeführt. Der Grundkörper k ist der Gauss'sche; sei $\mathfrak{l}=(1+i)$, und $\mathfrak{m}=(\mu)$ ein ungerades Primideal in k. Der Teilungskörper zum Divisor $\mathfrak{m}$[2] ist dann der Classenkörper $K(\mathfrak{l}^3\mathfrak{m})$ vom Relativgrade $\varphi(\mathfrak{m})=N(\mathfrak{m})-1$. Der Trägheitskörper für $\mathfrak{l}$ ist $K(\mathfrak{m})$ vom Relativgrade $\varphi(\mathfrak{m}):4$. Ist also f der kleinste positive Exponent, für welchen

$$(1+i)^f \equiv i^\alpha, \quad (\mathfrak{m})$$

ausfällt, wo i^α die Einheiten von k bedeutet, und setzt man

$$\frac{\varphi(\mathfrak{m})}{4} = ef,$$

dann zerfällt $\mathfrak{l}$ in $K(\mathfrak{l}^3\mathfrak{m})$ in ein Product von 4ten Potenzen der e von einander verschiedenen Primideale.[3]

§ 26. Ein Criterium für den relativ Abel'schen Zahlkörper.

H. Weber[4] hat den Classenkörper durch die folgende Definition eingeführt, welche, offenbar auf der Analogie mit gewissen in der Theorie der complexen Multiplication der elliptischen Functionen vorkommenden Körpern beruhend, von der unsrigen gründlich verschieden ist.

Es sei im Grundkörper k eine Zahlengruppe H nach dem Modul $\mathfrak{m}$ vorgelegt, welche eine Idealengruppe vom Index h erzeugen möge; ferner sei $\mathfrak{K}$ ein Oberkörper von k vom Relativgrade n, welcher aber nicht als relativ normal vorausgesetzt wird. Dann heisst $\mathfrak{K}$ nach Weber Classenkörper für die Zahlengruppe H, wenn die folgenden Bedingungen erfüllt sind:

1) *Alle Primideale ersten Grades von* k, *die in* H *enthalten sind, zerfallen in* $\mathfrak{K}$ *in ein Produkt von lauter Primidealen ersten Grades.*

1) Vgl. Hilbert, Bericht, Satz 125.

2) Vgl. weiter unten, § 32.

3) Dieses Ergebnis ist durch direkte Rechnung hergeleitet in der Abhandlung: T. Takagi, Über die im Bereiche der rationalen complexen Zahlen Abel'schen Zahlkörper, diese Journal, vol. 19. (1903) [Diese Werke Abh. 6]. Vgl. daselbst S. 27–28, wo jedoch ein Fehler zu corrigiren ist: es soll statt $(1+i)^f \equiv 1$, die richtige: $(1+i)^f \equiv i^\alpha$ zu setzen.

4) Lehrbuch der Algebra, III, S. 607; Vgl. auch Über Zahlengruppen usw. Math. Ann. Bd. 49, S. 87.

2) *Kein Primideal ersten Grades von $\mathfrak{K}$ geht in ein Primideal von* k *auf, welches nicht in* H *enthalten ist.*

In den beiden Forderungen 1) und 2) wird eine endliche Anzahl Ausnahme zugelassen, die dann als Factor in den Modul $\mathfrak{m}$ hingenommen werden, weil von den in den Modul aufgehenden Primidealen von k überhaupt abgesehen werden.

Auf dieser Definition gestützt, beweist Weber[1] die folgenden Tatsachen:

3) Es ist $n \geqq h$.

4) Für ein gegebenes H, kann es nicht mehr als einen Classenkörper $\mathfrak{K}$ geben.

5) $\mathfrak{K}$ ist relativ normal in Bezug auf k.

Ferner spricht er die Vermutung aus:

6) Für jeden Classenkörper $\mathfrak{K}$ ist $n=h$.[2]

Es sei nun K der Classenkörper (in unserem Sinne) für die Classengruppe H. Da die Forderung 2) in unserer Definition des Classenkörpers enthalten ist, und da nach Satz 30 auch 1) erfüllt ist, so ist die Existenzfrage[3] für den Körper $\mathfrak{K}$ nach Satz 23 gelöst, und zwar wie aus 4) folgt, mit der Eindeutigkeit der Lösung. Ferner ist die Vermutung 6) bestätigt, und das Prädicat in 5) zu *„relativ Abelsch“* präcisirt. Nachträglich folgt noch aus Satz 30, dass für alle nicht in dem Führer der Classengruppe H aufgehenden Primideale von k ohne Ausnahme die Bedingung 1) erfüllt sind.

In der Weber'schen Definition des Classenkörpers $\mathfrak{K}$ ist die Forderung versteckt, dass $\mathfrak{K}$ relativ normal in Bezug auf k ist, eine Forderung, die von der Classeneinteilung in k unabhängig ist. In der Tat, besagen 1) und 2), dass überhaupt jedes Primideal ersten Grades von k, welches bei der Zerlegung in $\mathfrak{K}$ ein Primideal ersten Grades von $\mathfrak{K}$ unter den Factoren aufweist, notwendig in lauter Primideale ersten Grades von $\mathfrak{K}$ zerfallen muss; dies ist aber ein Criterium dafür, dass $\mathfrak{K}$ relativ normal in Bezug auf k ist. Denn aus dieser Voraussetzung folgt

$$\prod^{\mathfrak{P}} \frac{1}{1-N(\mathfrak{P})^{-s}} = \left(\prod^{\mathfrak{p}_0} \frac{1}{1-N(\mathfrak{p}_0)^{-s}}\right)^n,$$

wo das Product links auf alle Primideale ersten Grades von $\mathfrak{K}$, und das Product rechts auf alle Primideale ersten Grades von k, welche in n Primideale ersten Grades von $\mathfrak{K}$ zerfallen, erstreckt wird, und wo N das Zeichen für die in dem bezüglichen Körper genommene absolute Norm ist. Daher ist, wenn

$$P_0(s) = \prod^{\mathfrak{p}_0} \frac{1}{1-N(\mathfrak{p}_0)^{-s}}$$

gesetzt wird,

---

1) Lehrbuch, III. S. 607–611.

2) In der S. 102 citirten Abhandlung, nimmt Weber diese Beziehung als eine Forderung in der Definition des Classenkörpers auf.

3) Eine Frage, in die Weber nicht eingeht, indem er sich nur mit den von der Theorie der elliptischen Functionen gelieferten actuell vorhandenen Körpern beschäftigt.

$$\operatorname{Lim}(s-1)^{1/n}P_0(s) = a \qquad (1)$$

endlich und von Null verschieden, wenn sich der reelle Veränderliche s abnehmend der Grenze 1 zustrebt.

Ist nun $\mathfrak{K}'$ ein beliebiger mit $\mathfrak{K}$ relativ conjugirter Körper, dann zerfallen alle Primideale $\mathfrak{p}_0$ in lauter Primideale ersten Grades in $\mathfrak{K}'$, welche letztere mit einer endlichen Anzahl Ausnahmen alle Primideale ersten Grades von $\mathfrak{K}'$ erschöpfen. Gleiches gilt daher von dem zusammengesetzten Körper $\mathfrak{K}\mathfrak{K}'$, für welchen also die entsprechende Relation (1) bestehen muss, demzufolge der Relativgrad von $\mathfrak{K}\mathfrak{K}'$ notwendig gleich n ist. Daher fällt $\mathfrak{K}$ mit $\mathfrak{K}'$ zusammen, ist folglich relativ normal in Bezug auf k.

Unter Hervorhebung dieser Forderung kommt die Weber'sche Definition des Körpers $\mathfrak{K}$ auf das folgende hinaus: Ein relativ normaler Körper $\mathfrak{K}$/k soll in dem zu Beginn des § 4. erläuterten Sinne der Classengruppe H zugeordnet sein (Weber'sche Bedingung 2); in Bezug auf diesen Körper $\mathfrak{K}$ und diese Classengruppe H soll das in Satz 30 ausgesprochene Zerlegungsgesetz gelten (Weber'sche Bedingung 1). Wie oben bemerkt, folgt aus diesen Bedingungen die Uebereinstimmung des Körpers $\mathfrak{K}$ mit unseren Classenkörper für H. Wir sind aber umgekehrt aus dem Zusammenfallen des Körpergrades und des Gruppenindex als Definition des Classenkörpers ausgegangen und durch eine Reihe von Schlüssen an den Zerlegungssatz gelangt. Für den Existenzbeweis hat dieser Weg als eine grosse Erleichterung erwiesen. Immerhin gibt die Weber'sche Definition ein Criterium für den relativ Abel'schen Körper, welches sich für die Anwendung auf die Theorie der complexen Multiplication besonders eignet. Wir wollen dieses Criterium noch als einen Satz aussprechen.

Satz 32. *Wenn* K *relativ normal in Bezug auf* k *ist, und wenn alle in einer Classengruppe* H *von* k *enthaltenen Primideale ersten Grades, und nur diese, wieder in die Primideale ersten Grades in* K *zerfallen, dann ist* K *relativ Abel'sch in Bezug auf* k, *und der Relativgrad von* K *stimmt mit dem Index der Classengruppe* H *überein.*

Zum Schluss sei noch das folgende bemerkt. Sei immer K/k relativ normal vom Relativgrade n, und die Classen von k nach einem Modul $\mathfrak{m}$ definirt. Der Inbegriff aller Classe von k, die ein Primideal enthält, welches in die Primideale ersten Grades in K zerfällt, bildet eine Classengruppe H. Denn sind $\mathfrak{c}$ und $\mathfrak{c}'$ zwei beliebige dieser Classen, dann enthält die Classe $\mathfrak{c}\mathfrak{c}'$ gewiss ein Ideal $\mathfrak{j}$, welches Relativnorm eines Ideals $\mathfrak{J}$ von K ist. Denkt man sich nun die Classen von K auch nach dem Modul $\mathfrak{m}$ definirt, so enthält die Classe von K, welche eben das Ideal $\mathfrak{J}$ enthält, nach Satz 5, ein Primideal ersten Grades $\mathfrak{P}$, derart, dass $\mathfrak{P}=A\mathfrak{J}$, wo $A\equiv 1$, $(\mathfrak{m})$. Hieraus folgt: $\mathfrak{j}=\mathfrak{N}(A\mathfrak{P})=\alpha\mathfrak{p}$, wo $\alpha=\mathfrak{N}(A)\equiv 1$, $(\mathfrak{m})$, $\mathfrak{p}=\mathfrak{N}(\mathfrak{P})$, wenn $\mathfrak{N}$ die Relativnorm in Bezug auf k bedeutet. Daher enthält die Classe $\mathfrak{c}\mathfrak{c}'$ auch ein Primideal ersten Grades von k.

Der Index h dieser Classengruppe H hängt von der Wahl des Moduls $\mathfrak{m}$; nur bleibt stets $h\leqq n$ (Satz 4). Erreicht nun h für einen gewissen Modul $\mathfrak{m}$ die obere Grenze n, dann ist K relativ Abel'sch, er ist der Classenkörper für H. Wird dagegen die obere Grenze n nie erreicht, dann sei H diejenige offenbar eindeutig bestimmte Classengruppe, bei der der Index h den möglichst grossen Wert hat. Dann ist der Classenkörper für H der grösste relativ Abel'sche Körper, welcher in K enthalten ist; K selbst ist folglich nicht relativ Abel'sch. In diesem Falle müssen also in H unendlichviele Primideale enthalten sein, welche in K nicht in die Primideale ersten Grades zerfallen. Mit andern Worten, *die Primideale von* k, *welche in einem relativ normalen aber nicht relativ Abel'schen Oberkörper in die Primideale des ersten Grades zerfallen, lassen sich nicht durch eine Congruenzbedingung characterisiren, wie sie in unseren bisherigen Betrachtungen zu Grunde gelegt worden ist.*

Capitel V. Anwendung auf die Theorie der complexen Multiplication der elliptischen Functionen.

§ 27. Absolut Abel'scher Zahlkörper.

Wenn der Grundkörper k der natürliche ist, dann ist der vollständige Classenkörper K(m) derjenige Zahlengruppe o(m) zugeordnet, welche aus den positiven Zahlen a besteht, die der Congruenz

$$a \equiv 1, \ (m)$$

genügen. Er ist also von der Ordnung $\varphi(m)$. Der Führer für den Körper K(m) ist m, ausgenommen der Fall, wo $m = 2m'$, und m' ungerade ist, wo K(m) = K(m'), und der Führer für denselben gleich m' ist.

Der Körper K(m) ist der Kreisteilungskörper, welcher durch die primitive m^{te} Einheitswurzel erzeugt wird. Denn sei ζ eine solche, und $\mathfrak{P}$ ein Primideal erstens Grades des Kreisteilungskörpers, welches in die rationale Primzahl p aufgehen mag. Dann ist notwendig

$$\zeta^p \equiv \zeta, \ (\mathfrak{P}),$$

also, von einer endlichen Anzahl der in die Zahlen der Form $1-\zeta^a$ aufgehenden $\mathfrak{P}$ abgesehen,

$$p \equiv 1, \ (m).$$

Der Kreisteilungskörper ist daher der durch die Zahlengruppe o(m) definirten Idealengruppe von k zugeordnet. Berücksichtigt man daher nur die Tatsache, dass der Kreisteilungskörper höchstens von der Ordnung $\varphi(m)$ sein kann, so folgt hieraus nach § 26. die Übereinstimmung desselben mit K(m) und somit auch die Irreducibilität der Kreisteilungsgleichung $\varphi(m)^{\text{ten}}$ Grades für ζ.[1]

Wenn a, b relativ prime ganze rationale Zahlen sind, dann ist K(ab) aus

1) Vgl. H. Weber, Lehrbuch, II. (2. Aufl.) S. 728.

$K(a)$ und $K(b)$ zusammengesetzt:

$$K(ab) = K(a) \cdot K(b), \tag{1}$$

weil die Gruppe $o(ab)$ die Durchschnitt der Gruppen $o(a)$, $o(b)$ ist. Daher lassen sich alle Abel'sche Körper auf die Körper

$$K(p^n)$$

zurückführen, wenn p natürliche Primzahlen, und n positive ganzzahlige Exponenten bedeutet.

Wenn von den Zahlengruppen $o(m)$ die Vorzeichenbedingung aufgehoben wird, dann erhält man eine Idealengruppe vom Index $\frac{1}{2}\varphi(m)$. Daher ist $K(m)$ imaginär, enthält aber einen reellen Körper vom halben Grade, welcher durch $\cos\frac{2\pi}{m}$ erzeugt wird. Bezeichnen wir denselben mit $K_0(m)$, dann gelten für diesen das Compositionsgesetz (1) nicht mehr. Denn der zusammengesetzte Körper $K_0(a) \cdot K_0(b)$ ist der Zahlengruppe zugeordnet, deren Zahlen den Congruenzen genügen:

$$x \equiv 1,\ (a),\ \equiv \pm 1,\ (b),$$

oder

$$x \equiv -1,\ (a),\ \equiv \pm 1,\ (b).$$

Diese Gruppe enthält daher als eine Untergruppe vom Index 2 die Zahlengruppe für $K_0(ab)$, welcher folglich relativ quadratisch in Bezug auf $K_0(a) \cdot K_0(b)$ ist.[1] Sind aber a, b ungerade und relativ prim, dann ist, wie man leicht einsieht,

$$K_0(4ab) = K_0(4a) \cdot K_0(4b).$$

Alle reelle Abel'sche Körper lassen sich daher auf die Körper

$$K_0(2^n), \quad K_0(4p^n)$$

zurückführen. Diese sind cyclisch vom Grade 2^{n-2}, $\varphi(p^n)$, und bez. durch $\sin\frac{2\pi}{2^n}$, und $\sin\frac{2\pi}{p^n}$ erzeugt.

Ich habe diese an sich triviale Tatsache erwähnt, weil sie ein gewisses Analogon in der Theorie der complexen Multiplication der elliptischen Function hat, welches dort eine bedeutende Rolle spielen wird.

§ 28. Relativ Abel'sche Oberkörper eines imaginären quadratischen Körpers.

Nebst dem Körper der rationalen Zahlen zeichnen sich die imaginären quadratischen dadurch aus, dass sich die relativ Abel'schen Oberkörper derselben auf gewisse von den Primidealpotenzen im Grundkörper abhängende elementare

1) Ausgenommen der Fall, wo a oder $b = 2$ ist.

Körper zurückführen lassen.

Es sei k ein imaginärer quadratischer Körper von der Discriminante Δ, $\mathfrak{m}$ ein beliebiges Ideal in k, dann ist der vollständige Classenkörper K($\mathfrak{m}$) zum Modul $\mathfrak{m}$ vom Relativgrade

$$\frac{\Phi(\mathfrak{m})h}{w},$$

wo h die Classenzahl von k im absoluten Sinne, Φ die Euler'sche Function in k, und w die in § 23 mit $(\mathrm{E}:\mathrm{E}_0)$ bezeichnete Zahl, hier also die Anzahl der nach $\mathfrak{m}$ incongruenten Einheiten von k bedeutet; es ist demnach,

wenn $\Delta < -4$,

$w = 2$, im allgemeinen,
$w = 1$, wenn $\mathfrak{m}$ in 2 aufgeht;

wenn $\Delta = -4$,

$w = 4$, im allgemeinen,
$= 2$, wenn $\mathfrak{m} = (2)$,
$= 1$, wenn $\mathfrak{m} = (1+i)$ oder $\mathfrak{m} = (1)$;

wenn $\Delta = -3$,

$w = 6$, im allgemeinen,
$= 3$, wenn $\mathfrak{m} = (2)$,
$= 2$, wenn $\mathfrak{m} = (\sqrt{-3})$,
$= 1$, wenn $\mathfrak{m} = (1)$.

Das Ideal $\mathfrak{m}$ ist nicht notwendigerweise der Führer für die Classengruppe, welche dem Körper K($\mathfrak{m}$) zugeordnet ist. Ist aber $\mathfrak{f}$ der Führer, so muss, weil $\mathfrak{f}$ Teiler von $\mathfrak{m}$ ist, K($\mathfrak{f}$) in K($\mathfrak{m}$) enthalten sein, und da K($\mathfrak{f}$) der umfassendste Classenkörper für den Modul $\mathfrak{f}$ ist, so ist notwendig K($\mathfrak{f}$) = K($\mathfrak{m}$); also

$$\frac{\Phi(\mathfrak{m})}{\Phi(\mathfrak{f})} = \frac{w_{\mathfrak{m}}}{w_{\mathfrak{f}}},$$

wo $w_{\mathfrak{m}}$ die oben angegebene Bedeutung hat. Im folgenden geben wir die Tabelle für sämtliche Fälle, wo $\mathfrak{m}$ nicht mit $\mathfrak{f}$ zusammenfällt. Darin werden mit $\mathfrak{p}$, $\mathfrak{p}'$ und $\mathfrak{q}$, $\mathfrak{q}'$ die Primideale ersten Grades von k bezeichnet, welche bez. in 2 und 3 aufgehen, so dass

$$(2) = \mathfrak{p}^2 \text{ oder } = \mathfrak{p}\mathfrak{p}'; \ (3) = \mathfrak{q}^2 \text{ oder } = \mathfrak{q}\mathfrak{q}'.$$

$\Delta \equiv 0, (4)$: $(2) = \mathfrak{p}^2$.

$\mathrm{K}(\mathfrak{m}) = \mathrm{K}(\mathfrak{p}\mathfrak{m})$, wenn $\mathfrak{m}$ ungerade ist.

$k = \mathrm{K}(1) = \mathrm{K}(\mathfrak{p}) = \mathrm{K}(\mathfrak{q}) = \mathrm{K}(\mathfrak{p}\mathfrak{q})$

$\mathrm{K}(2) = \mathrm{K}(2\mathfrak{p}) = \mathrm{K}(2\mathfrak{q})$.

$\Delta \equiv 1, (8)$: $(2) = \mathfrak{p}\mathfrak{p}'$.

$\mathrm{K}(\mathfrak{m}) = \mathrm{K}(\mathfrak{p}\mathfrak{m}), = \mathrm{K}(\mathfrak{p}'\mathfrak{m}), = \mathrm{K}(2\mathfrak{m})$,

wo $\mathfrak{m}$ prim bez. zu $\mathfrak{p}$, $\mathfrak{p}'$, 2 ist.

$k = \mathrm{K}(1) = \mathrm{K}(P) = \mathrm{K}(\mathfrak{q}) = \mathrm{K}(\mathfrak{p}\mathfrak{q}) = \mathrm{K}(\mathfrak{p}'\mathfrak{q}) = \mathrm{K}(2\mathfrak{q})$, wo P die 7 eigentlichen Teiler von 4 bedeutet.

$\Delta \equiv 5,\ (8)$:

$$\mathrm{k} = \mathrm{K}(\mathfrak{l}) = \mathrm{K}(\mathfrak{q}).$$
$$\mathrm{K}(2) = \mathrm{K}(2\mathfrak{q}).$$

$\Delta = -4$: $\mathfrak{p} = (1+i)$

$$\mathrm{K}(\mathfrak{m}) = \mathrm{K}(\mathfrak{p}\mathfrak{m}), \quad \mathfrak{m}, \text{ ungerade}$$
$$\mathrm{k} = \mathrm{K}(\mathfrak{l}) = \mathrm{K}(\mathfrak{p}^n) = \mathrm{K}(1 \pm 2i), \quad 0 \leqq n \leqq 3.$$

$\Delta = -3$: $\mathfrak{q} = (\sqrt{-3})$

$$\mathrm{k} = \mathrm{K}(\mathfrak{l}) = \mathrm{K}(\mathfrak{q}) = \mathrm{K}(\mathfrak{q}^2) = \mathrm{K}(2) = \mathrm{K}(2\mathfrak{q}) = \mathrm{K}(2 \pm \sqrt{-3}).$$

Sind nun $\mathfrak{a}$, $\mathfrak{b}$ relativ prim, dann ist der aus $\mathrm{K}(\mathfrak{a})$ und $\mathrm{K}(\mathfrak{b})$ zusammengesetzte Körper der Classengruppe in k zugeordnet, welche aus den monomischen Idealen (α) besteht, wo für α eine Zahl gesetzt werden kann, die den Bedingungen

$$\left.\begin{aligned} \alpha &\equiv \varepsilon_1, \ (\mathfrak{a}), \\ &\equiv \varepsilon_2, \ (\mathfrak{b}), \end{aligned}\right\} \text{ oder } \left.\begin{aligned} \alpha &\equiv 1, \ (\mathfrak{a}), \\ &\equiv \varepsilon, \ (\mathfrak{b}) \end{aligned}\right\}$$

genügen, wenn mit ε, ε_1, ε_2 beliebige Einheiten von k bezeichnet werden. Für den Körper $\mathrm{K}(\mathfrak{a}\mathfrak{b})$ dagegen müssen $\varepsilon_1 \equiv \varepsilon_2$ oder $1 \equiv \varepsilon$ sein. Es gilt demnach

Satz 33. *Wenn $\mathfrak{a}$, $\mathfrak{b}$ relativ prime Ideale in einem imaginären quadratischen Körper sind, dann ist, abgesehen von gewissen trivialen speciellen Fällen, der aus* $\mathrm{K}(\mathfrak{a})$ *und* $\mathrm{K}(\mathfrak{b})$ *zusammengesetzte Körper als echter Unterkörper in* $\mathrm{K}(\mathfrak{a}\mathfrak{b})$ *enthalten. Der Relativgrad von* $\mathrm{K}(\mathfrak{a}\mathfrak{b})$ *in Bezug auf* $\mathrm{K}(\mathfrak{a})\mathrm{K}(\mathfrak{b})$ *ist* $\frac{w_\mathfrak{a} w_\mathfrak{b}}{w_{\mathfrak{a}\mathfrak{b}}}$, *wo* $w_\mathfrak{m}$ *die in S. 150 erläuterte Bedeutung hat.* (Wenn von den speciellen Fällen: $\Delta = -4$ und $\Delta = -3$ abgesehen wird, ist dieser Relativgrad gleich 2, ausser wenn $\mathfrak{a}$ oder $\mathfrak{b}$ in 2 aufgeht).

Dagegen ist, wenn $\mathfrak{a}$, $\mathfrak{b}$, $\mathfrak{c}$ relativ prim sind und $\mathfrak{a}$ nicht in 2 aufgeht (für $\Delta = -3$, auch noch nicht gleich $(\sqrt{-3})$ ist),

$$\mathrm{K}(\mathfrak{a}\mathfrak{b}\mathfrak{c}) = \mathrm{K}(\mathfrak{a}\mathfrak{b})\mathrm{K}(\mathfrak{a}\mathfrak{c}).$$

Denn der zusammengesetzte Körper $\mathrm{K}(\mathfrak{a}\mathfrak{b}) \cdot \mathrm{K}(\mathfrak{a}\mathfrak{c})$ ist der Zahlengruppe zugeordnet, welche durch das Congruenzensystem

$$\alpha \equiv 1, \ (\mathfrak{a}\mathfrak{b}), \quad \equiv \varepsilon, \ (\mathfrak{a}\mathfrak{c})$$

definirt wird, wo ε eine Einheit von k bedeutet. Es muss daher

$$1 \equiv \varepsilon, \ (\mathfrak{a}),$$

und wegen der dem Ideale $\mathfrak{a}$ auferlegten Beschränkung

$$\varepsilon = 1,$$

folglich

$$\alpha \equiv 1, \ (\mathfrak{a}\mathfrak{b}\mathfrak{c}).$$

Um mich bestimmt auszudrücken und in Hinsicht auf die Beziehung auf die Theorie der complexen Multiplication der elliptischen Functionen, setze ich $\mathfrak{a} = \mathfrak{l}$, wo $\mathfrak{l}$ ein *in 2 aufgehendes Primideal von* k bedeutet, und

$$e = 3 \quad \text{oder} \quad 2,$$

jenachdem

$$\Delta \equiv 0 \quad \text{oder} \quad 1, \ (4),$$

so dass $\mathfrak{l}^e$ nicht in 2 aufgeht. Dann ist, wenn $\mathfrak{l}, \mathfrak{m}, \mathfrak{m}_1, \mathfrak{m}_2, \cdots$ zu je zweien relativ prim sind

$$K(\mathfrak{m}_1\mathfrak{m}_2\cdots) < K(\mathfrak{l}^e\mathfrak{m}_1)\cdot K(\mathfrak{l}^e\mathfrak{m}_2)\cdots = K(\mathfrak{l}^e\mathfrak{m}_1\mathfrak{m}_2\cdots),$$
$$K(\mathfrak{l}^n\mathfrak{m}) = K(\mathfrak{l}^n)K(\mathfrak{l}^e\mathfrak{m}), \qquad (n \geqq e)$$

wo zur Abkürzung mit $K < K'$ das „Enthaltensein von K als echtem Teil in K'" angedeutet wird. Daher folgt

Satz 34. *Jeder relativ Abel'sche Oberkörper von* k *lässt sich zurückführen auf die Classenkörper* $K(\mathfrak{l}^n)$, $K(\mathfrak{l}^e\mathfrak{m})$, *wo* $\mathfrak{m}$ *Potenz eines von* $\mathfrak{l}$ *verschiedenen Primideals bedeutet.*

Bedeutet p eine ungerade rationale Primzahl, dann kann man auch mit den Classenkörpern der folgenden Typen auskommen:

$$K(2^n), \qquad K(p^n), \qquad K(4p),$$

wie man leicht einsehen wird, wenn man sich erwägt, dass

$$K(4p^n) = K(p^n)\cdot K(4p).$$

§ 29. Der durch den singulären Wert der elliptischen Modulfunction erzeugte Ordnungskörper.

Ist ω eine quadratische Irrationalzahl von k, welche der primitiven quadratischen Gleichung von der Discriminante $D = \Delta m^2$:

$$A\omega^2 + B\omega + C = 0,$$
$$(D = \Delta m^2 = B^2 - 4AC)$$

genügt, also eine ganze oder gebrochene Zahl des Ringes mit dem Führer m, dann entsteht, wenn dem Grundkörper k ein singulärer Wert der Modulfunction: $J(\omega)$ adjungirt wird, ein relativ Abel'scher Körper in Bezug auf k, welcher nach H. Weber der *Ordnungskörper für den Führer m* genannt wird. Wir wollen ihn mit $M(m)$ bezeichnen. Derselbe ist der Classenkörper für die Idealengruppe, welche durch die Zahlen α erzeugt wird, die nach dem Modul m mit rationalen Zahlen r congruent sind:[1]

$$\alpha \equiv r, \ (m).$$

Daher ist $M(1)$ der Classenkörper im absoluten Sinne; allgemein ist $M(m)$ der Ringclassenkörper für den Ring mit dem Führer m.

Der Körper $M(m)$ ist vom Relativgrade

$$\frac{\psi(m)}{w_0} h,$$

wo

h die Classenzahl von k im absoluten Sinne,

1) H. Weber, Lehrbuch, III. § 122.

$\psi(m) = \frac{\Phi(m)}{\varphi(m)} = m\prod^{p}\left(1 - \frac{\left(\frac{\Delta}{p}\right)}{p}\right)$, wenn mit Φ, φ die Euler'schen Functionen bez. in k und im Körper der rationalen Zahlen bezeichnet werden, und das Product $\prod^{p}$ auf alle in m aufgehenden natürlichen Primzahlen erstreckt wird,

$$w_0 = 1, \quad \text{im allgemeinen,}$$
$$= 2, \quad \text{wenn} \quad \Delta = -4,$$
$$= 3, \quad \text{wenn} \quad \Delta = -3.$$ [1)]

Der Führer m des Ringes ist begrifflich verschieden von dem Führer der Classengruppe, welcher der Körper $K(m)$ zugeordnet ist, wie wir ihn in § 2 definirt haben. Diesen letzteren bezeichnen wir mit $\mathfrak{f}$. Es ist wichtig, denselben für $M(m)$ zu bestimmen.

Da $M(m)$ jedenfalls Classenkörper nach dem Modul m ist, so ist $\mathfrak{f}$ ein Teiler von m, und wie aus der Natur der zugehörigen Classengruppe ersichtlich, ein invariantes Ideal von k. Wir setzen

$$m = \mathfrak{f}\mathfrak{a} = fa, \tag{1}$$

wo f die kleinste durch $\mathfrak{f}$ teilbare natürliche Zahl bedeutet. Dann muss durch jede Zahl γ von k, die der Congruenz

$$\gamma \equiv 1, \ (\mathfrak{f}) \tag{2}$$

genügt, auch die andere:

$$\gamma \equiv r\varepsilon, \ (m) \tag{3}$$

befriedigt werden, wenn r eine rationale Zahl und ε eine Einheit von k ist. Da im allgemeinen $\varepsilon = \pm 1$, so ersetzen wir (3) durch

$$\gamma \equiv r, \ (m). \tag{4}$$

Vergleicht man die Anzahlen der nach m incongruenten Lösungen von (2) und (4) mit einander, so erhält man

$$N(\mathfrak{a}) = a.$$

Da aber nach (1) $\mathfrak{a}$ durch a teilbar ist, so folgt hieraus $\mathfrak{a}=1$, also ist im allgemeinen $\mathfrak{f}=m$.

In dem speciellen Falle: $\Delta = -4$, sind noch in (3) die Werte $\varepsilon = \pm i$ zu berücksichtigen; weil aber nach (2), (3) $1 \equiv r\varepsilon(\mathfrak{f})$, so kommen nur die Möglichkeiten: $\mathfrak{f}=(1)$ und $\mathfrak{f}=(1+i)$ in Betracht. Da $K(1+i)=K(1)$, so kann $(1+i)$ überhaupt nicht als ein Führer der Classengruppe auftreten. Daher bleibt nur noch ein Fall: $\mathfrak{f}=(1)$ zu untersuchen übrig. In diesem Falle, muss offenbar $M(m)=K(1)=k$, also

$$\psi(m) = 2,$$

woraus als der einzig mögliche Fall, $m=2$ sich ergibt.

In dem zweiten speciellen Falle: $\Delta = -3$, erhält man durch genau dieselbe

---

1) H. Weber, Lehrbuch, III. S. 366. Für $m=1$ ist der Relativgrad immer gleich h, also ist $w_0=1$ zu setzen.

Uberlegung die Bedingung: $\mathfrak{f}=1$, $\mathrm{M}(m)=\mathrm{k}$, woraus

$$\psi(m)=3,$$

so dass man erhält: $m=2$ oder $m=3$.

Daher haben wir nach § 24

Satz 35. *In die Relativdiscriminante von* M(m) *gehen alle und nur die Primideale von* k *auf, welche in* m *aufgehen; ausgenommen sind nur die drei Fälle, wo* M(m) *mit dem Grundkörper* k *zusammenfällt:*

$$\Delta=-4, \quad m=2;$$
$$\Delta=-3, \quad m=2 \text{ oder } 3.$$ [Vgl. S.167 dieser Werke]

Als ein Beispiel für die am Ende des § 26 gemachten Bemerkung behandeln wir noch kurz eine von H. Weber gelöste Aufgabe:

Alle in M(f) *enthaltenen absolut Abel'schen Körper zu finden.*

Es handelt sich darum, den grössten Abel'schen Körper zu bestimmen, welcher in dem (absolut) normalen Körper M(f) enthalten ist, der daher nach § 26 Classenkörper für die dort mit H bezeichnete Gruppe in dem absoluten Rationalitätsbereich ist. Diese Classengruppe H ist aber offenbar durch die rationalen Zahlen a definirt, welche Normen der Zahlen α von k sind, die nach f mit rationalen Zahlen r congruent ausfallen: also

$$\begin{cases} a>0, \\ a\equiv r^2, \ (f) \\ a=\text{Normenrest nach } \Delta.^{1)} \end{cases}$$

Ist daher f_0 das kleinste gemeinsame Vielfache von f und Δ, dann soll a zunächst quadratischer Rest nach jeder in f_0 aufgehenden ungeraden Primzahl sein, und ausserdem noch in Bezug auf die in f_0 aufgehende Potenz von 2 die folgenden Bedingungen befriedrigen:

1) wenn, $f_0\equiv 4, \ (8), \qquad a\equiv 1, \ (4);$

2) wenn, $f_0\equiv 0, \ (8)$, aber $f\not\equiv 0, \ (4)$, folglich $\Delta\equiv 0, (8)$,

$$a=\text{Normenrest nach } 8,$$
$$\equiv \pm 1, \ (8), \ \text{wenn} \ \frac{\Delta}{4}\equiv 2, \ (8),$$
$$\equiv 1, 3, \ (8), \ \text{wenn} \ \frac{\Delta}{4}\equiv -2, \ (8);$$

3) wenn $f_0\equiv 0, \ (8)$, und f wenigstens durch 4 teilbar,[2)]

$$a\equiv 1, \ (8).$$

4) wenn f_0 nur durch 2 teilbar ist, so ist a nur der irrelevanten Beschränkung unterworfen, ungerade zu sein.

Der gesuchte Abel'sche Körper ist demnach zusammengesetzt aus den unabhängigen quadratischen Körpern, die durch die folgenden Zahlen erzeugt

1) Vgl. § 7.

2) Wenn f nur durch 4 teilbar ist, dann soll $a\equiv 1$ (4), und Normenrest nach 8 sein, sodass $a\equiv 5$ (8) ausgeschlossen ist.

werden können:[1]

$\sqrt{(-1)^{\frac{p-1}{2}} p}$, wo p die in f_0 aufgehenden ungeraden Primzahlen sind; und

1) $\sqrt{-1}$, wenn $f_0 \equiv 4$, (8);

2) $\sqrt{\pm 2}$, wenn $f \not\equiv 0$, (4) und $\Delta \equiv 0$, (8), jenachdem

$$\frac{\Delta}{4} \equiv \pm 2, \quad (8);$$

3) $\sqrt{-1}$ und $\sqrt{2}$, wenn $f \equiv 0$, (8),
oder $f \equiv 4$, (8) und $\Delta \equiv 0$, (8).

Endlich seien die folgenden den Modul der Jacobi'schen Functionen betreffenden Tatsachen angeführt, weil wir sie später einmal benutzen müssen.

Es sei ω eine quadratische Irrationalzahl des Körpers k, mit der zugehörigen Discriminante D, d. h. ω genüge einer primitiven quadratischen Gleichung mit ganzen rationalen Coefficienten

$$A\omega^2 + B\omega + C = 0, \tag{5}$$

wo

$$D = B^2 - 4AC = f^2 \Delta,$$

wenn Δ die Discriminante des Körpers k bedeutet. (Demnach ist ω ein Quotient zweier Zahlen des Ringes mit dem Führer f, speciell ist $A\omega$ eine Zahl, die mit 1 eine Basis des Ringes bildet). Wir wollen die Wurzel der Gleichung (5) mit dem positiven imaginären Teil mit

$$\omega = \{A, B, C\}$$

bezeichnen; dann ist

$$\frac{\omega}{2} = \left\{4A, 2B, C\right\}, \quad \left\{2A, B, \frac{C}{2}\right\}, \text{ oder } \left\{A, \frac{B}{2}, \frac{C}{4}\right\},$$

also der Discriminante, $4D$, D, oder $\frac{D}{4}$ zugehörig, jenachdem $C \equiv 1$, (2), $C \equiv 2$, (4), oder $D \equiv 0$, $C \equiv 0$, (4).

Ist dann $\kappa(\omega)$ der Modul der Jacobi'schen Function, und adjungirt man dem Körper k $\kappa^2(\omega)$ oder $\kappa(\omega)$, so ist nach Weber[2]

$$\mathrm{k}[\kappa^2(\omega)] = \mathrm{M}(2f), \tag{6}$$

ferner ist

$$\mathrm{k}[\kappa(\omega)] = \mathrm{M}(2f) \quad \text{oder} \quad \mathrm{M}(4f) \tag{7}$$

jenachdem C gerade oder ungerade ist.

Wendet man dieses Resultat auf $\kappa\left(\frac{\omega}{2}\right)$ an, dann folgt mit Hülfe der Formel (der Gauss'schen Transformation)

1) Vgl. H. Weber, Lehrbuch, III. S. 619. R. Fueter, Math. Ann. 75. S. 183.
2) H. Weber, Lehrbuch, III. S. 505–507.

$$\kappa\left(\frac{\omega}{2}\right)=\frac{2\sqrt{\kappa(\omega)}}{1+\kappa(\omega)}$$

$$\mathrm{k}[\sqrt{\kappa(\omega)}]=\mathrm{M}(2f),\qquad \mathrm{M}(4f),\qquad \mathrm{M}(8f), \tag{8}$$

jenachdem

$$C\equiv 0,\ (4),\qquad C\equiv 2,\ (4),\qquad C\equiv 1,\ (2).$$

Nun sind, wenn $D\equiv 5$, (8), A, C notwendig ungerade, in anderen Fällen kann man stets ein ω so bestimmen, das A ungerade und C gerade und zwar $C\equiv 0$, (4), wird, ausgenommen der Fall: $\varDelta\equiv 0$, (4) und $f\equiv 1$, (2), wo notwendig $C\equiv 2$, (4) ausfällt. Unter dieser Voraussetzung folgt aus (6), (7), (8):

wenn $f\equiv 1,\ (2),\ \varDelta\equiv 0,\ (4)$,

$$\mathrm{k}[\kappa^2(\omega)]=\mathrm{k}[\kappa(\omega)]=\mathrm{M}(2f);\ \mathrm{k}[\sqrt{\kappa}]=\mathrm{M}(4f); \tag{9}$$

wenn $f\equiv 1,\ (2),\ \varDelta\equiv 5,\ (8)$,

$$\mathrm{k}[\kappa^2]=\mathrm{M}(2f),\ \mathrm{k}[\kappa]=\mathrm{M}(4f);\ \mathrm{k}[\sqrt{\kappa}]=\mathrm{M}(8f); \tag{10}$$

wenn $f\equiv 0,\ (2),\ \varDelta\equiv 0,\ (4)$ oder $\varDelta\equiv 5,\ (8)$,

oder wenn $\varDelta\equiv 1,\ (8)$, für beliebiges f,

$$\mathrm{k}[\kappa^2]=\mathrm{k}[\kappa]=\mathrm{k}[\sqrt{\kappa}]=\mathrm{M}(2f). \tag{11}$$

§ 30. Gleichzeitige Adjunction der sîngulären Moduln und der Einheitswurzeln.

Wenn der Ordnungskörper M(m) durch die Adjunction der primitiven m^{ten} Einheitswurzeln erweitert wird, so entsteht ein relativ Abel'scher Körper über k, den wir mit

$$\mathbf{M}(m)$$

bezeichnen wollen. Da M(m') in M(m) enthalten ist, wenn m' in m aufgeht, und ähnliches für die Kreisteilungskörper gilt, so ist das Gleichsetzen von dem Führer des Ordnungskörpers und dem Grad der zu adjungirenden Einheitswurzel offenbar keine wesentliche Beschränkung.

Der Körper $\mathbf{M}(m)$ ist der Classenkörper für die Idealengruppe, welche durch die Zahlen α definirt wird, die der Congruenz

$$\alpha\equiv r_0,\ (m) \tag{1}$$

genügen, wo r_0 eine rationale Zahl bedeutet, derart, dass

$$r_0^2\equiv 1,\ (m). \tag{2}$$

Wenn von den in Satz 35 angegebenen drei trivialen Fällen abgesehen wird, ist m der Führer für den Classenkörper $\mathbf{M}(m)$.[1] [Vgl. S. 167 dieser Werke]

Der Relativgrad von $\mathbf{M}(m)$ ist, in der Bezeichnungsweise des § 29,

1) In Nichtübereinstimmung mit R. Fueter, vgl. Math. Ann, 75, S. 239. Vgl. auch T. Takenouchi, On the relatively Abelian corpus with respect to the corpus defined by a primitive cube root of unity, diese Journal, vol. 37. Art 5 (S. 70), 1916.

$$\frac{\Phi(m)h}{w_0 2^\rho}, \tag{3}$$

wo 2^ρ die Anzahl der nach m incongruenten Lösungen der Congruenz (2) bedeutet.

Wenn $m=p^n$ eine ungerade Primzahlpotenz ist, dann ist in (1) $r_0=\pm 1$ zu setzen, so dass

$$\mathbf{M}(p^n) = \mathrm{K}(p^n). \tag{4}$$

Ebenso ist

$$\mathbf{M}(4) = \mathrm{K}(4); \tag{5}$$

dagegen ist, wenn $n \geqq 3$

$$\mathbf{M}(2^n) < \mathrm{K}(2^n) < \mathbf{M}(2^{n+1}), \tag{6}$$

da dann noch die Werte $r_0=\pm 1+2^{n-1}$ auftreten.

Wenn ferner a, b zwei beliebige relativ prime ganze rationale Zahlen sind, abgesehen von den Specialfällen $\Delta=-4$, $\Delta=-3$,

$$\mathbf{M}(ab) = \mathbf{M}(a)\mathbf{M}(b),$$

also insbesondere, wenn p eine ungerade Primzahl ist, nach (4) und (5)

$$\mathbf{M}(4p) = \mathbf{M}(4)\mathbf{M}(p) = \mathrm{K}(4)\mathrm{K}(p) < \mathrm{K}(4p),$$

und zwar gelangt man von $\mathbf{M}(4p)$ aus erst durch die Adjunction einer Quadratwurzel an $\mathrm{K}(4p)$, eine Tatsache, welche auch in den Specialfällen: $\Delta=-4$, $\Delta=-3$, ihre Geltung beibehält; in der Tat, $\mathbf{M}(4p)$ ist allgemein der Classengruppe zugeordnet, die durch die Zahlen α definirt ist, welche der Congruenz

$$\alpha \equiv 1, \quad 1+2p, \quad (4p)$$

genügen.

Da anderseits $\mathbf{M}(m)$ nur dann $4p$ zum Führer hat, wenn $m=4p$, so ist $\mathrm{K}(4p)$ niemals in einem Körper $\mathbf{M}(m)$ enthalten.

Man sieht hieraus, dass, von den in Satz 34 angegebenen elementaren Körpern, die beiden ersten Typen $\mathrm{K}(2^n)$ und $\mathrm{K}(p^n)$, nicht aber der letzte $\mathrm{K}(4p)$ durch die singulären Moduln und die Einheitswurzeln zu erzeugen sind, dass um $\mathrm{K}(4p)$ zu erhalten, weitere Ausziehung einer Quadratwurzel unumwendbar notwendig ist.[1)]

Allgemeiner ist, wenn m (>2) eine ganze rationale Zahl ist, $\mathrm{K}(m)$ Oberkörper von $\mathbf{M}(m)$ vom Relativgrade $2^{\rho-1}$, welche aus $\rho-1$ unabhängigen relativ quadratischen Körpern über $\mathbf{M}(m)$ zusammengesetzt werden kann; hierbei hat die Zahl ρ dieselbe Bedeutung wie oben in (3).

Das Ergebnis dieser Betrachtungen formuliren wir als

Satz 36. *Jeder in Bezug auf einen imaginären quadratischen relativ Abel'sche Zahlkörper vom ungeraden Relativgrade lässt sich durch Einheitswurzeln und singuläre Werte der Modulfunction $J(\tau)$ erzeugen. Gleiches gilt auch im Falle eines geraden Relativgrades, wenn die Relativdiscriminante keine anderen Primfactoren enthält, als*

1) Eine zuerst von R. Fueter entdeckte Tatsache; vgl. Math. Ann. 75.

solche, die in eine und dieselbe natürliche Primzahl aufgehen; im gegenteiligen Falle aber kann noch die Adjunction gewisser Quadratwurzeln notwendig werden, deren Anzahl im äussersten Falle bis zu der Anzahl der von einander verschiedenen, durch die Primfactoren der Relativdiscriminante teilbaren, rationalen Primzahlen ansteigt.

Wie in den folgenden Paragraphen nachgewiesen werden soll, können alle relativ Abel'sche Oberkörper erzeugt werden, wenn man noch die Teilwerte der Perioden der Jacobi'schen Function sn(u) zu Hülfe nimmt.

§ 31. Ueber die complexe Multiplication der Jacobi'schen Function.

Um die zuletzt erwähnte Frage zu erledigen, betrachten wir die Teilungsgleichung der Jacobi'schen Function sn(u) mit einem singulären Modul $\kappa(\omega)$ durch ein ungerades Ideal. Da es aber nicht in unserer Absicht liegt, die Theorie des Teilungskörpers für sich ausführlich zu entwickeln, so begnügen wir uns damit, nachzuweisen, dass der Elementarkörper K$(4p)$ oder K$(\mathfrak{l}^e\mathfrak{m})$ (vgl. § 28) durch die Teilwerte von sn(u) erzeugt wird, indem wir das hierzu nötige Material aus dem Weber'schen Buche[1] entnehmen.

Sei

$$\omega = \{A, B, C\} \tag{1}$$

eine zur Stammdiscriminante Δ gehörige Irrationalzahl von k, so dass

$$\Delta = B^2 - 4AC,$$

und $[1, A\omega]$ eine Basis des Körpers k bildet.

Für die Function

$$S(v) = \sqrt{\kappa}\,\mathrm{sn}(2Kv, \kappa) = \frac{\vartheta_1(v|\omega)}{\vartheta_0(v|\omega)}$$

und einen ungeraden complexen Multiplicator μ, welcher dem Ringe mit dem Führer 2 angehört, also

$$\mu = a + b\omega, \tag{2}$$

wo a eine ungerade und b eine durch $2A$ teilbare ganze rationale Zahl bedeutet, besteht die folgende Multiplicationsformel:

$$\varepsilon S(\mu v) = \frac{\mathrm{A}(S)}{\mathrm{D}(S)}, \tag{3}$$

wo

$$S = S(v),$$

und

$$\left.\begin{aligned} \mathrm{A}(S) &= A_1 S + A_3 S^3 + \cdots + A_{m-2} S^{m-2} + S^m, \\ \mathrm{D}(S) &= A_1 S^{m-1} + A_3 S^{m-3} + \cdots + A_{m-2} S + 1 \end{aligned}\right\} \tag{4}$$

ganze ganzzahlige Functionen im Körper $\mathrm{k}' = \mathrm{k}(\kappa)$ sind, und

1) H. Weber, III, 23. Abschnitt, vgl. insbesondere S. 576–596.

$$m = \mathrm{N}(\mu) = \mu\mu,$$

ferner

$$\varepsilon = \pm 1 \text{ oder } \pm i,$$

je nach der Beschaffenheit von μ nach dem Modul 4.

Es ist

$$\mathrm{A}(x) = \prod^{\rho}\left\{x - S\left(\frac{2\rho}{\mu}\right)\right\} = 0$$

die *Teilungsgleichung zum Divisor* μ, deren Wurzeln die m Teilwerte

$$S\left(\frac{2\rho}{\mu}\right) \tag{5}$$

sind, wo ρ ein vollständiges Restsystem nach μ durchläuft, allerdings unter der Voraussetzung, dass der Coefficient A in (1) ungerade und prim zu μ ist.[1]

Es ist nun für unseren Zweck unerlässlich, den Coefficienten ε in der Weber'schen Formel (3) genau zu bestimmen, was wir dadurch erreichen, dass die Function $\mathrm{A}(S)$ durch die Thetafunction dargestellt wird.

Ist μ eine beliebige ganze Zahl von k, dann kann man setzen

$$\left.\begin{aligned} \mu &= a + b\omega, \\ \mu\omega &= c + d\omega, \end{aligned}\right\} \tag{6}$$

wo a, b, c, d ganze rationale Zahlen sind, so dass

$$\begin{vmatrix} a-\mu & b \\ c & u-\mu \end{vmatrix} = \mu^2 - (a+d)\mu + ad - bc = 0,$$

$$m = \mathrm{N}(\mu) = \mu\bar{\mu} = ad - bc. \tag{7}$$

Für die conjugirte Zahl $\bar{\mu}$ ergibt dann

$$\left.\begin{aligned} \bar{\mu} &= d - b\omega, \\ \bar{\mu}\omega &= -c + a\omega. \end{aligned}\right\} \tag{8}$$

Ich setze nun

$$\Phi(v) = \alpha e^{\pi i b\mu v^2} \frac{\vartheta_1(\mu v)}{\vartheta_0(v)^m}, \tag{9}$$

wo für den constanten Coefficienten α noch zu verfügen ist. Für diese Function ergibt sich

$$\frac{\Phi(v+1)}{\Phi(v)} = (-1)^{a+b} e^{\pi i b(\mu - b\omega)} = (-1)^{a+b+ab},$$

$$\frac{\Phi(v+\omega)}{\Phi(v)} = e^{2\pi i v(b\mu\omega - d^{\mu} + m)} \times (-1)^{c+d+m} e^{\pi i \omega(b\mu\omega - d^2 + m)}.$$

Nun ist nach (6), (7), (8)

$$b\mu\omega - d\mu + m = \mu(b\omega - d + \bar{\mu}) = 0,$$

$$\omega(b\mu\omega - d^2 + m) = \omega(d\mu - d^2) = d(\mu\omega - d\omega) = cd,$$

so dass

1) Für unseren Zweck genügt es schon, wenn wir ein für allemal annehmen: $A=1$.

$$\frac{\Phi(v+\omega)}{\Phi(v)} = (-1)^{c+d+cd+m}.$$

So weit gilt unsere Formel für jede ganze Zahl μ von k. Ist nun μ wie in (2) eine ungerade Zahl aus dem Ringe mit dem Führer 2, dann ist

$$\left.\begin{array}{c} a \equiv d \equiv 1, \quad b \equiv c \equiv 0, \ (2), \\ m \equiv ad \ (4), \end{array}\right\} \tag{10}$$

und

$$\Phi(v+1) = -\Phi(v), \quad \Phi(v+\omega) = \Phi(v).$$

Demnach ist $\Phi(v)$ eine ganze Function von $S(v)$, und da sie dieselben Nullstellen (5) hat wie $S(\mu v)$, so kann man den constanten Factor α in (9) so bestimmen, dass

$$\mathrm{A}(S) = \Phi(v)$$

wird. Setzen wir $v=0$ und $v=\frac{\omega}{2}$, so erhalten wir nacheinander

$$A_1 = \frac{\alpha\mu}{\vartheta_0^{m-1}},$$

$$1 = \alpha e^{\frac{\pi i b\mu\omega^2}{4}} \left(\frac{\vartheta_1(\mu v)}{\vartheta_1(v)^m}\right)_{v=\frac{\omega}{2}} = \frac{\alpha}{\vartheta_0^{m-1}} \times i^{c+d-m} e^{\frac{\pi i\omega}{4}(b\mu\omega-d^2+m)}$$

$$= \frac{\alpha}{\vartheta_0^{m-1}} i^{c+d-m+\frac{cd}{2}}.$$

Daher ist

$$A_1 = \mu i^{m-c-d-\frac{cd}{2}}$$

und für ε in (3) erhalten wir, indem wir $v=0$ setzen,

$$\varepsilon = i^{m-c-d-\frac{cd}{2}},$$

oder nach (10)

$$\varepsilon = (-1)^{\frac{a-1}{2}} i^{-\frac{c}{2}(d+2)}, \tag{11}$$

und speciell,

$$\text{wenn } c \equiv 0, \ (4), \quad \varepsilon = (-1)^{\frac{a-1}{2}+\frac{c}{4}}. \tag{12}$$

Da nach (6)

$$b\omega^2 + (a-d)\omega - c = 0,$$

so folgt aus (1)

$$\frac{b}{A} = \frac{a-d}{B} = \frac{-c}{C} = 2b',$$

wo b' eine ganze Zahl ist, weil nach (2) b durch $2A$ teilbar ist.

Der in (12) angegebene Fall tritt daher ein, wenn für $\Delta \equiv 0$, (4) und $\Delta \equiv 1$, (8), ω so angenommen wird, dass C gerade ausfällt, was stets angeht, oder wenn für $\Delta \equiv 5$, (8) die Zahl μ dem Ringe mit dem Führer 4 angehört, so dass b' gerade wird; in beiden Fällen ist

$$\varepsilon = (-1)^{\frac{a-1}{2}+\frac{b'c}{2}}. \tag{13}$$

§ 32. Ueber die arithmetische Natur des Teilungskörpers.

Es sei

$$\omega = \{A, B, C\} \tag{1}$$

eine zur Stammdiscriminante Δ gehörige Irrationalzahl von k, von der wir annehmen, dass A ungerade ist und C gerade, wenn $\Delta \equiv 0$, (4) oder $\Delta \equiv 1$, (8), so dass, wenn $\kappa = \kappa(\omega)$, $k' = k[\kappa]$ gesetzt wird, nach § 29

$$\left.\begin{array}{llll} \text{(I)} & k' = M(2) = K(2), & \text{wenn} & \Delta \equiv 0,\ (4), \\ \text{(II)} & k' = M(2) = K(1), & ,, & \Delta \equiv 1,\ (8), \\ \text{(III)} & k' = M(4) = K(4), & ,, & \Delta \equiv 5,\ (8), \end{array}\right\} \tag{2}$$

und folglich k′ der Ringclassenkörper für den Ring

$$\text{R mit dem Führer 2, 1, 4 im Falle (I), (II), (III)} \tag{3}$$

ist.

Ferner sei $\mathfrak{m}$ ein beliebiges ungerades Ideal von k, $T'(\mathfrak{m})$ der Teilungskörper, welcher entsteht, wenn dem Ordnungskörper k′ ein eigentlicher $\mathfrak{m}^{\text{ter}}$ Teilwert von $S(v) = \sqrt{\kappa}\,\mathrm{sn}(u, \kappa)$ adjungirt wird, und welcher relativ Abel'sch in Bezug auf k′ ist, von einem Relativgrade, welcher höchstens gleich $\Phi(\mathfrak{m})$ ist. Es handelt sich darum, nachzuweisen, dass $T'(\mathfrak{m})$ auch relativ Abel'sch in Bezug auf k selbst ist, und vor allem die Classengruppe in k zu bestimmen, welcher $T'(\mathfrak{m})$ zugeordnet ist.

Wir bezeichnen durchweg mit ϖ eine ungerade Zahl vom Ringe R in (3), welche ein Primideal ersten Grades von k erzeugt, mit Ausschluss einer endlichen Anzahl, die in $\mathfrak{m}$ oder ni die Discriminante der $\mathfrak{m}$-Teilungsgleichung von $S(v)$ in k′ aufgehen, und wir setzen

$$p = N(\varpi).$$

Dann ist nach (3), (4), § 31

$$\varepsilon S(\varpi v) = \frac{A_1 S + A_3 S^3 + \cdots + A_{p-2} S^{p-2} + S^p}{A_1 S^{p-1} + A_3 S^{p-3} + \cdots + A_{p-2} S^2 + 1}, \tag{4}$$

wo ε die in (13), § 31 angegebene Bedeutung für $\mu = \varpi$ hat, und die Coefficienten $A_1, A_3, \cdots A_{p-2}$ durch ϖ teilbar sind.[1] Versteht man daher unter v in (4) einen eigentlichen $\mathfrak{m}^{\text{ten}}$ Teil der Periode von $S(v)$, so sind $S(v)$ und $S(\varpi v)$ Wurzel der $\mathfrak{m}$-Teilungsgleichung, wenn, wie vorausgesetzt, ϖ nicht in $\mathfrak{m}$ aufgeht, und es folgt

$$\varepsilon S(\varpi v) \equiv S(v)^p, \ (\varpi). \tag{5}$$

Wenn nun $\mathfrak{P}$ ein Primideal ersten Grades in $T'(\mathfrak{m})$ ist, welches mit einer endlichen Anzahl Ausnahme in ein ϖ aufgeht, so muss

1) H. Weber, l.c. S. 594; vgl. auch T. Takagi, On a fundamental property of the equation of division etc. Proceedings of the Tōkyō Math. Physical Soc., Ser. 2, vol. 7, S. 414. [Diese Werke Abh. 7, S. 40–42.]

$$S(v)^p \equiv S(v), \quad (\mathfrak{P}), \tag{6}$$

so dass nach (5)

$$\varepsilon S(\varpi v) \equiv S(v), \quad (\mathfrak{P}). \tag{7}$$

Da nach Voraussetzung $\mathfrak{P}$ nicht in die Discriminante der Teilungsgleichung aufgeht, so ist dies nur dann möglich, wenn

$$\varepsilon S(\varpi v) \equiv S(v) \tag{8}$$

d. h., wenn

$$\left.\begin{aligned} &\varpi \equiv 1, \quad (\mathfrak{m}), \quad \varepsilon = 1, \\ \text{oder} \qquad &\varpi \equiv -1, \quad (\mathfrak{m}), \quad \varepsilon = -1. \end{aligned}\right\} \tag{9}$$

Umgekehrt, wenn eine Zahl ϖ die Bedingung (9) erfüllt, und ist $\mathfrak{P}$ ein Primideal von $\mathrm{T}'(\mathfrak{m})$, welches in ϖ aufgeht, dann folgt nach (5), da (8) und somit (7) besteht, die Relation (6). Weil aber $S(v)$ den Relativkörper $\mathrm{T}'(\mathfrak{m})/\mathrm{k}'$ erzeugt, und für jede Zahl α in k'

$$\alpha^p \equiv \alpha, \quad (\varpi),$$

so ist für jede Zahl A von $\mathrm{T}'(\mathfrak{m})$

$$A^p \equiv A, \quad (\mathfrak{P}),$$

demnach ist $\mathfrak{P}$ ein Primideal ersten Grades in $\mathrm{T}'(\mathfrak{m})$.

Da $\varepsilon = \pm 1$ eine Congruenzbedingung für die Zahl ϖ nach einer Potenz von 2 als Modul bedeutet, so ist hiermit nach § 26 dargetan, dass der Körper $\mathrm{T}'(\mathfrak{m})$ relativ Abel'sch in Bezug auf k, und zwar derjenigen Idealengruppe zugeordnet ist, welche durch die Zahlen α des Ringes R erzeugt wird, die der Congruenzbedingung (9) genügen:

$$\left.\begin{aligned} &\alpha \equiv \pm 1, \quad (\mathfrak{m}) \\ &\varepsilon = \pm 1. \end{aligned}\right\} \tag{10}$$

Es ist nunmehr unser Ziel, diese Idealengruppe näher zu untersuchen; wie es sich herausstellen wird, ist der Index derselben gleich $\Phi(\mathfrak{m})h'$, wenn h' der Relativgrad von k'/k bedeutet, so dass sich nebenbei ergibt, dass die $\mathfrak{m}$-Teilungsgleichung in k' irreducibel ist. Wir müssen aber fernerhin die zu Beginn des Artikels unterschiedenen drei Fälle einzeln in Betracht ziehen.

$$\text{(I)} \quad \varDelta \equiv 0, \quad (4).$$

In diesem Falle, ist in (1) A ungerade, C gerade, folglich

$$C \equiv 2, \quad (4).$$

Setzt man

$$\theta = A\omega,$$

so ist in k

$$(2) = \mathfrak{l}^2, \quad \text{wo} \quad \mathfrak{l} = [2, \theta].$$

Für eine ungerade Zahl α im Ringe R mit dem Führer 2:

$$\alpha = a + b\omega = a + 2b'\theta$$

wird nach (13), § 31, da $\frac{C}{2}$ ungerade ist,

$$\varepsilon = (-1)^{\frac{a-1}{2}+b'}, \tag{11}$$

also $\varepsilon = 1$, dann und nur dann, wenn

$$a \equiv 1,\ (4), \quad b' \equiv 0,\ (2),$$

oder

$$a \equiv -1,\ (4), \quad b' \equiv 1,\ (2).$$

Nach (10) kommt daher die Zahlengruppe

$$\left.\begin{array}{l} \alpha \equiv 1,\ (\mathfrak{m}) \\ \alpha \equiv 1 \text{ oder } -1+2\theta,\ (\mathfrak{l}^4) \end{array}\right\} \tag{12}$$

in Betracht. Man sieht daher ein, dass

$$\mathrm{K}(\mathfrak{l}^2\mathfrak{m}) < \mathrm{T}'(\mathfrak{m}) < \mathrm{K}(\mathfrak{l}^4\mathfrak{m}), \tag{13}$$

ohne dass $\mathrm{T}'(\mathfrak{m})$ mit $\mathrm{K}(\mathfrak{l}^3\mathfrak{m})$ zusammenfällt, welcher letztere der Zahlengruppe

$$\alpha \equiv 1,\ (\mathfrak{m}), \quad \alpha \equiv 1,\ 1+2\theta,\ (\mathfrak{l}^4)$$

zugeordnet ist.

Bezeichnet man nun mit $\mathrm{T}_0(\mathfrak{m})$ denjenigen Körper, welcher aus k' entsteht durch Adjunction der Quadrat $S(v)^2$ des $\mathfrak{m}^{\text{ten}}$ Teilwertes von $S(v)$, oder, was auf dasselbe hinauskommt, von der Quadrat $\mathrm{sn}^2(u)$ des $\mathfrak{m}^{\text{ten}}$ Teilwertes von der Function $\mathrm{sn}(u)$ selbst, dann ist

$$\mathrm{T}_0(\mathfrak{m}) = \mathrm{K}(\mathfrak{l}^2\mathfrak{m}), \tag{14}$$

weil für diesen die Bedingung $\varepsilon = 1$ wegfällt.[1)]

Um aber den Körper $\mathrm{K}(4\mathfrak{m}) = \mathrm{K}(\mathfrak{l}^4\mathfrak{m})$ zu erhalten, hat man dem Körper $\mathrm{T}'(\mathfrak{m})$ noch $\sqrt{\kappa}$ zu adjungiren, weil nach § 29, $\mathrm{k}[\sqrt{\kappa}] = \mathrm{M}(4)$ der Zahlengruppe: $\alpha \equiv \pm 1,\ (4)$ zugeordnet ist.

Der Körper $\mathrm{K}(4\mathfrak{m})$ ist relativ biquadratisch in Bezug auf $\mathrm{K}(2\mathfrak{m})$; er lässt sich zusammensetzen aus zwei relativ quadratischen Körpern über $\mathrm{K}(2\mathfrak{m})$, enthält folglich drei von einander verschiedenen relativ quadratischen Körper über $\mathrm{K}(2\mathfrak{m})$, welche bez. den Zahlengruppen

$$\begin{array}{lll} \alpha \equiv 1,\ (\mathfrak{m}), & \alpha \equiv 1,\ -1+2\theta, & (\mathfrak{l}^4), \\ \alpha \equiv 1,\ (\mathfrak{m}), & \alpha \equiv 1,\ -1, & (\mathfrak{l}^4), \\ \alpha \equiv 1,\ (\mathfrak{m}), & \alpha \equiv 1,\ \ 1+2\theta, & (\mathfrak{l}^4) \end{array}$$

zugeordnet sind. Der erste ist $\mathrm{T}'(\mathfrak{m})$, der zweite entsteht aus $\mathrm{T}_0(\mathfrak{m})$ durch Adjunction von $\sqrt{\kappa}$; der dritte, welcher $\mathrm{K}(\mathfrak{l}^3\mathfrak{m})$ ist, muss daher notwendig derjenige Körper $\mathrm{T}(\mathfrak{m})$ sein, welcher durch die Adjunction von dem *Teilwerte von* $\mathrm{sn}(u)$ *selbst*, (d.h. $S(v)/\sqrt{\kappa}$) entsteht:

$$\mathrm{T}(\mathfrak{m}) = \mathrm{K}(\mathfrak{l}^3\mathfrak{m}). \tag{15}$$

Dieses merkwürdige Ergebnis wollen wir noch auf einem directeren Weg herleiten. Da nach § 29

1) Vgl. Weber, l.c. S. 596.

$$\mathrm{k}[\sqrt{\kappa}] = \mathrm{M}(4),$$

so zerfällt ein Primideal (ϖ) von k, wo

$$\varpi = a + 2b'\theta,$$

dann und nur dann in die Primideale ersten Grades in $\mathrm{k}(\sqrt{\kappa})$, wenn

$$b' \equiv 0, \quad (2).$$

Hieraus ist aber zu schliessen, dass[1)]

$$\kappa^{\frac{p-1}{2}} \equiv (-1)^{b'}, \quad (\varpi).$$

Daher folgt aus (5) und (11)

$$(-1)^{\frac{a-1}{2}} \mathrm{sn}(\varpi u) \equiv \mathrm{sn}(u)^{p}, \quad (\mathfrak{P}),$$

sodass nun für ϖ die Bedingung erhalten wird:

$$\left.\begin{array}{ll} \varpi = a + 2b'\theta \equiv 1 & (\mathfrak{m}) \\ a \equiv 1 & (4) \end{array}\right\}.$$

Da b' beliebig ist, so wird für die zugeordnete Zahlengruppe

$$\left.\begin{array}{l} \alpha \equiv 1, \quad (\mathfrak{m}), \\ \alpha \equiv 1, \quad (\mathfrak{l}^3), \end{array}\right\}$$

wie zu beweisen war.

$$(\text{II}) \quad \Delta \equiv 1, \quad (8).$$

Es empfiehlt sich in diesem Falle A ungerade und

$$C \equiv 0, \quad (4)$$

anzunehmen, was erreicht wird, wenn man nötigenfalls ω durch $\omega + 2$ ersetzt. Dann ist in k

$$(2) = \mathfrak{l}\mathfrak{l}', \text{ wo } \mathfrak{l} = [2, \theta], \quad \mathfrak{l}^2 = [4, \theta], \quad \mathfrak{l}' = [2, 1+\theta].$$

Es ist hier $\mathrm{k}' = \mathrm{K}(1)$, aber wenn verlangt wird, dass α ungerade, also prim zu $\mathfrak{l}$ und $\mathfrak{l}'$ sein soll, so ist

$$\alpha = a + b\omega = a + 2b'\theta,$$

demnach kommt nach (13) § 31, da $C \equiv 0$, (4),

$$\varepsilon = (-1)^{\frac{a-1}{2}}.$$

Daher ist $\varepsilon = 1$, dann und nur dann, wenn $a \equiv 1$, (4), d. h. aber, wenn

$$\alpha \equiv 1 \quad (\mathfrak{l}^2\mathfrak{l}').$$

Man erhält somit

$$\mathrm{T}'(\mathfrak{m}) = \mathrm{K}(\mathfrak{l}^2\mathfrak{l}'\mathfrak{m}) = \mathrm{K}(\mathfrak{l}^2\mathfrak{m}),^{2)}$$

und weil nach § 29 $\mathrm{k}[\sqrt{\kappa}] = \mathrm{k}[\kappa]$, so ist hier

$$\mathrm{T}(\mathfrak{m}) = \mathrm{T}'(\mathfrak{m}) = \mathrm{K}(\mathfrak{l}^2\mathfrak{m}). \tag{16}$$

---

1) Da sowohl 4κ als auch $\frac{4}{\kappa}$ ganze Zahlen sind, so enthält κ im Zähler und Nenner keinen ungeraden Idealfactor, vgl. Weber, l.c. S. 581.

2) Vgl. § 28.

Für $T_0(\mathfrak{m})$ fällt die Bedingung: $\varepsilon=1$ weg, sodass $T_0(\mathfrak{m})$ gleich $K(2\mathfrak{m})$, folglich[1]

$$T_0(\mathfrak{m}) = K(\mathfrak{m}). \tag{17}$$

(III) $\Delta \equiv 5,\ (8)$.

In diesem Falle sind die Coefficienten A, B, C ungerade, und 2 bleibt prim in k. Für die Zahl α im Ringe R mit dem Führer 4

$$\alpha = a+b\omega = a+4b'\theta$$

erhält man nach (13) § 31, da C ungerade ist,

$$\varepsilon = (-1)^{\frac{a-1}{2}+b'}, \tag{18}$$

also $\varepsilon=1$, dann und nur dann, wenn

$$a \equiv 1 \quad (4), \qquad b' \equiv 0 \quad (2),$$

oder

$$a \equiv -1 \quad (4), \qquad b' \equiv 1 \quad (2).$$

Die Zahlengruppe wird folglich durch die folgenden Congruenzen definirt:

$$\left.\begin{array}{l} \alpha \equiv 1,\ (\mathfrak{m}), \\ \alpha \equiv 1, 5, -1+4\theta, -5+4\theta,\ (8), \end{array}\right\}$$

woraus einzusehen ist, dass $T'(\mathfrak{m})$ in $K(8\mathfrak{m})$ enthalten ist, ohne aber mit $K(4\mathfrak{m})$ zusammenzufallen.

Nun ist im gegenwärtigen Falle $k[\sqrt{\kappa}]=M(8)$, sodass

$$\sqrt{\kappa}^{\,p-1} = \kappa^{\frac{p-1}{2}} \equiv 1,\ (\varpi),$$

dann und nur dann, wenn $\varpi=a+4b'\theta$, und $b'\equiv 0$ (2); also

$$\kappa^{\frac{p-1}{2}} \equiv (-1)^{b'},\ (\varpi).$$

Nach (5) und (18) erhält man daher

$$(-1)^{\frac{a-1}{2}}\operatorname{sn}(\varpi u) \equiv \operatorname{sn}(u)^p,\ (\mathfrak{P}),$$

sodass für den Teilungskörper der Function sn, die Zahlengruppe:

$$\left.\begin{array}{l} \alpha \equiv 1,\ (\mathfrak{m}), \\ \alpha \equiv 1,\ (4) \end{array}\right\}$$

auftritt, d.h. es ist

$$T(\mathfrak{m}) = K(4\mathfrak{m}). \tag{19}$$

Für den Körper $T_0(\mathfrak{m})$ erhält man, da die Bedingung $\varepsilon=1$ wegfällt, die Zahlengruppe:

$$\left.\begin{array}{ll} \alpha \equiv 1, & (\mathfrak{m}), \\ \alpha \equiv \pm 1, & (4). \end{array}\right\}$$

Abgesehen von dem Falle $\Delta=-3$, kann man daher setzen

$$T_0(\mathfrak{m}) = K(4)K(\mathfrak{m}). \tag{20}$$

In allen Fällen hat sich somit ergeben, dass bei der geeigneten Wahl von ω im imaginären quadratischen Körper k, der Teilungskörper $T(\mathfrak{m})$ der

1) Vgl. § 28.

Jacobi'schen Function $\mathrm{sn}(u, \omega)$ für einen ungeraden Divisor $\mathfrak{m}$ mit dem Elementarkörper $K(\mathfrak{l}^e\mathfrak{m})$ des § 28 übereinstimmt. Mit Rücksicht auf Satz 36 erhalten wir daher in **Bestätigung der Kronecker'schen Vermutung**

Satz 37. *Alle relativ Abel'sche Oberkörper eines imaginären quadratischen Körpers werden durch die Einheitswurzeln, die singulären Moduln und die Teilwerte der Jacobi'schen Function erzeugt.*

Abgeschlossen im Februar, 1920.

Berichtigung*

zu meiner Arbeit: Ueber eine Theorie des relativ Abel'schen Zahlkörpers,

dieses Journal, Vol. XLI, Art. 9 [diese Werke Abh. 13].

S. 84,	Z. 8 v. u.	lies	ξ_1^e	statt	ξ.
S. 96,	Z. 18 v. o.	〃	$\mathfrak{L}^{v+1}$	〃	$\mathfrak{l}^{v+1}$.
S. 97,	Z. 11 v. o.	〃	$\mathfrak{L}^{v+1}$	〃	$\mathfrak{l}^{v+1}$.
S. 105,	Z. 6 v. o.	〃	l^{v_0}	〃	v_0.
S. 106,	Z. 3 v. u. (auf der rechten Seite der Gleichung)	lies	2	statt	l.
S. 125,	Z. 16 v. u.	〃	r_ν	〃	t_ν.
S. 143,	Z. 1 v. u.	〃	$\mathfrak{m}_0$	〃	m_0.

S. 154, Satz 35, den aufgezählten Ausnahmefällen hinzuzufügen:

$$\Delta \equiv 1 \pmod 8, \quad m = 2m',\ m' \text{ ungerade;}$$

in diesem Falle ist der Führer m', die Relativdiscriminante somit prim zu 2.

S. 156, Z. 3 v. u. lies *vier* statt *drei*, entsprechened der Berichtigung zu S. 154, Satz 35. Die Fussnote bezieht sich auf den von Herrn Fueter a. a. O. übersehenen Fall:

$$\Delta = -3, \quad m = 2.$$

---

*) [Von den unten stehenden Korrekturen sind die ersten sieben bereits im Text berücksichtigt.]

14. Sur quelques théorèmes généraux de la théorie des nombres algébriques

[Comptes rendus du congrès international des mathématiciens. Strasbourg, 1920, pp 185–188]

Dans un Mémoire qui vient d'être publié comme un des derniers cahiers du Journal de notre Faculté[1], j'ai exposé une théorie du corps algébrique relativement abélien. Ce Journal étant peu connu parmi nos collègues, je profite de l'occasion du Congrès pour vous communiquer les principaux résultats auxquels je suis arrivé.

La notion d'idéaux équivalents et celle de la classe d'idéaux ont éprouvé dans ces derniers temps des généralisations considérables, notamment par Henri Weber.

Deux idéaux a, b d'un corps algébrique k sont équivalents et appartiennent à la même classe au sens le plus large du mot, quand il existe dans le corps k un nombre x tel que

$$a = xb,$$

c'est-à-dire que le quotient des idéaux $\frac{a}{b}$, est un idéal principal fractionnaire (x).

Cette définition de la classe d'idéaux est fondée sur ce fait que les idéaux principaux (x) d'un corps k forment dans leur ensemble un groupe par multiplication.

On voit immédiatement que les classes d'idéaux peuvent être définies plus généralement en soumettant les quotients $\frac{a}{b}$ aux autres restrictions, pourvu qu'ils forment toujours un groupe par multiplication.

En envisageant la totalité des idéaux entiers et fractionnaires d'un corps k qui sont premiers relativement à un idéal donné m (l'*excludent* de Weber), qui forment en leur ensemble un groupe G par multiplication, soit O un sous-groupe de celui-ci. On peut alors répartir les idéaux de G en un nombre fini ou infini de complexes d'idéaux de la forme Oa, qui sera une classe d'idéaux

1) T. Takagi, *Ueber eine Theorie des relativ Abel'schen Zahlkörpers* (Journal of the College of Science. Tokio Imperial University, vol. 41, Art. 9.) [Ces oeuvres, p. 73-166.]

suivant le groupe O, ce dernier étant la classe principale.

Pour être féconde, on doit soumettre le group O suivant lequel les classes sont définies aux restrictions convenables. Celle qui s'est montrée comme la plus importante est la suivante, que je désignerai comme la *condition de Dirichlet:*

Soit a un idéal entier quelconque de notre corps et soit $T(n)$ le nombre des idéaux principaux contenus dans O qui soient divisibles par a, et dont les normes soient inférieures à n. Il faut alors qu'on ait

$$\operatorname{Lim} \frac{T(n)}{n} = \frac{c}{N(a)},$$

où c est une constante positive dépendant seulement de G et O.

De cette condition il s'ensuit que le nombre de classes est fini.

Soit maintenant K un corps supérieur relativement normal de degré relatif n.

Celles des classes du corps de fond k qui contient la norme d'idéal du corps supérieur forment évidemment un sous-groupe H du groupe complet G de classes du corps k, dont l'index $(G:H)$ n'est jamais supérieur au degré relatif n. C'est là une conséquence importante de la condition de Dirichlet.

Si toutefois le degré relatif du corps supérieur K est égal à l'index $(G:H)$ du groupe de classes correspondant H, j'appellerai alors le corps supérieur K *le corps de classes* attaché au groupe de classes H, en modification d'une terminologie introduite par H. Weber.

La condition de Dirichlet est remplie, quand on prend pour O le groupe d'idéaux principaux définis par les nombres α du corps k satisfaisant à la congruence: $\alpha \equiv 1 \pmod{m}$, m étant un idéal quelconque de k.

On peut aussi assujettir ces nombres α aux certaines restrictions concernant les signes que prennent les nombres réels conjugués à α, restrictions qui se conforment à la propriété du groupe, par exemple, d'avoir la norme positive, ou d'être totalement positif[1].

Dans ce qui suit, il ne s'agira que de classes d'idéaux définis de cette manière par voie de congruence avec des restrictions de signes.

Ces préliminaires étant posés, j'énonce quelques théorèmes généraux sur les corps relativement abéliens par rapport au corps donné k, en vous renvoyant pour la démonstration à mon mémoire que j'ai cité antérieurement.

Le premier de ces théorèmes fondamentaux est le théorème d'existence du corps de classes, que voici:

Étant donné dans le corps de fond k un groupe de classes H suivant le module m, il existe toujours un corps de classes, et un seul, attaché à celui-là; il jouit des propriétés suivantes:

1° Il est relativement abélien par rapport au corps de fond k;

---

1) Ces conditions peuvent être posées d'une manière beaucoup plus générale; voir le mémoire cité.

2° Le groupe de Galois du corps relatif K/k est holoédriquement isomorphe au groupe complémentaire G/H du groupe de classes;

3° Aucun idéal premier de k, ne divisant pas la module de m, n'entre comme facteur dans le discriminant relatif au corps supérieur K;

4° Tout idéal premier du corps de fond k qui appartient au groupe de classes H, et celui-ci seulement, se décompose en facteurs premiers du premier degré relatif dans le corps supérieur K. Plus généralement, tout idéal appartenant au même complexe Hc se décompose de la même manière en facteurs premiers dans le corps supérieur K.

C'est là un théorème qui contient comme cas particulier celui qui a été énoncé le premier par M. Hilbert, dans le cas où le module m est égal à 1.

Également important est le théorème réciproque qui s'énonce ainsi:

Soit K un corps donné relativement abélien par rapport au corps de fond k, et soit m le discriminant relatif. En définissant les classes d'idéaux dans ce dernier corps suivant le groupe d'idéaux $O(m)$[1], ——je désignerai ainsi le groupe d'idéaux principaux définis par les nombres α totalement positifs et satisfaisant à la congruence: $\alpha \equiv 1 \pmod{m}$, ——il existe toujours un groupe de classes H, tel que le corps supérieur K est le corps de classes attaché à celui-là.

C'est ainsi que tous les corps supérieurs relativement abéliens par rapport à un corps algébrique donné et d'un autre côté tous les groupes de classes d'idéaux de ce corps se mirent en correspondance univoque et réciproque et de telle manière de plus que les corps supérieurs K et K' étant attachés respectivement aux groupes de classes H et H', K contiendrait K' comme sous-corps, lorsque H serait contenu comme sous-groupe dans H', et réciproquement.

En désignant alors par $K(m)$ *le corps de classes complet suivant le module m*, c'est-à-dire le corps de classes attaché au groupe $O(m)$ lui-même, on voit que tout corps supérieur relativement abélien est contenu dans un corps $K(m)$, quand m est divisible par le discriminant relatif du coprs supérieur.

Outre le corps de nombres rationnels, les corps quadratiques imaginaires jouissent de ce caractère spécial que tous les corps relativement abéliens se ramènent à certains corps simples, dépendant des idéaux premiers du corps de fond. On peut prendre pour ceux-ci les corps:

$$K(l^n), \quad (n=1, 2, \cdots),$$

et

$$K(l^e p), \quad (e=3 \text{ ou } 2),$$

1) Cette condition suffisante est beaucoup plus générale qu'il n'est nécessaire. On trouvera la condition plus précise dans mon Mémoire cité.

où l est un facteur premier de 2, p un idéal premier différent de l, et e est égal à 3 ou à 2, suivant que le discriminant du corps de fond est pair ou impair.

J'ai démontré dans mon Mémoire cité que ces corps élémentaires peuvent être définis par les équations de la division des périodes de la fonction $sn(u;\,\omega)$ de Jacobi, lorsque ω est un irrationnel quadratique convenablement choisi dans le corps de fond, ——en confirmation d'une conjecture célèbre de Kronecker, qui n'a été achevée qu'en partie par H. Weber et M. R. Fueter (dans son mémoire de *Math. Annalen*, tome 75).

Parlons encore d'une autre conséquence de notre théorème d'existence du corps de classes. Comme il a été démontré par H. Weber et par M. E. Landau, l'existence d'un corps de classes une fois établie, il s'ensuit qu'il y a un nombre infini d'idéaux premiers du premier degré dans toutes les classes d'idéaux d'un corps algébrique quelconque, que, de plus, les nombres de ces idéaux premiers, en les comptant suivant la norme croissante, sont asymptotiquement égaux pour toutes les classes d'idéaux. C'est là une généralisation d'un théorème classique de Dirichlet sur les nombres premiers rationnels contenus dans une série arithmétique.

En m'arrêtant ici, je me permets d'attirer votre attention sur un problème important de la théorie des nombres algébriques: à savoir, rechercher s'il est possible de définir la classe d'idéaux d'un corps algébrique de telle manière que le corps supérieur relativement normal mais non abélien puisse être caractérisé par le groupe correspondant de classes d'idéaux du corps de fond.

C'est ce que l'on n'achève pas, nous venons de le voir, par voie de congruence.

15. Sur les corps résolubles algébriquement

[Comptes rendus hebdomadaires des séances de l'Académie des Sciences,
Paris, t. 171. pp 1202–1205 December 13, 1920]

《En désignant par D le discriminant d'un corps cubique k, le nombre des classes de formes quadratiques primitives de discriminant D est un multiple de 3. Un tiers de ces classes forme un groupe qui se caractérise par cette propriété que, des nombres premiers rationnels ne divisant pas D et dont D est un résidu quadratique, ceux qui se décomposent en trois facteurs différents dans k, et ceux-là seulement, peuvent être représentés par une forme quadratique faisant partie de ce groupe.》

Ce théorème a été démontré, dans le cas particulier où k est engendré par une racine cubique d'un nombre rationnel, par R. Dedekind[1], mais énoncé par lui sous forme générale en en présumant la validité.

Le but de la présente Note est de montrer que le théorème de Dedekind peut être généralisé à tous les corps de degré premier résolubles algébriquement.

Soit alors k un tel corps, et soit l son degré. Celui-là engendre, en réunion avec ses conjugués, un corps normal K de degré nl, où n est un diviseur de $l-1$. Ce corps K est relativement cyclique par rapport à un sous-corps K_0 de degré n, qui est lui-même un corps cyclique. Le groupe G de Galois du corps K est engendré par la substitution S d'ordre l, qui ne change pas K_0, et par la substitution T d'ordre n, qui laisse k intact. Ces deux substitutions sont liées entre elles par la relation $T^{-1}ST=S^r$, r étant une racine primitive de la congruence $r^n \equiv 1 \pmod{l}$. Les substitutions $S^\alpha T^\beta$, où $\alpha=0, 1, 2, \cdots, l-1$, et $\beta \neq 0$ est un nombre fixe, sont conjuguées dans G.

De cette constitution bien connue du groupe G, on tire des conséquences assez précises sur le mode de décomposition d'un nombre premier rationnel en facteurs premiers dans K. Soit

$$p = (P_1 P_2 \cdots P_e)^g$$

cette décomposition, de sorte que $efg=nl$, où f est le degré commun des idéaux premiers P. Soient G_d, G_i et G_r les groupes de décomposition, d'inertie et de ramification de P_1 d'ordre fg, g et g_0, où g_0 est la plus haute puissance de p contenue dans g. En se rappelant que les groupes complémentaires $\frac{G_d}{G_i}$ et $\frac{G_i}{G_r}$ doivent être cycliques, on voit que, quand:

1) *Journal de Crelle*, t. 121.

1° $p \neq l$, et g est divisible par l: on a nécessairement $g=l$, c'est-à-dire que l'idéal fondamental relatif du corps $\frac{K}{K_0}$ et l'idéal fondamental du corps K_0 n'ont aucun diviseur commun qui ne divise pas l.

2° $g>1$, mais g n'est pas divisible par l: il faut alors que e soit divisible par l, c'est-à-dire que chaque idéal premier divisant l'idéal fondamental de K_0 mais premier à l'idéal fondamental relatif de $\frac{K}{K_0}$, se décompose nécessairement en un produit de l idéaux premiers différents entre eux dans K.

3° $g=1$, G_i d'ordre 1, G_d cyclique d'ordre f: donc ou $e=n$, $f=l$, ou bien e est un multiple de l.

Soit maintenant F^{l-1} le discriminant relatif du corps $\frac{K}{K_0}$. J'ai montré dans une Note présentée au Congrès de Strasbourg que, quand on définit les classes d'idéaux de K_0 suivant le module F, le groupe de classes de K_0 contient un sous-groupe d'indice l comprenant tous les idéaux premiers qui se décomposent en l idéaux différents dans K. [On observe en passant que, d'après 2° et 3°, ce sous-groupe contient tous les facteurs premiers du discriminant de K_0 ne divisant pas F et tous les idéaux premiers de K_0 premiers avec le discriminant de K_0 et d'un degré supérieur à l'unité.] Comme K est un corps normal, il s'ensuit de ce que j'ai expliqué plus haut, soit que $F=q$ est un nombre rationnel premier à l, ou bien $F=L^m q$, où q est un nombre rationnel premier à l, et L un idéal du corps K_0, tel que

$$l = L^\nu = (L_1 L_2 \cdots L_e)^\nu$$

dans K_0, et que chacun de ces idéaux premiers L_1, L_2, $\cdots$ de K_0 est une puissance $l^{\text{ième}}$ d'un idéal premier de K.

On peut préciser beaucoup l'exposant m dans $F=L^m q$. En posant $L_1=\mathcal{L}^l$: $l=(\mathcal{L}\cdots)^{\nu l}$, on voit que le groupe de ramification G_r de $\mathcal{L}$ est le groupe $\{S\}$ et le groupe d'inertie G_t le groupe $\{S, I\}$, où l'on peut prendre $I=T^\mu$ en posant $n=\mu\nu$. En désignant par A un nombre de K qui est divisible par la première puissance seulement de $\mathcal{L}$, on a, d'après la propriété caractéristique du groupe de ramification,

$$A|S = A+\Lambda_m,$$

où Λ_m désigne un nombre divisible par $\mathcal{L}^m$, mais non par $\mathcal{L}^{m+1}$. Si alors A' est un autre nombre de K, divisible par $\mathcal{L}$, et que l'on pose

$$A' \equiv aA \pmod{\mathcal{L}^2},$$

où a est un nombre du corps d'inertie (K_0) de $\mathcal{L}$, on obtient

$$A'|S \equiv A'+a\Lambda_m \pmod{\mathcal{L}^{m+1}}.$$

Mais, pour le nombre $A'=A|I^{-1}$, on a $a=r^{-\mu}$, de sorte que

$$A|I^{-1}SI \equiv A+r^{(m-1)\mu}\Lambda_m \pmod{\mathcal{L}^{m+1}},$$

et en se rappelant que $I^{-1}SI=S^{r^\mu}$, on obtient

$$r^{(m-1)\mu} \equiv r^{\mu} \pmod{l},$$

d'où

$$m-1 \equiv 1 \pmod{\nu}.$$

D'autre part, on sait que le nombre $m-1$ doit rester au-dessous de la limite

$$m-1 \leqq \frac{\nu l}{l-1} = \nu + \frac{\nu}{l-1}.$$

On voit donc que $m-1=1$ ou $=l$ (et cela seulement dans le cas où $\nu=l-1$); c'est-à-dire que

$$F = L^2 q \quad \text{ou} \quad F = L^{l+1} q = L^2 l q.$$

On a, finalement, le théorème suivant:

Soient k un corps de degré premier résoluble algébriquement et K_0 le corps cyclique correspondant. Si l'on définit les classes d'idéaux de K_0 suivant le module F, le groupe de ces classes contient un sous-groupe d'indice l, qui est caractérisé par cette propriété que, des nombres premiers rationnels ne divisant pas le discriminant de k et se décomposant en facteurs premiers du premier degré dans K_0, ceux qui se décomposent en facteurs premiers de premier degré dans k, et ceux-là seulement, sont égaux à la norme d'un idéal de K_0 faisant partie de ce sous-groupe.

Pour le corps cubique non cyclique, on a $l=3$, $F=q$, $3q$, ou $9q$; K_0 est un corps quadratique de discriminant d, où, comme on le voit sans difficulté, $D=dF^2$; on retombe alors sur le théorème énoncé par Dedekind.

16. Note on the algebraic equations

[Proceedings of the Physico-Mathematical Society of Japan, ser III, vol 3. 1921, pp 175–179]
(Read, October 15, 1921)

1.

By a recent note of Mr. Kakeya[1] my attention was called on the following theorem, due to J. H. Grace:[2]

(I) If the coefficients of the equations

$$f(x) = a_0x^n + \binom{n}{1}a_1x^{n-1} + \binom{n}{2}a_2x^{n-2} + \cdots + a_n = 0 \tag{1}$$

and

$$g(x) = b_0x^n + \binom{n}{1}b_1x^{n-1} + \binom{n}{2}b_2x^{n-2} + \cdots + b_n = 0, \tag{2}$$

where $\binom{n}{k}$ denotes the binomial coefficients, are connected by the relation

$$a_0b_n - \binom{n}{1}a_1b_{n-1} + \binom{n}{2}a_2b_{n-2} - \cdots + (-1)^n a_nb_0 = 0, \tag{3}$$

i. e., if $f(x)$ and $g(x)$ are apolar to each other, then every circle in the Argand-diagram comprizing (within it or on the boundary) all the roots of (1), comprises necessarily at least a root of (2).

Here some of the first coefficients a_0, a_1, $\cdots$ or b_0, b_1, $\cdots$ may be zero, in which case $x=\infty$ should be counted as a root with corresponding multiplicity, and the circle in question should be replaced by a straight line.

In particular, when the roots of (1) lie all on the same circumference then the roots of (2) lie within as well as without the same circumference, unless they all lie on it.

From (I) we can deduce

(II) *If all the roots of* (1) *lie within a circle C and* $\xi_1, \xi_2, \cdots \xi_k$ *are outside of C, then the mixed "emanant"*

$$\xi_1\xi_2\cdots\xi_k.fx^k + \sum\xi_1\xi_2\cdots\xi_{k-1}.fx^{k-1}y + \cdots + \sum\xi_1.fxy^{k-1} + fy^k = 0, \tag{4}$$

(where we may assume the meaning of the symbols fx^k, $fx^{k-1}y$, etc. as evident without explanation) has all the roots enclosed in C.[3]

For, if we suppose that (2) has the roots $\xi_1, \xi_2, \cdots \xi_k$ and a multiple root ξ_0 of multiplicity $n-k$, then the relation (2) takes the form of (4), in which ξ_0 is substituted for the unknown. Hence by (I) ξ_0 must necessarily lie in C.

If in (II) we make $k=1$, and $\xi_1=\infty$ and replace C by a straight line,

---

1) These *Proceedings*, present vol. p. 96.

2) Proc. Camb. Phil. Soc., vol. 11, p. 352.

3) We do not give the accurate enunciation of the limiting case analogous to that stated under (I). When $\xi_1=\xi_2=\cdots=\xi_k$, then (II) reduces to a theorem of Laguerre, cf. Oeuvres, 1, p. 49.

then we get

(III) *If all the roots of* $f(x)=0$ *lie on the same side of a straight line, then every root of* $f'(x)=0$ *must lie on that side of the straight line,* which is equivalent to a well known theorem of Gauss.

From (I) we get the following theorem, less exact than (I), but sometimes more convenient for application.

(IV) *Under the same assumption as in* (I) *the convex domains comprizing all the roots of* (1) *and* (2) *respectively must overlap, i.e., have interior points common to both.*

2.

Consider the equations

$$f(x) = a_0x^n + \binom{n}{1}a_1x^{n-1} + \binom{n}{2}a_2x^{n-2} + \cdots + a_n = 0, \tag{5}$$

$$\varphi(x) = b_0x^n + \binom{n}{1}b_1x^{n-1} + \binom{n}{2}b_2x^{n-2} + \cdots + b_n = 0, \tag{6}$$

and

$$\psi(x) = a_0\varphi(x) + \frac{a_1}{\lfloor\underline{1}}\varphi'(x) + \frac{a_2}{\lfloor\underline{2}}\varphi''(x) + \cdots + \frac{a_n\varphi^{(n)}(x)}{\lfloor\underline{n}} = 0, \tag{7}$$

so that $\psi(x)$ may be also put in the form

$$\psi(x) = b_0f(x) + \frac{b_1}{\lfloor\underline{1}}f'(x) + \frac{b_2}{\lfloor\underline{2}}f''(x) + \cdots + \frac{b_n}{\lfloor\underline{n}}f^{(n)}(x) = 0.$$

If x_0 is a root of (7), so that

$$a_0\varphi(x_0) + \frac{a_1}{\lfloor\underline{1}}\varphi'(x_0) + \frac{a_2}{\lfloor\underline{2}}\varphi''(x_0) + \cdots = 0, \tag{8}$$

then the equation

$$\varphi(x_0 - x) = \varphi(x_0) - \frac{\varphi'(x_0)}{\lfloor\underline{1}}x + \frac{\varphi''(x_0)}{\lfloor\underline{2}}x' - \cdots + (-1)^n\frac{\varphi^{(n)}(x_0)}{\lfloor\underline{n}}x^n = 0 \tag{9}$$

is apolar to (5) on account of (7). If therefore A, B denote the convex domains enclosing respectively the roots of (5) and (6), then by (IV) we see that x_0 must lie within the convex domain C, which comprizes all the complex numbers

$$\zeta = \xi + \eta$$

where ξ, η denote the complex numbers belonging respectively to A, B.

Taking for A and B the smallest convex polygons enclosing all the roots of (5) and (6) respectively we get the theorem:

(V) *If* $\alpha_1, \alpha_2, \cdots \alpha_n$ *and* $\beta_1, \beta_2, \cdots \beta_n$ *are the roots of* (5) *and* (6) *respectively, then the roots of the associated equation* (7) *are enclosed in the smallest convex polygon which encloses all the* n^2 *points*

$$\alpha_h + \beta_k, \qquad (h, k = 1, 2, \cdots n).$$

From this can be inferred:

(V′) *If* $|\alpha_h| \leqq r$, $|\beta_h| \leqq r'$ *for* $h=1, 2, \cdots n$, *then the* n *roots* γ_h *of* (7) *satisfy the relation:* $|\gamma_h| \leqq r + r'$. (Kakeya)[1]

1) loc. cit. p. 100.

(V'') *If all the α's and β's are real, so are also the γ's* (Oishi)[1]. *More precisely, the γ's lie in the interval bounded by the smallest and the greatest of tde sums* $\alpha_h+\beta_k$.

3.

If we put in (6)

$$b_0=1,\ b_1=-n\beta,\ b_2=\cdots=b_n=0,$$

then (7) becomes

$$\psi(x)=f(x)-\beta f'(x)=0, \tag{9}$$

and for B we can take the segment of the straight line joining 0 and $n\beta$. Hence:

(VI) *If $f(x)=0$ is an algebraic equation of degree n, whose roots are comprised in a convex domain A, then the roots of the equation*

$$f(x)-\beta f'(x)=0$$

are comprised in the domain C, which is swept over by A, when subjected to the translation defined by the vector joining 0 and $n\beta$.[2]

If we put

$$\Phi(x)=b_0x^n+b_1x^{n-1}+\cdots+b_n=b_0(x-\beta_1)\cdots(x-\beta_n)=0$$

and $\psi_1=f-\beta_1 f'$, $\psi_2=\psi_1-\beta_2\psi_1'$, $\cdots$ then we get for the equation

$$\psi(x)=b_0\psi_n(x)=b_0f(x)+b_1f'(x)+\cdots+b_nf^{(n)}(x)=0$$

a convex domain comprising all the roots by the successive application of (VI). We mention an interesting particular case, where $f(x)=x^n$:

(VII) *If all the roots of the equation*

$$b_0x^n+b_1x^{n-1}+\cdots+b_n=0$$

are real (or positive, or negative) so are the roots of

$$b_0x^n+nb_1x^{n-1}+n(n-1)b_2x^{n-2}\cdots+n(n-1)\cdots 2.\,1.\,b_n=0.$$ [3]

More generally all the roots of the latter equation are comprized within the same convex angular space with vertex at 0, which comprises all the roots of the former equation.

4.

As another application of (I) consider the equations

$$F(x)=a_0x^n+a_1x^{n-1}+\cdots+a_n=0, \tag{10}$$

$$G(x)=b_0x^n+b_1x^{n-1}+\cdots+b_n=0, \tag{11}$$

and the associated equations

$$\Phi(x)=a_0b_0x^n+\frac{a_1b_1}{\binom{n}{1}}x^{n-1}+\cdots+\frac{a_kb_k}{\binom{n}{k}}x^{n-k}+\cdots+a_nb_n=0, \tag{12}$$

1) These *Proc.* Present vol. p. 67.
2) Cf. M. Fujiwara, Tohoku Math. Jour. 9. p. 104.
3) Laguerre, Oeuvres, 1, p. 31.

and

$$\psi(x) = a_0b_0x^n + \lfloor 1\, a_1b_1x^{n-1} + \lfloor 2\, a_2b_2x^{n-2} + \cdots + \lfloor n\, a_nb_n = 0. \qquad (13)$$

If x_0 is a root of (12), so that

$$a_0b_0x_0^n + \frac{a_1b_1}{\binom{n}{1}}x_0^{n-1} + \frac{a_2b_2}{\binom{n}{2}}x_0^{n-2} + \cdots + a_nb_n = 0, \qquad (14)$$

then equation (10) is apolar to

$$x^nG\left(-\frac{x_0}{x}\right) = b_0x_0^n - b_1x_0^{n-1}x + b_2x_0^{n-2}x^2 + \cdots + (-1)^nb_nx^n = 0. \qquad (15)$$

Hence by (IV) x_0 must be so situated that the convex domain enclosing all the roots of (15) must overlap with the convex domain A which encloses all the roots of (10). In the particular case, where the roots of (10) and (11) are real, we get by the aid of (VII) the theorem:

(VIII) *If all the roots of* (10) *and* (11) *are real, and the latter of the same sign, whereby we count zero either as positive or negative, then the roots of* (13), *are all real.* (I. Schur)[1] *If the roots of* (10) *are of the same sign* ε, *and those of* (11) *of the same sign* ε', *then the roots of* (13) *are all of the same sign* $-\varepsilon\varepsilon'$. *More generally, if the roots of* (10) *and* (11) *are contained respectively in the convex angular spaces with vertices at* 0, *defined by*

$$\alpha \leqq \arg. x \leqq \alpha' \quad (\alpha'-\alpha \leqq \pi) \quad \textit{for} \quad (10)$$

and

$$\beta \leqq \arg. x \leqq \beta' \quad (\beta'-\beta \leqq \pi) \quad \textit{for} \quad (11)$$

then the roots of (13) *lie in the angular space defined by*

$$\alpha+\beta-\pi \leqq \arg. x \leqq \alpha'+\beta'-\pi.$$

1) Crelles Jour. 144, p. 75.

17. Über das Reciprocitätsgesetz in einem beliebigen algebraischen Zahlkörper

[Journal of the College of Science, Imperial University of Tokyo, vol 44. art 5. 1922, pp 1–50]

Dieser Aufsatz ist als Fortsetzung meiner unten citirten Arbeit gedacht: es wird eine andere Methode befolgt als in den Abhandlungen des Hrn. Furtwänglers. Nachdem nämlich in jener Arbeit ein wesentlicher Teil des Reciprocitätsgesetzes in einer sehr allgemeinen Fassung erledigt worden ist, gestaltet sich der Beweis des allgemeinen Reciprocitätsgesetzes nunmehr verhältnismässig einfach.

Der erste Teil (§§ 3–11) enthält den vollständigen Beweis des Reciprocitätsgesetzes für einen ungeraden Primzahlgrad l. Dieser Beweis geschieht in drei Schritten. Zuerst wird das Reciprocitätsgesetz zwischen einer primären Zahl und einer zu l primen Zahl in § 6 erledigt. Hierbei erwies sich als unentbehrliches Mittel das sogenannte Eisenstein'sche Reciprocitätsgesetz, welches, dank eines allgemeinen Satzes über die Beziehung zwischen den Potenzcharacteren in verschieden Körpern (§ 2) sofort auf einen beliebigen algebraischen Körper zu übertragen ist. Dieser Specialfall des Reciprocitätsgesetzes vertritt bei unserem Beweise gewissermassen die Stelle der Definition des Legendre-Kummer'schen Symbols, an die nachher nicht mehr direct appellirt wird. Ein Ausnahmefall, der bei dem Beweise zunächst auftritt, wird durch einen einfachen Kunstgriff leicht in die allgemeine Regel subsumirt (§ 7), während Hr. Furtwängler zum analogen Zwecke eine complizirte Betrachtung anstellt.

Durch die zweite Schritt wird derjenige Fall bewiesen, wobei eine der beiden in Betracht kommenden Zahlen beliebig, die andere aber sowohl zur ersten als auch zu l prim ist (§§ 9, 10). Hierbei konnte ich mich auf einen allgemeinen Satz über die Normenreste des relativ cyclischen Körpers stützen, der in meiner früheren Arbeit bewiesen worden ist—im Gegensatz zu der Hilbert-Furtwängler'schen Methode, wobei derselbe Satz aus dem Reciprocitätsgesetz erschlossen wird. Zu einer grossen Vereinfachung des Beweises diente auch der Existenzsatz der Primideale in beliebigen Idealclassen im allgemeinen Sinne. Das Hauptergebnis lautet: *Der Wert des Symbols* $\left(\frac{\mu}{\mathfrak{r}}\right)$ *hängt nur von der Classe mod* $\mathfrak{f}$ *ab, welcher das Ideal* $\mathfrak{r}$ *angehört, wo* $\mathfrak{f}$ *der Führer der dem Körper* $K=k(\sqrt[l]{\mu})$ *zugeordneten Classengruppe im Grundkörper* k *bedeutet.* Hierin erblicke ich den wesentlichen Inhalt des allgemeinen Reciprocitätsgesetzes.

Um den Gang des Beweises möglichst übersichtlich darzutun, habe ich es vermieden, das Hilbert'sche Normenrestsymbol an die Spitze zu stellen. Will man aber das Reciprocitätsgesetz in jener von Hilbert aufgestellten allgemeinsten und eleganten Form zu erhalten, wobei zwei ganz beliebige Zahlen des Körpers in Betracht gezogen werden, so hat man die dritte und die letzte Schritt zu tun. Hierbei handelt es sich jedoch um eine Betrachtung mehr formaler Natur, und der Beweis erledigt sich schnell durch Heranziehung des vorher erhaltenen Resultats. In § 11 bin ich nur kurz auf den Gegenstand eingegangen.

Im zweiten Teile (§§ 12–14) wird das quadratische Reciprocitätsgesetz behandelt. Es genügte, kurz die Modification anzugeben, die nötig wird wegen der Vorzeichenbedingungen, den die in Betracht gezogenen Zahlen in den mit dem gegebenen conjugirten reellen Körpern zu genügen haben.

Literatur.

D. Hilbert. Die Theorie der algebraischen Zahlkörper, Bericht, erstattet der Deutschen Mathematiker-Vereinigung, (1897).

—— Ueber die Theorie des relativ quadratischen Zahlkörpers, Math. Annalen **51** (1898).

—— Ueber die Theorie der relativ Abel'schen Zahlkörper, Göttinger Nachrichten, (1898).

Ph. Furtwängler. Ueber die Reciprocitätsgesetze zwischen l^{ten} Potenzresten in algebraischen Zahlkörpern, wenn l eine ungerade Zahl bedeutet, Math. Annalen, **58** (1904).

—— Die Reciprocitätsgesetze für Potenzreste mit Primzahlexponenten in algebraischen Zahlkörpern.
I, Math. Annalen, **67** (1909).
II, Math. Annalen, **72** (1912).
III, Math. Annalen, **74** (1913).

T. Takagi. Ueber eine Theorie des relativ Abel'schen Zahlkörpers, Journal of the College of Science, Tokyo Imperial University, **41** (9), (1920).* [citirt als R. A.]

*) [Diese Werke Abh. 13, S. 73–166.]

Einleitung.

Bezeichnungen.

In diesem Aufsatz werden die folgenden Bezeichnungen durchgehends beibehalten:

l, eine rationale Primzahl.

ζ, die primitive l-te Einheitswurzel: $\zeta = e^{\frac{2\pi i}{l}}$.

k, ein algebraischer Zahlkörper, welcher die Zahl ζ enthält.

m, der Grad von k.

r, die Anzahl der Grundeinheiten von k.

In k gelte die Zerlegung in Primfactoren:

$$l = \mathfrak{l}_1^{s_1}\mathfrak{l}_2^{s_2}\cdots\mathfrak{l}_z^{s_z},$$
$$1-\zeta = \mathfrak{l}_1^{\sigma_1}\mathfrak{l}_2^{\sigma_2}\cdots\mathfrak{l}_z^{\sigma_z}, \qquad \sigma_i(l-1) = s_i,$$
$$L = (1-\zeta)^l = \mathfrak{l}_1^{\sigma_1 l}\mathfrak{l}_2^{\sigma_2 l}\cdots\mathfrak{l}_z^{\sigma_z l},$$
$$\bar{L} = \mathfrak{l}_1^{\sigma_1 l+1}\mathfrak{l}_2^{\sigma_2 l+1}\cdots\mathfrak{l}_z^{\sigma_z l+1}.$$

§ 1. Allgemeine Sätze über relativ Abel'sche Zahlkörper.

Wir stellen in diesem Artikel einige der wichtigsten allgemeinen Sätze zusammenfassend dar, um später bequem darauf Bezug nehmen zu können; es sind Sätze, die ich in der Abhandlung R. A. ausführlich dargelegt habe, und die ich in einer dem Zweck dieses Aufsatzes gemäss specialisirten Fassung wiedergebe.

(1) *Rang der Classengruppe.* Der Classeneinteilung im Grundkörper sei das Idealmodul $\mathfrak{m}$ zugrunde gelegt, und die sämtlichen l-ten Potenzen in die Hauptclasse zusammengefasst. Die Hauptclasse besteht also aus der Gesamtheit der ganzen und gebrochenen zu $\mathfrak{m}$ primen Ideale von der Form $\alpha\mathfrak{j}^l$, wo α ein l-ter Potenzrest von $\mathfrak{m}$ ist. Die Classengruppe G ist dann von der Ordnung l^h, wo h der Rang von G ist. Um diesen Rang darzustellen, bezeichnen wir mit h_0 den Rang der absoluten Classengruppe, d. h. die Anzahl der von einander unabhängigen Idealclassen im absoluten Sinne, deren Ordnungen Potenzen von l sind. Wir betrachten ausserdem den Rang der entsprechenden Zahlengruppe, d. h. die Anzahl der unabhängigen Nichtreste nach $\mathfrak{m}$. Dieselbe ist offenbar gleich 1, wenn $\mathfrak{m}=\mathfrak{p}^e$ eine zu l prime Primidealpotenz von k ist. Dagegen ist, wenn $\mathfrak{m}=\mathfrak{l}^s$ Potenz eines in l aufgehenden Primideals $\mathfrak{l}$ ist, dieser Rang gleich

$$R(g) = \left[g - \frac{g}{l}\right]f, \qquad \text{wenn} \quad g \leqq \sigma l,$$

oder

$$= sf+1, \qquad \text{wenn} \quad g > \sigma l,$$

wenn $\mathfrak{l}$ genau zur $s=\sigma(l-1)$-ten Potenz in l aufgeht und vom Grade f ist[1]. Gehen daher in

$$\mathfrak{m} = \Pi\mathfrak{p}^e.\Pi\mathfrak{l}^g$$

d von einander verschiedene zu l prime Primideale $\mathfrak{p}$ auf, dann ist der Rang der Zahlengruppe:

$$N = d+\Sigma R(g), \tag{1}$$

wo sich die Summe auf alle in $\mathfrak{m}$ aufgehenden Potenzen $\mathfrak{l}^g$ bezieht.

Ferner gebe es unter den r Grundeinheiten, den Einheitswurzeln in k, und den h_0 unabhängigen Zahlen, welche l-te Potenzen der Ideale von k sind, insgesamt N' unabhängige Nichtreste nach $\mathfrak{m}$:

$$\eta_1, \eta_2, \cdots \eta_{N'} \tag{2}$$

sodass $N' \leqq N$, und eine Zahl von der Form

$$\eta_1^{u_1}\eta_2^{u_2}\cdots\eta_{N'}^{u_{N'}} \qquad (0 \leqq u_1, u_2, \cdots < l)$$

nie anders ein l-ter Rest nach $\mathfrak{m}$ sein kann, als wenn die sämtlichen Exponenten $u_1, u_2, \cdots$ verschwinden. Alsdann ist der Rang der Classengruppe G durch die Formel gegeben:

$$h = h_0 + N - N'. \tag{3}$$

Wenn $l=2$ und wenn unter den mit k conjugirten Körpern $r_1 (r_1 > 0)$ reelle vorhanden sind, dann ist notwendig, den Classenbegriff dadurch enger zu fassen, dass zur Definition der Aequivalenz zweier Ideale: $\mathfrak{j}_1 = \alpha\mathfrak{j}_2$ nur der Zahlenfactor α zugelassen wird, welche ausser der Congruenzbedingung mod. $\mathfrak{m}$ noch die Vorzeichenbedingung befriedigt, *total positiv* zu sein. Zufolge dieser Festsetzung, erfährt die Rangzahl h der Classengruppe G die Modification, indem zunächst der Rang N der Zahlengruppe um r_1 vermehrt wird, sodann zu dem System der N' Zahlen (2) noch $N''-N'$ quadratische Reste nach $\mathfrak{m}$ hinzugenommen werden, die sich unter den $r+1+h_0$ unabhängigen Einheiten und Idealpotenzen befinden, und welche von einander unabhängige Vorzeichencombinationen in den r_1 reellen mit k conjugirten Körpern aufweisen mögen, sodass nunmehr an Stelle von (2) ein System von N'' Zahlen $(N'' \geqq N')$:

$$\eta_1, \cdots \eta_{N'}, \eta_{N'+1}, \cdots \eta_{N''} \tag{2*}$$

auftritt, von der Beschaffenheit, dass eine Zahl von der Form:

$$\eta_1^{u_1}\cdots\eta_{N''}^{u_{N''}} \quad (u=0, 1)$$

niemals quadratischer Rest nach $\mathfrak{m}$ und zugleich total positiv sein kann, ausser wenn alle Exponenten $u_1, \cdots u_{N''}$ verschwinden. Demnach wird in diesem Falle

$$h = h_0 + N + r_1 - N''. \tag{3*}$$

---

1) R. A. S. 118 [§ 16].

Wir stellen nun die Systeme der Gruppencharactere für G. Seien

$$\mathfrak{r}_1, \mathfrak{r}_2, \cdots \mathfrak{r}_{h_0}$$

ein System von h_0 zu $\mathfrak{m}$ primen Idealen von k, welche die h_0 unabhängigen Basisclassen im absoluten Sinne repräsentiren, sodass für jedes Ideal $\mathfrak{r}$ von k eine Gleichung von der Form gilt:

$$\alpha = \mathfrak{r}\mathfrak{r}_1^{e_1}\mathfrak{r}_2^{e_2}\cdots\mathfrak{r}_{h_0}^{e_{h_0}}\mathfrak{j}^l, \tag{4}$$

wo $e_1, e_2, \cdots e_{h_0}$ für jedes $\mathfrak{r}$ eindeutig bestimmtes Exponentensystem aus der Reihe $0, 1, 2, \cdots l-1$ sind. Dann haben wir zunächst h_0 *absolute Classencharactere* für $\mathfrak{r}$:

$$\chi_i(\mathfrak{r}) = \zeta^{e_i}. \qquad (i=1, 2, \cdots h_0)$$

Sodann kommen N *Potenzcharactere*, von denen die d, welche den zu l primen Primfactoren $\mathfrak{p}$ von $\mathfrak{m}$ entsprechen, durch die Legendre'schen Symbole gegeben werden können:

$$\chi_\delta'(\mathfrak{r}) = \left(\frac{\alpha}{\mathfrak{p}}\right), \qquad (\delta=1, 2, \cdots d)$$

wo α die in (4) angegebene Bedeutung hat. Die $R(g)$ Potenzcharactere, welche einer in $\mathfrak{m}$ enthaltenen Potenz $\mathfrak{l}^g$ entsprechen, sind

$$\chi_\rho''(\mathfrak{r}) = \zeta^{a_\rho}, \qquad [\rho=1, 2, \cdots R(g)]$$

wenn

$$\alpha \equiv \gamma_1^{a_1}\gamma_2^{a_2}\cdots\gamma_R^{a_R}\xi^l \quad (\mathrm{mod}\ \mathfrak{l}^g),$$

wo $\gamma_1, \gamma_2, \cdots \gamma_R$ ein System der $R=R(g)$ unabhängigen Nichtreste nach $\mathfrak{l}^g$ bedeuten.

Endlich kommen, wenn $l=2$, noch r_1 *Vorzeichencharactere*:

$$\chi_j'''(\mathfrak{r}) = \mathrm{Sg}_j(\alpha), \qquad (j=1, 2, \cdots r_1)$$

wo $\mathrm{Sg}_j(\alpha)=\pm 1$, jenachdem die mit α conjugirte Zahl in dem reellen Körper k_j positiv oder negativ ausfällt.

Aus diesen elementaren Characteren setzen wir nun den allgemeinen Character $X(\mathfrak{r})$ zusammen:

$$X(\mathfrak{r}) = \zeta^{\overset{i}{\Sigma} e_i u_i} \overset{\mathfrak{p}}{\prod}\left(\frac{\alpha}{\mathfrak{p}}\right)^{v} \overset{\mathfrak{l}}{\prod} \zeta^{\overset{\rho}{\Sigma} a_\rho v'_\rho} \overset{j}{\prod} \mathrm{Sg}_j(\alpha)^{w_j},$$

indem wir die Exponenten v, v', w den N' bez. N'' Bedingungen unterwerfen, dass für die Zahlen (2) bez. (2*)

$$X(\eta_i) = 1 \qquad (i=1, 2, \cdots N' \text{ bez. } N'')$$

ausfallen soll.

Auf diese Weise entstehen $l^h=l^{h_0+N-N'}$ bez. $2^h=2^{h_0+N+r_1-N''}$ Charactersysteme, die sich aus den h unabhängigen durch Multiplication zusammensetzen lassen. Die Gesamtheit der Ideale $\mathfrak{r}$, für welche

$$X(\mathfrak{r}) = 1$$

ausfällt, bildet dann eine Classengruppe vom Index l; umgekehrt aber lässt sich jede Classengruppe vom Index l auf diese Weise characterisiren.

(2) *Existenz der Classenkörper*[2]. Zu jeder Untergruppe H der Classengruppe G von k existirt ein und nur ein Classenkörper $K(H)$; derselbe ist relativ Abel'sch in Bezug auf k. Die Galois'sche Gruppe des Relativkörpers K/k ist holoedrisch isomorph mit der complementären Gruppe G/H. Die Relativdiscriminante von K/k enthält nur und alle Primideale von k als Factor, welche in den Führer der Classengruppe H aufgehen.

Wir heben den folgenden speciellen Fall dieses Satzes hervor, welcher den Fall: $\mathfrak{m}=1$, also die *absoluten* Classenkörper betrifft.

Satz 1. (Satz von Furtwängler) *Ist h der Rang der absoluten Classengruppe von k, dann existiren h unabhängige relativ cyclische unverzweigte Körper vom Relativgrade l über k, folglich h unabhängige "singuläre Primärzahlen" in k:*

$$\omega_1, \omega_2, \cdots \omega_h,$$

so nennen wir nach Furtwängler die primären Zahlen, welche entweder Einheiten oder l-te Potenzen der Ideale sind; diese h Zahlen sind von der Art, dass jede Zahl ω von derselben Beschaffenheit auf eine und nur auf eine Weise in der Form

$$\omega = \omega_1^{u_1} \cdots \omega_h^{u_h} \xi^l$$

darstellbar ist, wo die Exponenten $u_1, \cdots u_h$ Zahlen aus der Reihe $0, 1, 2, \cdots l-1$ sind, und ξ eine Zahl in k bedeutet.

Ferner ist, wenn $l=2$ und die Classen im gewöhnlichen Sinne genommen werden, die h singulären Primärzahlen total positiv. Wenn aber die Classen nach total positiven Zahlen definirt werden, und erfährt dabei der Rang der Classengruppe einen Zuwachs um h', dann kommen noch h' unabhängige singuläre Primärzahlen $\omega'_1 \cdots \omega'_{h'}$ hinzu, die aber nicht total positiv sind und unabhängige Vorzeichencombinationen in den mit k conjugirten reellen Körpern aufweisen[3].

Eine wichtige Folgerung aus der Existenz des allgemeinen Classenkörpers ist der folgende

Satz 2. *In jeder Classe von k nach einem beliebigen Modul $\mathfrak{m}$ und mit einer beliebigen Vorzeichenbedingung existiren stets unendlichviele Primideale ersten Grades.*

(3) *Die Normenreste des relativ cyclischen Oberkörpers*[4]. Eine Zahl α in k heisst ein *Normenrest* des Oberkörpers K nach einem Idealmodul $\mathfrak{j}$ von k, wenn es eine Zahl A in K gibt, derart dass

$$N(A) \equiv \alpha \pmod{\mathfrak{j}},$$

wo mit N die Relativnorm in Bezug auf k angedeutet wird.

Satz 3. *Wenn $\mathfrak{p}$ ein zu l primes Primideal von k ist, welches in die Relativdiscriminante des relativ cyclischen Oberkörpers K/k vom Relativgrade l aufgeht, dann ist von den $\varphi(\mathfrak{p})$ reducirten Zahlclassen mod $\mathfrak{p}$ genau der l-te Teil Normenrest des Körpers K nach dem Modul $\mathfrak{p}$, nämlich die Zahlen α, für welche*

2) R. A. S. 117 [§ 15].
3) R. A. S. 132 [§ 20].
4) R. A. S. 92–97 [§ 7].

$$\left(\frac{\alpha}{\mathfrak{p}}\right) = 1$$

ausfällt.

Wenn $\mathfrak{l}$ ein Primfactor von l ist, welcher zur $(v+1)(l-1)$-ten Potenz in die Relativdiscriminante von K/k aufgeht, dann ist jede zu $\mathfrak{l}$ prime Zahl von k Normenrest nach $\mathfrak{l}^e$, wenn $e \leqq v$. Ist dagegen $e > v$, dann ist genau der l-te Teil eines reducirten Systems der Zahlclassen mod $\mathfrak{l}^e$ Normenrest des Körpers K nach $\mathfrak{l}^e$. Es gibt in k eine Zahl $1+\lambda_v$, wo λ_v eine genau durch $\mathfrak{l}^v$ (nicht mehr durch $\mathfrak{l}^{v+1}$) teilbare Zahl ist, welche Normennichtrest nach $\mathfrak{l}^e$ ist, derart, dass jede zu $\mathfrak{l}$ prime Zahl α von k in der Form dargestellt werden kann:

$$\alpha \equiv \nu(1+\lambda_v)^n \pmod{\mathfrak{l}^e},$$

wo ν ein Normenrest nach $\mathfrak{l}^e$, und n eine Zahl aus der Reihe $0, 1, 2, \cdots l-1$ bedeutet.

(4) *Der Zerlegungssatz*[5].

Satz 4. *Ist $K = k(\sqrt[l]{\mu})$ Classenkörper zu der Classengruppe von k, welche durch den Character $X(\mathfrak{x}) = 1$ characterisirt wird, dann ist für ein Primideal $\mathfrak{p}$ von k*

$$\left(\frac{\mu}{\mathfrak{p}}\right) = 1,$$

dann und nur dann, wenn

$$\chi(\mathfrak{p}) = 1$$

ausfällt.

In diesem Satze ist schon ein wesentlicher Teil des Reciprocitätsgesetzes enthalten. Unser weiteres Ziel wird nun das sein, zu jeder gegebenen Zahl μ von k, den zugehörigen Character X genauer zu bestimmen. Von diesem Standpunct aus kann aber X nur bis auf einen zu l primen Exponenten bestimmt werden, denn mit X ist jeder Character X^n $(n \not\equiv 0, \bmod l)$ geeignet, die dem Körper $K = k(\sqrt[l]{\mu})$ zugeordnete Classengruppe zu characterisiren. Wie es sich herausstellen wird, lässt sich dieser Exponent so bestimmen, dass allemal

$$\left(\frac{\mu}{\mathfrak{x}}\right) = \chi(\mathfrak{x})$$

ausfällt, auch für solche Primideale $\mathfrak{x}$, für welche $\left(\frac{\mu}{\mathfrak{x}}\right) \neq 1$, sogar für jedes beliebige zu μ und l prime Ideal von k.

§ 2. Beziehung zwischen den Potenzcharactern in Oberkörper und Unterkörper.

Satz 5. *Es sei K ein beliebiger Oberkörper von k. Ist dann α eine Zahl von k, $\mathfrak{J}$ ein zu α und zu l primes Ideal von K, $\mathfrak{j} = N(\mathfrak{J})$ die Relativnorm von $\mathfrak{J}$ in Bezug auf k,*

5) R. A. S. 141 [§ 25].

dann ist

$$\left\{\frac{\alpha}{\mathfrak{J}}\right\}=\left(\frac{\alpha}{\mathfrak{j}}\right),$$

wo der Potenzcharacter in K durch gekrümmte Klammer gekennzeichnet wird[6].

Satz 6. *Es sei K ein beliebiger Oberkörper von k. Ist dann A eine Zahl von K, $\alpha=N(A)$ die Relativnorm von A in Bezug auf k, und $\mathfrak{j}$ ein zu α und zu l primes Ideal von k, dann ist*[7]

$$\left\{\frac{A}{\mathfrak{j}}\right\}=\left(\frac{\alpha}{\mathfrak{j}}\right).$$

Beweis. Es genügt, den Satz für ein Primideal $\mathfrak{j}=\mathfrak{p}$ zu beweisen. Sei K^* ein relativ normaler Oberkörper von k, welcher K enthält, G die Galois'sche Gruppe von K^* in Bezug auf den Grundkörper k, H die Untergruppe von G, welche die Zahlen von K unverändert lässt, sodass der Gruppenindex $(G:H)=M$, dem Relativgrade von K/k. Sei G nach der Untergruppe H in die M Complexe zerlegt:

$$G=\sum^{i} HS_i, \qquad (i=1,2,\cdots M). \tag{1}$$

Dann ist

$$\alpha=\prod^{i} A|S_i, \qquad (i=1,2,\cdots M) \tag{2}$$

wenn mit $A|S$ die durch die Substitution S von G aus A hervorgehende Zahl bezeichnet wird.

In K gelte die Zerlegung in Primfactoren:

$$\mathfrak{p}=\mathfrak{P}_1^{g_1}\mathfrak{P}_2^{g_2}\cdots\mathfrak{P}_e^{g_e}, \tag{3}$$

und es sei f_i der Relativgrad des Primideals $\mathfrak{P}_i$ in Bezug auf k. Ist dann P die Norm von $\mathfrak{p}$ in k, so ist

$$\left(\frac{\alpha}{\mathfrak{p}}\right)\equiv\alpha^{\frac{P-1}{l}} \pmod{\mathfrak{p}}, \qquad \left\{\frac{A}{\mathfrak{P}_i}\right\}\equiv A^{\frac{P^{f_i}-1}{l}} \pmod{\mathfrak{P}_i}. \tag{4}$$

Ferner sei $\mathfrak{P}^*$ ein Primideal von K^*, welches in $\mathfrak{P}_1$ aufgeht, G_z und G_t die Zerlegungs- und die Trägheitsgruppe von $\mathfrak{P}^*$ in Bezug auf k. Zerlegt man die Gruppe G in die Complexe der Form HSG_z:

$$G=\sum^{i} HS_iG_z, \qquad (i=1,2,\cdots e) \tag{5}$$

dann ist bekanntlich die Anzahl dieser Complexe gleich der Anzahl der von einander verschiedenen in $\mathfrak{p}$ aufgehenden Primideale von K, und diese Complexe und die Primideale sind in der Weise aufeinander bezogen, dass in K^* die Zerlegung gilt:

$$\mathfrak{P}_i=(\prod\mathfrak{P}^*|S_i^{-1}H)^{r_i},$$

---

6) Vgl. Ph. Furtwängler, Math. Annalen **58**, S. 24.

7) Herr Furtwängler hat a.a.O. diesen Satz für den Fall bewiesen, wo K relativ normal in Bezug auf k ist. Für einen beliebigen Oberkörper habe ich einen Beweis publicirt in den Proceedings of the Tokyo Math. Phys. Soc. 2 Ser., **9**. S. 166–169 [Diese Werke Abh. 11, S. 68–70], den ich im Text in wesentlich unveränderter Form wiedergebe.

wo sich das Product auf alle von einander verschiedenen Primideale von K^* bezieht, welche durch die Substitutionen des Complexes $S_i^{-1}H$ aus $\mathfrak{P}^*$ hervorgehen[8)].

Setzt man nun

$$\mathfrak{P}' = \mathfrak{P}_i|S_i,$$

dann ist $\mathfrak{P}'$ das durch $\mathfrak{P}^*$ teilbares Primideal in dem mit K conjugirten Körper $K'=K|S_i$, und es ist

$$\left\{\frac{A}{\mathfrak{P}_i}\right\} = \left\{\frac{A|S_i}{\mathfrak{P}'}\right\}',$$

wo mit dem angesetzten Strich der Potenzcharacter in K' angedeutet wird. Demnach ist nach (3)

$$\left\{\frac{A}{\mathfrak{p}}\right\} = \prod^i \left\{\frac{A}{\mathfrak{P}_i}\right\}^{g_i} = \prod^i \left\{\frac{A|S_i}{\mathfrak{P}'}\right\}'^{g_i}, \quad (i=1,2,\cdots e) \qquad (6)$$

wo in jedem Factor des letzten, auf die e Complexe (5) bezogenen Productes S_i durch jede Substitution des Complexes HS_iG_z ersetzt werden kann: dadurch wird wohl K' aber nicht $\mathfrak{P}'$ verändert.

Nun sei, indem wir den Index bei S einfachheitshalber weglassen,

$$HSG_z = HS + HS' + \cdots + HS^{(\nu-1)}, \qquad (7)$$

sodass nach (1) $\sum\nu = M$ wird, wenn über alle e Complexe (5) summirt wird.

Ist dann wie früher $K'=K|S$, und $H'=S^{-1}HS$ die entsprechende Untergruppe von G, ferner H_z', H_t' die Durchschnitte von H' und G_z bez. G_t, dann sind H_z', H_t' die Zerlegungs- und die Trägheitsgruppe von $\mathfrak{P}^*$ im Relativkörper K'/k. Die Zahl ν in (7) ist aber gleich dem Gruppenindex $(G_z : H_z')$, also

$$\nu = fg,$$

wenn f der Relativgrad von $\mathfrak{P}'$ in Bezug auf k, und g der Exponent der höchsten in $\mathfrak{p}$ aufgehenden Potenz von $\mathfrak{P}'$ bedeutet. (Daher ist $g=g_i$, wenn wie früher $\mathfrak{P}'=\mathfrak{P}_i|S$ ist).

Sei nun Z eine derjenigen Substitutionen von G_z, für welche jede ganze Zahl Ω von K^* die Congruenz:

$$\Omega|Z \equiv \Omega^P \pmod{\mathfrak{P}^*}$$

befriedigt; und es sei Z^t die niedrigste Potenz von Z, die in H' also in H_z' vorkommt. Da dann

$$\Omega|Z^t \equiv \Omega^{P^t} \pmod{\mathfrak{P}^*},$$

so muss t durch f teilbar sein, weil die Norm von $\mathfrak{P}^*$ in K' gleich P^f und H_z' die Zerlegungsgruppe von $\mathfrak{P}^*$ in Bezug auf K' ist. Umgekehrt muss aber in H_z' eine Substitution Z_0 enthalten sein, von der Art, dass

$$\Omega|Z_0 \equiv \Omega^{P^f} \pmod{\mathfrak{P}^*}.$$

Demnach ist

8) H. Weber, Lehrbuch der Algebra, 2. (2. Aufl.) § 179; G. Landsberg, Über Reduction von Gleichungen durch Adjunction, Crelles Jour. **132**, S. 1. (insbesondere S. 11–20).

$$\Omega|Z_0 \equiv \Omega|Z^f \pmod{\mathfrak{P}^*},$$

also $Z^f Z_0^{-1}$ in H_ι', folglich in H_z' enthalten, sodass Z^f in H_z', folglich in H' vorkommt.

Ist also S eine beliebige Substitution des Complexes HSG_z, dann sind die f Complexe

$$HS, HSZ, \cdots HSZ^{f-1} \tag{8}$$

in dem Complexe (7) enthalten, und diese f Complexe sind von einander verschieden. Ist ferner S' eine Substitution desselben Complexes (7), die in keinem der Complexe (8) enthalten ist, dann sind die weiteren f Complexe

$$HS', HS'Z, \cdots HS'Z^{f-1}$$

in (7) enthalten, welche sowohl von einander als auch von (8) verschieden sind. So fortfahrend zerlegt man den Complex HSG_z in g Systeme von je f Complexe wie (8).

Nun ist

$$A|SZ^n \equiv (A|S)^{P^n} \pmod{\mathfrak{P}^*}.$$

Daher

$$\begin{aligned}\left(\prod_{0,f-1}^{n} A|SZ^n\right)^{\frac{P-1}{l}} &\equiv (A|S)^{(1+P+\cdots+P^{f-1})\frac{P-1}{l}} \\ &\equiv (A|S)^{\frac{P^f-1}{l}} \\ &\equiv \left\{\frac{A|S}{\mathfrak{P}'}\right\}' \pmod{\mathfrak{P}^*} \\ &\equiv \left\{\frac{A}{\mathfrak{P}_i}\right\},\end{aligned}$$

wenn $S=S_i$ dem Complexe HS_iG_z in (5) angehört; folglich ist

$$\left(\prod^{n} A|S^{(n)}\right)^{\frac{P-1}{l}} \equiv \left\{\frac{A}{\mathfrak{P}_i}\right\}^{g_i} \pmod{\mathfrak{P}^*},$$

wenn das Product links über die ν Substitutionen $S^{(n)}$ in (7) erstreckt wird. Endlich ist nach (6)

$$\begin{aligned}\left(\prod_{1,M}^{i} A|S_i\right)^{\frac{P-1}{l}} &\equiv \prod_{1,e}^{i}\left\{\frac{A}{\mathfrak{P}_i}\right\}^{g_i} \\ &\equiv \left\{\frac{A}{\mathfrak{p}}\right\} \pmod{\mathfrak{P}^*},\end{aligned}$$

wenn links das Product über alle $\sum\nu=M$ Substitutionen S_i in (1) erstreckt wird. Nach (2) ist also

$$\alpha^{\frac{P-1}{l}} \equiv \left\{\frac{A}{\mathfrak{p}}\right\} \pmod{\mathfrak{P}^*}.$$

Daher nach (4)

$$\left(\frac{\alpha}{\mathfrak{p}}\right) \equiv \left\{\frac{A}{\mathfrak{p}}\right\} \pmod{\mathfrak{P}^*},$$

woraus, da $\mathfrak{P}^*$ prim zu l ist,

$$\left(\frac{\alpha}{\mathfrak{p}}\right)=\left\{\frac{A}{\mathfrak{p}}\right\},$$

w. z. b. w.

I. Das Reciprocitätsgesetz für die Potenzcharactere eines ungeraden Primzahlgrades.

§ 3. Kennzeichen für das Repräsentantensystem der Basisclassen.

In diesem I. Teil bedeutet l eine ungerade Primzahl. Ist ferner r die Anzahl der unabhängigen Grundeinheiten, h der Rang der absoluten Classengruppe von k, dann existiren nach Satz 1 h unabhängige singuläre Primärzahlen, sodass jede Zahl von k, welche eine Einheit oder eine l-te Potenz des Ideals von k ist, auf eine und nur eine Weise in der Form

$$\eta_1^{u_1}\cdots\eta_{r+1}^{u_{r+1}}\omega_1^{v_1}\cdots\omega_h^{v_h}\xi^l \tag{1}$$

darstellbar ist, wenn die Exponenten $u_1, \cdots v_1, \cdots$ Zahlen aus der Reihe $0, 1, \cdots l-1$ sind und ξ eine Zahl von k ist; hierbei bedeuten $\omega_1, \cdots \omega_h$ die singulären Primärzahlen, und $\eta_1, \cdots \eta_{r+1}$ Einheiten oder Idealpotenzen, die nicht primär sind; eine Bezeichnung, die in der Folge durchgehends beibehalten werden soll.

Satz 7. *Die h Primideale $\mathfrak{i}_1, \cdots \mathfrak{i}_h$, für welche*

$$\left(\frac{\omega_a}{\mathfrak{i}_a}\right)\neq 1, \quad \left(\frac{\omega_a}{\mathfrak{i}_b}\right)=1, \quad (a\neq b)$$

ausfällt[9], *repräsentiren die h Basisclassen von k in dem Sinne, dass für jedes Ideal $\mathfrak{x}$ von k eine Gleichung der Form*

$$(\rho)=\mathfrak{x}\mathfrak{i}_1^{e_1}\cdots\mathfrak{i}_h^{e_h}\mathfrak{j}^l$$

gilt, wo ρ eine Zahl, $\mathfrak{j}$ ein Ideal von k ist und $e_1, \cdots e_h$ das mit $\mathfrak{x}$ eindeutig bestimmte Exponentensystem aus der Reihe $0, 1, \cdots l-1$ *sind*[10].

Beweis. Setzt man

$$L=(1-\zeta)^l=\prod^{t}\mathfrak{l}_i^{g_i l},$$

dann ist der Rang der Classengruppe von k nach dem Modul L offenbar gleich $r+1+h$. Ebenso gross beträgt aber der Rang der Classengruppe nach dem Modul $L\mathfrak{i}_1\cdots\mathfrak{i}_h$[11]. Dies hat zur Folge, dass für eine Zahl α von k nur dann

$$(\alpha)=\mathfrak{i}_1^{e_1}\cdots\mathfrak{i}_h^{e_h}\mathfrak{j}^l, \qquad (0\leqq e<l)$$

9) Bekanntlich existiren stets solche Primideale, vgl. Hilbert, Bericht, Satz 152, auch R.A.S. 84 [§ 3].

10) Tatsächlich brauchen die Ideale $\mathfrak{i}$ nicht prim zu sein, wie in der Folge einleuchten wird.

11) § 1, (1).

wenn die sämtlichen Exponenten $e_1, \cdots e_h$ verschwinden. Hiermit ist aber der Satz bewiesen.

Es sei noch bemerkt, dass wenn μ nicht singülar primär, auch nicht eine l-te Potenz in k ist, die h Ideale $\mathfrak{i}_1, \cdots \mathfrak{i}_h$ des obigen Satzes so gewählt werden kann, dass

$$\left(\frac{\mu}{\mathfrak{i}_a}\right) = 1 \qquad (a=1, 2, \cdots h)$$

ausfällt; $\mathfrak{i}_1, \cdots \mathfrak{i}_h$ heissen dann *gegen* μ *normirt.*

§ 4. Kennzeichen für das primäre Primideal.

Ein Ideal $\mathfrak{a}$ von k, für welches

$$\left(\frac{\eta_i}{\mathfrak{a}}\right) = 1, \qquad (i=1, 2, \cdots r+1)$$

$$\left(\frac{\omega_i}{\mathfrak{a}}\right) = 1 \qquad (i=1, 2, \cdots h)$$

ausfällt, heisst ein *primäres* Ideal.

Satz 8. *Ist* $\mathfrak{p}$ *ein primäres Primideal, dann gibt es eine primäre Zahl* ϖ[12] *in* k *von der Art, dass*

$$(\varpi) = \mathfrak{p}\mathfrak{j}^l,$$

wo $\mathfrak{j}$ *ein Ideal von* k *bedeutet.*

Beweis. Nach Voraussetzung ist der Rang der Classengruppe nach dem Modul $\mathfrak{p}$ gleich $h+1$. Es gibt folglich eine primäre Zahl ϖ, wie der Satz verlangt.

Dieser Satz kann auch auf der folgenden Weise bewiesen werden. Nach dem Modul $L=(1-\zeta)^l$ ist der Rang der Classengruppe $r+1+h$. Der Classenkörper für die Hauptclasse ist offenbar

$$K = k(\sqrt[l]{\eta_1}, \cdots \sqrt[l]{\eta_{r+1}}, \sqrt[l]{\omega_1}, \cdots \sqrt[l]{\omega_h}).$$

Da nach Voraussetzung $\mathfrak{p}$ in K in die Primideale ersten Relativgrades zerfällt, so gehört $\mathfrak{p}$ der Hauptclasse an (Satz 4); folglich gibt es eine Zahl ϖ derart, dass

$$(\varpi) = \mathfrak{p}\mathfrak{j}^l, \qquad \varpi \equiv \xi^l \pmod{L},$$

w. z. b. w.

Die Zahl ϖ heisst eine *Primärzahl des primären Primideals* $\mathfrak{p}$. Für ein gegebenes $\mathfrak{p}$ wird ϖ nur bis auf einen singulären primären Factor bestimmt. Man kann daher ϖ so wählen, dass sie gegen ein vorgeschriebenes Repräsentantensystem der Basisclassen normirt ist.

---

12) Primär heisst eine zu l prime Zahl von k, welche l-ter Rest nach dem Modul L ist. Die Relativdiscriminante von $K=k(\sqrt[l]{\mu})$ ist dann und nur dann prim zu l, wenn μ primär ist.

§ 5. Kennzeichen für das hyperprimäre Primideal.

Die h unabhängigen singulären Primärzahlen $\omega_1, \cdots \omega_h$ seien so gewählt, dass sie prim zu l sind, und in dem System der l^h Zahlen:

$$\omega_1^{u_1} \cdots \omega_h^{u_h} \qquad (0 \leqq u < l)$$

seien l^n hyperprimäre[13]. Der Rang der Classengruppe nach dem Modul

$$\bar{L} = \prod^{i} \mathfrak{l}_i^{\sigma_i l+1} \qquad (i=1, 2, \cdots z)$$

beträgt dann $r+1+h+z_0$, wenn

$$z_0 = z-(h-n)$$

gesetzt wird. Daher gibt es z_0 Zahlen

$$\lambda_1, \cdots \lambda_{z_0},$$

welche ausser durch die l-ten Potenzen der Ideale nur noch durch die Ideale $\mathfrak{l}_1, \cdots \mathfrak{l}_z$ teilbar sind, und so beschaffen, dass erstens jede Zahl λ von der gesagten Eigenschaft in der Form

$$\lambda = \lambda_1^{u_1} \cdots \lambda_{z_0}^{u_{z_0}} [\eta, \omega, \xi^l] \tag{1}$$

darstellbar ist, wo $u_1, \cdots u_{z_0}$ Zahlen aus der Reihe $0, 1, \cdots l-1$ sind und das Zeichen $[\eta, \omega, \xi^l]$ in allgemeiner Weise eine Zahl von der Form

$$\eta_1^{v_1} \cdots \eta_{r+1}^{v_{r+1}} \omega_1^{w_1} \cdots \omega_h^{w_h} \xi^l$$

bedeutet, und dass zweitens eine Zahl von der Form (1) nur dann gleich 1 sein kann, wenn die sämtlichen Exponenten $u_1, \cdots u_{z_0}$ verschwinden.

Ein Ideal $\mathfrak{a}$ von k heisst *hyperprimär*, wenn für jede Zahl λ in (1)

$$\left(\frac{\lambda}{\mathfrak{a}}\right) = 1$$

ausfällt, d.h. wenn $\mathfrak{a}$ primär ist und ausserdem noch

$$\left(\frac{\lambda_i}{\mathfrak{a}}\right) = 1. \qquad (i=1, 2, \cdots z_0)$$

Satz 9. *Ist $\mathfrak{p}$ ein hyperprimäres Primideal, dann gibt es eine hyperprimäre Zahl ϖ von der Art, dass*

$$(\varpi) = \mathfrak{p}\mathfrak{j}^l.$$

Beweis. Der Classenkörper für die Hauptclasse nach dem Modul $\bar{L}$ ist

$$K = k(\sqrt[l]{\eta_1}, \cdots \sqrt[l]{\omega_1}, \cdots \sqrt[l]{\lambda_1}, \cdots)$$

vom Relativgrade $r+1+h+z_0$. Da nach Voraussetzung $\mathfrak{p}$ in die Primideale des ersten Relativgrades in K zerfällt, so ist $\mathfrak{p}$ in der Hauptclasse enthalten. Folglich gibt es eine Zahl ϖ von der Art, dass

$$(\varpi) = \mathfrak{p}\mathfrak{j}^l, \qquad \varpi \equiv \xi^l \pmod{\bar{L}},$$

w. z. b. w[14].

13) Hyperprimär heisst eine zu l prime Zahl von k, wenn sie l-ter Rest mod $\bar{L}$ ist.

14) Satz 8 und Satz 9 gelten auch für nicht primes Ideal, wie in der Folge einleuchten wird.

§ 6. Das Reciprocitätsgesetz zwischen einer primären Zahl und einer beliebigen zu l primen Zahl.

Hülfssatz 1. *Es sei* ϖ *eine Primärzahl eines primären Primideals* $\mathfrak{p}$; $\mathfrak{i}_1, \cdots \mathfrak{i}_h$ *ein Repräsentantensystem der Basisclassen, welches gegen* ϖ *normirt ist; ferner sei* $\mathfrak{r}$ *ein zu* ϖ *und zu* l *primes Primideal und*

$$\rho = \mathfrak{r}\mathfrak{i}_1^{e_1}\cdots\mathfrak{i}_h^{e_h}\mathfrak{j}^l,$$

wo ρ *eine Zahl,* $\mathfrak{j}$ *ein Ideal von* k *bedeutet, beides prim zu* l *angenommen. Dann ist*

$$\left(\frac{\varpi}{\mathfrak{r}}\right) = \left(\frac{\varpi}{\rho}\right) = 1,$$

dann und nur dann, wenn

$$\left(\frac{\rho}{\mathfrak{p}}\right) = \left(\frac{\rho}{\varpi}\right) = 1$$

ausfällt.

Beweis. Da die Relativdiscriminante von $K=k(\sqrt[l]{\varpi})$ gleich $\mathfrak{p}^{l-1}$ ist, so wird die zugehörige Classengruppe von k durch eine Character-gleichung

$$\chi(\mathfrak{r}) = \zeta^{e_1u_1+\cdots+e_hu_h}\left(\frac{\rho}{\mathfrak{p}}\right)^v = 1$$

definirt sein, wo $v \neq 0$, weil K kein unverzweigter Körper ist[15]. Da nach Voraussetzung

$$\left(\frac{\varpi}{\mathfrak{i}_a}\right) = 1, \qquad (a=1, 2, \cdots h)$$

so folgt aus

$$\chi(\mathfrak{i}_a) = 1,$$

dass $u_1 = \cdots = u_h = 0$ sein muss. Daher folgt nach Satz 4 der zu beweisende Hülfssatz. (Es ist vorausgesetzt, was erlaubt ist, dass $\mathfrak{i}_1, \cdots \mathfrak{i}_h$ Primideale sind).

Hülfssatz 2. *Ist* ϖ *eine Primärzahl eines primären Primideals* $\mathfrak{p}$, *und* q *eine zu* ϖ *und zu* l *prime rationale Primzahl, dann ist*

$$\left(\frac{\varpi}{q}\right) = \left(\frac{q}{\varpi}\right).$$

Beweis. Sei

$$\varpi_0 = \mathrm{n}(\varpi),$$

wo n die Relativnorm in Bezug auf den durch ζ definirten Kreiskörper bedeutet. Da dann ϖ_0 primär ist, so folgt aus dem sogenannten Eisenstein'schen Reciprocitätsgesetz[16]

$$\left[\frac{\varpi_0}{q}\right] = \left[\frac{q}{\varpi_0}\right],$$

15) § 1. (4).
16) Vgl. Hilbert, Bericht, Satz 140.

wo die eckigen Klammern Potenzcharactere im Kreiskörper bedeuten. Da nach Satz 5 und 6

$$\left(\frac{q}{\varpi}\right)=\left[\frac{q}{\varpi_0}\right], \qquad \left(\frac{\varpi}{q}\right)=\left[\frac{\varpi_0}{q}\right],$$

so folgt

$$\left(\frac{\varpi}{q}\right)=\left(\frac{q}{\varpi}\right).$$

Hülfssatz 3. *Seien $\mathfrak{a}$, $\mathfrak{b}$ Primideale,*

$$\alpha=\mathfrak{a}[\mathfrak{i}], \qquad \beta=\mathfrak{b}[\mathfrak{i}],$$

wo α, β Zahlen von k sind, und das Zeichen $[\mathfrak{i}]$ allgemein ein Idealproduct von der Form

$$\mathfrak{i}_1^{e_1}\cdots\mathfrak{i}_h^{e_h}\mathfrak{j}_\lambda^l$$

bedeutet, unter $\mathfrak{i}_1, \cdots \mathfrak{i}_h$ ein Repräsentantensystem der Basisclassen verstanden. Dann gibt es unendlichviele primäre Primideale $\mathfrak{p}_0$ mit den zugehörigen, gegen $[\mathfrak{i}]$ normirten Primärzahlen ϖ_0 von der Art, dass, wenn ζ_1, ζ_2 beliebige l-te Einheitswurzeln sind,

$$\left(\frac{\alpha}{\varpi_0}\right)=\left(\frac{\varpi_0}{\alpha}\right)=\zeta_1^n,$$

$$n\not\equiv 0 \pmod{l}$$

$$\left(\frac{\beta}{\varpi_0}\right)=\left(\frac{\varpi_0}{\beta}\right)=\zeta_2^n,$$

ausfällt.

Beweis. Seien a, b bez. die durch $\mathfrak{a}$, $\mathfrak{b}$ teilbaren rationalen Primzahlen, und es sei in Primfactoren zerlegt,

$$a=\mathfrak{a}^u\mathfrak{a}'^{u'}\cdots, \qquad b=\mathfrak{b}^v\mathfrak{b}'^{v'}\cdots \tag{1}$$

Wir nehmen an, es sei

$$u\not\equiv 0, \quad v\not\equiv 0 \pmod{l}, \tag{2}$$

$$a\neq b, \tag{3}$$

denn wir benutzen diesen Hülfssatz nur in dem Falle, wo diese Bedingungen erfüllt sind. Ferner sei

$$\alpha'=\mathfrak{a}'[\mathfrak{i}],\cdots; \qquad \beta'=\mathfrak{b}'[\mathfrak{i}],\cdots$$

sodass

$$\left.\begin{aligned}\alpha^u\alpha'^{u'}\cdots&=a[\eta,\omega,\xi^l]\\ \beta^v\beta'^{v'}\cdots&=b[\eta,\omega,\xi^l]\end{aligned}\right\} \tag{4}$$

Nun sei $\mathfrak{p}_0$ ein Primideal (ersten Grades), für welches

$$\left\{\begin{aligned}&\left(\frac{\alpha}{\mathfrak{p}_0}\right)=\zeta_1^n, \quad \left(\frac{\alpha'}{\mathfrak{p}_0}\right)=1, \quad \cdots &(5)\\ &\left(\frac{\beta}{\mathfrak{p}_0}\right)=\zeta_2^n, \quad \left(\frac{\beta'}{\mathfrak{p}_0}\right)=1, \quad \cdots &(6)\\ &\left(\frac{\eta}{\mathfrak{p}_0}\right)=1,\cdots \quad \left(\frac{\omega}{\mathfrak{p}_0}\right)=1, \quad \cdots &(7)\end{aligned}\right.$$

ausfällt. Ist dann ϖ_0 die gegen $[\mathfrak{i}]$ normirte Primärzahl dieses primären Primideals $\mathfrak{p}_0$, so folgt aus (4), (5), (6), (7)

$$\left(\frac{\alpha^u\alpha'^{u'}\cdots}{\mathfrak{p}_0}\right)=\left(\frac{a}{\mathfrak{p}_0}\right)=\zeta_1^{nu},$$

$$\left(\frac{\beta^v\beta'^{v'}\cdots}{\mathfrak{p}_0}\right)=\left(\frac{b}{\mathfrak{p}_0}\right)=\zeta_2^{nv}.$$

Folglich ist nach Hülfssatz 2

$$\left(\frac{\varpi_0}{a}\right)=\zeta_1^{nu},\quad \left(\frac{\varpi_0}{b}\right)=\zeta_2^{nv}. \tag{8}$$

Aus (5), (6) folgt anderseits nach Hülfssatz 1

$$\left(\frac{\varpi_0}{\alpha'}\right)=1,\cdots\quad \left(\frac{\varpi_0}{\beta'}\right)=1,\cdots \tag{9}$$

Daher ist, nach (4), (8), (9)

$$\left(\frac{\varpi_0}{\alpha}\right)^u=\zeta_1^{nu},\quad \left(\frac{\varpi_0}{\beta}\right)=\zeta_2^{nv},$$

folglich nach (2)

$$\left(\frac{\varpi_0}{\alpha}\right)=\zeta_1^{n},\quad \left(\frac{\varpi_0}{\beta}\right)=\zeta_2^{n}.$$

Hülfssatz 4. *Es seien α, β gegen das System* [$\mathfrak{i}$] *normirte Primärzahlen der primären Primideale $\mathfrak{a}$, $\mathfrak{b}$; $\mathfrak{r}$ ein zu α, β und l primes Primideal und $\rho=\mathfrak{r}[\mathfrak{i}]$, dann ist für einen ganzzahligen Exponenten e*

$$\left(\frac{\alpha\beta^e}{\mathfrak{r}}\right)=1,$$

dann und nur dann, wenn

$$\left(\frac{\rho}{\alpha\beta^e}\right)=1.$$

Beweis. Wir machen dieselbe Annahme (2), (3) wie bei dem Beweise von Hülfssatz 3. Da $\alpha\beta^e$ primär und gegen [$\mathfrak{i}$] normirt ist, so folgt, wie beim Beweise von Hülfssatz 1, dass die Classengruppe mod $\mathfrak{a}\mathfrak{b}$, welche dem Körper $K=k(\sqrt[l]{\alpha\beta^e})$ zugeordnet ist, durch eine Character-gleichung

$$\chi(\mathfrak{r})=\left(\frac{\rho}{\mathfrak{a}}\right)^v\left(\frac{\rho}{\mathfrak{b}}\right)^{v'}=1 \tag{10}$$

definirt wird. Es handelt sich darum, zu zeigen, dass

$$v\not\equiv 0,\quad v'\equiv ve \pmod{l}$$

sein muss.

Es seien ζ_1, ζ_2 l-te Einheitswurzeln, welche die Bedingungen

$$\zeta_1\zeta_2^e=1,\quad \zeta_2\neq 1 \tag{11}$$

befriedigen, und $\mathfrak{p}_0$, ϖ_0 das primäre Primideal und die zugehörige Primärzahl wie sie in Hülfssatz 3 erklärt worden sind. Da dann nach (11)

$$\left(\frac{\alpha\beta^e}{\mathfrak{p}_0}\right)=1$$

ausfällt, so folgt nach (10)

$$\left(\frac{\varpi_0}{\mathfrak{a}}\right)^v\left(\frac{\varpi_0}{\mathfrak{b}}\right)^{v'}=1. \tag{12}$$

Anderseits ist nach Hülfssatz 3

$$\left(\frac{\varpi_0}{\mathfrak{a}}\right)=\left(\frac{\varpi_0}{\alpha}\right)=\zeta_1^n,$$

$$n\not\equiv 0 \pmod{l}.$$

$$\left(\frac{\varpi_0}{\mathfrak{b}}\right)=\left(\frac{\varpi_0}{\beta}\right)=\zeta_2^n,$$

Daher folgt aus (12)

$$\zeta_1^v\zeta_2^{v'}=1.$$

Dies in Verbindung mit (11) ergibt

$$v'\equiv ve \pmod{l}.$$

Sodann folgt, dass notwendig $v\not\equiv 0 \pmod{l}$ sein muss, weil sonst für jedes $\mathfrak{r}$, $\chi(\mathfrak{r})=1$ ausfiele.

Hülfssatz 5. *Wenn ϖ eine Primärzahl eines primären Primideals $\mathfrak{p}$ ist, und ν eine beliebige zu ϖ und zu l prime Zahl, dann gilt die Reciprocitätsgleichung:*

$$\left(\frac{\varpi}{\nu}\right)=\left(\frac{\nu}{\varpi}\right).$$

Beweis. Wir nehmen das Repräsentantensystem $[\mathfrak{i}]$ der Basisclassen gegen ϖ normirt an. Es sei dann $\mathfrak{r}$ ein beliebiges zu ϖ und zu l primes Primideal und $\rho=\mathfrak{r}[\mathfrak{i}]$. Wir beweisen zunächst den Satz für $\nu=\rho$.

Da nach Hülfssatz 1 der Satz richtig ist, wenn $\left(\frac{\varpi}{\mathfrak{r}}\right)=1$, so nehmen wir an: es sei

$$\left(\frac{\varpi}{\mathfrak{r}}\right)=\zeta_1\neq 1. \tag{13}$$

Wir bestimmen dann nach Hülfssatz 3 ein primäres Primideal $\mathfrak{p}_0$ und die gegen $[\mathfrak{i}]$ normirte Primärzahl ϖ_0 desselben, von der Art, dass

$$\left(\frac{\varpi_0}{\mathfrak{r}}\right)=\left(\frac{\rho}{\varpi_0}\right)=\zeta_2\neq 1. \tag{14}$$

Ist dann

$$\zeta_1\zeta_2^e=1, \tag{15}$$

dann folgt aus (13), (14)

$$\left(\frac{\varpi\varpi_0^e}{\mathfrak{r}}\right)=1.$$

Daher ist nach Hülfssatz 4

$$\left(\frac{\rho}{\varpi\varpi_0^e}\right)=1,$$

woraus nach (14) und (15)

$$\left(\frac{\rho}{\varpi}\right)=\zeta_1$$

oder nach (13)

$$\left(\frac{\varpi}{\rho}\right)=\left(\frac{\rho}{\varpi}\right).$$

Nunmehr sei ν eine beliebige zu ϖ und zu l prime Zahl von k, und

$$(\nu)=\mathfrak{r}_1^{a_1}\mathfrak{r}_2^{a_2}\cdots\mathfrak{j}^l,$$

wo $\mathfrak{r}_1$, $\mathfrak{r}_2$, $\cdots$ von einander verschiedene Primideale von k und die Exponenten a_1, a_2, $\cdots$ nicht durch l teilbar sind.

Setzt man dann

$$\rho_1=\mathfrak{r}_1[\mathfrak{i}],\qquad \rho_2=\mathfrak{r}_2[\mathfrak{i}],\qquad \cdots$$

so wird

$$\nu=\rho_1^{a_1}\rho_2^{a_2}\cdots[\eta,\omega,\xi^l],$$

wo $[\mathfrak{i}]$ und folglich $[\eta,\omega,\xi^l]$ prim zu ϖ und l angenommen werden können. Es ist dann nach dem vorhin bewiesenen

$$\left(\frac{\varpi}{\nu}\right)=\left(\frac{\varpi}{\rho_1}\right)^{a_1}\left(\frac{\varpi}{\rho_2}\right)^{a_2}\cdots=\left(\frac{\rho_1}{\varpi}\right)^{a_1}\left(\frac{\rho_2}{\varpi}\right)^{a_2}\cdots$$

$$=\left(\frac{\rho_1{}^{a_1}\rho_2{}^{a_2}\cdots}{\varpi}\right)$$

$$=\left(\frac{\nu}{\varpi}\right),$$

da $\mathfrak{p}$ primär und folglich

$$\left(\frac{[\eta,\omega,\xi^l]}{\varpi}\right)=1.$$

Satz 10. *Ist μ primär, ν prim zu μ und l, dann besteht die Reciprocitätsgleichung:*

$$\left(\frac{\mu}{\nu}\right)=\left(\frac{\nu}{\mu}\right).$$

Beweis. Es sei

$$(\mu)=\mathfrak{p}_1^{a_1}\mathfrak{p}_2^{a_2}\cdots\mathfrak{p}_t^{a_t}\mathfrak{j}^l \tag{16}$$

wo $\mathfrak{p}_1$, $\mathfrak{p}_2$, $\cdots$ $\mathfrak{p}_t$ von einander verschiedene Primideale und die Exponenten a_1, a_2, $\cdots$ a_t nicht durch l teilbar sind.

Sei $\mathfrak{r}$ ein zu μ und l primes Primideal, und

$$\rho=\mathfrak{r}[\mathfrak{i}],$$

wo $[\mathfrak{i}]$ gegen μ normirt ist. Dann ist, wie beim Beweise von Hülfssatz 4

$$\left(\frac{\mu}{\mathfrak{r}}\right)=1,$$

dann und nur dann, wenn

$$\left(\frac{\rho}{\mathfrak{p}_1}\right)^{v_1}\left(\frac{\rho}{\mathfrak{p}_2}\right)^{v_2}\cdots\left(\frac{\rho}{\mathfrak{p}_t}\right)^{v_t}=1, \tag{17}$$

wo die Exponenten v von $\mathfrak{r}$ unabhängig sind. Es handelt sich darum, zu zeigen, dass

$$v_1 : v_2 : \cdots : v_t \equiv a_1 : a_2 : \cdots : a_t (\text{mod } l).$$

Man bestimme zu diesem Behuf ein primäres Primideal $\mathfrak{p}_0$ und die zugehörige Primärzahl ϖ_0 so, dass

$$\left(\frac{\varpi_1}{\mathfrak{p}_0}\right) = \zeta^{na_2}, \left(\frac{\varpi_2}{\mathfrak{p}_0}\right) = \zeta^{-na_1}, \left(\frac{\varpi_3}{\mathfrak{p}_0}\right) = \cdots = \left(\frac{\varpi_t}{\mathfrak{p}_0}\right) = 1,$$

$$n \not\equiv 0 \quad (\text{mod } l),$$

wo

$$\varpi_i = \mathfrak{p}_i[\mathfrak{i}] \qquad (i=1, 2, \cdots t)$$

(vgl. Hülfssatz 3). Dann folgt nach Hülfssatz 5

$$\left(\frac{\varpi_0}{\mathfrak{p}_1}\right) = \zeta^{na_2}, \quad \left(\frac{\varpi_0}{\mathfrak{p}_2}\right) = \zeta^{-na_1}, \quad \left(\frac{\varpi_0}{\mathfrak{p}_3}\right) = \cdots = \left(\frac{\varpi_0}{\mathfrak{p}_t}\right) = 1, \qquad (18)$$

woraus nach (16)

$$\left(\frac{\varpi_0}{\mu}\right) = 1,$$

also nach Hülfssatz 5

$$\left(\frac{\mu}{\varpi_0}\right) = \left(\frac{\mu}{\mathfrak{p}_0}\right) = 1.$$

Daher muss nach (17)

$$\left(\frac{\varpi_0}{\mathfrak{p}_1}\right)^{v_1} \left(\frac{\varpi_0}{\mathfrak{p}_2}\right)^{v_2} \cdots \left(\frac{\varpi_0}{\mathfrak{p}_t}\right)^{v_t} = 1,$$

oder nach (18)

$$\zeta^{n(a_2 v_1 - a_1 v_2)} = 1,$$

und weil $n \not\equiv 0$ (mod l),

$$a_2 v_1 - a_1 v_2 \equiv 0 \quad (\text{mod } l).$$

Ebenso folgt

$$a_i v_1 - a_1 v_i \equiv 0 \quad (\text{mod } l). \qquad (i=1, 2, \cdots t)$$

Da offenbar nicht alle v verschwinden können, so erhält man

$$v_i \equiv a_i w \quad (\text{mod } l),$$

wo $w \not\equiv 0$ (mod l), w. z. b. w.

Fernerhin verläuft der Beweis genau wie bei Hülfssatz 5.

Oben haben wir angenommen, dass $t > 1$. Ist $t=1$, also

$$(\mu) = \mathfrak{p}^a \mathfrak{j}^l, \qquad a \not\equiv 0 \quad (\text{mod } l),$$

dann kann man genau wie bei Hülfssatz 5 verfahren (Tatsächlich ist $\mathfrak{p}$ ein primäres Primideal). Man kann auch ebenso wie im folgenden Falle: $t=0$ verfahren.

Wenn $t=0$, also $\mu=\omega$ singulär primär ist, dann sei μ_0 eine beliebige nicht singuläre zu ν prime primäre Zahl; dann ist

$$\left(\frac{\omega\mu_0}{\nu}\right) = \left(\frac{\nu}{\omega\mu_0}\right).$$

Da aber

$$\left(\frac{\mu_0}{\nu}\right)=\left(\frac{\nu}{\mu_0}\right),$$

so folgt

$$\left(\frac{\omega}{\nu}\right)=\left(\frac{\nu}{\omega}\right)=1.$$

Diesen Specialfall von Satz 10 sprechen wir noch als einen besonderen Satz aus.

Satz 11. *Wenn ω eine singuläre Primärzahl ist, so gilt für jede zu ω und zu l prime Zahl ν die Beziehung:*

$$\left(\frac{\omega}{\nu}\right)=1.$$

Es ist zu bemerken, dass Satz 10 nur unter der Voraussetzung bewiesen worden ist, dass alle in μ und ν aufgehenden Primideale die zu Beginn des Beweises von Hülfssatz 3 gestellte Bedingung (2) erfüllen: es sollen nämlich diese Primideale in eine rationale Primzahl zu einer Potenz aufgehen, deren Exponent nicht durch l teilbar ist. Es werden also eine gewisse endliche Anzahl Primideale, die in die Discriminante von k aufgehen, ausser Betracht gelassen. Diese beschränkende Voraussetzung soll nun im folgenden Artikel beseitigt werden[17].

§ 7. Beseitigung der beschränkenden Annahme.

Alle Primideale von k, für welche die im Hülfssatze 3 des vorhergehenden Artikels gestellte Forderung erfüllt werden können, wollen wir vorübergehend als *regulär* bezeichnen. Ebenso wollen wir eine Zahl oder ein Ideal von k regulär nennen, wenn darin ein nicht reguläres Primideal gar nicht oder nur zu einer Potenz mit einem durch l teilbaren Exponenten als Factor enthalten ist.

Ein nicht reguläres Primideal geht zu einer Potenz mit einem durch l teilbaren Exponenten in eine rationale Primzahl auf. Es kann daher in jedem Körper nur eine endliche Anzahl nicht regulärer Primideale geben. Zweck dieses Artikels ist aber nachzuweisen, dass überhaupt jedes zu l prime Primideal regulär ist.

(I) Sei μ eine reguläre primäre Zahl, $\mathfrak{r}_1, \mathfrak{r}_2, \cdots \mathfrak{r}_h$ ein gegen μ normirtes Repräsentantensystem der Basisclassen von k, $\mathfrak{q}$ ein Primideal, $\kappa=\mathfrak{q}[\mathfrak{r},\mathfrak{j}^l]$. Ist dann

$$\left(\frac{\mu}{\mathfrak{q}}\right)=1,$$

17) Die zweite Annahme (3): $a \neq b$ bei Hülfssatz 3 ist ohne Belang, weil wir bei dem Beweis von Hülfssatz 5 den Hülfssatz 4 nur in dem Falle zu benutzen haben, wo diese Bedingung erfüllt ist.

dann ist, wie aus dem Beweise von Satz 10 zu entnehmen ist, notwendig

$$\left(\frac{\kappa}{\mu}\right)=1,$$

auch dann noch, wenn $\mathfrak{q}$ nicht regulär ist.

Ist aber

$$\left(\frac{\mu}{\mathfrak{q}}\right)\neq 1,$$

dann sei $\mathfrak{p}$ ein reguläres primäres Primideal von der Art, dass

$$\left(\frac{\kappa}{\mathfrak{p}}\right)\neq 1.$$

Wenn dann ϖ die gegen $\mathfrak{r}_1, \mathfrak{r}_2, \cdots \mathfrak{r}_h$ normirte Primärzahl von $\mathfrak{p}$ ist, so ist notwendig nach Hülfssatz 1

$$\left(\frac{\varpi}{\mathfrak{q}}\right)\neq 1.$$

Wir setzen

$$\left(\frac{\kappa}{\varpi}\right)=\left(\frac{\kappa}{\mathfrak{p}}\right)=\left(\frac{\varpi}{\mathfrak{q}}\right)^{e}, \qquad e\not\equiv 0 \pmod{l}. \tag{1}$$

Sei nun eine natürliche Zahl n so bestimmt, dass

$$\left(\frac{\mu\varpi^{n}}{\mathfrak{q}}\right)=1 \tag{2}$$

ausfällt. Da dann $\mu\varpi^n$ regulär und primär ist, so folgt

$$\left(\frac{\kappa}{\mu\varpi^{n}}\right)=1. \tag{3}$$

Aus (1), (2), (3) erhält man

$$\left(\frac{\kappa}{\mu}\right)=\left(\frac{\mu}{\mathfrak{q}}\right)^{e}.$$

Der Exponent e ist also dem Primideal $\mathfrak{q}$ eigen; er hängt nicht von μ ab; und $\mathfrak{q}$ ist regulär, wenn der zugehörige Exponent $e=1$ ist.

Ist aber μ regulär primär, ν durch $\mathfrak{q}^a$, sonst durch kein nicht reguläres Primideal teilbar, dann ist

$$\left(\frac{\mu}{\nu}\right)\left(\frac{\mu}{\mathfrak{q}}\right)^{a(e-1)}=\left(\frac{\nu}{\mu}\right).$$

Wenn daher $a\not\equiv 0 \pmod{l}$, $\left(\frac{\mu}{\mathfrak{q}}\right)\neq 1$ und zugleich $\left(\frac{\mu}{\nu}\right)=\left(\frac{\nu}{\mu}\right)$, dann ist notwendig $\mathfrak{q}$ regulär.

(II) Es sei K ein Oberkörper von k, $\mathfrak{Q}$ ein Primideal von K, welches in $\mathfrak{q}$ aufgeht und vom Relativgrade f ist, der nicht durch l teilbar ist:

$$N(\mathfrak{Q})=\mathfrak{q}^{f}, \qquad f\not\equiv 0 \pmod{l}.$$

Ist dann $\mathfrak{q}$ regulär in k, dann ist $\mathfrak{Q}$ regulär in K, und umgekehrt.

Denn sei A eine Zahl in K von der Art, dass

$$A = \mathfrak{Q}\mathfrak{A},$$
$$\alpha = N(A) = \mathfrak{q}^f \mathfrak{a},$$

wo $\mathfrak{A}$ und $\mathfrak{a} = N(\mathfrak{A})$ prim zu $\mathfrak{q}$ und regulär in K und k angenommen werden können. Ferner sei μ regulär und primär sowohl in k als in K, und

$$\left(\frac{\mu}{\mathfrak{q}}\right) \neq 1. \tag{4}$$

Nach Satz 5 und 6 ist dann

$$\left\{\frac{\mu}{A}\right\} = \left(\frac{\mu}{\alpha}\right), \quad \left\{\frac{A}{\mu}\right\} = \left(\frac{\alpha}{\mu}\right).$$

Ist daher $\mathfrak{q}$ regulär in k, sodass

$$\left(\frac{\mu}{\alpha}\right) = \left(\frac{\alpha}{\mu}\right), \tag{5}$$

dann ist

$$\left\{\frac{\mu}{A}\right\} = \left\{\frac{A}{\mu}\right\}, \tag{6}$$

und weil nach Annahme A nur durch die erste Potenz von $\mathfrak{q}$ teilbar, und

$$\left\{\frac{\mu}{\mathfrak{Q}}\right\} = \left(\frac{\mu}{\mathfrak{q}}\right)^f \neq 1$$

ist, so folgt nach (I), dass $\mathfrak{Q}$ regulär in K ist.

Ist umgekehrt $\mathfrak{Q}$ regulär in K, dann gilt zunächst (6), demnach auch (5), welches in Verbindung mit (4) zeigt, dass $\mathfrak{q}$ regulär in k sein muss.

(III) Im Oberkörper K von k bleibe $\mathfrak{q} = \mathfrak{Q}$ prim, oder es werde $\mathfrak{q} = \mathfrak{Q}^e$, $g \not\equiv 0 \pmod{l}$, wo $\mathfrak{Q}$ Primideal von K bedeutet. Ist dann $\mathfrak{q}$ regulär in k, dann ist $\mathfrak{Q}$ regulär in K, und umgekehrt.

Denn sei α eine Zahl in k von der Art, dass $\alpha = \mathfrak{q}\mathfrak{a}$, wo $\mathfrak{a}$ prim zu $\mathfrak{q}$ und regulär sowohl in k als auch in K ist. Ferner sei M eine primäre Zahl von K, sodass $\mu = N(M)$ primär ist. Wir nehmen, wie erlaubt, M so gewählt an, dass M und μ regulär in K und k sind, und dass

$$\left\{\frac{M}{\mathfrak{q}}\right\} = \left(\frac{\mu}{\mathfrak{q}}\right) \neq 1 \tag{7}$$

ausfällt.

Ist dann $\mathfrak{q}$ regulär in k, dann ist

$$\left(\frac{\mu}{\alpha}\right) = \left(\frac{\alpha}{\mu}\right), \tag{8}$$

folglich

$$\left\{\frac{M}{\alpha}\right\} = \left\{\frac{\alpha}{M}\right\}. \tag{9}$$

Da $\left\{\frac{M}{\mathfrak{q}}\right\} = \left\{\frac{M}{\mathfrak{Q}}\right\}^e \neq 1$, also $\left\{\frac{M}{\mathfrak{Q}}\right\} \neq 1$, so folgt nach (I), dass $\mathfrak{Q}$ regulär in K ist.

Umgekehrt, wenn $\mathfrak{Q}$ regulär in K ist, so gilt zunächst (9), folglich auch (8), woraus mit Hülfe von (7) zu schliessen ist, dass $\mathfrak{q}$ regulär in k ist.

(IV) Es sei nun q die durch das Primideal $\mathfrak{q}$ von k teilbare rationale Primzahl und

$$q = \mathfrak{q}^a \mathfrak{n}, \quad a \equiv 0 \pmod{l},$$

wo $\mathfrak{n}$ prim zu $\mathfrak{q}$ ist. Ferner sei K ein Normalkörper, welcher k enthält, $\mathfrak{Q}$ ein in $\mathfrak{q}$ aufgehendes Primideal von K, und zwar seien $\mathfrak{Q}^g$, $\mathfrak{Q}^r$ $(g = ar)$ die höchsten in q bez. $\mathfrak{q}$ aufgehenden Potenzen von $\mathfrak{Q}$.

Sei K_t der Trägheitskörper von $\mathfrak{Q}$. Da dann $\mathfrak{Q}_0 = \mathfrak{Q}^g$ Primideal von K_t ist, welches nur zur ersten Potenz in die rationale Primzahl q aufgeht, so ist $\mathfrak{Q}_0$ regulär in K_t.

Im Relativkörper K/K_t ist aber $\mathfrak{Q}$ vom ersten Relativgrade. Daher ist nach (II) $\mathfrak{Q}$ regulär in K.

Nunmehr seien k_z, k_t der Zerlegungs- und der Trägheitskörper von $\mathfrak{Q}$ in Bezug auf k, sodass $\mathfrak{q}^* = \mathfrak{Q}^r$ Primideal in k_z und k_t ist.

Da $\mathfrak{Q}$ regulär in K, und vom ersten Relativgrade im Relativkörper K/k_t, so ist nach (II) $\mathfrak{q}^*$ regülar in k_t.

Da ferner $\mathfrak{q}^*$ nicht im Relativkörper k_t/k_z zerfällt, so ist nach (III) $\mathfrak{q}^*$ regulär in k_z.

Endlich ist $\mathfrak{q}^*$ vom ersten Relativgrade im Relativkörper k_z/k, sodass nach (II) $\mathfrak{q}$ regulär in k sein muss.

Hiermit ist nachgewiesen, dass jedes zu l primes Primideal von k regulär, und somit Satz 10 ausnahmslos gültig ist.

§ 8. Das erste und das zweite Ergänzungssatz.

Satz 12. (*Das erste Ergänzungssatz*). *Wenn ε eine Einheit oder l-te Potenz eines Ideals von k ist, und wenn α eine zu ε prime primäre Zahl ist, dann gilt die Relation:*

$$\left(\frac{\varepsilon}{\alpha}\right) = 1.$$

Satz 13. (*Das zweite Ergänzungssatz*). *Wenn λ eine Zahl ist, die ausser durch die l-ten Potenzen der Ideale nur noch durch die in l aufgehenden Primideale von k teilbar ist, und wenn α eine zu λ prime hyperprimäre Zahl ist, dann gilt die Relation:*

$$\left(\frac{\lambda}{\alpha}\right) = 1.$$

Satz 12 ist ein Specialfall von Satz 10, und Satz 13 von den folgenden

Satz 14. *Wenn μ eine Zahl von k ist, und*

$$(\mu) = \mathfrak{m} \prod^{z} \mathfrak{l}_i^{a_i}, \quad (a_i \geqq 0, i = 1, 2, \cdots z) \tag{1}$$

wo $\mathfrak{m}$ zu l prim ist, und wenn ν eine zu μ prime primäre Zahl ist, für welche überdies, wenn a_i nicht durch l teilbar, die Congruenz

$$\nu \equiv \xi^l \pmod{\mathfrak{l}_i^{a_i l + 1}} \tag{2}$$

in k besteht, wo σ_i die in S. 181 angegebene Bedeutung hat, dann gilt die Relation:

$$\left(\frac{\mu}{\nu}\right)=\left(\frac{\nu}{\mathfrak{m}}\right).$$

Beweis. Wir legen ein gegen ν normirtes Repräsentantensystem der Basisclassen zu Grunde. Ist dann $\mathfrak{r}$ ein beliebiges zu ν primes Ideal von k, und

$$\rho=\mathfrak{r}[\mathfrak{i}],$$

dann ist die dem Körper $K=k(\sqrt[l]{\nu})$ zugeordnete Classengruppe von k nach Satz 10 durch

$$\chi(\mathfrak{r})=\left(\frac{\rho}{\nu}\right)=1$$

characterisirt. Wenn nun a_i nicht durch l teilbar ist, dann zerfällt nach (2) das Primideal $\mathfrak{l}_i$ in K. Folglich ist nach Satz 4

$$\left(\frac{\lambda_i}{\nu}\right)=1, \tag{3}$$

wo

$$\lambda_i=\mathfrak{l}_i[\mathfrak{i}]. \qquad (i=1,2,\cdots z)$$

Wenn ferner

$$\mu_0=\mathfrak{m}[\mathfrak{i}]$$

gesetzt wird, dann folgt nach (1)

$$\mu_0\prod^{i}\lambda_i^{a_i}=\mu[\eta,\omega,\xi^l].$$

Daher ist nach (3)

$$\left(\frac{\mu}{\nu}\right)=\left(\frac{\mu_0}{\nu}\right)\prod^{i}\left(\frac{\lambda_i}{\nu}\right)^{a_i}=\left(\frac{\mu_0}{\nu}\right).$$

Da anderseits nach Satz 10

$$\left(\frac{\mu_0}{\nu}\right)=\left(\frac{\nu}{\mu_0}\right)=\left(\frac{\nu}{\mathfrak{m}}\right),$$

so folgt die zu beweisende Gleichheit.

§ 9. Das allgemeine Reciprocitätsgesetz.

Es sei μ eine beliebige Zahl von k, und

$$(\mu)=\mathfrak{m}\prod^{i}\mathfrak{l}_i^{a_i}, \tag{1}$$

wo $\mathfrak{m}$ zu l prim ist. Um das allgemeine Reciprocitätsgesetz bequem ausdrücken zu können, führen wir das Symbol (μ,ν) durch die folgende Definition ein:

$$(\mu,\nu)=\left(\frac{\mu}{\nu}\right)\left(\frac{\nu}{\mathfrak{m}}\right)^{-1}, \tag{2}$$

wo unter ν, wie immer, eine zu μ und zu l prime Zahl von k zu verstehen ist.

Aus dieser Definition folgt

$$(\mu\mu',\nu)=(\mu,\nu)(\mu',\nu), \tag{3}$$

$$(\mu, \nu\nu') = (\mu, \nu)(\mu, \nu'). \tag{4}$$

Ferner ist nach Satz 10, wenn μ primär ist,

$$(\mu, \nu) = 1. \tag{5}$$

Wenn allgemeiner $\frac{\mu'}{\mu}$ primär ist, d. h. wenn $\frac{\mu'}{\mu}$ gleich einem Bruch $\frac{\mu_0'}{\mu_0}$ ist, wo μ_0, μ_0' prim zu l sind und eine Congruenz

$$\mu_0' \equiv \mu_0 \xi^l \pmod{L}$$

in k befriedigen, dann ist

$$(\mu, \nu) = (\mu', \nu). \tag{6}$$

Denn setzt man

$$\frac{\mu'}{\mu} = \frac{\mu_0'}{\mu_0} = \frac{\mathfrak{m}'}{\mathfrak{m}},$$

wo $\mathfrak{m}$ für μ die in (1) angegebene, und $\mathfrak{m}'$ für μ' die entsprechende Bedeutung haben soll, so folgt

$$\left(\frac{\mu'}{\nu}\right)\left(\frac{\mu_0}{\nu}\right) = \left(\frac{\mu}{\nu}\right)\left(\frac{\mu_0'}{\nu}\right),$$

$$\left(\frac{\nu}{\mu_0}\right)\left(\frac{\nu}{\mathfrak{m}'}\right) = \left(\frac{\nu}{\mu_0'}\right)\left(\frac{\nu}{\mathfrak{m}}\right)$$

und durch Division

$$(\mu', \nu)(\mu_0, \nu) = (\mu, \nu)(\mu_0', \nu).$$

Sei nun $\mu_0\mu^*$ primär und prim zu ν, dann ist es auch $\mu_0'\mu^*$, sodass nach (5)

$$(\mu_0\mu^*, \nu) = (\mu_0'\mu^*, \nu) = 1,$$

folglich

$$(\mu_0, \nu) = (\mu_0', \nu)$$

und somit

$$(\mu, \nu) = (\mu', \nu).$$

Nach dieser Vorbemerkung führen wir das zweite Symbol $Z_i(\mu,\nu)$ durch die folgende Festsetzung ein.

Es sei μ eine beliebige Zahl von k und wie in (1)

$$(\mu) = \mathfrak{m} \prod^{i} \mathfrak{l}_i^{a_i}.$$

Wir bestimmen dann ein System von z Zahlen

$$\mu_1, \mu_2, \cdots \mu_z$$

gemäss den Congruenzen:

$$\left.\begin{aligned} \mu_i &\equiv \mu \quad \pmod{\mathfrak{l}_i^{e_i l + a_i}}, \\ &\equiv 1 \quad \left(\operatorname{mod} \frac{L}{\mathfrak{l}_i^{e_i l}}\right), \end{aligned}\right\} \qquad (i=1, 2, \cdots z) \tag{7}$$

und wir setzen, wenn ν eine zu μ, l und zu $\mu_1, \mu_2, \cdots \mu_z$ prime Zahl von k ist,

$$Z_i(\mu, \nu) = (\mu_i, \nu). \qquad (i=1, 2, \cdots z) \tag{8}$$

In der Tat wird das Symbol $Z_i(\mu, \nu)$ durch diese Festsetzung unzweideutig bestimmt, denn wenn μ_i' eine andere Zahl ist, die den Congruenzen (7) genügt, dann ist offenbar $\frac{\mu_i'}{\mu_i}$ primär, also wie vorhin bemerkt

$$(\mu_i, \nu) = (\mu_i', \nu),$$

wenn nur μ_i' prim zu ν ist[18].

Das allgemine Reciprocitätsgesetz lässt sich nun in der folgenden Form ausdrücken:

Satz 15. **(Das allgemeine Reciprocitätsgesetz)** *Wenn ν zu μ und zu l prim ist, dann gilt die Relation:*

$$(\mu, \nu) = Z_1(\mu, \nu) Z_2(\mu, \nu) \cdots Z_z(\mu, \nu). \tag{9}$$

Beweis. Formel ist dieser Satz eine unmittelbare Folge der Definition des Symbols $Z(\mu, \nu)$. Denn setzt man

$$\frac{\mu_1 \mu_2 \cdots \mu_z}{\mu} = \frac{\alpha}{\beta},$$

wo α, β zu l prime Zahlen von k sind, dann folgt aus der Gleichung

$$\mu\alpha = \mu_1 \mu_2 \cdots \mu_z \beta,$$

indem man sie als eine Congruenz nach dem Modul $\mathfrak{l}_i^{q_i l + a_i}$ auffasst, nach (7)

$$\alpha \equiv \beta \pmod{\mathfrak{l}_i^{q_i l}}. \qquad (i = 1, 2, \cdots z)$$

Daher ist $\frac{\alpha}{\beta}$ primär, folglich nach (6)

$$\begin{aligned}(\mu, \nu) &= (\mu_1 \mu_2 \cdots \mu_z, \nu) \\ &= (\mu_1, \nu)(\mu_2, \nu) \cdots (\mu_z, \nu),\end{aligned}$$

woraus nach (8) die zu beweisende Gleichung (9) folgt.

Der sachliche Inhalt des Satzes 15 wird aber erst durch die Ausführungen im folgenden Artikel aufgeklärt werden.

§ 10. Das Normenrestsymbol $Z(\mu, \nu)$.

Das im vorhergehenden Artikel definirte Symbol $Z_i(\mu, \nu)$ ist das *Normenrestsymbol* in Bezug auf dem Oberkörper $K = k(\sqrt[l]{\mu})$ und das Primideal $\mathfrak{l}_i$ von k; es ist nämlich das Bestehen der Beziehung $Z_i(\mu, \nu) = 1$ das Criterium dafür, dass ν ein Normenrest des Körpers K nach dem Modul $\mathfrak{l}_i^{v_i+1}$ ist, wo v_i in Bezug auf $\mathfrak{l}_i$ die in Satz 3 erklärte Bedeutung hat. Einfachheitshalber wollen wir zuvörderst einen Teil dieser Behauptung als einen besonderen Satz formuliren, der wie folgt lautet.

Satz 16. *Wenn die Relativdiscriminante des Körpers $K = k(\sqrt[l]{\mu})$ prim zu $\mathfrak{l}$ ist, dann ist für jede zu μ und zu l prime Zahl ν von k*

$$Z(\mu, \nu) = 1;$$

18) Diese Beschränkung, sowie die, welche oben der Zahl ν auferlegt worden ist, prim zu $\mu_1, \mu_2, \cdots$ zu sein, ist nicht wesentlich, weil wir eben durch eine andere Wahl des Systems $\mu_1, \mu_2, \cdots$ entkommen.

wenn dagegen $\mathfrak{l}$ *in die Relativdiscriminante von* K *aufgeht, und wenn*

$$\nu \equiv \xi^l \pmod{\mathfrak{l}^{v+1}}$$

in k, *dann ist*

$$Z(\mu, \nu) = 1,$$

oder allgemeiner, wenn

$$\nu' \equiv \nu\xi^l \pmod{\mathfrak{l}^{v+1}},$$

dann ist

$$Z(\mu, \nu) = Z(\mu, \nu').$$

Hierbei haben $\mathfrak{l}$, Z, v *die bisherige Bedeutung von* $\mathfrak{l}_i$, Z_i, v_i; *die Indices sind einfachheitshalber weggelassen worden.*

Beweis. Die dem Primideal $\mathfrak{l}=\mathfrak{l}_i$ entsprechende Zahl μ_i wollen wir einfach mit μ, und demgemäss $Z(\mu, \nu)=(\mu_i, \nu)$ mit (μ, ν) bezeichnen. Der erste Teil des Satzes ist evident, weil für denselben μ primär ausfällt. Wir nehmen daher an, dass $\mathfrak{l}$ in die Relativdiscriminante von $K=k(\sqrt[l]{\mu})$ aufgeht, und zwar zunächst dass $\mu=\mathfrak{l}^a\mathfrak{m}$, wo $\mathfrak{m}$ zu $\mathfrak{l}$ prim und $a \not\equiv 0 \pmod{l}$, sodass $v=\sigma l$ ausfällt[19]. Ferner sei, wie vorausgesetzt,

$$\nu' \equiv \nu\xi^l \pmod{\mathfrak{l}^{\sigma l+1}}. \tag{1}$$

Wir appelliren an den Satz der Existenz unendlichvieler Primideale in jeder Classe von k nach einem beliebigen Modul (Satz 2). Es sei demnach (ρ) ein Primideal von k von der Art, dass

$$\rho \equiv 1 \pmod{\mathfrak{l}^{\sigma l+1}\mathfrak{m}}, \tag{2}$$

$$\nu\rho \equiv \nu' \left(\operatorname{mod} \frac{L}{\mathfrak{l}^{\sigma l}}\right). \tag{3}$$

Da die Relativdiscriminante von K ausser der in $\mathfrak{m}$ aufgehenden nur noch das Primideal $\mathfrak{l}$ als Factor enthält, so folgt aus (2), dass (ρ) in K zerfallen muss (Satz 4), sodass

$$\left(\frac{\mu}{\rho}\right) = 1.$$

Anderseits folgt aus eben derselben Congruenz (2)

$$\left(\frac{\rho}{\mathfrak{m}}\right) = 1,$$

folglich ist

$$(\mu, \rho) = 1. \tag{4}$$

Es sei nun eine zu μ prime Zahl von k aus der Congruenz

$$\nu\rho\beta \equiv 1 \pmod{\mathfrak{l}L} \tag{5}$$

bestimmt. Dann ist nach (3), (5)

$$\nu'\beta \equiv 1 \left(\operatorname{mod} \frac{L}{\mathfrak{l}^{\sigma l}}\right),$$

und nach (1), (2), (5)

19) Vgl. R. A. S. 91 [unten]–92 [§ 6].

$$\nu'\beta \equiv \xi^l \quad (\text{mod } \mathfrak{l}^{\sigma l+1}).$$

Daher ist

$$\nu'\beta \equiv \xi'^l \quad (\text{mod } \mathfrak{l}L) \tag{6}$$

in k. Aus (5), (6) erhält man nach Satz 14

$$(\mu, \nu\rho\beta) = 1,$$
$$(\mu, \nu'\beta) = 1,$$

woraus mit Rücksicht auf (4) folgt

$$(\mu, \nu) = (\mu, \nu').$$

Wenn μ zu l prim, oder wenn $\mu = \mathfrak{l}^a\mathfrak{m}$, aber a durch l teilbar ist, dann ist $v < \sigma l$[19]. Dann ist in (1) der Modul $\mathfrak{l}^{v+1}\mathfrak{m}$, und in (5) der Modul L zu setzen, und zuletzt Satz 10 statt Satz 14 heranzuziehen.

Satz 17. *Geht $\mathfrak{l}_i$ zur $(v_i+1)(l-1)$ ten Potenz in die Relativdiscriminante des Körpers $K = k(\sqrt[l]{\mu})$ auf, so ist $Z_i(\mu, \nu)$ dann und nur dann gleich* 1, *wenn ν Normenrest des Körpers K nach dem Modul $\mathfrak{l}_i^{v_i+1}$ ist.*

Beweis. Wir setzen

$$(\mu) = \mathfrak{m} \prod^{i} \mathfrak{l}_i^{a_i},$$

wo $\mathfrak{m}$ zu l prim ist, und führen den Beweis für $\mathfrak{l}_i = \mathfrak{l}_1$. Es sei zunächst ν Normenrest des Körpers K nach $\mathfrak{l}_1^{v_1+1}$. Wir bestimmen dann ein Primideal (ρ) von k von der Art, dass

$$\left.\begin{aligned} \rho &\equiv \nu \quad (\text{mod } \mathfrak{l}_1^{v_1+1}), \\ &\equiv 1 \quad (\text{mod } \mathfrak{m}\mathfrak{l}_2^{v_2+1} \cdots \mathfrak{l}_z^{v_z+1}). \end{aligned}\right\} \begin{aligned} (7) \\ (8) \end{aligned}$$

Ist $\mathfrak{f}^{l-1}$ die Relativdiscriminante des Körpers K, dann ist nach (7), (8) ρ Normenrest des Körpers K nach $\mathfrak{f}$, infolgedessen (ρ) in K zerfällt (Satz 4), sodass

$$\left(\frac{\mu}{\rho}\right) = 1.$$

Da anderseits nach (8)

$$\left(\frac{\rho}{\mathfrak{m}}\right) = 1,$$

so folgt

$$(\mu, \rho) = 1. \tag{9}$$

Nach Satz 16 ist aber in Rücksicht auf (8)

$$Z_2(\mu, \rho) = \cdots = Z_z(\mu, \rho) = 1,$$

sodass nach (9)

$$Z_1(\mu, \rho) = 1,$$

(vgl. Satz 15). Aus (7) folgt daher nach Satz 16

$$Z_1(\mu, \nu) = 1.$$

Es bleibt übrig, nachzuweisen, dass wenn ν Normennichtrest nach $\mathfrak{l}_1^{v_1+1}$ ist, notwendig $Z_1(\mu, \nu) \neq 1$ ausfallen muss. Wenn $\mathfrak{l}_1$ nicht in die Relativdiscriminante von K aufgeht, dann ist nach Satz 16 $Z_1(\mu, \nu) = 1$ für jedes zu μ primes ν;

in diesem Falle ist aber auch jede zu $\mathfrak{l}_1$ prime Zahl von k Normenrest nach $\mathfrak{l}_1$ (R. A., § 7, Satz 9). Wenn dagegen $\mathfrak{l}_1$ in die Relativdiscriminante von K aufgeht, dann ist genau der l-te Teil von den zu $\mathfrak{l}_1$ primen Zahlclassen mod. $\mathfrak{l}_1^{v_1+1}$ Normenrest von K nach $\mathfrak{l}_1^{v_1+1}$. Nach dem oben bewiesenen, genügt es daher nachzuweisen, dass $Z_1(\mu, \nu)$ nicht für jedes zu $\mathfrak{l}_1$ primes ν gleich 1 ausfallen kann. Dies folgt aber schon daraus, dass $\mathfrak{l}_1$ ein Factor des *Führers* $\mathfrak{f}$ der Classengruppe ist, welche dem Körper K zugeordnet ist, wenn man beachtet, dass nach Satz 16 der Wert des Symbols $Z_i(\mu, \nu)$ nur von der Zahlclassen mod $\mathfrak{l}_i^{v_i+1}$ abhängt, welcher die Zahl ν angehört. Wäre nämlich $Z_1(\mu, \nu)=1$ für jedes ν, so folgte

$$\left(\frac{\mu}{\nu}\right)=\left(\frac{\nu}{\mathfrak{m}}\right)Z_2(\mu, \nu)\cdots Z_z(\mu, \nu),$$

das heisse aber, dass die gesagte Classengruppe nach dem Modul $\mathfrak{m}\mathfrak{l}_2^{v_2+1}\cdots\mathfrak{l}_z^{v_z+1}$ definirt werden könnte, was ausgeschlossen ist.

Als eine Anwendung des vorhergehenden Satzes wollen wir noch einen Satz beweisen, welcher eine Verallgemeinerung des Eisenstein'schen Reciprocitätsgesetzes ist.

Satz 18. *Ist a eine nicht durch l teilbare rationale Zahl, ν eine zu a und zu l prime Zahl von k, für welche*

$$\nu \equiv r \pmod{\prod^{i} \mathfrak{l}_i^{n_i}}, \qquad n_i > \sigma_i, \qquad (i=1, 2, \cdots z)$$

wo r eine rationale Zahl bedeutet, dann ist $(a, \nu)=1$.

Beweis. Für den Oberkörper $K=k(\sqrt[l]{a})$ fällt $v_i \leq \sigma_i$ aus, oder es ist a primär in Bezug auf $\mathfrak{l}_i$[19]. Da anderseits nach Voraussetzung

$$\nu \equiv r^l \pmod{\mathfrak{l}_i^{\sigma_i+1}},$$

weil $r^l \equiv r \pmod{\mathfrak{l}_i^{s_i}}$ und $s_i > \sigma_i$, so ist nach Satz 16

$$Z_i(a, \nu) = 1, \qquad (i=1, 2, \cdots z)$$

woraus nach Satz 15 die zu beweisende Gleichung folgt.

Dieser Satz ist ein Specialfall eines allgemeineren Satzes, der auf genau derselben Weise zu beweisen ist:

Satz 19. *Wenn μ, ν zu einander und zu l prim sind, und wenn in k*

$$\mu \equiv \alpha^l \pmod{\prod^{i} \mathfrak{l}_i^{m_i}},$$

$$\nu \equiv \beta^l \pmod{\prod^{i} \mathfrak{l}_i^{n_i}},$$

wo

$$m_i + n_i > \sigma_i l, \qquad (i=1, 2, \cdots z)$$

dann gilt die Relation:

$$(\mu, \nu) = 1.$$

Das Ergebnis der bisherigen Betrachtungen fassen wir kurz wie folgt zusammen:

Es sei μ eine beliebige Zahl von k,

$$(\mu)=\mathfrak{m}\prod^{i}\mathfrak{l}_i^{a_i} \qquad (a_i\geqq 0, i=1,2,\cdots z)$$

wo $\mathfrak{l}_i$ die Primfactoren von l, und $\mathfrak{m}$ ein zu l primes Ideal von k ist; ferner seien $\mathfrak{i}_1, \mathfrak{i}_2, \cdots \mathfrak{i}_h$ als ein System der Repräsentanten der Basisclassen von k prim zu μ und zu l angenommen. Wenn dann $\mathfrak{r}$ ein beliebiges zu μ und zu l primes Ideal von k ist, und

$$(\rho)=\mathfrak{r}\mathfrak{i}_1^{e_1}\mathfrak{i}_2^{e_2}\cdots\mathfrak{i}_h^{e_h}\mathfrak{j}^l, \qquad (0\leqq e<l)$$

wo $\mathfrak{j}$ ein Ideal, ρ eine Zahl von k ist, beides prim zu μ und l angenommen, dann ist

$$\left(\frac{\mu}{\mathfrak{r}}\right)=\left(\frac{\mu}{\mathfrak{i}_1}\right)^{-e_1}\cdots\left(\frac{\mu}{\mathfrak{i}_h}\right)^{-e_h}\left(\frac{\rho}{\mathfrak{m}}\right)Z_1(\mu,\rho)\cdots Z_z(\mu,\rho).$$

Das heisst: der Wert des Symbols $\left(\frac{\mu}{\mathfrak{r}}\right)$ hängt nur von der Idealclasse nach dem Modul $\mathfrak{f}$ ab, welcher das Ideal $\mathfrak{r}$ angehört, wo $\mathfrak{f}^{l-1}$ die Relativdiscriminante des Körpers $K=k(\sqrt[l]{\mu})$ ist. Hierin erblicken wir den wesentlichen Inhalt des Reciprocitätsgesetzes.

§ 11. Das Hilbert'sche Normenrestsymbol.

Wir erinnern an die Definition des *Hilbert'schen Symbols*

$$\left(\frac{\nu,\mu}{\mathfrak{w}}\right),$$

wo μ, ν zwei beliebige von 0 verschiedene ganze Zahlen und $\mathfrak{w}$ ein beliebiges Primideal des Körpers k ist.

Es sei zunächst $\mathfrak{w}$ ein zu l primes Primideal. Wenn dann μ genau durch $\mathfrak{w}^a$, ν genau durch $\mathfrak{w}^b$ teilbar $(a, b\geqq 0)$, dann kann man die Zahl

$$\kappa=\frac{\nu^a}{\mu^b}=\frac{\rho}{\sigma}$$

in einer zu $\mathfrak{w}$ teilerfremden Bruchform darstellen. Alsdann soll

$$\left(\frac{\nu,\mu}{\mathfrak{w}}\right)=\left(\frac{\kappa}{\mathfrak{w}}\right)=\left(\frac{\rho}{\mathfrak{w}}\right)\left(\frac{\sigma}{\mathfrak{w}}\right)^{-1}$$

gesetzt werden[20)].

Sodann sei $\mathfrak{w}=\mathfrak{l}_i$ ein Primfactor von l. Wenn dann

$$\begin{aligned}\mu&=\mathfrak{m}\prod^{i}\mathfrak{l}_i^{a_i}, & a_i&\geqq 0,\\ \nu&=\mathfrak{n}\prod^{i}\mathfrak{l}_i^{b_i}, & b_i&\geqq 0,\end{aligned} \qquad (i=1,2,\cdots z)$$

wo $\mathfrak{m}$ und $\mathfrak{n}$ zu l prim sind, so sei die Zahl μ_i durch die folgenden Congruenzen definirt:

$$\begin{aligned}\mu_i&\equiv\mu \quad (\text{mod } \mathfrak{l}_i^{\sigma_i l+1+a_i}),\\ &\equiv 1 \quad \left(\text{mod}\,\frac{L}{\mathfrak{l}_i^{\sigma_i l+1}}\right).\end{aligned}$$

20) Hilbert, *Bericht*, S. 411.

Es ist alsdann

$$\left(\frac{\nu,\mu}{\mathfrak{l}_i}\right)=\Pi'\left(\frac{\nu,\mu_i}{\mathfrak{w}}\right),$$

wo das Product Π' über alle (in μ_i oder in ν aufgehenden) zu l primen Primideale von k zu erstrecken ist[21].

Mit Hülfe dieser Symbole kann man das Reciprocitätsgesetz in der folgenden sehr eleganten Form darstellen:

$$\Pi\left(\frac{\nu,\mu}{\mathfrak{w}}\right)=1,$$

wo das Product über die sämtlichen (in μ, in ν oder in l aufgehenden) Primideale von k zu erstrecken ist.

Wenn ν zu μ und zu l prim ist, dann reducirt sich diese Formel auf unsere Gleichung (9) in § 9.

Die characteristische Eigenschaft des Symbols $\left(\frac{\nu,\mu}{\mathfrak{w}}\right)$ *besteht dain, dass das Symbol dann und nur dann den Wert 1 hat, wenn* ν *Normenrest des Körpers* $K=k(\sqrt[l]{\mu})$ *nach jeder beliebigen Potenz von* $\mathfrak{w}$ *ist.*

Hiefür wollen wir noch kurz den Beweis führen für den Fall, wo $\mathfrak{w}=\mathfrak{l}_1$. Hierbei genügt es, den ersten Teil der Behauptung zu beweisen; der zweite Teil, die Umkehrung der ersten, folgt dann wie bei Satz 17.

Es sei also ν Normenrest des Körpers $K=k(\sqrt[l]{\mu})$ nach Potenzen von $\mathfrak{l}_1$, und zwar zunächst

$$\nu=\mathfrak{l}_1^{b_1}\mathfrak{n},\tag{1}$$

wo $\mathfrak{n}$ prim zu l ist. Wenn $\mathfrak{l}_1$ in K zerfällt, dann gibt es in k eine Zahl λ, welche Relativnorm einer ganzen Zahl von K, und genau durch die erste Potenz von $\mathfrak{l}_1$ teilbar ist, doch so, dass, wenn

$$\lambda=\mathfrak{l}_1\mathfrak{a}\tag{2}$$

gesetzt wird, $\mathfrak{a}$ prim zu μ und μ_i $(i=1,2,\cdots z)$ ausfällt. Wenn aber $\mathfrak{l}_1$ in K prim bleibt, dann soll

$$\lambda=\mathfrak{l}_1^l\mathfrak{a}\tag{2*}$$

genau durch die l-te Potenz von $\mathfrak{l}_1$ teilbar, im übrigen aber genau ebenso beschaffen sein, wie im ersten Falle. In diesem zweiten Falle ist nun der Exponent b_1 der höchsten in ν aufgehenden Potenz von $\mathfrak{l}_1$ in (1) notwendig durch l teilbar, sodass wir denselben durch b_1l ersetzen wollen.

In beiden Fällen kann man daher eine zu μ_1 und zu l prime Zahl ρ aus der Congruenz bestimmen:

$$\lambda^{b_1}\rho\equiv\nu\qquad(\text{mod } \mathfrak{l}_1^{\sigma_1 l+1+b_1}),\tag{3}$$

sodass ρ Normenrest von K nach $\mathfrak{l}_1$ wird. Infolgedessen ist nach Satz 17

21) Hilbert, Math. Annalen, 51. S. 108.

$$Z_1(\mu, \rho) = \left(\frac{\rho, \mu}{\mathfrak{l}_1}\right) = 1.$$

Anderseits folgt aus dieser Congruenz, wie leicht mit Hülfe von Satz 16 nachzuweisen ist,

$$\left(\frac{\nu, \mu}{\mathfrak{l}_1}\right) = \left(\frac{\lambda^{b_1}\rho, \mu}{\mathfrak{l}_1}\right)$$
$$= \left(\frac{\lambda, \mu}{\mathfrak{l}_1}\right)^{b_1}\left(\frac{\rho, \mu}{\mathfrak{l}_1}\right) = \left(\frac{\lambda, \mu}{\mathfrak{l}_1}\right)^{b_1}. \tag{4}$$

Daher bleibt nur übrig nachzuweisen, dass

$$\left(\frac{\lambda, \mu}{\mathfrak{l}_1}\right) = 1.$$

Nun folgt nach Annahme

$$\left(\frac{\mu}{\mathfrak{a}}\right) = 1, \quad \left(\frac{\lambda}{\mathfrak{m}}\right) = 1,$$

also

$$1 = \left(\frac{\mu}{\mathfrak{a}}\right)\left(\frac{\lambda}{\mathfrak{m}}\right)^{-1} = \prod^{i}\left(\frac{\lambda, \mu}{\mathfrak{l}_i}\right), \quad (i = 1, 2, \cdots z) \tag{5}$$

wo

$$\left(\frac{\lambda, \mu}{\mathfrak{l}_i}\right) = \left(\frac{\mu_i}{\mathfrak{a}}\right)\left(\frac{\lambda}{\mathfrak{m}_i}\right)^{-1},$$
$$\mu_i = \mathfrak{l}_i^{a_i}\mathfrak{m}_i,$$

und, wie oben festgesetzt, $\mathfrak{m}_i$ prim zu λ ist. Wir bestimmen nun, indem wir $i \neq 1$ annehmen, eine zu l prime Zahl α in k gemäss den Congruenzen:

$$\left.\begin{aligned} \alpha &\equiv 0 \quad (\text{mod } \mathfrak{a}), \\ &\equiv \lambda \quad (\text{mod } \mathfrak{l}_i^{q_i l+1}\mathfrak{m}_i), \end{aligned}\right\} \tag{6}$$

sodass, wenn

$$\alpha = \mathfrak{a}\mathfrak{b} \tag{7}$$

gesetzt wird, nach (2) bez. (2*)

$$\mathfrak{b} \sim \mathfrak{l}_1 \text{ bez. } \mathfrak{l}_1^l \quad (\text{mod } \mathfrak{l}_i^{q_i l+1}\mathfrak{m}_i) \tag{8}$$

ausfällt. Da μ_i hyperprimär in Bezug auf $\mathfrak{l}_1$ ist, so zerfällt $\mathfrak{l}_1$ im Körper $k(\sqrt[l]{\mu_i})$, folglich ist nach (8)

$$\left(\frac{\mu_i}{\mathfrak{b}}\right) = 1,$$

daher nach (7)

$$\left(\frac{\mu_i}{\mathfrak{a}}\right) = \left(\frac{\mu_i}{\alpha}\right).$$

Anderseits folgt aus (6):

$$\left(\frac{\lambda}{\mathfrak{m}_i}\right) = \left(\frac{\alpha}{\mathfrak{m}_i}\right).$$

Folglich

$$\left(\frac{\lambda,\mu}{\mathfrak{l}_i}\right)=\left(\frac{\mu_i}{\alpha}\right)\left(\frac{\lambda}{\mathfrak{m}_i}\right)^{-1}=\left(\frac{\mu_i}{\alpha}\right)\left(\frac{\alpha}{\mathfrak{m}_i}\right)^{-1}=Z_i(\mu,\alpha)=1, \qquad (i\neq 1) \qquad (9)$$

weil nach (6) α Normenrest des Körpers K nach $\mathfrak{l}_i^{\sigma_i l+1}$ ist (Satz 17). Aus (5) folgt daher, wie nachzuweisen war,

$$\left(\frac{\lambda,\mu}{\mathfrak{l}_1}\right)=1.$$

Wenn zweitens

$$\nu=\mathfrak{n}\prod^{i}\mathfrak{l}_i^{b_i}$$

durch $\mathfrak{l}_i (i\neq 1)$ teilbar ist, dann bestimme man eine genau durch die erste Potenz von $\mathfrak{l}_i$ teilbare, sonst zu μ und zu μ_1 prime Zahl λ_i von k, die der Congruenz:

$$\lambda_i\equiv 1 \quad (\mathrm{mod}\ \mathfrak{l}_1^{\sigma_1 l+1})$$

genügt, sodann eine zu μ_1 und zu l prime Zahl ρ aus der Congruenz

$$\lambda^{b_1}\ldots\lambda_i^{b_i}\ldots\rho\equiv\nu \quad (\mathrm{mod}\ \mathfrak{l}_1^{\sigma_1 l+1+b_1}\ldots\mathfrak{l}_i^{b_i}\ldots),$$

die an Stelle von (3) tritt, dann erhält man analog zu (4)

$$\left(\frac{\nu,\mu}{\mathfrak{l}_1}\right)=\left(\frac{\lambda,\mu}{\mathfrak{l}_1}\right)^{b_1}\cdots\left(\frac{\lambda_i,\mu}{\mathfrak{l}_1}\right)^{b_i}\cdots$$

und es ist nunmehr zu zeigen, dass

$$\left(\frac{\lambda_i,\mu}{\mathfrak{l}_1}\right)=1.$$

Dies ist aber genau die Relation (9), nur haben die beiden Indices 1 und i ihre Rolle miteinander getauscht. Bemerkt sei noch, dass zum Nachweis von (9) nur die Voraussetzung, dass λ Normenrest von K nach $\mathfrak{l}_i^{\sigma_i l+1}$ ist, aber nicht die, dass λ wirkliche Relativnorm einer Zahl von K ist, erforderlich war. Hiermit ist unsere Aufgabe erledigt.

II. Das quadratische Reciprocitätsgesetz.

§ 12. Das primäre und das hyperprimäre Primideal.

Es sei k ein beliebiger algebraischer Körper vom Grade m. Unter den mit k conjugirten Körpern gebe es r_1 reelle, die wir mit $k_1, k_2 \cdots k_{r_1}$ bezeichnen. Ist also r wie bisher die Anzahl der Grundeinheiten von k, dann ist

$$m+r_1=2(r+1).$$

Ferner sei h bez. $h+h'$ der Rang der absoluten Classengruppe im weiteren oder engeren Sinne, wenn alle Idealquadrate zur Hauptclasse gerechnet werden. Es gibt alsdann in k nach Satz 1 $h+h'$ unabhängige singuläre Primärzahlen, darunter h total positive, sodass jede Zahl ε von k, welche eine Einheit oder ein

Idealquadrat ist, auf eine und nur auf eine Weise in der Gestalt:

$$\varepsilon = \eta_1^{u_1} \cdots \eta_n^{u_n} \omega_1^{v_1} \cdots \omega_h^{v_h} \omega'^{v_1'}_1 \cdots \omega'^{v'_{h'}}_{h'} \xi^2 \qquad (1)$$

darstellbar ist, wo die Exponenten u, v, v' die Zahlen 0 oder 1 sind, und ξ eine Zahl von k bedeutet. Hierbei bezeichnen wir mit $\omega_1, \cdots \omega_h$ die total positiven, mit $\omega'_1, \cdots \omega'_{h'}$ die nicht total positiven singulären Primärzahlen, und mit $\eta_1, \cdots \eta_n$ die $n = r + 1 - h'$ nicht primären Einheiten und Idealquadrate, worunter die n_0 ersten total positiv sein mögen, sodass $\eta_1, \eta_2, \cdots \eta_n$ unabhängige quadratische Nichtreste mod 4 sind, und $\eta_{n_0+1}, \cdots \eta_n, \omega'_1 \cdots \omega'_{h'}$ unabhängige Vorzeichencombinationen aufweisen. Es ist dann nach § 1, (1)

$$h' = \frac{r_1 - (n - n_0)}{2} = n_0 - \frac{m - r_1}{2}.$$

Satz 20. *Die h Primideale*[10] $\mathfrak{i}_1, \cdots \mathfrak{i}_h$, *für welche*

$$\left(\frac{\omega_a}{\mathfrak{i}_a}\right) = -1, \quad \left(\frac{\omega_a}{\mathfrak{i}_b}\right) = 1, \qquad (a \neq b)$$

bilden ein System von Repräsentanten der Basisclassen von k im weiteren Sinne.

Wenn ausserdem für die h' Primideale $\mathfrak{i}'_1, \cdots \mathfrak{i}'_{h'}$

$$\left(\frac{\omega}{\mathfrak{i}'_a}\right) = 1, \quad \left(\frac{\omega'_a}{\mathfrak{i}'_a}\right) = -1, \quad \left(\frac{\omega'_a}{\mathfrak{i}'_b}\right) = 1, \qquad (a \neq b)$$

dann bilden die h+h' Ideale $\mathfrak{i}, \mathfrak{i}'$ *zusammen ein Repräsentantensystem der Basisclassen von k im engeren Sinne.*

Beweis. Genau wie bei Satz 7. Man überzeugt sich leicht von der Übereinstimmung der Rangzahlen der Classengruppen im engeren Sinne nach den Moduln $L = (4)$ und $L\mathfrak{i}_1 \cdots \mathfrak{i}_h$, bez. der Rangzahlen im weiteren Sinne nach L und $L\mathfrak{i}_1 \cdots \mathfrak{i}_h \mathfrak{i}'_1 \cdots \mathfrak{i}'_{h'}$. (nach § 1, (1)); sodann hat man Satz 27 von R. A. zu Hülfe zu nehmen.

Die Bedingungen $\left(\frac{\omega}{\mathfrak{i}'}\right) = 1$ haben, nach dem ersten Teile, zur Folge, dass die Ideale $\mathfrak{i}'_a$ von der Form $\iota_a \mathfrak{j}_a^2$ $(a = 1, 2 \cdots h')$ sind, wo ι_a Zahlen von k sind, sodass man als Repräsentanten der Classen $\mathfrak{i}'_a$ durch ι_a ersetzen kann.

Satz 21. *Wenn* $\mathfrak{p}$ *ein Primideal von der Art ist, dass für die n+h+h' Zahlen in* (1)

$$\left(\frac{\eta}{\mathfrak{p}}\right) = 1, \quad \left(\frac{\omega}{\mathfrak{p}}\right) = 1, \quad \left(\frac{\omega'}{\mathfrak{p}}\right) = 1 \qquad (2)$$

ausfällt, dann gibt es eine total positive primäre Zahl ϖ *in k, sodass*

$$(\varpi) = \mathfrak{p}\mathfrak{j}^2,$$

wo $\mathfrak{j}$ *ein Ideal in k bedeutet.*

Wenn die Gleichungen (2) *nur für die* $n_0 + h$ *total positiven Zahlen* $\eta_1, \cdots \eta_{n_0}, \omega_1, \cdots \omega_h$ *gelten, dann wird* ϖ *noch primär sein, aber nicht mehr total positiv*[14].

Beweis. Genau wie bei Satz 8.

Ferner sei wie früher

$$\bar{L} = \prod^{i} \mathfrak{l}_i^{2s_i+1} \qquad (i=1,2,\cdots z)$$

gesetzt, wobei $(2)=\prod^{i}\mathfrak{l}_i^{s_i}$ die Primfactorzerlegung von der Zahl 2 in k ist. Unter den Zahlensystemen:

$$\omega_1^{u_1}\cdots\omega_h^{u_h},$$

bez.

$$\omega_1^{u_1}\cdots\omega_h^{u_h}\omega'^{u'_1}_1\cdots\omega'^{u'_{h'}}_{h'},$$

wo die Exponenten u, u' die Werte 0, 1 haben, gebe es $2^{h-\nu}$ bez. $2^{h-\nu+h'-\nu}$ hyperprimäre Zahlen, sodass die Zahlensysteme bez. ν und $\nu+\nu'$ unabhängige quadratische Nichtreste nach dem Modul $\bar{L}$ aufweisen.

Der Rang der Classengruppe von k nach dem Modul $\bar{L}$ ist dann im weiteren Sinne

$$[\bar{L}] = h+n_0+z_0 = [L]+z_0,$$

im engeren Sinne:

$$[\bar{L}^+] = h+r+1+z_0+\nu' = [L^+]+z_0+\nu',$$

wo

$$z_0 = z-(\nu+\nu')$$

und $[L]$, $[L^+]$ die entsprechenden Rangzahlen für den Modul $L=(4)$ bedeuten. Daher gibt es $z_0+\nu'$ Zahlen

$$\lambda_1, \lambda_2, \cdots \lambda_{z_0+\nu'}, \tag{3}$$

worunter die z_0 ersten total positiv sind, welche ausser durch die Idealquadrate nur durch die in 2 aufgehenden Primideale teilbar, und von der in § 5 erklärten Beschaffenheit sind.

Nunmehr stellen wir einen Satz 9 analogen Satz auf, welcher in ähnlicher Weise wie jener zu beweisen ist.

Satz 22. *Wenn $\mathfrak{p}$ ein Primideal von der Art ist, dass für die $n+h+h'$ Zahlen in* (1) *und die $z_0+\nu'$ Zahlen in* (3)

$$\left(\frac{\eta}{\mathfrak{p}}\right)=1, \quad \left(\frac{\omega}{\mathfrak{p}}\right)=1, \quad \left(\frac{\omega'}{\mathfrak{p}}\right)=1, \quad \left(\frac{\lambda}{\mathfrak{p}}\right)=1 \tag{4}$$

ausfällt, dann gibt es eine total positive hyperprimäre Zahl ϖ von der Art, dass

$$(\varpi) = \mathfrak{p}\mathfrak{j}^2.$$

Wenn die Gleichungen (4) *nur für die n_0+h+z_0 total positiven Zahlen in* (1) *und* (3) *gelten, dann wird ϖ wohl hyperprimär, aber nicht mehr total positiv sein*[14].

§ 13. Das quadratische Reciprocitätsgesetz zwischen einer primären und einer beliebigen ungeraden Zahl.

Das quadratische Reciprocitätsgesetz ist im Wesentlichen in Satz 4 enthalten. Wir wollen uns daher kurz fassen und beginnen mit einem Satz 10 analogen Satz, der sich ohne Umstände erledigen lässt.

Satz 23. *Wenn μ primär und ν prim zu μ und zu 2 ist, dann besteht die Gleichung:*

$$\left(\frac{\mu}{\nu}\right)\left(\frac{\nu}{\mu}\right) = \prod^{i} \mathrm{Sg}_i(\mu, \nu), \qquad (i=1, 2, \cdots r_1)$$

wo $\mathrm{Sg}_i(\mu, \nu)=1$, *wenn wenigstens eine der beiden mit μ und ν conjugirten Zahlen in dem reellen Körper k_i positiv ist, dagegen* $\mathrm{Sg}_i(\mu, \nu)=-1$, *wenn jene Zahlen beide negativ sind.*

Beweis. Es sei

$$(\mu) = \mathfrak{p}_1 \cdots \mathfrak{p}_e \mathfrak{j}^2,$$

wo $\mathfrak{p}_1, \cdots \mathfrak{p}_e$ die von einander verschiedenen in μ aufgehenden Primideale und $\mathfrak{j}$ ein gewisses Ideal von k ist. Ferner seien $\mathfrak{i}_1, \cdots \mathfrak{i}_h$ ein System der Repräsentanten der Basisclassen von k, welches gegen μ normirt ist, $\mathfrak{r}$ ein zu μ und zu 2 primes Primideal und

$$(\rho) = \mathfrak{r}[\mathfrak{i}],$$

wo ρ eine Zahl von k, die ebenfalls prim zu μ und zu 2 angenommen wird.

Da μ primär ist, so ist die Relativdiscriminante von $K=k(\sqrt{\mu})$ gleich $\mathfrak{f}=\mathfrak{p}_1 \cdots \mathfrak{p}_e$. Wir führen nun den Beweis in drei Schritten.

1. Es sei zunächst μ total positiv. Dann ist die dem Körper K zugeordnete Classengruppe von k eine solche, welche ohne Vorzeichenbedingung nach dem Modul $\mathfrak{f}$ definirt werden kann[22]. Nach Satz 4 gibt es daher einen Character $\chi(\mathfrak{r})$ von der Form

$$\chi(\mathfrak{r}) = \left(\frac{\rho}{\mathfrak{p}_1}\right)^{v_1} \cdots \left(\frac{\rho}{\mathfrak{p}_e}\right)^{v_e}, \qquad (v = 0, 1)$$

derart, dass für das Primideal $\mathfrak{r}$

$$\left(\frac{\mu}{\mathfrak{r}}\right) = \chi(\mathfrak{r}).$$

Da aber $\mathfrak{f}$ der Führer der Classengruppe ist, so folgt, dass keiner der Exponenten $v_1, \cdots v_e$ verschwinden kann, so-dass

$$\left(\frac{\mu}{\mathfrak{r}}\right) = \left(\frac{\mu}{\rho}\right) = \left(\frac{\rho}{\mu}\right).$$

Dass nunmehr für jede zu μ und zu 2 prime Zahl ν die Gleichheit gilt:

$$\left(\frac{\mu}{\nu}\right) = \left(\frac{\nu}{\mu}\right),$$

beweist man genau wie bei Hülfssatz 5 von § 6.

2. Es sei nun μ nicht total positiv und zwar fürs erste möge μ nur eine einzige negative conjugirte in k_1 besitzen. Dann ist zur Characterisirung der entsprechenden Classengruppe die Vorzeichenbedingung unentbehrlich[22]. Aus dieser Tatsache folgert man wie oben die Richtigkeit der Gleichung

$$\left(\frac{\mu}{\nu}\right)\left(\frac{\nu}{\mu}\right) = \mathrm{Sg}_1(\mu, \nu),$$

da hier $\mathrm{Sg}_i(\mu, \nu)=1$ $(i=2, 3, \cdots r_1)$.

22) R.A., S. 132 [§ 20].

3. Wenn allgemein die Conjugirten von μ in den t reellen Körpern $k_1, \cdots k_t$ negativ sind, dann bestimmen wir entsprechend t primäre Zahlen $\mu_1, \cdots \mu_t$ in k die bez. nur in einem jener t Körpern negative Conjugirten aufweisen, und die sämtlich zu ν prim sind. Da dann $\mu\mu_1 \cdots \mu_t$ primär und total positiv sind, so ist nach 1.

$$\left(\frac{\mu\mu_1\cdots\mu_t}{\nu}\right)=\left(\frac{\nu}{\mu\mu_1\cdots\mu_t}\right),$$

woraus mit Rücksicht auf 2.

$$\left(\frac{\mu}{\nu}\right)\left(\frac{\nu}{\mu}\right)=\prod^{i}\mathrm{Sg}_i(\mu_i,\nu). \qquad (i=1,2,\cdots t)$$

Also, da $\mathrm{Sg}_i(\mu_i,\nu)=\mathrm{Sg}_i(\mu,\nu)$ für $i=1,2,\cdots t$, und $\mathrm{Sg}_i(\mu,\nu)=1$, für $i=t+1,\cdots r_1$,

$$\left(\frac{\mu}{\nu}\right)\left(\frac{\nu}{\mu}\right)=\prod^{i}\mathrm{Sg}_i(\mu,\nu), \qquad (i=1,2,\cdots r_1)$$

w. z. b. w.

Dieser Beweis gilt offenbar auch dann, wenn $\mu=\omega$ singulär primär ist. Für diese erhält man speciell

$$\left(\frac{\omega}{\nu}\right)=\prod^{i}\mathrm{Sg}_i(\omega,\nu). \qquad (i=1,2,\cdots r_1)$$

§ 14. Das allgemeine Reciprocitätsgesetz für die quadratische Reste.

Wenn μ nicht primär oder auch nicht prim zu 2 ist, und

$$(\mu)=\mathfrak{m}\prod^{i}\mathfrak{l}_i^{a_i} \qquad (a_i\geqq 0;\ i=1,2,\cdots z)$$

wo $\mathfrak{l}_i$ die Primfactoren von 2, und $\mathfrak{m}$ ein zu 2 primes Ideal von k ist, dann setzen wir wie in § 9

$$(\mu,\nu)=\left(\frac{\mu}{\nu}\right)\left(\frac{\nu}{\mathfrak{m}}\right)$$

worin, wenn μ zu 2 prim ist, $\mathfrak{m}=\mu$ zu setzen ist.

Anderseits bestimmen wir ein System von z *total positiven* Zahlen $\mu_1, \cdots \mu_z$ aus den Congruenzen:

$$\left.\begin{aligned}\mu_i &\equiv \mu \pmod{\mathfrak{l}_i^{2s_i+a_i}},\\ &\equiv 1 \left(\mathrm{mod}\ \frac{4}{\mathfrak{l}_i^{2s_i}}\right),\end{aligned}\right\} \qquad (i=1,2,\cdots z)$$

wo s_i den Exponenten der höchsten in 2 aufgehenden Potenz von $\mathfrak{l}_i$ bedeutet. Wir definiren dann, wenn ν eine zu 2, μ(und $\mu_1 \cdots \mu_z$) prime Zahl von k ist[18], die z Symbole $Z_i(\mu,\nu)$ durch die Gleichungen

$$Z_i(\mu,\nu)=(\mu_i,\nu). \qquad (i=1,2,\cdots z)$$

Wir können dann das **allgemeine quadratische Reciprocitätsgesetz** wie folgt aussprechen.

Satz 24. *Wenn ν zu μ und zu 2 prim ist, dann besteht die Reciprocitätsgleichung:*

$$(\mu,\nu)=\prod^{i}\mathrm{Sg}_i(\mu,\nu)\prod^{j}Z_j(\mu,\nu).\quad\begin{pmatrix}i=1,2,\cdots r_1,\\ j=1,2,\cdots z\end{pmatrix}$$

Beweis. Genau wie bei Satz 15, indem Satz 23 zu Hilfe herangezogen wird.

Satz 25. *Es ist $Z_i(\mu,\nu)$ das Normenrestsymbol in Bezug auf den relativ quadratischen Körper $K=k(\sqrt{\mu})$ und das Primideal $\mathfrak{l}_i$: es ist stets $Z_i(\mu,\nu)=1$, wenn $\mathfrak{l}_i$ nicht in die Relativdiscriminante von K aufgeht; wenn aber $\mathfrak{l}_i$ zur v_i+1 ten Potenz in die Relativdiscriminante aufgeht, dann ist $Z_i(\mu,\nu)=1$ oder -1, jenachdem ν Normenrest des Körpers K nach dem Modul $\mathfrak{l}_i^{v_i+1}$ ist oder nicht.*

Beweis. Genau wie bei Satz 17, indem die dort mit ρ bezeichnete Zahl hier total positiv angenommen wird, was ja erlaubt ist (Satz 2).

Unter Beibehaltung der am Ende von § 10 benutzten Bezeichnungen erhält man das Resultat:

$$\left(\frac{\mu}{\mathfrak{r}}\right)=\left(\frac{\rho}{\mathfrak{m}}\right)\prod^{\alpha}\left(\frac{\mu}{\mathfrak{l}_\alpha}\right)^{e_\alpha}\prod^{\beta}Z_\beta(\mu,\rho)\prod^{\gamma}\mathrm{Sg}_\gamma(\mu,\rho),$$

$$(\alpha=1,2,\cdots h;\ \beta=1,2,\cdots z;\ \gamma=1,2,\cdots r_1)$$

d. h. *der Wert des Symbols $\left(\frac{\mu}{\mathfrak{r}}\right)$ hängt nur von der Classe ab, welcher das Ideal $\mathfrak{r}$ angehört, wenn die Classen von k nach der Relativdiscriminante des Körpers $K=k(\sqrt{\mu})$ als Modul und im engeren Sinne (nach total positiven Zahlen) definirt werden.*

(Abgeschlossen im Juni, 1920.)

18. On the law of reciprocity in the cyclotomic corpus

[Proceedings of the Physico-Mathematical Society of Japan, ser III, vol 4. 1922, pp 173–182]
(Read, April 2, 1922)

1. In what follows

l denotes an odd prime, regular or irregular in Kummer's sense,

$\zeta = e^{\frac{2\pi i}{l}}$ a primitive l-th root of unity,

k the cyclotomic corpus generated by ζ,

r a primitive root of l,

s the substitution $(\zeta|\zeta^r)$,

$\lambda = 1-\zeta$ the prime divisor of l in k,

$\left(\frac{\mu}{\nu}\right)$ Legendre's symbol for the l-ic character,

$(\mu, \nu) = \left(\frac{\mu}{\nu}\right)\left(\frac{\nu}{\mu}\right)^{-1}$ the norm-residue symbol mod λ.

The *law of reciprocity in the corpus* k can be summed up as follows:[1]

I. *If μ, ν are prime to l and to each other, then the value of the symbol (μ, ν) depends only on the class of residues mod λ^l, to which the numbers μ and ν belong,* that is

$$(\mu, \nu) = (\mu', \nu'),$$

if

$$\mu \equiv \mu', \quad \nu \equiv \nu' \pmod{\lambda^l}.$$

In particular

$$(\mu, \nu) = 1,$$

if μ or ν is *primary*, that is an l-ic residue mod λ^l.

II. *If ν is prime to l, then the value of the symbol $\left(\frac{\lambda}{\nu}\right)$ depends only on the class of residues mod λ^{l+1} to which ν belongs,* that is

$$\left(\frac{\lambda}{\nu}\right) = \left(\frac{\lambda}{\nu'}\right),$$

if

$$\nu \equiv \nu' \pmod{\lambda^{l+1}}.$$

In particular

$$\left(\frac{\lambda}{\nu}\right) = 1,$$

1) Cf. T. Takagi, Ueber das Reciprocitätsgesetz in einem beliebigen algebraischen Zahlkörper, Journal of the College of Science, Imp. Univ. Tokyo, 44, Art. 5 (1922). [This volume, p. 179–216.]

if ν is *hyperprimary*, that is an l-ic residue mod λ^{l+1}.

From I it follows that given a system of bases: $\kappa_1, \kappa_2, \cdots \kappa_l$ for the classes of residues mod λ^{l+1}, such that

$$\mu \equiv \mu^l \kappa_1^{u_1} \kappa_2^{u_2} \cdots \kappa_l^{u_l} \pmod{\lambda^{l+1}},$$
$$\nu \equiv \nu^l \kappa_1^{v_1} \kappa_2^{v_2} \cdots \kappa_l^{v_l} \quad (\quad ,, \quad),$$

we have

$$(\mu, \nu) = \prod (\kappa_a, \kappa_b)^{u_a v_b}, \qquad (a, b = 1, 2, \cdots l-1) \tag{1}$$
$$\left(\frac{\lambda}{\nu}\right) = \prod \left(\frac{\lambda}{\kappa_b}\right)^{v_b}, \qquad (b = 1, 2, \cdots l) \tag{2}$$

where in the first formula we set the symbol (κ_a, κ_b) regardless of the condition that κ_a and κ_b should be relatively prime to each other, considering them only as representatives of the classes of residues mod λ^l, a convention permissible in virtue of I. We shall get the law of reciprocity in the simplest form, if we choose the system of bases so, that

$$\kappa_a \equiv 1 - \lambda^a \pmod{\lambda^{a+1}}, \tag{3}$$
$$\kappa_a^{s - r^a} \equiv 1 \pmod{\lambda^{l+1}}. \tag{4}$$

We may take for example

$$\left.\begin{aligned} \kappa_1 &= \zeta, \\ \kappa_{l-1} &= 1 + l, \\ \kappa_l &= 1 + \lambda^l, \\ \kappa_a &\equiv (1 - \lambda^a)^{-r^a (s-1)(s-r) \cdots (s - r^{a-1})(s - r^{a+1}) \cdots (s - r^{l-2})} \\ &(a = 2, 3, \cdots l-2) \end{aligned}\right\} \tag{5}$$

{By the way the κ's are uniquely determined mod λ^{l+1} by the congruences (3) and (4)}.

Under this supposition we have for the symbol $(\kappa_a^s, \kappa_b^s) = (\kappa_a, \kappa_b)^r$ the relation

$$(\kappa_a^s, \kappa_b^s) = (\kappa_a^{r^a}, \kappa_b^{r^b}) = (\kappa_a, \kappa_b)^{r^a r^b},$$

so that

$$(\kappa_a, \kappa_b) = 1, \tag{6}$$

unless $r^a r^b \equiv r \pmod{l}$, that is, if $a + b \neq l$.

As will be shewn in the next paragraph,

$$(\kappa_a, \kappa_{l-a}) = \zeta^{-a}, \tag{7}$$

so that we have

$$(\mu, \nu) = \zeta^{-\sum\limits^{a} a u_a v_{l-a}} \tag{8}$$
$$(a = 1, 2, \cdots l-1).$$

2. Proof of $(\kappa_a, \kappa_{l-a}) = \zeta^{-a}$.

For $a = 1$, we have

$$(\kappa_1, \kappa_{l-1}) = (\zeta, 1 + l) = \left(\frac{\zeta}{1+l}\right) = \zeta^{\frac{1}{l}\{(1+l)^{l-1} - 1\}} = \zeta^{-1}.$$

For $a>1$, we prove first the following two lemmas:

If $l>m>\frac{l}{2}$, then

$$n(1-c\lambda^m) \equiv 1-cl \pmod{l^2},$$

when n denotes the norm taken in k and c a rational integer.

We have in fact

$$n(1-c\lambda^m) \equiv 1-c\sum(\lambda^m) \pmod{l^2}, \tag{9}$$

$\sum$ denoting the trace (spur) in k, so that $\sum\lambda^m=\sum(1-\zeta)^m=l$.

If $\mu=1-\lambda_0$, where λ_0 is divisible just by the first power of λ, and if $b>\frac{l}{2}$, then

$$1-l-\lambda_0^b$$

is a norm-residue of the corpus $k(\sqrt[l]{\mu})$ with respect to the modulus λ^l.

We shall prove in fact that

$$N(1-\Lambda^b) \equiv 1-l-\lambda_0^b \pmod{\lambda^l},$$

where

$$\Lambda = 1-\sqrt[l]{\mu},$$

so that Λ is divisible by the prime ideal factor of λ in $k(\sqrt[l]{\mu})$.

If $f(x)$ be a rational integral function of x with rational integral coefficients, then

$$f(x)f(\zeta x)f(\zeta^2 x)\cdots f(\zeta^{l-1}x) = f(x^l)-lG(x^l), \tag{10}$$

where $G(x)$ is also a rational integral function with rational integral coefficients.

If we put in (10)

$$f(x) = 1-(1-x)^b$$

then we have

$$f(1)=1, \quad f(\zeta)=1-\lambda^b,$$
$$f(1)f(\zeta)\cdots f(\zeta^{l-1}) = n(1-\lambda^b) = f(1)-lG(1),$$

so that we get by (9)

$$G(1) \equiv 1 \pmod{l}.$$

Hence

$$G(\mu) \equiv 1 \pmod{\lambda}.$$

Therefore we get, putting $x=\sqrt[l]{\mu}$ in (10)

$$\begin{aligned} N(1-\Lambda^b) &= f(\mu)-lG(\mu) \\ &= 1-(1-\mu)^b-lG(\mu) \\ &\equiv 1-\lambda_0^b-l \pmod{\lambda^l}. \end{aligned} \tag{11}$$

If we put

$$\mu=\zeta\kappa_a, \quad \frac{l}{2}>a>1, \quad b=l-a>\frac{l}{2},$$

then

$$\lambda_0 = 1-\mu \equiv \lambda+\lambda^a \pmod{\lambda^{a+1}},$$

and by (11)

$$(\zeta\kappa_a, 1-\lambda_0^b-l) = 1.$$

Now

$$\begin{aligned} 1-\lambda_0^b-l &\equiv (1-\lambda_0^b)(1-l) \\ &\equiv (1-\lambda^b)(1-b\lambda^{l-1})(1-l) \pmod{\lambda^l}. \end{aligned}$$

Hence

$$\begin{aligned} (\zeta, 1-\lambda_0^b-l) &= (\zeta, 1-\lambda^b)(\zeta, 1-b\lambda^{l-1})(\zeta, 1-l) \\ &= \left(\frac{\zeta}{1-\lambda^b}\right)\left(\frac{\zeta}{1-b\lambda^{l-1}}\right)\left(\frac{\zeta}{1-l}\right) \\ &= \zeta^{\frac{1}{l}\{n(1-\lambda^b)-1+n(1-b\lambda^{l-1})-1+n(1-l)-1\}} \\ &= \zeta^{\frac{1}{l}(-l-bl+l)} = \zeta^{-b} \quad = \zeta^a, \end{aligned}$$

so that

$$(\kappa_a, 1-\lambda_0^b-l) = \zeta^{-a}.$$

But

$$1-\lambda_0^b-l \equiv \kappa_b\kappa_{b+1}^u\cdots\kappa_{l-1}^w \pmod{\lambda^l}.$$

Therefore

$$\begin{aligned} (\kappa_a, 1-\lambda_0^b-l) &= (\kappa_a, \kappa_b)(\kappa_a, \kappa_{b+1})^v\cdots(\kappa_a, \kappa_{l-1})^w \\ &= (\kappa_a, \kappa_b) \end{aligned}$$

by (6), so that

$$(\kappa_a, \kappa_b) = \zeta^{-a}, \tag{12}$$

as was required to prove.

3. The exponents $e_i = e_i(\mu)$ in

$$\mu \equiv \mu^l \kappa_1^{e_1}\kappa_2^{e_2}\cdots\kappa_l^{e_l} \pmod{\lambda^{l+1}} \tag{13}$$

can be calculated step by step by means of the defining congruences (3), (4); the first $l-2$ can also be derived from Kummer's logarithmic differential coefficients. If

$$\mu = f(\zeta), \tag{14}$$

where $f(x)$ denotes a rational integral function with rational integral coefficients, and

$$\log\frac{f(e^v)}{f(1)} = \sum_{i=1}^{l-2} l_i(\mu)\frac{v^i}{\underline{|i}} + (v^{l-1}),$$

then the coefficients

$$l_i(\mu) \qquad (i = 1, 2, \cdots\ l-2)$$

are uniquely determined mod l for a given integer μ of k, that is, they do not depend on the particular choice of the function f in (14).

Further

$$l_i(\mu) \equiv l_i(\nu) \pmod{l}, \quad \text{if} \quad \mu \equiv \nu \pmod{\lambda^{l-1}},$$
$$(i=1, 2, \cdots l-2)$$
$$l_i(\mu^s) \equiv r^i l_i(\mu) \pmod{l},$$
$$l_i(\mu\nu) \equiv l_i(\mu) + l_i(\nu) \pmod{l}.$$

For the numbers κ_a we have

$$l_a(\kappa_a) \equiv (-1)^{a-1} \underline{|a} \pmod{l},$$
$$l_i(\kappa_a) \equiv 0 \pmod{l}. \quad (i \neq a)$$

Hence we have in (13)

$$e_i(\mu) \equiv (-1)^{i-1} \frac{l_i(\mu)}{\underline{|i}} \pmod{l}: \tag{15}$$
$$(i=1, 2, \cdots l-2).$$

As to the exponent e_{l-1}, we find by comparing the norms of the both sides of (13) and observing

$$n(\kappa_a) \equiv 1 \pmod{l^2}, \qquad (a = 1, 2, \cdots l-2)$$
$$n(\kappa_{l-1}) \equiv 1 - l \pmod{l^2},$$
$$e_{l-1}(\mu) \equiv -q(\mu) \pmod{l}, \tag{16}$$

where in extension of the so-called Fermat's quotient we have put

$$q(\mu) = \frac{n(\mu)-1}{l}.$$

4. *Complementary law.*

From the relation (cf. I)

$$(1+l, 1+\lambda l) = 1,$$

we get

$$\left(\frac{1+l}{1+\lambda l}\right) = \left(\frac{1+\lambda l}{1+l}\right) = \left(\frac{\lambda+1}{1+l}\right) = \left(\frac{\zeta}{1+l}\right) = \zeta^{-1},$$

and since on the other hand

$$\left(\frac{(1+l)\lambda}{1+\lambda l}\right) = \left(\frac{\lambda+\lambda l}{1+\lambda l}\right) = \left(\frac{1-\lambda}{1+\lambda l}\right) = \left(\frac{\zeta}{1+\lambda l}\right) = 1,$$

we have

$$\left(\frac{\lambda}{1+\lambda l}\right) = \left(\frac{1+l}{1+\lambda l}\right)^{-1}$$

or

$$\left(\frac{\lambda}{1+\lambda l}\right) = \zeta, \tag{17}$$

whence also by (II)

$$\left(\frac{\lambda}{1-\lambda^l}\right) = \zeta. \tag{18}$$

Further from

$$\left(\frac{\lambda l}{1+\lambda l}\right)=1,$$

we get

$$\left(\frac{l}{1+\lambda l}\right)=\zeta^{-1}. \tag{19}$$

The complementary law will be expressed in the simplest form, if we put

$$\mu \equiv \mu^{l}(1-\lambda)^{a_1}(1-\lambda^2)^{a_2}\cdots(1-\lambda^{l})^{a_l} \pmod{\lambda^{l+1}},$$

we then get from (18)

$$\left(\frac{\lambda}{\mu}\right)=\zeta^{a_l},$$

since

$$\left(\frac{\lambda^a}{1-\lambda^a}\right)=1, \quad \left(\frac{\lambda}{1-\lambda^a}\right)^a=1, \quad \left(\frac{\lambda}{1-\lambda^a}\right)=1, \quad (a=1,2,\cdots l-1).$$

To express the complementary law in terms of the exponents e_l, we observe first

$$\left(\frac{l}{\mu}\right)=\zeta^{-e_l}. \tag{20}$$

In fact

$$\left(\frac{l}{\kappa_1}\right)=\left(\frac{l}{\zeta}\right)=1,$$

$$\left(\frac{l}{\kappa_a{}^s}\right)=\left(\frac{l}{\kappa_a}\right)^r; \ \left(\frac{l}{\kappa_a{}^s}\right)=\left(\frac{l}{\kappa_a}\right)^{r^a},$$

so that $\left(\frac{l}{\kappa_a}\right)=1$, if $r\not\equiv r^a \pmod{l}$, that is if $a=2,3,\cdots l-1$. Hence from (13), (19) we get (20).

If now we put

$$\lambda^{l-1}=l\varepsilon,$$

then we have

$$\left(\frac{\lambda}{\mu}\right)=\left(\frac{l}{\mu}\right)^{-1}\left(\frac{\varepsilon}{\mu}\right)^{-1}=\zeta^{e_l}\left(\frac{\varepsilon}{\mu}\right)^{-1},$$

or

$$\left(\frac{\lambda}{\mu}\right)=\zeta^{e_l-c},$$

where

$$\left(\frac{\varepsilon}{\mu}\right)=\zeta^{c}. \tag{21}$$

We can calculate the exponents $l_i(\varepsilon)$ for the unity

$$\varepsilon=\prod_{a=1}^{l-1}\frac{1-\zeta^a}{1-\zeta}$$

by means of the formula:

$$\log\frac{e^v-1}{v}=\frac{v}{2}+\frac{B_1v^2}{2\underline{|2}}-\frac{B_2v^4}{4\underline{|4}}+\frac{B_3v^6}{6\underline{|6}}-\cdots,$$

then by (15), (16) we get for the exponent c in (21) the value:

$$c\equiv\frac{1}{2}q(\mu)+\sum^{i}(-1)^i\frac{B_i}{\underline{|2i}}e_{l-2i}\quad(\text{mod } l). \tag{22}$$

$$\left(i=1,2,\cdots\frac{l-3}{2}\right)$$

5. *Criteria for the ideal l-th powers.* For any ideal J of the corpus k we have

$$J^{Q(s)}\sim 1$$

where[2)]

$$Q(S)=q_0s^{l-2}+q_1s^{l-3}+\cdots+q_{l-3}s+q_{l-2}.$$

If therefore $(\omega)=J^l$ be an ideal l-th power, then

$$\omega^{Q(s)}=\varepsilon\alpha^l,$$

ε being a unity of k.

Hence if we put

$$\left.\begin{aligned}\omega&\equiv\omega'^l\kappa_1{}^{a_1}\kappa_2{}^{a_2}\cdots\kappa_{l-1}{}^{a_{l-1}}\\ \varepsilon&\equiv\varepsilon'^l\kappa_1{}^{e_1}\kappa_2{}^{e_2}\cdots\kappa_{l-1}{}^{e_{l-1}}\end{aligned}\right\}\quad(\text{mod } \lambda^l),$$

so that

$$e_t=0,\qquad(t=3,5,\cdots l-2,l-1)$$

and

$$\omega^{Q(s)}\equiv\omega'^{lQ(s)}\kappa_1{}^{a_1Q(r)}\kappa_2{}^{a_2Q(r^2)}\cdots\kappa_{l-1}{}^{a_{l-1}Q(r^{l-1})}\quad(\text{mod } \lambda^l),$$

we have

$$\left.\begin{aligned}&a_1Q(r)\equiv e_1,\\ &a_tQ(r^t)\equiv e_t,\qquad(t=2,4,\cdots l-3)\\ &a_tQ(r^t)\equiv 0,\qquad(t=3,5,\cdots l-2)\\ &a_{l-1}Q(r^{l-1})\equiv 0,\end{aligned}\right\}\quad(\text{mod } l).$$

Now

$$\left.\begin{aligned}&Q(r^{2t})\equiv 0,\quad\left(t=1,2,\cdots\frac{l-3}{2}\right)\\ &Q(r^{2t+1})\equiv c_t\frac{B_{l-2t-1}}{2},\\ &Q(1)\equiv\frac{(r-1)(l-1)}{2}\not\equiv 0,\end{aligned}\right\}\quad(\text{mod } l).$$

where c_t denotes a rational integer not divisible by l.

We therefore have

2) Hilbert, Bericht, § 109.

$$\left.\begin{array}{r} B_{\frac{l-n}{2}}\, a_n \equiv 0, \quad (n=3,5,\cdots l-2) \\ a_{l-1} \equiv 0, \end{array}\right\} \pmod{l}. \tag{23}$$

Also $\qquad e_t \equiv 0, \quad (t=2,4,\cdots l-1)$

so that ε is an l-th root of unity:

$$\varepsilon = \zeta^{-a_1 Q(r)}. \tag{24}$$

The relation (23), where the exponents a_n are replaced by the logarithmic differential coefficients $l_n(\omega)$ is Kummer's criterion for an ideal l-th power.

Now it is a remarkable fact, that the above criterion as well as another derived therefrom by Mirimanoff[3)] for an ideal power of the form $a+b\zeta$ (a and b being rational) can be obtained from a quite different source.

If μ, ν be ideal l-th powers (by which term we cover the unities of the corpus) then we have

$$(\mu^{s^n}, \nu) = 1, \quad (n=0,1,\cdots l-2). \tag{25}$$

If therefore

$$\left.\begin{array}{l} \mu \equiv \mu^l \kappa_1^{e_1} \kappa_2^{e_2} \cdots \kappa_{l-1}^{e_{l-1}} \\ \nu \equiv \nu^l \kappa_1^{e'_1} \kappa_2^{e'_2} \cdots \kappa_{l-1}^{e'_{l-1}} \end{array}\right\} \pmod{\lambda^l},$$

so that

$$\mu^{s^n} \equiv \mu^{ls^n} \kappa_1^{e_1 r^n} \kappa_2^{e_2 r^{2n}} \cdots \kappa_{l-1}^{e_{l-1} r^{(l-1)n}} \pmod{\lambda^l},$$

we get from (25)

$$r^n e_1 e'_{l-1} + 2r^{2n} e_2 e'_{l-2} + \cdots + a r^{an} e_a e'_{l-a} + \cdots + (l-1) r^{(l-1)n} e_{l-1} e'_1 \equiv 0 \pmod{l}.$$
$$(n=0,1,\cdots l-2)$$

But the determinant

$$|r^n, 2r^{2n}, \cdots a r^{an}, \cdots (l-1) r^{(l-1)n}|$$
$$\equiv \underline{|l-1}\, \Pi(r^\alpha - r^\beta) \not\equiv 0 \pmod{l}.$$

We therefore have

$$e_a e'_{l-a} \equiv 0 \pmod{l}, \quad (a=1,2,\cdots l-1). \tag{26}$$

Since (25) holds also for $\nu \equiv \mu$, (mod λ^l), we also have

$$e_a e_{l-a} \equiv 0 \pmod{l}, \quad \left(a=1,2,\cdots \frac{l-1}{2}\right), \tag{27}$$

which contains as a special case Mirimanoff's criterion alluded to above.

Again, if we take for ν the unity

$$\frac{1-\zeta^r}{1-\zeta}$$

then

3) Crelles Journal, **128**, 67.

$$\left.\begin{array}{lll} e'_1 \equiv \dfrac{r-1}{2}, & e'_2 \equiv -\dfrac{r^2-1}{2}B_1, & e'_3 \equiv 0 \\ & e'_4 \equiv -\dfrac{r^4-1}{4}B_2, & e'_5 \equiv 0 \\ & \cdots\cdots\cdots & \\ & e'_{l-3} \equiv -\dfrac{r^{l-3}-1}{l-3}B_{\frac{l-3}{2}}, & e'_{l-2} \equiv 0 \\ & e'_{l-1} \equiv 0; & \end{array}\right\} \pmod{l},$$

hence we get from (26)

$$e_{l-1} \equiv 0, \quad B_1 e_{l-2} \equiv 0, \quad B_2 e_{l-4} \equiv 0, \quad \cdots \quad B_{\frac{l-3}{2}} e_3 \equiv 0 \pmod{l}$$

just as in (23).

19. On an algebraic problem related to an analytic theorem of Carathéodory and Fejér and on an allied theorem of Landau

[Japanese Journal of Mathematics, vol 1. 1924, pp 83–93. Reprinted in Procceedings of the Physico-Mathematical Society of Japan, ser III, vol 6. 1924, pp 130–140]
(Read before the Physico-Mathematical Society of Japan, July 5, 1924)

A well-known theorem of Carathéodory and Fejér[1] can be stated as follows:

If a set of $n+1$ constants, $a_0, a_1, \cdots a_n$, not all zero, be given, then we can uniquely determine a rational function $F(z)$ of a complex variable z, of a degree not exceeding n, regular for $|z| \leqq 1$, and of constant absolute magnitude m for $|z|=1$, and such that

$$F(z) \equiv a_0+a_1z+\cdots+a_nz^n, \quad (\text{mod. } z^{n+1}).$$

For any other analytic function $f(z)$, regular for $|z|<1$, of which the Taylor-series at $z=0$ coincides with $F(z)$ in the first $n+1$ terms, the upper limit of $|f(z)|$ in the circle $|z|<1$ is greater than m.

The original proof, which its authors have given of the theorem, is based on the property of a convex domain in a $2n$-dimensional space. A more direct proof has been given by Schur[2].

The rational function in question is of the form

$$F(z) = m\frac{P(z)}{P^*(z)},$$

where[3]

$$P(z) = u_0+u_1z+\cdots+u_\nu z^\nu, \qquad (\nu \leqq n),$$

$$P^*(z) = z^\nu \bar{P}\left(\frac{1}{z}\right) = \bar{u}_\nu+\bar{u}_{\nu-1}z+\cdots+\bar{u}_0z^\nu,$$

and such that all roots of the equation

$$P(z) = 0$$

lie within the unit circle $|z| \leqq 1$.

In trying to solve the algebraic problem involved in the above theorem in the *widest* sense, that is to say, without any restriction whatever as to the location of the roots of $P(z)$, I have arrived at the following general result.

1) Carathéodory und Fejér, Ueber den Zusammenhang der Extremen von harmonischen Funktionen usw., Rend. Palermo, **32** (1911), 218–239.

2) Schur, Ueber Potenzreihen, die im Innern des Einheitskreises beschränkt sind, Journ. f. Math. **147** (1917), 205–232.

3) The – placed over a symbol signifies "conjugate complex".

Theorem I. *If*

$$a_0, a_1, a_2, \cdots a_n$$

are any complex numbers, not all zero, and if m^2 $(m>0)$ *is a characteristic value of the non-negative Hermitian form* $H(x, \bar{x})$, *whose matrix is*

$$H=\bar{A}A, \quad A=\begin{pmatrix} & & & & a_0 \\ & & & a_0 & a_1 \\ & & & \cdot & \cdot \\ & & \cdot & \cdot & \cdot \\ & \cdot & \cdot & \cdot & \\ a_0 & \cdot & \cdot & \cdot & a_{n-1} \\ a_0\, a_1 & \cdot & \cdot & a_{n-1} & a_n \end{pmatrix}, \tag{1}$$

then (1°) *there is a unique rational function* $F(z)$ *of a degree not exceeding n, such that*

$$F(z)=\mu\frac{P(z)}{P^*(z)}\equiv a_0+a_1z+\cdots+a_nz^n, \ (\text{mod. } z^{n+1}), \tag{2}$$

where $P(z)$ *and* $P^*(z)$ *are prime to each other, and* $|\mu|=m$.

(2°) *If* m^2 *is a characteristic value of multiplicity* $k+1$ $(k\geqq 0)$, *then* $P(z)$ *is of degree* $n-k$.

(3°) *If there are* ν $(\geqq 0)$ *characteristic values of H, greater than* m^2, *multiplicity being taken account of, then the equation* $P(z)=0$ *has exactly* ν *roots outside of the unit circle* $|z|=1$.

The rational function in Carathéodory and Fejér's theorem is that one, which corresponds to the greatest characteristic value of H.

§ 1.

Theorem I can be derived from the following matrix-theorem, which may, in itself, be of some interest.

Theorem II. *If* $A=(a_{pq})$, $p, q=1, 2, \cdots, n$ *is a symmetric matrix with complex constituents, we can determine a unitary matrix* $U=(u_{pq})$, $p, q=1, 2, \cdots n$; $\sum_{\sigma=1}^{n}|u_{\sigma p}|^2=1$, $\sum_{\sigma=1}^{n}u_{\sigma p}\bar{u}_{\sigma q}=0$, $(p\neq q)$, *so that* $U'AU$ *becomes a diagonal matrix*

$$U'AU=\begin{pmatrix} \mu_1 & & & & & \\ & \mu_2 & & & & \\ & & \cdot & & & \\ & & & \cdot & & \\ & & & & \cdot & \\ & & & & & \mu_n \end{pmatrix}, \tag{3}$$

where the μ's *are such that* $|\mu_p|^2$, $p=1, 2, \cdots, n$, *are the characteristic values of the Hermitian form* $H=\bar{A}A$.

In other words, *a quadratic form with complex coefficients can be brought to the canonical form by a unitary transformation.*

Remark. Multiplying the columns of U by suitable factors of absolute magnitude 1, we could make the μ's assume any argments we please, in particular, we can make μ real and positive. When A is real, then $H=A^2$, the characteristic values of H are then the squares of those of A, and our problem reduces to the classical orthogonal transformation of real quadratic forms.

Proof. U being assumed to be unitary, we have from (3)

$$\bar{U}'HU = \bar{U}'\bar{A}'\bar{U}U'AU = \begin{pmatrix} |\mu_1|^2 & & & \\ & |\mu_2|^2 & & \\ & & \ddots & \\ & & & |\mu_n|^2 \end{pmatrix}.$$

Hence $|\mu_p|^2$ are necessarily the characteristic values of the Hermitian form H.

Conversely, let m^2 be a characteristic value of

$$H(x,\bar{x}) = \sum h_{pq}x_p\bar{x}_q, \quad (p,q=1,2,\cdots n).$$

First consider the case, where m^2 is a simple characteristic value of H, and let $\bar{u}_1, \bar{u}_2, \cdots \bar{u}_n$ be a solution of

$$\sum_{q=1}^{n} h_{pq}\bar{u}_q = m^2\bar{u}_p, \quad (p=1,2,\cdots n),$$

or, in the symbols of the matrix-calculus,

$$H(\bar{u}) = m^2(\bar{u}), \tag{4}$$

$(\bar{u})$ denoting the matrix of a single column. From (4) we get

$$AH(\bar{u}) = A\bar{A}A(\bar{u}) = \bar{H}A(\bar{u}) = m^2A(\bar{u})$$

or

$$H\bar{A}(u) = m^2\bar{A}(u), \tag{5}$$

Comparing (4) and (5), we have, since, m^2 being a simple characteristic value of H, the solution of (4) is unique,

$$\bar{A}(u) = \mu(\bar{u}), \tag{6}$$

whence

$$A\bar{A}(u) = \mu A(\bar{u}) = \mu\bar{\mu}(u),$$

or

$$H(\bar{u}) = \mu\bar{\mu}(\bar{u}),$$

so that

$$|\mu|^2 = m^2.$$

Thus the solution of the system of equations as (6) necessarily satisfies (4). By suitable choice of the proportionality-factor we can normalize (u), and moreover make $\mu=m$, so that

$$\bar{A}(u) = m(\bar{u}), \qquad \sum_{p=1}^{n} |u_p|^2 = 1. \tag{7}$$

If m'^2 is another characteristic value different from m^2 and (v) a corresponding solution of

$$\bar{A}(v) = m'(\bar{v}), \tag{8}$$

then from (7) and (8)

$$\sum_{p,q=1}^{n} \bar{a}_{pq} u_q v_p = m \sum_{p=1}^{n} u_p v_p, \qquad \sum_{p,q=1}^{n} \bar{a}_{pq} v_q u_p = m' \sum_{p=1}^{n} u_p \bar{v}_p,$$

$$m \sum_{p=1}^{n} \bar{u}_p v_q = m' \sum_{p=1}^{n} u_p v_p, \qquad (m \neq m' \geqq 0)$$

so that between (u) and (v) the condition of orthogonality

$$\sum_{p=1}^{n} u_p \bar{v}_p = 0$$

is satisfied.

Hence, if all the characteristic values of H are simple, the matrix U, whose columns are the corresponding solutions of (7) satisfies the condition of our problem.

In the second place, let m^2 be a characteristic value of multiplicity k $(k>1)$, so that the corresponding equation (4) has k solutions linearly independent of each other. If (u) is any one of the solutions, then as in (5) $\bar{A}\ (u)$ is also a solution, which may or may not be linearly independent of (u). In the latter case, (u) satisfies an equation of the form (6), and consequently we have a solution of (7). In the first case, put

$$(\bar{u}') = \bar{A}(u) + m(\bar{u});$$

then

$$\begin{aligned} \bar{A}(u') - m(\bar{u}') &= \bar{A}A(\bar{u}) + m\bar{A}(u) - m\bar{A}(u) - m^2(\bar{u}) \\ &= H(\bar{u}) - m^2(\bar{u}) = 0, \end{aligned}$$

and, we get from (u'), since by supposition $(u') \neq 0$, a solution of (7).

Suppose now that ν $(\nu<k)$ solutions $(u^{(i)})$, $i=1, 2, \cdots \nu$ of (7)——and therefore of (4)——have been found, which are orthogonal to each other, and let (v) be a solution of (4), which is linearly independent of $(u^{(i)})$, and which may be assumed orthogonal to $(u^{(i)})$. Then

$$\begin{aligned} \sum_{p=1}^{n} \left(\sum_{q=1}^{n} \bar{a}_{pq} v_q + m\bar{v}_p \right) u_p{}^{(i)} &= \sum_{p,q=1}^{n} \bar{a}_{pq} u_p{}^{(i)} v_q \\ = \sum_{q=1}^{n} \left(\sum_{p=1}^{n} \bar{a}_{pq} u_p{}^{(i)} \right) v_q &= m \sum_{q=1}^{n} \bar{u}_q{}^{(i)} v_q = 0. \end{aligned}$$

Hence we have, according as $\bar{A}(v) + m(\bar{v}) = 0$ or $\neq 0$, in $(u^{(\nu+1)}) = (v)$ or in $(u^{(\nu+1)}) = (A(\bar{v}) + m(v))$ another solution of (7) orthogonal to $(u^{(i)})$, $i=1, 2, \cdots \nu$.

Proceeding in this way, we obtain k solutions of (7), mutually orthogonal, and, as shewn before, orthogonal to the solutions corresponding to the characteristic values different from m^2.

These solutions $(u^{(i)})$, $i=1, 2, \cdots k$, when normalized, will furnish k columns of the matrix U corresponding to a characteristic value of multiplicity k.

Our theorem is thus completely established.

§2.

In proving Theorem I, we avail ourselves not so much of Theorem II itself as the property of the solutions of $\dot{A}(u)=\mu(\bar{u})$. If we put

$$P(z) = u_0+u_1z+u_2z^2+\cdots+u_nz^n,$$
$$P^*(z) = \bar{u}_n+\bar{u}_{n-1}z+\cdots\cdots+\bar{u}_0z^n,$$

then the relation (2) is equivalent to

$$A(\bar{u}) = \mu(u),$$

where A denotes the matrix (1). Hence $m^2=|\mu|^2$ must be a characteristic value of the Hermitian form $H=\dot{A}A$. Conversely, to a characteristic value of H corresponds a polynomial $P(z)$ satisfying (2). If m^2 be of multiplicity $k+1$ $(k\geqq 0)$, we obtain a polynomial $P(z)$ depending on $k+1$ linearly independent parameters, in which case $P(z)$ will have with $P^*(z)$ the greatest common divisor of degree k, giving rise to a unique rational function $F(z)$ satisfying (2), as will be shewn below.

Let n_0 denote the number of the common roots of $P(z)=0$ and $P^*(z)=0$, π and ν the number of the remaining roots of $P(z)=0$, which are respectively greater or less than 1 in absolute magnitude (those of absolute magnitude 1 satisfy also $P^*(z)=0$, though the converse is of course not true). Then the Hermitian form

$$\check{P}P^*-\bar{P}'P \tag{9}$$

is of rank $n-n_0$ and will have π positive and ν negative terms in the canonical form[4]. Here

$$P=\begin{pmatrix} u_0 & u_1 & \cdot & & u_{n-1} \\ & u_0 & \cdot & \cdot & \\ & & \cdot & \cdot & \\ & & & \cdot & \cdot \\ & & & u_0 & u_1 \\ & & & & u_0 \end{pmatrix}, \quad P^*=\begin{pmatrix} \bar{u}_n & \bar{u}_{n-1} & \cdot & & \bar{u}_1 \\ & \bar{u}_n & \cdot & \cdot & \\ & & \cdot & \cdot & \\ & & & \cdot & \cdot \\ & & & \bar{u}_n & \bar{u}_{n-1} \\ & & & & \bar{u}_n \end{pmatrix},$$

$\bar{P}'$ the conjugate (transposed) of P with conjugate complex elements, and $\check{P}$ is derived form P^* as $\bar{P}'$ from P.

On account of the relation

$$\frac{P(z)}{P^*(z)} \equiv \frac{1}{m}(a_0+a_1z+\cdots+a_nz^n), \quad (\text{mod. } z^{n+1}),$$

4) Cohn, Ueber die Anzahl der Wurzeln einer algebraischen Gleichung in einem Kreise, Math. Zeitschrift, **14.** (1922), 110–184. Herglotz, Ueber die Wurzelanzahl algebraischer Gleichungen innerhalb und auf dem Einheitskreis, *ibid.* **19.** (1924), 26–34. *Cf.* also an article by Fujiwara, shortly to appear in the same journal.

this Hermitian form is equivalent to[5)]

$$m^2E - H_n,$$

where H_n is the n-th section (*abschnitt*) of H:

$$H_n = \begin{vmatrix} \bar{a}_0 & \cdot & & & \\ \bar{a}_1 & \bar{a}_0 & & & \\ & \cdot & \cdot & & \\ & & \cdot & \cdot & \\ & & & \cdot & \cdot \\ \bar{a}_{n-1} & & & \bar{a}_1 & \bar{a}_0 \end{vmatrix} \begin{vmatrix} a_0 & a_1 & \cdot & & a_{n-1} \\ & a_0 & \cdot & \cdot & \\ & & \cdot & \cdot & \cdot \\ & & & \cdot & \cdot \\ & & & \cdot & a_1 \\ & & & \cdot & a_0 \end{vmatrix}$$

$$= \begin{vmatrix} & & & \bar{a}_0 \\ & & \bar{a}_0 & \bar{a}_1 \\ & \cdot & \cdot & \cdot \\ & \cdot & \cdot & \cdot \\ \cdot & \cdot & \cdot & \\ \bar{a}_0 & \bar{a}_1 & \cdot\ \cdot & \bar{a}_{n-1} \end{vmatrix} \begin{vmatrix} & & & a_0 \\ & & a_0 & a_1 \\ & \cdot & \cdot & \cdot \\ & \cdot & \cdot & \cdot \\ a_0 & \cdot & \cdot & \cdot \\ a_0 & a_1 & \cdot\ \cdot & a_{n-1} \end{vmatrix} \qquad (10)$$

Hence $n-n_0$, π, ν are the characteristic numbers of the Hermitian form (9).

Now, if m^2 is a characteristic value of multiplicity $k+1$ of the Hermitian form H, then the rank of m^2E-H is $n-k$, that of m^2E-H_n is $n-k$ at the highest, so that $n_0 \geqq k$. In the present case, however, we must have exactly

$$n_0 = k.$$

For if $n_0 > k$, $P(z)$ and $P^*(z)$ would have the greatest common divisor of degree $k+1$ at least, so that replacing this common divisor by any factor $T(z)$, such that $T(z) = T^*(z)$ and of a degree not exceeding $k+1$, we might form at least $k+2$ polynomials $P(z)$, which are linearly independent and which all satisfy (2). But this is absurd. Neither could there exist more than one function $F(z)$ in the lowest terms corresponding to the same value of m^2, for if there were, we shall be lead to the same absurdity as above.

The rank of m^2E-H_n being exactly $n-k$, m^2 is a characteristic value of H_n of multiplicity k[6)].

Further, since the roots of $|rE-H_n|=0$ and of $|rE-H|=0$, separate each other[7)], the numbers π and ν of the characteristic values, that are respectively

5) I. Schur, *loc. cit.*[2)] The proof may follow here in a few lines. $\bar{A}_0'$, A_0 denoting the matrices in the second member of (10), we have

$$mP = A_0P^*, \qquad m\bar{P}' = \check{P}\bar{A}_0'\cdot$$

Hence $$m^2(\check{P}P^* - \bar{P}'P) = m^2\check{P}P^* - \check{P}\bar{A}'_0A_0P^* = \check{P}(m^2E - \bar{A}_0'A_0)P^*, \quad \text{q. e. d.}$$

6) *Cf.* Schur, *loc. cit.*, p. 220, where this fact is established in a different manner, and only for the greatest characteristic value.

7) This assertion is based on the following property of the characteristic equation of Hermitian forms.

If $r_1 \leqq r_2 \leqq \cdots \leqq r_n$ are the roots of the characteristic equation $\varphi(r) = |rE-H| = 0$ of a Hermitian form H, $\psi(r)$ a first principal minor of $\varphi(r)$, $\rho_1 \leqq \rho_2 \leqq \cdots \leqq \rho_{n-1}$ the roots of $\psi(r)=0$, then

$$r_i \leqq \rho_i \leqq r_{i+1}, \quad (i = 1, 2, \cdots n-1).$$

Thus, when $r_i (= r_{i+1} = \cdots = r_{i+k-1})$ *is a k-ple root of* $\varphi(r)=0$, *then* $\rho_i = \rho_{i+1} = \cdots = \rho_{i+k-2}$ must *of course coincide with* r_i, *beside these* ρ_{i-1} *or* ρ_{i+k-1} *may be equal to* r_i. In other words, a k-ple root of $\varphi(r)=0$ must be at least a $(k-1)$-ple root of $\psi(r)=0$, but it may be a k-ple or a $(k+1)$-ple root, at the highest.

In the case of the text, this latter eventuality is excluded, as shewn before.

greater or less than m^2 are the same for H_n and H.

Thus Theorem I is completely proved.

§ 3.

To Landau[8] is due the following theorem, which may be looked upon as a counterpart of Carathéodory and Fejér's theorem, quoted at the beginning of this Note.

Given $n+1$ complex coefficients $a_0, a_1, \cdots a_n$, not all zero, an analytic function

$$F(z) \equiv a_0+a_1z+\cdots+a_nz^n, \quad (\text{mod. } z^{n+1})$$

regular at $z=0$, meromorphic and with "exactly" n zeros in the circle $|z|\leqq 1$, satisfies the relation

$$\operatorname*{Min}_{|z|=1}|F(z)| \leqq m,$$

m^2 being the greatest characteristic value of the Hermitian form $H=\bar{A}A$.

In looking over Landau's very ingenious proof, we find that the term *exactly* in the above theorem may be replaced by *at most*, though the extreme value of the minimum is attained only by the "canonical function" of Carathéodory and Fejér, which has indeed exactly n zeros in the unit circle, (provided that m^2 is a simple characteristic value of H).

If the number of zeros be specified, we get the following generalization of Landau's theorem.

Theorem III. *Given $n+1$ complex coefficients, $a_0, a_1, \cdots a_n$, not all zero, an analytic function*

$$F(z) \equiv a_0+a_1z+\cdots+a_nz^n, \quad (\text{mod. } z^{n+1}),$$

regular at $z=0$, meromorphic and with exactly ν $(0\leqq\nu\leqq n)$ zeros for $|z|\leqq 1$, satisfies the relation

$$\operatorname*{Min}_{|z|=1}|F(z)| \leqq m,$$

m^2 being the smallest of the characteristic values of H, for which there are not more than $n-\nu$ characteristic values greater than m^2, multiplicity being taken account of[9].

Proof follows exactly Landau's method. If a zero of $F(z)$ lie on the circle $|z|=1$, the theorem is trivial. Let therefore ζ_λ $(\lambda=1, 2, \cdots \nu, |\zeta_\lambda|<1)$ be the zeros of $F(z)$. Further let $G(z)$ be the canonical function[10] corresponding to the characteristic value of H specified above, so that by Theorem I $G(z)$ has $n-\nu$ (or less) poles ζ_λ $(\nu+1\leqq\lambda\leqq n)$ within the unit circle. The function

$$g(z) = \Pi\frac{z-\zeta_\lambda}{1-\bar{\zeta}_\lambda z}\frac{G(z)}{F(z)} \tag{11}$$

8) Landau, Ueber einen Bieberbachschen Satz, Rend. Palermo, **46** (1922), 456–462.

9) *i. e.*, m^2 is the $n-\nu+1$ th. of the characteristic values in descending order of magnitude, when all the characteristic values are simple.

10) That is the function $F(z)$ of Theorem I.

is then regular for $|z| \leqq 1$, and since by supposition

$$g(z) \equiv \prod \frac{z-\zeta_\lambda}{1-\bar{\zeta}_\lambda z}, \text{ (mod. } z^{n+1}),$$

it follows from Carathéodory and Fejér's theorem, that

$$\underset{|z|=1}{\mathrm{Max}} |g(z)| \geqq 1,$$

whence by (11)

$$\underset{|z|=1}{\mathrm{Min}} |F(z)| \leqq m,$$

the limit being only attained by $F(z)=G(z)$.

The following generalization of Carathéodory and Fejér's theorem can be proved in a similar way.

Theorem IV. *Given $n+1$ complex coefficients $a_0, a_1, \cdots a_n$, not all zero, an analytic function*

$$F(z) \equiv a_0+a_1z+\cdots+a_nz^n, \text{ (mod. } z^{n+1}),$$

regular at $z=0$, meromorphic and with exactly ν $(0 \leqq \nu \leqq n)$ poles for $|z| \leqq 1$, satisfies the relation

$$\underset{|z|=1}{\mathrm{Max}} |F(z)| \geqq m,$$

m^2 is the greatest characteristic value of H, for which there are not more than $n-\nu$ characteristic values less than m^2, multiplicity being taken account of[11].

Thus, if the number of zeros and poles are together less than n, Theorem III and IV give a lower limit for the fluctuation of $|F(z)|$ on the unit circle $|z|=1$; for example, if $F(z)$ is regular and has no zero for $|z| \leqq 1$, then the said fluctuation is not less than the difference between the greatest and the least of the numbers $m(\geqq 0)$, m^2 being the characteristic values of H.

Remark on another theorem of Landau.

In the paper cited above[8], it was the aim of Landau to give another interesting theorem, which may be stated as follows.

Given the positive constants, $k_0, k_1, \cdots k_n$, an analytic function

$$F(z) \equiv a_0+a_1z+\cdots+a_nz^n, \text{ (mod. } z^{n+1}); \ |a_\nu| \leqq k_\nu, \quad (\nu=1, 2, \cdots n),$$

meromorphic and with exactly n zeros for $|z| \leqq 1$, satisfies the relation

$$\underset{|z|=1}{\mathrm{Min}} |F(z)| \leqq B,$$

where B denotes the greatest positive root of the characteristic equation of the matrix

$$K = \begin{vmatrix} & & & k_0 \\ & & k_0 & k_1 \\ & & \cdot\ \cdot\ \cdot & \\ & \cdot\ \cdot\ \cdot & & \\ k_0 & \cdot\ \cdot & & \\ k_0\ k_1 & \cdot & & k_n \end{vmatrix},$$

---

11) *i. e.*, the $\nu+1$ th. of the characteristic values of H in descending order of magnitude, when all the characteristic values are simple.

the extreme value B being attained only by the canonical function for $k_0, k_1, \cdots k_n$ *and corresponding to the greatest characteristic value* B^2 *of* K^2.

The proof given by Landau is based on Frobenius' theory of the matrices with non-negative elements. In the following it is tried to come off by easier means.

By Theorem III we have

$$\operatorname*{Min}_{|z|=1} |F(z)| \leqq m,$$

m^2 being the greatest characteristic value of the Hermitian form $H = \mathring{A}A$. Hence by Theorem II, there is a system of values $(x) = (x_0, x_1, \cdots x_n)$, such that

$$A(x) = m(\bar{x}).$$

Assuming (x) normalized, so that $\sum |x|^2 = 1$, and denoting by $A(x, x)$ the quadratic form of matrix A, we have

$$m = |A(x, x)| \leqq \sum k_{pq} |x_p| |x_q|$$

$$\leqq \operatorname{Max} \frac{\sum k_{pq} X_p X_q}{\sum X_p^2} = B$$

where (k_{pq}) denotes the matrix K. Thus

$$\operatorname*{Min}_{|z|=1} |F(z)| \leqq B.$$

This relation holding good, when we take for $F(z)$ the canonical function for $k_0, k_1, \cdots k_n$, it follows from Theorem III, that B^2 is the greatest characteristic value of the corresponding Hermitian form, which is here K^2.

20. Note on Fredholm's determinants[1]

[Nagaoka Anniversary Volume. 1925, pp 313–318]

1. In the following Note, which concerns the formal side of the theory of Fredholm's equations, more especially the analogy between Fredholm's and algebraic determinants, the kernel $K(xy)$ is supposed for simplicity to be continuous throughout the domain of integration, which is to be understood as fixed once for all.

Let $D(\lambda)$ and $D\left(\begin{matrix} x_1 x_2 \cdots x_n \\ y_1 y_2 \cdots y_n \end{matrix}\lambda\right)$ be Fredholm's determinant and subdeterminant corresponding to the kernel K. From the relation

$$D\left(\begin{matrix} x_1 x_2 \cdots x_n \\ y_1 y_2 \cdots y_n \end{matrix}\lambda\right) = -\sum_{\beta=1}^{n} (-1)^{\beta} K(x_1 y_\beta) D\left(\begin{matrix} x_2 \cdots\cdots\cdots x_n \\ y_1 \cdots (y_\beta) \cdots y_n \end{matrix}\lambda\right)$$
$$+ \lambda \int K(x_1 t) D\left(\begin{matrix} t\ x_2 \cdots x_n \\ y_1 y_2 \cdots y_n \end{matrix}\lambda\right) dt \tag{1}$$

we get, on multiplying by $D\left(\begin{matrix} x \\ x_1 \end{matrix}\lambda\right)$ and integrating,

$$D(\lambda) D\left(\begin{matrix} x_1 x_2 \cdots x_n \\ y_1 y_2 \cdots y_n \end{matrix}\lambda\right) = -\sum_{\beta=1}^{n} (-1)^{\beta} D\left(\begin{matrix} x_1 \\ y_\beta \end{matrix}\lambda\right) D\left(\begin{matrix} x_1 \cdots\cdots\cdots x_n \\ y_1 \cdots (y_\beta) \cdots y_n \end{matrix}\lambda\right).$$

Repeated application of this formula leads *without a limiting process* to the known identity

$$D(\lambda)^{n-1} D\left(\begin{matrix} x_1 \cdots x_n \\ y_1 \cdots y_n \end{matrix}\lambda\right) = \begin{vmatrix} D\left(\begin{matrix} x_1 \\ y_1 \end{matrix}\lambda\right) & D\left(\begin{matrix} x_1 \\ y_2 \end{matrix}\lambda\right) & \cdots & D\left(\begin{matrix} x_1 \\ y_n \end{matrix}\lambda\right) \\ D\left(\begin{matrix} x_2 \\ y_1 \end{matrix}\lambda\right) & D\left(\begin{matrix} x_2 \\ y_2 \end{matrix}\lambda\right) & \cdots & D\left(\begin{matrix} x_2 \\ y_n \end{matrix}\lambda\right) \\ \multicolumn{4}{c}{\cdots\cdots\cdots} \\ D\left(\begin{matrix} x_n \\ y_1 \end{matrix}\lambda\right) & D\left(\begin{matrix} x_n \\ y_2 \end{matrix}\lambda\right) & \cdots & D\left(\begin{matrix} x_n \\ y_n \end{matrix}\lambda\right) \end{vmatrix} \tag{2}$$

exhibiting $D\left(\begin{matrix} x_1 \cdots x_n \\ y_1 \cdots y_n \end{matrix}\lambda\right)$ in the form of an algebraic determinant. This formula enables us to associate to each algebraic identity between algebraic determinants an analogon in Fredholm's determinants. For example, we have by Sylvester's Theorem

---

1) Read before the Physico-Mathematical Society of Japan, July, 1919.

$$D\begin{pmatrix} x_1\cdots x_r \\ y_1\cdots y_r \end{pmatrix}\lambda^{n-r-1} D\begin{pmatrix} x_1\cdots x_r \vert \cdots x_n \\ y_1\cdots y_r \vert \cdots y_n \end{pmatrix}\lambda$$

$$= \begin{vmatrix} D\begin{pmatrix} x_1\cdots x_r \vert x_{r+1} \\ y_1\cdots y_r \vert y_{r+1} \end{pmatrix}\lambda \cdots D\begin{pmatrix} x_1\cdots x_r \vert x_{r+1} \\ y_1\cdots y_r \vert y_n \end{pmatrix}\lambda \\ \cdots\cdots\cdots \\ D\begin{pmatrix} x_1\cdots x_r \vert x_n \\ y_1\cdots y_r \vert y_{r+1} \end{pmatrix}\lambda \cdots D\begin{pmatrix} x_1\cdots x_r \vert x_n \\ y_1\cdots y_r \vert y_n \end{pmatrix}\lambda \end{vmatrix}. \tag{3}$$

2. For the kernel

$$\mathfrak{K}_r(xy) = \frac{K\begin{pmatrix} x\, x_1\cdots x_r \\ y\, y_1\cdots y_r \end{pmatrix}}{K\begin{pmatrix} x_1\cdots x_r \\ y_1\cdots y_r \end{pmatrix}} \tag{4}$$

we find by (3) the following expressions for Fredholm's determinant and minors:

$$\mathfrak{D}_r(\lambda) = \frac{D\begin{pmatrix} x_1\cdots x_r \\ y_1\cdots y_r \end{pmatrix}\lambda}{K\begin{pmatrix} x_1\cdots x_r \\ y_1\cdots y_r \end{pmatrix}},$$

$$\mathfrak{D}_r\begin{pmatrix} \xi_1\cdots\xi_n \\ \eta_1\cdots\eta_n \end{pmatrix}\lambda = \frac{D\begin{pmatrix} x_1\cdots x_r\ \xi_1\cdots\xi_n \\ y_1\cdots y_r\ \eta_1\cdots\eta_n \end{pmatrix}\lambda}{K\begin{pmatrix} x_1\cdots x_r \\ y_1\cdots y_r \end{pmatrix}}, \tag{5}$$

the corresponding resolvent being

$$\Gamma_r\begin{pmatrix} x \\ y \end{pmatrix}\lambda = \frac{D\begin{pmatrix} x\, x_1\cdots x_r \\ y\, y_1\cdots y_r \end{pmatrix}\lambda}{D\begin{pmatrix} x_1\cdots x_r \\ y_1\cdots y_r \end{pmatrix}\lambda}. \tag{6}$$

The operation of forming $\mathfrak{K}_r$ from $\mathfrak{K}_0 = K$ is associative inasmuch as

$$(\mathfrak{K}_r)_s = \frac{\mathfrak{K}_r\begin{pmatrix} x\, x_1'\cdots x_s' \\ y\, y_1'\cdots y_s' \end{pmatrix}}{\mathfrak{K}_r\begin{pmatrix} x_1'\cdots x_s' \\ y_1'\cdots y_s' \end{pmatrix}} = \frac{K\begin{pmatrix} x\, x_1\cdots x_r\, x_1'\cdots x_s' \\ y\, y_1\cdots y_r\, y_1'\cdots y_s' \end{pmatrix}}{K\begin{pmatrix} x_1\cdots x_r\, x_1'\cdots x_s' \\ y_1\cdots y_r\, y_1'\cdots y_s' \end{pmatrix}} = \mathfrak{K}_{r+s}. \tag{7}$$

Let c be a characteristic value of rank n for the kernel K, then c is a characteristic value of rank $n-p$ for the kernel $\mathfrak{K}_p (p=1, 2, \cdots n-1)$ and an ordinary value for $\mathfrak{K}_n$. If

$$D = D\begin{pmatrix} x_1\cdots x_n \\ y_1\cdots y_n \end{pmatrix}c \neq 0$$

then

$$\varphi_1(x) = D\begin{pmatrix} x\cdots x_n \\ y_1\cdots y_n \end{pmatrix}c : D$$

$$\cdots\cdots\cdots$$

$$\varphi_n(x) = D\begin{pmatrix} x_1 \cdots x & \\ y_1 \cdots y_n & c \end{pmatrix} : D$$

are the fundamental solutions of Fredholm; they are linearly independent on account of the relation

$$\varphi_\alpha(x_\beta) = e_{\alpha\beta} = \begin{cases} 1, & \alpha = \beta, \\ 0, & \alpha \neq \beta. \end{cases}$$

Since for the kernel $\mathfrak{K}_r$

$$\frac{\mathfrak{D}_r\begin{pmatrix} x & x_{r+2} \cdots x_n & \\ y_{r+1} y_{r+2} \cdots y_n & & c \end{pmatrix}}{\mathfrak{D}_r\begin{pmatrix} x_{r+1} \cdots x_n & \\ y_{r+1} \cdots y_n & c \end{pmatrix}} = \varphi_{r+1}(x), \text{ etc.}$$

$\varphi_{r+1}(x), \cdots \varphi_n(x)$ are the fundamental solutions for $\mathfrak{K}_r$.

3. If $\lambda = c$ is a zero of order δ_r of

$$D_r(\lambda) = D\begin{pmatrix} x_1 \cdots x_r & \\ y_1 \cdots y_r & \lambda \end{pmatrix}$$

then, putting $n = r+2$ in (3), we get

$$\delta_r + \delta_{r+2} \geqq 2\delta_{r+1},$$

so that for the order e_r of the pole $\lambda = c$ of $\Gamma_r(\lambda)$ we have

$$\begin{aligned} e_r &= \delta_r - \delta_{r+1}, \qquad (e_n = 0), \\ e_r &\geqq e_{r+1} \qquad (r = 0, 1, \cdots n-1), \end{aligned} \tag{8}$$

the suffix $r = 0$ referring to K, D, Γ. The factors

$$(\lambda - c)^{e_r} \qquad (0 \leqq r < n)$$

may be called the *elementary divisors* of the kernel K for the base $\lambda - c$. These are in fact identical with the elementary divisors in the ordinary algebraic sense, which present themselves in connexion with a characteristic value of a kernel in Goursat and Heywood's theory (Cf. Lalesco's book, p. 55.)

4. We will now shew that a decomposition of the kernel K into a sum of canonical kernels can be effected by means of Fredholm's minors in a way exactly similar to Weierstrass' method of reduction of a system of bilinear forms.

Let

$$H_r(xy\lambda) = \sum_{\sigma=1}^{e_r} \frac{C_\sigma^{(r)}(xy)}{(c-\lambda)^\sigma} \qquad (r = 0, 1, \cdots n-1)$$

denote the principal part of the expansion at the point $\lambda = c$ of

$$\Gamma_r(\lambda) - \Gamma_{r+1}(\lambda) = \frac{D\begin{pmatrix} x_1 \cdots x_{r-1}\, x & \\ y_1 \cdots y_{r-1}\, y_r & \lambda \end{pmatrix} . D\begin{pmatrix} x_1 \cdots x_{r-1}\, x_r & \\ y_1 \cdots y_{r-1}\, y & \lambda \end{pmatrix}}{D\begin{pmatrix} x_1 \cdots x_{r-1} & \\ y_1 \cdots y_{r-1} & \lambda \end{pmatrix} . D\begin{pmatrix} x_1 \cdots x_r & \\ y_1 \cdots y_r & \lambda \end{pmatrix}} \tag{9}$$

(cf. (3)), so that, since $\Gamma_n(\lambda)$ is regular at $\lambda = c$, we have

$$\Gamma(xy\lambda) = H(xy\lambda)+H_1(xy\lambda)+\cdots+H_{n-1}(xy\lambda)+\gamma(xy\lambda), \tag{10}$$

where $\gamma(xy\lambda)$ is regular for $\lambda=c$. Then (10) will be a decomposition of Γ in a sum of the resolvents of canonical kernels for the characteristic value $\lambda=c$; that is

(1°) $H_r(xy\lambda)$ is the resolvent of the kernel $k_r=H_r(xy0)$, where k_r is of rank 1.

(2°) $H_r(xy\lambda)$ and $H_s(xy\mu)$ are orthogonal to each other, if $r\neq s$.

In virtue of the associative nature of $\mathfrak{R}_r$(cf. § 2), it suffices to justify these assertions when $r=0$.

Let

$$G_s(\lambda) = \Gamma_s(\lambda)-\Gamma_{s+1}(\lambda) = H(xy\lambda)+(l),$$

where (l), or (m) and (l, m) in the sequel, denotes in a general way an integral power-series of $l=c-\lambda$ or of $m=c-\mu$ or of both, then

$$[G(\lambda), G_s(\mu)] = \frac{D\begin{pmatrix} x \\ y_1 \end{pmatrix}\lambda\Big) D\begin{pmatrix} x_1\cdots x_{s-1}x_s \\ y_1\cdots y_{s-1}y_s \end{pmatrix}\mu\Big) D(\mu)}{D\begin{pmatrix} x_1 \\ y \end{pmatrix}\lambda\Big) D\begin{pmatrix} x_1\cdots x_{s-1} \\ y_1\cdots y_{s-1} \end{pmatrix}\mu\Big) D\begin{pmatrix} x_1\cdots x_s \\ y_1\cdots y_s \end{pmatrix}\mu\Big)}$$

$$\times \int \Gamma\begin{pmatrix} x_1 \\ t \end{pmatrix}\lambda\Big) \begin{vmatrix} \Gamma\begin{pmatrix} x_1 \\ y_1 \end{pmatrix}\mu\Big)\cdots\Gamma\begin{pmatrix} x_1 \\ y_s \end{pmatrix}\mu\Big) \\ \cdots\cdots\cdots \\ \Gamma\begin{pmatrix} t \\ y_1 \end{pmatrix}\mu\Big)\cdots\Gamma\begin{pmatrix} t \\ y_s \end{pmatrix}\mu\Big) \end{vmatrix} dt,$$

where, as in the sequel, $[f,g]$ denotes the composition $\int_a^b f(x, t)g(t, y)\,dt$, and the integral on the right

$$= \frac{1}{\lambda-\mu} \begin{vmatrix} \Gamma\begin{pmatrix} x_1 \\ y_1 \end{pmatrix}\mu\Big) \cdots\cdots\cdots\cdots\cdots \Gamma\begin{pmatrix} x_1 \\ y_s \end{pmatrix}\mu\Big) \\ \cdots\cdots\cdots \\ \Gamma\begin{pmatrix} x_1 \\ y_1 \end{pmatrix}\lambda\Big)-\Gamma\begin{pmatrix} x_1 \\ y_1 \end{pmatrix}\mu\Big)\cdots\Gamma\begin{pmatrix} x_1 \\ y_s \end{pmatrix}\lambda\Big)-\Gamma\begin{pmatrix} x_1 \\ y_s \end{pmatrix}\mu\Big) \end{vmatrix}. \tag{11}$$

Now, if $s>0$, (11) reduces to

$$\frac{1}{\lambda-\mu}\sum_{\alpha=1}^{s} M_\alpha \Gamma\begin{pmatrix} x_1 \\ y_\alpha \end{pmatrix}\lambda\Big),$$

where M_α are the algebraic complements of the constituents of the last row of the determinant in (11), the Σ vanishing for $\lambda=\mu$. But since

$$D(\mu)M_\alpha : D\begin{pmatrix} x_1\cdots x_{s-1} \\ y_1\cdots y_{s-1} \end{pmatrix}\mu\Big)$$

is regular at $\mu=c$, we have

$$[G(\lambda), G_s(\mu)] = \frac{(l, m)}{l^{e_s}}. \tag{12}$$

On the other hand

$$[G(\lambda), G_s(\mu)] = [H(\lambda), H_s(\mu)] + \frac{(l, m)}{l^e} + \frac{(l, m)}{m^{e_s}} + (l, m) \tag{13}$$

and since $[H(\lambda), H_s(\mu)]$ can only be an aggregate of the terms of the form $\frac{B(xy)}{l^\alpha m^\beta}$, $(\alpha>0, \beta>0)$, we infer from (12) and (13)

$$[H(\lambda), H_s(\mu)] = 0.$$

Again, if $s=0$, then (11) becomes

$$\frac{1}{\lambda-\mu}\left\{\Gamma\begin{pmatrix}x_1\\y_1\end{pmatrix}\lambda\right) - \Gamma\left(\begin{matrix}x_1\\y_1\end{matrix}\mu\right)\right\},$$

and we have

$$[G(\lambda), G(\mu)] = \frac{1}{\lambda-\mu}\left\{\frac{D\left(\begin{matrix}x\\y_1\end{matrix}\lambda\right)D\left(\begin{matrix}x_1\\y\end{matrix}\mu\right)}{D(\lambda)D\left(\begin{matrix}x_1\\y_1\end{matrix}\mu\right)} - \frac{D\left(\begin{matrix}x\\y_1\end{matrix}\lambda\right)D\left(\begin{matrix}x_1\\y\end{matrix}\mu\right)}{D\left(\begin{matrix}x_1\\y_1\end{matrix}\lambda\right)D(\mu)}\right\}$$

$$= \frac{1}{m-l}\{G(xy\lambda)P(l, m) - G(xy\mu)Q(l, m)\},$$

where $P(l, m)$ and $Q(l, m)$ are integral power-series of l and m, both of which reduce to 1 when $l=m$. Hence

$$[G(\lambda), G(\mu)] = \frac{G(xy\lambda) - G(xy\mu)}{m-l} + (l, m)$$

$$= \frac{H(xy\lambda) - H(xy\mu)}{\lambda-\mu} + (l, m).$$

Comparing this with

$$[G(\lambda), G(\mu)] = \Sigma\frac{[C_\alpha, C_\beta]}{l^\alpha m^\beta} + \frac{(l, m)}{l^e} + \frac{(l, m)}{m^e} + (l, m),$$

the first sum on the right-hand side of which is $[H(\lambda), H(\mu)]$, we get

$$H(\lambda) - H(\mu) = (\lambda-\mu)[H(\lambda), H(\mu)],$$

showing that $H(xy\lambda)$ is in fact a resolvent.

To complete the proof of our proposition, it only remains to verify for the trace $\chi(H_s)$ of $H_s(\lambda)$ the relation

$$\chi(H_s) = \frac{e_s}{c-\lambda}.$$

Now, the trace of the principal part of $\Gamma(\lambda)$ is $\frac{\delta}{c-\lambda}$, that of $\Gamma_s(\lambda)$ by § 2. $\frac{\delta_s}{c-\lambda}$, so that by (8)

$$\chi(H_s) = \frac{\delta_s}{c-\lambda} - \frac{\delta_{s+1}}{c-\lambda} = \frac{e_s}{c-\lambda},$$

as was required to shew.

21. Remarks on an algebraic problem[1)]

[Japanese Journal of Mathematics, vol 2. 1925, pp 13–17]
(Read before the Physico-Mathematical Society of Japan, April 2, 1925)

1. Theorem I in my Note: *On an algebraic problem etc.*[1)], is valid only under a certain restriction, which was overlooked there. There is a special case, the *irregular case*, as we will call it, where the rational function in question does not exist. However, the unicity as well as the properties (2°), (3°) hold good, so far as the function exists.

Let

$$a_0 \neq 0, a_1, \cdots, a_n$$

be given constants,

$$A_r = \begin{Bmatrix} & & & & a_0 \\ & & & a_0 & a_1 \\ & & a_0 \, a_1 & & a_2 \\ & & \cdot \;\; \cdot & & \cdot \\ & \cdot & \cdot \;\; \cdot & & \cdot \\ & a_0 & \cdot \;\; \cdot & & a_{r-1} \\ a_0 \, a_1 & \cdot & \cdot \; a_{r-1} & & a_r \end{Bmatrix}, \qquad H_r = \bar{A}_r A_r, \qquad (r=0, 1, \cdots, n),$$

$H = H_n$, $A = A_n$; and $H_r(\rho) = |H_r - \rho E_r|$ the characteristic function of H_r. Further let P, P^* denote in a general way a couple of polynomials, such as

$$P(z) = u_0 + u_1 z + \cdots + u_\nu z^\nu,$$
$$P^*(z) = \bar{u}_\nu + \bar{u}_{\nu-1} z + \cdots + \bar{u}_0 z^\nu,$$

u and $\bar{u}$ being conjugate complex and $u_0 \neq 0$, $u_\nu \neq 0$.

This premised, we have to prove the following theorem:

If m^2 is a characteristic value of the (positive) Hermitian form $H(z, \bar{z})$ of multiplicity $k+1 (k \geqq 0)$, then there is a unique rational function $F(z)$ of degree $n-k$, such that

$$F(z) = m \frac{P(z)}{P^*(z)} \equiv a_0 + a_1 z + \cdots + a_n z^n \qquad (\text{mod. } z^{n+1}),$$

when and only when $H_{n-k-1}(m^2) \neq 0$, or, what amounts to the same, when the matrix $H_{n-1}(m^2)$ has equal rank $n-k$ with $H_n(m^2)$.

The unicity of the function is easily seen. For if

$$\frac{P}{P^*} \equiv \frac{Q}{Q^*} \qquad (\text{mod. } z^{n+1}),$$

1) *Cf.* this Journal, **1** (1924), 83–93. [This volume, p. 226–234.]

where P and Q do not exceed the n-th degree, then $G=PQ^*$ and $G^*=P^*Q$ agreeing with each other in the coefficients of at least the lower half of the powers of z, are necessarily identical.

The relation

$$m\frac{P(z)}{P^*(z)} = m\frac{u_0+u_1z+\cdots+u_nz^n}{\bar{u}_n+\bar{u}_{n-1}z+\cdots+\bar{u}_0z^n}$$
$$\equiv a_0+a_1z+\cdots+a_nz^n \quad (\text{mod. } z^{n+1}) \tag{1}$$

is equivalent to

$$A(\bar{u}) = m(u), \tag{2}$$

or written in full

$$\left.\begin{aligned} a_0\bar{u}_n &= mu_0, \\ a_0\bar{u}_{n-1}+a_1\bar{u}_n &= mu_1, \\ &\cdots\cdots\cdots \\ a_0\bar{u}_0+a_1\bar{u}_1+\cdots+a_n\bar{u}_n &= mu_n, \end{aligned}\right\} \tag{3}$$

provided that $u_n\neq 0$, (which implies also $u_0\neq 0$).

Now, as has been shown in the former Note, a solution of (2) satisfies the system

$$H(\bar{u}) = m^2(\bar{u}), \tag{4}$$

and conversely, if (u) is a solution of (4), then

$$(u') = \lambda A(\bar{u})+\bar{\lambda}m(u)$$

satisfies (2). Thus we can derive, by suitable choice of the proportionality-factor λ, from a set of linearly independent solutions of (4) a set of as many linearly independent solutions of (2), and moreover make $u'_n\neq 0$, when $u_n\neq 0$.

If therefore m^2 is a characteristic value of H of multiplicity $k+1$, so that (4) has $k+1$ linearly independent solutions and if $H_{n-k-1}(m^2)\neq 0$, then there must necessarily be a solution of (4), and consequently also of (2), in which $u_n\neq 0$.

Under these conditions there exists therefore a rational function $F(z)$ satisfying (1), which, reduced to the lowest terms, may be put in the form

$$F(z) = m\frac{P_0}{P_0^*},$$

P_0 being of degree, say n_0. It then follows from the unicity of $F(z)$, that all the polynomials $P(z)$, which satisfy (1), are given by

$$P = P_0T,$$

where T denotes a polynomial of a degree not exceeding $n-n_0$, such that

$$T^* = T.$$

The number of the linearly independent solutions of (2) is therefore $n-n_0+1$, so that we have

$$n-n_0+1 = k+1,$$

or

$$n_0 = n-k.$$

On the other hand, if for a characteristic value m^2 of multiplicity $k+1$ a function in question exist, of which the simplest form is $m\frac{P_0}{P_0^*}$, then P_0 must be of degree $n-k$:

$$m\frac{P_0}{P_0^*} = m\frac{u_0+u_1z+\cdots+u_{n-k}z^{n-k}}{\bar{u}_{n-k}+\cdots+\bar{u}_0z^{n-k}}$$
$$= a_0+a_1z+\cdots+a_{n-k}z^{n-k}+\cdots$$

Hence the linear system

$$A_{n-k}(\bar{u}) = m(u),$$

and consequently also

$$H_{n-k}(\bar{u}) = m^2(\bar{u})$$

admits of a solution (u), in which $u_{n-k}\neq 0$, and this requires that $H_{n-k-1}(m^2)\neq 0$.

This condition: $H_{n-k-1}(m^2)\neq 0$ implies that $H_{n-1}(m^2)$ is of rank $n-k$; and conversely, if $H_{n-1}(m^2)$ is of rank $n-k$, then the system $H(\bar{u})=m^2(\bar{u})$ necessarily has a solution, in which $u_n\neq 0$, so that $H_{n-k-1}(m^2)\neq 0$, as shown before.

2. In the *irregular case*, where no function satisfying (1) exists, we have $u_0=u_n=0$ for any solution of (2). It is easy to see that (4) then admits of no solution, in which u_0 or u_n does not vanish. To the non-vanishing principal sub-determinant of order $n-k$ in $H(m^2)$ must therefore necessarily appertain the first and the last lines of $H(m^2)$. But the peculiarity of the matrix $H_n(m^2)$ in the irregular case can be traced further. If for every solution of (2)

$$u_n = u_{n-1} = \cdots = u_{n-r+1} = 0,$$

while there is a solution, in which

$$u_{n-r} \neq 0,$$

then (2) means that

$$m\frac{Q(z)}{Q^*(z)} = m\frac{u_r+\cdots+u_{n-r}z^{n-2r}}{\bar{u}_{n-r}+\cdots+\bar{u}_rz^{n-2r}}$$
$$= a_0+a_1z+\cdots+a_{n-r}z^{n-r}+\cdots,$$

that is to say, $H_{n-r}(m^2)$ is *regular*. But, since (2) has $k+1$ linearly independent solutions, we have as many linearly independent polynomials Q, so that $H_{n-r}(m^2)$ must be of rank $n-2r-k$ at the highest, consequently $H_{n-r+1}(m^2)$ at most of rank $n-2r-k+2$ and so on, until we get for the rank of $H_{n-1}(m^2)$ the upper limit $n-k-2$. On the other hand, m^2 can be at most of multiplicity $k+2$ for the characteristic equation of H_{n-1}[2]. Hence $H_{n-1}(m^2)$ is exactly of rank $n-k-2$, and tracing back step by step, the rank of $H_{n-\nu}(m^2)$ exactly $n-k-2\nu$ for $\nu=1, 2, \cdots, r$.

2) See *loc. cit.* p. 231, 7).

To sum up, if $H_n(m^2)$ is irregular, then in the sequence

$$H_n(m^2),\, H_{n-1}(m^2),\, \cdots$$

the rank, beginning with $n-k$, is successively diminished by 2, till we arrive for a certain value of r $\left(r \leqq \dfrac{n+k}{2}\right)$ at $H_{n-r}(m^2)$ of rank $n-k-2r$, which is regular,

$$H_{n-r}(m^2),\, H_{n-r-1}(m^2),\, \cdots,\, H_{n-k-2r-1}(m^2)$$

being of equal rank, and the last[3)] not vanishing.

As a simple example of the irregular case, we may cite

$$1 + a_\nu z^\nu + \cdots + a_n z^n,$$
$$(a_\nu \neq 0,\ 2\nu > n+1)$$

for the characteristic value $m^2 = 1$. When $n=8$, $\nu=5$,

$$H_8(1) = \begin{array}{c|ccccccccc|c}
 & {\scriptstyle 0} & {\scriptstyle 1} & {\scriptstyle 2} & {\scriptstyle 3} & {\scriptstyle 4} & {\scriptstyle 5} & {\scriptstyle 6} & {\scriptstyle 7} & {\scriptstyle 8} & \\
 & 0 & & & & 0 & a_5 & \cdot & \cdot & a_8 & {\scriptstyle 0} \\
 & & & & & & & a_5 & \cdot & \cdot & {\scriptstyle 1} \\
 & & & & & & & & a_5 & \cdot & {\scriptstyle 2} \\
 & & & & & & & & & a_5 & {\scriptstyle 3} \\
 & 0 & & & & 0 & & & & 0 & {\scriptstyle 4} \\
 & \bar{a}_5 & & & & & |a_5|^2 & \cdot & \cdot & \cdot & {\scriptstyle 5} \\
 & \cdot & \bar{a}_5 & & & & \cdot & \cdot & \cdot & \cdot & {\scriptstyle 6} \\
 & \cdot & \cdot & \bar{a}_5 & & & \cdot & \cdot & \cdot & \cdot & {\scriptstyle 7} \\
 & \bar{a}_8 & \cdot & \cdot & \bar{a}_5 & 0 & \cdot & \cdot & \cdot & * & {\scriptstyle 8}
\end{array} \quad * \ |a_5|^2 + \cdots + |a_8|^2$$

$H_8(1),\, H_7(1),\, H_6(1),\, H_5(1),\, H_4(1),\, \cdots,\, H_0(1)$ being of
rank 8, 6, 4, 2, 0, ..., 0, respectively.

3. It is interesting to observe that *no irregular case can take place, when m^2 is the greatest or the smallest characteristic value of H*, the Hermitian form of matrix $H(m^2)$ being then semi-definite. In fact, as has been remarked before, to the non-vanishing principal subdeterminant D of order $n-k$ in $H(m^2)$ must appertain the last row and column of $H(m^2)$; but $H_{n-1}(m^2)$ being of rank $n-k-2$, we get, on erasing from D the last row and column, a vanishing principal minor of $D \neq 0$, a circumstance impossible in a semi-definite Hermitian form.

4. The analytic Theorems III. and IV. in my former Note, which were founded on the existence of the rational function satisfying (1), hold good in the the irregular case, as may be justified by consideration of continuity; an interesting question, which is here left open, is, whether the extreme value there referred to is ever attained by any analytic function.

3) When $n-k-2r=0$, this becomes a determinant of order 0, which is to be understood as having the value 1 and of rank 0.

22. On the mutual reduction of algebraic equations

[Proceedings of the Imperial Academy of Japan, vol 2. 1926, pp 41–42]
(Rec.: December 12, 1925. Comm.: January 12, 1926)

Two algebraic equations $F(x)=\prod^{\mu}(x-\alpha_\mu)=0$ and $G(y)=\prod^{\nu}(y-\beta_\nu)=0$ of degrees m and n respectively, irreducible in the rationality-domain R, being given, let a polynomial $\varphi(x, y)$ with rational coefficients be so chosen, that the mn values $\gamma_{\mu\nu}=\varphi(\alpha_\mu, \beta_\nu)$ are different from each other. These values are the roots of an equation $H(z)=0$ of degree mn in R and $R(\gamma_{\mu\nu})=R(\alpha_\mu, \beta_\nu)$.

Then we have the following very simple and interesting theorem, which seems to have remained unnoticed.

If $H(z)$ breaks up in e factors $h_i(z)$, irreducible in R, and of degree $l_i(i=1, 2, \cdots, e)$, and if $f_i(x, \beta)$ is the greatest common divisor of $F(x)$ and $h_i[x, \beta]$, and $g_i(y, \alpha)$ of $G(y)$ and $h_i[\alpha, y]$, then

$$F(x) = f_1(x, \beta)f_2(x, \beta)\cdots f_e(x, \beta),$$
$$G(y) = g_1(y, \alpha)g_2(y, \alpha)\cdots g_e(y, \alpha)$$

give the decomposition into irreducible factors of $F(x)$ and $G(y)$ in $R(\beta)$ and $R(\alpha)$ respectively.—$h_i[x, y]$ stands for $h_i\{\varphi(x, y)\}$, α or β for any root of $F(x)=0$ or of $G(y)=0$. If $f_i(x, \beta)$ and $g_i(y, \alpha)$ are of degrees m_i and n_i respectively, then it is known that

$$l_i = m_i n = m n_i, \qquad \frac{m}{n} = \frac{m_i}{n_i} \qquad (i=1, 2, \cdots, e).$$

Proof is almost redundant. $\gamma_{\mu\nu}=\varphi(\alpha_\mu, \beta_\nu)$ denoting a root of $h_i(z)=0$, $h_i[x, \beta_\nu]$ has with $F(x)$ the greatest common divisor of a degree, say $m'>0$, which, on account of the irreducibility of $G(y)=0$ in R, must be independent of ν, so that the greatest common divisor is $f_i(x, \beta_\nu)$ and $m'=m_i$. The total number of the common roots of $F(x)=0$ and $h_i[x, \beta_\nu]=0$, $\nu=1, 2, \cdots, n$, being l_i, we have $l_i=m_i n$. If now $h_i[\alpha, \beta]=0$ and $\gamma=\varphi(\alpha, \beta)$, so that $R(\gamma)=R(\alpha, \beta)$, then it follows from $l_i=m_i n$, that γ, as well as α, must satisfy an equation of degree m_i, which is irreducible in $R(\beta)$, so that $f_i(x, \beta)=0$, being just of degree m_i, is necessarily irreducible in $R(\beta)$; similarly for $g(y, \alpha)$, q. e. d.

The relations $h_i[\alpha_\mu, \beta_\nu]=0$, $f_i(\alpha_\mu, \beta_\nu)=0$ and $g_i(\beta_\nu, \alpha_\mu)=0$ subsisting at the same time, $f_i(x, \beta)$ can also be characterized as the greatest common divisor of $F(x)$ and $g_i(\beta, x)$, as $g_i(y, \alpha)$ of $G(y)$ and $f_i(\alpha, y)$, as has been shown by

A. LOEWY.[1] But considering, as he does, only the mutual reduction of $F(x)$ and $G(y)$, the relation with the defining equation $H(z)=0$ of the corpus $R(\alpha, \beta)$ has been left out of consideration, which gap to fill was the object of the present Note.

1) A. LOEWY, Über die Reduktion algebraischer Gleichungen durch Adjunktion insbesondere reeller Radikale, Math. Zeitschr., **15** (1922), 261-273, s. in particular p. 266.

23. Zur Theorie des Kreiskörpers

[Journal für die reine und angewandte Mathematik, Bd 157. 1927, pp 230–238]

In der vorliegenden Note bedienen wir uns durchgehend der folgenden Bezeichnungen:

l eine ungerade Primzahl,

$\zeta = e^{\frac{2\pi i}{l}}$ die primitive l-te Einheitswurzel,

k der Kreiskörper von ζ,

r eine Primitivzahl nach l, nötigenfalls mit der Zusatzbedingung $r^{l-1} \not\equiv 1 \bmod. l^2$,

s die Substitution $(\zeta | \zeta^r)$ des Körpers k,

$\lambda = 1 - \zeta$ der Primteiler von l in k,

$\left(\frac{\mu}{\nu}\right)$ der l-te Potenzrestcharakter,

$\{\mu, \nu\} = \left(\frac{\mu}{\nu}\right)\left(\frac{\nu}{\mu}\right)^{-1}$ das Normenrestsymbol mod. λ^l.

1. *Das Reziprozitätsgesetz für die l-ten Reste im Körper k*[1] *lautet wie folgt:*

Sind μ, ν prim zu l und zueinander, dann hängt der Wert des Symbols $\{\mu, \nu\}$ nur von den Restklassen mod. λ^l ab, welchen die Zahlen μ und ν angehören, d. h.

$$\{\mu, \nu\} = \{\mu', \nu'\}, \quad \text{wenn} \quad \mu \equiv \mu', \nu \equiv \nu' \quad \text{mod. } \lambda^l.$$

Speziell $\{\mu, \nu\} = 1$, wenn μ oder ν primär, d. h. l-ter Rest mod. λ^l ist.

Für ein gegebenes Basissystem $\kappa_1, \kappa_2, \cdots, \kappa_{l-1}$ für die Restklassen mod. λ^l derart, daß

$$\mu \equiv \mu^l \prod_{i=1}^{l-1} \kappa_i^{u_i}, \qquad \nu \equiv \nu^l \prod_{i=1}^{l-1} \kappa_i^{v_i} \quad \text{mod. } \lambda^l,$$

gilt daher

$$(1) \qquad \{\mu, \nu\} = \zeta^{\Sigma a_{pq} u_p v_q}, \qquad (p, q = 1, 2, \cdots, l-1),$$

wo $\{\kappa_p, \kappa_q\} = \zeta^{a_{pq}}$ gesetzt ist.

Besonders einfach und übersichtlich gestaltet sich diese Formel, wenn die Basis κ_i den folgenden Bedingungen unterworfen wird:

1) Dasselbe hat der Verfasser behandelt in der Note: On the law of reciprocity in the cyclotomic corpus, Proc. Math.-Phys. Soc. Japan, 1922 [Diese Werke Abh. 18]. Da es die Grundlage des folgenden bildet, sei erlaubt, daß ich das Ergebnis in vereinfachter Darstellung hier wiedergebe.

(2) $$\kappa_i \equiv 1-\lambda^i \quad \text{mod. } \lambda^{i+1},$$

(3) $$\kappa_i^{s-r^i} \equiv 1 \quad \text{mod. } \lambda^l.$$

Die Möglichkeit einer solchen Basis liegt auf der Hand; man wähle z. B.

$$\kappa_i \equiv (1-\lambda^i)^{-r^i \frac{s^{l-1}-r^{l-1}}{s-r^i}} \quad \text{mod. } \lambda^l,$$
$$(i=1,2,\cdots, l-1),$$

wo man auch für $i=1$ und $i=l-1$ direkt $\kappa_1=\zeta=1-\lambda$, $\kappa_{l-1}=1+l\equiv 1-\lambda^{l-1}$ mod. λ^l setzen kann; übrigens werden die κ_i mod. λ^l durch die Kongruenzen (2) und (3) eindeutig bestimmt. Ein Vorteil dieser Basis besteht darin, daß vermöge (3)

(4) $$N(\kappa_i) \equiv 1 \quad \text{mod. } l^2,$$
$$(i=1,2,\cdots, l-2)$$

ausfällt, so daß

(5) $$u_{l-1} \equiv \frac{1-N(\mu)}{l} \quad \text{mod. } l.$$

Ferner folgt aus (3) für das Symbol $\{\kappa_i^s, \kappa_j^s\}=\{\kappa_i, \kappa_j\}^r$ die Beziehung

$$\{\kappa_i^s, \kappa_j^s\} = \{\kappa_i^{r^i}, \kappa_j^{r^j}\} = \{\kappa_i, \kappa_j\}^{r^{i+j}};$$

es ergibt sich also

(6) $$\{\kappa_i, \kappa_j\} = 1,$$

wenn $r^{i+j} \not\equiv r$ mod. l, d. h. wenn $i+j \neq l$.

Da, wie sogleich gezeigt wird,

(7) $$\{\kappa_i, \kappa_{l-i}\} = \zeta^{-i},$$

so erhält man

(1*) $$\{\mu, \nu\} = \zeta^{-\sum_{i=1}^{l-1} i u_i v_{l-i}}.$$

Für $i=1$ ergibt sich (7) aus

$$\{\kappa_1, \kappa_{l-1}\} = \left(\frac{\zeta}{1+l}\right) = \zeta^{\frac{(1+l)^{l-1}-1}{l}} = \zeta^{-1}.$$

Um allgemein die Richtigkeit von (7) nachzuweisen, schicken wir einen Hilfssatz voraus:

Hilfssatz. Ist $\mu=1-\lambda_1$, wo λ_1 eine genau durch die erste Potenz von λ teilbare Zahl von k und j eine ganze rationale Zahl mit $l>j>\frac{l}{2}$ ist, dann ist $1-l-\lambda_1^j$ Normenrest des Körpers $K=k(\sqrt[l]{\mu})$ nach dem Modul λ^l; mit anderen Worten:

(8) $$\{1-\lambda_1, 1-l-\lambda_1^j\} = 1.$$

Beweis. Nach Voraussetzung folgt, daß $\Lambda=1-\sqrt[l]{\mu}$ genau durch die erste Potenz des Primteilers $\mathfrak{L}$ von λ in K teilbar ist. Nun ist

$$\mathfrak{N}(1-\Lambda^j) = 1-S_1(\Lambda^j)+S_2(\Lambda^j\Lambda'^j)-\cdots+S_{l-1}(\Lambda^j\cdots\Lambda^{(l-2)j})-\mathfrak{N}(\Lambda)^j,$$

wo $S_1, S_2, \cdots, S_{l-1}$ die elementar-symmetrischen Funktionen von den mit Λ relativ-konjugierten Zahlen und $\mathfrak{N}$ die Relativnorm von K/k bedeuten. Es ist offenbar $S_1=l$. S_2 läßt sich in $\frac{l-1}{2}$ Teilsummen zerlegen, deren jede die Relativspur einer genau durch $\mathfrak{L}^{2j}$ teilbaren Zahl, also einer Zahl der Form λA mit einem durch $\mathfrak{L}$ teilbaren A ist; daraus folgt leicht $S_2 \equiv 0$ mod. λ^l. Gleiches gilt für $S_3, \cdots, S_{l-1}$. Also

$$\mathfrak{N}(1-\Lambda^j) \equiv 1-l-\lambda_1^j \quad \text{mod. } \lambda^l,$$

w. z. b. w.

Setzt man nun in (8)

$$\mu = 1-\lambda_1 = \zeta\kappa_i, \quad \frac{l}{2} > i > 1, \quad j = l-i > \frac{l}{2},$$

so folgt

(9) $$\{\zeta, 1-l-\lambda_1^j\} = \{\kappa_i, 1-l-\lambda_1^j\}^{-1}.$$

Da hierbei

$$\lambda_1 \equiv \lambda+\lambda^i \quad \text{mod. } \lambda^{i+1},$$
$$\lambda_1^j \equiv \lambda^j + j\lambda^{l-1} \equiv \lambda^j - jl \quad \text{mod. } \lambda^l,$$
$$1-l-\lambda_1^j \equiv (1-l-\lambda^j)(1+jl) \quad \text{mod. } \lambda^l,$$

so ist

(10) $$\{\zeta, 1-l-\lambda_1^j\} = \{\zeta, 1+jl\} = \zeta^{-j},$$

wegen $\{\zeta, 1-l-\lambda^j\}=1$, was aus (8) folgt für $\lambda_1=\lambda$.

Andererseits ist

$$1-l-\lambda_1^j \equiv \kappa_j \quad \text{mod. } \lambda^{j+1},$$

so daß nach (6)

$$\{\kappa_i, 1-l-\lambda_1^j\} = \{\kappa_i, \kappa_j\}.$$

Folglich nach (9), (10)

$$\{\kappa_i, \kappa_j\} = \zeta^j = \zeta^{-i}, \quad \text{wenn} \quad i+j=l,$$

womit (7) und (1*) bewiesen sind.

2. Die Exponenten $u_i = u_i(\mu)$ in

(11) $$\mu \equiv \mu^l \kappa_1^{u_1} \kappa_2^{u_2} \cdots \kappa_{l-1}^{u_{l-1}}$$

stehen in einer einfachen Beziehung zu den *Kummer*schen logarithmischen Differentialquotienten. Ist

(12) $$\mu = f(\zeta),$$

wo $f(x)$ ein ganzzahliges Polynom von x bedeutet, und ist

(13) $$\log\frac{f(e^v)}{f(1)} = \sum_{i=1}^{l-2} l_i(\mu)\frac{v^i}{i!} + (v^{l-1}),$$

dann sind die ersten $l-2$ Koeffizienten $l_1(\mu), \cdots, l_{l-2}(\mu)$ mod. l eindeutig bestimmt für eine gegebene Zahl μ von k; sie hängen nicht von der besonderen Wahl des Ausdrucks $f(\zeta)$ in (12) ab. Ferner gilt bekanntlich für $i=1, 2, \cdots, l-2$

$$l_i(\mu) \equiv l_i(\mu') \text{ mod. } l, \quad \text{wenn} \quad \mu \equiv \mu' \text{ mod. } \lambda^{l-1},$$
$$l_i(\mu^s) \equiv r^i l_i(\mu) \text{ mod. } l,$$
$$l_i(\mu\nu) \equiv l_i(\mu) + l_i(\nu) \text{ mod. } l.$$

Für die Basen κ_i erhält man leicht

$$l_i(\kappa_i) \equiv (-1)^{i-1} i! \text{ mod. } l,$$
$$l_i(\kappa_j) \equiv 0, \quad (i \neq j).$$

Demnach wird in (11)

$$u_i(\mu) \equiv (-1)^{i-1} \frac{l_i(\mu)}{i!} \text{ mod. } l, \tag{14}$$
$$(i=1, 2, \cdots, l-2).$$

Der letzte Exponent u_{l-1} ist in (5) angegeben worden.

Der Koeffizient $l_{l-1}(\mu)$ von $\frac{v^{l-1}}{(l-1)!}$ in (13) ist nicht mehr unabhängig von der Wahl von $f(x)$. Es ergibt sich, wie wir noch vorübergehend anmerken wollen, die Beziehung[1]:

$$l_{l-1}(\mu) \equiv \frac{1-N(\mu)}{l} - \frac{1-f(1)^{l-1}}{l} \text{ mod. } l.$$

3. Das *Kummer*sche Kriterium für die l-ten Idealpotenzen läßt sich sehr einfach aus dem Reziprozitätsgesetz ableiten. Ist $\mathfrak{j}$ ein beliebiges Ideal von k, so gilt bekanntlich die Äquivalenz

$$\mathfrak{j}^{Q(s)} \sim 1,$$

wo der Exponent der symbolischen Potenz

$$Q(s) = q_0 s^{l-2} + q_1 s^{l-3} + \cdots + q_{l-3} s + q_{l-2}$$

die bekannte Bedeutung hat[2]. Wenn daher $(\omega) = \mathfrak{j}^l$ eine l-te Idealpotenz in einem irregulären Kreiskörper k ist, so wird

$$\omega^{Q(s)} = \varepsilon \alpha^l,$$

wo ε eine Einheit von k bedeutet. Setzt man nun

$$\omega \equiv \omega^l \prod_{i=1}^{l-1} \kappa_i^{a_i}, \qquad \varepsilon \equiv \varepsilon^l \prod_{i=1}^{l-1} \kappa_i^{e_i} \quad \text{mod. } \lambda^l,$$

so daß

$$e_t = 0, \qquad (t=3, 5, \cdots, l-2, l-1)$$

und

$$\omega^{Q(s)} \equiv \omega^{lQ(s)} \prod_{i=1}^{l-1} \kappa_i^{a_i Q(r^i)} \quad \text{mod. } \lambda^l,$$

so erhält man

---

1) Vgl. *Hilbert*, Zahlbericht, § 131. Trägt man in (1*) die Werte (14) ein, so erhält man die Formel (82) bei *Hilbert*, a.a.O.

2) Vgl. *Hilbert*, a.a.O., § 109.

$$\left.\begin{aligned} a_1 Q(r) &\equiv e_1 \\ a_t Q(r^t) &\equiv e_t, \qquad (t=2,4,\cdots,l-3) \\ a_t Q(r^t) &\equiv 0, \qquad (t=3,5,\cdots,l-2) \\ a_{l-1} Q(1) &\equiv 0 \end{aligned}\right\} \text{mod. } l.$$

Anderseits ist bekanntlich

$$\left.\begin{aligned} Q(r) &= \frac{r^{l-1}-1}{l} \\ Q(r^t) &\equiv 0, \qquad (t=2,4,\cdots,l-3) \\ Q(r^t) &\equiv c_t B_{\frac{l-t}{2}}, \qquad (t=3,5,\cdots,l-2) \\ Q(1) &\equiv \frac{(r-1)(l-1)}{2} \end{aligned}\right\} \text{mod. } l,$$

wobei B_i die *Bernoulli*schen Zahlen und c_t nicht durch l teilbare rationale Zahlen bedeuten. Folglich ist

$$(15) \qquad \left.\begin{aligned} B_{\frac{l-t}{2}} a_t &\equiv 0, \qquad (t=3,5,\cdots,l-2) \\ a_{l-1} &\equiv 0 \end{aligned}\right\} \text{mod. } l.$$

Ersetzt man hierin die Exponenten a_t durch die entsprechenden logarithmischen Differentialquotienten nach (14), so erhält man das in Beziehung zum *Fermat*schen Problem oft zitierte *Kummer*sche Kriterium.

Merkwürdig ist es nun, daß dasselbe Kriterium in einer verallgemeinerten Form auf eine ganz andere Weise hergeleitet werden kann. Sind nämlich μ, ν l-te Idealpotenzen oder Einheiten in k, so hat man

$$(16) \qquad \{\mu^{s^n}, \nu\} = 1, \qquad (n=0,1,2,\cdots,l-2).$$

Setzt man also

$$\mu \equiv \mu'^l \prod_{i=1}^{l-1} \kappa_i^{u_i}, \qquad \nu \equiv \nu'^l \prod_{i=1}^{l-1} \kappa_i^{v_i} \quad \text{mod. } \lambda^l,$$

so daß

$$\mu^{s^n} \equiv \mu'^{ls^n} \prod_{i=1}^{l-1} \kappa_i^{u_i r^{in}} \quad \text{mod. } \lambda^l,$$

dann folgt aus (16), (1*)

$$\sum_{i=1}^{l-1} i r^{in} u_i v_{l-i} \equiv 0 \quad \text{mod. } l, \qquad (n=0,1,2,\cdots,l-2).$$

Da aber die Determinante

$$|r^n, r^{2n}, \cdots, r^{in}, \cdots, r^{(l-1)n}| \not\equiv 0 \quad \text{mod. } l,$$

so ergibt sich die bemerkenswerte Beziehung

$$(17) \qquad u_i v_{l-i} \equiv 0 \quad \text{mod. } l, \qquad (i=1,2,\cdots,l-1).$$

Setzt man noch in (16) $\nu=\mu$, $n=1$ so folgt[1])

$$(18) \qquad u_i u_{l-i} \equiv 0 \quad \text{mod. } l, \qquad (i=1,2,\cdots,l-1).$$

1) Herr *Mirimanoff* gewinnt für die l-te Idealpotenz der speziellen Form $x+\xi y$ eine Beziehung, die sich inhaltlich mit (18) deckt, vgl. dieses Journal **128**, S. 67, Formel (43).

Speziell wird das *Kummer*sche Kriterium gewonnen, wenn man setzt

$$\nu = \frac{1-\zeta^r}{1-\zeta},$$

wobei

$$\left.\begin{array}{lll} v_1 \equiv \dfrac{r-1}{2}, & v_t \equiv 0, & (t=3,5,\cdots,l-2) \\ v_{l-1} \equiv 0, & v_t \equiv (-1)^{\frac{t}{2}-1}\dfrac{1-r^t}{t\cdot t!}B_{\frac{t}{2}}, & (t=2,4,\cdots,l-3) \end{array}\right\} \text{mod. } l,$$

was nach (17) ergibt

$$\left.\begin{array}{ll} B_{\frac{l-t}{2}}u_t \equiv 0, & (t=3,5,\cdots,l-2) \\ u_{l-1} \equiv 0 & \end{array}\right\} \text{mod. } l,$$

genau wie in (15).

4. Wenn der Kreiskörper k irregulär, d.h. wenn die Klassenzahl durch l teilbar ist, so herrscht zwischen den Einheiten und den l-ten Idealpotenzen von k eine einfache Beziehung, die wohl ein gewisses Interesse verdient.

Zunächst seien die folgenden leicht zu beweisenden Sätze angeführt:

(1) Ist μ eine Zahl von k, e der kleinste positive Exponent, von der Art, daß μ^{s^e-a} bei geeignetem a die l-te Potenz einer Zahl von k wird, (so daß notwendig e in $l-1$ aufgeht), dann ist der Körper $K=k(\sqrt[l]{\mu})$ relativ normal in bezug auf den Unterkörper e-ten Grades von k; dann und nur dann ist er relativ *Abel*sch in bezug auf diesen Unterkörper, wenn $a\equiv r^e$ mod. l ausfällt.

(2) Ist $K=k(\sqrt[l]{\mu})$ nicht absolut normal, und ist $f(s)$ das ganzzahlige Polynom niedrigsten Grades in s von der Art, daß $\mu^{f(s)}$ die l-te Potenz einer Zahl von k wird, dann ist die Anzahl der von einander verschiedenen mit K konjugierten Körper gleich dem Grade n von $f(s)$. Der aus diesen zusammengesetzte Körper l^n-ten Grades über k läßt sich aus n absolut normalen Körpern zusammensetzen.

In der Tat ist nach Voraussetzung $f(s)$ notwendig Teiler von $s^{l-1}-1$ mod. l, also von der Form $f(s)\equiv\prod_{i=1}^{n}(s-a_i)$ mod. l, wo die a_i mod. l inkongruent sind. Setzt man dann $f_i(s)\equiv\dfrac{f(s)}{s-a_i}$ mod. l, $\mu_i=\mu^{f_i(s)}$, dann sind die in Frage stehenden Normalkörper durch $k(\sqrt[l]{\mu_i})$ gegeben.

Dies vorausgeschickt, betrachten wir zunächst den Fall, wo die Klassenzahl des reellen Unterkörpers k_0 vom $\dfrac{l-1}{2}$-ten Grade von k nicht durch l teilbar ist, und wo sich die Sache übersichtlicher verhält. Ist ω eine l-te Idealpotenz, dann folgt nach der Voraussetzung, daß $\omega\bar{\omega}=\varepsilon\alpha^l$, wo $\bar{\omega}$ die zu ω konjugiert-komplexe Zahl, ε eine reelle Einheit und α eine Zahl von k_0 bedeutet. Indem wir ω mit einer geeigneten Einheit multiplizieren (z. B. mit $\varepsilon^{-\frac{l+1}{2}}$) und α geeignet wählen (dann $\frac{\alpha}{\varepsilon}$ für α), können wir annehmen:

$$\omega\overline{\omega} = \alpha^l.$$

Da dann nach Satz (1) $k(\sqrt[l]{\omega})$ relativ *Abel*sch in bezug auf k_0 ist, so folgt, daß ω nicht primär sein kann, weil sonst ein relativ-zyklischer unverzweigter Oberkörper l-ten Grades zu k_0 existierte, was durch die Voraussetzung ausgeschlossen ist. Unter der gegenwärtigen Voraussetzung folgt also, weil mit ω auch $\overline{\omega}$ und somit das obige ε primär ist, $\omega\varepsilon^{-\frac{l+1}{2}} = \gamma^l$ mit γ aus k für jedes singulär-primäre ω; es sind demnach *alle singulär-primären Zahlen durch reelle Einheiten gegeben* (also sogar hyperprimär). Ist t der Rang der Klassengruppe, $l^* = \frac{l-3}{2}$ die Anzahl der Grundeinheiten von k, so folgt daraus $t \leqq l^*$.

Die Einheiten ε und die l-ten Idealpotenzen ω von k bezeichnen wir durchgehend mit η, so daß es insgesamt (die Einheitswurzel ζ mitgerechnet) $\frac{l-1}{2}$ unabhängige, nicht-primäre η gibt, wovon t die l-ten Idealpotenzen ω sind. Diese Zahlen η können wir ohne Schaden der Allgemeinheit $\equiv 1$ mod. λ annehmen. Ist dabei $\eta - 1$ genau durch λ^a teilbar, dann heiße η für den Augenblick vom Index a und sei mit $\eta^{(a)}$ bezeichnet. Einfachheitshalber wollen wir überdies $\eta^{(a)}$ gemäß Satz (2) so normiert annehmen, daß $(\eta^{(a)})^{s-n}$ die l-te Potenz einer Zahl von k wird, wo notwendig $n \equiv r^a$ mod. l. Die $\frac{l-1}{2}$ unabhängigen nicht-primären η müssen dann lauter voneinander verschiedene Indizes haben; für zwei Zahlen η, η' mit gleichem Index gibt es ja einen Exponent e derart, daß $\eta'\eta^e$ von einem höheren Index ist. Für ein $\omega^{(a)}$ und ein $\varepsilon^{(b)}$ gilt nun

$$\{\omega^{(a)}, \varepsilon^{(b)}\} = 1,$$

so daß nach § 1 $a + b \not\equiv 0$ (mod. l). Wenn es also ein $\omega^{(a)}$ gibt, dann fehlt $\varepsilon^{(l-a)}$ mit dem komplementären Index $l-a$, und umgekehrt wenn es ein $\varepsilon^{(b)}$ gibt, so fehlt $\omega^{(l-b)}$. Die t ungeraden Indizes a von $\omega^{(a)}$[1] und die $\frac{l-3}{2} - t$ geraden Indizes b von reellen $\varepsilon^{(b)}$ sind so mit einander verbunden, daß niemals $a + b = l$ ausfällt; (gegenüber der Einheit ζ mit dem Index 1 fehlt die Idealpotenz $\omega^{(l-1)}$ mit dem Index $l-1$, vgl. (15): $a_{l-1} = 0$).

Diese merkwürdige Tatsache läßt sich durch die Theorie des allgemeinen Klassenkörpers in einer sehr durchsichtigen Weise erklären. In der Tat, wenn es ein $\varepsilon^{(b)}$ gibt, so heißt dies, daß der Rang der Klassengruppe von k nach dem Modul λ^{b+1} derselbe bleibt wie nach λ^b, oder was dasselbe besagt, es kann λ^{b+1}

1) Wir nehmen $\omega^{(a)}$ so normiert an, daß $\omega^{(a)}\overline{\omega}^{(a)} = \alpha^l$ ist (vgl. S. 252 oben), woraus leicht folgt, daß a ungerade sein muß.

nicht Führer eines Klassenkörpers zu einer Idealgruppe von k sein. Daher kann es in k keine Zahl η mit dem Index $l-b$ geben; denn für den Körper $k(\sqrt[l]{\eta^{(l-b)}})$ ist der Führer gleich λ^{b+1}. Wenn dagegen ein $\varepsilon^{(b)}$ fehlt, so erfährt der Rang der Klassengruppe ein Zuwachs um 1, wenn der Modul von λ^b zu λ^{b+1} übergeht, was notwendig die Existenz eines $\eta^{(l-b)}$ mit dem komplementären Index $l-b$ nach sich zieht.

Bemerkung. Kummer hat in seiner Abhandlung von 1857[1)] beim zweiten Fall des *Fermat*schen Satzes neben der Voraussetzung, daß die Klassenzahl von k nur durch die erste Potenz von l teilbar sei, noch eine zweite eingeführt, die in unserer Schreibweise so lautet: die Einheiten, deren Indizes größer als $2l-1$ sind, sollen l-te Potenzen sein, eine Voraussetzung, die, man könnte sagen, ausdrücklich dazu gemacht ist, um ihm bei dem springenden Punkt seines Beweises zu Hilfe zu kommen. Fehlte eine Einheit vom Index $l-1+b$ $(b<l-1)$, dann müßte wie oben, dem Modul λ^{l+b} zugehörend, ein relativ-zyklischer Klassenkörper vom l^2-ten Grade über k existieren, welcher einen aus $\sqrt[l]{\omega^{(l-b)}}$ entspringenden Klassenkörper l-ten Grades als Unterkörper enthält. Man kann sich die Frage stellen, ob nicht diese Eventualität die Existenz einer Klasse l^2-ten Grades in k bedingt. Wäre diese Frage zu bejahen, so könnte man die *Kummer*sche Zusatzbedingung einfach hinfallen lassen; hierüber zu entscheiden bin ich gegenwärtig nicht imstande.

5. Ähnliche aber kompliziertere Beziehungen bestehen zwischen den Zahlen η, falls die Klassenzahl von k_0 durch l teilbar ist. Seien t und t_0 der Rang der Klassengruppe bzw. von k und k_0. Ferner seien $\Omega_1, \cdots, \Omega_{t_0}$ die unabhängigen l-ten Idealpotenzen von k_0; diese bleiben offenbar auch in k unabhängig. Die übrigen $t-t_0$ unabhängigen Idealpotenzen von k teilen wir in zwei Sorten von je t_1 und t'_0 ein, je nachdem sie so normiert werden können, daß $\omega\bar{\omega}=\alpha^l$ wird oder nicht. Sei nun C eine Klasse von der Ordnung l^c in k_0; wie aus der Theorie der allgemeinen Klassenkörper folgt, zerspaltet sich dieselbe in zwei Unterklassen mod. $\Lambda=\lambda\bar{\lambda}$, wovon eine der dem relativ-quadratischen Körper k/k_0 zugeordneten Idealgruppe angehört. Demnach gibt es in C stets Primideale $\mathfrak{P}$, die in k/k_0 in zwei verschiedene Primfaktoren zerfallen: $\mathfrak{P}=\mathfrak{p}\bar{\mathfrak{p}}$. Da die Äquivalenz $\mathfrak{p}^h\sim 1$ in k die andere $\mathfrak{P}^h\sim 1$ in k_0 nach sich zieht, so folgt, daß, wenn die aus $\mathfrak{P}$ und $\mathfrak{p}$ entspringenden l-ten Idealpotenzen bzw. mit Ω und ω bezeichnet werden, nach geeigneter Normierung

$$\omega\bar{\omega}=\Omega \quad \text{oder} \quad \omega\bar{\omega}=\alpha^l(=\Omega^{lc'}),$$

letzteres wenn die Klasse von $\mathfrak{P}$ in k_0 von einer niedrigeren Ordnung ist als die Klasse von $\mathfrak{p}$ in k. Dieser zweite Fall tritt natürlich auch dann ein, wenn ein Primideal $\mathfrak{P}$ in k_0, welches einer Klasse mit einer zu l primen Ordnung angehört,

1) Einige Sätze über die aus den Wurzeln der Gleichung $\alpha^\lambda=1$ gebildeten komplexen Zahlen···, Abh. der K. Akademie d. Wissensch. Berlin 1857.

in k/k_0 in zwei verschiedene Primfaktoren zerfällt. Hieraus folgt, wie man sich leicht überzeugt, daß die t unabhängigen l-ten Idealpotenzen durch

$$\omega_i', \quad i=1,2,\cdots,t_0': \omega'\overline{\omega}' \neq \alpha^l,$$
$$\Omega_i, \quad i=1,2,\cdots,t_0: \quad \Omega=\overline{\Omega},$$
$$\omega_i, \quad i=1,2,\cdots,t_1: \quad \omega\overline{\omega}=\alpha^l$$

gegeben werden, wo

$$t = t_1+t_0+t_0', \tag{19}$$
$$t_1 \geqq t_0', \qquad t_0 \geqq t_0'.$$

Die t_0 unabhängigen Klassenkörper l-ten Grades über k_0 entspringen aus den l-ten Wurzeln der primären unter den Zahlen ω_i (Satz (1)), deren Anzahl mit t_1^+ bezeichnet werde, so daß

$$t_0 = t_1^+. \tag{20}$$

Ferner ist der Rang der Klassengruppe mod. λ^{l+1} in k_0 gleich $t_0^+ + r^+ + 1$[1]. Die zugehörigen Klassenkörper entspringen aber aus $\sqrt[l]{\zeta}$ und den l-ten Wurzeln der t_1 Zahlen ω_1, so daß

$$t_0^+ + r^+ + 1 = t_1 + 1. \tag{21}$$

Ebenso gilt für die Gesamtzahl der unabhängigen Klassenkörper l-ten Grades über k

$$t = t_1+t_0+t_0' = t_1^+ + t_0^+ + t_0'^+ + r^+,$$

woraus, indem man (20) und (21) berücksichtigt,

$$t_0' = t_0'^+,$$

d. h. *die t_0' Zahlen ω' sind sämtlich primär.*

Das Ergebnis ist im folgenden Schema zusammengefaßt:

l-te Idealpotenzen und Einheiten	Gesamtanzahl	Nicht-primär	Primär
ω' $(\omega'\overline{\omega}' \neq \alpha^l)$	t_0'	0	t_0'
Ω $(\Omega=\overline{\Omega})$	t_0	$t_0-t_0^+$	t_0^+
ω $(\omega\overline{\omega}=\alpha^l)$	t_1	t_1-t_0	t_0
ζ $(\zeta^l=1)$	1	1	0
ε $(\varepsilon=\bar{\varepsilon})$	r	r^-	$t_1-t_0^+$
Total	$t+r+1$	$r+1$	t

Da t_1-t_0 die Anzahl der nicht primären unter den Zahlen ω_i angibt, so ist

$$t_1 \geqq t_0,$$

folglich

$$t_1 \geqq t_0 \geqq t_0'.$$

Zwischen den Rangzahlen t und t_0 der Klassengruppe von k und k_0 besteht daher

1) Mit dem angesetzten $\pm$ wird die Anzahl der primären bezw. der nicht-primären unter den betreffenden Zahlen η angedeutet. Ferner wird, abweichend vom Vorhergehenden, mit r die Anzahl der Grundeinheiten von k bezeichnet.

nach (19) jedenfalls die Beziehung

$$t \geqq 2t_0.$$

Schließlich sei noch bemerkt, daß betreffend die Indizes der Zahlen ω_ι einerseits, Ω und ε andererseits ähnliche Beziehungen gelten, wie im vorhin behandelten Falle $t_0=0$.

Tokio, September 1926.

24. On the theory of indeterminate equations of the second degree in two variables

(An ideal-theoretic exposition)

[Bulletin of the Calcutta Mathematical Society, Commemoration Volume, vol 20. 1928, pp 59–66]
(Read, August 19, 1928)

The indeterminate equation of the second degree with two unknowns, which has been studied with remarkable success by the mathematicians of ancient India and which still occupies a prominent place in the elementary theory of numbers, has nevertheless received little attention from the writers of the modern treatises of the subject, most of them satisfying themselves with a very summary reference of the problem to the classical method of Gauss. In the following lines we give a synoptic treatment of the problem from the ideal-theoretic point of view.[1]

We denote by *italics* rational integers, by Greek letters numbers, mostly integers, belonging to a quadratic corpus $K=K(\sqrt{d})$, where d is the discriminant of the corpus K, so that $d\equiv 0$ or 1 (mod. 4), being at the same time free from redundant square factors. In the equation

$$ax^2+bxy+cy^2 = k \qquad \cdots (1)$$

we suppose a, b, c freed from common divisors, $a>0$, and the discriminant

$$D = b^2-4ac = Q^2d$$

not a perfect square. Then if we put

$$\theta = \frac{b+\sqrt{d}}{2},$$

(1) is equivalent to

$$N(ax+\theta y) = ak, \qquad \cdots (1^*)$$

N denoting the norm taken in K, *i. e.*, $N\xi=\xi\xi'$, where ξ, ξ' are the conjugates in K.

1) For the elements of the theory of the quadratic corpus, as are here referred to, the following works may be consulted:

Reid, *The Elements of the Theory of Algebraic Numbers.*
Sommer, *Einführung in die Theorie der algebraischen Zahlen.*
Bachmann, *Grundlehren der neueren Zahlentheorie.*
Hecke, *Theorie der algebraischen Zahlen.*
Landau, *Vorlesungen über Zahlentheorie*, 3.

Denote by $\boldsymbol{a}$ the ideal

$$\boldsymbol{a} = (a, \theta),$$

then

$$\mathrm{N}\,\boldsymbol{a} = (a, \theta)(a, \theta') = (a^2, a\theta, a\theta', \theta\theta') = a(a, b, c) = a.$$

If (1*) admits of a solution

$$\alpha = ax + \theta y,$$

then, α being divisible by $\boldsymbol{a}$, we may put

$$\alpha = \boldsymbol{ak}.$$

Then

$$\mathrm{N}\,\boldsymbol{ak} = |\mathrm{N}\alpha| = a|k|,$$

so that

$$\mathrm{N}\,\boldsymbol{k} = |k|.$$

Conversely, if $|k|$ is the norm of an ideal $\boldsymbol{k}$ of K, such that

$$\boldsymbol{ak} = (\alpha)$$

is a principal ideal generated by a number α, whose norm has the same sign as k, then if

(Case I) $$D = d,$$

all the solutions of (1*) will be given by

$$ax + \theta y = \alpha\epsilon, \qquad \mathrm{N}\epsilon = 1,$$

where ϵ is a unity of K, since in this case $[a, \theta]$ being a canonical basis of $\boldsymbol{a}$, any number $\alpha\epsilon$, which is divisible by $\boldsymbol{a}$ is necessarily of the form $ax + \theta y$.

Thus the solution of (1*) is reduced to the following problems:

(I) Given a positive rational integer k, to find all the ideals $\boldsymbol{k}$ of K, such that

$$\mathrm{N}\,\boldsymbol{k} = k,$$

(II) Given an ideal $\boldsymbol{j}(=\boldsymbol{ak})$ of K, to determine if $\boldsymbol{j}$ is a principal ideal (α) and to find a value of α.

(III) To find the fundamental unity of the real quadratic corpus $\mathrm{K}(\sqrt{d})$.

Again if

(Case II) $$D \neq d, \quad i.e., \quad Q > 1,$$

then (a, θ) is not a basis of $\boldsymbol{a}$, consequently the numbers $\alpha\epsilon$ are not necessarily of the required form $ax + \theta y$. But if $D < 0$, then, since to each $\boldsymbol{k}$ can correspond only a pair $\pm\alpha$, we have no difficulty in seeing if they are or not of the form $ax + \theta y$.

If, however, $D > 0$, then with α correspond the whole system of the associates $\alpha\epsilon$ to an ideal $\boldsymbol{k}$, so that we are confronted with the problem:

(IV) Given a number α, such that $\mathrm{N}\alpha = ak$, to pick out from the system of the associates $\alpha\epsilon$ those of the form $ax + \theta y$.

Problem I. If, in canonical representation

$$\boldsymbol{k} = s\left[k_0, \frac{r+\sqrt{d}}{2}\right],$$

then

$$\mathrm{N}\left(\frac{r+\sqrt{d}}{2}\right) \equiv 0 \pmod{k_0}$$

and

$$\mathrm{N}\,\boldsymbol{k} = s^2 k_0.$$

Hence the problem will be completely solved, if we find all the solutions of the congruence

$$r^2 \equiv d \pmod{4k_0}$$

which are incongruent mod. $2k_0$.

If we distinguish between the three kinds of rational primes with respect to $\mathrm{K}(\sqrt{d})$:

$$p = \boldsymbol{p}\boldsymbol{p}', \quad (\boldsymbol{p} \neq \boldsymbol{p}'), \qquad q = \boldsymbol{q}, \qquad l = \boldsymbol{l}^2$$

and put

$$k = p^a \ldots q^b \ldots l^c \ldots$$
$$\boldsymbol{k} = \boldsymbol{p}^{\alpha} \boldsymbol{p}'^{\alpha'} \ldots \boldsymbol{q}^{\beta} \ldots \boldsymbol{l}^{\gamma} \ldots$$

then

$$\mathrm{N}\,\boldsymbol{k} = k,$$

when

$$\alpha+\alpha' = a, \qquad 2\beta = b, \qquad \gamma = c.$$

In order that the problem may admit of a solution, it is therefore necessary that k contains primes of the second kind in even powers; and if this condition is satisfied, all the solutions are given by $\boldsymbol{k}=s\boldsymbol{k}_0$, where

$$s = p^u \ldots q^b \ldots l^{c_0} \ldots \qquad \boldsymbol{k}_0 = \boldsymbol{p}^{\alpha_0} \ldots \boldsymbol{l}^{\gamma_0}.$$

$$\left(u = 0, 1, \ldots, \left[\frac{a}{2}\right];\ \alpha_0 = a-2u;\ c = 2c_0+\gamma_0, \gamma_0 = 0, 1.\right)$$

each $\boldsymbol{p}$ being also replaced by $\boldsymbol{p}'$. The total number of the solutions amounts to $\prod^{a} 2\left(1+\left[\frac{a}{2}\right]\right)$.

Problem II. We may assume $\boldsymbol{j}$ freed from rational divisors, and given in canonical form:

$$\boldsymbol{j} = \left[a, \frac{b+\sqrt{d}}{2}\right].$$

Let $[1, \omega]$ be a basis of the integers of the corpus K.

Also put

$$\Theta = \frac{b+\sqrt{d}}{2a}, \qquad \omega = \frac{r+\sqrt{d}}{2}. \qquad \cdots (2)$$

Then if

$$j=(\alpha), \qquad \cdots (3)$$

or

$$[a, a\Theta] = [\alpha, \alpha\omega],$$

the two systems of bases are connected by modular substitutions:

$$\begin{aligned} a\Theta &= \alpha(p\omega+p'), \\ a &= \alpha(q\omega+q'), \\ pq'-p'q &= e = \pm 1. \end{aligned} \qquad \cdots (4)$$

Hence

$$\Theta = \frac{p\omega+p'}{q\omega+q'}. \qquad \cdots (5)$$

Conversely, if (5) subsist, we may set (4) and get back to (3).

Now from (4) we get

$$\begin{vmatrix} a\Theta & a\Theta' \\ a & a \end{vmatrix} = \begin{vmatrix} \alpha\omega & \alpha \\ \alpha'\omega' & \alpha' \end{vmatrix} \begin{vmatrix} p & p' \\ q & q' \end{vmatrix}$$

or

$$\mathrm{N}\alpha = ea = \pm a,$$

so that by (4)

$$\alpha = \pm(q\omega'+q'). \qquad \cdots (6)$$

When K is real, it is well known, how to find (5) by means of continued fractions. In this case it is most convenient to take r in (2) so that ω becomes the so-called reduced irrational $(\omega>1, 0>\omega'>-1)$, r is then the greatest integer not exceeding $\sqrt{d}$ and $\equiv d \pmod{2}$. Should (5) subsist, the expansion of Θ into a continued fraction must yield ω as a complete quotient, and when this continued fraction is reduced to the form (5), we get α from the denominator by (6). *The numerator need not be calculated.*

When K is imaginary, it is advisable to take r in (2) so that ω may fall in the usual discontinuity-domain of modular substitutions: $|\omega|\geq 1, \frac{1}{2}>\mathrm{R}(\omega)\geq -\frac{1}{2}$, then (5) can be easily determined by the classical method.

Problem III is very well-known. We beg a little patience of the reader to give a simplified demonstration. Let Θ be a reduced irrational, *e. g.*, $\Theta=\frac{r+\sqrt{d}}{2}$ as above. The continued fraction for Θ is then purely periodic. Taking any number of periods we reduce it to the form

$$\Theta = \frac{p\Theta+p'}{q\Theta+q'} \qquad \cdots (7)$$

where

$$pq'-p'q = \pm 1.$$

We can then put

$$\Theta\epsilon = p\Theta+p',$$
$$\epsilon = q\Theta+q',$$

whence

$$\begin{vmatrix} p-\epsilon & p' \\ q & q'-\epsilon \end{vmatrix} = 0,$$

or

$$\epsilon^2-(p+q')\epsilon\pm 1 = 0.$$

Thus from the denominator of (7) we get a unity

$$\epsilon = q\omega+q' > 1, \qquad \mathrm{N}\epsilon = \pm 1,$$

the numerator not needed.

Conversely, let ϵ be any unity >1. Evidently ϵ is of the form $x\Theta+y$ with rational integral x, y and consequently $\epsilon\Theta$ also. We can therefore put

$$\epsilon\Theta = p\Theta+p', \quad \epsilon = q\Theta+q'; \quad \Theta = \frac{p\Theta+p'}{q\Theta+q'} \qquad \cdots (8)$$

and hence

$$\begin{vmatrix} p-\epsilon & p' \\ q & q'-\epsilon \end{vmatrix} = 0,$$

or

$$\epsilon^2-(p+q')\epsilon+(pq'-p'q) = 0,$$

showing that

$$pq'-p'q = \mathrm{N}\epsilon = \pm 1.$$

Now since by supposition $\epsilon>1>\epsilon'$, we have $q\Theta+q'>q\Theta'+q'$ or $q>0$. Hence from $0>\Theta'>-1$,

$$q' > \epsilon' > -q+q'.$$

Hence, if $\mathrm{N}\epsilon=1$, $1>\epsilon'>0$, we have $q'>0$, $1>-q+q'$ or $q\geq q'$, that is, $q\geq q'>0$. Again if $\mathrm{N}\epsilon=-1$, $0>\epsilon'>-1$, we have $q'\geq 0$, $0>-q+q'$, or $q>q'$, that is, $q>q'\geq 0$. These relations for q, q' imply that (8) surely arises from the continued fraction for Θ. If especially a single period of the expansion be taken, we get the fundamental unity $E=q\Theta+q'=\dfrac{T+U\sqrt{d}}{2}$ corresponding to the smallest positive solution of "Bhâskara's equation" $T^2-dU=\pm 4$.

The unities of the form $\dfrac{t+u\sqrt{D}}{2}$, $D=Q^2d$, can be found in a similar way. Generally speaking, however, it is more convenient for practice to calculate the successive powers of the fundamental unity E found above until we get for the first time a unity $E^h=E(Q)=\dfrac{t+u\sqrt{d}}{2}$, where u is divisible by Q. This takes place for a value of h, which divides $\phi(Q)$, ϕ denoting Euler's function in K. Then $E(Q)=\dfrac{T+U\sqrt{D}}{2}$ is the unity corresponding to the smallest positive solution of $T^2-DU^2=\pm 4$.

Problem IV. We observe first that a number of the form $ax+\theta y$, when multiplied by a unity

$$\eta=\frac{t+u\sqrt{D}}{2}$$

always gives a number of the same form. In fact, since $\theta=\dfrac{b+\sqrt{D}}{2}$, $\eta-u\theta$ is rational and integral, say v, that is

$$\eta=v+u\theta.$$

Hence

$$(ax+\theta y)\eta=ax\eta+\theta^2 yu.$$

The first term on the right is evidently of the required form and the second $\theta^2 yu$ also, since $\theta^2=-b\theta-ac$.

Thus if $E(Q)=E^h$ as above, we have, to solve the problem completely, only to examine the h numbers

$$\alpha, \alpha E, \alpha E^2, \cdots \alpha E^{h-1}$$

and pick out those of the required form $ax+\theta y$. If there are $w(w\geq 0)$ of them then these multiplied by $\pm E(Q)^n$, $n=0, \pm 1, \pm 2, \cdots$ will answer the problem.

Without going into details, let it be noticed that if ak is relatively prime to Q, $w=0$ or 1, while in the contrary case it may happen that $w>1$.

25. Zur Theorie der natürlichen Zahlen

[Proceedings of the Imperial Academy of Japan, vol 7. 1931, pp 29–30]
(Comm.: February 12, 1931)

In seinem kürzlich erschienenen schönen Werkchen: *die Grundlage der Analysis* hat E. Landau auf die unzulängliche Begründung der induktiven Definition der Addition natürlicher Zahlen, wie sie nach Peano geläufig ist, hingewiesen und eine überraschend einfache, Herrn Dr. Kalmar in Szeged zugeschriebene Methode angegeben, um die Mangel gut zu machen. In Anschluss daran lasse ich hier einige Bemerkungen folgen.

Das Peano'sche Axiomensystem lautet bekanntlich wie folgt:

(1) 1 ist eine natürliche Zahl.

(2) Zu jeder natürlichen Zahl x gibt es eine und nur eine „nächst folgende" x'.

(3) Für jedes x ist $1 \neq x'$.

(4) Es ist $x'=y'$ nur dann, wenn $x=y$.

(5) Eine Menge der natürlichen Zahlen, welche 1 enthält und mit jedem x auch x' enthält, enthält überhaupt alle natürlichen Zahlen.

Wir wollen nun in Verallgemeinerung von $x'=F(x)$ alle diejenige „ähnliche Abbildung" $F(x)$ bestimmen, die der Bedingung

$$F(x') = F(x)'$$

genügt. Setzt man zunächst $F(1)=1$ bez. $1'$, so kommt $F(x)=x$ bez. x' als alleinige Lösung heraus, wie nach Axiom 5 ersichtlich. Indem wir $F(x)=x$ ausschliessen, setzen wir, unter a eine beliebig gegebene natürliche Zahl verstehend, $F(1)=a'$, und schreiben anstatt $F(x)$ ausführlicher $F_a(x)$, so dass die Bedingungen nunmehr lauten:

$$F_a(1) = a', \tag{1}$$

$$F_a(x') = (F_a(x))'. \tag{2}$$

(Natürlich ist $F_a(x)$ als die a-te Iteration von $x'=F_1(x)$ d.h. $x+a$ gedacht: $a+x$ bei Landau.)

Es gilt nun *allein auf Grund von den Axiomen* 1–5 nachzuweisen, dass unter den angegebenen Bedingungen $F_a(x)$ überhaupt möglich ist, wovon die Notwendigkeit „von Peano und seinen Nachfolgern übersehen worden ist." [1] Der Beweis geschieht durch Induktion nach a wie bei Landau:

Erstens: für $a=1$ genügt der Ansatz: $F_1(x)=x'$. Denn alsdann $F_1(1)=1'$

1) Landau, a.a.O., X.

und $F_1(x')=(x')'=(F(x))'$.

Zweitens sei angenommen: es existire $F_a(x)$. Dann wird für $p=a'$ die Forderung durch $F_p(x)=F_a(x')$ erfüllt, denn

$$F_p(1) = F_a(1') = (F_a(1))' = (a')' = p',$$
$$F_p(x') = F_a((x')') = (F_a(x'))' = (F_p(x))'.$$

Nach Axiom 5 ist hiermit die Existenz von $F_a(x)$ bewiesen.

Der Beweis für die Eindeutigkeit von $F_a(x)$ gelingt, wie schon bei Peano, leicht durch Induktion nach x. Alsdann folgt, dass *notwendig* (nicht nur hinreihend)

$$F_1(x) = x', \tag{3}$$
$$F_{a'}(x) = F_a(x') \tag{4}$$

sein musste.

Es ist bemerkenswert, dass aus der Eindeutigkeit von $F_a(x)$ das assoziative und das kommutative Gesetz direkt (ohne Induktion) hergeleitet werden kann, was noch kurz angeführt sei.

Setzt man $F_b(F_a(x))=\varphi(x)$, so ist nach (1), (2)

$$\varphi(1) = F_b(F_a(1)) = F_b(a') = (F_b(a))',$$
$$\varphi(x') = F_b(F_a(x')) = F_b(F_a(x)') = (F_b(F_a(x)))' = (\varphi(x))',$$

also $\varphi(x)=F_c(x)$ mit $c=F_b(a)$, d. h. $(x+a)+b=x+(a+b)$.

Setzt man zweitens $F_x(y)=\varphi(x)$, so ist nach (3), (4)

$$\varphi(1) = F_1(y) = y',$$
$$\varphi(x') = F_{x'}(y) = F_x(y') = (F_x(y))' = (\varphi(x))',$$

also $\varphi(x)=F_y(x)$, d. h. $y+x=x+y$.

26. Zur Axiomatik der ganzen und der reellen Zahlen

[Proceedings of the Japan Academy, vol 21. 1945, pp 111–113]
(Comm.: March 12, 1945)

I. Ganze Zahlen.

Das System der ganzen Zahlen laesst sich auf Grund der folgenden Axiome einfuehren. Indem wir uns in dieser summarischen Mitteilung Einfachheitshalber der Sprache der Mengenlehre (Klassen-lehre) bedienen, bezeichnen wir mit N die Menge der ganzen Zahlen.

Axiom 1. N lässt sich eine (nicht identische) ein-eindeutige Abbildung in sich zu: $x \rightleftarrows \varphi(x)$, wobei x sowie $\varphi(x)$ die saemtlichen Elemente von N durchlaufen.

Wir schreiben x^+ bez. x^- für $\varphi(x)$ bez. $\varphi^{-1}(x)$, und wenn $M \subset N$, $M^\pm$ für die Menge $\{x^\pm;\ x \in M\}$, also beispielsweise $N = N^+ = N^-$.

Axiom 2. N ist minimum ihrer Art oder irreduzibel, d. h. wenn $M \subset N$ und $M = M^+$ (folglich auch $M = M^-$), *so fällt M mit N zusammen. (Prinzip der mathematischen Induktion.)*

Zusatz. Für jedes Element von N gilt $a \neq a^+$. Wäre $a = a^+$, so gelte für $M = N - a < N$, $M = M^+$, in Widerpruch mit Axiom 2.

Eine Untermenge M von N, die mit x zugleich auch x^+ (bez. x^-) enthält, heisse eine Progression (bez. Regression).

Satz. 1. Vereinigung und Durchschnitt von Progressionen sind wieder Progressionen; mit M sind $M^\pm$ Progressionen. Ebenso für die Regressionen.

Der Durchschnitt aller Progressionen, bez. Regressionen, die das Element a enthalten, sei mit $K(a)$ bez. $L(a)$ bezeichnet.

Satz. 2. $K(a)^\pm = K(a^\pm)$. $\quad L(a)^\pm = L(a^\pm)$.

$K(a)^+$ ist eine Progression, die a^+ enthält, folglich $\supset K(a^+)$. $K(a^+)^-$ ist eine Progression, die a enthält, folglich $\supset K(a)$. Daher $K(a^+) \supset K(a)^+$. Also $K(a)^+ = K(a^+)$. Ebenso für $K(a^-)$. Dual (φ^{-1} statt (φ)) für $L(a)$.

Satz 3. $\mathrm{K}(a) = \vee(a, K(a^+))$, $L(a) = \vee(a, L(a^-))$.

Die rechte Seite ist eine Progression, die a enthält, folglich $\supset K(a)$. Anderseits ist $K(a) - a$ eine Progression, die a^+ enthält, folglich $\supset K(a^+)$, daher $K(a) \supset \vee(a, K(a^+))$. Also $K(a) = \vee(a, K(a^+))$. Dual für $L(a)$.

Satz 4. $N = \vee(K(a), L(a^-))$.

M sei die rechte Seite. Dann ist $M^+ = \vee(K(a)^+, L(a^-)^+) = \vee(K(a^+), L(a))$

$=\vee(K(a^+), a, L(a^-))=\vee(K(a), L(a^-))=M$. Folglich $M=N$.

Nunmehr sind zwei Fälle zu unterscheiden:

1° (Zyklus) Jede Progression fällt mit N zusammen.

2° (Zweiseitig unendliche Reihe) Es gibt eine Progression, echten Teil von N.

Folgendes ist zu bemerken: Wenn für ein Element a, $N=K(a)$, dann gilt für jedes Element x, $N=K(x)$. Jede Progression deckt N. N ist ein Zyklus.— Denn aus $N=K(x)$ folgt $N=N^{\pm}=K(x)^{\pm}=K(x^{\pm})$. Für die nicht leere Menge $M=\{x;\ K(x)=N\}$ gilt somit $M=M^+$, also $M=N$, vermöge Axioms 2.

Wir beschäftigen uns zunächst mit Fall 2°, in welchem die Sätze 5–9 gelten.

Satz 5. $a^- \notin K(a)$, $a^+ \notin L(a)$.

Aus $a^- \in K(a)$ folgte $a \in K(a)^+$, $K(a)=\vee(a, K(a)^+)=K(a)^+$, $K(a)=N$.

Satz 6. Mit $x \in K(a)$ ist $x^- \in K(a)$, ausser wenn $x=a$. Mit $x \in L(a)$ ist $x^+ \in L(a)$, ausser wenn $x=a$.

Aus $x \in K(a)$ folgt $x^- \in K(a^-)=\vee(a^-, K(a))$, woraus mit $x \neq a$, $x^- \neq a^-$, $x^- \in K(a)$. Dual für $L(a)$.

Satz 7. $K(a)$ und $L(a^-)$ sind komplementär in Bezug auf N.

Denn sei etwa $d \in D=\wedge(K(a), L(a^-))$. Dann wäre $d \neq a$, $d \in K(a)$, daher $d^- \in K(a)$, somit $d^- \in D$. Ebenso $d \neq a^-$, $d \in L(a^-)$, daher $d^+ \in L(a^-)$, $d^+ \in D$. Somit $D^+=D=N$, in Widerspruch mit $a \notin D$.

Satz 8. Wenn $a \neq b$, so ist $K(a)<K(b)$ oder $K(a)>K(b)$, jenachdem a zu K(b) gehört oder nicht.

Aus $a \in K(b)$ folgt $K(a) \subset K(b)$. Wäre nun $K(b)=K(a)=\vee(a, K(a)^+)$, dann wäre, weil $a \neq b$, $b \in K(a)^- < K(a)$, $K(b)<K(a)$, was ausgeschlossen ist. Daher $K(a)<K(b)$. Wenn $a \notin K(b)$, so ist $a \in L(b^-)$, folglich $L(a) \subset L(b^-)$, und indem man zum Komplementäre übergeht, $K(a^+) \supset K(b)$, $K(a)>K(b)$.

Wir setzen $a>b$ bez. $a<b$, jenachdem $K(a)<K(b)$ oder $K(a)>K(b)$.

Satz 9. Aus $a>b$, $b>c$ folgt $a>c$.

Ein beliebiges Element von N setzen wir $=0$, $0^+=1$, $0^-=-1$, u. s. w. Die Elemente von K(1) bez. $L(-1)$ seien die positiven bez. die negativen ganzen Zahlen. Alle $K(a)$ sowie alle $L(a)$ sind isomorph; $K(a)$ und $L(b)$ dual reziprok, $K(1)$ ist mit dem Peano'schen natürlichen Zahlensysteme isomorph; u. s. w., u. s. w.

Die Addition der ganzen Zahlen lässt sich auf Grund von Satz 8 nach Dedekind'schen Diagonalverfahren,[1] oder in direktem Anschluss an die Axiome nach Herrn Kalmars Konstruktion[2] definiren, was wir nicht weiter ausführen wollen.

Es bleibt den anderen Falle, den Zyklus, zu betrachten übrig. Da wir nunmehr die ganzen Zahlen voraussetzen dürfen, verwenden wir dieselben

1) Was sind und was sollen die Zahlen, § 9.

2) Vgl. T. Takagi, Diese Proc., 7, 29 (1931). [Diese Werke Abh. 25, S. 262.]

zum Numeriren der Elemente von N. Wir beginnen mit einem beliebigen Elemente von N, das wir mit 1 bezeichnen und fahren mit den Elementen von $K(1)$ so weiter fort, dass $\varphi(a)$ die Nummer $a+1$ erhält. $N=K(1)$ enthält aber das Element 1^-. Hat es die Nummer n, so sind mit $1, 2, \cdots, n$ alle Elemente von N erschöpft vermöge des Axiomes 2. Es ist N eine endliche Menge. In Bild gesprochen, ist *eine endliche Menge diejenige, deren sämtlichen Elemente in einen Kreis arrangiren lassen.*

II. Reelle Zahlen.

N sei die Menge der reellen Zahlen.

Axiom 1. N ist ein Linearkontinuum, d.h. *N ist geordnet, im Dedekind'schen Sinne stetig, und beiderseits offen.*

Axiom 2. N ist minimum ihrer Art in dem Sinne, dass jedes Linearkontinuum, Untermenge von N, mit N ähnlich in Bezug auf die Ordnung in N ist.

Auf Grund von Axiom 1 nehmen wir in N eine beiderseits unendliche Reihe an, deren Elemente wir ordnungsgemäss mit den ganzen Zahlen bezeichnen. Sodann nehmen wir in jedem Intervall $(n, n+1)$ ein Element, das wir mit $(2n+1)/2$ bezeichnen. Indem wir auf diese Weise unbegrenzt fortfahren, erhalten wir eine in sich dichte Menge M. Jede wachsende Folge in M hat eine obere Grenze in N. Fügt man diese zu M hinzu, so erhalten wir ein Linearkontinuum M in N. Da nach Axiom 2, M mit N ähnlich ist, so können wir die Bezeichnung der Elemente von M auf die entsprechenden von N übertragen und erhalten für die Elemente von N eine Darstellung in der Form der dyadischen (unendlichen) Brüchen. Hiermit wollen wir unseres Axiomensystem gerechtfertigt haben!

27. Note on Eulerean squares

[Proceedings of the Japan Academy, vol 22. 1946, pp 113–116]
(Comm.: May 13, 1946)

1. By an Eulerean square of order n we mean a matrix $\|(a_{ij}, b_{ij})\|$, $i, j = 1, 2, \ldots, n$, formed by n^2 pairs (a_{ij}, b_{ij}) out of n symbols, say, $1, 2, \ldots, n$, so arranged that neither in a row nor in a column of the matrix one and the same symbol occurs more than once as the first term a or as the second term b of the constituent (a, b), so that the matrices $A = \|a_{ij}\|$ and $B = \|b_{ij}\|$ are the so-called Latin squares. Without loss of generality, we may assume an Eulerean square in the *normal* form, one in which the first row is made up of the constituents (i, i) $i = 1, 2, \ldots, n$.

The substitutions A_i, $i = 1, 2, \ldots, n$ of the 1st. by the ith. row of a Latin square form what we call a *Latin system* of substitutions, which is characterized by the occurrence among them of all the n^2 *substitution-elements* $a \to b$, $a, b = 1, 2, \ldots, n$. We have then in connection with an Eulerean square in the normal form E, beside the *anterior* and the *posterior* Latin systems:

$$A_i = \begin{pmatrix} 1, & 2, & \ldots, n \\ a_{i1}, a_{i2}, \ldots, a_{in} \end{pmatrix}, \qquad B_i = \begin{pmatrix} 1, & 2, & \ldots, n \\ b_{i1}, b_{i2}, \ldots, b_{in} \end{pmatrix},$$

the *intermediate* system

$$P_i = \begin{pmatrix} a_{i1}, a_{i2}, \ldots, a_{in} \\ b_{i1}, b_{i2}, \ldots, b_{in} \end{pmatrix}, \qquad i = 1, 2, \ldots, n,$$

which also make up a Latin system. Between the substitutions of the systems A, B and P the relation (i) subsists, whence also, observing that A_i^{-1} form with A_i a Latin system, the relations (ii)–(vi):

$$\begin{array}{lll} \text{(i) } A_iP_i = B_i, & \text{(ii) } B_i^{-1}A_i = P_i^{-1}, & \text{(iii) } A_i^{-1}B_i = P_i, \\ \text{(iv) } B_iP_i^{-1} = A_i, & \text{(v) } P_iB_i^{-1} = A_i^{-1}, & \text{(vi) } P_i^{-1}A_i^{-1} = B_i^{-1}, \end{array} \tag{1}$$

shewing that the distinction between the extreme and the intermediate systems of an Eulerean square is relevant only to the mutual relation, not inherent in the nature of the systems themselves. Beside these, we have a *transverse* system Q consisting of the substitutions

$$Q_j = \begin{pmatrix} a_{1j}, a_{2j}, \ldots, a_{nj} \\ b_{1j}, b_{2j}, \ldots, b_{nj} \end{pmatrix}, \qquad j = 1, 2, \ldots, n,$$

which do not make up a Latin system, but partaking with it of the property of containing among them all the n^2 substitution-elements $a \to b$. P_i and Q_j contain just one substitution-element $a_{ij} \to b_{ij}$ in common, corresponding to the constituent (a_{ij}, b_{ij}) of the Eulerean square.

An Eulerean square may be conveniently represented by a set of n^2 quaternary symbols (i, j, k, l): where the ith. row and jth. column of the matrix meet, stands the constituent (k, l). Any two of these symbols differ in at least three of the corresponding terms. This character of representing an Eulerean square is not affected by a permutation of the four terms of the symbol; thus*

$$\text{(i) } (i, j, a, b) \qquad \text{(ii) } (i, b, j, a), \qquad \text{(iii) } (i, a, j, b),$$
$$\text{(iv) } (i, j, b, a), \qquad \text{(v) } (i, a, b, j), \qquad \text{(vi) } (i, b, a, j)$$

represent respectively the Eulerean squares given in (1).

2. The so-called regular representation of finite groups give a multitude of Latin systems of substitutions

$$P_x = \begin{pmatrix} y \\ yx \end{pmatrix},$$

x being a fixed element and y a variable ranging over all the elements of a group G. Taking this as intermediate system, we try to construct an Eulerean square

$$(x, y, \varphi(x, y), \varphi(x, y)x).$$

For this it is necessary that $\varphi(x, y)$ for a fixed x and $\varphi(x, y)$ as well as $\varphi(x, y)x$ for a fixed y should range over all the elements of G. Writing $\varphi(x)$ for $\varphi(x, y)$, $\varphi(x)x$ must range over all the elements of G. This condition is sufficient, since then

$$(x, y, \varphi(xy), \varphi(xy)x)$$

clearly represents an Eulerean square.

(1°) If $G = G_1 \times G_2$ is a direct product, then from the representations of the Eulerean squares corresponding to G_1 and G_2:

$$(x_1, y_1, \varphi_1(x_1 y_1), \varphi_1(x_1 y_1)x_1), \qquad (x_2, y_2, \varphi_2(x_2 y_2), \varphi_2(x_2 y_2)x_2),$$

we get the Eulerean square for G:

$$(x_1 x_2, y_1 y_2, \varphi_1(x_1 y_1)\varphi_2(x_2 y_2), \varphi_1(x_1 y_1)\varphi_2(x_2 y_2)x_1 x_2).$$

(2°) For a group of odd order G, it suffices to put $\varphi(x) = x^a$, a and $a + 1$ being both prime to the order of G, for example $a = 1$.

(3°) If the order of G is semi-even: $n = 2m$, the corresponding Eulerean square is impossible. Assume if possible the existence of $\varphi(x)$. The group G has a subgroup H of index 2. In fact, an element s of order 2 corresponds in the regular representation to a

*The first term must be kept in its place, if the Eulerean squares should remain normal, since in that case the set must contain the symbols $(1, j, j, j)$.

substitution of the form $(12)(34)\ldots(n-1,n)$, which is an odd substitution, $n/2$ being odd. The element s of G corresponding to the even substitutions in the representation form then a subgroup H of index 2. Suppose now that just for c elements x of H, $\varphi(x) \in H$, and for the remaining $m-c$ elements x of H, $\varphi(x) \in Hs$, so that for $m-c$ and c elements x of H and Hs, $\varphi(x) \in H$ and $\in Hs$, respectively, giving rise to exactly $2c$ elements $\varphi(x) \in H$. H being of odd order m, this is impossible.

That an Eulerean square of semi-even order is altogether impossible is a conjecture awaiting confirmation.

(4°) For an Abelian group, direct product of a cyclic group of order 2^n and a group of odd order, $\varphi(x)$ does not exist.

Proof. First let $G = \{x\}$, x being of order 2^{ij}. Then, if $\varphi(x)$ exist,

$$\prod^{\alpha} x^{\alpha} = \prod^{\alpha} \varphi(x^{\alpha}) = x^{2^{n-1}(2^{n-1}-1)} = x^{2^{n-1}} \prod^{\alpha} \varphi(x^{\alpha})x^{\alpha} = 1, \text{ a contradiction.}$$

The same method applies to the general case, as the product of all the elements of a group of odd order is unity.

(5°) For Abelian groups other than of type given in (4°), $\varphi(x)$ exists.

(a) Group of type $(2, 2, \ldots, 2)$.

$$x = a_1^{c_2} a_2^{c_2} \ldots a_{r1}^{c_r}, \qquad \varphi(x) = a_1^{c_r} a_2^{c_1} a_3^{c_2} \ldots a_r^{c_{r-1}+c_r}.$$

The same holds good also for the type $(2^{\alpha}, 2^{\alpha}, \ldots, 2^{\alpha})$.

(b) Groups of type $(2^{\alpha}, 2)$. Take for example $\alpha = 8$. The method is general.

$x =$	$1, a, a^2, a^3$	a^4, a^5, a^6, a^7	b, ab, a^2b, a^3b	$a^4b, a^5b, a^6b, a^7b,$
$\varphi(x) =$	$1, a, a^2, a^3$	a^5b, a^6b, a^7b, b	ab, a^2b, a^3b, a^4b	$a^4, a^5, a^6, a^7,$
$\varphi(x)x =$	$1, a^2, a^4, a^6$	ab, a^3b, a^5b, a^7b	a, a^3, a^5, a^7	$b, a^2b, a^4b, a^6b.$

(c) If G/H is of type (a) or (b), then $\varphi(x)$ can be extended from H to G in the following manner. Let for example G/H be of type (a) with $r = 2$:

$$\begin{array}{lllll} H \ni & x, & xa_1 & xa_2, & xa_1a_2 \\ H \ni & \varphi(x) = x', & x'a_2, & x'a_1a_2, & x'a_1 \\ H \ni & \varphi(x)x = x'', & x''a_1a_2, & x''{a_2}^2a_1, & x''{a^2}_1a_2 \end{array}$$

As $x''{a^2}_2 x''{a^2}_1$ range over H, when x'' does so, all is good. The same method applies to the other cases.

(d) Now to establish our proposition, we may confine ourselves in virtue of (1°) to the case, where the group is of order 2^n and of rank $r = 2$ or 3.

If $r = 2$, $G = \{a_1, a_2\}$ of type $(2^{\alpha}, 2^{\beta})$ we put $H = \{{a^2}_1, {a^2}_2\}$ and applying (c) we descend to H. By repeating the process we come to (a) or (b).

If $r = 3$, $G = \{a_1, a_2, a_3\}$ of type $(2^{\alpha}, 2^{\beta}, 2^{\gamma})$, $\alpha \geqq \beta > \gamma$, we put $H = \{a^2, b^2, c^2\}$. Repeated application of (c) with G/H of type (a) brings us to $r = 2$. If $\alpha = \beta > \gamma$ put $H = \{a_1, {a^2}_2, {a^2}_3\}$ and apply (c). But then H is of type $(2^{\alpha}, 2^{\beta-1}, 2^{\gamma-1})$ and we are in the former case. Lastly, if $\alpha = \beta = \gamma$, we come to H of type $(2^{\alpha-1}, 2^{\alpha-1}, 2^{\alpha-1}\}$. Here, however, (a) is directly applicable to G.

Remark. No instance is known of an Eulerean square formed from a Latin square other than that derived from regular representation of a group.

3. Euler, who thought the square of order 6 impossible, has constructed a *deficient* square, vacant in two places but otherwise satisfying all demands. This we can do for any semi-even order: $n = 2m$. We mention here only a result, giving an intermediate and a transverse System P, Q, where all the indces i, j, s, t, etc. are to be read *modulo n*.

$$P_i = \begin{pmatrix} t \\ t+i \end{pmatrix}, \quad 0 \leqq i \leqq n-1, i \neq m-1, n-1.$$

$$P_{m-1} = \begin{pmatrix} t_1, & t_2 \\ t_1+m-1, & t_2-1 \end{pmatrix}, \quad t_1 = 0, 2, 4, \ldots, m-1, m, m+2, \ldots, n-1,$$

$$P_{n-1} = \begin{pmatrix} t_1, & t_2 \\ t_1-1, & t_2+m-1 \end{pmatrix}, \quad t_2 = 1, 3, 5, \ldots, m-2, m+1, m+3, \ldots, n-2.$$

$$j \text{ even,} \quad Q_j = \begin{pmatrix} j+s_1, & j+s_2 \\ j+2s_1, & j+2s_2-1 \end{pmatrix}, \quad \begin{matrix} s_1 = 0, 1, \ldots, m-1, \\ s_2 = m, m+1, \ldots, n-1, \end{matrix}$$

$$j \text{ odd,} \quad Q_j = \begin{pmatrix} j+s'_1, & j+s'_2, & j+n-1 \\ j+2s'_1, & j+2s'_2+1, & j-2 \end{pmatrix}, \quad \begin{matrix} s'_1 = 0, 1, \ldots, m-2, \\ s'_2 = m-1, m, \ldots, n-2. \end{matrix}$$

P_{m-1} and Q_0 have two elements $(m-1 \to n-2)$, $(m \to n-1)$ and P_{n-1} and Q_1 two elements $(0 \to n-1)$, $(n-1 \to n-2)$ in common; in each case one of the common elements is to be left out, while P_{m-1} with Q_1 and P_{n-1} with Q_0 have no element in common, the places $(m-1, 1)$ and $(n-1, 0)$ of the matrix are therefore vacant.

Ex. $n = 10$,

00	11	22	33	44	55	66	77	88	99
12	23	34	45	56	67	78	89	90	01
24	35	46	57	68	79	80	91	02	13
36	47	58	69	70	81	92	03	14	25
48	—	71	10	93	32	04	65	26	87
61	50	83	72	05	94	27	16	49	38
73	62	95	84	17	06	39	28	51	40
85	74	07	96	29	18	41	30	63	52
97	86	19	08	31	20	53	42	75	64
—	98	60	21	82	43	15	54	37	76

28. On the concept of numbers

[Translated from the Japanese edition by K. Akao and S.T. Kuroda]*

Preface

"Although our daughters were graduated from the science division of the university, they do not seem to understand fully yet why $xy = yx$": thus wrote Edmund Landau in his book *Grundlagen der Analysis.* As something like this would not have been the case only for 'our daughters,' he must have intended this quotation to show to a general audience the need for developing the fundamental concept of number as the basis for analysis as a logically flawless system.

In emphasizing that such relations as $\sqrt{2} \cdot \sqrt{3} = \sqrt{6}$ had never been strictly proven before the appearance of his famous treatise *Stetigkeit und irrationale Zahlen*, Dedekind was sharply criticizing the neglect of such problems in mathematical education, the principal objective of which should be to inculcate training in the logical approach.

Such relations as $xy = yx$ or $\sqrt{2} \cdot \sqrt{3} = \sqrt{6}$ are now well-known to everyone, but the story would be different if people were to be asked why they are true or how they are proved. It need hardly be said, however, that those who study analysis should, at least once in their career, return to the foundations and reexamine their knowledge of mathematics. If they did so, what they would first encounter in such a reexamination would be the problem of what are numbers. In general cultural terms as well, this is a problem which should arouse a broad concern among people generally, and especially among those of a philosophical inclination. It is the purpose of this small book to render an elementary, albeit careful, account of this question.

In Chapter 1 of this book we study the integers. Rather than isolating the natural numbers and basing the concept of numbers on them, as has been customary, we think it would not be unnatural, and would be even simpler mathematically, to treat positive and negative integers together from the beginning. More specifically, we shall handle the integers as an irreducible system admitting a one-to-one self correspondence. Analyzing this axiom, we recognize two possible cases for the system of integers. One is that of an infinite sequence extending without bounds in both directions (integers in an ordinary sense), while the other is a finite set arranged in circular order. We deem as interesting the fact that the concepts of finite and (countably) infinite both arise from the same source.

All concepts in mathematics are abstract, and the concept of the integers is no exception. As regards the one-to-one correspondence in the system of integers mentioned

* Department of Mathematics, Faculty of Science, Gakushuin University, Toshima-ku, Tokyo 171

earlier, the underlying idea is that if one lets each integer correspond to the integer immediately after it, then every integer also corresponds to the integer immediately before it, but this relationship is formulated as an axiom which abstractly formulates the correspondence and discards completely any concrete meaning connected with being immediately before or immediately after. Thus, our integers are neither numbers of objects nor ordinals of objects. They may, however, be used as numerals or ordinals for objects, and more generally may be used as "marks" or "labels" for objects. The zero 0 is an integer which we have selected arbitrarily from the system of integers as a basic reference point for the addition of integers. It is not an entity which indicates "nil." In using integers for counting objects, it would be a convenience to think of the integers 1 and 2 as a means of expressing the fact that we have one nose and two eyes, but this is merely a convention of language. The fact is that we have decided to call our symbols 0, 1, and 2, respectively, zero, one, and two in conformity with daily use of language. These comments are for the benefit of the reader unfamiliar with abstract mathematical ideas.

Conceptually, we view the rational numbers as forming a part of the real numbers. In Chapter 2 we present the rational number system as a logically complete structure. The purpose is to give an example of the kind of presentation which is customary in treatises on analysis, say. It is an approach like that of a person who can tell time from a watch without knowing how the mechanism inside works.

In Chapter 3 we study the real numbers. From antiquity, the real numbers were viewed as an ordered set admitting an addition, with the points on an infinite line as an intuitive model. They obtained, for the first time, a firm logical foundation in the second half of the nineteenth century, when the true nature of continuity could be clarified as a consequence of the maturation of critical thinking in mathematics. As for the concept of continuity, our common sense has tended to reject, formerly as now, the state of affairs in which a line is viewed as identical with the set of all its points. Nevertheless, the set of all points on a line is an aspect of the line, and there is a one-to-one correspondence between the one and the other. Therefore, we view the distinction between them as inessential to the mathematical construction. Rather, it is more essential to the heart of the theory of real numbers that we do ignore this distinction.

In another way, continuity, being but one aspect of the notion of order, allows by itself almost unlimited possibilities. Therefore, in order to single out the system of real numbers from among all the continuous sets, we need to impose a special restriction. When we think of the real numbers, using the line as a model, imposing the possibility of addition would be a quite natural restriction; but when we use time as a model, the notion of addition must be viewed as purely conventional. What obviates this defect is Cantor's condition. It characterizes the system of real numbers as a kind of continuous set in which a countable subset can be densely distributed. For a continuous set, the postulates of addition or of the dense distribution of a countable subset are restrictions equivalent in their effect. Among the various possibilities allowed by only these restrictions, the real numbers can be characterized by a suitable minimality condition to which we draw attention at the end of Chapter 3. It is to be noted with interest that the irreducibility in the second axiom for the integers is, after all, itself a minimality condition.

The complex numbers, though important in analysis, are but a special example of hypercomplex numbers, and in and of themselves belong to a different conceptual area. We do not take them up in this book.

We have not referred to the so-called foundations of mathematics. The problem here lies in the proof of the consistency of the theory of integers. As for the proof of consistency, Landau (loc. cit.) boldly declares: "that cannot be done" (so was kann man ja nicht). We humbly await its accomplishment. When that has been achieved, it would not be too late to wish then to examine carefully what has been produced; thus we contemplate.

January 7, 1949 The author

*

Preliminaries

In this book we shall use certain notations from set theory whenever we want our explanations to be brief and clear. We explain that notation below.

1. When the totality (ensemble) of objects which possess some designated characteristics or which satisfy certain given conditions is the subject of our consideration, we call that totality a *set* and each object an *element* of that set.

It is indispensable that the extent of elements of a set be unambiguously determined by the characteristics of or the conditions defining that set[1].

We write $a \in M$ (or $M \ni a$) when a is an element of a set M. We also say that a belongs to the set M.

2. When a set M consists, say, of three elements a, b, c, we write

$$M = \{a, b, c\}.$$

Abbreviations such as

$$M = \{1, 2, 3, \ldots\}$$

are used, but only when the elements represented by ... are clearly understood. In the above example it is tacitly understood that M is the set of all natural numbers.

The notation

$$M = \{x; 0 < x < 1\}$$

describes the set of all numbers x such that $0 < x < 1$. Here, x represents a general element of M, and the statement(s) written after ";" indicates the condition(s) which characterizes x. It is customary to use braces { } to describe a set.

[1] Even in the daily life, the use of words (in Japanese) such as an "ensemble" of musical players, or a "set" of furniture seems to be appropriate for the meaning of set. On the contrary, if the word ("syūgō"—set—in Japanese or "Menge" in German) reminds one of a crowd of people, the extent of the crowd of people may not be well defined and it does not fit the mathematical meaning of set.

3. Two sets A and B are said to be equal ($A = B$) if the elements of A and B coincide as a whole. This means that $x \in A$ implies $x \in B$ and $x \in B$ implies $x \in A$.

4. *Subset.* A set A is said to be a *subset* of B if each element of A is also an element of B. We indicate this relationship by $A \subset B$ or $B \supset A$. This includes the case that $A = B$. Namely, we regard B itself as a subset of B.

When $A \subset B$ and $A \not\supset B$ (i.e. not $A \supset B$), we say that A is a *proper subset* of B. In this book we use the symbolism $A < B$ to denote that A is a proper subset of B.

If $A \subset B$ and $B \subset A$, then $A = B$. This principle is often used when we have two sets A and B, which are defined by different conditions, and want to prove that these two are actually equal. Namely, we prove $A = B$ by showing that $x \in A$ implies $x \in B$ and that, conversely, $x \in B$ implies $x \in A$.

If $A \subset B$ and $B \subset C$, then $A \subset C$. This is obvious. This expresses the transitivity of the inclusion relation of sets.

5. *Intersection.* Let A and B be subsets of a set Ω. The totality of elements common to A and B, that is, the totality of elements of Ω which belong to both A and B forms a set. We call this set the intersection of A and B and denote it by $A \cap B$. Similarly, we define the intersection of more than two sets. For example, we write $A \cap B \cap C$ for the intersection of three sets A, B, C. The intersection of infinitely many sets, say, $A_1, A_2, \ldots, A_n, \ldots$, is denoted by $\bigcap_{n=1}^{\infty} A_n$. If there are no common elements, we say that the intersection is the *empty set*. It is often convenient to admit a set having no elements at all, just as we admit zero as a number. In this book we denote the empty set by 0.

If $A_1 \supset D$, $A_2 \supset D$, $\ldots$, then $A_1 \cap A_2 \cap \cdots \supset D$. In fact, $A_1 \cap A_2 \cap \cdots$ contains *all* elements common to $A_1, A_2, \ldots$, and hence it contains D. The intersection is the largest subset of Ω among those which are included in all of $A_1, A_2, \ldots$.

6. *Union.* Let A and B be subsets of a set Ω. The totality of all elements of Ω which are included in at least one of A and B form a set. We call this set the *union* of A and B and denote it by $A \cup B$. Similarly we may speak of the *union* of many sets $A, B, \ldots$. In particular, the union of A_n, $n = 1, 2, \ldots$, is denoted by $\bigcup_{n=1}^{\infty} A_n$.

If $A_1 \subset M$, $A_2 \subset M, \ldots$, then $A_1 \cup A_2 \cup \cdots \subset M$. The union is the smallest subset of Ω among those which contain all of $A_1, A_2, \ldots$, and it is the intersection of all those subsets.

When $A_1 \subset A_2 \subset \cdots \subset A_n \subset \cdots$, the union $M = \bigcup_{n=1}^{\infty} A_n$ is the set of all elements which are contained in some A_n, and hence also in all A_m with m greater than n. For example, if $A_n = \{1, 2, \ldots, n\}$, then M is the set of all natural numbers.

7. *Complement.* Suppose $A \subset M$ and let A' be the totality of all elements of M which are not contained in A. A' is a set. We call A' the *complement* of A in M. The complement of A' is A, so that A and A' are the complements of each other in M:

$$A \cup A' = M, \qquad A \cap A' = 0.$$

The complement A' of A in M is denoted by $M - A$.

Let A and B be subsets of M, and let A' and B' be their complements, respectively.

Then,

$$A \subset B \quad \text{implies} \quad A' \supset B'.$$

In fact, for an element x of M, $x \in A$ implies $x \in B$ because $A \subset B$. By contraposition $x \notin B$ implies $x \notin A$, that is $x \in B'$ implies $x \in A'$. Thus, $A' \supset B'$.

Suppose that $M = A \cup B$ and let A' and B' be the complements of A and B, respectively. Then, $A' \subset B$ and $B' \subset A$. In fact, letting $D = A \cap B$, $A_0 = A - D$, $B_0 = B - D$, we see that $M = A_0 \cup B_0 \cup D = A \cup B_0 = A_0 \cup B$ and that $A \cap B_0 = 0$, $A_0 \cap B = 0$. Hence, $A' = B_0 \subset B$, $B' = A_0 \subset A$.

8. *Correspondence, mapping.* Suppose that to each element a of a set A there is assigned an element $b = \varphi(a)$ of B by a certain rule. In this case we call this correspondence a *mapping*, b the *image* of a, and a the *inverse image* of b. More precisely, we call φ a *mapping from A into B*. Here, we say "into B", because there may be an element of B which does not correspond to any element of A. If every element of B corresponds to some element of A, we say that φ is a mapping from A *onto* B. The image b of an element a of A is unique. But, the inverse image a of an element b of B is not necessarily unique. When the inverse image is always unique, namely when φ is a one-to-one correspondence, then we can define the inverse mapping in which b is the inverse image and a is the image. We denote the inverse mapping by φ^{-1} and write $a = \varphi^{-1}(b)$.

Let φ be a mapping from A into B. The totality of the images of elements belonging to a subset K of A forms a subset of B. We denote it by $\varphi(K)$.

If φ is a one-to-one mapping from M to $\varphi(M)$ and $A \subset M$ we have $\varphi(A)' = \varphi(M) - \varphi(A) = \varphi(M - A) = \varphi(A')$.

9. Two sets A and B are said to be *equipotent* if there is a one-to-one correspondence between them, that is, if there exists a one-to-one mapping from A onto B. In this case we write $A \sim B$.

The equipotent relation is a particular case of the equivalence relation which is encountered frequently in mathematics. This relation obeys the following three principles.

Reflexive law. $A \sim A$. A is equipotent to A itself via the so-called identity mapping, which assigns a to each a.

Symmetric law. $A \sim B$ implies $B \sim A$. This is by the inverse correspondence.

Transitive law. $A \sim B$ and $B \sim C$ imply $A \sim C$. Let $b = \varphi(a)$ be a one-to-one correspondence between A and B and let $c = \psi(b)$ be one between B and C. Then, a determines b and hence c, and conversely c determines b and hence a. Thus, there holds a one-to-one correspondence between A and C. This is the composition of the mappings: $c = \psi(\varphi(a))$ and $a = \varphi^{-1}(\psi^{-1}(c))$.

10. A mapping from A into A is called a *self-correspondence*. It may be possible that a subset of A corresponds to A and A is equipotent to a (proper) subset of itself. For example, when A is a set of all natural numbers $1, 2, \ldots$, A is mapped into A by the mapping $n \to 2n$, and the set of all natural numbers is equipotent to the set of all even (natural) numbers. The correspondence $n \to n + 1$ maps A into itself (not onto), but in the set of all integers $0, \pm 1, \pm 2, \ldots$ the same mapping produces a one-to-one correspondence onto itslef.

Chapter 1 Integers

What we call numbers in our daily life are numbers of objects, 1, 2, 3, ..., namely the *cardinal numbers*; but numbers are also used to indicate the order, and in this function they are *ordinal numbers*. When we count objects as one, two, ... there arises naturally an order among these objects, and therefore the essence of numbers may be considered to lie firstly in the ordering and after that in the counting. Now, the order can be perceived in both directions, direct and inverse. After today there comes tomorrow, after tomorrow there comes the day after tomorrow. In the inverse order, before today there was yesterday, before yesterday the day before yesterday. In terms of numbers, after 1 there is 2, after 2 there is 3, ... and this continues without limit. In the inverse order, before one there is 0, before 0 there is -1, before -1 there is $-2, \ldots$ and this again continues without limit. All taken together, these numbers 0, ± 1, ± 2, ... are called *integers*. Cardinal numbers 1, 2, 3, ... as stated above are called *natural numbers* in mathematics. In the conception of numbers, the cardinal numbers and the ordinal numbers are not the same; but in the abstract we disregard the difference in the use of numbers such as ordering or counting, and consider natural numbers as a part of the integers.

It is customary to regard natural numbers as the most fundamental numbers. We think, however, that in order to build a mathematical theory of numbers it will be simpler to base it on the integers. In what follows we shall try to explain this.

§1 Axioms of the integers

In this chapter we call integers simply numbers. Individual numbers are denoted by Roman minuscules $a, b, c, \ldots$. The totaility (the set) of all integers is denoted by N.

1. For each number the successor (the next number) is uniquely determined. Conversely, for each number the predecessor (the previous number) is uniquely determined. Namely, if we denote the successor of x by $\varphi(x)$, then x is exactly the predecessor of $\varphi(x)$. If we let $\varphi(x)$ correspond to x, then this correspondence φ is a one-to-one correspondence in N. More precisely, in the correspondence $x \to \varphi(x)$, when x varies over all elements of N, $\varphi(x)$ also varies over all elements of N. Of course $x \neq y$ implies $\varphi(x) \neq \varphi(y)$. And conversely $\varphi(x) \neq \varphi(y)$ implies $x \neq y$. If $x = \varphi(x)$ for all x, φ is surely a one-to-one correspondence; but we shall exclude this correspondence, the so-called identical correspondence, from our consideration.

Axiom I. In N there is determined a (non-identical) one-to-one self-correspondence $x \rightleftarrows \varphi(x)$ (φ is from N onto N).

In the following diagramme A, if we regard each point as representing a number and the point on its right as representing the number corresponding to it under φ, then this sequence of points, extending without limit on both sides, may be seen as illustrating the set N of all integers.

$$A \leftarrow \cdots\cdots\cdots\cdots\cdots \rightarrow$$

$$B \leftarrow \cdots\cdots\cdots\cdots\cdots \rightarrow$$

$$C \leftarrow \cdots\cdots\cdots\cdots\cdots \rightarrow$$

However, when we take another copy B of A and combine A and B together, we also have the correspondence stated in Axiom I. When we combine an arbitrary number of sets $B, C, \ldots$ which are the same as A, Axiom I still holds. Therefore, we cannot assert that Axiom I characterizes the integers. Axiom I is not restrictive enough, and we need to introduce the following axiom.

Axiom II. N is minimum in its class, in other words, it is irreducible.

This means that no proper subset of N corresponds to itself under φ. In other words, if $M \subset N$ and M corresponds to itself under φ (i.e. φ maps M onto M), then $M = N$.

In what follows we abbreviate $\varphi(x)$ as x^+ for convenience sake. We also use x^- to denote the number corresponding to x under the inverse correspondence. Namely, $\varphi(x^-) = x$. We have $(x^-)^+ = x$ and $(x^+)^- = x$. For a subset M of N we denote by M^+ the set of all x^+ with x belonging to M. In the notation of Preliminary 2, $M^+ = \{x^+; x \in M\}$. M^- is similarly defined with respect to the inverse correspondence: $M^- = \{x^-; x \in M\}$.

In this notation Axioms I and II can be written as follows[1].

I. $N^+ = N$.

II. If $M \subset N$ and $M^+ = M$, then $M = N$.

Let A and B be subsets of N. If $A = B^+$, then $A^- = (B^+)^- = B$. Therefore, $A = A^+$ implies $A = A^-$. Furthermore, $A^- \subset A$ implies $A \subset A^+$. Suppose now that $A^\pm \subset A$ [2]. Then, $A^+ \subset A$ and $A \subset A^+$ so that $A = A^+$ and hence $A = N$ by (II).

2. The consistency of Axioms I and II. That Axioms I and II do not contain a logical inconsistency can be seen from the following example. Let $N = \{a, b\}$ (the set consisting of the elements a, b with $a \neq b$) and let $\varphi(a) = b$, $\varphi(b) = a$. Then, φ satisfies Axiom I. Since it is clear that N is irreducible, this N also satisfies Axiom II. Since there exists a set N which satisfies Axioms I and II, these axioms contain no logical inconsistency. If there were inconsistency, there would exist no such set N as constructed above.

In general, if we assume that a set N satisfies only Axiom I, N may not be irreducible in the sense of Axiom II. Suppose that a subset C of N corresponds to itself under φ and call it tentatively a *chain*. Then, the intersection of two or more chains is also a chain. Let a be an element of N and let $C(a)$ be the intersection of all chains which contain a. Then, $C(a)$ is the smallest chain containing a. This $C(a)$ is irreducible, that is, any proper subset of $C(a)$ does not form a chain. In fact, if a subset C_1 of $C(a)$ forms a chain, then the complement $C_2 = C(a) - C_1$ must be a chain. Either one of C_1 and C_2 must contain a. Let it be C_1. Then, as a chain containing a, C_1 must include $C(a)$, which is a contradiction. Therefore, $C(a)$ is irreducible.

[1] Assuming, of course, that a non-identical correspondence $x \rightarrow x^+$ is defined in N.
[2] That is, $A^+ \subset A$ and $A^- \subset A$.

As we have seen, if N is not irreducible, N contains a irreducible subset. The complement of this subset is a chain and, if it is not irreducible, it contains a irreducible subset. In the end, N would be a union of irreducible chains. Well, we have assumed that integers form an irreducible chain and postulated this as Axiom II.

In the rest of this chapter we assume only Axioms I and II and develop logically a theory of integers. Intuitive knowledge of ordering, counting, etc., is certainly a background of support for the axioms, but we shall not bring it into the web of logical deduction. We shall treat φ merely as a one-to-one correspondence, taking no account of its concrete meaning that $\varphi(x)$ is the successor of x. Without this methodological standpoint being kept in mind, it will be difficult to comprehend the true intent of the following discussion.

§2 General theorems

1. Theorem 1.1. *For any number x, $x \neq \varphi(x)$.*

Proof. Since φ is not the identity by Axiom I, $x = \varphi(x)$ cannot hold for all x. But there remains the possibility that $a = \varphi(a)$ for some number a. Axiom II assures that there is no such an a. In fact, suppose $a = \varphi(a)$ and let M be the complement of $\{a\}$ in N (see Preliminaries 7). Then, we must have $M^+ = M$. Since $M \neq N$, this contradicts Axiom II[3]. □

Definition. A set K of numbers is called a *progression* if $K^+ \subset K$, i.e. $x \in K$ implies $x^+ \in K$. Likewise, a set L is called a *regression* if $L^- \subset L$, i.e. $x \in L$ implies $x^- \in L$.

N itself is a progression and a regression. Therefore, a progression and a regression surely exist.

The complement of a progression is a regression, and the complement of a regression is a progression. In fact, suppose $K < N$ is a progression[4] and let L be the complement of K. Since the complement of K^+ is L^+ and $K^+ \subset K$, we have $L^+ \supset L$. Hence, $L \supset L^-$, which means that L is a regression. Reading backward, we see that the complement of a regression is a progression.

Theorem 1.2. *If K is a progression, $K^\pm$ are also progressions. If L is a regression, $L^\pm$ are also regressions.*

Proof. By assumption we have $K^+ \subset K$ and hence $(K^+)^+ \subset K^+$. Thus, K^+ is a progression. On the other hand, $K^+ \subset K$ implies $K \subset K^-$, i.e. $(K^-)^+ \subset K^-$. Thus, K^- is a progression. A similar proof applies to regressions. □

[3] If we allow φ to be the identical correspondence in Axiom I, the ireducibility condition of Axiom II admits the set N which consists of a single element $a = \varphi(a)$. In order to exclude this case, in which we have no interest, we restricted φ to be non-identical. If we do not make this restriction, putting emphasis on formal generality, the theory may become prettier in appearance; but, there is no real gain in doing so, while the formulation will become lengthier.

[4] This means that $K < N$ and K is a progression. This cursory but convenient abbreviation will be often used in the sequel.

Theorem 1.3. *The intersection and the union of progressions are progressions. Dually, the intersection and the union of regressions are regressions.*

Proof. We shall give the proof only for the intersection of two progressions K_1 and K_2. Other cases can be handled similarly.

Put $K = K_1 \cap K_2$ and suppose that $x \in K$. Then,

$$x \in K_1 \quad \text{(by the definition of intersection).}$$

Hence,

$$x^+ \in K_1 \quad \text{(by the definition of progression).}$$

Similarly, $x \in K_2$ implies $x^+ \in K_2$. Thus, $x^+ \in K_1$ and $x^+ \in K_2$. Hence, $x^+ \in K$ (by the definition of intersection). Since it has been shown that $x \in K$ implies $x^+ \in K$, K is a progression. □

In the proof of the above theorem, assertions for regressions can be proved in exactly the same way as those for progressions by replacing + by −. In general, since the correspondence φ and the inverse correspondence φ^{-1} are equivalent in the sense that they are one-to-one correspondences among all the elements of N, any property valid for progressions holds also for regressions with + and − interchanged. Progressions and regressions are in a dual (or reciprocal) relation. In the sequel, we sometimes omit one of two theorems which are dual to each other.

Definition. For a number a, the set $K(a)$ is defined to be the intersection of all progressions containing a and the set $L(a)$ to be the intersection of all regressions containing a.

By Theorem 1.3 $K(a)$ is a progression and $L(a)$ is a regression.

Theorem 1.4[5]. $K(a^\pm) = K(a)^\pm$. $L(a^\pm) = L(a)^\pm$.

Proof. We shall prove only $K(a^+) = K(a)^+$. The other relations can be proved similarly.

Since $a \in K(a)$ by the definition of $K(a)$, $a^+ \in K(a)^+$ by the definition of $K(a)^+$. Since $K(a)^+$ is a progression (Theorem 1.2) and it contains a^+ as seen above, we obtain

$$K(a^+) \subset K(a)^+. \tag{1}$$

On the other hand, it follows from $a^+ \in K(a^+)$ that $a \in K(a^+)^-$. Since $K(a^+)^-$ is also a progression (Theorem 1.2), we have $K(a) \subset K(a^+)^-$ and accordingly

$$K(a)^+ \subset K(a^+). \tag{2}$$

From (1) and (2) it follows that $K(a^+) = K(a)^+$. □

Theorem 1.5. $K(a) = \{a\} \cup K(a^+)$. $L(a) = \{a\} \cup L(a^-)$.

Proof. Writing $M = \{a\} \cup K(a^+)$, we shall prove $K(a) = M$.

M is a progression. In fact, as $a^+ \in K(a^+) \subset M$, we have $a^+ \in M$. As for $x \in M$ with

[5] ± means that one has either + everywhere or − everywhere.

$x \neq a$, we have $x \in K(a^+)$ by the definition of M. Therefore, $x^+ \in K(a^+)^+ \subset K(a^+) \subset M$, i.e. $x^+ \in M$. Thus, whether $x = a$ or $x \neq a$, $x \in M$ implies $x^+ \in M$. Hence, M is a progression.

Since M is a progression containing a, we obtain

$$K(a) \subset M. \tag{1}$$

On the other hand, we have $\{a\} \subset K(a)$ and $K(a^+) = K(a)^+ \subset K(a)$ (Theorem 1.4). Hence,

$$M \subset K(a). \tag{2}$$

From (1) and (2) it follows that $K(a) = M$. □

Theorem 1.6. *If $K(a) = N$ for some number a, then $K(x) = N$ and $L(x) = N$ for any number x.*

Proof. Let M be the set of all numbers x such that $N = K(x)$. Since $a \in M$, the set M is not empty. If $x \in M$, that is, $N = K(x)$, then $N^\pm = K(x)^\pm$. Hence, $N = K(x^\pm)$ (Axiom I and Theorem 1.4), i.e. $x^\pm \in M$. Thus, $M^\pm \subset M$ which implies $M = M^\pm$. By Axiom II we therefore have $M = N$.

Before proceeding to regressions, we note that $K = N$ for any progression K, because K contains some $K(a)$.

Next, let L be a regression. If $L \neq N$, the complement of L is a progression and hence coincides with N as has just been noted. Hence, L is empty. Consequently, a non-empty regression coincides with N. In particular, $L(x) = N$. □

2. The method used above for proving $K(x) = N$ is that of so-called *mathematical induction*, and it is based on Axiom II. Generally speaking, let $P(x)$ be a proposition concerning a number x. Suppose that the following two statements are proved:

1°) For at least one number a, $P(a)$ is true;
2°) For any number x, if $P(x)$ is true so are $P(x^\pm)$.

Then, $P(x)$ is true for all numbers x. This is a consequence of Axiom II. In fact, let M be the set of all numbers x such that $P(x)$ is true. Then, since $a \in M$ by 1°, M is not empty. Moreover, we have $M^\pm \subset M$ by 2°. Hence, $M = N$ by Axiom II. This means that $P(x)$ is true for all x.

3. By virtue of Theorem 1.6 there arise the following two possibilities for the set N, which we designate as follows:

(I) *Infinite sequence*: $N \neq K(x)$ for all x;
(II) *Cycle*: $N = K(x)$ for all x.

§3 Integers as an infinite sequence

In this section we consider only the case (I). Namely, we assume that N is an infinite sequence.

Theorem 1.7. *For an infinite sequence, $a^- \notin K(a)$ and $a \notin K(a^+)$.*

Proof. We have $K(a^-) = \{a^-\} \cup K(a)$ (Theorem 1.5). Therefore, if $a^- \in K(a)$, then $K(a^-) = K(a)$ so that $K(a)^- = K(a)$ (Theorem 1.4). Hence, $K(a) = N$ (Axiom II). Since N is an infinite sequence, this is impossible. Thus, $a^- \notin K(a)$ and so $a \notin K(a^+)$. □

Theorem 1.8. *$N = L(a^-) \cup K(a)$. This is a disjoint union, that is, $K(a)$ and $L(a^-)$ are the complements of each other.*

Proof. Let $M = L(a^-) \cup K(a)$. Then,

$$\begin{aligned} M^+ &= L(a^-)^+ \cup K(a)^+ = L(a) \cup K(a^+) && \text{(Theorem 1.4)} \\ &= L(a^-) \cup \{a\} \cup K(a^+) && \text{(Theorem 1.5)} \\ &= L(a^-) \cup K(a) = M && \text{(Theorem 1.5).} \end{aligned}$$

Hence, $M = N$, that is, $N = L(a^-) \cup K(a)$.

Now, the complement $\overline{K(a)}$ of $K(a)$ is a regression and contains a^- (Theorem 1.7). Therefore, $\overline{K(a)} \supset L(a^-)$. On the other hand, it follows from $L(a^-) \cup K(a) = N$, shown above, that $\overline{K(a)} \subset L(a^-)$. Thus, $\overline{K(a)} = L(a^-)$, or the complement of $K(a)$ is $L(a^-)$. □

Theorem 1.9. *For any two numbers a and b, exactly one of the following three cases occurs:*

1) $K(a) = K(b)$ and $L(a) = L(b)$;
2) $K(a) > K(b)$ and $L(a) < L(b)$;
3) $K(a) < K(b)$ and $L(a) > L(b)$.

Here, $A < B$ denotes that A is a proper subset of B (see Preliminaries 4).

Proof. First, let $a \neq b$ and suppose that $b \in K(a)$. Then, $K(b) \subset K(a) = \{a\} \cup K(a^+)$. Since $a \neq b$, it follows that $K(b) \subset K(a^+)$. Since $a \notin K(a^+)$ by Theorem 1.7, we must have $K(b) < K(a)$.

Next, let $a \neq b$ and suppose that $b \notin K(a)$. Taking the complement, we obtain

$$b \in L(a^-) \quad \text{(Theorem 1.8).}$$

Hence, $L(b) \subset L(a^-)$. Taking the complement again, we obtain

$$K(b^+) \supset K(a) \quad \text{(Theorem 1.8).}$$

Since $K(b) > K(b^+)$ by Theorem 1.7, we finally obtain

$$K(b) > K(a).$$

Thus, we have seen that if $a \neq b$ either $K(a) > K(b)$ or $K(a) < K(b)$ (and consequently, if $K(a) = K(b)$, then $a = b$).

The relations for L can be obtained from those for K by taking the complement. For example, from $K(a) > K(b)$ it follows that $L(a^-) < L(b^-)$. Hence, $L(a^-)^+ < L(b^-)^+$, that is, $L(a) < L(b)$ □

Remark. As the proof of Theorem 1.9 shows, the three cases 1), 2), and 3) in this theorem can also be described as follows:

1) $a = b$;
2) $a \neq b$ and $b \in K(a)$;
3) $a \neq b$ and $b \notin K(a)$.

Definition. In the case 2) of Theorem 1.9, we say that a is smaller than b (in symbol, $a < b$) or b is greater than a ($b > a$).

In the case 3) a and b are interchanged: $b < a$ (or $a > b$).

Theorem 1.10. *For any numbers a and b, exactly one of the following relations holds:*

$$a = b; \qquad a < b; \qquad a > b.$$

Proof. This follows from Theorem 1.9 and the above definition. □

Remark. As $K(a) = \{a\} \cup K(a^+)$ by Theorem 1.5 and $a \notin K(a^+)$ by Theorem 1.7, we have

$$K(a^+) = \{b; b \neq a \text{ and } b \in K(a)\} = \{b; b > a\},$$

which shows in particular that $b > a$ implies $b \geqq a^+$, that is, there is no m such that $a < m < a^+$, or a^+ is the "next number" of a. Similarly, we have

$$L(a^-) = \{b; b < a\},$$

which shows that $b < a$ implies $b \leqq a^-$.

Theorem 1.11. *If $a < b$ and $b < c$, then $a < c$.*

Proof. By the assumption we have $L(a) < L(b)$ and $L(b) < L(c)$. Hence, $L(a) < L(c)$. Therefore, $a < c$. □

Theorem 1.12. *Let $K(\neq N)$ be an arbitrary progression. Then there exists a number a such that $K = K(a)$.*

Proof. Since K is a progression and $K \neq N$, there exists a number a such that $a^- \notin K$ and $a \in K$. For, otherwise, $x \in K$ implies $x^- \in K$, so that K would be a regression. Thus, K would be a regression as well as a progression, namely $K^+ \subset K$ and $K^- \subset K$. From the second relation it follows that $K \subset K^+$. Therefore, we would have $K = K^+$ and hence $K = N$, contrary to the assumption. Now, let $\bar{K}$ be the complement of K. $\bar{K}$ is a regression and $a^- \in \bar{K}$. Hence, $L(a^-) \subset \bar{K}$. Taking the complement, we obtain $K(a) \supset K$, whereas $a \in K$ implies $K(a) \subset K$. Therefore, we see that $K = K(a)$. □

Definition. Let M be a set of numbers. When there exists a number a such that $a \leqq x$ for every $x \in M$, such a number a is called a *lower bound* of M, and M is said to be *bounded from below*. In symbols we write $a \leqq M$ when a is a lower bound of M. Dually, if $a \geqq M$, that is $a \geqq x$ for every $x \in M$, then a is called an *upper bound* of a, and M is said to be *bound from above*.

If $a \leqq M$ and $a \in M$, then a is the smallest number of M. It is clear that the smallest number of M is the largest lower bound of M. Similarly, the largest number of M is the smallest upper bound of M. For instance, a is the smallest number of $K(a)$ and the largest number of $L(a)$.

Theorem 1.13. *If M is bounded from below (resp. from above), then M has a unique smallest (resp. largest) number.*

Proof. Let L be the set of all lower bounds of M. L is a regression because x^- is a lower bound whenever x is such. Therefore, there exists a number a such that $L = L(a)$ (the dual form of Theorem 1.12). This a is the largest number of $L(a)$, that is, a is the largest lower bound of M.

We shall prove that $a \in M$. Since a is the largest lower bound of M, a^+ is not a lower bound of M. Therefore, there exists m such that $m < a^+$ and $m \in M$. Since a is a lower bound of M, we have $a \leqq m$. Namely, $a \leqq m < a^+$. From this we conclude that $a = m$ by the remark after Theorem 1.10. Hence, $a \in M$. Being a lower bound which belongs to M, a is the smallest number of M. □

§4 Addition

1. The correspondence $x^+ = \varphi(x)$ in N may be regarded as a function of x. We can define addition naturally as iteration of this function. The function φ satisfies

$$\varphi(\varphi(x)) = \varphi(x^+) = \{\varphi(x)\}^+.$$

Generalizing this relation, we want to find a function F which satisfies the condition

$$F(x^+) = F(x)^+. \tag{1}$$

Substituting x^- for x in (1), we obtain $F(x) = F(x^-)^+$, that is,

$$F(x^-) = F(x)^-. \tag{1'}$$

Therefore, when we combine (1) and (1′) and write the result as

$$F(x^\pm) = F(x)^\pm, \tag{1''}$$

(1″) is a condition which is equivalent to (1).

In order to determine the function F, we choose arbitrarily a number from N and denote that number by 0. We will take this number as the basic reference point of the addition. We further choose an arbitrary number a and impose the following additional condition:

$$F(0) = a. \tag{2}$$

Then, writing $0^+ = 1, 1^+ = 2, \ldots$, we would be able to determine the values of F from (1) successively as $F(1) = a^+$, $F(2) = (a^+)^+, \ldots$. Our aim is to define the sum $x + a$ as the value $F(x)$ of F satisfying (1) and (2).

Since $F(x)$ also depends on the constant a appearing in (2), we denote it by $F_a(x)$. The problem we face is the proof of the following theorem.

Theorem 1.14. *For any number a, there exists uniquely a function $F_a(x)$ satisfying the following conditions:*

$$\left.\begin{aligned} F_a(0) &= a, \\ F_a(x^+) &= F_a(x)^+. \end{aligned}\right\} \tag{3}$$

Proof. The uniqueness of the solution, namely "if there exists a function with the specified properties, there is only one such function", is easy to prove. In fact, suppose that $F(x)$ and $G(x)$ satisfy (3). We first have

$$F(0) = G(0) = a.$$

Let M be the set of x such that $F(x) = G(x)$. Since $0 \in M$, M is not empty. If $x \in M$, then $F(x) = G(x)$, while by assumption

$$F(x^+) = F(x)^+, \qquad G(x^+) = G(x)^+,$$

and, as we saw before (see (1′)),

$$F(x^-) = F(x)^-, \qquad G(x^-) = G(x)^-.$$

Hence

$$F(x^\pm) = G(x^\pm),$$

that is, $x^\pm \in M$. Consequently, $M = N$ by Axiom II. Namely, for all numbers x we have

$$F(x) = G(x).$$

What we have just given is the proof of the uniqueness of the solution, assuming its existence.

Now for the proof of the existence of $F_a(x)$. First, the case when $a = 0$ is simple. Namely,

$$F_0(x) = x.$$

This is clear.

Incidentally, it is also clear that $F_1(x) = x^+$.

From now on the proof will proceed by induction on a. Namely, we assume the existence of $F_a(x)$ and prove the existence of $F_{a^+}(x)$ and $F_{a^-}(x)$. For this purpose it suffices to define $F_{a^+}(x)$ and $F_{a^-}(x)$ by[6]

$$F_{a^+}(x) = F_a(x)^+, \qquad F_{a^-}(x) = F_a(x)^-. \tag{4}$$

In fact, for $F_{a^+}(x)$ we first see that $F_{a^+}(0) = F_a(0)^+ = a^+$ so that the first condition of (3) is satisfied. Furthermore,

$$\begin{aligned} F_{a^+}(x^+) &= F_a(x^+)^+ && \text{(by (4))} \\ &= (F_a(x)^+)^+ && \text{(by the hypothesis on } F_a(x)) \\ &= (F_{a^+}(x))^+ && \text{(by (4))}, \end{aligned}$$

which shows that the second condition of (3) is also satisfied. Thus, the existence of $F_{a^+}(x)$ is proved.

For $F_{a^-}(x)$ we proceed similarly (in a dual way). First, from (4) we have $F_{a^-}(0) = F_a(0)^- = a^-$. Furthermore,

[6] This proof is due to Kalmár (see E. Landau, Grundlagen der Analysis).

$$F_{a^-}(x^-) = F_a(x^-)^- \quad \text{(by (4))}$$
$$= (F_a(x)^-)^- \quad \text{(by the hypothesis on } F_a(x)\text{: see (1'))}$$
$$= (F_{a^-}(x))^- \quad \text{(by (4)).}$$

Thus, the existence of $F_{a^-}(x)$ is also proved (see (1')). □

Definition. The arithemetic operation of determining $F_a(x)$ from a and x is called *adding* a to x; and we denote $F_a(x)$ by $x + a$.

Since $F_1(x) = x^+$, we have $x^+ = x + 1$.

For later reference we list up here several formulas which are obtained from (3) and (4):

$$F_{a^+}(x) = F_a(x^+) = F_a(x)^+,$$

or in the usual notation

$$x + a^+ = x^+ + a = (x + a)^+. \tag{5}$$

Similarly,

$$x + a^- = x^- + a = (x + a)^-. \tag{6}$$

Substituting a^- for a in (5) and a^+ for a in (6), we obtain

$$x^+ + a^- = x^- + a^+ = x + a. \tag{7}$$

Since $F_a(0) = a$ and $F_0(a) = a$, we also have

$$0 + a = a, \qquad a + 0 = a. \tag{8}$$

2. Theorem 1.15. (*Commutative law*) $a + b = b + a$.

Proof. For simplicity we write $b + a = \psi(a)$. Then, we have

$$\psi(0) = b,$$
$$\psi(a^+) = b + a^+ = (b + a)^+ \quad \text{(by (5))}$$
$$= \psi(a)^+.$$

Hence,

$$\psi(a) = a + b. \quad \text{(by Theorem 1.14)}$$

Therefore,

$$a + b = b + a$$ □

Theorem 1.16. (*Associative law*) $(a + b) + c = a + (b + c)$.

Proof. We put $\psi(a) = (a + b) + c$. Then we have

$$\psi(0) = b + c, \tag{9}$$

$$\psi(a^+) = (a^+ + b) + c = (a + b)^+ + c = ((a + b) + c)^+ \quad \text{(by (5))}$$
$$= \psi(a)^+. \tag{10}$$

From (9) and (10) we obtain by the definition of the addition

$$\psi(a) = a + (b + c).$$

Therefore,

$$(a + b) + c = a + (b + c). \qquad \square$$

Theorem 1.17. (*Subtraction*) *For any a and b the equation*

$$x + a = b$$

has a unique solution.

Proof. First, consider the case when $a = 0$. Then, by (8) $x = b$ is a solution. This is the only solution because $x + 0 = F_0(x) = x$. In order to prove the theorem by induction on a, we suppose that the equation

$$x + a = b \tag{11}$$

has a unique solution x. Then, by (7)

$$x^- + a^+ = x + a = b$$

and hence $y = x^-$ is a solution of

$$y + a^+ = b. \tag{12}$$

Conversely, assuming (12), we have

$$y^+ + a = b$$

by (5). Since x is the unique solution of (11) by the induction hypothesis, we see that

$$y^+ = x, \quad \text{namely} \quad y = x^-.$$

Thus, $y = x^-$ is the unique solution of (12).

Similarly, $x^+ + a^- = x + a$, and hence $y = x^+$ is the unique solution of

$$y + a^- = b. \qquad \square$$

We denote the solution of $x + a = b$ by $x = b - a$. In abbreviation, we write $0 - a$ as $-a$. Since $(b + (-a)) + a = b + ((-a) + a) = b + 0 = b$, we have $b - a = b + (-a)$. Thus, subtracting a is the same as adding $-a$.

All we have said so far about the addition applies to both cases (I) and (II) mentioned in §2.

3. Theorem 1.8 (*Monotonicity of addition*) $x > x'$ *implies* $x + a > x' + a$.

Proof. Since the theorem is true for $a = 0$, we proceed by induction on a. By the definition of $>$ it follows from the induction hypothesis $x + a > x' + a$ that $(x + a)^\pm > (x' + a)^\pm$. Hence, $x + a^\pm > x' + a^\pm$. $\square$

Definition. When $a > 0$, a is called a *positive number* and, when $a < 0$, a is called a *negative number.*

Theorem 1.19. *According as $b - a$ is positive or negative, $b > a$ or $b < a$.*

Remark. $a > 0$ and $b > 0$ imply $a + b > 0$. In fact, $a + b > 0 + b = b > 0$.

§5 Multiplication

In its origins, multiplication is an iteration of the addition of the multiplicand a, and the number of repetitions in the iteration is the multiplier. If we adhere to the wording of this definition, the multiplier must be a positive integer no less than 2. However, we can define the multiplication in general for any multiplier on the basis of the fact that adding 1 to the multiplier is equivalent to adding the multiplicand a to the product.

1. **Theorem 1.20.** *For any number a, there exists uniquely a function $f(x, a)$ of x satisfying the following conditions:*

$$f(0, a) = 0, \tag{1}$$

$$f(x^+, a) = f(x, a) + a. \tag{2}$$

$f(x, a)$ is the *product xa* which we want to define (the definition of the *multiplication*).

Remark. Substituting x^- for x in (2), we obtain

$$f(x, a) = f(x^-, a) + a,$$

that is,

$$f(x^-, a) = f(x, a) - a. \tag{2'}$$

Since (2) is obtained from (2′) by substituting x^+ for x, (2) and (2′) are equivalent.

Proof of Theorem 1.20. Assuming the existence, the uniqueness of $f(x, a)$ is easily proved by induction as in the case of the addition. In fact, assume that $\psi(x, a)$ as well as $f(x, a)$ satisfies the above conditions. First, for $x = 0$ we have $f(0, a) = \psi(0, a) = 0$. Next, assume for an x that $f(x, a) = \psi(x, a)$. Then, Since $f(x^\pm, a) = f(x, a) \pm a$ and $\psi(x^\pm, a) = \psi(x, a) \pm a$, we obtain $f(x^\pm, a) = \psi(x^\pm, a)$. This completes the induction and the uniquness of $f(x, a)$ is proved.

Now we give the existence proof for $f(x, a)$. First, for $a = 0$ the conditions read $f(0, 0) = 0$ and $f(x^+, 0) = f(x, 0)$. Hence, putting $f(x, 0) = 0$ will suffice. From now on, the proof will proceed by induction on a. Namely, we assume the existence of $f(x, a)$ and prove the existence of $f(x, a^+)$ and $f(x, a^-)$. This is easy, for we know as a matter of fact what properties the multiplication has. Namely, it suffices to put

$$f(x, a^\pm) = f(x, a) \pm x. \tag{3}$$

In fact, by (3)

$$f(0, a^+) = f(0, a) = 0.$$

Furthermore,

$$\begin{aligned} f(x^+, a^+) &= f(x^+, a) + x^+ && \text{(by (3))} \\ &= f(x, a) + a + x^+ && \text{(by (2))} \\ &= f(x, a) + x + a^+ && \text{(by properties of the addition)} \\ &= f(x, a^+) + a^+ && \text{(by (3)).} \end{aligned}$$

Thus, $f(x, a^+)$ satisfies conditions (1) and (2).

Similarly,

$$\begin{aligned} f(x^-, a^-) &= f(x^-, a) - x^- && \text{(by (3))} \\ &= f(x, a) - a - x^- && \text{(by (2'))} \\ &= f(x, a) - x - a^- && \text{(by properties of the addition)} \\ &= f(x, a^-) - a^- && \text{(by (3)).} \end{aligned}$$

Thus, $f(x, a^-)$ also satisfies (1) and (2). □

$f(x, a)$ determined by Theorem 1.20 is the product xa. Using the usual notation, the facts determined by (1), (2), and (3) (and $f(x, 0) = 0$) can be written as

$$x \cdot 0 = 0, \qquad 0 \cdot x = 0. \tag{4}$$

$$(x \pm 1)y = xy \pm y, \qquad x(y \pm 1) = xy \pm x. \tag{5}$$

Theorem 1.21. (*Commutative law*) $xy = yx$. (6)

Proof. Putting $yx = f(x)$, we have $f(0) = 0$ by (4). Furthermore, from (5) we obtain $f(x^+) = y(x + 1) = yx + y = f(x) + y$. Hence, by Theorem 1.20 we have $f(x) = xy$, that is, $yx = xy$. □

Theorem 1.22. (*Distributive law*) $x(y + z) = xy + xz$. (7)

Proof. Putting $xy + xz = f(x)$, we have $f(0) = 0$ by (4). Furthermore, from (5) we obtain

$$\begin{aligned} f(x^+) &= (x + 1)y + (x + 1)z = xy + y + xz + z = (xy + xz) + (y + z) \\ &= f(x) + (y + z). \end{aligned}$$

Hence, by Theorem 1.20 we have $f(x) = x(y + z)$, that is, $x(y + z) = xy + xz$. □

Substituting $y - z$ for y in (7), we have

$$x((y - z) + z) = x(y - z) + xz,$$

that is,

$$xy = x(y - z) + xz.$$

Therefore, we obtain

$$x(y - z) = xy - xz. \tag{8}$$

Theorem 1.23. (*Associative law*) $xy \cdot z = x \cdot yz.$ (9)

Proof. Putting $xy \cdot z = f(x)$, we have $f(0) = 0 \cdot z = 0$ by (4). Furthermore, from (5) (and (6), (7)) we obtain

$$f(x^+) = (x + 1)y \cdot z = (xy + y)z = xy \cdot z + yz = f(x) + yz.$$

Hence, by Theorem 1.20 we have $f(x) = x(yz)$, that is, $xy \cdot z = x \cdot yz$. □

2. The associative law holds for more than three numbers. (This is also true for the addition, through we did not mention it.) For instance, we have

$$a\{b(cd)\} = a\{(bc)d\} = \{a(bc)\}d = \{(ab)c\}d.$$

We agree to omit parentheses and write this as *abcd*, when we multiply each of the factors successively from left to right as in the last term of the above equality. Then, in the case of *n* factors[7] $a_1, a_2, \ldots, a_n$, the product is independent of the order of association and is equal to $a_1 a_2 \ldots a_n$. This can be easily proved by induction as follows. Assume that the assertion is true for the product of factors less than *n*. Then, in the case of *n* factors, if a_n lies outside of the parentheses the assertion is obvious. If a_n lies in a parenthesis, we apply the induction hypothesis to that parenthesis and obtain a product of the form $(a_1 a_2 \ldots a_i) \cdot (a_{i+1} \ldots a_n)$. This is equal to

$$(a_1 a_2 \ldots a_i)\{(a_{i+1} \ldots a_{n-1})a_n\},$$

which, by (9), is equal to

$$(a_1 a_2 \ldots a_i)(a_{i+1} \ldots a_{n-1})a_n.$$

Applying again the induction hypothesis to the product of terms up to a_{n-1}, we see that the last product is equal to

$$a_1 a_2 \ldots a_{n-1} \cdot a_n. \quad \square$$

All we have said so far about the multiplication applies also to case (II) mentioned in §2.3.

3. Theorem 1.24. *If* $a > 0$ *and* $b > 0$, *then* $ab > 0$.

Proof. (By induction) For $b = 1$ we have $a \cdot 1 = a > 0$. Since $a(b + 1) = ab + a$, it follows from $a > 0$ and $ab > 0$ that $a(b + 1) > 0$[8]. □

We have $a(-b) = a(0 - b) = a \cdot 0 - ab = -ab$. Using also the commutative law, we see that the sign of the product changes if the sign of either of the two factors changes. Therefore, the relation between the sign of the factors and that of their product is as illustrated in the following table:

[7] The theory of cardinal numbers will be given in §8. Here, we assume it to be known.

[8] The induction we use here is of the following form. Suppose that $P(a)$ is true and that, if $P(x)$ is true for an $x \geqq a$, $P(x^+)$ is also true. Then $P(x)$ is true for all $x \geqq a$.

a	b	ab
+	+	+
+	−	−
−	+	−
−	−	+

Theorem 1.25. *The product is equal to 0 if and only if at least one of the factors is equal to 0.*

Proof. Necessity. In the case of two factors the assertion follows from the above table. For the general case we use induction.

Sufficiency. In the case of two factors the assertion follows from (4). For the general case we use induction.

§6 The categorical property of the infinite sequence

Infinite sequences are all isomorphic; namely, only one infinite sequence is possible in an abstract sense. More precisely, the following theorem holds.

Theorem 1.26. *Let N and S be infinite sequences and let φ and ψ be the self-correspondences in N and S, respectively, as stated in Axiom I. Then, given an arbitrary $a \in N$ and $p \in S$, there is a one-to-one correspondence F between N and S satisfying the following conditions:*

1) $$p = F(a); \tag{1}$$

2) *For $x \in N$ and $u \in S$*

$$u = F(x) \quad \textit{implies} \quad u^+ = F(x^+), \tag{2}$$

where $x^+ = \varphi(x)$ and $u^+ = \psi(u)$.

When there exists such a correspondence, we say that N and S are *isomorphic* and denote this by $N \simeq S$.

Proof. We use K and L to denote a progression and a regression in N, respectively, and by K' and L', a progression and a regression in S. It suffices to prove that

$$K(a) \simeq K'(p), \qquad L(a) \simeq L'(p).$$

First, we shall show that for any interval[9] $[a, n]$ there exists a unique correspondence F_n $(n \geqq a)$ satisfying (1) and (2). Here, of course, we require condition (2) only for x with $a \leqq x \leqq n^-$. F_a is determined by (1) only. In order to proceed by induction we assume that F_n is already determined and that the interval $[a, n]$ of $K(a)$ is mapped by F_n onto the interval $[p, w]$ of $K'(p)$. Under this hypothesis we shall construct F_{n^+}. The interval $[a, n]$ must be mapped by F_{n^+} onto the interval $[p, w]$ in exactly the same way as by F_n.

[9] The interval $[a, b]$ is by definition the set of all x such that $a \leqq x \leqq b$.

Furthermore, $F_{n^+}(n^+)$ is determined by (2). Namely, we must have

$$F_{n^+}(a) = p, \ldots, F_{n^+}(n) = F_n(n) = w, \qquad F_{n^+}(n^+) = w^+.$$

These are necessary conditions for F_{n^+}. But, it is clear that these are also sufficient to determine F_{n^+}. Thus, for any element n of $K(a)$ the correspondence F_n satisfying (1) and (2) is determined.

Now, for *all* $n \in K(a)$ we define $F(n)$ by

$$F(n) = F_n(n) \tag{3}$$

and show that F is the desired isomorphism between $K(a)$ and $K'(p)$. We shall first prove by induction in S that every element of $K'(p)$ corresponds to some element of N. In fact, $p = F(a)$ corresponds to a. Suppose $w \in S$ corresponds to $n \in N$. Since $w = F_n(n)$ and $w^+ = F_{n^+}(n^+)$, we have $w^+ = F(n^+)$ by (3) so that w^+ corresponds to n^+. Therefore, every element of $K'(p)$ corresponds to some element of $K(a)$. Next, we shall show that to distinct elements x, x' of N there correspond distinct elements u, u' of S. In fact, assume $x > x'$ and suppose that u and u' correspond to x and x', respectively. Since $x > x'$ implies $x' \in [a, x^-]$, we see that $u' \in [p, u^-]$. Hence, $u > u'$. Thus, we have shown that F is a one-to-one correspondence between $K(a)$ and $K'(p)$. It is also clear from the construction that F satisfies condition (2). In fact, $w = F(n)$ implies by (3) that $w = F_n(n)$ and hence $w^+ = F_{n^+}(n^+) = F(n^+)$. This concludes the proof of $K(a) \simeq K'(p)$. Similarly, we can prove $L(a) \simeq L'(p)$ using φ^{-1} in place of φ. Thus, we finally obtain $N \simeq S$.

The uniqueness of F can be proved easily by induction on n. □

The proof of the uniqueness and existence of F given above is an example of the so-called *inductive definition*. The method of determining $F(n)$ by (3) is called the *diagonal argument*.

$$\begin{array}{lllll}
F_1(a) & & & & \\
F_2(a), & F_2(a^+) & & & \\
\cdot & \cdot & \cdot & & \\
F_n(a), & F_n(a^+), & \ldots, & F_n(n) & \\
F_{n^+}(a), & F_{n^+}(a^+), & \ldots, & F_{n^+}(n), & F_{n^+}(n^+) \\
\cdot & \cdot & \ldots, & \cdot & \cdot \quad \cdot
\end{array}$$

Each row of the above table represents a mapping of one of the intervals $[a]$, $[a, a^+]$, …, $[a, n]$, $[a, n^+]$, … . Any number in each column is equal to the topmost one of the same column. The numbers on the oblique (diagonal) line are numbers $F(n)$ themselves.

§7 Natural numbers, positive and negative integers

1. Definition. A positive integer, i.e., an element of $K(1)$, is called a *natural number*.

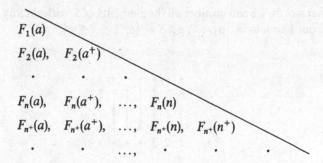

Natural numbers thus defined conform to Peano's axioms. Peano established the theory of natural numbers on the basis of the following axioms.

1°) 1 is a natural number.
2°) For each natural number x, there is determined its successor x'.
3°) If $x \neq y$, then $x' \neq y'$.
4°) $1 \neq x'$. (1 is the first natural number.)
5°) Let M be a set of natural numbers such that M contains 1 and such that M contains x' whenever M contains x. Then M contains all natural numbers. (The principle of the mathematical *induction*)

In fact, the progression $K(a)$ satisfies Peano's axioms if a is regarded as 1 in the above axioms and $\varphi(x)$ as the "successor" x' of x. The successor means that there is no number between x and $\varphi(x)$ in the order relation.

Now, all progressions are isomorphic to each other (Theorem 1.26). Among them we take a particular one $K(1)$ and call *positive integers* natural numbers.

2. A number which is greater than 0 is said to be *positive* and one smaller than 0 *negative.* $K(1)$ is the totality of all positive numbers and $L(-1)$ is the totality of all negative numbers. (Remark to Theorem 1.10)

$x \in K(1)$ implies $-x \in L(-1)$. Assigning $-x$ to x gives rise to a "dual" correspondence between $K(1)$ and $L(-1)$. That is, $x < x'$ implies $-x > -x'$.

§8 Number of objects, cardinal numbers

Definition. If a set S is equipotent to the interval $[1, n]$ of natural numbers, S is said to be a *finite set* and n the *number of elements* of S[10].

In other words, we can number all the elements of S, without any omission, by natural numbers from 1 to n as $a_1, a_2, \ldots, a_n$: $S = \{a_i; 1 \leqq i \leqq n\}$.

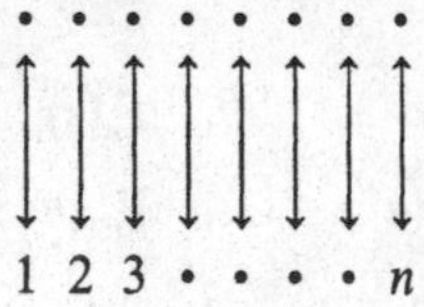

A natural number is called a *cardinal number* when it represents the number of objects in a set as exemplified above. In order to see that this definition of the number of objects in a set is legitimate, we must check that, for a given S, there exists at most one n such that $S \sim [1, n]$. Namely, we must show that, if $S \sim [1, n]$, then $S \sim [1, m]$ is impossible for $m \neq n$. If $S \sim [1, n]$ and $S \sim [1, m]$, it follows that $[1, n] \sim [1, m]$. Hence, it suffices to

[10] Here S is assumed to be non-empty. The empty set is a finite set.

show that $[1,n] \sim [1,m]$ cannot occur for $m \neq n$. For reasons of symmetry, we may assume that $m < n$. Then, $[1,m]$ is a proper subset of $[1,n]$. We shall prove the following more general theorem.

Theorem 1.27. *A finite set cannot be equipotent to a proper subset of itself.*

Proof. Since any finite set is equipotent to some $[1,n]$, it suffices to prove the theorem for $[1,n]$. Let $S = [1,n]$ and suppose that $T < S$. There is nothing to prove for the case $n = 1$, and we proceed by induction on n. Since T is a bounded subset of N, it has a largest element (Theorem 1.13), which we denote by t. Then, $t \leqq n$. Suppose that $T \sim [1,n]$. If t of T corresponds to n of $[1,n]$ by this equipotent relation, then the set T' which is formed by removing t from T and the interval $[1,n-1]$, which is the set formed by removing n from $[1,n]$, are equipotent to each other. But, this contradicts the induction hypothesis, because clearly $T' < [1,n-1]$. Suppose next that, in the equipotent relation $T \sim [1,n]$, t of T corresponds to n' of $[1,n]$ with $n' < n$. Then, n of $[1,n]$ corresponds to some t' of T which is smaller than t. We modify this correspondence by letting t and t' of T correspond to n and n' of $[1,n]$, respectively, and the rest be unchanged. Then, we would obtain a correspondence between T and $[1,n]$ in which t corresponds to n. But, this is impossible as we have shown above. □

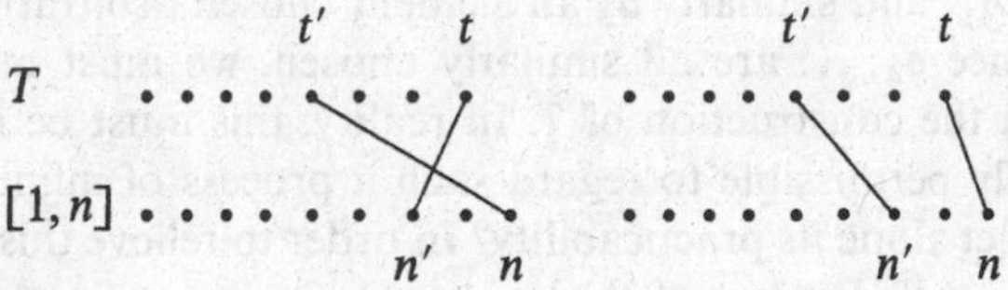

Theorem 1.28. *If S is a finite set and $T < S$, then T is also a finite set and the cardinal number of T is smaller than that of S.*

Proof. The theorem is all too obvious, intuitively(!), nor is its proof difficult. Again we may assume that $S = [1,n]$. There is nothing to prove for the case $n = 1$, and we proceed by induction on n. Let t be the largest element of T: $t \leqq n$. If $t = n$, then letting T' be the set formed by removing t from T we have $T' < [1,n-1]$. Consequently, $T' \sim [1,m]$ for some $m < n-1$ by the induction hypothesis. We then have $T \sim [1,m+1]$ with $m+1 < n$, which completes the proof in this case. If $t < n$, then n does not belong to T. Let T' be the set formed from T by removing t and adding n instead: $T' \cup \{t\} = T \cup \{n\}$. Then $T' \sim T$ and $T' < [1,n]$. Thus, this case is reduced to the previous one. □

§9 Infinite sets

Definition. A set which is not a finite set is called an *infinite set*.

Theorem 1.29. *The set of natural numbers $K(1)$ is an infinite set.*

Proof. Let $a > 1$. Then, $K(1) > K(a)$. On the other hand, we have $K(1) \sim K(a)$. In fact, $x \in K(1)$ implies $1 \leqq x$ and hence $a \leqq x + a - 1 \in K(a)$ (Theorem 1.18); and the correspondence $x \to x + a - 1$ produces an isomorphism between $K(1)$ and $K(a)$. Thus, $K(1)$ is equipotent to a proper subset of itself and hence cannot be equipotent to any $[1, n]$ (contraposition of Theorem 1.27). Hence, $K(1)$ cannot be a finite set. □

Definition. A set is said to be *countable*[11] if it is equipotent to the totality of natural numbers $K(1)$.

Theorem 1.30. *An infinite set contains a countable subset. In other words, $K(1)$ is an infinite set of the simplest type.*

Proof. Let S be an infinite set. Take an element a_1 of S and put $A_1 = \{a_1\}$. Since S is an infinite set, it is not equipotent to $\{a_1\}$. Consequently, S has an element distinct from a_1. Let a_2 be one such element (a_2 is an element of the complement $\overline{A_1}$ of A_1: $a_2 \in \overline{A_1}$). Adding a_2 to A_1, we put $A_2 = \{a_1, a_2\}$. Continuing in this way, we can construct a subset $A_n = \{a_1, a_2, \ldots, a_n\}$ of S for each natural number n. This can be proved by induction on n. Let T be the set of all such a_n. Then, T is a subset of S equipotent to $K(1)$[12]. □

In the above proof we defined the set T as the set of all a_n. In this process the element a_1 of T is an element chosen arbitrarily from S, a_2 an element chosen arbitrarily from the complement $\overline{A_1}$ of A_1, and similarly a_3 an element chosen arbitrarily from the complement $\overline{A_2}$ of A_2. Since a_4, ... are all similarly chosen, we must make infinitely many arbitrary choices in the construction of T. In reality, this must be regarded as impracticable. Is it logically permissible to regard such a process of infinitely many arbitrary choices as finished, let alone its practicability? In order to relieve this sense of uneasiness, one resorts to the so-called axiom of choice.

Axiom of choice. Given a family of infinitely many non-empty sets, there exists a correspondence ψ which assigns to each set A of the family an element $a = \psi(A)$ of A.

Let us take this axiom for granted. As a family in the axiom of choice we take the family of all non-empty subsets of S and suppose that a correspondence ψ as mentioned in the axiom has already been given. Then, in the above construction of T, at the point when we chose a_n arbitrarily from $\overline{A_n}$ we can instead put $a_n = \psi(\overline{A_n})$.

At many places in modern mathematics we often encounter situations where we need to refer to the axiom of choice.

Let S be an infinite set and let T be a subset of S which is equipotent to $K(1)$. There exists a T' such that $T' < T$ and $T' \sim T$ (see the proof of Theorem 1.29). If $T = S$, put $S' = T'$. If $T < S$, let $U = S - T$ (U is the complement of T in S) and put $S' = T' \cup U$. Then, in either case we have $S' < S$ and $S' \sim S$ (in the second case $S' \sim S$ follows from $T' \sim T$ and $U \sim U$). In other words, an infinite set S contains a proper subset S' which

[11] The word "countable" indicates that one can assign a different number to each member of the set.
[12] We use the diagonal argument (see page 291).

is equipotent to S itself. On the other hand, a finite set is not equipotent to any of its proper subsets (Theorem 1.27). Thus, infinite sets can be characterized as follows:

"An infinite set S is a set which contains a proper subset which is equipotent to S itself."

Dedekind adopted this statement as the definition of an infinite set and, in reverse, defined a finite set as a set which is not an infinite set. And on the basis of the possibility of the existence of infinite sets he tried to build a theory of natural numbers.

§10 Cycles

So far we have not dealt with the case (II) mentioned in §2.3. The case (II) is the case when $N = K(a)$ and in which we called N a cycle.

For dealing with cycles we use the following Axiom II′ instead of Axiom II.

Axiom II′ (Cycle axiom). *$M \subset N$ and $M^+ \subset M$ imply $M = N$.*

If we try to construct an independent theory of cycles based only on Axiom I and Axiom II′, it will be more difficult than in the case of infinite sequences. However, if we assume the natural numbers[13] as already known and treat them as at our disposal, then the structure theory of a cycle can be settled rather easily.

Theorem 1.31. *A cycle is a finite set. Its elements a_ν $(0 \leqq \nu \leqq m-1)$ can be so arranged that $a_{\nu+1} = \varphi(a_\nu)$ for $0 \leqq \nu \leqq m-2$ and $a_0 = \varphi(a_{m-1})$. Here, φ is the self-correspondence in Axiom I.*

Proof. Let a_0 be an arbitrary element of a cycle N, and put $a_{\nu+1} = \varphi(a_\nu)$ for all $\nu \geqq 0$. Then, the set of all a_ν is a progression in N. Denote this set by K. Then, $N = K$ by Axiom II′. Hence K contains a_0^-. This means that $a_0^- = a_{m-1}$ for some natural number $m \geqq 1$ and consequently $a_0 = \varphi(a_{m-1}) = a_m$. Let the smallest of such m (Theorem 1.13) be denoted anew by m. Then a_ν $(0 \leqq \nu \leqq m-1)$ exhaust all elements of N without repetition. Namely, the following assertions 1°) and 2°) hold.

[13] For convenience' sake we here regard the set of natural numbers as containing 0 also.

1°) For an arbitrary element a_n of N there exists ν with $0 \leqq \nu \leqq m-1$ such that $a_n = a_\nu$.

In fact, since $a_m = a_0$, we may proceed by induction on n ($n \geqq m$) and suppose that $a_n = a_\nu$ with $0 \leqq \nu < m-1$. Then, $a_{n+1} = \varphi(a_n) = \varphi(a_\nu) = a_{\nu+1}$. If $\nu < m-1$, then $\nu + 1 \leqq m-1$; and if $\nu = m-1$, then $a_{n+1} = a_m = a_0$. Thus, we are done.

2°) a_ν $(0 \leqq \nu \leqq m-1)$ are all mutually distinct.

Suppose that $a_\mu = a_\nu$ for some μ, ν with $0 \leqq \mu < \nu \leqq m-1$. Then we have $a_{\mu+s} = a_{\nu+s}$ by induction. Letting $\nu + s = m$, we have $a_{\mu+s} = a_m$, that is, $a_{\mu+s} = a_0$. Since $s > 0$ and $0 < \mu + s < m$, this contradict the assumption on m. Hence, the hypothesis $a_\mu = a_\nu$ is absurd.

By 1°) and 2°) the theorem is proved. □

We tentatively call the number of elements of a cycle N its *characteristic*.

Remark. A set $N = \{a_0\}$ consisting of a single element may be considered as a cycle of characteristic 1 defined by the identity correspondence $a_0 = \varphi(a_0)$. For convenience' sake we have excluded this case from the beginning of our considerations.

The structure of a cycle stated in the above theorem is deduced from Axioms I and II′ for a cycle. The cycle constructed as in the above proof actually satisfies Axioms I and II′. For Axiom I this is obvious. Our task is to verify Axiom II′, namely, to prove that, if $M < N$, φ does not give a self-correspondence among the elements of M.

Let the elements of N be expressed as a_ν $(0 \leqq \nu \leqq m-1)$ as before. Looking at indices ν of elements a_ν, let p be the largest index among indices of all the elements of M and q the smallest index among indices of all the elements not contained in M (that is, elements of the complement $\overline{M}$). If $p < m-1$, we have $a_p \in M$ and $\varphi(a_p) = a_{p+1} \notin M$. If $q > 0$, we have $a_{q-1} \in M$ and $\varphi(a_{q-1}) = a_q \notin M$. There remains the case when $p = m-1$ and $q = 0$. In this case we have $a_{m-1} \in M$ and $\varphi(a_{m-1}) = a_m = a_0 \notin M$. In all cases examined above φ does not give a self-correspondence in M (as we had expected). Thus, N satisfies Axiom II′.

We have just proved the realizability of a cycle, namely the consistency of Axioms I and II′. The proof was possible because we based it on the realizability of the natural numbers (from our standpoint, of infinite sequences). The realizability of natural numbers itself is a different question.

It will be clear from the construction of a cycle formulated above that cycles of given characteristic are all isomorphic (§6).

A cycle of characteristic m is, as a set, equipotent to the interval $[1, m]$ of natural numbers. Being regarded merely as sets, cycles represent all possible types of finite sets, and an infinite sequence represents the simplest type of infinite set (a countable set). We find interest in the fact that these are unified by Axioms I and II of §1.

Except for relations involving the order, the theorems concerning the addition and multiplication (i.e. the unique possibility of addition, subtraction, and multiplication, as well as the associative, commutative, and distributive laws) apply also to cycles. This is why we did not use the relation of order in the proof of these theorems in §4 and §5.

A cycle of characteristic m is isomorphic to the ring of residue classes modulo m in the theory of numbers.

Chapter 2 Rational numbers

§11 Arithmetic operations on rational numbers

It is quite a simple matter, as we shall see below, to present logically the theory of rational numbers, once the theory has been completed.

1. Consider a pair of integers (a, b) with $b \neq 0$ and form from it a symbol $\frac{a}{b}$. We shall make these symbols the objects of our consideration. The symbol $\frac{a}{b}$ is called a *fraction, a* its *numerator*, and b its *denominator*.

Definition 1. We say that $\frac{a}{b}$ is equivalent to $\frac{c}{d}$ $\left(\text{in symbols } \frac{a}{b} \sim \frac{c}{d}\right)$ if $ad = bc$.

Theorem 2.1. *The equivalence of fractions is an equivalence relation. To be precise, it satisfies the following three conditions*:

1) *Reflexive law*: $\frac{a}{b} \sim \frac{a}{b}$;
2) *Symmetric law*: $\frac{a}{b} \sim \frac{c}{d}$ *implies* $\frac{c}{d} \sim \frac{a}{b}$;
3) *Transitive law*: $\frac{a}{b} \sim \frac{c}{d}$ *and* $\frac{c}{d} \sim \frac{e}{f}$ *imply* $\frac{a}{b} \sim \frac{e}{f}$.

Proof. 1) and 2) are obvious from the definition. As for 3) we have by the assumption

$$ad = bc, \qquad cf = de.$$

Therefore, we have $adf = bcf$ and $bcf = bde$. Hence, $adf = bde$. Since $d \neq 0$ we obtain

$$af = be \quad \text{and hence} \quad \frac{a}{b} \sim \frac{e}{f}. \qquad \square$$

Definition 2. By Theorem 2.1 we can classify all the fractions into classes in such a way that mutually equivalent fractions belong to the same class and that inequivalent ones belong to different classes. Each class is said to *determine a rational number*. A rational number is said to be *represented* by each fraction belonging to the corresponding class of fractions.

Remark. In each class of fractions there exists one whose denominator and numerator have no common divisors (the so-called irreducible fraction). Let $\frac{a_0}{b_0}$ be such a fraction. Then, the class under consideration consists of all fractions of the form $a_0 m/b_0 m$, $m = \pm 1, \pm 2, \ldots$.

Proof. Consider a class of fractions and let a_0/b_0 be a fraction whose denominator has the smallest absolute value[1] among all the fractions in that class[2]. As $a_0/b_0 \sim (-a_0)/(-b_0)$, we may assume that $b_0 > 0$. Let a/b be an arbitrary fraction in the same class. Dividing b by b_0, let

$$b = b_0 m + b', \qquad b_0 > b' \geqq 0^3.$$

Here, $m \neq 0$, of course. Using this m, we put

$$a = a_0 m + a'.$$

Since $a_0/b_0 \sim a/b$, we have

$$a_0 b = a b_0.$$

Substituting the above expressions for a and b, we obtain

$$a_0(b_0 m + b') = (a_0 m + a')b_0, \quad \text{i.e.}$$

$$a_0 b' = a' b_0.$$

If $b' > 0$, then $a_0/b_0 \sim a'/b'$. Since $b' < b_0$, this contradicts the assumption on a_0/b_0. Hence, $b' = 0$. From the above equality we then have $a'b_0 = 0$. Hence, $a' = 0$ because $b_0 \neq 0$. Thus, we have seen that

$$a = a_0 m, \qquad b = b_0 m. \qquad (m \neq 0)$$

This means that any fraction in our class is of the form $a_0 m/b_0 m$. Conversely, for any $m \neq 0$ we have $a_0 m/b_0 m \sim a_0/b_0$ (Definition 1).

Finally, we shall see that a_0/b_0 is an irreducible fraction. In fact, if $a_0 = a'q$ and $b_0 = b'q$ with $|q| \neq 1$, then $|b'| < |b_0|$ and $a_0/b_0 \sim a'/b'$. This contradicts the assumption on a_0/b_0. □

2. Definition 3. (Addition) We define the addition of the fractions $\frac{a}{b}$ and $\frac{c}{d}$ by

$$\frac{a}{b} + \frac{c}{d} = \frac{ad + bc}{bd}.$$

Theorem 2.2. *If* $\frac{a}{b} \sim \frac{a'}{b'}$ *and* $\frac{c}{d} \sim \frac{c'}{d'}$, *then* $\frac{a}{b} + \frac{c}{d} \sim \frac{a'}{b'} + \frac{c'}{d'}$.

Proof. By assumption we have $ab' = ba'$ and $cd' = dc'$. Multiplying both sides of the first equality by dd' and those of the second one by bb', we obtain

$$ab'dd' = ba'dd', \qquad cd'bb' = dc'bb'.$$

[1] The absolute value $|a|$ of an integer a is defined to be the one of a and $-a$ which is not negative. In other words, $|a| = a$ if $a > 0$, $|a| = -a$ if $a < 0$, and $|0| = 0$.
[2] This exists in virtue of Theorem 1.13.
[3] Let M be the set of multiples of b_0 which are greater than b. (If $b \leqq 0$, b_0 itself is greater than b, and if $b \geqq 1$, $bb_0 + b_0$ is a multiple of b_0 which is greater than b.) As M is bounded from below (b being a lower bound of M), M has a unique smallest element m' (Theorem 1.13). It is then easily verified that $m = m' - 1$ has this property.

Adding these two equalities, we obtain

$$(ad + bc)b'd' = (a'd' + b'c')bd.$$

Since $b, b', d, d' \neq 0$ by assumption, we see that

$$\frac{ad + bc}{bd} \sim \frac{a'd' + b'c'}{b'd'}.$$

That is to say,

$$\frac{a}{b} + \frac{c}{d} \sim \frac{a'}{b'} + \frac{c'}{d'}.$$

□

Definition 4. By Theorem 2.2 the sum of two fractions, one representing the rational number α and the other, β, belongs to a class uniquely determined by α and β. The rational number γ determined by this class is called the *sum* of α and β: $\alpha + \beta = \gamma$.

Theorem 2.3 $\alpha + \beta = \beta + \alpha$.

Proof. Suppose that[4] $\alpha = \frac{a}{b}$ and $\beta = \frac{c}{d}$. Then,

$$\alpha + \beta = \frac{a}{b} + \frac{c}{d} = \frac{ad + bc}{bd},$$

$$\beta + \alpha = \frac{c}{d} + \frac{a}{b} = \frac{cb + da}{db}.$$

Hence, $\alpha + \beta = \beta + \alpha$. □

Theorem 2.4. $(\alpha + \beta) + \gamma = \alpha + (\beta + \gamma)$.

Proof. Let $\alpha = \frac{a}{b}$, $\beta = \frac{c}{d}$, and $\gamma = \frac{e}{f}$. Then,

$$\left(\frac{a}{b} + \frac{c}{d}\right) + \frac{e}{f} = \frac{ad + bc}{bd} + \frac{e}{f} = \frac{adf + bcf + bde}{bdf},$$

$$\frac{a}{b} + \left(\frac{c}{d} + \frac{e}{f}\right) = \frac{a}{b} + \frac{cf + de}{df} = \frac{adf + bcf + bde}{bdf}.$$

This proves the assertion. □

Theorem 2.5. *All the fractions of the form a/b $(b \neq 0)$ with $a = 0$ form an equivalence class.*

[4] By the equality sign $=$ here we mean that α is represented by $\frac{a}{b}$ and β by $\frac{c}{d}$.

Proof. $\frac{0}{b} \sim \frac{0}{d}$ is equivalent to $0 \cdot d = 0 \cdot b$, which is certainly correct. Conversely, if $\frac{0}{b} \sim \frac{c}{d}$, then $bc = 0$. Since $b \neq 0$, we have $c = 0$. □

Definition 5. The rational number represented by this class is denoted by 0.

Theorem 2.6. $\alpha + 0 = \alpha$.

Proof. $\frac{a}{b} + \frac{0}{d} = \frac{ad}{bd} \sim \frac{a}{b}$. □

Theorem 2.7. $\frac{a}{b} + \frac{-a}{b} = 0$.

Proof. $\frac{a}{b} + \frac{-a}{b} = \frac{ab - ab}{bb} = \frac{0}{bb}$. □

Theorem 2.8. *The equation $x + \alpha = \beta$ has a unique solution.*

Proof. Let $\alpha = \frac{a}{b}$ and $\beta = \frac{c}{d}$. Then $x = \frac{c}{d} + \frac{-a}{b}$ is a solution. In fact, by Theorems 2.4, 2.7, and 2.6 we have

$$\left(\frac{c}{d} + \frac{-a}{b}\right) + \frac{a}{b} = \frac{c}{d} + \left(\frac{-a}{b} + \frac{a}{b}\right) = \frac{c}{d} + 0 = \frac{c}{d}.$$

Conversely, $x + \frac{a}{b} = \frac{c}{d}$ implies, successively,

$$\left(x + \frac{a}{b}\right) + \frac{-a}{b} = \frac{c}{d} + \frac{-a}{b},$$

$$x + \left(\frac{a}{b} + \frac{-a}{b}\right) = \frac{c}{d} + \frac{-a}{b}, \quad \text{(by Theorem 2.4)}$$

$$x + 0 = \frac{c}{d} + \frac{-a}{b}, \quad \text{(by Theorem 2.7)}$$

$$x = \frac{c}{d} + \frac{-a}{b}. \quad \text{(by Theorem 2.6)}$$

Hence, the solution is unique. □

Remark. We denote the solution of $x + \alpha = \beta$ by $\beta - \alpha$ and abbreviate $0 - \alpha$ to $-\alpha$.

We have $\beta - \alpha = \beta + (-\alpha)$. Hence, subtracting α is the same as adding $-\alpha$, as in the case of integers.

3. Definition 6. (Multiplication) We define the multiplication of the fractions $\frac{a}{b}$ and $\frac{c}{d}$ by

$$\frac{a}{b}\cdot\frac{c}{d} = \frac{ac}{bd}.$$

Theorem 2.9. *If* $\frac{a}{b} \sim \frac{a'}{b'}$ *and* $\frac{c}{d} \sim \frac{c'}{d'}$, *then* $\frac{a}{b}\cdot\frac{c}{d} \sim \frac{a'}{b'}\cdot\frac{c'}{d'}$.

Proof. By assumption we have

$$ab' = a'b, \qquad cd' = c'd.$$

Hence,

$$ab'cd' = a'bc'd.$$

Since $bd \neq 0$ and $b'd' \neq 0$, we obtain

$$\frac{ac}{bd} \sim \frac{a'c'}{b'd'}. \qquad \square$$

Definition 7. By Theorem 2.9 the product $\frac{a}{b}\cdot\frac{c}{d}$ of fractions $\frac{a}{b}$ and $\frac{c}{d}$, representing respectively the rational numbers α and β belongs to a class uniquely determined by α and β. The rational number γ determined by this class is called the *product* of α and β: $\alpha\beta = \gamma$.

Theorem 2.10. $(\alpha\beta)\gamma = \alpha(\beta\gamma)$.

Proof. Let $\alpha = \frac{a}{b}$, $\beta = \frac{c}{d}$, and $\gamma = \frac{e}{f}$. Then

$$(\alpha\beta)\gamma = \frac{ac}{bd}\cdot\frac{e}{f} = \frac{ace}{bdf}, \qquad \alpha(\beta\gamma) = \frac{a}{b}\cdot\frac{ce}{df} = \frac{ace}{bdf}. \qquad \square$$

Theorem 2.11. $\alpha\beta = \beta\alpha$.

Proof. Let $\alpha = \frac{a}{b}$ and $\beta = \frac{c}{d}$. Then,

$$\alpha\beta = \frac{ac}{bd}, \qquad \beta\alpha = \frac{ca}{db} = \frac{ac}{bd}. \qquad \square$$

Theorem 2.12. $(\alpha + \beta)\gamma = \alpha\gamma + \beta\gamma$.

Proof. Let $\alpha = \frac{a}{b}$, $\beta = \frac{c}{d}$, and $\gamma = \frac{e}{f}$. Then,

$$(\alpha + \beta)\gamma = \left(\frac{a}{b} + \frac{c}{d}\right)\frac{e}{f} = \frac{ad + bc}{bd}\cdot\frac{e}{f} = \frac{ade + bce}{bdf}.$$

$$\alpha\gamma + \beta\gamma = \frac{a}{b}\cdot\frac{e}{f} + \frac{c}{d}\cdot\frac{e}{f} = \frac{ae}{bf} + \frac{ce}{df} \sim \frac{ade}{bdf} + \frac{bce}{bdf} \sim \frac{ade + bce}{bdf}. \qquad \square$$

Theorem 2.13. $\alpha\beta = 0$ *if and only if either* $\alpha = 0$ *or* $\beta = 0$.

Proof. Let $\alpha = \frac{a}{b}$ and $\beta = \frac{c}{d}$. Then, $\alpha\beta = \frac{ac}{bd}$. Since this is equal to 0 if and only if $ac = 0$, the assertion is reduced to the corresponding assertion in the case of integers. □

Theorem 2.14. *If* $\alpha \neq 0$, *then the equation* $x\alpha = \beta$ *has a unique solution.*

Proof. Let $\alpha = \frac{a}{b}$ and $\beta = \frac{c}{d}$. Then, $a \neq 0$, $b \neq 0$, and $d \neq 0$ by assumption, and $x = \frac{bc}{ad}$ gives a solution. The uniqueness of the solution can be derived from Theorem 2.13 by using the distributive law. □

4. Two fractions with the denominator 1 are equivalent if and only if their numerators are the same. Furthermore, their addition and their multiplication are reduced to those of their numerators. Therefore, by identifying integers with fractions whose denominator is 1, we can regard integers as special cases of rational numbers. A fraction whose numerator is an integral multiple of its denominator is equivalent to an integer.

In fact, $\frac{a}{1} \sim \frac{b}{1}$ is equivalent to $a \cdot 1 = b \cdot 1$ and hence to $a = b$. Furthermore,

$$\frac{a}{1} + \frac{b}{1} = \frac{a \cdot 1 + b \cdot 1}{1 \cdot 1} = \frac{a+b}{1}, \qquad \frac{a}{1} \cdot \frac{b}{1} = \frac{ab}{1}, \qquad \frac{an}{a} = \frac{n}{1}.$$ □

5. The integral multiples of a rational number α are defined inductively by the following formula, where n is an integer:

$$\alpha \cdot 0 = 0, \qquad \alpha \cdot (n \pm 1) = \alpha \cdot n \pm \alpha.$$

Let $\alpha = \frac{a}{b}$. Then we have $\alpha \cdot n = \frac{an}{b}$. It is in fact easy to verify that they satisfy the above inductive formula.

Thus, n times α equals $\alpha \cdot \frac{n}{1}$. Namely, the multiplication of rational numbers is an extension of that of integers.

The division into equal parts is possible among rational numbers as the inverse of forming an integral multiple; and it is a special case of division in the rational numbers. The division of a rational number α into n equal parts, where n is an integer, is the process of finding β satisfying $\beta \cdot n = \alpha$, and β is given by $\beta = \alpha \Big/ \frac{n}{1}$. Namely, if $\alpha = \frac{a}{b}$, then $\beta = \frac{a}{bn}$.

§12 The sign and the order of rational numbers

Definition 1. We say $a/b \gtreqless 0$ according as $ab \gtreqless 0$.

The sign of a/b thus defined is common to all the fractions belonging to the same equivalence class of fractions. In fact, if $a/b \sim c/d$, then $ad = bc$ and hence $abd^2 = cdb^2$.

Consequently, according as $ab \gtreqless 0$, we have $cd \gtreqless 0$, that is $c/d \gtreqless 0$. We call this common sign the sign of the rational number determined by the class.

Theorem 2.15. α $(\alpha \neq 0)$ *and* $-\alpha$ *have the opposite sign.*

Proof. If $\alpha = a/b$, then $-\alpha = -a/b$. Since ab and $-ab$ have the opposite sign, the assertion follows. □

Theorem 2.16. *If* $\alpha > 0$ *and* $\beta > 0$, *then* $\alpha + \beta > 0$.

Proof. If $\alpha = a/b$ and $\beta = c/d$, then $ab > 0$ and $cd > 0$ by assumption. Since $\alpha + \beta = \dfrac{ad + bc}{bd}$, the assertion follows from $(ad + bc)bd = abd^2 + b^2cd > 0$. □

Definition 2. We say $\alpha > \beta$ when $\alpha - \beta > 0$. (When $\alpha - \beta < 0$, then $\beta - \alpha > 0$ (Theorem 2.15) and hence $\beta > \alpha$.)

Theorem 2.17. *The order in the rational numbers conforms to three laws of order*:

1) *irreflexive law*: $\alpha > \alpha$ *does not hold;*
2) *antisymmetric law*: $\alpha > \beta$ *and* $\beta > \alpha$ *are incompatible;*
3) *transitive law*: $\alpha > \beta$ *and* $\beta > \gamma$ *imply* $\alpha > \gamma$.

Proof. 1) is true because $\alpha - \alpha > 0$ does not hold. 2) is true because $\alpha - \beta$ and $\beta - \alpha$ have the opposite sign (Theorem 2.15). 3) By assumption we have $\alpha - \beta > 0$ and $\beta - \gamma > 0$. Hence, $\alpha - \gamma = (\alpha - \beta) + (\beta - \gamma) > 0$ (Theorem 2.16). □

Theorem 2.18. *Given two rational numbers* α *and* β, *exactly one of the following three relations holds*:

$$\alpha = \beta, \qquad \alpha > \beta, \qquad \beta > \alpha.$$

Proof. When $\alpha = \beta$ does not hold, we have $\alpha - \beta \neq 0$ and hence either $\alpha - \beta > 0$ or $\alpha - \beta < 0$. Thus, either $\alpha > \beta$ or $\beta > \alpha$. □

Theorem 2.19. *According as* α *and* β, *different from* 0, *have the same or the opposite sign, we have* $\alpha\beta > 0$ *or* $\alpha\beta < 0$.

Proof. If $\alpha = \dfrac{a}{b}$ and $\beta = \dfrac{c}{d}$, then $\alpha\beta = \dfrac{ac}{bd}$. Now, $\alpha \gtreqless 0$ and $\beta \gtreqless 0$ are equivalent to $ab \gtreqless 0$ and $cd \gtreqless 0$, respectively. And $\alpha\beta \gtreqless 0$ is equivalent to $acbd = ac \cdot bd \gtreqless 0$. Thus, the assertion is reduced to the case of integers. □

Theorem 2.20. *Suppose that* $\alpha > \beta$. *Then,*

$$\alpha\gamma > \beta\gamma \quad \textit{if} \quad \gamma > 0,$$

$$\alpha\gamma < \beta\gamma \quad \textit{if} \quad \gamma < 0.$$

Proof. $\alpha - \beta > 0$ by assumption. Hence, according as $\gamma \gtrless 0$, we have $\alpha\gamma - \beta\gamma = (\alpha - \beta)\gamma \gtrless 0$, that is, $\alpha\gamma \gtrless \beta\gamma$. □

§13 The set of rational numbers

1. An order is defined between two distinct rational numbers. That is, the set of all rational numbers forms an *ordered set*. In this respect it is similar to the set of integers. But one characteristic property of the set of rational numbers is its *density*. Namely, we have the following theorem.

Theorem 2.21. *Between two distinct rational numbers there are infinitely many rational numbers. More precisely, if a and b are rational numbers such that $a > b$, then there exist infinitely many rational numbers c such that $a > c > b$.*

Proof. The condition $a > c > b$ is satisfied for example by $c = \dfrac{a+b}{2}$. In fact,

$$a - \frac{a+b}{2} = \frac{a-b}{2} > 0, \qquad \frac{a+b}{2} - b = \frac{a-b}{2} > 0.$$

Thus, between two distinct rational numbers there is always a third rational number. Hence between two distinct rational numbers there are infinitely many rational numbers. With the above notation, between a and c there is a rational number c' such that $a > c' > c$ and c' naturally satisfies $a > c' > b$. Between a and c' there is c'' such that $a > c'' > c'$ and c'' satisfies $a > c'' > b$. In this way we can find infinitely many rational numbers $c, c', c'', \ldots$ such that $a > \cdots > c'' > c' > c > b$. □

2. The totality of rational numbers forms an infinite set and it includes the totality of all integers as a small part of it. However, as sets, the totality of all rational numbers is equipotent to the totality of integers. Indeed, we have the following theorem.

Theorem 2.22. *The set of all rational numbers is countable.*

In order to prove this theorem we use the following general theorem.

Theorem 2.23. *A countable union of countable sets A_i, $i = 1, 2, \ldots$, is countable.*

Proof. Since A_i is countable, its element can be represented by pairs (i, j), $j = 1, 2, \ldots$. We number the elements (i, j) of the union $\bigcup_{i=1}^{\infty} A_i$ in the following way. First, we give the number 1 to the element $(1, 1)$. We next take up elements with $i + j = 3$ and assign the numbers 2 and 3 to $(1, 2)$ and $(2, 1)$, respectively. Proceeding in this way, we order all the elements (i, j) first by the sum $i + j = s$ and, among those with the same s, by the first component i.

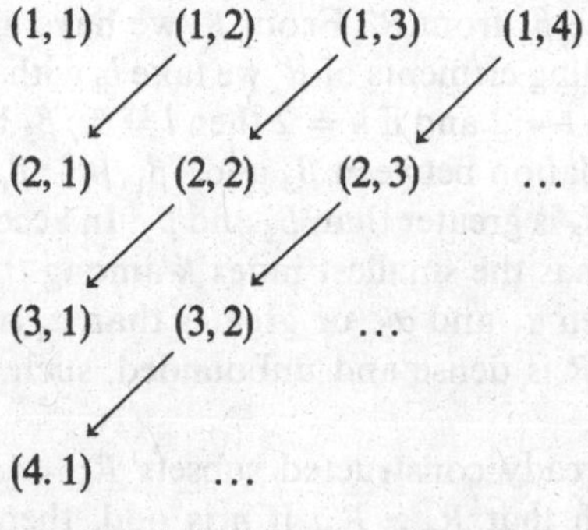

Different (i, j) may represent the same element of the union. In that case we omit these (i, j) except the one which appears first in the above ordering. When some of the A_i's are finite sets or when the number of A_i is finite, some of the (i, j) do not appear. We simply skip such indices in our numbering. □

As for the set of all rational numbers, we let the positive fraction m/n be denoted by (m, n) and number them in the above way, omitting all fractions which are not irreducible. Thus, the set of all positive rational numbers is countable. Consequently, the set of all rational numbers is countable as the union of two countable sets.

3. In §11 we constructed the theory of rational numbers using the possibility of four arithmetic operations as the guiding principle. Independently of that, we can characterize the set of rational numbers by its countability and its density with respect to the order. Thus, we have the following theorem.

Theorem 2.24. *Suppose that R is an ordered set such that R is* (1) *dense,* (2) *unbounded (i.e. neither bounded from above nor from below), and* (3) *countable. Then, R is similar (i.e., isomorphic as an ordered set) to the set of all rational numbers.*

We shall first explain the meaning of this theorem. Since the ordered set R is countable, we can number all the elements of R. But the order of this numbering is irrelevant to the order of R as an ordered set. Since R is dense, it is impossible to number all the elements of R in accordance with the order of R. Now, the set of all rational numbers is dense, and unbounded with respect to its order, and it is countable. Therefore, it suffices to prove that two ordered sets R and R' each having these three properties are similar. Here, R and R' are said to be similar (written $R \simeq R'$) if there is a one-to-one correspondence between R and R' such that $a < b$ in R implies $a' < b'$ in R' with a' and b' being the elements of R' corresponding respectively to a and b of R.

Proof. We fix a numbering $a_1, a_2, \ldots$ of the countable set R and a numbering $b_1, b_2, \ldots$ of R'. We first let b_1 correspond to a_1 and put $a_1 = \alpha_1$ and $b_1 = \beta_1$. Next put $a_2 = \alpha_2$. According as $a_1 < a_2$ or $a_1 > a_2$ we choose b_k so that b_k has the smallest index k among those b_k which are greater or smaller than β_1. Put $b_k = \beta_2$. Since R' is unbounded, such a β_2 surely exists. In this way, the subset $\{\alpha_1, \alpha_2\}$ of R and the subset $\{\beta_1, \beta_2\}$ of R' correspond to each other and they are similar: $\{\alpha_1, \alpha_2\} \simeq \{\beta_1, \beta_2\}$.

At the next step we choose β_3 from R'. From R' we have already choosen $\beta_1 = b_1$ and $\beta_2 = b_k$. Among the remaining elements of R' we take b_l with the smallest index l and put $\beta_3 = b_l$. (Thus, if $k > 2$ then $l = 2$ and if $k = 2$ then $l = 3$.) β_3 being thus chosen, there are three cases for the order relation between β_3 and $\{\beta_1, \beta_2\}$: β_3 is smaller than β_1 and β_2; β_3 is between β_1 and β_2; or β_3 is greater than β_1 and β_2. In accordance with these three cases, we choose a_k so that a_k has the smallest index k among those a_k which are either smaller than α_1 and α_2, between α_1 and α_2, or greater than α_1 and α_2. Put $\alpha_3 = a_k$ and let it correspond to β_3. Since R is dense and unbounded, such an α_3 surely exists and $\{\alpha_1, \alpha_2, \alpha_3\} \simeq \{\beta_1, \beta_2, \beta_3\}$.

Suppose that we have already constructed subsets $R_n = \{\alpha_1, \alpha_2, \ldots, \alpha_n\}$ of R and $R'_n = \{\beta_1, \beta_2, \ldots, \beta_n\}$ of R' such that $R_n \simeq R'_n$. If n is odd, then among the remaining elements of R we take the one with the smallest index and let it be α_{n+1}. As before, we then choose β_{n+1} suitably from R' so that

$$R_{n+1} = \{\alpha_1, \alpha_2, \ldots, \alpha_n, \alpha_{n+1}\} \simeq R'_{n+1} = \{\beta_1, \beta_2, \ldots, \beta_n, \beta_{n+1}\}.$$

If n is even, then among the remaining elements of R' we take the one with the smallest index and let it be β_{n+1}, and we then choose α_{n+1} suitably from R. In this construction elements a_n and b_n of R and R' with the same index n are necessarily chosen during the first $2n$ choices in the process, and we obtain the desired similarity between R and R'.[5] □

Remark. An open interval $(a, b) = \{x; a < x < b\}$ of rational numbers satisfies the three conditions of the above theorem, and consequently it is similar to the set of all rational numbers. Similarly, the set of all decimal fractions $(a/10^n)$ with finite integral a is similar to the set of all rational numbers, even though the former is only a small portion of the latter.

Chapter 3 Real numbers

§14 Continuous set

Among the positions of points on a line there is the order of left and right. In the course of time, too, the order of before and after can be distinguished. These two types of order are isomorphic. Namely, if we imagine a point moving continuously on a line from left to right, then to each specific time there corresponds a specific position of this moving point, and to the "before or after" of time there corresponds the "left or right" of position.

Bearing such situations in mind, we define an ordered set in an abstract way as follows.

1. *Ordered set.* Let R be a set. When a relation which satisfies the following conditions (1)–(3) is defined between any two elements a, b of R, we call this relation the *order* and the set R an *ordered set*. We denote this relation of order by $a < b$.

[5] To be more precise, we use the diagonal argument (see page 291).

(1) For any two elements a, b of R one of the following relations holds: $a = b, a < b, b < a$.
(2) Among relations $a = b, a < b, b < a$ no two hold simultaneously.
(3) (Transitive law) If $a < b$ and $b < c$, then $a < c$.

Though we use such a familiar word as order, we do not imagine anything concrete about the relation of order beyond the requirement that the relation of order satisfy the above three conditions.

If $a < b$ and if there exists no element x such that $a < x < b$, we call a the *immediate predecessor* of b and b the *immediate successor* of a.

When every element of an ordered set has both the immediate predecessor and the immediate successor, we say that this set is *discrete*. Here, if the set has a maximum or a minimum element[1], we do not of course require the existence of the immediate successor of the maximum and the immediate predecessor of the minimum. For example, the set of integers is a discrete set with respect to its natural order.

A finite ordered set is necessarily discrete.

2. Let R be an ordered set. If for any two distinct elements a and b of R there exists another element c between a and b (i.e. $a < c < b$ or $b < c < a$) and hence there are infinitely many elements between a and b [2], R is said to be *dense*. In a dense set any element has neither its immediate predecessor nor its immediate successor. For example, the totality of rational numbers is dense with respect to its natural order.

3. Suppose that we divide an ordered set R into two non-empty parts A and A' in such a way that any element of A is smaller than any element of A'. We call such a pair (A, A') a *cut* (Schnitt) of R; and we call A the *lower class* and A' the *upper class* of the cut (A, A'). Given a cut, there are the following three possible cases:

(i) The lower class A has a maximum and the upper class A' has a minimum. We call a cut of this type a *leap*.
(ii) The lower class A does not have a maximum and the upper class A' does not have a minimum. We call a cut of this type a *gap*.
(iii) The lower class A has a maximum and the upper class A' does not have a minimum, or the upper class A' has a minimum and the lower class A does not have a maximum. We call a cut of this type a *regular cut*.

In a dense set there never is a leap, but there may be a gap. Take an element a and let A be the set of all x such that $x < a$ and A' the complement of A. Then a is the minimum of A', but A does not have a maximum[3]. If we remove a from A' and add it to A, that is, if we let A be the set of all x such that $x \leqq a$, then a is the maximum of A, but A' does not have a minimum. Thus, if we construct a cut in a dense set using an element a as the

[1] When there is no elements x such that $a < x$, a is called a *maximum element*, and when there is no element x such that $x < a$, a is called a *minimum element*. In general, when $a < b$, we say that a is smaller than b or b is greater than a. "Great or small", this is merely a conventional way of expression. Instead of saying "greater or smaller" we may say "right or left" or "before or after".
[2] See the proof of Theorem 2.21.
[3] It is tacitly assumed that a is not a minimum element of R.

boundary of that cut, then it is a regular cut. However, there may exist a cut which cannot be determined by an element a in the manner described above, and such a cut, if exists, will be a gap. For example, as we shall see later, the totality of rational numbers admits infinitely many gaps.

4. *Continuous set.* When all cuts in an ordered set are regular, this set is said to be *continuous*, or more precisely, *continuous in the sense of Dedekind*. It is an ordered set with no leaps and no gaps.

For example, we perceive intuitively that the totality of all points on a line is continuous in the above sense. Therefore, a continuous set is also called a *linear continuum*. In this book we will call a continuous set a *one-dimensional continuum*[4]. (However, among linear continua thus defined there are ones which are much more complicated than the set of points on a line[5].)

We have defined the lower and the upper classes of a cut in a form they are related to each other. We can also define them separately. Once one of them is defined, the other will be automatically determined as its complement. The definition of a lower class is as follows.

A proper subset A of an ordered set R is called a *lower class* (or a set of lower class) if, for every $x \in A$, A contains all x' such that $x' < x$.

In fact, letting A' be the complement of A, we have $a < a'$ for all $a \in A$ and $a' \in A'$. For, if we suppose $a' < a$, then the assumption $a \in A$ would imply $a' \in A$ which is a contradiction. Hence, A and A' are the lower and the upper classes of a cut.

In the same way an upper class can be defined as a proper subset of A satisfying the condition that, for every $x \in A$, A contains all x' such that $x < x'$.

Consider a cut which is not a leap. The lower class may or may not have a maximum. Suppose that the lower class has a maximum. If we remove this maximum from the lower class and add it to the upper class, no essential change would occur to the nature of the cut. It is often convenient to agree that the lower class of a cut which is not a leap does not have a maximum. In what follows we always use this convention unless otherwise stated.

5. *Construction of a continuous set from a dense set.* When a dense set R has gaps, we can extend it to a continuum $\bar{R}$ by introducing new elements which fill these gaps. The introduction of new elements, however, is not to be done in an arbitrary way. What we shall do is simply to give new names to gaps which already exist in R and regard them as new elements in $\bar{R}$.

In order to make the extended $\bar{R}$ a continuous set, we must define an order in $\bar{R}$, at the same time preserving of course the order which already exists in R. Let α be a new element corresponding to the cut (A, A') of R. We say that any element a of A is smaller than α $(a < \alpha)$ and that any element a' of A' is greater than α $(\alpha < a')$. In this way the

[4] To be precise, it is also assumed that a one-dimensional continuum does not contain a maximum nor a minimum. In what follows it is also assumed tacitly that a dense set R has neither a maximum nor a minimum.

[5] c.f., §21.3 below.

order between α and all the elements of R is defined. It is quite natural. Next, let α and β be new elements corresponding to the cuts (A, A') and (B, B'), respectively ($\alpha \neq \beta$). Then, A and B are distinct lower classes. Hence, we may assume without loss of generality that, say, B contains an element b which is not contained in A. Then, b must belong to A'. Consequently, any element of A is smaller than b and hence belongs to B. Thus, $A \subset B$ as sets and, more strongly, we have $A < B$. In this case we determine the order between α and β as $\alpha < \beta$.

The order between a new element and an old element (i.e. an element of R) defined above is also reduced to the relation of inclusion between their lower classes.[6] In fact, if $a < \alpha$, then a belongs to the lower class of α so that the lower class of a is entirely contained in the lower class of α. Likewise, if $\alpha < b$, then b belongs to the upper class of α so that the lower class of α is entirely contained in the lower class of b. (It is also clear that the order relation between two old elements is reduced to the inclusion relations between the lower classes of the cuts determined by these elements.)

Thus, regardless of the distinction of new and old, the order relation $a < b$ is equivalent to the inclusion relation $A < B$ between the lower classes A and B corresponding, respectively, to a and b[7].

It is easy to verify that the relation of order defined in $\bar{R}$ satisfies the three conditions of order mentioned above (page 307). First, conditions (1) and (2) are readily verified as follows. As stated before, given two distinct lower classes, one of them contains the other as a proper subset, that is, $A \neq B$ implies either $A < B$ or $B < A$. Hence $a \neq b$ implies either $a < b$ or $b < a$. As regards (3), suppose that $a < b$ and $b < c$ and denote the lower classes corresponding to a, b, and c by A, B, and C, respectively. Then we have $A < B$ and $B < C$. Hence $A < C$ so that $a < c$. Thus the transitive law is also satisfied.

That $\bar{R}$ is dense with respect to this order can be seen readily by the above definition of the order. Or, it can be seen even more clearly by reducing it to the relation of inclusion among lower classes in R. In fact, let A and B be lower classes in R and suppose that $A < B$. Take an element b_0 of R which is contained in B but not in A. Since B does not have a maximum, B contains elements $b_1, b_2, \ldots$ such that $b_0 < b_1 < b_2 < \ldots$. Then, denoting the lower classes of $b_1, b_2, \ldots$, by $B_1, B_2, \ldots$, respectively, we have $A < B_1 < B_2 < \cdots < B$. Thus there are infinitely many distinct lower classes between A and B. Whether a and b, the elements of $\bar{R}$ corresponding to A and B, are new or old elements, we have $a < b_1 < b_2 < \cdots < b$. Thus $\bar{R}$ is dense. Note that $b_1, b_2, \ldots$ belong to R. That is, there exist infinitely many old elements between a and b, regardless of a and b being new or old.

After these preparations we proceed to prove that $\bar{R}$ is continuous.

Let $(\mathbf{A}, \mathbf{A}')$ be a cut in $\bar{R}$. Then, each element of R is contained either in $\mathbf{A}$ or in $\mathbf{A}'$. Let A and A' be the set of all elements of R contained in $\mathbf{A}$ and $\mathbf{A}'$, respectively. (A, A') is a cut in R. Let c be the element (old or new) corresponding to this cut. Then, c must belong either to $\mathbf{A}$ or to $\mathbf{A}'$. We shall show that, if c belongs to $\mathbf{A}$, c is a maximum of $\mathbf{A}$

[6] The lower class of an old element a is by definition the set $\{x \in R; x < a\}$.

[7] Here, we need to recall the convention that the lower class does not contain a maximum element. If B has a maximum and if A is the set formed from B by deleting the maximum, then we have $A < B$ but $a = b$.

and that, if c belongs to **A**$'$, c is a minimum of **A**$'$. First, suppose that $c \in$ **A**. If c is not a maximum of **A**, i.e., if there exists an element a of $\bar{R}$ such that $c < a$ and $a \in$ **A**, then, as stated above, there exists an element a_1 of R such that $c < a_1 < a$. Then, $a_1 \in$ **A** and hence $a_1 \in A$. Since A is the lower class of c, this contradicts $c < a_1$. Hence c is a maximum of **A**. Next, suppose that $c \in$ **A**$'$. If c is not a minimum of **A**$'$, i.e., if there exists an element b of $\bar{R}$ such that $b < c$ and $b \in$ **A**$'$, then there exists an element b_1 of R such that $b < b_1 < c$. Then, $b_1 \in$ **A**$'$ and hence $b_1 \in A'$. Since A' is the upper class of c, this contradicts $b_1 < c$. Hence c is a minimum of **A**$'$. Thus, for a cut (**A**, **A**$'$) of $\bar{R}$, either **A** has a maximum or **A**$'$ has a minimum. Consequently, $\bar{R}$ has no gaps. Namely, $\bar{R}$ is continuous.

Summing up, we obtain the following theorem.

Theorem 3.1. *The set of all cuts of a dense set forms a continuous set.*

We know that the set of all rational numbers is dense with respect to its order. Therefore, if there are gaps in the set of all rational numbers, we can construct a continuous set by introducing new numbers (i.e. irrational numbers) which fill these gaps. The continuous set to be obtained in this way is exactly the set of real numbers. However, it cannot be deduced merely from the relation of order that there actually exist gaps in the set of rational numbers and that the introduction of irrational numbers is necessary. Before proceeding to this problem, we shall state some general theorems on continua.

§15 General theorems on continua

1. Let R be an ordered set and let S be a subset of R. When there exists a number a such that $a \leqq x$ for every $x \in S$, a is called a *lower bound* of S and S is said to be *bounded from below*. An upper bound is defined dually, reversing the order. Precisely, when there exists a such that $a \geqq x$ for every $x \in S$, a is called an *upper bound* of S, and S is said to be *bounded from above*.

A lower bound (or an upper bound) is not a uniquely determined element. If a is a lower bound of S and if there exists a' such that $a' < a$, then a' is also a lower bound of S. Similarly, any element which is greater than an upper bound is also an upper bound.

If there exists a maximum among all the lower bounds of S, it is called the *infimum* of S. That is, the infimum is the largest lower bound. Similarly, if there exists a minimum among all the upper bounds of S, it is called the *supremum* of S. That is, the supremum is the smallest upper bound.

Theorem 3.2. *In a continuum R a subset which is bounded from below* (*resp. above*) *has an infimum* (*resp. a supremum*).

Proof. Suppose that S is bounded from below and let A be the totality of all lower bounds of S. Since any element smaller than a lower bound is also a lower bound, A is a lower class. Here, we use the term "lower class" in its original sense, that is, we allow a lower class to contain a maximum. As a matter of fact, we are going to show that A actually has a maximum! Now, R is a continuum. Therefore, if A does not have a maximum, then the corresponding upper class A' must have a minimum. We shall show that this minimum cannot exist. Take an arbitrary $a' \in A'$. Since a' is not a lower bound of S, there exists

$x \in S$ such that $x < a'$. Since R is dense, there then exists $a'_1 \in R$ such that $x < a'_1 < a'$. Since $x < a'_1$, a'_1 is not a lower bound of S. Hence $a'_1 \in A'$. As we saw above we also have $a'_1 < a'$. Thus, for an arbitrary element a' of A' there exists an element a'_1 of A' which is smaller than a'. This shows that there does not exist a minimum of A'.

When S is bounded from above, the existence of the supremum can be proved similarly (dually). □

Remark. The above theorem characterizes continua among dense sets. Namely, if for a dense set R the conclusion of the above theorem is true, then R is a continuum. In fact, let (A, A') be a cut in R. If A' has a minimum, then nothing is to be proved. If not, A is the totality of lower bounds of A'. Hence, by assumption A has a maximum. Thus, the cut (A, A') is regular, and R is a continuum.

The infimum of S exists in the continuum R. Hence, the infimum of S is not necessarily an element of S. If S has a minimum, it is certainly the infimum of S. Conversely, if the infimum of S belongs to S, then it is a minimum of S. Now, suppose that S does not have a minimum and let a be the infimum of S. Then elements of S accumulate densely to a. More precisely, for an *arbitrary* a_1 such that $a < a_1$ there are infinitely many elements of S between a and a_1. In fact, if there is no element of S between a and a_1, then all elements of S are not smaller than a_1 (i.e., $\geqq a_1$) and hence a_1 is a lower bound of S. Since $a < a_1$, this contradicts the assumption that a is the infimum, that is, the largest lower bound of S. Therefore, there must exist an element of S between a and a_1. Let x be one of such elements. Then we have $a < x < a_1$, and by a similar reasoning (replacing a_1 above by x) we see that there must exist an element of S between a and x. Let x_1 be one of them. Then $a < x_1 < x$ and there must exist elements of S between a and x_1. Continuing this process, we conclude that there are infinitely many elements of S between a and a_1. Since a_1 is an arbitrary element of R which is greater than a, we say, describing briefly the situation above, that elements of S accumulate to a.

(We shall exhibit one of the simplest examples connected with the set of rational numbers. We have not yet completed the theory of real numbers; but here we assume a common knowledge of the real numbers and take R to be the totality of real numbers. Let S be the set of all fractions of the form $1/n$: $S = \left\{1, \frac{1}{2}, \frac{1}{3}, \ldots, \frac{1}{n}, \ldots\right\}$. S does not contain a minimum, because $\frac{1}{n} > \frac{1}{n+1} > \cdots$. 0 is the infimum of S and infinitely many $\frac{1}{n}$'s, e.g., 1/10000, 1/100000, etc., accumulate to 0.)

2. Generalizing the above example, we shall describe an important special case of Theorem 3.2. To this end we need to explain some terminology.

Definition. Let R be an ordered set and let a, b be elements of R such that $a < b$. An element x satisfying $a < x < b$ is said to *be contained in the interval* (a, b).

Definition. When elements of an ordered set R are given, numbered as $a_1, a_2, \ldots, a_n, \ldots$, we call them a *sequence* of elements. In abbreviated form we denote it by $\{a_n\}$.

Definition. If a sequence $\{a_n\}$ of elements satisfies $a_1 < a_2 < \cdots < a_n < \cdots$, it is called an *increasing sequence*. If $a_1 > a_2 > \cdots > a_n > \cdots$, it is called a *decreasing sequence*. Putting both together, they are called *monotone sequences*. When $<$ or $>$ is relaxed to $\leqq$ or $\geqq$, we say "increasing or decreasing in the weak sense".

Definition. Let $\{a_n\}$ be a sequence of elements. If there exists an element a such that for an arbitrary interval (ξ, η) containing a (i.e., $\xi < a < \eta$) we can find a number n_0 such that

$$n > n_0 \quad \text{implies} \quad \xi < a_n < \eta,$$

then a is called the *limit* of the sequence $\{a_n\}$ and $\{a_n\}$ is said to *converge* to a. In symbols we write $\lim_{n\to\infty} a_n = a$ or $a_n \to a$ as $n \to \infty$. In short, a_n approaches a arbitrarily close as n increases indefinitely. What we mean by "to approach a arbitrarily close" is "to be eventually contained in an arbitrarily small interval (ξ, η) containing a".

In the example given above, if we let $a_n = \dfrac{1}{n}$, then the limit is 0. Namely, $\dfrac{1}{n} \to 0$ as $n \to \infty$ or $\lim_{n\to\infty} \dfrac{1}{n} = 0$.

When a sequence $\{a_n\}$ converges, its limit is uniquely determined. This is obvious. In fact, suppose that a is a limit and that $a' \neq a$. Then we can find an interval containing a but not a'. Since all but finitely many a_n are contained in this interval, we can find an interval which contains a' but none of those a_n. Then a' cannot be a limit of $\{a_n\}$.

Theorem 3.3. *In a continuum a bounded monotone sequence has a limit.*

Proof. Let $\{a_n\}$ be an increasing sequence and suppose that it is bounded from above. Then, by Theorem 3.2 $\{a_n\}$ has the supremum, which we denote by a. It will be obvious that $a_n \to a$. In fact, if we take arbitrary ξ and η such that $\xi < a < \eta$, there exists a_{n_0} such that $\xi < a_{n_0} \leqq a$ because a is the supremum. Since $\{a_n\}$ is increasing, we have $a_{n_0} \leqq a_n$ and hence $\xi < a_n$ for $n \geqq n_0$. Since $a_n \leqq a$ of course, a_n with $n \geqq n_0$ are all contained in the interval (ξ, η). Thus, $\lim_{n\to\infty} a_n = a$. □

3. On this occasion it is convenient to explain the notion of accumulation points. The term "accumulate" was used before. Here we shall define the accumulation point precisely as follows.

Definition. Let R be a continuum and let S be a subset of R. A point a of R is called an *accumulation point* of S, if an *arbitrary* interval (ξ, η) containing a contains infinitely many points of S.

Here, by "arbitrary" we mean, as usual, "if one takes any interval containing a". No particular meaning is attached to the word "point" in "accumulation point". It is merely an element. We might better call it an accumulation element; but we just call it "accumulation point" to give vivider impression. This is only a matter of nomenclature.

When the infimum of S is not a minimum of S, it is an accumulation point of S. Likewise, a supremum which is not a maximum is an accumulation point. The limit of a monotone sequence is also an accumulation point.

Theorem 3.4. *If an infinte subset S of a continum R is bounded,*[8] *S has an accumulation point in R.*

In the rest of this section we shall prove Theorem 3.4. First we take a sequence $\{a_n\}$ consisting of distinct elements of S (Theorem 1.30) and prove that the bounded sequence $\{a_n\}$ has an accumulation point. It is clear that an accumulation point of $\{a_n\}$ is also an accumulation point of S.

Let u_1 be the infimum of all elements in $\{a_n\}$ and v_1 the supremum. Let u_2 and v_2 be the infimum and the supremum, respectively, of $\{a_n\}$ with a_1 deleted. In general, we denote the sequence starting from a_i as

$$S_i = \{a_i, a_{i+1}, \dots\}$$

and let u_i and v_i be the infimum and the supremum of S_i, respectively. Then, we have

$$u_1 \leqq u_2 \leqq \cdots \leqq u_i \leqq \cdots \leqq \cdots \leqq v_i \leqq \cdots \leqq v_2 \leqq v_1. \tag{1}$$

$\{u_i\}$ is monotone increasing and $\{v_i\}$ is monotone decreasing, both in the weak sense. By Theorem 3.2 $\{u_i\}$ has the supremum and $\{v_i\}$ the infimum. We denote them by u and v, respectively. Then,

$$u \leqq v. \tag{2}$$

Suppose that $u_i < u_{i+1}$ in (1). Since $u_{i+1} \leqq a_{i+1}, a_{i+2}, \dots$ and since u_{i+1} is greater than the infimum u_i of S_i, there must be an element of S_i which is smaller than u_{i+1}. It can be nothing else but a_i. Namely, a_i is the minimum of S_i and $u_i = a_i$. Therefore, if $<$ holds at infinitely many sites of $\leqq$ in the part of $u_1, u_2, \dots, u_i, \dots$ of (1), then infinitely many a_i's will be chained by strict inequalities $<$ and form a monotone sequence whose supremum is u. Thus, u is an accumulation point of those a_i's and hence that of the whole $\{a_n\}$. If, on the other hand, strict inequality $<$ holds only at finitely many sites in the u part of (1), $\leqq$ becomes eventually all $=$. In other words, there exists n such that $u_n = u_{n+1} = \dots$. We put $u_n = u_{n+1} = \cdots = u$. In this case, u is the infimum of any S_m with $m \geqq n$. Moreover, since all a_n are distinct from each other, u can be the minimum of S_m for only finite number of m. Hence, we may assume that S_n does not have a minimum. Then, u is an accumulation point of S_n and hence that of the whole $\{a_i\}$. Thus, in either case, u is an accumulation point. Similarly, v is an accumulation point of $\{a_i\}$. □

Consider a particular case when $u = v$ and put $u = v = l$. Then, for any interval (ξ, η) containing l there exists a number such that all u_n and v_n are contained in this interval if n is greater than that number. Hence, if n is greater than that number, all a_n, being between u_n and v_n, are contained in (ξ, η). This means that l is the limit of the sequence $\{a_n\}$: $\lim_{n\to\infty} a_n = l$.

§16 The axiom of addition

1. In order to characterize the set of real numbers among continua we need additional restrictions besides continuity. That restriction is given by the measurability, or rather the possibility of addition. The addition is controlled by the following axioms[9]:

[8] S is said to be bounded if S is bounded from below and bounded from above.
[9] See also §24 in Appendix.

(1) For any two elements a, b of R the third element c is uniquely determined by the addition. In symbols we write $a + b = c$.
(2) Associative law: $(a + b) + c = a + (b + c)$.
(3) Commutative law: $a + b = b + a$.
(4) Possibility of subtraction: given a and c, there exists b such that $a + b = c$.

When R is an ordered set, we need to have a relation between the order and the addition. For this purpose we introduce the following axiom:
(5) Monotonicity of addition. $a < b$ implies $a + c < b + c$.

These are the axioms of the addition. We shall next state some theorems which are immediate consequences of these axioms.

2. (i) Suppose that n elements $a_1, a_2, \ldots, a_n$ are given. When we carry out addition successively by replacing two adjacent elements by their sum and finally arrive at one element, this last element, which we call the sum of $a_1, a_2, \ldots, a_n$, is uniquely determined and does not depend on the way of doing successive additions. For $n = 3$ this is postulated as Axiom (2). The validity of this law for general n can be proved easily by induction. (See §5.2.)

Moreover, in view of the commutative law of Axiom (3), the final result will be the same even if we replace two not necessarily adjacent elements by their sum in the process described above. This is a simple and well-known fact.

(ii) In Axiom (4) we assumed only the possibility of the subtraction $b - a$. Its uniqueness follows from Axiom (5).[10] Consequently, using the associative law, we obtain

$$b - a = (b + c) - (a + c).$$

Now, take an element a and put $a - a = o$. Since any element b can be written as $a + c$ by (4), we see that $b - b = o$. Thus, the element o is determined independently of the choice of a. We call this element the *zero*. We abbreviate $o - a$ as $-a$ and call it the *dual element* of a.

(iii) If $a > b$, we obtain by (5) $a + (-b) > b + (-b)$, i.e. $a - b > o$. Conversely, by adding b to both sides of the last inequality, we obtain $a > b$. Therefore, $a > b$ is equivalent to $a - b > o$.

When $a > o$, a is called a *positive element*, and when $a < o$, a is called a *negative element*. Among a and $-a$ the one which is not negative is called the *absolute value* of a and is denoted by $|a|$. The following statements hold.

(1°) If $a = o$ then $|a| = o$; if $a \neq o$ then $|a| > o$.
(2°) $|a + b| \leqq |a| + |b|$. Here the strict inequality $<$ holds if and only if one of a and b is positive and the other is negative.

(iv) Once we have the axioms of the addition, we can define the integral multiples as

[10] The uniqueness of the subtraction can be deduced from Axioms (1)–(4) without using Axiom (5). This is a fundamental theorem in the theory of groups. Thus, there is some redundancy among Axioms (1)–(5).

iterated sums of the same element. Let n be an integer (positive, negative, or 0). We define the n-th multiple $a \cdot n$ inductively as follows:

$$a \cdot 0 = o, \qquad a \cdot (n \pm 1) = a \cdot n \pm a.$$

Namely, $a \cdot 1 = a$, $a \cdot 2 = a + a$, $a \cdot (-1) = -a$, etc.

By this definition we have for any integers m and n

$$a \cdot (m + n) = a \cdot m + a \cdot n, \qquad (a \cdot m) \cdot n = a \cdot mn.$$

These can be proved easily by induction on n.

The following distributive law is handled similarly:

$$(a + b) \cdot n = a \cdot n + b \cdot n.$$

In this formula a and b are elements of R and n is an integer. The formula is a generalization of the associative law. First, when $n = 0$ the formula is obvious. Suppose that the formula holds for an n. Then,

$$\begin{aligned}(a + b) \cdot (n \pm 1) &= (a + b) \cdot n \pm (a + b) \\ &= a \cdot n + b \cdot n \pm a \pm b \\ &= (a \cdot n \pm a) + (b \cdot n \pm b) \\ &= a \cdot (n \pm 1) + b \cdot (n \pm 1).\end{aligned}$$

Thus, the formula holds for $n \pm 1$. Consequently, it holds for all integer n. Substituting $-b$ for b, we have

$$(a - b) \cdot n = a \cdot n - b \cdot n.$$

When $a > o$, the set of all $a \cdot n$, where n variables over all integers, is isomorphic (similar) to the set of all integers n. More precisely, if we let o correspond to 0, a to 1, and in general $a \cdot n$ to n, the order among $a \cdot n$ is isomorphic to the order among n. When $a < 0$, the set of all $a \cdot n$ is dual to the set of all integers n (the correspondence reversing the order).

§17 The concept of real numbers

1. The concept of real numbers is characterized by the following two axioms. Denoting by $\mathfrak{R}$ the totality of real numbers, we postulate that

I. $\mathfrak{R}$ is a one-dimensional continuum;
II. The axioms of the addition are valid in $\mathfrak{R}$.

Theorem 3.5. *Let n be a given natural number. Then, for any real number b there exists a real number a such that $a \cdot n = b$. (The possibility of division into equal parts.)*

Proof. Since $a \cdot n = b$ implies $(-a) \cdot n = -b$ and since $o \cdot n = o$, it suffices to prove the theorem for the case that $b > o$. We shall first prove that for $b > o$ there exists $x > o$ such that $x \cdot n < b$. For this purpose we take x_i, $i = 1, 2, \ldots, n$, such that $o < x_1 < x_2 < \cdots < x_n < b$. This is possible because $\mathfrak{R}$ is dense. We have $x_1 + (x_2 - x_1) + \cdots +$

$(x_n - x_{n-1}) = x_n < b$. Let x be the minimum among n positive members on the left hand side. Then, $x > o$ and $x \cdot n < b$. On the other hand, the existence of x satisfying $x \cdot n > b$ is evident. For example, it suffices to take any x with $x > b$. Now, let A be the set of all x such that $x \cdot n \leqq b$. Since $x \cdot n \leqq b$ and $x' < x$ imply $x' \cdot n \leqq b$, A is a lower class. Let a be the supremum of A (Theorem 3.2). We shall show that $a \cdot n = b$.

Suppose first that $a \cdot n < b$. Then, $o < b - a \cdot n$. Hence, by what we have proved above, there exists d such that $o < d$ and $d \cdot n < b - a \cdot n$, or $(a + d) \cdot n = a \cdot n + d \cdot n < b$. Thus $a + d \in A$ and $a + d > a$, which contradicts the assumption that a is the supremum of A.

Suppose next that $a \cdot n > b$. Then, $a \cdot n - b > o$ and there exists d such that $o < d$ and $d \cdot n < a \cdot n - b$, or $(a - d) \cdot n = a \cdot n - d \cdot n > b$. Since $a - d \in A$, this is also a contradiction.

Since neither $a \cdot n < b$ nor $a \cdot n > b$, we have $a \cdot n = b$.

The uniqueness of the solution follows from the monotonicity of the addition: $a' \gtrless a$ implies $a' \cdot n \gtrless a \cdot n$. □

Thus, irrespective of the sign of the real numbers a and b and of the sign of the interger n, but under the sole condition that $n \neq 0$, there exists a solution a of the equation $a \cdot n = b$ and the solution is unique. We denote this solution by $a = b/n$.

Using this notation, we have for real number a and any integer m

$$(a \cdot m)/n = (a/n) \cdot m.$$

In fact, putting $(a/n) \cdot m = \alpha$, we have

$$\alpha \cdot n = (a/n) \cdot m \cdot n = (a/n) \cdot n \cdot m = a \cdot m.$$

Therefore $\alpha = (a \cdot m)/n$. We denote by $a \cdot m/n$ these equal real numbers.

Then, putting

$$\alpha = a \cdot m/n, \qquad \beta = a \cdot m'/n', \qquad n \neq 0, \qquad n' \neq 0,$$

we have

$$\alpha \cdot nn' = a \cdot mn', \qquad \beta \cdot n'n = a \cdot m'n.$$

Consequently, when $mn' = m'n$ we have $\alpha = \beta$. In general

$$(\alpha \pm \beta) \cdot nn' = a \cdot (mn' \pm m'n),$$

that is,

$$a \cdot m/n \pm a \cdot m'/n' = a \cdot (mn' \pm m'n)/nn'.$$

In §11 we defined the equality and the addition of the rational numbers in anticipation of these facts.

If real numbers a and b are integral multiples of a real number c, then a and b are said to be *commensurable* and c is called a *common measure* of a and b. If $a = c \cdot m$ and $b = c \cdot n$, then $a = b \cdot m/n$ and $b = a \cdot n/m$.

Fix a real number $e > o$. Letting o and e correspond to 0 and 1, respectively, and in general $e \cdot m/n$ to the rational number m/n, we see that the totality of those real numbers which are commensurable with e is isomorphic (similar) to the totality of rational numbers. Therefore, by identifying the totality of $e \cdot m/n$ with the totality of rational numbers, we may regard the rational numbers as a part of the real numbers. In what follows, we write 0, 1 instead of o, e.

What was said above is a background of the theory of rational numbers presented in §11.

2. Theorem 3.6. (Archimedes' principle) *If $a \neq 0$, then the set of all integral multiples of a is not bounded from above nor from below. In particular, if $a > 0$ and $b > 0$, then there exists an integer n satisfying $a \cdot n > b$.*

Proof. It suffices to treat the case mentioned in the latter half of the theorem. Suppose that $a > 0$ and that the set of all $a \cdot n$ has an upper bound. Then, this set must have the supremum (Theorem 3.2), which we denote by l. By the definition of the supremum there exists an n such that

$$l - a < a \cdot n \leqq l.$$

This implies

$$a \cdot (n + 1) > l,$$

which contradict the supposition that l is the supremum of $a \cdot n$. Thus, the set of $a \cdot n$ has no upper bound. Therefore, for any b there exists an integer such that $a \cdot n > b$. □

Theorem 3.7. *The rational numbers are densely distributed in the set of real numbers. More precisely*:

(1°) *for any two distinct real numbers α and β there exist one (and hence infinitely many) rational numbers between α and β.*

(2°) *For an arbitrary real number α there exist infinitely many rational numbers which are greater than α (or smaller than α).*

Proof. (1°) We suppose that $\beta > \alpha$. By Archimedes' principle (Theorem 3.6) we can find an integer n such that

$$(\beta - \alpha) \cdot n > 1 \quad \text{and hence} \quad 1/n < \beta - \alpha. \tag{1}$$

Again by Archmedes' principle we can find an integer m satisfying $m/n > \alpha$. Let m_0 be the minimum among such integers (Theorem 1.13). Then we have

$$\frac{m_0 - 1}{n} \leqq \alpha < \frac{m_0}{n}.$$

From this relation and (1) it follows that

$$\frac{m_0 - 1}{n} + \frac{1}{n} \leqq \alpha + (\beta - \alpha), \quad \text{that is,} \quad \frac{m_0}{n} < \beta.$$

Thus, we obtain $\alpha < \dfrac{m_0}{n} < \beta$.

(2°) This is a special case of Archimedes' principle. The set of integral multiples of the rational number $1/n$ is not bounded from above nor from below. □

Theorem 3.8. *A cut (A, A') of rational numbers is determined by a real number α. More precisely, the lower class A consists of all rational numbers a such that $a < \alpha$ and the upper class A' consists of all rational numbers a' such that $a' \geqq \alpha$. In this way, a cut (A, A') of rational numbers corresponds to the real number α in a one-to-one manner.*

Proof. We have assumed that the lower class A does not have a maximum. (If it has a maximum, we transfer it to the upper class (see §14.4)). Since A is bounded from above, it has the supremum in $\mathfrak{R}$ (Theorem 3.2). Let it be α. Since A does not have a maximum, any rational number a belonging to A is smaller than α. On the other hand, since any rational number a' belonging to the upper class A' is an upper bound of A, we have $\alpha \leqq a'$.

Conversely, let α be an arbitrary real number. Let A be the set of all rational numbers a such that $a < \alpha$ and let A' be the set of all other rational numbers. (A, A') determines a cut of rational numbers. α is the supremum of A and A does not have a maximum (Theorem 3.7). In this way all cuts of rational numbers correspond to all real numbers in a one-to-one manner. □

Remark. If we take any dense subset R of $\mathfrak{R}$ instead of the set of all rational numbers, the above theorem also holds. Namely, there exists a one-to-one correspondence between all cuts (A, A') of R and all real numbers; and the totality $\mathfrak{R}$ of real numbers is obtained by making R continuous in the way explained in §14. As an example of such an R we can take the set of all decimal fractions $a/10^n$. Of course, one may adopt any natural number $t > 1$ instead of 10. The fact that a/t^n are densely distributed in $\mathfrak{R}$ can be proved as in the proof of Theorem 3.7. (Since $t^n > n$, we may use t^n in place of n there.)

Theorem 3.9. *Let α, β be arbitrary real numbers. Let A and B be the set of all rational numbers a and b such that $a < \alpha$ and $b < \beta$, respectively. Let C be the set of all $c = a + b$ with $a \in A$ and $b \in B$. Then the supremum of C is $\alpha + \beta$.*

Proof. A and B are lower classes in R (the set of all rational numbers), and C is also a lower class. In fact, if $c = a + b$ and $c_1 < c$, then $c_1 = a + (c_1 - a)$ and $c_1 - a < b$. Hence $c_1 - a \in B$ and consequently $c_1 \in C$. Thus C is a lower class in R.

Since $a < \alpha$ and $b < \beta$, we have $c = a + b < \alpha + \beta$ by (5) of the axioms of the addition. Hence, $\alpha + \beta$ is an upper bound of C.

Let next $c_1 < \alpha + \beta$ and put $c_1 = \alpha + \beta - \gamma$. Then $0 < \gamma$. We can write γ as $\gamma = \gamma_1 + \gamma_2, \gamma_1 > 0, \gamma_2 > 0$. Then, $c_1 = (\alpha - \gamma_1) + (\beta - \gamma_2)$. Since α and β are the suprema of A and B, respectively, there exist rational numbers a and b such that $\alpha - \gamma_1 < a \in A$ and $\beta - \gamma_2 < b \in B$. Then $c_1 < a + b$. Hence $c_1 \in C$. This means that any rational number c_1 which is smaller than $\alpha + \beta$ belongs to C. Consequently, $\alpha + \beta$ is the smallest upper bound of C, i.e., the supremum of C. □

3. We have characterized the set of real numbers by Axioms I and II and deduced the theorems in this section from these axioms. But, can Axioms I and II be ever realized? In other words, does there actually exist a set $\mathfrak{R}$ which satisfies Axioms I and II? This raises a problem to be investigated.

In §14 we stated that a continuous set can be constructed by adding to a dense ordered set R new elements defined by cuts in R, and Theorem 3.8 now asserts that our set $\mathfrak{R}$ is to be obtained from the rational numbers in this way. Therefore, in order to construct, on the basis of the well-established knowledge of the rational numbers, a system $\mathfrak{R}$ satisfying Axioms I and II and thus to ascertain the realizability of $\mathfrak{R}$, it suffices that we assume the axioms of the addition only for rational numbers, define the addition of new elements appropriately, and show, following that definition, the general validity of the axioms of the addition (for new and old elements). Furthermore, once we require the validity of the axioms of the addition, it is absolutely necessary that we define $\alpha + \beta$ as the supremum of the lower class C which is constructed from the lower classes A, B of α, β as in Theorem 3.9. Thus, what remains to be investigated is the following two points (i) and (ii).

(i) The above mentioned definition of $\alpha + \beta$ does not contradict the already established definition of $\alpha + \beta$ for rational numbers.

To see this it suffices to let α and β be rational numbers in the proof of Theorem 3.9.

(ii) The axioms of the addition hold in general.

The commutative law. Since $a + b = b + a$ for rational numbers, $\alpha + \beta$ and $\beta + \alpha$ are the supremum of the same lower class C. Hence, $\alpha + \beta = \beta + \alpha$.

The associative law is verified similarly.

The possibility of subtraction. Given real numbers α and β, we denote in general by a and a' rational numbers such that $a < \alpha < a'$ and by b a rational number such that $b < \beta$. Then, the totality of $b - a'$ with all such a' and b forms a lower class. Denoting by γ the real number determined by it, we have $\alpha + \gamma = \beta$. In fact, if we put $a + b - a' = b_1$, then $b_1 < b$ and hence the sum of rational numbers belonging to the lower classes of α and γ belongs to the lower class of β. Conversely, given $b_1 < \beta$, we shall show below that, when $b_1 < b < \beta$, we can find a and a' such that $a + b - a' = b_1$. This will then complete the proof of $\alpha + \gamma = \beta$. Since the above equality means $b - b_1 = a' - a$, it suffices to show that, for any rational number $c > 0$, there exist a, a' such that $a' - a = c$ and $a < \alpha < a'$. For this purpose let a be the greatest one among all integral multiples of c which is smaller than α[11]. Then, $a' = a + c \geqq \alpha$. If the equality does not hold here, a and a' satisfy our requirement. If α is a rational number and $a' = \alpha$, we take a_1 such that $a < a_1 < \alpha$ and put $a_1' = a_1 + c$. Then, we have $a_1 < \alpha < a_1'$ and $a_1' - a_1 = c$ as required.

The monotonicity of addition: If $\alpha < \beta$, there exists rational numbers a' and b such that $\alpha < a' < b < \beta$. For an arbitrary γ we take c, c' in such a way that $c < \gamma < c'$ and $c' - c < b - a'$. Then, $a' + c' < b + c$. Since $\alpha + \gamma < a' + c'$ and $b + c < \beta + \gamma$, we have $\alpha + \gamma < \beta + \gamma$.

Thus, all the axioms of addition are verified and our problem is solved.

We required Axioms I and II as the leading principle in the construction of the theory of real numbers. If we want to develop the theory of real numbers in a form which has already been completed, it would be sufficient to present only the synthetic part given in this subsection, omitting the analytic first part of our discussion. This is just the standpoint of Dedekind's theory of irrational numbers[12].

[11] In the domain of rational numbers Archimedes' principle holds.

[12] Dedekind, Stetigkeit und Irrationalzahlen, 1872.

§18 Convergence of a sequence numbers

In §15 we have defined the convergence of an infinite sequence in a continuous set based only on the continuity. As regards real numbers, however, we can formulate the condition for convergence more clearly with the aid of the axioms of the addition. Among others the following two theorems are important from our viewpoint.

1. Theorem 3.10. *Given an arbitrary real number, there exists a sequence of rational numbers which converges to it. In other words, any real number can be represented as the limit of a convergent sequence of rational numbers.*

Proof. Let $\{\varepsilon_n\}$ be a sequence of rational numbers convergent to 0, say $\varepsilon_n = 1/n$. Let now α be an arbitrary real number. Then, there exists a rational number a_n which is contained in the interval $(\alpha - \varepsilon_n, \alpha)$ (Theorem 3.7). The sequence $\{a_n\}$ of rational numbers converges to α: $a_n \to \alpha$. □

2. The convergence of a sequence in general was explained in §15.2. For real numbers a criterion of convergence can be formulated as follows, using the axioms of the addition.

Theorem 3.11. *Given a sequence of real numbers $\{a_n\}$, if the variation of terms a_n becomes arbitrarily small as n increases, then the sequence $\{a_n\}$ converges.*

More precisely, the condition is stated as follows: given an arbitrary $\varepsilon > 0$, there exists a number n such that

$$p \geqq n, \qquad q \geqq n \quad \text{implies} \quad |a_p - a_q| < \varepsilon;$$

and the assertion is that if this condition is satisfied then $\{a_n\}$ converges. In this assertion, what is claimed as the conclusion is that there exists a real number a such that, given again an arbitrary $\varepsilon > 0$, we can find a number n such that

$$p \geqq n \quad \text{implies} \quad |a_p - a| < \varepsilon.$$

Proof. The proof is related to §15.3. First, we shall prove that the sequence $\{a_n\}$ is bounded. Fix an $\varepsilon_0 > 0$ and take a number n_0 corresponding to it in the above condition. Then, letting $q = n_0$, we have

$$p \geqq n_0 \quad \text{implies} \quad |a_p - a_{n_0}| < \varepsilon_0.$$

Thus all a_p with $p \geqq n_0$ are contained in the interval $(a_{n_0} - \varepsilon_0, a_{n_0} + \varepsilon_0)$. Hence the sequence of real numbers consisting of all a_p with $p \geqq n_0$ is bounded. As the sequence $\{a_n\}$ itself is obtained by adding a finitely many terms (with indices smaller than n_0), $\{a_n\}$ is also bounded.

Since $\{a_n\}$ is bounded, u and v in §15.3 can be defined for $\{a_n\}$ and they are accumulation points of $\{a_n\}$. (We excluded the trivial case when the variation of a_n becomes identically zero for large n so that a_n is eventually constant.) We have $u \leqq v$ in general, but in the present case $u < v$ cannot occur. In fact, suppose $u < v$ and take ξ and η such that

$$u < \xi < \eta < v.$$

Since u and v are accumulation points, it follows that, however large we take n, there exist a_p with $p > n$ and a_q with $q > n$ such that $a_p < \xi$ and $a_q > \eta$. Therefore, it is impossible that $|a_p - a_q| < \eta - \xi$ always holds for large p, q. This contradicts the assumption. Hence, $u = v$ and u is the limit of $\{a_n\}$. □

§19 Multiplication and division

The foundation of the theory of real numbers has been completed. We have, however, not yet defined the multiplication and the division of the real numbers. It may not be considered fundamental in the theory of real numbers. Here, we shall define the multiplication and the division by a method based on Theorem 3.11.

1. It is possible to define the multiplication by using cuts of rational numbers as in the case of addition. Here, however, we shall define the multiplication involving irrational numbers by considering the limits of sequences of rational numbers. For this purpose we shall first prepare some simple lemmas.

(i) *If the sequences of numbers $\{a_n\}$ and $\{b_n\}$ converge to a and b, respectively, the sequences of numbers $\{a_n \pm b_n\}$ converge to $a \pm b$.*

Proof. Given $\varepsilon > 0$, we express it as $\varepsilon = \varepsilon_1 + \varepsilon_2$, $\varepsilon_1 > 0$, $\varepsilon_2 > 0$. Since $a_n \to a$ by assumption, there exists n_1 such that

$$|a - a_n| < \varepsilon_1 \quad \text{for} \quad n > n_1.$$

Similarly, there exists n_2 such that

$$|b - b_n| < \varepsilon_2 \quad \text{for} \quad n > n_2.$$

Consequently, if $n_0 > n_1, n_2$, then for $n > n_0$

$$|a - a_n| < \varepsilon_1, \qquad |b - b_n| < \varepsilon_2$$

and hence

$$\begin{aligned} |(a + b) - (a_n + b_n)| &= |(a - a_n) + (b - b_n)| \\ &\leqq |a - a_n| + |b - b_n| < \varepsilon_1 + \varepsilon_2 = \varepsilon. \end{aligned}$$

This implies

$$a_n + b_n \to a + b.$$

Similarly,

$$a_n - b_n \to a - b.$$ □

(ii) *If the sequence of numbers $\{a_n\}$ is bounded and if $\{e_n\}$ converges to 0, then the sequence of numbers $\{a_n e_n\}$ also converges to 0.*

Proof. By assumption we can take an upper bound $g > 0$ of $|a_n|$. Also by assumption there exists n_0 such that $|e_n| < \varepsilon/g$ for $n > n_0$. Hence, $|a_n e_n| = |a_n||e_n| < \varepsilon$ for $n > n_0$. Thus, we have $a_n e_n \to 0$. □

Theorem 3.12. *Given real numbers a and b, let $\{a_n\}$ and $\{b_n\}$ be sequences of rational numbers convergent to a and b, respectively (Theorem 3.10). Then, the sequence $\{a_nb_n\}$ of rational numbers converges to a definite limit λ. By "definite" we mean that λ depends only on a and b, and does not depend on the choice of sequences $\{a_n\}$ and $\{b_n\}$. When a and b are rational numbers, then $\lambda = ab$.*

Proof. By assumption, given $\varepsilon > 0$, there exist n_0 such that

$$|a_m - a_n| < \varepsilon, \qquad |b_m - b_n| < \varepsilon \quad \text{for} \quad m, n > n_0.$$

Also by assumption we can find a common upper bound $g > 0$ for the bounded sequences $\{a_n\}$ and $\{b_n\}$. Then,

$$\begin{aligned} |a_mb_m - a_nb_n| &= |a_m(b_m - b_n) + b_n(a_m - a_n)| \\ &\leqq |a_m||b_m - b_n| + |b_n||a_m - a_n| < g\varepsilon + g\varepsilon = 2g\varepsilon. \end{aligned}$$

Since $2g\varepsilon$ can be regarded as an arbitrary given positive number[13], the sequence $\{a_nb_n\}$ converges (Theorem 3.11). Let the limit be λ: $a_nb_n \to \lambda$.

Let $\{x_n\}$ and $\{y_n\}$ be arbitrary sequences of rational numbers converging to a and b, respectively, and put

$$x_n = a_n + e_n, \qquad y_n = b_n + e'_n.$$

Then, $\{e_n\}$ and $\{e'_n\}$ converge to 0 (by (i) given above). We have

$$\begin{aligned} x_ny_n &= (a_n + e_n)(b_n + e'_n) \\ &= a_nb_n + a_ne'_n + b_ne_n + e_ne'_n. \end{aligned}$$

Since $a_nb_n \to \lambda$, $a_ne'_n \to 0$, $b_ne_n \to 0$, and $e_ne'_n \to 0$ by (ii), we see that $x_ny_n \to \lambda + 0 + 0 + 0$ by (i). Hence, $x_ny_n \to \lambda$.

Finally, if a and b are rational numbers, then putting $a_n = a$ and $b_n = b$ we have $a_nb_n = ab$. Hence, $a_nb_n \to ab$ so that $\lambda = ab$. □

The Definition of the multiplication. We define the product of real numbers a and b to be the real number λ determined by Theorem 3.12. The last part of Theorem 3.12 assures that this product coincides with the already defined product of rational numbers.

Theorem 3.13. (Associative law) $ab \cdot c = a \cdot bc$.

Proof. Let $\{a_n\}$, $\{b_n\}$, and $\{c_n\}$ be sequences of rational numbers convergent to a, b, and c, respectively. Then

$$a_nb_n \cdot c_n = a_n \cdot b_nc_n, \qquad a_nb_n \cdot c_n \to ab \cdot c, \qquad a_n \cdot b_nc_n \to a \cdot bc.$$ □

Theorem 3.14. (Commutative law) $ab = ba$.

Theorem 3.15. (Distributive law) $(a + b)c = ac + bc$.

[13] If one wants to obtain the inequality $|a_mb_m - a_nb_n| < \varepsilon$, we have only to start from $|a_m - a_n|$, $|b_m - b_n| < \varepsilon/2g$. There is no essential difference.

Proof. The proofs are similar.

Theorem 3.16. (The continuity of the multiplication) *For arbitrary sequences of real numbers*

$$a_n \to a \quad \textit{and} \quad b_n \to b \quad \textit{imply} \quad a_n b_n \to ab.$$

Proof. Once we have defined the product of real numbers and verified the above theorems, we may apply the proof of Theorem 3.12 to sequences $\{a_n\}$ and $\{b_n\}$ of real numbers. In doing so, we need the fact that $|ab| = |a||b|$ holds also for real numberes. This can be verified by the following Theorem 3.17. □

Theorem 3.17. *The product of two real numbers is positive if the two factors have the same sign, and is negative if they have opposite signs. If one of the factors is* 0, *then the product is* 0.

Proof. By the distributive law we have $a(b - b) = ab - ab$, that is $a \cdot 0 = 0$. We also have $(0 - a)b = 0 \cdot b - ab$, that is, $(-a)b = -(ab)$. Hence, it suffices to show that $a > 0$ and $b > 0$ imply $ab > 0$.

When $a > 0, b > 0$, we can represent a and b as the limits (in this case the supremum) of increasing sequences of positive rational numbers. Hence, ab is the supremum of the sequence $\{a_n b_n\}$, and in particular $ab > a_1 b_1$. Since a_1 and b_1 are rational numbers and $a_1 > 0, b_1 > 0$, we have $a_1 b_1 > 0$. Hence $ab > 0$. □

Theorem 3.18. (The possibility of division) *If* $a \neq 0$, *then* $ax = b$ *has a unique solution.*

Proof. It will be sufficient to prove the theorem in the case that $a > 0$ and $b > 0$. We shall prove it using the monotonicity and the continuity of ax. Since $a > 0$, it follows from $a(x_1 - x_2) = ax_1 - ax_2$ that $x_1 < x_2$ implies $ax_1 < ax_2$. This is the monotonicity of ax. Let now M be the set of all real numbers x such that $ax \leqq b$. Since $0 \in M$, M is not empty. And M is bounded from above. (In fact, by Archimedes' principle there exists a natural number n such that $an > b$. Then, $ax > b$ if $x > n$, so that n is an upper bound of M.) Consequently, M has the supremum, which we denote by x_0. We shall show that neither $ax_0 < b$ nor $ax_0 > b$ and hence $ax_0 = b$. First suppose that $ax_0 < b$. Then, $x_0 \in M$ and hence x_0 is the maximum of M. Therefore, for any $h > 0$ we have $a(x_0 + h) > b$ so that $ax_0 + ah > b$. Thus, $ax_0 < b < ax_0 + ah$, which implies $ah > b - ax_0 > 0$. Since ah becomes arbitrarily small with h, it is absurd that ah is greater than a constant $b - ax_0$. Thus, the assumption that $ax_0 < b$ is wrong. Next suppose that $ax_0 > b$. Since x_0 is the supremum of M, it follows that $x_0 - h \in M$ for any $h > 0$ (by the definition of the supremum and the monotonicity of ax) and hence $a(x_0 - h) \leqq b$. Therefore, $ax_0 - ah \leqq b < ax_0$. Thus, we have again $ah > ax_0 - b > 0$, which is absurd. Thus, $ax_0 > b$ is also wrong. Hence $ax_0 = b$, i.e. $x_0 = b/a$.

Finally, the uniqueness of the solution of $ax = b$ is obvious from the monotonicity of ax. □

§20 Representation of real numbers by decimals

1. A real number is represented by rational numbers as the limit of a convergent sequence. The simplest among such representations is the one by decimals. Here, we let t be an arbitrary natural number greater than 1 and explain the representation of real numbers by t-adic expansions.

Theorem 3.19. *Let t be a natural number such that $t > 1$. Then any real number α can be represented by the limit of a monotone increasing sequence a_n/t^n, $n = 0, 1, 2, \ldots$, where a_n is an integer.*

Proof. By Archimedes' principle (Theorem 3.6) we can take the largest integer a_n such that $a_n/t^n \leqq \alpha$. In other words, a_n is determined by the relation

$$\frac{a_n}{t^n} \leqq \alpha < \frac{a_n + 1}{t^n}. \tag{1}$$

Hence

$$0 < \alpha - \frac{a_n}{t^n} < \frac{1}{t^n}.$$

Since $1/t^n$ becomes arbitrarily small as n increases to infinity[14], we have

$$\lim_{n\to\infty} \frac{a_n}{t^n} = \alpha. \tag{2}$$

By the meaning of a_n we see that

$$\frac{a_{n-1}}{t^{n-1}} = \frac{a_{n-1}t}{t^n} \leqq \frac{a_n}{t^n}.$$

Therefore, the sequence a_n/t^n increases in the weak sense. □

2. By (1) we have

$$\frac{a_{n-1}}{t^{n-1}} \leqq \frac{a_n}{t^n} \leqq \alpha < \frac{a_{n-1} + 1}{t^{n-1}}.$$

Hence, putting

$$\frac{a_n}{t^n} - \frac{a_{n-1}}{t^{n-1}} = \frac{c_n}{t^n},$$

we have

$$0 \leqq c_n < t. \tag{3}$$

Substituting 1, 2, ... for n and summing up, we obtain

$$\frac{a_n}{t^n} = c_0 + \frac{c_1}{t} + \frac{c_2}{t^2} + \cdots + \frac{c_n}{t^n}. \tag{4}$$

[14] The relation $t^n > n$ is derived from $t > 1$ by induction. Take now an aribtrary $\varepsilon > 0$. By Archimedes' principle there exist a natural number n such that $n\varepsilon > 1$. Then $\varepsilon > 1/n > 1/t^n$.

Here, c_0 is the largest integer not exceeding α and other c_i's satisfy (3). Thus, we can write (2) in the form of an infinite series as

$$\alpha = c_0 + \frac{c_1}{t} + \frac{c_2}{t^2} + \cdots + \frac{c_n}{t^n} + \cdots. \tag{5}$$

This is the representation of α by the *t-adic expansion*. We note that when $\alpha < 0$ only c_0 is negative in the expansion (5) and the fractional part (i.e., the sum beginning with the term c_1/t^n) is positive. (Usually, we represent a negative number $-\alpha < 0$ by the expansion of α with the minus sign $-$ added in front.)

Conversely, under condition (3) the sequence a_n/t^n ($n = 0, 1, 2, \ldots$) of (4) converges. For, this is a sequence which is monotone increasing and bounded ($\leqq c_0 + 1$).

Expansion (5) is unique except for the case that $\alpha = a/t^m$. (For example, in the decimal fractions, $0.7 = 0.7000\ldots = 0.6999\ldots$.) If we construct the expansion in the manner described above, the expansion is determined unambiguously. However, at the stage of determining a_n by (1) we may define a_n as the greatest integer such that $a_n/t^n < \alpha$ instead of $a_n/t^n \leqq \alpha$. a_n being thus taken, we still obtain a series converging to α. In the case of $\alpha = a/t^m$ we then have $a_m = a - 1$, $a_{m+1} = at - 1$, $a_{m+2} = at^2 - 1$, ..., and hence $c_{m+1} = c_{m+2} = \cdots = t - 1$. This situation is similar to the situation that for a rational number α we have two different cuts according as we put α either in the lower class or in the upper class and is inevitable because of the very nature of the matter.

Except for these cases the expansion (5) is unique. In fact, write in abbreviation the expansions of α and α' in the form

$$\alpha = c_0, c_1 c_2 \ldots \quad \text{and} \quad \alpha' = c'_0, c'_1 c'_2 \ldots,$$

respectively, and suppose that $c_i = c'_i$, $i < m$, and that $c'_m < c_m$. Then, unless α is an exceptional one a_m/t^m mentioned above, not all c_n with $n > m$ are equal to 0. Therefore, $\alpha > a_m/t^m$, where a_m/t^m is the number obtained by terminating the expansion of α at the m-th term. Since $c_m > c'_m$ we have $a_m/t^m \geqq \alpha'$. Hence, $\alpha > \alpha'$.

3. Being generally true for t-adic expansions but stated below specifically for decimal expansions, it is well-known[15] that the decimal expansion of a rational number is a recurring decimal except for the case $a/10^n$, and conversely, any recurring decimal expansion represents a rational number. Therefore, any non-recurring decimal expansion represents an irrational number (for example, 0.101001000...—10, 100, 1000, ... being put side by side). Thus, the problem which was left unsolved in §14—whether the set of real numbers actually contains new elements other than rational numbers—is solved.

Once it has been admitted that all infinite decimals except for recurring ones represent irrational numbers, it will be thought that the rational numbers occupy a very small portion in the set of all real numbers and irrational numbers occupy overwelmingly large portion. Actually this can be formulated in a precise form as in the following theorem. As this theorem can be proved easily by using decimal expansions, we shall include the proof here.

[15] See Takagi, Lectures on the Elementary Theory of Numbers, p. 69 (in Japanese).

Theorem 3.20. *The set of all irrational numbers is not countable.*

Proof. If the set of all irrational numbers is countable, so is the set of all real numbers as the union of the former and the countable set of all rational numbers. Therefore, if we prove that the totality of real numbers in the interval (0, 1) is not countable, then the theorem will be proved. Suppose now that the set of all real numbers in (0, 1) is countable. Then, we can number all these real numbers as $\alpha_1, \alpha_2, \ldots$. We express these real numbers by the decimal expansions as

$$\alpha_n = 0 \cdot c_1{}^{(n)} c_2{}^{(n)} \ldots c_n{}^{(n)} \ldots.$$

Here, we assume that the expansions are regular ones, i.e., those expressing, say, 0.5 by 0.5000..., not by 0.499.... We will show that there exists a real number α in (0, 1) which is different from any of these α_n. In order to obtain such α, it suffices to put

$$\alpha = 0 \cdot c_1 c_2 \ldots c_n \ldots$$

with $c_n \neq c_n{}^{(n)}$ for every n. For example, we may put $c_n = 1$ if $c_n{}^{(n)}$ is even and $c_n = 2$ if $c_n{}^{(n)}$ is odd. Then $\alpha = 0 \cdot c_1 c_2 \ldots$ is an expansion of regular type. $\alpha \neq \alpha_1$ because the first digit in the fractional part differs from each other, $\alpha \neq \alpha_2$ because the second digit differs, and in general $\alpha \neq \alpha_n$ because the n-th digit differs. Hence α is not included in the set consisting of $\alpha_1, \alpha_2, \ldots$. Thus, the assumption that the set of all real numbers in (0, 1) is countable is absurd. □

Addendum. An arbitrary interval (a, b) is equipotent to the interval (0, 1). In fact, the linear transformation

$$y = a + (b - a)x, \quad \text{i.e.,} \quad x = \frac{y - a}{b - a}$$

gives a one-to-one correspondence between $0 < x < 1$ and $a < x < b$. Therefore, the set of all irrational numbers in an interval is not countable, however small the interval may be.

§21 The characteristics of the system of real numbers

1. We defined the set of real numbers as a one-dimensional continuum which admits the axioms of the addition. The axioms of the addition are based on the concept of congruence. When we have the space (the line) in mind, the concept of congruence is most intuitive. If we have the time in mind, however, the situation is quite different. The congruence of time is a concept indirect and conventional.

From the axioms of the addition and the continuity we first derived the rational numbers and, once the rational numbers have been constructed, we showed by the axiom of the continuity that the set of rational numbers is dense in the set of real numbers. Then the system of the real numbers is obtained as the set of objects which fill gaps in cuts of rational numbers (Theorems 3.7, 3.8). Now, since the set of all rational numbers is equipotent to any countable dense set (Theorem 2.24), we can replace Axiom II in §17 by the following Axiom II*, which we call provisionally the *axiom of countability*.

II* In the set of real numbers $\mathfrak{R}$ elements of a countable subset are distributed densely.

This axiom claims that $\mathfrak{R}$ be controlled by the property that a countable set, which is to be regarded as the simplest among infinite sets, is distributed densely in $\mathfrak{R}$. It is of some interest to observe that Axiom II*, unlike Axiom II, is applicable both to the space and to the time.

2. We shall go one step farther and, wiping out the artificial notion of the *countability*, shall try to control directly the system of the real numbers as the simplest one-dimensional continuum in the sense stated below.

Denoting by $\mathfrak{R}$ the set of real numbers as before, we introduce the following axioms.

I. $\mathfrak{R}$ is a one-dimensional continuum.
II. Any one-dimensional continuum contains a subset which is isomorphic (similar) to $\mathfrak{R}$. (In short $\mathfrak{R}$ is the simplest one-dimensional continuum.)

In order to show that the system of real numbers can be constructed on the basis of these two axioms, we shall prove that, given an arbitrary one-dimensional continuum Ω, there exists a subset of Ω which is isomorphic to the set of real numbers.

First, since Ω is unbounded, we can construct a subset of Ω which is isomorphic to the set of integers. We choose an arbitrary element of Ω and let the integer 0 correspond to that element. Or rather we use 0 as the symbol to denote that element. Since Ω is unbounded, there exist elements which are greater than 0. We choose an arbitrary one among them and denote it by 1. Similarly, we choose one element which is smaller than 0 and denote it by -1. We choose $2, 3, \ldots, -2, -3, \ldots$ in a similar way and denote by R_0 the totality of the elements thus chosen (the axiom of choice).

We shall next use the density of Ω. We choose an arbitrary element from the interval $(n, n+1)$ and call it $\dfrac{2n+1}{2}$. We also express every element n of R_0 as $2n/2$ and denote by R_1 the totality of the elements $m/2$. Thus, $R_0 < R_1$.

Continuing this process, we can construct a subset R_n of Ω which is isomorphic to the set of rational numbers of the form $m/2^n$ (the mathematical induction). Then

$$R_0 < R_1 < \cdots < R_n < \cdots.$$

Let R be the union of R_n for all n:

$$R = \bigcup_{n=0}^{\infty} R_n.$$

Then R is isomorphic to the set of all finite binary fractions. Due to the construction the order $a \lesseqgtr b$ in R as a subset of Ω corresponds to the order $a \lesseqgtr b$ of binary fractions used as symbols to denote elements of R[16].

Let

$$\alpha = c \cdot c_1 c_2 \ldots = \sum_{i=0}^{\infty} c_i/2^i, \qquad c_i = 0, 1,$$

[16] We used 0, 1, 1/2, etc. as symbols to denote elements of Ω. There will be no fear of misunderstanding though we do not express them as a_0, a_1, $a_{1/2}$, etc.

be an infinite binary fraction[17] and let $a_n/2^n = \sum_{i=0}^{n} c_i/2^i$ be a partial sum. Then the elements of R_n represented by $a_n/2^n$, $n = 0, 1, 2, \ldots$, form a monotone increasing sequence and have the supremum in the continuous set Ω (Theorem 3.2). We denote that supremum by α. Let $\bar{R}$ be the subset of Ω obtained by adding all these α to R. Then this subset $\bar{R}$ is isomorphic to the set of real numbers. □

For the sake of comparison we mention that, in a similar sense, the set of integers is characterized as the simplest ordered set and the set of rational numbers as the simplest dense set. More precisely, these are stated as follows.

The set of integers is an unbounded (i.e., having neither a maximum nor a minimum) ordered set. And any unbounded ordered set contains a subset which is isomorphic to the set of integers. The set R_0 appearing in the above proof is an example of such a subset.

The set of rational numbers is an unbounded dense set. And any unbounded dense set contains a subset which is isomorphic to the set of rational numbers. The set R appearing in the above proof is dense and countable and hence is isomorphic to the set of rational numbers (Theorem 2.24).

3. With the aim of obtaining a set which is isomorphic to the set of all points on a line we required the set of real numbers to be a one-dimensional continuum. But the domain characterized by the notion of one-dimensional continuum is too broad, and we need the axiom of addition or, instead, the condition of minimality (II* in **1** or II in **2**), as an additional restrictive condition. That Dedekind, the founder of the axiom of the continuity, did not sufficiently emphasize this point[18] is probably because, following the tradition since Euclid, the addition was tacitly admitted as a principle too obvious to be stated.

A handy example of one-dimensional continuum which is more complicated, or of higher density, than the set of real numbers can be constructed as follows. In short the construction is to replace every point on the line by a line segment. In order to preserve the continuity, these segments must be closed segments. We shall explain the detail below.

Let x be an arbitrary real number and y a real number such that $0 \leqq y \leqq 1$. Let Ω be the set of all pairs (x, y) formed by such x and y. We define an order in Ω as follows. Two elements (x, y) and (x', y') are said to be equal if and only if $x = x'$ and $y = y'$. When $(x, y) \neq (x', y')$, we say $(x, y) < (x', y')$ if either $x < x'$ or $x = x'$ and $y < y'$. This is the so-called lexicographical order. It is clear that this relation satisfies the axioms of order.

We shall now show that Ω is continuous with respect to this order. Given a cut (A, A')

[17] We mean a regular infinite fraction. Namely, we exclude those fractions, say 0.111..., which are equal to a finite binary fraction. R is assumed to be dense, but is not assumed to be distributed densely in Ω. Therefore, if we should determine an element of Ω corresponding to 0.111... in the manner stated below, then that element would not necessarily be equal to the element already represented by 1.

0 $\frac{1}{4}$ $\frac{1}{2}$ $\frac{3}{4}$ $\frac{7}{8}$ 0.111... 1

[18] Dedekind, Stetigkeit und Irrationalzahlen.

of Ω, there arises two cases. First we suppose that two elements, one from A and the other from A', do not have the same first component. In this case the cut (A, A') induces a cut in the first component x. To be definite, suppose that the set of the first components of the pairs in A has the maximum x_0 and hence that of the pairs in A' does not have a minimum. Then, A must contain all the elements of the form (x_0, y) and in particular the element $(x_0, 1)$, which is a maximum of A. There is no minimum in the set of elements (x', y) of A' because there is no minimum of x'. Thus, the cut (A, A') is a regular cut. Next suppose that A and A' contain elements of the form (a, y) with the same first component $x = a$. Then the cut (A, A') induces a cut in the set of the second components of the elements (a, y). Suppose, say, that the set of the second components y of (a, y) belonging to A' has a minimum y_0. Then (a, y_0) is a minimum of A' and A does not have a maximum. Thus Ω is continuous.

That Ω cannot be isomorphic to the set $\mathfrak{R}$ of real numbers can be proved as follows. We denote by $I(x)$ the interval in Ω determined by the relation $(x, 0) < (x, y) < (x, 1)$. If Ω is isomorphic to $\mathfrak{R}$, the interval $I(x)$ in Ω corresponds to an interval I in $\mathfrak{R}$ and $I(x)$ with different x correspond to mutually disjoint intervals in $\mathfrak{R}$. Since each of these interval contains a rational number, the set of all these I's is countable. On the other hand, since the set of all $I(x)$ is equipotent to the set of all real numbers x, it is not countable (Theorem 3.20). This is absurd.

More complicated one-dimensional continua may be constructed by considering tuples of three or more, or even infinite components (x, y, z), or $(x_1, x_2, \ldots, x_n, \ldots)$.

Addendum. If we use transfinite ordinals, we can construct a linear continuum with an arbitrary ordinal number. Let α be a transfinite ordinal number. We construct Ω as a set of pairs (ξ, x). For the first component we take a transfinite ordinal ξ such that $\xi < \alpha$ and for the second component an element of a continuum which is, this time, closed below and open above, e.g., the set of real numbers x such that $0 \leqq x$. We define the order in Ω to be the lexicographical one as above. Then Ω is continuous. We do not go into the detail. The reader familiar with the set theory will find it easy to supply the detail.

4. We put the axiom of continuity as the basis, let the axiom of the addition control it, and obtained the system of the real numbers. But, following Hilbert, we may put the axiom of the addition as the basis, add "a bit of continuity" to it, and construct the system of real numbers. Hilbert's axiom of the real numbers is as follows[19].

I. $\mathfrak{R}$ is an ordered set.
II. In $\mathfrak{R}$ the axioms (1)–(5) of the addition of §16 hold.
III. In $\mathfrak{R}$ Archimedes' principle (Theorem 3.6) holds.
IV. $\mathfrak{R}$ is the largest set among those satisfying I, II, and III.

By virtue of Axioms I and II $\mathfrak{R}$ must contain a set which is isomorphic to the set of the integers. If only Axioms I and II are required, the set of the integers itself conforms to them. If we require Axiom IV in addition $\mathfrak{R}$ at least contains the set of the real numbers

[19] Hilbert, Über den Zahlbegriff, Jahrerb DM-V8 (1900), contained as Anhang VI in Grundlagen der Geometrie, VII. Auflage.

(up to an isomorphism). Axiom III is what may be regarded as a kind of connectedness and, at the first glance, seem irrelevant to the continuity (see, however, the proof of Theorem 3.6). But, as a matter of fact, it has a power to prevent the requirement of the continuity from bringing excessive elements and thus to let $\mathfrak{R}$ remain in the realm of real numbers. In fact, it follows from Axiom III that the set of the rational numbers is dense in $\mathfrak{R}$ (see the proof of Theorem 3.7). Let now α be an arbitrary element of $\mathfrak{R}$ and let A be the set of all rational numbers smaller than α. Then A is a lower class in the set of rational numbers. Let λ be the *real* number which A determines in $\mathfrak{R}$. Then we must have $\alpha = \lambda$. For, if $\alpha \neq \lambda$, there must exist a rational number belonging to A between α and λ, and a contradiction arises (see the proof of Theorem 3.8). Thus, an arbitrary element of $\mathfrak{R}$ is equal to a real number and therefore $\mathfrak{R}$ is the set of real numbers.

Among the above axioms (1)–(4) of (II) express that $\mathfrak{R}$ is an additive (abelian) group. And (5) of II, the monotonicity of the addition, and III, Archimedes' principle, both connect the order and the addition in $\mathfrak{R}$.

Roughly speaking, the set of real numbers, as an ordered set, is the smallest among those possessing the continuity and the largest additive group admitting Archimedes' principle.

Appendix

§22 Theory of real numbers by Cantor and Méray

Cantor, and independently Méray, established the theory of real numbers based on the idea that sequences of rational numbers satisfying the condition of the convergence given in §18 represent real numbers. This theory, being formal and conventional, may seem less conceptual than Dedekind's theory, but it may also be said that it has the virtue in its conventional nature. Anyway, we shall sketch below an outline of Cantor's theory. Supplying a proof to each statement would not be difficult for the reader who has read through the main part of this book, and so the proof may be omitted.

1. Definition. A sequence $\{a_n\}$ of rational numbers is said to be a *fundamental sequence* if, for an arbitrarily given $\varepsilon > 0$ (ε is a rational number), there exists an integer $n = n(\varepsilon)$ such that

$$p, q \geqq n \text{ implies } |a_p - a_q| < \varepsilon.$$

Theorem 1. *If $\{a_n\}$ and $\{b_n\}$ are fundamental sequences, then $\{a_n + b_n\}$ and $\{a_n - b_n\}$ are also fundamental sequences. We call them the sum and the difference of $\{a_n\}$ and $\{b_n\}$, respectively.*

Definition. A fundamental sequence is called a *zero sequence* when it converges to 0.

Theorem 2. *The sum and the difference of zero sequences are also zero sequences.*

2. Definition. When the difference of fundamental sequences $\{a_n\}$ and $\{b_n\}$ is a zero sequence, $\{a_n\}$ and $\{b_n\}$ are said to be *equivalent*. In symbols we write $\{a_n\} \sim \{b_n\}$.

This relation of being equivalent is an equivalence relation. In particular, if $\{a_n\} \sim \{a'_n\}$ and $\{a_n\} \sim \{a''_n\}$, then $\{a'_n\} \sim \{a''_n\}$. Consequently, we can classify the set of all fundamental sequences by making mutually equivalent fundamental sequences an equivalence class.

Definition. We say that each equivalence class of fundamental sequences *determines* a real number and that any fundamental sequence belonging to an equivalence class *represents* the real number which that class determines.

Theorem 3. *When fundamental sequences $\{a_n\}$ and $\{b_n\}$ represent the real number a and b, respectively, the fundamental sequence $\{a_n + b_n\}$ represents the same real number.*

Namely, if $\{a_n\} \sim \{b_n\}$ and $\{a'_n\} \sim \{b'_n\}$, then $\{a_n + b_n\} \sim \{a'_n + b'_n\}$.

This means that if $a_n - a'_n \to 0$ and $b_n - b'_n \to 0$, then $(a_n + b_n) - (a'_n + b'_n) \to 0$. (See §19.)

In this way, we define the sum of a and b as the real number $c = \{a_n + b_n\}$ determined in this way by a and $b: c = a + b$. The difference of fundamental sequences is treated similarly: if $a = \{a_n\}$ and $b = \{b_n\}$, then $a - b = \{a_n - b_n\}$.

According to the above definitions the sum satisfies the associative and commutative laws, and the subtraction is unique as the inverse of the addition. Thus (1)–(4) of the axioms of the addition given in §16 hold.

Moreover, for fundamental sequences $\{a_n\}$ and $\{b_n\}$ converging to rational numbers a and b, the definition of the addition given above conforms to the addition of rational numbers. Namely, $\{a_n + b_n\}$ converges to $a + b$.

Since the fundamental sequence $\{a, a, \ldots\}$ converges to the rational number a, we can regard that the set of real numbers determined by fundamental sequences contains the rational numbers as a special case.

The zero sequence represents 0, and according to the above definition we have $a + 0 = a$.

3. Now, we must next define the relation of order among real numbers.

Suppose that $\{a_n\} \neq 0$. Then, since $a_n \to 0$ does not hold, we can find an $\varepsilon > 0$ such that there exists a_p with an arbitrarily large p satisfying $|a_p| > \varepsilon$. Since $\{a_n\}$ is a fundamental sequence, we can eventually find p with $|a_p| > \varepsilon$ such that $|a_p - a_q| < \frac{\varepsilon}{2}$ for all $q > p$. Then we have either $a_q > \frac{\varepsilon}{2}$ or $a_q < -\frac{\varepsilon}{2}$ for all such q. In this way we can define the sign of a fundamental sequence except for null sequences. Namely, in the former case we define $\{a_n\}$ to be positive and in the latter case we define $\{a_n\}$ to be negative.

Theorem 4. *The sign is a property of equivalence classes of fundamental sequences. In other words, equivalent fundamental sequences have the same sign. Thus, the sign of a real number is determined, and any real number is either zero, positive, or negative*:

$$a = 0, \qquad a > 0, \qquad a < 0,$$

and one and only one of these relations holds.

If $a > 0$ and $b > 0$, then $a + b > 0$. Therefore, if we define $a > b$ by $a - b > 0$, then (5) of the axioms of the addition given in §16 holds.

4. Since a fundamental sequence $\{a_n\}$ is bounded as the set of rational numbers a_n, there exists rational numbers r and s such that $r < a_n < s$ for all n. Then, by forming the differences of fundamental sequences $\{a_n\}$, $\{r\}$, and $\{s\}$, we see that $r \leqq \{a_n\} \leqq s$. Thus, denoting by a the real number represented by $\{a_n\}$, we see that there exist (infinitely many) rational numbers which are greater or smaller than a.

If a and b are real numbers satisfying $a < b$, there exists a natural number n such that $1/n < b - a$. Then there exists a rational number which has the denominator n and lies between a and b. If we replace the denominator by kn, there are at least k such rational numbers. Thus we have

Theorem 5. *The rational numbers are distributed densely in the real numbers. The set of all real numbers is a dense set.*

5. Now, in order to verify the continuity of the real numbers, let (A, A') be a cut of real numbers. Take a natural number $t > 1$ and let a_n/t^n be the greatest rational number among those which have t^n as the denominator and belong to A (such numbers surely exist).

In other words,

$$\frac{a_n}{t^n} \in A, \qquad \frac{a_n + 1}{t^n} \in A'.$$

Then for $p > n$ we have

$$\frac{a_n}{t^n} = \frac{a_n t^{p-n}}{t^p} \leqq \frac{a_p}{t^p} < \frac{a_n + 1}{t^n},$$

and hence for $p > n$ and $q > n$ we have

$$\left| \frac{a_p}{t^p} - \frac{a_q}{t^q} \right| < \frac{1}{t^n}.$$

Therefore, $\{a_n/t^n\}$ is a fundamental sequence. Denoting by λ the real number represented by this fundamental sequence, we see that λ is the boundary of the cut (A, A'). Namely, if $\lambda \in A$ then λ is the maximum of A and if $\lambda \in A'$ then λ is the minimum of A'. In fact, if we suppose that $\lambda \in A$, $\alpha \in A$, and $\lambda < \alpha$, then for sufficiently large n there would exist a rational number c/t^n such that $\lambda < c/t^n < \alpha$. From $c/t^n < \alpha$ it follows that $c \leqq a_n$. Hence $\lambda < a_n/t^n$. This contradicts the fact that $\lambda = \{a_n/t^n\}$. Thus $\lambda \in A$ implies that λ is the maximum of A. Next, if we suppose that $\lambda \in A'$, $\alpha \in A'$, and $\alpha < \lambda$, then, letting $\alpha < c/t^n < \lambda$ as before, we have $c \geqq a_n + 1$ from $\alpha < c/t^n$ and hence $(a_n + 1)/t^n < \lambda$. This also contradicts $\lambda = \{a_n/t^n\}$. □

Theorem 6. *The real numbers defined by fundamental sequences conform to Axioms I and II given in §17. Therefore, in an abstract sense, they are identical with the real numbers in the sense of Dedekind.*

At this point Cantor's theory of real numbers joins Dedekind's theory. Cantor's fundamental sequences are nothing but convergent sequences of rational numbers in Dedekind's theory. In §19 we already introduced the multiplication of real numbers by means of fundamental sequences.

§23 On power roots

The power root and, more generally, the power of an arbitrary exponent, of real numbers are treated in the elementary calculus. In the theory on the foundation of numbers, however, we would not, and actually need not give a full treatment of the power roots. Following the tradition, we shall only give some explanations on the square roots.

1. For an arbitrary real number $a > 0$ there exists $\sqrt{a}$, that is, a unique solution of $x^2 = a$ with $x > 0$. We shall give a proof of this fact, using the monotonicity of x^2 (that is, $x^2 < x'^2$ if $x < x'$) and the continuity, by a method similar to the one we used in §19 to show the possibility of the division.

Let A be the set of all real numbers x such that $x > 0$ and $x^2 < a$. Such a real number x surely exists. For instance, we may take $x = a$ when $a < 1$ and any number $x < 1$ when $a \geqq 1$. Now, A is bounded from above. For instance, we have $A < \mathrm{Max}(1, a)$. Hence A has the supremum. If we denote it by λ, we have $\lambda^2 = a$ and thus $\lambda = \sqrt{a}$. We shall prove this by reductio ad absurdum. First we suppose that $\lambda^2 < a$. From the meaning of λ as the supremum it follows that, for an arbitrary h with $0 < h < 1$,

$$a < \lambda^2 < (\lambda + h)^2.$$

Thus

$$\lambda^2 - a < 2\lambda h + h^2 < 2\lambda h + h.$$

Consequently

$$0 < \frac{a - \lambda^2}{2\lambda + 1} < h. \tag{1}$$

Since h is chosen arbitrarily in the interval (0, 1), this is absurd.

Next we suppose that $\lambda^2 > a$. Again from the meaning of λ it follows that, for an arbitrary h with $0 < h < \lambda$,

$$(\lambda - h)^2 < a < \lambda^2.$$

Thus

$$0 < \lambda^2 - a < 2\lambda h - h^2.$$

Consequently

$$0 < \frac{\lambda^2 - a}{2\lambda} < h. \tag{2}$$

As before, this is absurd.

Since neither $\lambda^2 < a$ nor $\lambda^2 > a$, we have $\lambda^2 = a$. □

2. A rational number which is the square of a rational number contains, both in the denominator and the numerator of its irreducible fraction, any prime divisor in the form of even powers[1]. Hence the square root of an integer, say 2, 3, etc., which is not the square of an integer, is an irrational number.

The Greeks found by geometric consideration that the edge and the diagonal of a square are not commensurable, but Euclid's theory of proportion did not develop to a logical construction of the concept of the irrational numbers. Through the mediaeval age till about the middle of the nineteenth century the real numbers were treated, unscientifically, relying solely on the intuition. The theory of the irrational numbers as seen in the modern mathematics was completed only in the 70's of the nineteenth century by Dedekind, Cantor, Weierstrass and so on. Leaving the history as it is, we shall add here one thing, which we might well have stated in §14 but we did not because it was not absolutely necessary. It is a proof of the fact that there actually exists a gap in the set of rational numbers, that is, a gap which is to be filled by, say, $\sqrt{2}$ etc. In the above argument suppose that a is a positive rational number which is not the square of any rational number. By letting the set of positive rational numbers with $x^2 < a$ and $x^2 > a$ be the lower and the upper classes, respectively, a cut of rational numbers is obtained. Then there is no maximum in the lower class and no minimum in the upper class. In fact, if λ is a maximum of the lower class, then, h being a rational number, a contradiction arises from (1). If λ is a minimum of the upper class, a contradiction arises from (2).

We recall that the existence of irrational numbers was proved, on a more general standpoint than the power roots, by the use of non-recurring decimals or the uncountability of the set of all real numbers (§20).

§24 Geometric meaning of the axioms of the addition

The axiom of the addition stated in §16 is obtained by abstraction from the axioms of congruence in the one-dimensional space (i.e. a line). In order to explain the process of deducing the axioms of the addition from the axiom of congruence in geometry, we assume that the set of all points on a line forms an ordered set R and postulate the following system of axioms[2].

Definition. Two points (elements) a, b of R are said to *determine* a (line) segment ab. Here we take the direction of segments into consideration. Thus we consider ab and ba not the same.

Axioms of congruence. Between segments ab and $a'b'$ a relation satisfying the following conditions is defined. We call this relation the *congruence*. In symbol we write $ab \equiv a'b'$.

(1°) The congruence is an equivalence relation. That is
(1°.1) $ab \equiv ab$.
(1°.2) $ab \equiv a'b'$ implies $a'b' \equiv ab$,
(1°.3) $ab \equiv a'b'$ and $a'b' \equiv a''b''$ imply $ab \equiv a''b''$.

[1] This is assured by the fundamental theorem of elementary number theory.
[2] *cf.*, Hilbert, Grundlagen der Geometrie, §5.

Definition. By this relation we can classify the segments. Thus, segments belonging to the same equivalent class are congruent to each other, whereas two segments belonging to distinct equivalent classes are not congruent. An equivalent class of segments is said to *determine* a vector $\mathfrak{a}$ and $\mathfrak{a}$ is said to *be represented* by any segment belonging to this equivalent class.

(2°) When an arbitrary point x of R is fixed, there exists a unique segment xy which is congruent to a given segment $ab : xy \equiv ab$.

This implies that, when we fix a point o of R, there exists a one-to-one correspondence between all vectors $\mathfrak{a}$ and all points of R such that $\mathfrak{a}$ is represented by the segment oa.

(3°) $ab \equiv a'b'$ implies $aa' \equiv bb'$.

The relation of congruence is based on the possibility of two segments coming to the same position by the motion on the line (the translation of points), and Axiom (3°) assumes that, when $ab \equiv a'b'$, b is sent to b' by the motion which sends a to a'.

(4°) If $ab \equiv a'b'$, then $a' < b'$ or $a' > b'$ according as $a < b$ or $a > b$. In other words, two congruent segments have the same direction.

From Axioms (1°)–(4°) we obtain the following theorems.

Theorem 1. *$ab \equiv a'b'$ and $bc \equiv b'c'$ imply $ac \equiv a'c'$.*

Proof. By assumption we have

$$ab \equiv a'b'.$$

Hence by Axiom (3°) we obtain

$$aa' \equiv bb'. \tag{1}$$

Also by assumption we have

$$bc \equiv b'c'.$$

Hence by Axiom (3°) we obtain

$$bb' \equiv cc'. \tag{2}$$

By virtue of Axiom (1°.3) it follows from (1) and (2) that

$$aa' \equiv cc'.$$

Consequently we obtain by Axiom (3°)

$$ac \equiv a'c'.$$ □

Definition. In the above situation we call ac the *sum* of ab and bc. In symbols we write $ab + bc \equiv ac$.

Let $\mathfrak{a}$ and $\mathfrak{b}$ be two vectors and take, by Axiom (2°), segments ab and bc which represent them. By Theorem 1 the vector $\mathfrak{c}$ represented by the sum ac is uniquely determined, that is, it does not depend on the choice of segments representing $\mathfrak{a}$ and $\mathfrak{b}$. Thus, we call $\mathfrak{c}$ the *sum* of the vectors $\mathfrak{a}$ and $\mathfrak{b}$. In symbols we write $\mathfrak{a} + \mathfrak{b} = \mathfrak{c}$.

Theorem 2. *$ab \equiv a'b'$ and $ac \equiv a'c'$ imply $bc \equiv b'c'$.*

Proof. By assumption we have

$$ab \equiv a'b'.$$

Hence by Axiom (3°) we obtain

$$aa' \equiv bb'. \tag{3}$$

Also by assumption we have

$$ac \equiv a'c'.$$

Hence by Axiom (3°) we obtain

$$aa' \equiv cc'. \tag{4}$$

By virtue of Axioms (1°.2) and (1°.3) it follows from (3) and (4) that

$$bb' \equiv cc'.$$

Consequently we obtain by Axiom (3°)

$$bc \equiv b'c'. \qquad \square$$

In other words, given vectors $\mathfrak{a}$ and $\mathfrak{c}$, there exists a unique vector $\mathfrak{b}$ such that $\mathfrak{a} + \mathfrak{b} = \mathfrak{c}$. In symbols we write $\mathfrak{c} - \mathfrak{a} = \mathfrak{b}$.

Remark. From Axioms (1°.1) and (3°) it follows that $aa \equiv bb$. The vector represented by these segments is denoted by $\mathfrak{o}$. This is the unit of the addition (zero): $\mathfrak{a} + \mathfrak{o} = \mathfrak{a}$.

It also follows from Axioms (1°.2) and (3°) that $aa' \equiv bb'$ implies $a'a \equiv b'b$.

Now, since we have $aa' + a'a = aa$, we see, denoting by $\mathfrak{a}$ the vector represented by aa', that $a'a$ represents the vector $\mathfrak{o} - \mathfrak{a}$. As usual we denote this vector by $-\mathfrak{a}$.

Theorem 3. $(\mathfrak{a} + \mathfrak{b}) + \mathfrak{c} = \mathfrak{a} + (\mathfrak{b} + \mathfrak{c})$.

Proof. Let[3] $\mathfrak{a} = ab$, $\mathfrak{b} = bc$, and $\mathfrak{c} = cd$. Then

$$(\mathfrak{a} + \mathfrak{b}) + \mathfrak{c} = (ab + bc) + cd \equiv ac + cd \equiv ad,$$

$$\mathfrak{a} + (\mathfrak{b} + \mathfrak{c}) = ab + (bc + cd) \equiv ab + bd \equiv ad. \qquad \square$$

Theorem 4. $\mathfrak{a} + \mathfrak{b} = \mathfrak{b} + \mathfrak{a}$.

[3] Here we mean by = that the vector on the left hand side is represented by the segment on the right hand side. To be more strict, we should use, say, $\sim$ instead of =.

Proof. Let $\mathfrak{a} = ab$ and $\mathfrak{b} = bc$. Then

$$\mathfrak{a} + \mathfrak{b} = ac. \tag{5}$$

If we let $\mathfrak{a} = cd$ by Axiom (2°), then

$$\mathfrak{b} + \mathfrak{a} = bc + cd \equiv bd. \tag{6}$$

By assumption we have $ab \equiv cd$. Hence we obtain by Axiom (3°)

$$ac \equiv bd.$$

Hence from (5) and (6) it follows that

$$\mathfrak{a} + \mathfrak{b} = \mathfrak{b} + \mathfrak{a}.$$

□

Definition. We define the order between segments by letting $ab < ac$ if $b < c$ with respect to the order in R.

This relation is also a relation among vectors. In fact, let $\mathfrak{a} = ab \equiv a'b'$ and $\mathfrak{b} = ac \equiv a'c'$. Since $bc \equiv b'c'$ by Theorem 2, we obtain $b' < c'$ from $b < c$ by Axiom (4°). Hence $a'b' < a'c'$. We can therefore express this relation as $\mathfrak{a} < \mathfrak{b}$. The transitive law holds also for this relation. That is, $\mathfrak{a} < \mathfrak{b}$ and $\mathfrak{b} < \mathfrak{c}$ imply $\mathfrak{a} < \mathfrak{c}$. Indeed, let $\mathfrak{a} = oa$, $\mathfrak{b} = ob$, and $\mathfrak{c} = oc$. Then $\mathfrak{a} < \mathfrak{b}$ and $\mathfrak{b} < \mathfrak{c}$ imply $a < b$ and $b < c$, and hence $a < c$. Thus $\mathfrak{a} < \mathfrak{c}$.

Theorem 5. *If* $\mathfrak{b} < \mathfrak{c}$, *then*

$$\mathfrak{a} + \mathfrak{b} < \mathfrak{a} + \mathfrak{c}.$$

Proof. Let $\mathfrak{a} = oa$, $\mathfrak{b} = ab$, and $\mathfrak{c} = ac$. Then $\mathfrak{b} < \mathfrak{c}$ implies $b < c$. Moreover we have $\mathfrak{a} + \mathfrak{b} = oa + ab = ob$ and $\mathfrak{a} + \mathfrak{c} = oa + ac = oc$. Therefore $ob < oc$, which means that $\mathfrak{a} + \mathfrak{b} < \mathfrak{a} + \mathfrak{c}$.

□

If we fix a certain point o in the set R and take the segment oa for each vector $\mathfrak{a}$, then we obtain a one-to-one correspondence between the set of all vectors $\mathfrak{a}$ and the set of all points a. Therefore we can define the addition for elements of R by defining $a + b$ as the point corresponding to the vector $\mathfrak{a} + \mathfrak{b}$. Theorems 1–5, expressed in accordance with this definition, are nothing but the axioms of the addition given in §16.

§25 A relation between the axiom of continuity and the axioms of the addition

In §16 we stated conditions (1)–(5) in order to separate the axioms of the addition and give it independently of the axiom of continuity. But if we consider, for clarifying the concept of real numbers, the axioms of the addition in relation to the axiom of continuity as in §17, it becomes unnecessary to assume, among five conditions in the axioms of the addition, the commutative law because of the interrelation between both axioms. That is, the commutative law can be deduced logically from the rest of the axioms. This is a subtle problem but has an importance in the fundamental theory, and we shall try to explain it here.

If we do not assume the commutative law, distinction between $a + x$ and $x + a$ in (4) and (5) of the axioms of the addition becomes necessary. First, as regards (4), the possibility of the subtraction, we must assume that each of

$$a + x = b \quad \text{and} \quad y + a = b \tag{1}$$

has a solution. Since a and b are arbitrary elements, this assumption must be said to impose a constraint of wide range. On this occasion we shall show that this assumption can be reduced to the following special case.

The revised form of the axioms of the addition is as follows.

(1°) The unique possibility of the addition: $a + b = c$.
(2°) The associative law: $(a + b) + c = a + (b + c)$.
(4*, 1) There exists an element 0 such that $a + 0 = a$ for every element a.
(4*, 2) For every element a there exists an element a' such that $a + a' = 0$.
(5*) If $a < b$, then for every element x

$$a + x < b + x \quad \text{and} \quad x + a < x + b.$$

Conditions (1°), (2°), (4*, 1), and (4*, 2) express in short that the set R of the real numbers forms a group, the composition law being the addition. As we shall show below, it follows from these axioms that each of two equations of (2) has a unique solution.

First, by (4*, 2) we have

$$a + a' = 0.$$

Adding a' to both sides from the left and using (1°), (2°), and (4*, 1), we obtain

$$(a' + a) + a' = a' + (a + a') = a' + 0 = a'.$$

Letting $a' + a'' = 0$ by (4*, 2), we see by the associative law that

$$(a' + a) + (a' + a'') = a' + a'',$$

that is,

$$(a' + a) + 0 = 0, \qquad a' + (a + 0) = 0.$$

Hence, by (4*, 1)

$$a' + a = 0. \tag{2}$$

This means that the commutative law is valid for a and a'.

Next, we have

$$\begin{aligned} 0 + a &= (a + a') + a \\ &= a + (a' + a). \end{aligned}$$

Since $a' + a = 0$ by (2), we have

$$0 + a = a + 0 = a.$$

Thus the commutative law is valid also for an arbitrary a and 0.

Now, if we suppose $a + x = b$, then $a' + a + x = a' + b, 0 + x = a' + b$, and hence $x = a' + b$. Conversely $a + (a' + b) = (a + a') + b = 0 + b = b$. Thus, we obtain $x = a' + b$ as a unique solution of $a + x = b$. Similarly we obtain $y = b + a'$ as a unique solution of $y + a = b$. In particular, 0 and a' in (4*, 1) and (4*, 2) are unique. We denote a' by $-a$. Then $-(-a) = a$. Note, however, that $a' + b$ and $b + a'$ (i.e. $-a + b$ and $b - a$) are not necessarily equal.

What was said above is a bit of the general theory of groups. Now we take Axiom (5*) into consideration. Even when the commutative law is not assumed in general, as to the addition involving one element e, the integral multiple ne of e is uniquely determined by virtue of the associative law, and the commutative law is valid among them:

$$me + ne = ne + me = (m + n)e.$$

This is in fact the composition of several e's and $-e$'s.

Without assuming the commutative law, Archimedes' principle can be proved in the same way as in §17 (Theorem 3.6). In fact, suppose that $a > 0$. If the set of all integral multiples na of a is bounded, then it must have the supremum by the axiom of continuity. We denote that supremum by l. If we let $m + a = l$ by (1) and take m' such that $m < m' < l$, then, since l is the supremum, there must be an integer n such that $m' < na < l$. Then $(n + 1)a = na + a > m' + a > l$, which is a contradiction. Therefore, the integral multiples of a are not bounded and hence, for any b, there exists an integer n such that $na > b$. This is nothing but Archimedes' principle.

Once Archimedes' principle is valid, the commutative law of the addition is proved (without using continuity) as follows[4]. This must be said to be an interesting problem in relation to §21.4.

First, supposing $x + y \neq y + x$, assume that $x + y > y + x$. Then, on the right hand side of the relation

$$n(x + y) = x + y + x + y + \cdots + x + y,$$

everytime when we interchange x with y immediately before it, the sum increases and, oppositely, everytime when we interchange x with y immediately after it, the sum decreases. Repeating this process, we obtain

$$ny + nx < n(x + y) < nx + ny.$$

If we assume that $x + y < y + x$, the signs of the above inequalities are reversed. Thus $x + y \neq y + x$ implies

$$n(x + y) < nx + ny \quad \text{or} \quad < ny + nx. \tag{$*$}$$

We utilize this fact in the following proofs.

I. Supposing first $a > 0$ and $b > 0$, we assume that $a + b > b + a$. Then, adding $-a$ to both sides from the right, we obtain by the monotonicity of the addition

$$a + b - a > b.$$

For simplicity we write

$$b_1 = a + b - a \tag{1}$$

[4] By the courtesy of Professor Kenkichi Iwasawa. cf., H. Cartan, Un théorème sur les groupes ordonnés, Bull. Sci. Math., 63(1939).

$(b_1 > b > 0)$ and put

$$b_1 = b + d, \qquad d > 0.$$

Then by Archimedes' principle we see that there exists a natural number n such that

$$nd > a. \tag{2}$$

Since

$$nb_1 = n(b + d) \geqq nb + nd \quad \text{or} \quad \geqq nd + nb.$$

by (*) (= hold if $b + d = d + b$), we have by (2)

$$nb_1 > nb + a \quad \text{or} \quad > a + nb. \tag{3}$$

Using Archimedes' principle once again, we see that there exists an integer m such that

$$(m + 1)a > nb \geqq ma, \qquad m \geqq 0. \tag{4}$$

Thererore, by (3) we have

$$nb_1 > ma + a \quad \text{or} \quad > a + ma,$$

that is,

$$nb_1 > (m + 1)a. \tag{5}$$

On the other hand, it follows from (4) that

$$\begin{aligned}(m + 1)a &= a + (m + 1)a - a\\ &> a + nb - a\\ &= (a + b - a) + (a + b - a) + \cdots + (a + b - a)\\ &= n(a + b - a) = nb_1.\end{aligned}$$

This contradicts (5). Thus the assumption $a + b > b + a$ is false. Since $a + b < b + a$ leads to a similar contradiction, we have shown that $a + b = b + a$ for $a > 0$ and $b > 0$.

II. If $a < 0$ and $b > 0$, we have $-a > 0$ and hence by I

$$-a + b = b - a.$$

Adding a to the both sides from the left and right, we have

$$a - a + b + a = a + b - a + a,$$

that is,

$$b + a = a + b.$$

III. If $a < 0$ and $b < 0$, we have $-a > 0$ and hence by II

$$-a + b = b - a.$$

From this we obtain $a + b = b + a$ in the same way as in II.

Since there is no problem when one of a and b is 0, the commutative law holds in general.

Appendices

I. On papers of Takagi in number theory

KENKICHI IWASAWA

1. Teiji Takagi graduated from the Imperial University of Tokyo in 1897, the year Hilbert's Zahlbericht [15] was published. The following year he went to Germany, first to Berlin and then to Göttingen, where he studied under Hilbert for two years. The library cards kept at the University of Tokyo show that Takagi borrowed the Zahlbericht and other classical texts on number theory and elliptic functions from the library before going abroad. So he must have been well prepared for his study in Germany. The work of Takagi in Göttingen resulted in his doctoral thesis **6*** published in Tokyo in 1903, his first important contribution to number theory.

In a paper [22] of 1853, Kronecker announced that every abelian extension of the rational field $\mathbb{Q}$ is a subfield of a cyclotomic field. He also stated there that all abelian extensions of the quadratic field $\mathbb{Q}(\sqrt{-1})$ can be obtained similarly by dividing the lemniscate instead of the circle. This is the origin of what is now called Kronecker's Jugendtraum, namely, his conjecture that all abelian extensions of an imaginary quadratic field k can be generated by the singular values of the elliptic modular function $j(u)$ and the division values of elliptic functions which have complex multiplication in k. In his thesis **6**, Takagi proved Kronecker's statement on $\mathbb{Q}(\sqrt{-1})$.

Let $k = \mathbb{Q}(\sqrt{-1})$ and let p^h be any power of a prime number p ($h \geqq 1$). By evaluating Jacobi's elliptic function $sn(u)$ and Weierstrass' function $\wp(u)$ ($= sn(u)^{-2}$) associated with k at fractional multiples of their periods, Takagi obtained abelian extensions $L(p^h, \mu)$ and $M(p^h)$ over k satisfying the following conditions[1]:

i) $L(p^h, \mu)$ is defined for each prime element μ in $\mathbb{Z}[\sqrt{-1}]$ with norm m satisfing $m \equiv 1 \bmod p^h$ (resp. $m \equiv 1 \bmod 2^{h+2}$ if $p = 2$), and is a cyclic extension of degree p^h over k such that (μ) is the only prime ideal of k ramified in $L(p^h, \mu)$.
ii) $M(p^h)$ is an abelian extension of type (p^h, p^h) over k such that no prime ideal of k, prime to p, is ramified in $M(p^h)$.

Now, let K be any finite extension of k. Fixing a prime number p, let n_K denote the number of prime ideals of k which are prime to p and are ramified in K. For a cyclic extension K/k with p-power degree, Takagi proved that a) if $n_K \geqq 1$, then K is contained in a composite $K'L$ where K'/k is a cyclic extension of p-power degree with $n_{K'} < n_K$ and

* The figure in bold face refers to the article in the text.
[1] *cf.*, pp. 25–26 and 36–37.

$L = L(p^h, \mu)$ for some $h \geqq 1$ and μ, and that b) if $n_K = 0$, then K is contained in $M(p^h)$ for some $h \geqq 1$. It is clear that Kronecker's statement on $k = \mathbb{Q}(\sqrt{-1})$ follows immediately from a) and b)[2].

Earlier in 1896, Hilbert [16] gave a simple proof of the theorem of Kronecker on the abelian extensions of $\mathbb{Q}$. Takagi's proof sketched above followed the idea of this paper of Hilbert. However, in Hilbert's case, abelian extensions over $\mathbb{Q}$ similar to the extensions $L(p^h, \mu)$ and $M(p^h)$ over k mentioned above are immediately obtained as subfields of cyclotomic fields, whereas in Takagi's case, construction of the fields L and M required careful arithmetic study of the division fields of the elliptic functions $\mathrm{sn}(u)$ and $\wp(u)$, based on the classical work of Abel and Eisenstein. In retrospect, this beautiful thesis seems to have been a harbinger of the outstanding future of the young number-theorist.

2. Takagi returned to Tokyo from Göttingen in 1901. At the University of Tokyo, he continued his research in algebraic number theory and it culminated in his two major papers on class field theory **13** in 1920 and **17** in 1922. As mentioned earlier, Takagi's thesis **6** was published in 1903. Between 1903 and 1920, Takagi published six papers **7–12**, on number theory. Of these, the first **7**, is acomplement to his thesis **6** and it proves a generalization of a theorem of Eisenstein, namely, that if k is an imaginary quadratic field and $\mathfrak{p}^n$ is a power of an odd prime ideal $\mathfrak{p}$ of k, then the polynomial for the $\mathfrak{p}^n$-division values of the elliptic function $S(u)$[3], associated with k, is an Eisenstein polynomial for $\mathfrak{p}$. The other five papers **8–12**, are preliminary reports on Takagi's monumental accomplishments on class field theory which were later presented in detail in **13** and **17**. Before reviewing the contents of these two papers, we shall first briefly describe some historical background for Takagi's work[4].

The concept of class fields had been gradually evolved by Kronecker, Weber, and Hilbert by the study of complex multiplication of elliptic functions and by following the analogy with classical algebraic function fields. It seems that the terminology "class field" was proposed for the first time by Weber [27, 28]. Let k be a number field, and $\mathfrak{m}$ an integral divisor of k. Let $I_\mathfrak{m}$ denote the group of all ideals of k, prime to (the ideal part of) $\mathfrak{m}$, and $S_\mathfrak{m}$, the subgroup of all principal ideals (α) in $I_\mathfrak{m}$ with $\alpha \equiv 1 \bmod \mathfrak{m}$. A factor group of the form $I_\mathfrak{m}/H_\mathfrak{m}$, where $S_\mathfrak{m} \subseteq H_\mathfrak{m} \subseteq I_\mathfrak{m}$, is called a congruence ideal class group mod $\mathfrak{m}$ in k. Suppose that such a group $I_\mathfrak{m}/H_\mathfrak{m}$ is given. Weber called a finite extension K of k a class field over k for $I_\mathfrak{m}/H_\mathfrak{m}$ if a prime ideal $\mathfrak{p}$ of absolute degree 1 in $I_\mathfrak{m}$ is completely decomposed in K exactly when $\mathfrak{p}$ belongs to the subgroup $H_\mathfrak{m}$. Following the idea of Dirichlet, he then proved by using analytic properties of L-series that

$$[I_\mathfrak{m} : H_\mathfrak{m}] \leqq [K : k]$$

for such a class field K. Although Weber did not prove the existence of a class field K over k for a given congruence ideal class group $I_\mathfrak{m}/H_\mathfrak{m}$, he showed that if such K exists, it is unique for $I_\mathfrak{m}/H_\mathfrak{m}$ and that the existence of K implies the existence of infinitely many

[2] Hülfssatz 1) on p. 29 is false. This is used in §14 for the proof of ii) above in the case $p \equiv 3 \bmod 4$. However, it can be proved without using that Hülfssatz, by slightly modifying the argument in §14.
[3] *cf.*, Weber [28], §157.
[4] For the history of class field theory, see Hasse [14].

prime ideals of absolute degree 1 in each coset of the factor group $I_{\mathfrak{m}}/H_{\mathfrak{m}}$, a generalization of the classical theorem of Dirichlet on the prime numbers in an arithmetic progression.

In the introduction of his Zahlbericht [15], Hilbert stated that to him the theory of abelian extensions of number fields, initiated by Kummer and Kronecker, was the most richly endowed part of the edifice of algebraic number theory, with many precious treasures waiting to be discovered. As the simplest case of such abelian extensions, Hilbert [17–19] studied quadratic extensions of number fields. Using those results and imposing rather strong conditions on the ground field k, he then proved in the same papers that there is an unramified abelian extension K over k (where the ramification of archimedean prime divisors is allowed) such that the Galois group of K/k is isomorphic to the ideal class group of k in the narrow sense, and that K is the class field over k for that ideal class group in the sense of Weber. Hence Hilbert simply named K the class field of k. Although he treated only some very special cases, Hilbert was quite convinced that the class field K of k, such as described above, should exist for every number field k, and he conjectured important properties of the extension K/k, e.g., the law of decomposition for a prime ideal of k in the extension K.

As a part of his work on quadratic extensions mentioned above, Hilbert studied the reciprocity law for the power residue symbol and the norm residue symbol with exponent 2. These results of Hilbert were generalized by Furtwängler [6] for symbols with arbitrary prime exponent $l \neq 2$ (under the assumption that the class number of the ground field is prime to l). Following the idea of Hilbert, Furtwängler then went on to prove in [7] in 1907 the existence of Hilbert's class field K over an arbitrary ground field k, as predicted by Hilbert.

3. We now discuss the paper **13** of Takagi, published in 1920. In this paper, Takagi started with a new definition of class fields as follows. Let K be a finite Galois extension of a number field k with degree $[K:k] = n$. For each integral divisor $\mathfrak{m}$ of k, the extension K/k defines a congruence ideal class group $I_{\mathfrak{m}}/H_{\mathfrak{m}}$ in k, where $H_{\mathfrak{m}}$ is the subgroup of $I_{\mathfrak{m}}$ generated by $S_{\mathfrak{m}}$ and by all norms $N_{K/k}(\mathfrak{A})$ of ideals $\mathfrak{A}$ of K, prime to $\mathfrak{m}$. If an integral divisor $\mathfrak{n}$ is a factor of $\mathfrak{m}$, then the injection $I_{\mathfrak{m}} \to I_{\mathfrak{n}}$ induces a surjective homomorphism $I_{\mathfrak{m}}/H_{\mathfrak{m}} \to I_{\mathfrak{n}}/H_{\mathfrak{n}}$. Let $C_{K/k}$ $(= C)$ denote the inverse limit of $I_{\mathfrak{m}}/H_{\mathfrak{m}}$ for all $\mathfrak{m}$, with respect to the maps $I_{\mathfrak{m}}/H_{\mathfrak{m}} \to I_{\mathfrak{n}}/H_{\mathfrak{n}}$. By the method of Weber, one sees that $[I_{\mathfrak{m}} : H_{\mathfrak{m}}] \leqq [K:k]$ for all $\mathfrak{m}$. Hence there is a natural isomorphism $C \simeq I_{\mathfrak{m}}/H_{\mathfrak{m}}$ whenever $\mathfrak{m}$ is "large" enough. In fact, there exists an integral divisor $\mathfrak{f}$ such that $C \simeq I_{\mathfrak{m}}/H_{\mathfrak{m}}$ holds if and only if $\mathfrak{m}$ is a multiple of $\mathfrak{f}$ and for any such $\mathfrak{m}$, C can be canonically identified with $I_{\mathfrak{m}}/H_{\mathfrak{m}}$: $C = I_{\mathfrak{m}}/H_{\mathfrak{m}}$. The group $C_{K/k}$ $(= C)$ is called the ideal class group of k, associated with the Galois extension K/k, and the integral divisor $\mathfrak{f}$ is called the conductor of K/k. Let h be the order of $C_{K/k}$: $h = [C:1]$. Then we obtain the so-called second fundamental inequality of class field theory:

$$h \leqq n = [K:k].$$

Now, Takagi called the Galois extension K of k a class field over k when the equality

$$h = n$$

holds for the h and n above. If $\mathfrak{m}$ is an integral divisor of k such that $C_{K/k} = I_{\mathfrak{m}}/H_{\mathfrak{m}}$, the above equality means $[I_{\mathfrak{m}} : H_{\mathfrak{m}}] = [K : k]$, and K is then called a class field over k for the ideal class group $I_{\mathfrak{m}}/H_{\mathfrak{m}}$. For his class fields, Takagi **13** proved the following fundamental results:

1) A finite Galois extension K of a number field k is a class field over k if and only if K/k is an abelian extension.

2) (Existence Theorem) Given any congruence ideal class group $I_{\mathfrak{m}}/H_{\mathfrak{m}}$ in k, there exists a class field K over k for $I_{\mathfrak{m}}/H_{\mathfrak{m}}$. As a consequence, each coset of $I_{\mathfrak{m}}/H_{\mathfrak{m}}$ contains infinitely many prime ideals of k with absolute degree 1.

3) (Uniqueness Theorem) Let K and K' be class fields over k and let $C_{K/k} = I_{\mathfrak{m}}/H_{\mathfrak{m}}$, $C_{K'/k} = I_{\mathfrak{m}}/H'_{\mathfrak{m}}$ for $\mathfrak{m}$ divisible by the conductors of K/k and K'/k. Then $k \subseteq K' \subseteq K$ if and only if $H_{\mathfrak{m}} \subseteq H'_{\mathfrak{m}} \subseteq I_{\mathfrak{m}}$. In particular, the class field K over k in 2) is unique for the given ideal class group $I_{\mathfrak{m}}/H_{\mathfrak{m}}$.

4) Let K be a class field over k. Then:

i) (Isomorphism Theorem) The Galois group of K/k is isomorphic to the ideal class group $C_{K/k}$ associated with K/k.
ii) (Conductor Theorem) A prime divisor of k is ramified in K if and only if it divides the conductor $\mathfrak{f}$ of K/k.
iii) (Decomposition Theorem) The relative degree of a prime ideal $\mathfrak{p}$ of k, unramified in K, is equal to the order of the class of $\mathfrak{p}$ in the ideal class group $C_{K/k} = I_{\mathfrak{f}}/H_{\mathfrak{f}}$.

Now, let $I_{\mathfrak{m}}/H_{\mathfrak{m}}$ be a congruence ideal class group in k. It follows from the above and from the uniqueness theoem for Weber's class fields that an extension K of a number field k is a class field over k for $I_{\mathfrak{m}}/H_{\mathfrak{m}}$ in Weber's sense if and only if it is a class field over k for $I_{\mathfrak{m}}/H_{\mathfrak{m}}$ in the sense of Takagi. Thus both definitions of class fields turn out to be equivalent. However, as Takagi remarked, his definition of class field by postulation of the equality $h = n$ proved better suited for the proof of the Existence Theorem and other results. Needless to say, Hilbert's class field K of k is a special case of Takagi's class field, and the existence of K, as well as all but one of the properties of K conjectured by Hilbert, follows immediately from the above theorems[5].

In Takagi's proof of those theorems in **13** the key steps were the proofs of the following two statements:

a) Let l be an odd prime and let K be a cyclic extension of degree l over k with discriminant $\mathfrak{d} = \mathfrak{f}^{l-1}$. Then K is a class field over k and its conductor is a factor of the ideal $\mathfrak{f}$ of k.

b) Suppose that the ground field k contains a primitive l-th root of unity, l being an odd prime as above. Then, for each congruence ideal class group $I_{\mathfrak{m}}/H_{\mathfrak{m}}$ in k with order l, there exists a cyclic extension K of degree l over k such that K is a class field over k for the given $I_{\mathfrak{m}}/H_{\mathfrak{m}}$.

The proof of a) was carried out by computing (in modern terminology) the orders

[5] *cf.*, §8 below for the exception.

of the cohomology groups of the cyclic Galois group of K/k, acting on various abelian groups such as the unit group and the ideal class group of K. The computation gave the first fundamental inequality of class field theory,

$$h \geqq n,$$

for the extension K/k, and hence the equality $h = n$. In proving $h \geqq n$, Takagi also obtained the Norm Theorem for K/k which states that an element α of k is the norm of an element in K if and only if α is a norm for every local extension associated with K/k. For the proof of b), Takagi fixed an integral divisor $\mathfrak{m}$ of k and counted the number N of congruence ideal class groups $I_{\mathfrak{m}}/H_{\mathfrak{m}}$ in k with order $[I_{\mathfrak{m}} : H_{\mathfrak{m}}] = l$. On the other hand, using a) and the theory of Kummer extensions of Hilbert [15], he showed that there exist at least N class fields K of degree l over k with conductor dividing $\mathfrak{m}$. This of course proved *b*). At the same time, the argument also yielded that the ideal $\mathfrak{f}$ is actually the conductor of the extension K/k in *a*). The relation $\mathfrak{d} = \mathfrak{f}^{l-1}$ between the discriminant $\mathfrak{d}$ and the conductor $\mathfrak{f}$ of K/k was later generalized by Hasse [13] for an arbitrary class field K over k (the Conductor-Discriminant Theorem).

4. In the last chapter of **13**, Takagi discussed applications of his theory to the proof of Kronecker's statements mentioned in §1. First, he described briefly how the theorem of Kronecker on abelian extensions of the rational field $\mathbb{Q}$ follows immediately from his theory when applied to the ground field $k = \mathbb{Q}$. Then he discussed in more detail the application to Kronecker's Jugendtraum on abelian extensions of imaginary quadratic fields. Let k be such a field with discriminant $d < 0$. For each integer $m \geqq 1$, let $L(m) = k(\zeta_m, j(\alpha))$ where ζ_m is a primitive m-th root of unity and $j(\alpha)$ is the value of the elliptic modular function for a number α in k with discriminant $m^2 d$. As Weber [28] already knew, $L(m)$ is the class field over k for the ideal class group I_m/H_m where H_m consists of all principal ideals (α) in k such that $\alpha \equiv r \bmod m$ for some rational number r satisfying $r^2 \equiv \pm 1 \bmod m$. This implies, in particular, that every abelian extension of odd degree over k is contained in $L(m)$ for some $m \geqq 1$, a fact proved by Fueter [5] in 1914. As Fueter also pointed out there, not all abelian extensions of k are subfields of the fields $L(m)$, $m \geqq 1$. So, for each odd integer $n \geqq 1$, Takagi introduced the n-division field $T(n)$ of Jacobi's elliptic function $sn(u)$ associated with k, and using his theory, he then showed that $T(n)$ is a class field over k and that every abelian extension of k is contained in the composite $L(m)T(n)$ for some m and n. Thus Kronecker's Jugendtraum was verified. This achievement must have been particularly satisfying for Takagi who started his number-theoretical research by proving a special case of the above result in his thesis **6**.

Following an idea of Weber[6], Hasse [11] later gave a simpler proof for Kronecker's Jugendtraum by using Weber's elliptic function $\tau(u)$. To solve the Riemann hypothesis for elliptic curves over finite fields, Hasse also studied complex multiplication of such curves from a purely algebraic point of view. Weil [29] then developed an algebraic theory of abelian varieties over arbitrary ground fields and proved the Riemann hypothesis for any algebraic curve defined over a finite field. Based on Weil's theory, the work [25] of

[6] *cf.*, Weber [28], §155.

Shimura-Taniyama generalized the classical theory of complex multiplication to abelian varieties with complex multiplication in number fields.

5. Takagi's other major paper **17** was actually written in 1920 as a sequel to **13**. Following the work of Hilbert and Furtwängler, he presented here his theory of the power residue symbol and the norm residue symbol for a prime exponent l. Since full results on class fields were available to Takagi, his proofs are simpler and the results are more general than those of earlier work. Let k be a number field containing a primitive l-th root of unity. Let μ be a so-called primary number in k and ν a number of k, prime to μ and l. For the power residue symbol with exponent l, Takagi proved that if l is odd, then

$$\left(\frac{\mu}{\nu}\right) = \left(\frac{\nu}{\mu}\right),$$

and if $l = 2$, a similar equality still holds with an additional factor on the right which depends on the real archimedean prime divisors of k. Anticipating Artin, he also proved that the symbol $\left(\frac{\mu}{\mathfrak{a}}\right)$ depends only on the class of $\mathfrak{a}$ in the ideal class group $C = I_{\mathfrak{f}}/H_{\mathfrak{f}}$, associated with the class field $K = k(\sqrt[l]{\mu})$ over k, and made a remark that this fact is the most essential point of the reciprocity law. As for Hilbert's norm residue symbol, Takagi defined it by means of the power residue symbol, as was done by Hilbert in [15], stated the product formula, and proved in an important case that $\left(\frac{\nu, \mu}{\mathfrak{p}}\right) = 1$ if and only if ν is a local norm at $\mathfrak{p}$ for the extension $k(\sqrt[l]{\mu})/k$.

After Takagi's work **17**, a decisive advance in the theory of the reciprocity law was made by Artin [1] in 1927. Let K be a class field over a number field k with conductor $\mathfrak{f}$. For each prime ideal $\mathfrak{p}$ of k unramified in K, let $\sigma_{\mathfrak{p}}$ denote the Frobenius automorphism of $\mathfrak{p}$ for the abelian extension K/k. Artin proved that the homomorphism of the ideal group $I_{\mathfrak{f}}$ into the Galois group G of K/k, defined by $\mathfrak{p} \mapsto \sigma_{\mathfrak{p}}$, induces a canonical isomorphism:

$$C_{K/k} = I_{\mathfrak{f}}/H_{\mathfrak{f}} \simeq G.$$

This is called Artin's general reciprocity law because, as Artin showed, it immediately induces the reciprocity formula for the power residue symbol with arbitrary exponent m. It was proved by Hasse [12] soon afterward that the product formula for Hilbert's norm residue symbol with exponent m, too, can be deduced from Artin's reciprocity law. Note also that Artin's result includes the Isomorphism Theorem and the Decomposition Theorem of Takagi and it rendered those theorems more precise. It may be said that the classical class field theory, initiated by Takagi, was completed by Artin.

6. In 1920, two other papers of Takagi on number theory, **14**, **15**, were also published. **14** is the report on his talk at the International Congress of Mathematicians in 1920 at Strassburg. In three pages, Takagi gave a beautiful summary of his work on class field theory reviewed above. At the end of the paper, he called particular attention to the importance of the problem of generalizing his theory to non-abelian Galois extensions of number fields. In the other paper, **15**, a class of such Galois extensions was studied. In [4], Dedekind found an interesting relation between non-cyclic cubic fields and binary quadratic forms with rational integral coefficients. Namely, let k be such a cubic field with discriminant D. Then the number of classes of quadratic forms with discriminant D is divisible by 3 and one third of the classes are characterized by the fact that a prime number p, prime to D and a quadratic residue mod D, is completely decomposed in k if and only if p can be represented by a quadratic form in one of those classes. Actually, Dedekind proved the above result only in the case k is a pure cubic field. But he checked it for many examples and conjectured its truth in the general case. In **15**, Takagi gave a simple proof of the conjecture by applying his class field theory. In general, let k be a non-cyclic extension of $\mathbb{Q}$ of degree l, an odd prime number, and let K be the Galois extension over $\mathbb{Q}$ generated by all conjugates of k. Suppose that $K = kK_0$ with a cyclic extension K_0 over $\mathbb{Q}$, so that K/K_0 is a cyclic extension of degree l. Using the fact that the Galois group of $K/\mathbb{Q}$ is a special type of meta-cyclic group, Takagi studied the decomposition of a rational prime p in K and determined the conductor of the class field K over K_0. Applying these results for the special case $l = 3$, he then proved the conjecture of Dedekind.

7. The paper **23** of 1927 on cyclotomic fields, a part of which had been reported earlier in **18** in 1922, was Takagi's last important contribution to number theory, although he later published another paper **24** in 1928, an expository paper on binary quadratic forms. Let k denote the cyclotomic field of l-th roots of unity for an odd prime l, and let

$$\{\mu, \nu\} = \left(\frac{\mu}{\nu}\right)\left(\frac{\nu}{\mu}\right)^{-1},$$

where $(-)$ is the power residue symbol of exponent l in k. In the first half of **23**, Takagi gave a beautiful explicit formula for $\{\mu, \nu\}$ as follows. Let ζ be a fixed primitive l-th root of unity in k and let $\lambda = 1 - \zeta$ so that $(l) = (\lambda)^{l-1}$. Let A denote the multiplicative group of all numbers α in k such that $\alpha \equiv 1 \bmod \lambda$, and let B be the subgroup of all β in A satisfying $\beta \equiv 1 \bmod \lambda^l$. Then the Galois group Δ of $k/\mathbb{Q}$ acts naturally on the factor group A/B which is an abelian group of type $(l, \ldots, l)$ of rank $l-1$, namely, a vector space of dimension $l-1$ over the finite field with l elements. Since Δ is a cyclic group of order $l-1$, A/B decomposes into the direct sum of $l-1$ one-dimensional subspaces, each invariant under Δ. Using this fact, Takagi found a basis $\{\kappa_1, \ldots, \kappa_{l-1}\}$ (mod B) of A/B such that

$$\kappa_i \equiv 1 - \lambda^i \mod \lambda^{i+1}, \qquad \kappa_i^\sigma \equiv \kappa_i^{a^i} \mod \lambda^l,$$

σ being any element of Δ and a, an integer satisfying $\zeta^\sigma = \zeta^a$. Now for each μ in k, prime to l, one has a congruence

$$\mu \equiv \mu^l \prod_{i=1}^{l-1} \kappa^{t_i} \mod \lambda^l$$

with integers $t_i = t_i(\mu)$, $1 \leqq i \leqq l-1$, uniquely determined mod l by μ. With such t_i's, Takagi proved that

$$\{\mu, \nu\} = \zeta^u, \quad \text{where} \quad u = -\sum_{i=1}^{l-1} i t_i(\mu) t_{l-i}(\nu).$$

He also examined the relation between $t_i(\mu)$, $1 \leqq i \leqq l-1$, and Kummer's logarithmic differential quotients, $l_i(\mu)$, $1 \leqq i \leqq l-1$, and deduced from his formula Kummer's criterion for Fermat's problem to be found in [23].

In the second half of **23**, Takagi studied the l-rank of the ideal class group of the cyclotomic field k. Let k_0 be the maximal real subfield of k and let t and t_0 denote the l-ranks of the ideal class groups of k and k_0 respectively. Takagi proved that $2t_0 \leqq t$ and also that if $t_0 = 0$, then $t \leqq \frac{l-3}{2}$. Furthermore, he investigated the interesting relations between the units of k and the ideal classes of exponent l in k, again by decomposing abelian groups like A/B under the action of the Galois group Δ[7]. The same kind of problem as treated in this paper has been deeply studied in recent years in the theory of cyclotomic fields, in particular, by Mazur-Wiles [24]. The paper **23** is one of the original sources for the modern development of that theory.

8. The work of Takagi and Artin confirmed what Hilbert foresaw in 1897 in the introduction of [15], and class field theory has since become a major discipline in algebraic number theory. In concluding this review of Takagi's papers in number theory, we would like to add here a brief account of some of the further developments in that theory after Takagi-Artin.

With the appearance of Takagi's paper **13**, only one of the properties of class fields, predicted by Hilbert, remained unproved, namely, the fact that every ideal of a number field k becomes a principal ideal in Hilbert's class field K over k (the Principal Ideal Theorem). Applying his reciprocity law, Artin [2] reduced the above theorem on K/k to a purely group-theoretical statement on meta-abelian groups, and this was then proved by Furtwängler [8] by computation in group rings. A shorter, more conceptual proof of the same result was given later by Iyanaga [21] in 1934. In 1926–1930, Hasse's Zahlbericht [10] was published. This is an exposition of the theory of Takagi-Artin, including Hasse's own work on power and norm residue symbols, and it served to introduce class field theory to a wider audience. In the 1930's, simplification and reorganization of the original proofs in Takagi **13** were sought in order to obtain better and deeper insight into class field theory. At the same time, extensions of class field theory to local fields and function fields of one variable over finite constant fields were attempted, and both programs were successfully carried out by Hasse, Chevalley, Herbrand, F.K. Shmidt, and others. Another important problem around that time was the construction of class field theory by purely algebraic methods. In the theory of Weber-Takagi, the second fundamental inequality, $h \leqq n$, was obtained by using analytic properties of L-series. The problem was to prove this inequality by arithmetic arguments alone. This was done by Chevalley [3] in 1940, where he also introduced the notion of ideles which replaced the ideals in number fields. Chevalley's idea of using topological groups and infinite Galois extensions of number fields has had great impact in the later development of algebraic number theory in general. For class field theory, the era after the Second World War is marked by the introduction of another new method, namely, the application of the cohomology theory of groups. Following the pioneering work of Weil [30] and Hochschild-Nakayama [20],

[7] The integer t_o' on p. 253 is actually zero.

the cohomological approach was fully developed by Tate [26], bringing more clarity and generality to class field theory. With this method, for example, Golod-Šafarevič [9] succeeded in proving the classical conjecture on class field towers, namely, that for each prime number p there exist number fields over which the p-class field towers are infinite.

One of the outstanding problems in number theory today is the generalization of class field theory to (non-abelian) Galois extensions of number fields. As mentioned earlier, this problem was already proposed by Takagi in his talk **14** at Strassburg. Significant progress has been made in recent years by Langlands and others, but the final goal is as yet unattained. We hope that a class field theory for Galois extensions, in whatever formulation, will be helpful in solving difficult problems in number theory which are beyond our reach at present.

References

[1] Artin E (1927) Beweis des allgemeinen Reziprozitätsgesetzes. Abh Math Semin Univ Hamburg 5: 353–363
[2] Artin E (1930) Idealklassen in Oberkörpern und allgemeines Reziprozitätsgesetz. Abh Math Semin Univ Hamburg 7: 46–51
[3] Chevalley C (1940) La théorie du corps de classes. Ann Math 41: 394–417
[4] Dedekind R (1900) Über die Anzahl der Idealklassen in reinen kubischen Zahlkörpern. J reine angew Math 121: 40–123
[5] Fueter R (1914) Abel'sche Gleichungen in quadratisch-imaginären Zahlkörpern. Math Ann 75: 177–255
[6] Furtwängler Ph (1902) Über die Reziprozitätsgesetze zwischen l^{ten} Potenzresten in algebraischen Zahlkörpern, wenn l eine ungerade Primzahl bedeutet. Abh K Ges Wiss Göttingen 2: 1–82
[7] Furtwängler Ph (1907) Allgemeiner Existenzbeweis für den Klassenkörper eines beliebigen algebraischen Zahlkörpers. Math Ann 63: 1–37
[8] Furtwängler Ph (1930) Beweis des Hauptidealsatzes für Klassenkörper algebraischer Zahlkörper. Abh Math Semin Univ Hamburg 7: 14–36
[9] Golod ES, Šafarevič IR (1964) On class field towers (in Russian) Izv Akad Nauk SSSR 28: 261–272
[10] Hasse H (1926) Bericht über neuere Untersuchungen und Probleme aus der Theorie der algebraischen Zahlkörper I, Ia, II, Jber. dt Math Verein 35: 1–55; 36 (1927): 233–311; Exg Bd 6(1930a): 1–204
[11] Hasse H (1927) Neue Begründung der komplexen Multiplikation I, II. J reine angew Math 157: 115–139; 165(1931): 64–88
[12] Hasse H (1927) Über das Reziprozitätzgesetz der m-ten Potenzreste. J reine angew Math 158: 228–259
[13] Hasse H (1934) Normenresttheorie, Führer und Diskriminante Abelscher Zahlkörper. J Fac Sci Univ Tokyo Sec I 2: 477–498
[14] Hasse H (1967) History of class field theory. In: Algebraic Number Theory. Thompson Book, Washington, pp 266–279
[15] Hilbert D (1897) Die Theorie der algebraischen Zahlkörper. Jber dt Math Verein 4: 175–546
[16] Hilbert D (1896) Neuer Beweis des Kronecker'schen Fundamentalsatzes über Abel'sche Zahlkörper. Nachr Ges Wiss Göttingen 29–39
[17] Hilbert D (1899) Über die Theorie der relativquadratischen Zahlkörper. Jber dt Math Verein 6: 88–94
[18] Hilbert D (1899) Über die Theorie des relativquadratischen Zahlkörpers. Math Ann 51: 1–127
[19] Hilbert D (1902) Über die Theorie der relativ-Abel'schen Zahlkörper. Acta Math 26: 99–132

[20] Hochschild G, Nakayama T (1952) Cohomology in class field theory. Ann Math 55: 348–366
[21] Iyanaga S (1934) Zum Beweis des Hauptidealsatzes. Abh Math Univ Hamburg 10: 349–357
[22] Kronecker L (1853) Über die algebraisch auflösbaren Gleichungen I. Sber preuss Acad Wiss 365–374
[23] Kummer E (1857) Einige Sätze über die aus den Wurzeln der Gleichung $\alpha^\lambda = 1$ gebildeten komplexen Zahlen für den Fall, dass die Klassenzahl durch λ teilbar ist, nebst Anwendungen derselben auf einen weiteren Beweis des Fermatschen Lehrsatzes. Abh Akad Wiss Berlin 41–74
[24] Mazur B, Wiles A (1984) Class fields of abelian extensions of $\mathbb{Q}$. Inv Math 76: 179–330
[25] Shimura G, Taniyama Y (1961) Complex multiplication of abelian varieties and its applications to number theory. Publ Math Soc Japan, no 6
[26] Tate J (1952) The higher dimensional cohomology groups of class field theory. Ann Math 56: 294–297
[27] Weber H (1897) Über Zahlgruppen in algebraischen Körpern I, II, III. Math Ann 48: 433–473; 49(1897): 83–100; 50(1898): 1–26
[28] Weber H (1908) Lehrbuch der Algebra III. Braunschweig
[29] Weil A (1948) Variétés abéliennes et courbes algébriques. Hermann, Paris
[30] Weil A (1951) Sur la théorie du corps de classes. J Math Soc Jpn 3: 1–35

II. On papers of Takagi in analysis

Kôsaku Yosida

There are four interesting papers of Takagi devoted to Analysis **1**, **3**, **19**, **20**. The first two of these papers are connected with the name of Weierstrass. Indeed **1** is an improvement of Weierstrass' method of successive approximations of a root of a given polynomial. **3** gives a simple and short example of a continuous function without derivative:

$$f_1(x) = \sum_{n=1}^{\infty} \left\{ \min_{m=0,1,\ldots,2^n} |x - m/2^n| \right\}.$$

This example, published in 1903, was first given after Weierstrass' striking trigonometrical series $\sum_{k=0}^{\infty} b^k \cos(a^k \pi x)$ with $0 < b < 1$ and $ab > 1 + 3\pi/2$. Moreover, it is truly interesting that in 1928, Van der Waerden also gave (Math Zeitsch, vol 32, pp 216–225):

$$f_2(x) = \sum_{n=1}^{\infty} \left\{ \min_{m=0,1,\ldots,10^n} |x - m/10^n| \right\},$$

without knowing the above Takagi function $f_1(x)$.

The Carathéodory-Fejér Theorem is stated in **19** as follows: If a set of $n + 1$ constants, $a_0, \ldots, a_n$ not all zero, be given, then we can uniquely determine a rational function $F(z)$ of a complex variable z, of a degree not exceeding n, regular for $|z| \leqq 1$, and of constant absolute magnitude m for $|z| = 1$, and such that

$$F(z) \equiv a_0 + a_1 + \cdots + a_n z^n \pmod{z^{n+1}}.$$

Then for any other analytic function $f(z)$, regular for $|z| < 1$, of which the Taylor series at $z = 0$ coincides with $F(z)$ in the first $n + 1$ terms, the upper limit of $|f(z)|$ in the circle $|z| < 1$ is greater than m.

Takagi gave an algebraic proof of the above C-F Theorem utilizing Theorem II in **19**: If $A = (a)_{pq}$, $p, q = 1, 2, \ldots, n$ is a symmetric $n \times n$ matrix with complex constituents, then there exists $U = (u_{pq})$, $p, q = 1, 2, \ldots, n$; $\sum_{\sigma=1}^{n} |u_{\sigma p}|^2 = 1$, $\sum_{\sigma=1}^{n} u_{\sigma p} u_{\sigma q} = 0$ $(p \neq q)$, so that $U'AU$ becomes a diagonal matrix

$$U'AU = \begin{pmatrix} \mu_1 & & & \\ & \mu_2 & & \\ & & \ddots & \\ & & & \mu_n \end{pmatrix}$$

where the μ's are such that $|\mu_p|^2$, $p = 1, 2, \ldots, n$, are the characteristic values of the Hermitian form $H = \bar{A}A$.

The Theorem of Landau mentioned in the title of **19** is looked upon, by Takagi, as a counterpart of the above C-F Theorem. And Takagi gave a generalization of the Landau Theorem with proof. This generalization is Theorem III in **19**. Takagi also gave a generalization of the C-F Theorem with proof. This generalization is Theorem IV in **19**.

Fredholm's integral equation with continuous kernel $K(x, y)$ on $(0 \leqq x, y \leqq 1)$ and parameter λ is given by

$$\varphi(x) + \lambda \int_0^1 K(x, s)\varphi(s)ds = f(x)$$

so that the solution φ is represented by

$$\varphi(x) = f(x) - \lambda \int_0^1 K(s, y, \lambda)f(y)dy.$$

Here Fredholm's resolvent kernel $K(x, y, \lambda) = D(x, y, \lambda)/D(x)$ is given by

$$D(x, y, \lambda) = K(x, y) + \sum_{n=1}^{\infty} \frac{\lambda^n}{n!} \int_0^1 \dots \int_0^1 K\begin{pmatrix} x & s_1 & \dots & s_n \\ y & s_1 & \dots & s_n \end{pmatrix} ds_1 \dots ds_n$$

$$D(\lambda) = 1 + \sum_{n=1}^{\infty} \frac{\lambda^n}{n!} \int_0^1 \dots \int_0^1 K\begin{pmatrix} s_1 & \dots & s_n \\ s_1 & \dots & s_n \end{pmatrix} ds_1 \dots ds_n.$$

The convergence in λ of Fredholm's determinants $D(\lambda)$ and $D(x, y, \lambda)$ were proved by Fredholm by virtue of Hadamard's inequality for algebraic determinants.

Takagi's paper **20** is entitled as a "Note on Fredholm's determinants". Thus he introduced $D\begin{pmatrix} x_1 \dots x_n \\ y_1 \dots y_n \end{pmatrix} \lambda$ denoting a subdeterminant of Fredholm. Then from the relation

$$D\begin{pmatrix} x_1 & \dots & x_n \\ y_1 & \dots & y_n \end{pmatrix} \lambda = \sum_{\beta=1}^{n} (-1)^\beta K(x_1, y_\beta) D\begin{pmatrix} x_2 \dots \dots \dots x_n \\ y_1 \dots (y_\beta) \dots y_n \end{pmatrix} \lambda$$
$$+ \lambda \int_0^1 K(x_1, t) D\begin{pmatrix} tx_2 & \dots & x_n \\ y_1 y_2 & \dots & y_n \end{pmatrix} \lambda \, dt,$$

Takagi was led to obtain *without a limiting process* the identity

$$D(\lambda)^{n-1} D\begin{pmatrix} x_1 & \dots & x_n \\ y_1 & \dots & y_n \end{pmatrix} \lambda = \begin{vmatrix} D\begin{pmatrix} x_1 \\ y_1 \end{pmatrix} \lambda & D\begin{pmatrix} x_1 \\ y_2 \end{pmatrix} \lambda & \dots & D\begin{pmatrix} x_1 \\ y_n \end{pmatrix} \lambda \\ \vdots & \vdots & & \vdots \\ D\begin{pmatrix} x_n \\ y_1 \end{pmatrix} \lambda & D\begin{pmatrix} x_n \\ y_2 \end{pmatrix} \lambda & \dots & D\begin{pmatrix} x_n \\ y_n \end{pmatrix} \lambda \end{vmatrix}$$

exhibiting $D\begin{pmatrix} x_1 \dots x_n \\ y_1 \dots y_n \end{pmatrix} \lambda$ in the form of an algebraic determinant of $D\begin{pmatrix} x \\ y \end{pmatrix} \lambda = D(x, y, \lambda)$.

Takagi also introduced *several subdeterminants* as an application of the above. Then Takagi gives the following. If $\lambda = c \neq 0$ is a zero of the subdeterminant $D(\lambda)$, we can get the factors $(\lambda - c)^r$, which may be called the *elementary divisors* of the kernel K, for the base $(\lambda - c)$.

III. On the life and works of Teiji Takagi

SHOKICHI IYANAGA

As mentioned in the Preface of this edition, this volume contains the contents of the first edition, including a preface describing, in broad outline, the life and works of Teiji Takagi. We have appended to this article a chronological synopsis of his life and a complete list of his publications in the Japanese language. As all his publications in other languages are found in this volume, these materials will help the reader to understand what kind of scholarly life Takagi led. The articles by K. Iwasawa and K. Yosida give an appreciation by these mathematicians of Takagi's arithmetical and analytical works. The following lines will aim at recounting the life of Takagi in a little more detail based on what he himself left in writing, or on recollections of his disciples[1]. The writer should make apology beforehand for sometimes being personal, as he can not avoid this in writing about his own teacher.

Teiji Takagi was born in April 1875 in a rural area of Gifu Prefecture, a mountainous region in central Japan. In the traditional Japanese way of counting years, 1875 was the eighth year of Meiji, i.e., the eighth year after the coronation of the Emperor Meiji. It is apt to recall that the "Meiji era" (1868–1912) of Japan under the reign of this Emperor is known as the period when Japan could at last participate in the international community after a seclusion of three centuries under the Tokugawa Shogunate, a time which had passed relatively peacefully. In this period, Japan was still basically agricultural, but culturally quite developed, the ratio of illiteracy being remarkably low.

Later, in the 1960s, Kinya Honda, a mathematician who originated from Gifu Prefecture as did Takagi, became interested in the biography of Takagi and did research on his early life. He found that Takagi grew up in a farmer's family in which the father served also as an accountant of the village office. Takagi's mother was a devoted Buddhist; he accompanied her often to a temple where the bonze (monk) recited a sutra, the text of which was soon learnt by heart by Takagi. Thus he was known as a prodigy from his childhood, and still now some of his calligraphies are preciously preserved in a primary school of his natal village.

In 1886 he came to Gifu to enter a middle school. The Western school system was introduced to Japan in the 1870s, but secondary education was not compulsory then,

[1] The most important sources for the following account are [73] and [69], besides Takagi's own writings.

only the elite being admitted. English textbooks were used for mathematics and natural sciences, as there were not yet textbooks in Japanese on these subjects[2]. In 1891 he came to Kyoto to enter the Third High School. Kyoto is the city well-known as the old capital of Japan. In those days, Japan imitated the French educational system; the whole country was divided into eight academies, each of which had one High School, where one studied for three years, after graduation from middle schools and before entering the university. Gifu was in the academy of Kyoto, the city in which was located the Third High School, which was a rival to the First High School situated in Tokyo. In this school, Jittaro Kawai taught mathematics and made a great impression on Takagi.

In 1894, Takagi moved to Tokyo to enter the Imperial University, which was then the only university in Japan. It had been opened in 1877 by the Meiji government. (In fact, the so-called school Kaisei Gakkō which had already existed, was so renamed in this year.) The teachers had been at first mostly Westerners, but in 1877, Dairoku Kikuchi (1855–1917) who had been studying mathematics in England, came back to Japan and began to teach in this university. In the same year, Rikitaro Fujisawa (1861–1933) entered this university, and graduated five years later after studying mathematics and astronomy. Kikuchi advised Fujisawa to specialize in mathematics, which he did. Then Fujisawa was sent to study mathematics in England and in Germany for five years. He returned to Japan in 1887. Kikuchi and Fujisawa were thus teaching mathematics when Takagi entered the university.

Takagi was not a loquacious person and did not talk often about his past memories. Personally, I have never heard him talking boastfully of himself. Late in his career, in December 1940, just after he had received a Culture Medal, the highest symbol of recognition of cultural achievement given by the Japanese Government, he gave at the invitation of his pupils and friends, a talk "Reminiscences and Perspectives," at the Mathematics Department of the Imperial University of Tokyo, in which he related his remembrances. The notes of this talk are included in the book [51].

Takagi recounts in this talk what he learned in the Imperial University. That included of course calculus and analytic geometry. Then he learned about elliptic functions from the book by Durège [63] and about algebraic curves from the book by Salmon [76], "without knowing that it was projective geometry," as he recalls. After two years, Kikuchi was named director of a bureau in the Ministry of Education and could devote only a few hours to teaching. Fujisawa had been imbued with the idea of "Lehr- und Lernfreiheit" while in Germany, and recommended to his student that he learn at will in reading as he chooses. Thus in his last two student years, Takagi did not need to follow many lectures and had ample time to read a good number of books. Fujisawa, who had attended Kronecker's lectures at Berlin University, advocated the importance of algebra. A well-known book on higher algebra at that time was Serret's *Algèbre Supérieure* [77]. Following Fujisawa's suggestion, Takagi learned about abelian equations for the first time in this book. The first two volumes of the new textbook of algebra by H. Weber [82] arrived

[2] Takagi writes in [31] that the middle school textbooks on mathematics he studied were *Algebra for Beginners* by Todhunter and *Geometry* by Wilson. The first mathematics textbook in Japanese was *Geometry* by D. Kikuchi, which was published just when Takagi was graduating from middle school.

about that time, and these Takagi read eagerly. It was also Fujisawa who introduced the seminar system as practiced in German universities. The report of Takagi in this seminar "On Abelian equations" is preserved in printed form.

In 1898, Takagi was ordered to go to Germany to study mathematics. The Japanese government used to order the best younger university people to go to study abroad[3]. A particular political situation gave a dozen people a chance to go abroad that year. Takagi was lucky to be chosen among them, but had some apprehension about going from a provincial place equipped with little scientific knowledge, to a civilized place where science should be far more advanced. At that time, Germany was considered to be the most advanced country in science, and he was to study in Berlin University, which was considered to be the most distinguished university in Germany. Weierstrass, Kronecker, and Kummer had died some time before, and Fuchs, Schwarz, and Frobenius had succeeded them in this University. When Takagi arrived, he found Fuchs and Schwarz already at an advanced age. He attended lectures of Schwarz, who used to say "Herr Professor Weierstrass pflegte zu sagen..." (Professor Weierstrass used to say...) to demonstrate that he was the true successor of Weierstrass. The content of his lectures was, however, not so different from what Takagi had read in Tokyo. Frobenius was younger, energetic and smart. Takagi had the experience of hearing living lectures for the first time, though their content was not new to him. The lectures were on Galois theory and elementary number theory, and not on the representation theory of groups, on which Frobenius was conducting active research during that period. Frobenius was also kind to his students. One day, Takagi went to his office with some question. Frobenius said that it was an interesting question and recommended him to think it over, saying: "Denken Sie nach!", and lent him some reprints of his papers. It was the first experience of this kind for Takagi.

In 1900, he moved to Göttingen, where Klein and Hilbert were teaching. Klein's lectures were the most popular. He often spoke of three A's, i.e., of Arithmetic, Algebra, and Analysis, which he wanted to unite from his geometrical viewpoint. Takagi heard it with great interest but stopped attending them after several weeks, feeling that somehow that was enough to him. He found Göttingen quite different from Berlin. Every week, a meeting was organized, in which younger mathematicians from all European universities, and not only from German universities, participated and spoke of recent research. He realized that mathematical research in Japan was at least a half-century behind the leading edge of activity. Takagi says: "It is of course difficult to overcome a half-century deficit in one or two years, but curiously, after my stay of three semesters, i.e., one and a half years, in the Göttingen atmosphere, I felt I had caught up somehow. The scientific atmosphere is so important for the progress of science."

These words as well as the following episode concerning Hilbert are found in his talk of 1940.

[3] Takagi recollects in [32] that Professors Rikitaro Fujisawa and Hantaro Nagaoka came to a Yokohama wharf to see him off when he took a French ship of the Messageries Maritimes to Europe. In those days, young university people going abroad were considered to be important persons.

"At the time when I studied in Germany, Göttingen was perhaps the only place in the world where research on algebraic number theory was going on. Thus, when I told Hilbert that I wanted to study this theory, Hilbert did not seem to believe me immediately. He invited me one day to follow him on his way home. During our walk, I told him that I was studying the special case of 'Kroneckers Jugendtraum' where the ground field is the Gaussian field, i.e., I was dealing with complex multiplication of the lemniscate function. He said to me: 'Oh! that's fine,' and stopped at the corner of the street crossing with Wilhelm-Weber Strasse where he drew on the earth two figures, one of a square and another of a circle, figures related to the lemniscate function, which are found in the work of Schwarz, saying: 'You certainly know this as you have studied with Schwarz.' I remember that place even now."

In fact, Takagi stayed in a house[4] at 15 Kreuzbergweg (now called Kreuzbergring), where Hilbert had been living before he moved to 29 Wilhelm-Weber Strasse. It is to be imagined that Takagi had written to Hilbert from Berlin that he wanted to study with him and Hilbert had taken care of finding a dwelling place for him in Göttingen. Hilbert's renamed report on the algebraic theory of numbers, called *Zahlbericht* [67], published in 1897, had surely attracted Takagi. He had also studied the theory of elliptic functions. It is also to be remembered that an International Congress of Mathematicians took place in Paris in 1900 where Hilbert gave his famous lecture on Mathematical Problems, of which the 9th and the 12th concerned the general reciprocity law of power residues and the construction problem of Abelian extensions, respectively. Thus one should say that the theme of Takagi's thesis, which was a special, accessible case of the 12th problem of Hilbert necessitating a competent knowledge of algebraic number theory and of elliptic functions, was very relevantly chosen.

Hilbert had, however, abandoned number theory after finishing his *Zahlbericht*. He had also finished his book on the foundations of geometry in 1899 [68]. About 1900 he was dealing with the theory of integral equations which led later to the theory of Hilbert space, and was studied by Courant and his school. Thus Hilbert did not bring direct personal help to Takagi's research, but Takagi was certainly encouraged by his presence. He successfully finished his paper **6** on complex multiplication of the lemniscate function and presented it as a doctoral thesis to the Imperial University of Tokyo. The degree of Doctor of Science was conferred on him for this thesis in 1903.

Takagi returned to Tokyo in 1901 and took charge of the Third Chair of Mathematics (Algebra) in the Department of Mathematics of the College of Science of the Imperial University of Tokyo. In 1904 he was appointed full Professor. In 1902, he married Miss Toshi Tani, who bore him a flourishing family[5].

I have to remind the reader that already in 1898, before leaving for Germany, Takagi had begun to publish papers and books in Japanese. His first paper [1] is quite remarkable in the sense that it gives clearly the idea of abstract algebra more than ten years before E. Steinitz's paper on the algebraic theory of fields [78] and more than thirty years before van der Waerden's book, *Moderne Algebra* [81]. It begins with the following words:

[4] In July 1986, a plate in memory of Takagi was placed at this house by the city of Göttingen.
[5] Takagi had three sons and five daughters.

"In looking back on the history of branches of mathematics, we see that they start with special and concrete beginnings and proceed by generalization and abstraction as they advance. This is manifested for instance in the theory of groups, which is one of the most important fields of present day mathematics, and is related with various other branches. It started as the theory of permutation groups, but now the general theory of groups does not suppose that elements of groups should be permutations. As Cayley has remarked, one has only to suppose that the composition of elements satisfies certain laws..."

The paper then gives the axioms for a field, and ends as follows:

"This gives the foundations of algebra. We could not enter into details in this short paper, but hope that the reader has understood that the essential point in algebra does not lie in the nature of elements (which are not necessarily numbers) but in the way elements are composed. In developing algebra, we abstract inessential things to maintain its purity and beauty."

Nowadays, this is a well-known idea, but it was surely novel in Japan in 1898. It is said that Fujisawa did not appreciate this paper.

In the same year, Takagi contributed another paper [2] to the same journal, in which the arithmetic of the Gaussian field was expounded. Though its content had been known to mathematicians, it was new to the Japanese public. It was also related to his thesis.

Also in the same year, he contributed two articles [33, 34] on arithmetic and on algebra to an encyclopedia published by Hakubunkan, a flourishing publishing company of that time. Each article of this encyclopedia was in book form; [33] and [34] each counted nearly 300 pages, giving an elementary but systematic exposition.

His book [35] published in 1904 by the same house, Hakubunkan, had almost 500 pages. It is entitled *A New Course of Arithmetic*, but contains the theory of real numbers using Dedekind's cut. Takagi was interested in the foundations of analysis in the sense of Landau's well-known book [74] from these early days. He wrote several times on this subject in his notes [51] which appeared first in *Collection of Courses in Mathematics* published by Kyoritsusha in 1928–1931. The publication of [74] in 1930 led him to reflections from which resulted his later papers [25], [26], and his book [57], whose English translation is found in this volume as **28**. I would like to mention that Takagi calls [74] "ein schönes Werkchen" (a pretty little work) and Adolf Fraenkel once expressed to me his admiration of Takagi's papers [25] and [26]. The book [57] was the last book he wrote. It has only some 100 pages, but contains results of his reflections from younger days. Though elementary in nature, its beauty appeals to the reader.

In recounting his work concerning the "foundations of analysis," I have come to his last book [57] published in 1949. Now I come back to his earlier works.

The first five papers **1**–**5** (in English) in the text of this volume as well as the paper [3] in Japanese, whose content coincides with that of **3** date from 1902–1903, the period when Takagi was employed as Associate Professor.

These papers, reprinted as **1**–**5**, giving redemonstrations for well-known results, might be of minor importance among Takagi's works. However, the paper **3** giving an example of everywhere nondifferentiable, continuous functions on an interval, can be regarded as a forerunner of papers on fractals, a subject which is popular nowadays.

Without knowing of its existence, van der Waerden gave an example of just the same kind some thirty years later, as Yosida observes. I should like also to draw the attention of the reader to the simplicity and beauty of **5**, which gives a geometric presentation of the third proof of Gauss of the quadratic reciprocity law.

I would like to insert here a brief account of the political situation in Japan in the period between 1875 and 1920.

As I have recalled earlier, the year 1875, in which Takagi was born, was the eighth year of the Meiji era. The Imperial Government under the Emperor Meiji had taken over the administration of the country from the Tokugawa Shogunate in 1868, but general public order had not immediately been firmly established. There was an insurrection by ancient warrior families in Satsuma in 1877 which afforded considerable harassment to the Government. This was, however, the last trouble of this kind and the new government gradually succeeded in strengthening its power, militarily, economically, and culturally.

In 1894–1895, the Sino-Japanese War was fought to the advantage of Japan. This war was caused by a conflict over influence in Korea between the big, old country China and the much smaller, newly established Japan. The results of the war demonstrated the weakness of China and induced many countries, including Russia, to extend their spheres of influence in China.

Following the experience of this war and stimulated by its success, the Japanese government set up its plan for cultural and scientific development, in particular for the development of higher education. The second national university was established in Kyoto in 1897, and named the Kyoto Imperial University (or more formally the Imperial University of Kyoto); consequently, the only Imperial University which had existed before was renamed the Tokyo Imperial University (or the Imperial University of Tokyo.)

In 1902 the Anglo-Japanese alliance was concluded. Dairoku Kikuchi, who was appointed Rector of the Imperial University of Tokyo in 1898, and then Minister of Education in 1901, collaborated in the conclusion of this alliance. He was ennobled baron in 1902 in recognition of these services.

In 1904, Japan declared war on Russia. That Japan won this war in 1905 had surely not been generally expected in Western countries.

The third Imperial University was created in Sendai in 1910; it was named the Tohoku Imperial University. Tsuruichi Hayashi, who graduated from the Imperial University in the same year as Takagi, was named professor of this university and began active research with his younger colleagues Matsusaburo Fujiwara, Tadahiko Kubota, Soichi Kakeya, and others.

The Emperor Meiji died in 1912 and the new Taisho era (1912–1926) started. World War I broke out in 1914 and lasted until 1918. Japan participated in it as an Allied Power, again to its advantage. It was about this period that Takagi engaged in deep research on the theory of Abelian extensions of algebraic number fields.

In 1904, when Japan engaged in war against Russia, we find Takagi in the well-established position of full professor of the Imperial University. His *A New Course of*

Arithmetic [35] appeared also in this year. The Japanese Government was then planning to consolidate its educational policy.

Takagi compiled a series of textbooks in mathematics for secondary education published by Kaiseikan in 1904–1911. Kaiseikan was one of those textbook publishing companies which requested university professors to write the books. The curriculum of secondary education is determined by the Ministry of Education and it is of course difficult to find scientific originality in the contents of textbooks. Moreover, their compilation had to be done in cooperation with the staff of the publishing company. We can imagine, then, how laborious and time-consuming this work must have been, conscientiously performed as was everything done by Takagi. The total number of pages of these textbooks amounts to several thousands.

In his talk "Reminiscences and Perspectives," Takagi tells us:

"After coming back from Germany to Tokyo, I had to give many courses on algebraic curves and other things. I sympathize with the students of Imperial University who at that period certainly suffered in losing their free time to hear these courses. In the meantime, Yosiye and Nakagawa returned home from Germany and began giving their courses, thus liberating me from those heavy duties.

"I am of a nature which needs a stimulus in order to work. There are now quite a number of Japanese mathematicians, but in those days, we had few colleagues. Neither had I heavy duties. You might imagine that I did research on class field theory in those carefree days, but it was not quite so.

"The First World War started in 1914. This gave me a stimulus, so to say a negative stimulus. No scientific message reached us from Europe for four years. Some said that this would mean the end of Japanese science. Some newspaper articles showed "sympathy" with Japanese professor for losing their "jobs." This made me aware of the obvious truth that every researcher should make research for himself, independently of others. Possibly I would have done no research for myself, but for World War I.

"Concerning the class field theory, I should confess that I had been misled by Hilbert. Hilbert considered only unramified class fields. From the standpoint of the theory of algebraic functions which are defined by Riemann surfaces, it is natural to limit considerations to unramified cases. I do not know precisely whether Hilbert himself stuck to this constraint, but anyway what he had written induced me to think so. However, after the cessation of scientific exchange between Japan and Europe owing to World War I, I was freed from that idea and suspected that every Abelian extension might be a class field, if the latter is not limited to the unramified case. I thought at first this could not be true. Were this to be false, the idea should contain some error. I tried my best to find this error. At that period, I almost suffered from a nervous breakdown. I dreamt often that I had resolved the question. I woke up and tried to recover the reasoning, but in vain. I made my utmost effort to find a counterexample to the conjecture which seemed all too perfect. Finally I made up my theory confirming this conjecture, but I could never get rid of the doubt whether it might contain an error which could invalidate the whole theory. I was badly lacking colleagues who could check my work.

"The chance came in 1920. The International Congress of Mathematicians took place in Strasbourg that year, and I was given a chance to visit foreign countries for the purpose of attending it. I wrote up my paper rather hurriedly to be in time for this Congress, but the printing took time and the reprints were not ready before my departure from Japan.

"The Congress at Strasbourg was held, however, at a time when the Allied Powers and Germany had not reached complete reconciliation, and the German mathematicians were not invited. Thus it was not an adequate occassion to speak about class field theory. I could find only a few people among the audience who could be made interested in it: Fueter, who was a Swiss mathematician, and Châtelet and Hadamard among French mathematicians.

"After the Congress, I visited Germany. When I visited Hamburg University, where Hecke and Blaschke were professors, I met a female assistant at the Department of Mathematics, who was reading my paper. Afterward, Hilbert wrote me in 1925 to ask if my paper could be reproduced in the *Mathematische Annalen.*"

Looking back to 1912, we see Takagi elected President of the Physico-Mathematical Society of Tokyo. This society had been created in 1877, first as the Mathematical Society of Tokyo, then renamed the Physico-Mathematical Society of Tokyo in 1884 on the initiative of Dairoku Kikuchi. (Later, in 1918, it was renamed the Physico-Mathematical Society of Japan, and after World War II, it was divided into two societies, the Physical Society of Japan and the Mathematical Society of Japan. The latter society started in 1946 and continues its activities until today.)

Takagi had published his papers **1–5** in 1902–1903 in the *Proceedings* of this society. In 1914, he started publishing a series of papers **7–12**, some of which **7** and **10** concerned the theory of complex multiplication, while others, the arithmetic of algebraic number fields. The last one **12** of these papers on norm residues appeared in 1920. All these papers give partial results from his research on class field theory during the period of the First World War, which were put together into his main work **13** published in the *Journal* of the College of Science, Imperial University of Tokyo in 1920. This was continued by his paper **17** on the reciprocity law published in 1922 in the same Journal. These important papers are beautifully reviewed in the article of Iwasawa in this volume, which also gives an account on the further development of the class field theory.

His report **14** (in French) on this theory at the Strasbourg Congress appeared in the *Proceedings* of this congress. It includes a challenge to the contemporary mathematicians to generalize this theory to the nonabelian case, still unresolved today. His note **15** in the French *Comptes Rendus* on the arithmetic of solvable fields of prime degree over **Q** generalizing a result of Dedekind was published while he stayed in Paris on his way to Strasbourg. He published another paper **16** on the location of the roots of algebraic equations, in 1922. The content of this paper lies a little outside the subject of his main work, but he was also interested in this kind of problem, which he liked to discuss in his elementary lectures on algebra, which were reproduced in his later book [48] published in 1930.

His paper **18** on the reciprocity law in the cyclotomic fields which appeared in the *Proceedings* of the Physico-Mathematical Society of Japan in 1922 just after the paper already mentioned **17**, is connected with his later paper **23** on the same subject published in 1927 in *Crelle's Journal.* Interesting applications of his general theory to the concrete case of cyclotomic fields in relation to Fermat's problem are indicated in these papers.

Let me insert here again a brief historical note.

The memorable year 1920 in the life of Takagi was the ninth year of Taisho, in the Japanese way of counting years. The Taisho era 1912–1926 is often called the "era of democratization of Japan." In fact, the universal suffrage law, which had long been debated since the early 1900s, finally passed the Diet in 1925. On the other hand, however, the Maintenance of Public Order Act was introduced at the same time. In 1923, the Kanto area suffered a great earthquake which caused great damage around Tokyo. The friendly assistance from foreign countries helped us to recover soon from this damage, but the Japanese Government surely felt some uneasiness about public order at that time. The Emperor Taisho died in December 1926 and the controversial Showa era began. The year 1940 was the 15th year of Showa, or the 2600th year in the Imperial era because, according to the Imperial tradition, it is said that the first Emperor of Japan was enthroned in 660 B.C. Thus, 1940 was nationally celebrated in Japan as the turn of the Imperial century. And Takagi received a Culture Medal during that year.

The period of 20 years between 1920 and 1940, "between the two wars," saw a number of historical events in the world and in Japan.

The League of Nations was established in 1920, but in the same year, a war broke out between Soviet Russia and Poland. Italian fascists and German nazis began their activities in the early 1930s. In 1931, the Japanese army began to maneuver in north-eastern China. Hitler took power in Germany in 1933. Japan left the League of Nations in the same year. In 1936, some young Japanese officers attempted a military coup d'état which failed. World War II broke out in September 1939 between Germany and Poland... In mathematics, the new axiomatic methods began to develop in France ("abstract space"), in Poland (topology and functional analysis), and in Germany ("abstract algebra"). An exodus of mathematicians from Europe to America took place in the 1930s, which strengthened the American school. As a special development, the Institute for Advanced Study in Princeton NJ became an important center of mathematical research.

Now, let us see what occurred in the life of Takagi in this period.

As we saw, Takagi had complained of the lack of colleagues twenty years previously, but this situation was changing with time. Takuzi Yosiye, who graduated from the Imperial University in the same year as Takagi and studied also in Germany in the field of analysis, became professor in the same department in 1909 and Senkichi Nakagawa, geometer, followed him in 1914. And in 1922, Tanzo Takenouchi was nominated to the same post after he had taught in Kumamoto High School. The doctoral degree had been conferred on him in 1910 for his thesis [80] on the theory of complex multiplication in the Eisensteinean field $\mathbf{Q}(\sqrt{-3})$, following the example of Takagi's thesis. Takagi thus had a colleague in the same department in the same field in 1922. We see the name of Zyoiti Suetuna among the graduates of the department in 1922. He was an excellent analyst and later made significant contributions to analytic number theory. He was named Associated Professor at Kyushu Imperial University after graduation and came back to Tokyo in 1924. He went to study in Germany in 1927–1930, was named Professor in 1935, and after Takagi's retirement in 1936, succeeded to his Chair. Among the students who followed the seminar under the guidance of Takagi, we find the names of Zyoiti Suetuna, Kenjiro Shoda, Masao Sugawara, Kiyosi Taketa, Yukio Mimura, Sigekatu Kuroda, Shokichi Iyanaga, Mikao Moriya, Keizo Asano, and Tadasi Nakayama.

If it may be permitted to speak of myself, I entered the Imperial University of Tokyo in 1926 and had my first contact with Takagi in attending his lectures on algebra in the first year course. (In the system of that time, the university course lasted three years.) I found him a professor serenely giving his lectures without prepared papers, showing, however, traits of spirit from time to time with sharp critical remarks, sometimes mixed with jokes. He spoke rather slowly in a low voice and almost never repeated the same thing; he wrote very neatly on the blackboard but the color of his chalk was rather light; the speed of flow of his lecture was quite rapid and the students had to listen with great attention. It happened to me sometimes that I could not immediately grasp its content, but I could always reconstruct it by taking enough time in reviewing my notes and it was my greatest pleasure to do this in the evening of the day I heard his lecture. I was thus charmed by the beauty and clarity of his lectures and was led to the study of his field.

In the second year he lectured on the subject Algebra and the Theory of Numbers, which included group theory together with representation theory, Galois theory, and an introduction to the algebraic theory of numbers. In the third and final year, I had the good fortune to be admitted to his seminar, and to study his work aided by the report of Hasse [65] on class field theory which had begun to appear in 1926.

We saw that Takagi did not receive an immediate response to his talk at Strasbourg in 1920, but the importance of his work was soon recognized internationally. Siegel seems to have been the first in recognizing it. He advised Artin to study it, then Artin suggested to Hasse to do the same. Hasse admired Takagi's work as "eine grosse Arbeit" and made his report at the request of the Deutsche Mathematiker-Vereinigung. On the other hand, Artin introduced his new *L*-functions in [59] and gave his "general reciprocity law" inspired by Takagi **17** as a conjecture in 1924. Three years later, he was able to establish it completely [60], thus giving final form to the class field theory. As soon as this paper appeared, Takagi wrote a review of it in the newly begun Japanese *Bulletin of the Physico-Mathematical Society of Japan* [8], praising it as one of the most excellent papers in contemporary arithmetic. Using this result, Artin has translated, among other things, the principal ideal theorem, which alone remained unproved among Hilbert's conjectures on class field theory, into a formula in group theory.

Takagi posed to me the question of clarifying the exponent of a prime ideal in the conductor of cyclic extensions. A result had been given by Sugawara [79] using a transcendental method. Takagi asked me if I could establish it arithmetically. Fortunately I could succeed in doing so by comparing Takagi's original paper with Hasse's report. This led me to a "general principal ideal theorem" [70], which was also treated by Herbrand [66] as I later learned. After following the course of graduate studies for one and a half years after graduation, I went to Hamburg to study with Artin, on Takagi's recommendation. When I arrived there, Herbrand had died in a very unlucky accident in the Alps, but I had the good fortune to meet Claude Chevalley. Artin, Herbrand, and

Chevalley had started to review the class field theory to bring it into more perspicuous form. This work was continued after the death of Herbrand. Artin gave a lecture on this subject which I was lucky to hear together with Chevalley. About the same time, the group-theoretic formula representing the principal ideal theorem was finally proved by Furtwängler [64] by a quite complicated method, and its simplification was also on the agenda to which I was able to make a contribution [71]. On the other hand, Chevalley wrote his thesis [61] giving a simplified exposition of class field theory.

In 1923, Takagi was elected an honorary member of Physico-Mathematical Society of Czechoslovakia. In the same year, he was appointed a member of the National Research Council of Japan and in 1925, elected member of the Imperial Academy of Japan. In 1929, the degree of Dr. h.c. was conferred on him from Oslo University on the occasion of the Hundredth Anniversary of the death of Abel. In 1932, an International Congress of Mathematicians was held at Zürich, to which Takagi was invited as a Vice-President. Fueter, who had attended Takagi's lecture at Strasbourg, presided at this congress. This was the third, and the last, opportunity for Takagi to travel abroad. By this time, he had published his main work which was now internationally famous.

I was then staying in Hamburg with the intention of moving to Paris in the coming autumn. I met Takagi in Zürich and accompanied him when he visited Hamburg, Berlin, and Paris. In an address at the opening ceremony of the congress, President Fueter called the attention of the audience to the presence of the "Japanese mathematician Takagi," which was met by a burst of general applause. There were a number of compatriots including Mr. and Mrs. Mimura, Moriya, Nagumo, and myself. I cannot find the word to describe the joy we experienced!

One evening Takagi invited a number of mathematicians to his hotel: Hasse, Chevalley, Emmy Noether, Olga Taussky, Tschebotarev, van der Waerden and our compatriots. (Artin did not come to Zürich.) I remember even now the happy atmosphere of that evening.

In a meeting of officers of this congress, it was decided to accept the donation of Professor C. Fields to found a Prize to be distributed at future congresses, and Takagi was named a member of the committee for this Fields Prize together with C. Carathéodory, Elie Cartan, and F. Severi. (Severi was the chairman of this committee. He visited Japan in early 1936 to give a series of lectures at different universities. One of the purposes of this visit was to consult with Takagi on the questions before this committee which decided to confer this Prize for the first time at the Oslo Congress in 1936 to L. Ahlfors and Jesse Douglas.)

Takagi met Artin in Hamburg. Artin recommended to him Chevalley's thesis as "first class work" to be published in the *Journal* of the Faculty of Science of the Imperial University of Tokyo. This thesis was thus published in the same journal where Takagi's main work had appeared. As is well-known, Chevalley accomplished in 1940 a purely arithmetical proof of class field theory [62] and after World War II he came twice to Japan.

Takagi also visited Göttingen and met Hilbert, accompanied by Emmy Noether, at Wilhelm-Weber Strasse 29. Hilbert was in retirement. In covalescence from serious anemia which he suffered some years before, he was still strongly engaged in the formalistic study of foundatons of mathematics, grumbling about the criticism of his disciples. Takagi writes in an essay "Letter from Göttingen" (included in [51]) "I was moved to tears in seeing old Hilbert in this state."

Takagi gave courses on algebra and the theory of numbers for some twenty years, the course on infinitesimal calculus being in charge of his colleague Eitaro Sakai, who retired in 1932. In April 1932, a couple of months before leaving Japan for Europe, he asked Suetuna to take over the courses on algebra and number theory, while taking charge himself of the first year course on infinitesimal calculus. Takagi had the idea of modernizing this course.

On the other hand, about 1930 there was considerable evolution in the publication of mathematical books in Japan. In earlier times, the contents of books on mathematics written in Japanese were mostly elementary. Only a few books at a higher level, some translated from European books (e.g., the first chapters of C. Jordan's *Cours d'Analyse*) edited by Tsuruichi Hayashi appeared in Japanese from Okura Shoten beginning in 1909. About 1930, a number of Japanese publishers began to publish the contents of university courses in mathematics. Takagi's courses on *Elementary Algebra* [48] and on *Elementary Number Theory* [49] were published by Kyoritsusha in 1930 and 1931, respectively.

In 1928 Kyoritsusha began publishing a *Collection of Courses on Modern Higher Mathematics* under the supervision of E. Sakai, and in 1932 Iwanami Shoten started a similar *Collection of Courses on Mathematics* supervised by Takagi. Both publications took several years for completion. The work of supervision was certainly aided by staff people; nonetheless Takagi had a heavy responsibility. He not only supervised the Iwanami collection but contributed important articles to it himself: "Introduction to Analysis" and "Algebraic Theory of Numbers." The former had the same contents as the course of infinitesimal calculus he was giving at the Imperial University of Tokyo, and the latter contained those of the courses he had given formerly, together with class field theory based on simplified proofs. Both were published later in book form [52, 53]. Takagi also contributed the contents of two books to the collection of Kyoritsusha: *Topics from the History of Mathematics of the 19th Century* [50] and *Miscellaneous Notes on Mathematics* [51].

All these books, especially [50] and [52], are still published and widely read today. Though it is impossible to review them briefly, let me mention some salient features.

His book [52] includes an elementary part on complex analysis in Chap. 5, introduced thus:

"The extension of the domain of variables to complex numbers has been a feature of analysis since the 19th century. The elementary functions, traditional objects of analysis, reveal their true nature only through this extension, which has thus breathed life into them. It is not possible to manage the elementary functions without the theory of complex variables. The appellation of 'analytic functions' was introduced by Weierstrass, who thereby proclaimed that functions of a complex variable play the central role in analysis."

This chapter comes after four chapters on real numbers, differential calculus, integral calculus, and infinite series and it gives the definition of analytic functions, proves

Cauchy's integral theorem, treats exponential, logarithmic, and trigonometrical functions and ends with a section on the gamma function. It is followed by a chapter on Fourier expansions and two chapters on differential and integral calculus of several (real) variables. The final chapter (Chap. 9) on the Lebesgue integral was added in 1945 in the second edition. It has two appendices: on the theory of real numbers and on "some particular curves," i.e., curves such as those of Takagi's functions given in **3** (precursor of "fractals").

Since 1983 this book has also been available in paperback form (476 pages). The publisher, Mr. Yujiro Iwanami, testifies that it had sold over 260,000 copies by 1986.

Another book of his [50] on the history of mathematics of the 19th century contains, among other things, a very sympathetic description of the life of Abel.

Abel (1802–1829) was born into a poor minister's family in remote Norway. Fortunately his talent was recognized by his teachers Holmboe and Hansteen and he was able to receive a scholarship to study in the university, and even in Germany and France. His destinations were believed to be Göttingen (to study with Gauss) and Paris. In 1825, he went to Berlin and met Crelle who appraised him highly and made him an associate in his project to publish a journal. On the other hand, he heard that Gauss did not appreciate his work on the impossibility of an algebraic solution of the general equation of the fifth degree, and suspected Gauss of being an arrogant person. For this reason he finally failed to visit Göttingen. In Paris, he made such remarkable discoveries as the theorem on algebraic functions, today called "Abel's Theorem," and presented his results to the Academy, but their value was not recognized. After staying half a year from July to December 1827, Abel left Paris for Berlin. In March 1827, Abel wrote to Holmboe from Berlin: "I have written quite a long paper for Crelle's journal which contains many strange results. I found for example that the circumference of the lemniscate can be divided into 17 equal parts using rule and compass, just as Gauss showed the same thing for the circle... This is just an example of the infinitely many consequences from a general theorem on equations. Most interesting are transcendental or, more particularly, elliptic functions. I have discovered surprisingly many things about these functions, but I have to return to Norway to have enough time to put all these things in order..."

In [50] we find translated and cited this and other letters of Abel which we do not find in Klein's well-known book on the history of mathematics in the 19th century [72]. Klein describes Abel as a highly gifted young mathematician who was, however, almost always unhappy in social relations because of his extreme shyness and poor health. Takagi finds geniality in these unaffected letters and also a natural attraction in his ingenuously written papers. Takagi's description of Abel's life reveals his deep comprehension of human nature[6].

It would certainly be interesting to have translated into Western languages these books of Takagi, which inspired the younger generations in Japan, but it would not be easy to do it properly because the text abounds in subtle nuances.

[6] In [50] Takagi traces historically the contributions by Gauss, Abel, and Jacobi to the theory of elliptic functions and gives special appreciation to Abel's work on complex multiplication. On this occasion, Takagi cites a famous passage of Jacobi on the "honor of human spirit" in his letter to Legendre in 1830.

In March 1936, Takagi retired from the Tokyo Imperial University, having attained the age limit of 60 years. He gave his last course on infinitesimal calculus in 1935–1936. I had been appointed Associate Professor of the same university in 1935 and had the honor to assist him by taking charge of the exercises of this course. I remember that the class of students who attended this course had exceptionally brilliant people. Shigeru Furuya, Kiyosi Itô, Yukiyosi Kawada and Kunihiko Kodaira were among them.

In September 1936, Takagi received the title of Honorary Professor from this university where he had worked for 36 years. Four years later, he was to receive the Culture Medal from the Japanese Government.

During the 1930s Takagi thus spent quite busy days. After returning from his European journey in 1932, he had to supervise until 1935 the edition of the Iwanami collection consisting of 30 volumes, in contributing regularly to this collection as well as to another collection of Kyoritsusha at the same time. His books [50–53] came out of these contributions. Various other journals also asked him to contribute, to which he responded by writing [11–32] (some of which date from a later period).

Some new departments of mathematics were created in the national universities in this period. Takagi was involved in the selection of personnel in these new departments, particularly in Hokkaido, Osaka, and Nagoya Universities in 1930, 1931, and 1942. Mikao Moriya, who graduated from Tokyo Imperial University in 1929, and studied in Marburg with Hasse, was named Associate Professor at Hokkaido. Kenjiro Shoda, another graduate from the same university in 1925, who studied algebra in Germany, particularly with Emmy Noether in Göttingen, returned to Japan in 1930 and was appointed Professor at Osaka. Algebraists Keizo Asano and Tadasi Nakayama, analysts Mitio Nagumo, Yukio Mimura, Kôsaku Yosida, and Shizuo Kakutani, and topologists Hidetaka Terasaka and Atuo Komatu also joined this university, which thus became the Mecca of modern mathematics in Japan. As the new department in Nagoya was created in 1941, Nakayama and Yosida moved there, where Sigekatu Kuroda, arithmetician and logician, who was a son-in-law of Takagi, also joined the faculty.

Takagi was invited to give lectures at various universities. His book *Mathematics in an Age of Transition* [54] came out of his lectures in the new department of Osaka. He noticed that the progress of mathematical research does not proceed smoothly and continuously; there are some "ages of transition," e.g., the 17th and 19th centuries, and we are now in just one such age. His view thus calls to mind, so to speak, Thomas Kuhn's paradigm theory.

Now I insert here the last part of my brief historical description of Japan, covering 1940–1965.

World War II had already started in 1939. Imperial Japan was on the verge of engaging in it in 1940, and declared war in December 1941 as if it had been inevitable. The multiple military successes since the Meiji era made Japan a presumptuous country, which had to learn its weakness in a few years. The war ended with the unconditional capitulation of Japan in August 1945. The term "Imperial" was taken away from the names like "Imperial University" and "Imperial Academy." Our country was under occupation by the American army until 1951. The democratic and pacifist Constitution of Japan was promulgated in 1948. But the Korean War began in 1950 and American policy turned from pacifism to anticommunism. On the other hand, the Korean War enriched Japan, and the economic recovery of Japan accelerated from that time.

Since 1902 the Takagis had been settled in a house at 24 Akebono-cho, Hongo-ku, Tokyo, near the university. This house was burnt down in April 1945 as a result of American bombardment, and he was obliged to move to his native village in Gifu prefecture. After that time, he grew a beard as shown in his later portraits.

After retirement from the university, he continued to attend meetings of the math club at the department. After these meetings, we often enjoyed hearing him exchanging sharp remarks with Kakeya on the mathematical contents of the talks we had just heard. But as the tide of war turned against us, the department could not continue its normal activities. In 1945, as the American bombardment began to devastate Tokyo, the university authorities allowed each department to seek refuge anywhere in Japan. The Departments of Mathematics and of Physics of the Faculty of Science thus moved to the County of Suwa in Nagano Prefecture neighboring Gifu Prefecture. Takagi came to join us there from time to time.

In that period, all resources, material or human, were mobilized for war purposes. Even the university students were enlisted in the army or the navy, but the military people recognized finally the importance of scientific research and asked our collaboration in such fields as aerodynamics, ballistics, or cryptography. The general trend of that time called for the "promotion of science" and of mathematics in particular. In one of the articles he contributed to a popular journal written in 1940 in the form of an imaginary conversation between three persons [20] (contained in [56]), Takagi made fun of this trend, letting two of them speak as follows:

"What about promotion of Science?"

"What does promotion mean? Advancing? Arousing? Awakening? Awakening Science? Then Science should be sleeping!"

He was, however, not opposed in principle to the idea of promoting or popularizing mathematics, and he had been interested for a long time in mathematical recreations. Thus he wrote his little book [55] in 1943 presenting the classical recreations with mathematical comments. His paper **27** on Eulerean squares was also written in this context[7].

His book [56] entitled *Liberty in Mathematics* was published in 1949, with a postscript by Yoshio Fujimori, the content of which I would like to communicate, to show one side of Takagi's personality.

Yoshio Fujimori is a son of Ryozo Fujimori, author of a well-known series of books on elementary mathematics, popular since the 1920s for preparing for entrance examina-

[7] In the last part of the first edition of [55], Takagi gave a "corrected" version of the proof by Wernicke (in 1902) of the nonexistence of Eulerean squares of semi-even orders. This error was corrected in later editions. In **27**, he gives a group-theoretical method of constructing "deficient" Eulerean squares of semi-even orders. Later in 1959, it was proved that for every semi-even order $n > 6$, there exist Eulerean squares of order n contrary to Euler's conjecture.

tions for schools of higher education. These schools nowadays are universities and Japan has a reputation for its many cram schools for university entrance examination preparation, which are the cause of social problems. Before the War, the schools in question were senior high schools, but the same kind of problems existed. In any case Fujimori was a successful writer. He also founded a kind of school in which he himself gave lessons, a journal called *Kangaekata* (methods of thinking), and finally what he called "Nichido Daigaku" (university open on Saturday and Sunday) just at the time of the national trend for the "promotion of science." Fujimori intended to popularize the elementary part of university mathematics in this institution. In 1936, he started a new journal, *Kosukenkyu* (research in higher mathematics), with the assistance of his son-in-law Ichiro Tajima, a graduate of Tokyo University. He and Tajima asked Takagi for his collaboration in this project, and in particular for contributions to this journal. Takagi agreed and contributed the articles [15–27] to this journal. But the war caused such a shortage of materials that the continuation of these journals was made impossible in 1944. Ryozo Fujimori died in 1946. His son Yoshio managed to renew the publication of the journal *Kangaekata* in 1945, to which Takagi contributed [28] and [29]. All his contributions [15–29] were combined in [56], and Yoshio Fujimori recalls these memories with deep gratitude to Takagi.

Soon after the end of the War, our department came back to Tokyo. But as Takagi had lost his house, he could return to Tokyo only in 1947. He was to live together with the family of his eldest son Isao at 182 Suwacho, Shinjuku-ku. His beloved wife Toshi died of cancer in 1952. He suffered from pains in his leg which made it hard for him to walk more than a certain distance, but he endeavored to go out with the help of a walking stick.

Toward the end of 1945, it was decided to dissolve the Physico-Mathematical Society of Japan and to create two societies: the Mathematical and the Physical Societies of Japan. The first started in 1946 and the new *Journal* of this society began to appear in 1948.

It is customary in Japan to celebrate the 60th birthday and in the case of scholars, to publish an issue of some scientific journal dedicated to them. The 60th birthday of Takagi was on April 21, 1935. A meeting for celebrating it was organized in March 1936, on the occasion of his retirement from the university. However, no issue of a journal dedicated to him was published at that moment. Another occasion usual for similar events is, in Japanese custom, the 77th birthday. Suetuna took the initiative to publish a commemorative number for Takagi of the *Journal of the Mathematical Society of Japan* in the year 1952 and also addressed invitations to foreign mathematicians to contribute to this issue. Artin, Tate, Hasse, R. Brauer, Chevalley, and Weil to our great joy kindly responded positively to this invitation.

Japanese life just after the war was materially very poor, owing to the wartime devastation, but we had hope in the future, now freed from the oppressive national atmosphere.

In 1947, the Mathematical Society of Japan made a project of compiling an *Encyclopedic Dictionary of Mathematics* at the request of Iwanami Shoten, Publishers. Takagi also supported this idea and contributed the articles on Number Theory and on Mathematics of the 19th Century. The work of compilation took seven years until its publication in 1954. This dictionary went into several editions. The third edition was published in 1985. The first English edition was published by the Massachusetts Institute of Technology Press in 1973, and the second in 1985, and there one can read these articles translated into English[8].

Takagi also took pleasure, I believe, in his activities in the Japan Academy, where he continued to communicate the excellent results of his fellow mathematicians. Since the 1930s he has communicated papers of Shoda, Akizuki, Asano, Nakayama, Sugawara, Taketa, Yosida, Kakutani, Iwasawa, Kodaira, Kiyosi Itô, etc. Nakayama and Kakutani were invited to the Institute for Advanced Study in Princeton in 1937–1942 (Kakutani came back to Japan in 1942 by special repatriation ship and in 1947 returned to the United States). In 1949, Kodaira was invited to the same Institute, and had conferred on him in 1954 a Fields Medal at the International Congress of Mathematicians in Amsterdam, as the first Japanese mathematician to receive this honor! (He was followed by Heisuke Hironaka in 1970.) Kodaira received the Japan Academy Prize in 1957, recommended by Takagi, who wrote to him at the age of 82 years!

In 1955, ten years after the end of the War, an International Symposium on the Algebraic Theory of Numbers was organized at Tokyo-Nikko. It was attended by Artin, Chevalley, Weil, Brauer, Deuring, Serre, Néron, and Zelinsky from abroad. I had the honor of presiding over its organizing committee. Akizuki served as secretary of the same committee. Takagi was elected honorary president and Suetuna president of the Symposium. It was not a big meeting but had a considerable impact on Japanese postwar mathematics. Takagi did not give an official speech at the meeting, but as he appeared, he was welcomed by a general respectful round of applause[9].

Takagi died of cerebral apoplexy on February 28, 1960, at the age of 85 years at the Hospital of Tokyo University. His funeral service, decorated by a quantity of flowers and without religion, took place at the Aoyama Funeral Pavilion on March 3. Several hundred people joined it to mourn him.

On the evening of April 12 of the same year, an intimate meeting of the bereaved family of Takagi and some of his former students took place at Gakushikaikan, in which each attendant spoke of reminiscences of the beloved family father or of the venerated teacher. A similar meeting was held each year in April or May, around the date of Takagi's birthday (and not around the date of his death, as it is usually done following Buddhist custom) until 1975, the year of the centenary of his birth.

In the meantime, Iwanami Shoten Publishers, the company which had published his books [52–55, 57], decided to publish his *Collected Papers*. Sigekatu Kuroda, son-in-law of Takagi, undertook to edit this collection, but unfortunately died of cancer in 1972. This work was continued by his sons, Shige Toshi and Sige-Nobu Kuroda, who are also

[8] These articles are not signed, because the text was modified in the course of compilation. The cited articles also contain modifications of and additions to the original. (In particular, the second part concerning analytic methods in the article on Number Theory was originally written by Suetuna and the last passage concerning Takagi himself in the article on Mathematics in the 19th Century is a later addition.) But we can still see his contribution in its main parts.

[9] The proceedings of this symposium were published as [75] in 1956. The meeting of younger Japanese mathematicians, like Taniyama, Shimura, Nagata, and others, with such mathematicians as Weil, Chevalley, and Serre had particularly important consequences for later development.

mathematicians, and the *Collected Papers* (written in English, German, and French) were published in 1973. This First Edition was thus available in the year of his centenary.

The former students of Takagi, who had been meeting each year since 1960, made two plans to commemorate his centenary: to organize an international symposium on algebraic number theory, and to ask an artist to make a bust of Takagi to be placed in the Department of Mathematics, Faculty of Science, University of Tokyo, as that department was just preparing to relocate in a new building on the same campus. For the first of these plans, the Taniguchi Foundation kindly offered us its sponsorship. Mr. Toyosaburo Taniguchi, owner of the Taniguchi Foundation, former president of Toyo Spinning Company, initmate friend of Akizuki, and a man who comprehends well the importance of science, has helped us greatly by this and other contributions. Thus this Symposium in commemoration of Takagi's centenary was organized in 1976 at the Research Institute of Mathematical Sciences, Kyoto University which had been established in 1963.[10].

For the realization of the second plan, we invited the graduates of the Department of Mathematics to contribute to this purpose and were able to gather the funds necessary to engage the sculptor Kazuo Kikuchi who made a beautiful bust of Takagi which we can now see in the common room of the Department.

After 1970, we sadly had to witness the departure, one by one, of the members of the group of former students of Takagi. Suetuna, who had suffered from cancer since 1969, died in the summer of 1970. In 1971 Sugawara died suddenly in a traffic accident, and Kuroda died in 1972 as already mentioned. In 1975 Shoda was still in good health, but a sudden heart attack took him away in 1977. Moriya passed away in 1982, and Mimura and Taketa, both in 1984.

The service accounting for the funds collected for Takagi's centenary was provided by the secretarial staff of the Department of Mathematics of Tokyo University. In 1985 it was determined that there still remained some funds in this account. Kawada proposed to publish a book in Takagi's memory by gathering the reminiscences of his friends and students who were still living, using in this way the rest of the funds, and ask some publishing company to republish his *Collected Papers* which were then out of print. Kawada carefully edited the manuscripts of some forty people and published them [73] in 1986, while all of us were very pleased to learn that Springer-Verlag would take charge of the publication of the volume of *Collected Papers*. An Editorial Committee consisting of four members: Kenkichi Iwasawa, Shokichi Iyanaga, Kunihiko Kodaira, and Kôsaku Yosida, was formed, over which I had the honor to preside. At the request of Springer-Verlag to make some substantial addition to the First Edition, we chose his book *On the Concept of Numbers* [57] as the material best suited for translation. We sincerely acknowledge our gratitude to Professors K. Akao and S.T. Kuroda for translating this book and to Professor W.L. Baily, Jr. for kindly looking through our text.

Now, preparations are under way for the International Congress of Mathematicians in Kyoto, 1990, to be presided over by Kodaira. We would be very happy if this new edition of *Collected Papers* of our venerated predecessor could be exhibited at the coming congress!

[10] The proceedings of this symposium were published as [58] in 1977. It contains contributions by Cassels, Coates and Wiles, Fröhlich, Serre, Tate, Ihara, Kubota, and others.

Chronological synopsis of the life of Teiji Takagi

April 21, 1875	Born in Kazuya, Isshiki-mura, Motosu County, Gifu Prefecture, Japan.
June 1880	Entered Isshiki Primary School.
March 1886	Entered Gifu Middle School.
September 1891	Entered the Third High School in Kyoto. Learned mathematics from Jittaro Kawai
July 1894	Entered the Department of Mathematics, Faculty of Science, Imperial University of Tokyo. Learned from Dairoku Kikuchi and Rikitaro Fujisawa.
July 1897	Entered the Graduate School of the same university.
May 1898	Contributed an article, "New arithmetic," to Hakubunkan Encyclopedia [33].
June 28, 1898	Ordered by the Ministry of Education to study in Germany for three years.
August 31, 1898	Left Yokohama for Europe.
October 31, 1898	Arrived in Berlin via Marseille. Attended lectures of Frobenius, Schwarz, and Fuchs at Berlin University.
November 1898	Contributed an article, "New algebra," to Hakubunkan Encyclopedia [34].
Spring 1900	Moved to Göttingen from Berlin. Attended lectures of Klein and Hilbert at Göttingen University.
June 14, 1900	Appointed Associate Professor at the Imperial University of Tokyo.
Early 1901	Completed the first draft of his Thesis on Abelian extensions of the Gaussian field.
September 1901	Left Göttingen for Japan.
December 4, 1901	Arrived in Tokyo. Took charge of the Third Chair of Mathematics (Algebra).
April 6, 1902	Married Toshi Tani. Settled at 24 Akebono-cho, Hongo-ku, Tokyo.
December 16, 1903	Received the degree of Doctor of Science from the Imperial University of Tokyo for his Thesis **6** presented to the university early in this year and published in the *Journal* of the College of Science of the university in the same year.
May 3, 1904	Appointed Professor at the Imperial University of Tokyo.
June 1906	Published his book *A New Course of Arithmetic* [35].

April 1912	Elected President of the Physico-Mathematical Society of Japan (for the term of one year. Reelected in 1919, 1924, 1930, and 1931.)
July 28, 1914–November 11, 1918	World War I.
1914–1917	Published 5 papers **7–11** on Abelian extensions of algebraic number fields in the *Proceedings of the Physico-Mathematical Society of Japan*.
July 1920–May 1921	Traveled to Europe.
July 31, 1920	Published his main paper on the theory of Abelian extensions of algebraic number fields (class field theory) **13**.
September 22–31, 1920	Attended the International Congress of Mathematicians at Strasbourg.
September 16, 1922	Published his paper **17** on the reciprocity law.
January 22, 1923	Elected honorary member of the Physico-Mathematical Society of Czechoslovakia.
July 8, 1923	Appointed Member of National Research Council of Japan.
June 27, 1925	Elected Member of the Imperial Academy of Japan.
April 6, 1929	Received the degree of Dr. h.c. from Oslo University.
July 1, 1930	Published the book *Lectures on Algebra* [48].
March 15, 1931	Published the book *Lectures on the Elementary Theory of Numbers* [49].
October 18, 1931	Published the book *Topics from the History of Mathematics of the 19th Century* [50].
July 12–December 2, 1932	Traveled to Europe.
September 5–7, 1932	Attended the International Congress of mathematicians at Zürich.
November 1932–August 1935	Served as Supervisor of the *Collection of Courses of Mathematics*.
March 31, 1936	Retired from the Imperial University of Tokyo because of age limit.
September 11, 1936	Received the title of Honorary Professor at the Imperial University of Tokyo.
May 10, 1938	Published the book *A Course on Analysis* [52].
November 3, 1940	Received Culture Medal.
December 6, 1940	Gave a lecture "Reminiscences and Perspectives."
September 1, 1941–July 31, 1943	Appointed Professor at Fujiwara Institute of Technology.
December 8, 1941–August 15, 1945	Japan's involvement in World War II.
April 12, 1945	House in Akebono-cho burnt down by bombardment; moved to Gifu prefecture.
October 1946	Returned to Tokyo, shared the house with his eldest son at 182 Suwa-cho, Shinjuku-ku, Tokyo.

February 1949	Published the book *The Algebraic Theory of Numbers* [53].
August 20, 1949	Published the book *On the Concept of Numbers* [57; translated in this volume as **28**].
November 29, 1952	His wife Toshi passed away.
November 8–13, 1955	Served as Honorary President of the International Symposium on Algebraic Number Theory, Tokyo-Nikko.
February 28, 1960	Died at the Hospital of Tokyo University.
March 28, 1960	Decorated posthumously with the Order of the Rising Sun of the First Grade

References

1. List of articles in Japanese by Teiji Takagi

Journal abbreviations

KSK	*Kosu Kenkyu*
NCKSZ	*Nihon Chuto Kyoiku Sugakkai Zasshi*
NSBGK	*Nihon Sugaku Butsuri Gakkaishi*
OSK	*Otsuka Sugakkaishi*
TBZ	*Tokyo Butsurigakko Zasshi*

[1] On the foundations of algebra. TBZ 7: 74 (1898)
[2] On generalized theory of numbers, TBZ 7: 76 (1898)
[3] A simple example of a continuous function without derivative. TBZ 14: 117 (1904)
[4] Complex numbers of Gauss and Fermat's theorem. TBZ 25: 300 (1916)
[5] On groups, TBZ 33: 414 (1916)
[6] Report of the International Congress of Mathematicians in Strasbourg. NCKSZ 3 (1921)
[7] Review of E. Landau's Vorlesungen über Zahlentheorie. NSBGK 1 (1927)
[8] Review of the paper of E. Artin: Beweis des allgemeinen Reziprozitätsgesetzes. NSBGK 1 (1927)
[9] On mathematical logic. (Originally a lecture at an institute organized by the Ministry of Education, included in a booklet "Mathematics as general culture," Iwanami-Shoten) (1935)
[10] Abstraction, application, language, education and mathematics. OSK 11 (1942)
[11] Dr. Fujisawa and mathematics in Japan, Kyoiku 3: 8 (1935)
[12] On the theory of natural numbers. Kagaku 3: 3 (1933)
[13] On Eulerean squares. Kagaku 14: 2 (1944)
[14] On the abstract character of modern mathematics. Kagaku 20: 21 (1950)
[15] My favorite history of mathematics. KSK 1: 1 (1936)
[16] Resentment of Perry KSK 1: 1 (1936)
[17] On the system of infinitesimal calculus. KSK 2: 3 (1937)
[18] Newton, Euclid, reader of geometry. KSK 3: 4 (1939)
[19] On writing on mathematics in Japanese. KSK 4: 1 (1939)
[20] Application of mathematics and its necessity. KSK 5: 1 (1940)
[21] Retrospect and perspective. KSK 5: 4 (1941)
[22] On a question in an examination. KSK 6: 1 (1941)
[23] On the number π. KSK 7: 1 (1942)
[24] On Eulerean squares. KSK 7: 3-4 (1942–43)
[25] Street preaching on mathematics. KSK 7: 8 (1943)
[26] On applicability of mathematics. KSK 7: 11 (1943)

[27] Summer airing. KSK 9: 1 (1944)
[28] Liberty of mathematics, Kangaekata
[29] Different ways of thinking. Kangaekata
[30] My belief. Sekai 61 (1951)
[31] Reminiscence from the school days. Gakuto 1: 3 (1952)
[32] University professors in Meiji era. In: Scribbling book by Tokyo Univeristy professors. Masu-Shobo (1955)

2. List of books in Japanese by Teiji Takagi

[33] New arithmetic (Hakubunkan encyclopedia vol 6). Hakubunkan (1898)
[34] New algebra (Hakubunkan encyclopedia vol 17). Hakubunkan (1898)
[35] A new course of arithmetic. Hakubunkan (1904)
[36] Textbook of arithmetic for middle schools. Kaiseikan (1904) (in 2 vol)
[37] Textbook of algebra for middle schools. Kaiseikan (1904) (in 2 vol)
[38] Textbook of arithmetic for girls' schools. Kaiseikan (1907) (in 3 vol)
[39] Textbook of algebra for girls' schools. Kaiseikan (1907) (in one vol)
[40] Textbook of geometry for girls' schools. Kaiseikan (1907) (in one vol)
[41] Textbook of general arithmetic. Kaiseikan (1909) (in 2 vol)
[42] Textbook of arithmetic and algebra for normal schools. Kaiseikan (1910) (in one vol)
[43] Textbook of plane and solid geometry for normal schools. Kaiseikan (1911) (in one vol)
[44] New textbook of arithmetic. Kaiseikan (1911) (in one vol)
[45] New textbook of algebra. Kaiseikan (1911) (in 2 vol)
[46] New textbook of geometry. Kaiseikan (1911) (in 2 vol)
[47] New textbook of trigonometry. Kaiseikan (1911) (in one vol)
[48] Lectures on algebra. Kyoritsusha (1930)
[49] Lectures on elementary theory of numbers. Kyoritsusha (1931)
[50] Topics from the history of mathematics of the 19th century. Kyoritsusha (1933) (originally published in the *Collection of courses on mathematics*. Kyoritsusha, 1931). Augmented edn Kawade Shobo (1942), new edn Kyoritsu Shuppan (1970)
[51] Miscellaneous notes on mathematics. Kyoritsusha (1935) (originally published in the *Collection of courses on mathematics*. Kyoritsusha, 1928–31). New edn Kyoritsu Shuppan (1970)
[52] A course on analysis. Iwanami-Shoten (1938), enlarged edn (1943), (originally published in the *Collection of courses on Mathematics*. Iwanami-Shoten, 1933–35)
[53] Algebraic theory of numbers. Iwanami Shoten (1948) (originally published in the *Collection of courses on mathematics*. Iwanami Shoten, 1934–35)
[54] Mathematics in an age of transition. Iwanami-Shoten (1935)
[55] Mathematical recreations. Iwanami-Shoten (1943), 2nd edn (1981)
[56] Liberty of mathematics. Kangaekata Kenkyusha (1949)
[57] On the concept of numbers. Iwanami-Shoten (1949) new edn (1970) (also translated in full in this volume, **28**)

3. Works by other authors

[58] Algebraic number theory (1976) Japan Society for the Promotion of Science, Kyoto, Japan
[59] Artin E (1924) Über eine neue Art von *L*-Reihen. Hamb Abh 3
[60] Artin E (1927) Beweis des allgemeinen Rezoprozitätsgesetzes. Hamb Abh 5
[61] Chevalley C (1933) Sur la théorie du corps de classes. J Fac Sci Tokyo 1–2
[62] Chevalley C (1940) La théorie du corps de classes. Ann Math 41
[63] Durège H (1878) Theorie der elliptischen Funktionen, 3rd edn. Leipzig
[64] Furtwängler P (1930) Beweis des Hauptidealsatzes. Hamb Abh 7
[65] Hasse H (1926, 1927, 1930) Bericht über neuere Untersuchungen und Probleme aus der Theorie der algebraischen Zahlkörper. Jahresb DM-V1, 1a, and 2

[66] Herbrand J (1933) Sur les théorèmes du genre principal et des idéaux principaux. Hamb Abh 9
[67] Hilbert D (1897) Die Theorie der algebraischen Zahlkörper (Zahlbericht). Jahresb DM-V4
[68] Hilbert D (1899) Grundlagen der Geometrie, 1st edn (7th edn 1930) Leipzig
[69] Hundred years of Japanese mathematics (1983, 1984) (in Japanese) Compiled by a Committee sponsored by the Mathematical Society of Japan. Iwanami Shoten, vol 1 (1983), vol 2 (1984)
[70] Iyanaga S (1930) Über einen allgemeinen Hauptidealsatz. Jpn J Math 7
[71] Iyanaga S (1934) Zum Beweis des Hauptidealsatzes. Hamb Abh 10
[72] Klein F (1926) Vorlesungen über die Entwicklung der Mathematik im 19. Jahrhundert, Springer, Berlin
[73] Kawada Y (ed) (1986) Recollections on Professor Teiji Takagi; with a supplement (1987) (in Japanese). Tokyo
[74] Landau E (1930) Grundlagen der Analysis. Leipzig
[75] Proceedings of the international symposium on algebraic number theory (1955) Tokyo-Nikko. Science Council of Japan
[76] Salmon G (1869) A treatise on the higher plane curves. Dublin
[77] Serret J-A (1872–1879) Cours d'algèbre supérieure. Paris, vol 1 (1872–1879), vol 2 (1879)
[78] Steinitz E (1910) Algebraische Theorie der Körper. Crelle's J 137
[79] Sugawara M (1926) Über den Führer eines relativ-Abelschen Zahlkörpers. Proc Imp Acad 2
[80] Takenouchi T (1916) On the relatively Abelian corpora with respect to the corpus defined by a primitive cube root of unity. J Coll Sci Tokyo 37
[81] van der Waerden BL (1930, 1931) Moderne Algebra. Springer, Berlin, vol 1 (1930), vol 2 (1931)
[82] Weber H (1896) Lehrbuch der Algebra. Braunschweig, vols 1 and 2

Printed in the United States
by Bookmasters

Printed in the United States
By Bookmasters